"十二五"普通高等教育高职高专规划教材

传感器与检测技术项目教程

梁 森　黄杭美
王明霄　王侃夫　编 著
苏中义　主 审

机械工业出版社

本书主要介绍生产、科研、生活等领域中常用传感器及检测技术的工作原理、性能指标、安装、调试等方面的知识。对检测技术的基本概念、误差计算、电磁兼容技术、防爆技术、总线技术、仪表的选型、检定、标定、型式试验、故障分析等也作了介绍。

本书反映了近年来新技术和新器件在传感器与检测领域中的应用，有较多的应用案例。考虑到近年来学生的实际状况，适当地降低了教材的难度。每章均附有较多启发性的思考题及应用型习题，可供不同专业方向的教师选择。与教材配套的各章 PPT、教案、在线练习及习题分析、部分答案等均可在配套的课程网站上（http://www.sensor-measurement.net/）下载。

本书采用"模块→项目→任务"的编写模式，可作为高职高专的仪表、仪器、发电、电气自动化、电机、电器、机械、机电一体化、数控、电子、信息、计算机、物流、楼宇、能源、汽车、运输、轻工、农机、环保、矿业等专业的教材或高级工培训资料，也可供生产、管理、运行人员及有关工程技术人员自学或参考。

图书在版编目（CIP）数据

传感器与检测技术项目教程/梁森等编著 .—北京：机械工业出版社，2015.1（2024.7 重印）

"十二五"普通高等教育高职高专规划教材

ISBN 978-7-111-48817-0

Ⅰ.①传… Ⅱ.①梁… Ⅲ.①传感器—检测—高等职业教育—教材 Ⅳ.①TP212

中国版本图书馆 CIP 数据核字（2014）第 290204 号

机械工业出版社（北京市百万庄大街 22 号 邮政编码 100037）
策划编辑：贡克勤 责任编辑：贡克勤 徐 凡 王 康
版式设计：霍永明 责任校对：闫玥红
封面设计：马精明 责任印制：邸 敏
中煤（北京）印务有限公司印刷
2024 年 7 月第 1 版第 11 次印刷
184mm×260mm·24.25 印张·585 千字
标准书号：ISBN 978-7-111-48817-0
定价：53.00 元

凡购本书，如有缺页、倒页、脱页，由本社发行部调换

电话服务 网络服务
服务咨询热线：010-88379833 机 工 官 网：www.cmpbook.com
读者购书热线：010-88379649 机 工 官 博：weibo.com/cmp1952
　　　　　　　　　　　　　　　教育服务网：www.cmpedu.com
封面无防伪标均为盗版 金 书 网：www.golden-book.com

前言

为贯彻国务院《关于大力发展职业教育的决定》精神，根据"以学生为主体，以能力为本位，以就业为导向"的指导思想，本书编写组组织了既有企业生产经验，又有丰富教学经验的教师联合编写了这本高等职业技术教育仪表、机电类专业规划教材。

在编写中，作者到多家企业调研了仪表、机电类岗位对高职学生的要求，听取了多所高职高专学校教师的意见和建议，降低了教材的难度；删除了过时及不常用的传感器的内容；压缩了公式推导（给出简要结论）；增加了近年来出现的新型传感器和检测技术内容；突出了应用。在考虑取材深度和广度时，主要着眼于提高高职高专学生应用能力的培养，使学生学完本书后能获得作为生产第一线的技术、管理、维护和运行技术人员所必须掌握的传感器、检测技术等方面的基本知识和基本技能，以培养高素质技术技能人才。

本书的素材来源于最近几年国内外专利文献、国家或行业标准、科技论文、公司产品介绍等。在编写过程中，作者还先后深入几十家有关厂商和生产车间，了解并收集了较先进的产品技术资料、图片，甚至实地测绘了许多图样。有相当部分应用电路和实例是作者近十年来从事科研开发、技术改造的成果总结，均将其编入有关章节中。因此，本书具有较高的实践性和参考性。此外，本书还采用了众多实物照片，并加以文字标注，易于引起学生的学习兴趣。

本书着重介绍生产、科研、生活中常用传感器的工作原理、测量转换电路以及在检测技术领域的应用。全书以模块为框架，以项目为引领，以任务为驱动，共分为10个模块，每个模块包含2~3个项目，分别对传感器与检测技术的基本概念、重量、温度、压力、流量、液位、振动、光学量、小位移、数字式位置检测等的原理及应用进行了阐述。将带有共性的技术（例如：误差计算、电磁兼容技术、防爆技术、现场总线、仪表的选型、检定、标定、型式试验、安装、调试、校验、温度补偿、故障分析等）分散到各个项目中讲解（多数仅各出现一次）。

本书将每一个项目分解成2~4个典型的工作任务，均列出知识目标和技能目标，以工作任务为中心，由教师引领学生去完成具体任务，提高学生的职业技能和职业水平，力争做到学生易学，教师易教。

每个模块的第一部分均安排了"知识链接"，介绍本模块涉及的基础知识；在每个任务中，给出较多的案例、图、表、训练等，按照"任务描述"、"任务分析"、"相关知识介绍"、"任务实施"、"实践训练"的顺序编排，引领学生获得解决实际问题的能力。在每个模块的最后安排了"知识拓展"，介绍本模块涉及的新技术、新器件、新应用，供学生自学和提高（可不占用课时）。整体编排体现了高职高专教育"稳基础、升技能、重应用、看未来"的教学理念。

在每个模块的最后还给出了较多的基本概念型思考题与应用型的分析、计算练习题，有利于学生巩固学过的知识,又能拓展传感器应用的思路。各校可以根据各自的专业方向,选做其中的一部分。

本书可作为高职高专的仪表、仪器、发电、电气自动化、电机、电器、机械、机电一体化、数控、电子、信息、计算机、物流、楼宇、能源、汽车、运输、轻工、农机、环保、矿业等专业的教材,也可供生产、管理、运行人员及有关工程技术人员自学或参考。

为贯彻国家关于"职业资格证书制度与国家就业制度紧密衔接"的政策,本书涵盖了部分仪表、仪器类有关国家职业(中级或高级)考证的要求,可作为有关职业培训的教材。

作者为本书的出版建立了一个配套的"传感器与检测技术教辅网站",网址是:http://www.liangsen.net/或http://www.sensor-measurement.net/。读者可以从网站上下载10个模块的电子教案、与本书各个模块对应的30多万字的专业拓展资料、传感器公司的网站链接、多媒体课件、近百个原理动画、上千张彩色照片和十几段现场使用录像,其中部分录像有英文和德文配音。同时还上传了作业辅导。学生在学习各模块时,可以上网同步阅读有关资料,了解检测技术的发展历史和传感器的选型、安装、调试和使用,加深对课程内容的理解,增加学习本课程的兴趣,培养自主学习和终身学习的习惯。配套的课程网站还提供了在线练习,以便于读者检验自己的掌握程度。网站还建设了在线答疑BBS,读者可以和作者在BBS上提问和交流学习心得,作者将及时回答有关传感器与检测技术的难题。

本书由上海电机学院梁森(模块一、四、五、六、七、八、九及统稿)、王侃夫(模块十)、杭州职业技术学院黄杭美(模块三)、山东外贸职业学院王明霄(模块二及统稿)编写。

苏中义教授担任本书的主审,对书稿进行了认真、负责、全面地审阅。在本书编写过程中,还得到了上海交通大学的施文康、忻建华、朱承高、叶春,上海大学的朱铮良,山东建筑大学的罗明华,南通大学的王士森,湖南科技大学的吴新开,福州大学的郑崇苏、薛昭武,上海理工大学的谢根涛、孔凡才,北京信息科技大学的孙军华、董明利、祝连庆、栗书贤,华北电力大学的李春曦,东北石油大学的曹雪,中州大学的赵静,上海电机学院的余建敏、倪成凤、王海群、高桂革、李皎洁、王洋、李彬彬,湖南工程学院的欧阳三泰、黄绍平、胡俊达,大理学院的赵春平,原上海机电工业学校的阮智利,深圳职业技术学院的吴志敏,温州职业技术学院的徐虎,广西机电职业技术学院的秦培林,南京化工职业技术学院的王永红,大连职业技术学院的董春利,河南工业职业技术学院的王煜东、戴绍基,上海电气自动化研究所的张玉龙、周宜,上海704研究所的忻烨晨,上海发电设备成套设计研究院的肖伯乐、刘春林,上海工业自动化仪表研究所的范铠、姜世昌,上海重型机器厂的陈克,上海精良电子公司的段超,天津德国图尔克传感器公司的李倚天,上海华东电子仪器厂的朱美丽、郑学芳,上海轴承滚子厂的黄吉平,上海量具刃具厂的宋伟强,上海汽轮机厂的陈禹明等专家、教授、工程技术人员的大力支持。德国BLUM公司、深圳康宇测控仪表公司、北京世帝科学仪器公司、上海科先液压成套有限公司、中国石油天然气管道技术公司、上海803研究所、东方振动和噪声技术研究所、中国计量测试学会流量计量专业委员会、上海市计量测试技术研究院、铁道科学研究院、北京声振联合高新技术研究所、容向系统科技有限公司等单位为本书的编写提供了相关资料,作者在此一并表示衷心的感谢。

建议教学学时分配表
(各学校可根据专业与具体情况作适当调整)

模块顺序与名称	课时	模块顺序与名称	课时
模块一 认识检测技术与传感器	2	模块九 小位移检测	3
模块二 重量检测	3	模块十 数字式位置检测	3
模块三 温度检测	4	理论课时	32
模块四 压力检测	4	实验	6
模块五 流量检测	3	实训	6
模块六 液位检测	3	讨论课、习题课	2
模块七 振动检测	3	考试(建议开卷)	2
模块八 光学量检测	4	合计	48

由于传感器技术发展较快,作者水平有限,本书内容难免存在不妥之处,敬请读者批评指正。我们热诚希望本书能对从事和学习传感器与检测技术的广大读者有所帮助,并欢迎您对本书的意见和建议通过 E-mail(liangsen2@126.com)告诉我们。需要电子教案、授课PPT 及试题的教师可通过 E-mail 与作者联系。

作 者

目 录

前言
模块一 认识传感器与检测技术 ··· 1
  项目一 认识检测技术 ··· 1
  项目二 认识传感器 ··· 6
  项目三 测量方法及测量误差 ··· 12
  思考题与练习题 ··· 17
模块二 重量检测 ·· 20
  知识链接 质量、重力与重量的基本概念 ··· 20
  项目一 商用电子秤 ··· 21
    任务一 认识应变计 ··· 22
    任务二 应变计的粘贴 ·· 24
    任务三 惠斯通电桥组桥 ·· 25
    任务四 商用电子秤的工作原理分析 ·· 27
    任务五 案秤的温度补偿 ·· 31
  项目二 汽车衡 ·· 32
    任务一 荷重传感器的计算与选型 ·· 32
    任务二 汽车衡的分类与选型 ·· 36
    任务三 汽车衡的安装与调试 ·· 46
    任务四 汽车衡的检定 ·· 49
    任务五 汽车衡的故障分析与排除 ·· 51
  拓展阅读 皮带秤 ·· 54
  思考题与练习题 ··· 57
模块三 温度检测 ·· 60
  知识链接 温度与温标的基本概念 ··· 60
  项目一 铂热电阻 ·· 62
    任务一 认识铂热电阻 ·· 62
    任务二 铂热电阻组桥 ·· 65
  项目二 热敏电阻 ·· 66
    任务一 认识热敏电阻 ·· 67
    任务二 热敏电阻的应用 ·· 69
  项目三 热电偶 ·· 71
    任务一 认识热电偶 ··· 72
    任务二 热电偶的冷端延长 ··· 78

  任务三 热电偶的冷端温度补偿 ………………………………………………………… 79
  任务四 热电偶的安装与应用 …………………………………………………………… 81
 项目四 集成温度传感器 ………………………………………………………………………… 84
  任务一 认识集成温度传感器 …………………………………………………………… 85
  任务二 电流输出型温度 IC 的应用 …………………………………………………… 86
  任务三 电压输出型温度 IC 的应用 …………………………………………………… 88
  任务四 数字输出型温度 IC 的应用 …………………………………………………… 89
 项目五 防爆技术与安全栅 ……………………………………………………………………… 92
  任务一 认识防爆技术 …………………………………………………………………… 92
  任务二 齐纳式安全栅的应用 …………………………………………………………… 95
  任务三 隔离式安全栅的应用 …………………………………………………………… 96
 拓展阅读 红外测温 ……………………………………………………………………………… 98
 思考题与练习题 ……………………………………………………………………………………… 107

模块四 压力检测 ……………………………………………………………………………… 112

 知识链接 压力的基本概念 ……………………………………………………………………… 112
 项目一 电容式压力传感器 ……………………………………………………………………… 117
  任务一 认识电容式压力传感器 ………………………………………………………… 117
  任务二 压力表的安装与选型 …………………………………………………………… 122
  任务三 压力表的校验 …………………………………………………………………… 126
 项目二 两线制压力变送器 ……………………………………………………………………… 128
  任务一 两线制压力变送器的应用 …………………………………………………… 128
  任务二 两线制压力变送器的 HART 通信 ………………………………………… 132
  任务三 智能压力变送器的应用 ………………………………………………………… 135
  任务四 现场总线压力变送器的应用 ………………………………………………… 138
 拓展阅读 陶瓷式压力传感器 …………………………………………………………………… 141
 思考题与练习题 ……………………………………………………………………………………… 143

模块五 流量检测 ……………………………………………………………………………… 150

 知识链接 流量的基本概念 ……………………………………………………………………… 150
 项目一 节流式流量计 …………………………………………………………………………… 155
  任务一 认识节流式流量计 ……………………………………………………………… 156
  任务二 节流式流量计的安装与应用 …………………………………………………… 163
  任务三 节流式流量计的误差合成 ………………………………………………………… 167
 项目二 超声波式流量计 ………………………………………………………………………… 168
  任务一 认识超声波 ………………………………………………………………………… 169
  任务二 超声波式流量计的原理及应用 ………………………………………………… 171
  任务三 流量计的检定 …………………………………………………………………… 174
 项目三 流量变送器的电磁兼容试验 ……………………………………………………………… 177
  任务一 认识 EMC …………………………………………………………………………… 177
  任务二 流量变送器的 EMC 试验及防护 ……………………………………………… 179
 拓展阅读 1 电磁式流量计 ……………………………………………………………………… 182

拓展阅读2　科里奥利质量式流量计 ………………………………………………… 185
思考题与练习题 ……………………………………………………………………… 189

模块六　液位检测 …………………………………………………………………… 192
知识链接　液位与物位的基本概念 ………………………………………………… 192
项目一　电容式液位计 ……………………………………………………………… 194
  任务一　变介电常数电容式液位计的安装与应用 …………………………… 194
  任务二　差压式液位变送器的安装与零点迁移 ……………………………… 197
项目二　超声波式液位变送器 ……………………………………………………… 206
  任务一　超声波式液位变送器的原理及应用 ………………………………… 207
  任务二　超声波式液位变送器的误差分析 …………………………………… 211
项目三　液位计的型式试验与型式评价 …………………………………………… 213
  任务一　液位计的型式试验 …………………………………………………… 213
  任务二　液位计的型式评价 …………………………………………………… 216
拓展阅读　电接点式水位计 ………………………………………………………… 216
思考题与练习题 ……………………………………………………………………… 221

模块七　振动检测 …………………………………………………………………… 223
知识链接　振动的基本概念 ………………………………………………………… 223
项目一　测振传感器 ………………………………………………………………… 228
  任务一　压电式加速度传感器测量振动 ……………………………………… 228
  任务二　涡流式位移传感器测量振动 ………………………………………… 238
  任务三　磁电式传感器测量振动 ……………………………………………… 243
  任务四　振动的激振与激振器 ………………………………………………… 244
项目二　振动的频谱分析与故障诊断 ……………………………………………… 248
  任务一　时域图与频域图的识别 ……………………………………………… 248
  任务二　机械设备的振动故障频谱分析 ……………………………………… 250
拓展阅读　MEMS加速度传感器 …………………………………………………… 252
思考题与练习题 ……………………………………………………………………… 256

模块八　光学量检测 ………………………………………………………………… 261
知识链接　光学量的基本概念 ……………………………………………………… 261
项目一　光电元件及应用电路 ……………………………………………………… 263
  任务一　紫外光电管的特性及应用电路 ……………………………………… 263
  任务二　光敏电阻的特性及应用电路 ………………………………………… 265
  任务三　光敏二极管的特性及应用电路 ……………………………………… 266
  任务四　光敏晶体管的特性及应用电路 ……………………………………… 269
  任务五　光电池的特性及应用电路 …………………………………………… 271
项目二　光电传感器的应用 ………………………………………………………… 275
  任务一　被测物本身是光源的检测 …………………………………………… 276
  任务二　被测物吸收部分光的检测 …………………………………………… 278
  任务三　被测物反射部分光的检测 …………………………………………… 281
  任务四　被测物遮蔽部分光的检测 …………………………………………… 286

拓展阅读　光导纤维传感器及应用 …………………………………………………… 288
思考题与练习题 …………………………………………………………………………… 293

模块九　小位移检测 ……………………………………………………………………… 296
知识链接　小位移检测的基本概念 ……………………………………………………… 296
项目一　电感式小位移传感器 …………………………………………………………… 297
　　任务一　认识自感式传感器与差动变压器 ……………………………………… 297
　　任务二　电感式位移传感器测量小位移 ………………………………………… 304
项目二　涡流式小位移传感器 …………………………………………………………… 307
　　任务一　涡流式位移传感器测量小位移 ………………………………………… 307
　　任务二　涡流式位移传感器的静态标定 ………………………………………… 309
项目三　接近开关 ………………………………………………………………………… 311
　　任务一　认识接近开关 …………………………………………………………… 311
　　任务二　电感式（涡流原理）接近开关的应用 ………………………………… 312
　　任务三　电容式接近开关的应用 ………………………………………………… 319
　　任务四　霍尔式接近开关的应用 ………………………………………………… 322
拓展阅读　轴承滚柱直径的检测及分选 ………………………………………………… 326
思考题与练习题 …………………………………………………………………………… 328

模块十　数字式位置检测 ………………………………………………………………… 333
知识链接　位置检测方式 ………………………………………………………………… 334
项目一　角编码器 ………………………………………………………………………… 335
　　任务一　认识角编码器 …………………………………………………………… 336
　　任务二　角编码器的应用 ………………………………………………………… 343
项目二　光栅传感器 ……………………………………………………………………… 347
　　任务一　认识光栅传感器 ………………………………………………………… 347
　　任务二　光栅传感器的应用 ……………………………………………………… 353
项目三　磁栅传感器 ……………………………………………………………………… 355
　　任务一　认识磁栅传感器 ………………………………………………………… 355
　　任务二　磁栅传感器的应用 ……………………………………………………… 359
项目四　容栅传感器 ……………………………………………………………………… 360
　　任务一　认识容栅传感器 ………………………………………………………… 360
　　任务二　容栅传感器的应用 ……………………………………………………… 362
拓展阅读　电梯平层 ……………………………………………………………………… 364
思考题与练习题 …………………………………………………………………………… 366

附录 …………………………………………………………………………………………… 371
附录A　工业热电阻分度表 ……………………………………………………………… 371
附录B　镍铬-镍硅（镍铝）K型热电偶分度表（自由端温度为0℃） ……………… 372
部分习题参考答案 ………………………………………………………………………… 374

参考文献 …………………………………………………………………………………… 375

模块一　认识传感器与检测技术

项目一　认识检测技术

【项目教学目标】

☞ 知识目标

1) 熟悉检测技术涉及的领域。

2) 熟悉检测系统的组成。

☞ 技能目标

掌握绘制检测系统原理框图的方法。

一、检测技术的定义

检测（Detection）是利用各种物理、化学效应，选择合适的方法与装置，将生产、科研、生活等各方面的有关信息通过检查与测量的方法赋予定性或定量结果的过程。能够自动地完成整个检测处理过程的技术称为自动检测技术。

在信息社会的一切活动领域中，从日常生活、生产活动到科学实验，处处都离不开检测技术。现代化的检测手段在很大程度上决定了生产、科学技术的发展水平，而科学技术的发展又为自动检测技术提供了新的理论基础和制造工艺，同时对自动检测技术提出了更高的要求。

二、检测技术在国民经济中的地位和作用

检测技术是现代化领域中很有发展前途的技术，它在国民经济中起着极其重要的作用。

在机械制造行业中，通过对机床的许多静态、动态参数如工件的加工准确度、切削速度、床身振动等进行在线检测，从而控制加工质量。在化工、电力等行业中，如果不随时对生产工艺过程中的温度、压力、流量等参数进行自动检测，生产过程就无法控制甚至产生危险。在交通领域，一辆汽车中的传感器就有几十种之多，分别用以检测车速、方位、负载、振动、油压、油量、温度、燃烧过程等。在国防科研中，许多尖端的检测技术都是因国防工业需要而发展起来的，例如，研究飞机的强度，就要在机身、机翼上贴上几百个应变计并进行动态测量；在神舟飞船、导弹和航天器的研制中，检测技术就更为重要，必须对它们的每个构件进行强度和动态特性的测试、运行姿势试验等。检测技术也进入了人们的日常生活中，例如房间温度和湿度能自动检测和控制的空调机；自动检测衣服污度和重量、采用模糊控制技术的智能洗衣机等。图 1-1、图 1-2、图 1-3 所示为检测技术在各领域应用的一些典型示例。

三、工业检测技术的内容

自动检测技术的范围比较广，常见的工业自动检测涉及的内容如表 1-1 所示。

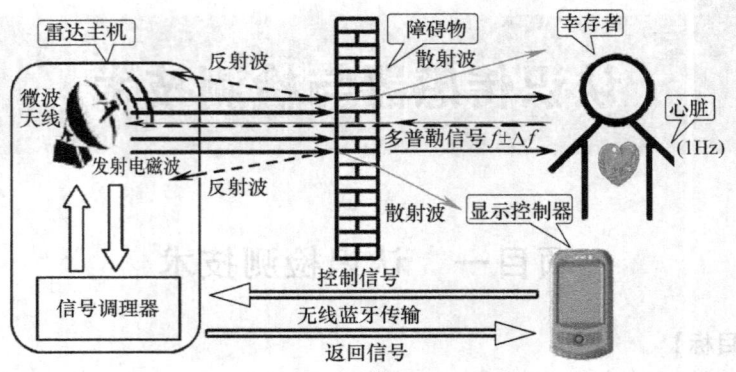

图 1-1　生命探测仪示意图

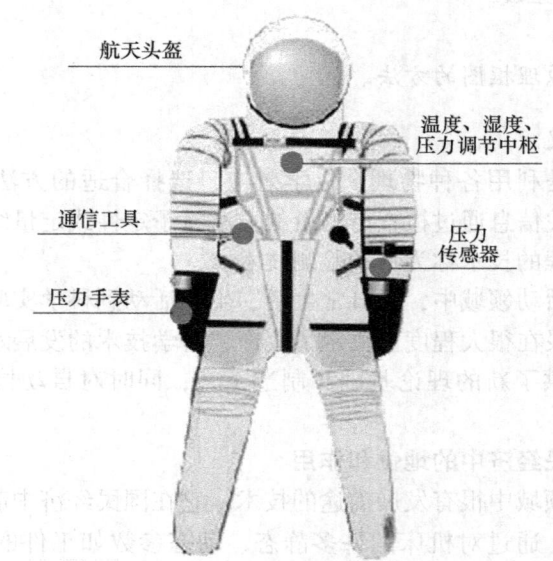

图 1-2　航天服与传感器示意图

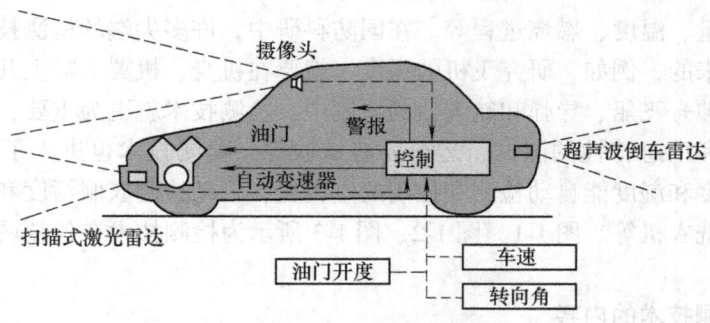

图 1-3　检测技术在车辆碰撞预防系统中的应用

表1-1 常见工业检测技术涉及的内容

被测量类型	被测量	被测量类型	被测量
热工量	温度、热量、比热容、热流、热分布、压力(压强)、差压、真空度、流量、流速、物位、液位、界面	物体的性质和成分量	气体、液体、固体的化学成分、浓度、黏度、湿度、密度、酸碱度、浊度、透明度、颜色
机械量	直线位移、角位移、速度、加速度、转速、应力、应变、力矩、振动、噪声、质量(重量)	状态量	工作机械的运动状态(起停等)、生产设备的异常状态(超温、过载、泄漏、变形、磨损、堵塞、断裂等)
几何量	长度、厚度、角度、直径、间距、形状、平行度、同轴度、粗糙度、硬度、材料缺陷	电工量	电压、电流、功率、阻抗、频率、脉宽、相位、波形、频谱、磁场强度、电场强度、材料的磁性能

显然,在生产、科研、生活中,需要检测的量远不止以上所列举的项目。而且随着自动化、现代化的发展,工业生产将对检测技术提出越来越多的新要求。本书主要介绍非电量的检测,对电工和电子课程中未分析的一些电量的测量也作了简要介绍。

四、自动检测系统的组成

非电量的检测多采用电测法,即先将各种非电量转变为电量,然后经过一系列的处理,将非电量参数显示出来,自动检测系统原理框图如图1-4所示。

(1) 系统框图 系统框图用于表示一个系统各部分和各环节之间的关系,用来描述系统的输入、输出、中间处理等基本功能和执行逻辑过程的概念模式。在产品说明书、科技论文中,能够清晰地表达比较复杂的系统各部分之间的关系及工作原理。

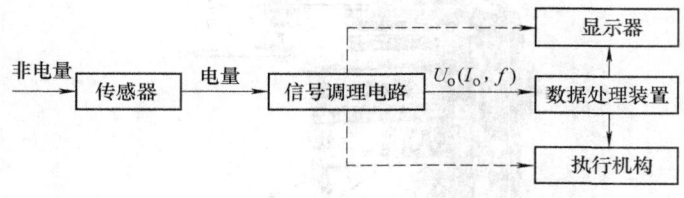

图1-4 自动检测系统原理框图

在检测系统中,将各主要功能或电路的名称画在框内,按信号的流程,将几个框用箭头联系起来,有时还可以在箭头上方标出信号的名称。对具体的检测系统或传感器而言,必须将框图中的各项赋予具体的内容。

(2) 传感器 本书中,传感器是指一个能将被测的非电量变换成电量的器件(具体定义见项目二)。

(3) 信号调理电路 信号调理电路包括放大(或衰减)电路、滤波电路、隔离电路等。放大电路的作用是把传感器输出的电量变成具有一定驱动和传输能力的电压、电流或频率等信号,以推动后级的显示器、数据处理装置及执行机构。

(4) 显示器 目前常用的显示器有以下几种:模拟显示、数字显示、图像显示及记录仪等。模拟量是指连续变化量。模拟显示是利用指针对标尺的相对位置来表示读数的,常见的有毫伏表、微安表、模拟光柱等。

数字显示多采用发光二极管(LED)和液晶(LCD)等,以数字的形式来显示读数。LED亮度高、耐振动,可适应较宽的温度范围;LCD耗电少、集成度高。带背光板的LCD能在夜间观看LCD的内容。

图像显示是用 CRT 或点阵 LCD 来显示读数或被测参数的变化曲线，有时还可用图表或彩色图等形式来反映整个生产线上的多组数据。

记录仪主要用来记录被检测对象的动态变化过程，常用的记录仪有笔式记录仪、打印机、绘图仪、数字存储示波器、磁带记录仪、无纸记录仪等。

（5）数据处理装置　数据处理装置用于对测试所得的实验数据进行处理、运算、逻辑判断、变换，以及对动态测试结果做频谱分析（包括幅值谱分析、功率谱分析）、相关分析等，完成这些工作必须采用计算机技术。

数据处理的结果通常送到显示器和执行机构中去，以显示运算处理的各种数据与控制各种被控对象。在不带数据处理装置的自动检测系统中，显示器和执行机构由信号调理电路直接驱动，如图1-4中的虚线所示。

（6）执行机构　所谓执行机构通常是指各种继电器、电磁铁、电磁阀、电磁调节阀、伺服电动机等，如图1-5、图1-6所示。它们是在电路中起通断、控制、调节、保护等作用的电器设备。许多检测系统能输出与被测量有关的电流或电压信号，作为自动控制系统的控制信号，去驱动这些执行机构。

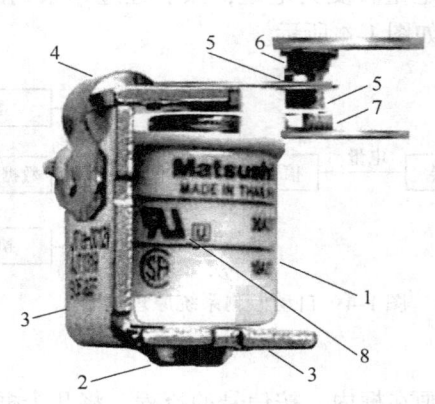

图1-5　电磁继电器
1—电磁线圈　2—铁心　3—铁扼　4—簧片
5—动触点　6—动断触点（常闭触点）
7—动合触点（常开触点）　8—安全试验标记

图1-6　电磁阀

五、自动检测系统举例

当代检测系统越来越多地是使用计算机或微处理器来控制执行机构的工作。检测技术、计算机技术与执行机构等配合起来，就能构成各种自动控制系统。图 1-7 所示的自动磨削测控系统就是自动检测的一个典型例子。图中的传感器快速检测出工件的直径参数 D，计算机一方面对直径参数做一系列的运算、比较、判断等工作，将有关参数送到显示器显示出来；另一方面发出控制信号，

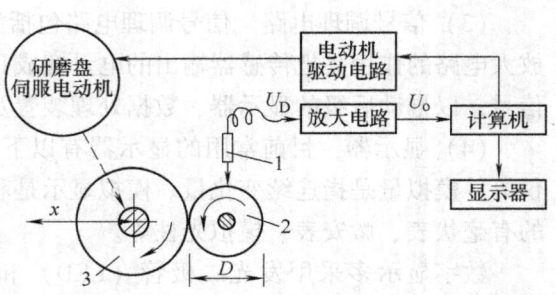

图1-7　自动磨削测控系统
1—传感器　2—被研磨工件　3—研磨盘

控制研磨盘的径向位移 x，直到工件加工到规定要求为止。该系统是一个自动检测与控制的闭环系统，也称反馈控制系统。

六、检测技术的发展趋势

近年来，随着半导体、计算机技术的发展，新型或具有特殊功能的传感器不断涌现出来，检测装置也向小型化、固体化及智能化方向发展，应用领域也更加广泛。上至茫茫太空，下至海底、井下；大至工业生产系统，小至家用电器、个人用品，人们都可以发现自动检测技术的运用。当前，检测技术的发展趋势主要体现在以下几个方面：

1. 不断提高检测系统的测量准确度、量程范围、延长使用寿命，提高可靠性

随着科学技术的不断发展，对检测系统测量准确度的要求也在相应地提高。近年来，人们研制出许多高准确度的检测仪器以满足各种需要。例如，用光栅测量直线位移时，测量范围可达二三十米，而分辨力可达微米级；人们已研制出能测量低至几个帕和高达几千兆帕的压力传感器；开发了能够测出极微弱磁场的磁敏传感器等。

从20世纪60年代开始，人们对传感器的可靠性和故障率的数学模型进行了大量的研究，使得检测系统的可靠性及寿命大幅度提高。许多检测系统可以在极其恶劣的环境下连续工作数十万小时。目前人们正在不断努力，进一步提高检测系统的各项性能指标。

2. 应用新技术和新的物理、化学效应，开拓检测领域

检测原理大多以各种物理效应为基础，近代物理学的进展如纳米技术、激光、红外、超声、微波、光纤、放射性同位素等新成就都为检测技术的发展提供了更多的依据，如图像识别、激光测距、微纳米测量、红外测温、C型超声波无损探伤、放射性测厚、中子探测爆炸物等非接触测量得到迅速的发展。

20世纪70年代以前，检测技术主要用于工业部门。如今，检测领域已扩大到社会需要的各个方面。不仅包括工程、海洋开发、宇宙航行等尖端科学技术和新兴工业领域，而且还涉及生物、医疗、环境污染监测、危险品和毒品的侦察、安全监测等方面。检测技术已逐步渗透到人类的日常生活之中。

3. 发展集成化、功能化的检测系统

随着半导体集成电路技术的发展，硅和砷化镓电子元器件的高度集成化大量地向传感器和检测领域渗透。人们将传感元件与信号调理电路制作在同一块硅片上，从而研制出体积更小、性能更好、功能更强的传感器。例如，已研制出高准确度的PN结测温集成电路和微机械加工的差压传感器；又如，人们已能将排成阵列的上千万个光敏元件及扫描放大电路制作在一块芯片上，制成高像素彩色CCD数码照相机。今后还将在光、磁、温度、压力等领域开发出新型的集成度更高的传感器。

4. 采用微处理器技术，使自动检测技术智能化

自20世纪70年代微处理器问世以来，人们已迅速将微处理器技术应用到测量技术中，使检测仪器智能化，从而扩展了功能，提高了准确度和可靠性。目前研制的检测系统大多都带有微处理器。

5. 发展网络化传感器及网络化检测系统

随着微电子技术的发展，现在可以将十分复杂的信号调理和控制电路集成到单块芯片中。传感器的输出不再是模拟量，而是符合某种协议格式（如可即插即用）的数字信号。通过企业内外网络实现多个检测系统之间的数据交换和共享，构成网络化的检测系统，还可以远在千里之外随时随地浏览现场工况，实现远程调试、远程故障诊断、远程数据采集和实时操作。

总之，自动检测技术的蓬勃发展适应了国民经济发展的迫切需要，是一门充满希望和活力的新兴技术，目前取得的进展已十分瞩目，今后还将有更大的发展。

项目二　认识传感器

【项目教学目标】

☞知识目标

1) 熟悉传感器的定义及组成。
2) 熟悉传感器的特性。

☞技能目标

1) 掌握作图法求取传感器的灵敏度。
2) 掌握作图法求取传感器的线性度。

一、传感器定义及传感器的组成

GB 7665—2005 对传感器的定义为：能感受被测量并按照一定的规律转换成可用输出信号的器件或装置，通常由敏感元件和转换元件组成。也可以说：传感器是一种检测装置，能感受到被测量的信息，并能将检测感受到的信息按一定规律变换成为电信号或其他所需形式的信息输出，以满足信息的传输、处理、存储、显示、记录和控制等要求。当输出为规定的标准信号时，则称为变送器。

传感器是实现自动检测和自动控制的首要环节，有时也可以称为换能器、检测器、探头等。传感器组成框图如图 1-8 所示。

图中的敏感元件是传感器中能直接感受或响应被测量的部分。被测量通过传感器的敏感元件转换成与被测量有确定关系、更易于转换的非电量。

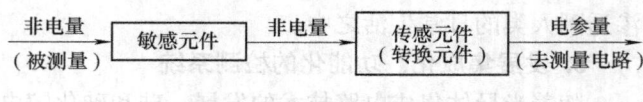

图 1-8　传感器组成框图

转换元件能将敏感元件感受或响应的非电量转换成适于传输或测量的电参量。转换元件之后还应接一个测量转换电路，其作用是将传感元件输出的电参量转换成易于处理的电压、电流或频率等信号。应该指出，不是所有的传感器都有敏感元件、传感元件之分，有些传感器，例如热敏电阻就将两者合二为一了。

电位器式压力传感器原理示意图如图 1-9a 所示。当被测压力 p 增大时，弹簧管抻直，通过齿条带动齿轮转动，从而带动电位器的电刷产生角位移。电位器电阻的变化量反映了被测压力 p 值的变化。在这个传感器中，弹簧管为敏感元件，它将压力转换成角位移 α。电位器为转换元件，它将角位移转换为电参量——电阻的变化 ΔR。当电位器的两端加上电源后，电位器就组成分压比电路，它的输出量是与压力成一定关系的电压 U_0。在这个例子中，电位器除了实现非电量的转换功能之外，又兼有分压比式测量电路的功能。

结合上述工作原理，可将图 1-8 框中的内容具体化，画出电位器式压力传感器的原理框图，如图 1-10 所示。

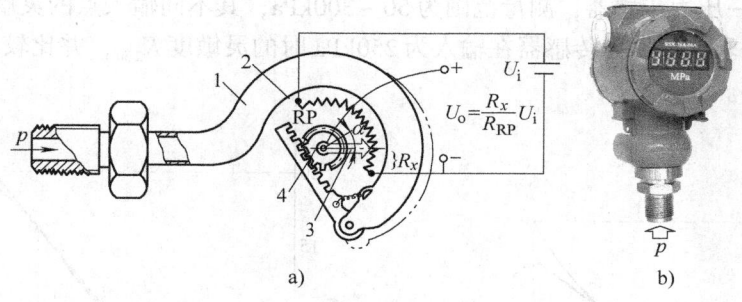

图 1-9 电位器式压力传感器

a) 原理示意图　b) 外形图

1—弹簧管（敏感元件）　2—电位器（传感元件、转换电路）　3—电刷　4—传动机构（齿轮-齿条）

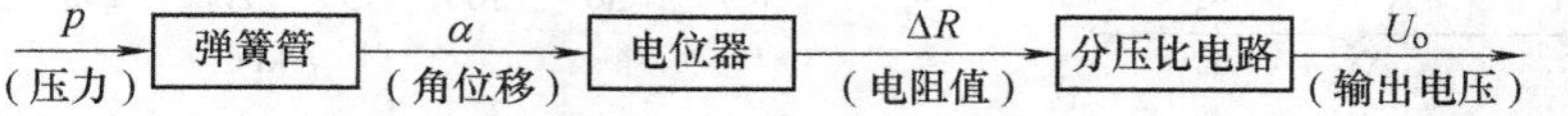

图 1-10 电位器式压力传感器的原理框图

二、传感器分类

传感器的种类名目繁多，分类不尽相同。常用的分类方法有

（1）按被测量分类　可分为位移、力、力矩、转速、振动、加速度、温度、压力、流量、流速等传感器。

（2）按测量原理分类　可分为电阻、电容、电感、光栅、热电偶、超声波、激光、红外、光导纤维等传感器。

（3）按传感器输出信号的性质分类　可分为输出为开关量（"1"和"0"或"开"和"关"）的开关型传感器；输出为模拟量的模拟型传感器，输出为脉冲或代码的数字型传感器。

三、传感器基本特性

传感器的特性一般是指输入/输出特性，有静态、动态之分。传感器动态特性的研究方法与控制理论中介绍的相似，故不再重复。下面仅介绍其静态特性的一些指标。

1. 灵敏度

灵敏度是指传感器在稳态下输出量的变化值与相应的被测量的变化值之比，用 K 表示，即

$$K = \frac{\mathrm{d}y}{\mathrm{d}x} \approx \frac{\Delta y}{\Delta x} \tag{1-1}$$

式中　x——输入量；

　　　y——输出量。

对线性传感器而言，灵敏度为一常数；对非线性传感器而言，灵敏度随输入量的变化而变化。从传感器输出曲线看，曲线越陡，灵敏度越高。可以通过作该曲线的切线的方法（作图法）求得曲线上任一点的灵敏度。用作图法求取传感器的灵敏度如图 1-11 所示。从切线的斜率可以看出，x_2 点的灵敏度比 x_1 点高。

例 1-1 有一压力传感器,测量范围为 50～300kPa,其不同输入点的灵敏度如图 1-12 所示,请用作图法求取该压力传感器在输入为 250kPa 时的灵敏度 K_{250},并比较在输入为 70kPa 时灵敏度的大小。

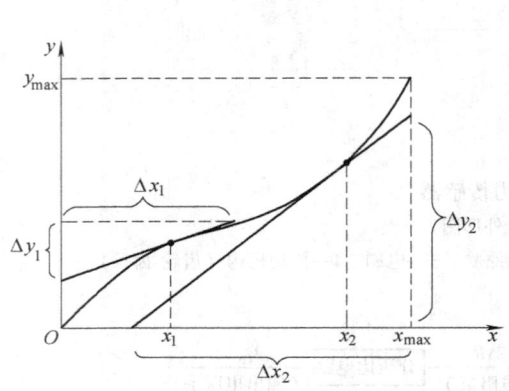
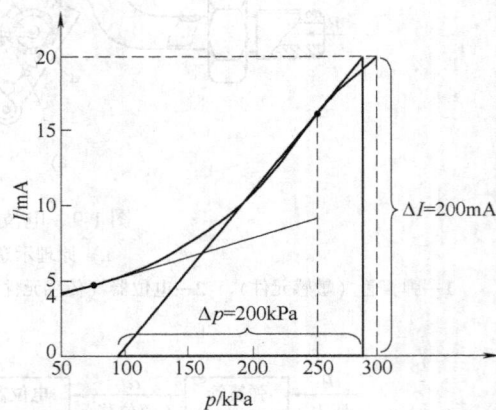

图 1-11 用作图法求取传感器的灵敏度　　图 1-12 用作图法求取某压力传感器不同输入点的灵敏度

解 按照题意,在该压力传感器的输出特性曲线上横坐标为 250kPa 的位置作切线,使之与 x 轴及通过 20mA 与横轴平行的虚线相交,形成直角三角形。从图 1-12 可以看到,三角形的斜边与 x 轴的交点为 90kPa。从输出曲线与通过 20mA 虚线的交点向下作垂线,与 x 轴的交点为 290kPa,该三角形的两个直角边的长度分别为:$\Delta p = 290\text{kPa} - 90\text{kPa} = 200\text{kPa}$,$\Delta I = 20\text{mA} - 0\text{mA} = 20\text{mA}$。根据式(1-1),输入为 250kPa 时的灵敏度

$$K_{250} \approx \frac{\Delta I}{\Delta p} = \frac{20\text{mA}}{290\text{kPa} - 90\text{kPa}} = 0.1\text{mA/kPa}$$

从输出特性曲线可以看出,$p = 70\text{kPa}$ 时的曲线斜率小于 $p = 250\text{kPa}$ 时的曲线斜率,所以 $K_{75} < K_{250}$。输出特性曲线上各点的斜率不相同,灵敏度也就不同。

2. 分辨力

分辨力是指传感器在规定测量范围内可能检测出的被测量的最小变化量,具有量纲。当被测量的变化小于分辨力时,传感器对输入量的变化无任何反应,也称为"灵敏度阈"或"死区"(被测量变化而不引起响应的区域)。对数字仪表而言,如果没有其他附加说明,一般可以认为该仪表的最后一位所表示的数值就是它的分辨力。

一般情况下,不能把仪表的分辨力当做仪表的最大绝对误差。例如,某数字式温度表的量程为 0～199.9℃,则分辨力为 0.1℃。若该仪表的准确度为 1.0 级,则最大绝对误差将达到 ±2.0℃,比分辨力大得多。

仪表或传感器中,还经常涉及"分辨率"的概念。将分辨力除以仪表的量程就是仪表的分辨率,分辨率常以百分比或几分之一表示,量纲为 1。例如,上述温度表的分辨率 = 0.1℃/199.9℃ ≈ 0.05%。

3. 线性度

人们总是希望传感器的输入与输出的关系成正比,即线性关系,这样可使显示仪表的刻度均匀,在整个测量范围内具有相同的灵敏度。但大多数传感器的输入输出特性总是具有不同程度的非线性,可以用下列多项式代数方程表示:

$$y = a_0 + a_1 x + a_2 x^2 + a_3 x^3 + \cdots + a_n^n$$

上式中，y 为输出量，x 为输入量，a_0 为零点输出，a_1 为理论灵敏度，a_2、a_3、$\cdots$、a_n 为非线性项系数。各项系数决定了传感器的线性度的大小。如果 $a_2 = a_3 = \cdots = a_n = 0$，则该测量系统为线性系统，理想的传感器输出与输入的关系特性为 $y = a_0 + a_1 x$，即输出特性曲线上任何点的斜率都相等，传感器的灵敏度 $K = a_1$。

线性度又称非线性误差，是指传感器实际特性曲线与拟合直线之间的最大偏差除以传感器量程，用百分比表示：

$$\gamma_L = \frac{\Delta_{Lmax}}{y_{max} - y_{min}} \times 100\% \qquad (1\text{-}2)$$

式中 Δ_{Lmax}——最大非线性偏差；

$y_{max} - y_{min}$——传感器的输出范围。

求取拟合直线的方法有很多种，对于不同的拟合直线，得到的非线性误差也不同。可以将传感器输出起始点与满量程点连接起来的直线作为拟合直线，这条直线也称为端基理论直线，按上述方法得出的线性度称为端基线性度，作图方法如图 1-13 所示。设计者和使用者总是希望非线性误差越小越好，即希望仪表的静态特性接近于直线，这是因为线性仪表的刻度是均匀的，容易标定，不容易引起读数误差。

大多数传感器的输出特性为非线性。如果直接采用一次函数 $y = Kx + b$ 拟合，结果将产生较大的误差。目前多采用计算机进行曲线拟合。例如，可用 MATLAB 求得近似函数关系式 $y = f(x)$，使其通过或近似通过传感器所给出的有限序列点 (x_i, y_i)，用多项式函数通过最小二乘法求得到传感器的拟合目标函数和近似数学模型。

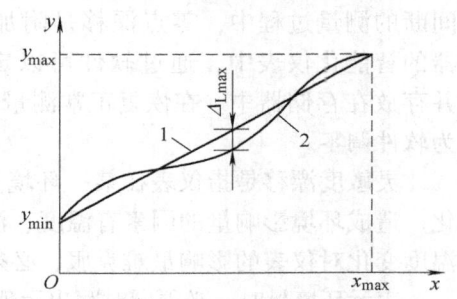

图 1-13　端基线性度作图方法
1—端基拟合直线 $y = Kx + b$　2—实际特性曲线

4. 迟滞误差

迟滞误差又称为回差或变差，是指在规定的测量范围内，输入量增大行程期间和输入量减小行程期间，任一被测量值处输出量的最大差值，也就是指传感器的正向特性和反向特性不一致程度。可用式（1-3）表示：

$$\gamma_H = \frac{\Delta_{Hmax}}{y_{max} - y_{min}} \times 100\% \qquad (1\text{-}3)$$

式中 Δ_{Hmax}——最大迟滞偏差；

$y_{max} - y_{min}$——量程范围。

某位移传感器的迟滞特性如图 1-14 所示。其中的正向特性曲线是指输入量 x 从最小值 x_{min} 开始，逐渐增大到满量程 x_{max} 时所得的曲线；而反向特性曲线则与之相反。正向特性曲线与反向特性曲线不重合，且反向特性曲线的终点与正向特性曲线的起点也不重合。迟滞会引起仪表的重复性、分辨力变差，或造成测量盲区（死区），故一般希望迟滞越小越好。

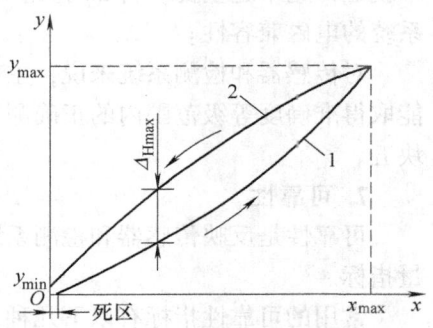

图 1-14　某位移传感器的迟滞特性
1—正向特性　2—反向特性

产生迟滞现象的主要原因是由于传感器敏感元件材料的物理性质和机械零部件的缺陷造成的。例如弹性敏感元件的弹性滞后、运动部件摩擦、传动机构出现间隙、紧固件松动等。

5. 稳定性

稳定性包含稳定度和环境影响量两个方面。稳定度指的是仪表在所有条件都恒定不变的情况下，在规定的时间内维持其示值不变的能力。稳定度一般用仪表的示值变化量和时间的长短之比来表示。例如，某仪表输出电压值在8h内的最大变化量为1.2mV，则表示该仪表的稳定度为1.2mV/(8h)。

环境影响量仅指由外界环境变化而引起的示值变化量。示值的变化由两个因素构成：一是零点漂移；二是灵敏度漂移。零点漂移是指原先已调零的仪表在某一环境量（时间、温度等）的变化间隔内，零点输出的变化。

在测量前是可以发现仪表的零点漂移，并且可以用重新调零的办法来克服。但是在不间断的测量过程中，零点漂移是附加在仪表输出读数上，因此是无法发现的。带微处理器的智能化仪表中，通过软件可以定时地将输入信号暂时切断，测出此时的零点漂移，并存放在存储器中。在恢复正常测量后，将测量值减掉零点漂移值就相当于重新调零，称为软件调零。

灵敏度漂移是指仪表在某一环境量（时间、温度等）的变化间隔内，灵敏度输出的变化。造成环境影响量的因素有温度、湿度、气压、电源电压、电源频率等。在这些因素中，温度变化对仪表的影响最难克服，必须予以特别的重视。

表示环境量时，必须同时写出示值偏差及造成这一偏差的影响因素。例如，"$0.1\mu A/U_i \pm 5\%$"表示电源电压变化$\pm 5\%$时，将引起$0.1\mu A$的示值变化。又如，"$0.2mV/℃$"表示环境温度每变化$1℃$，引起的示值变化量为$0.2mV$。

6. 电磁兼容性

所谓电磁兼容（EMC）是指电子设备在规定的电磁干扰环境中能按照原设计要求正常工作的能力，而且也不向处于同一环境中的其他设备释放超过允许范围的电磁干扰。

随着科学技术、生产力的发展，高频、宽带、大功率的电器设备几乎遍布地球的所有角落，随之而来的电磁干扰也越来越严重地影响检测系统的正常工作。轻则引起测量数据上下跳动，重则造成检测系统内部逻辑混乱、系统瘫痪、甚至烧毁电子线路。因此抗电磁干扰技术就显得越来越重要。自20世纪70年代以来，各行业越来越强调电子设备、传感器、测控系统的电磁兼容性。

对传感器和检测系统来说，主要考虑在恶劣的电磁干扰环境中，系统能够正常工作，并能取得准确度等级范围内的正确测量结果。具体的电磁兼容试验及电磁干扰防护的方法见模块五。

7. 可靠性

可靠性是反映传感器和检测系统在规定的条件下，在一定时间内是否耐用的综合性的质量指标。

常用的可靠性指标有以下几种：

(1) 故障平均间隔时间（MTBF）　指两次故障间隔的平均时间。

(2) 平均修复时间（MTTR）　指排除故障所花费的平均时间。

(3) 故障率或失效率（λ） 指工作到某一时刻尚未失效的产品，在该时刻后，单位时间内发生失效的概率。λ 是时间 t 的函数，故也记为 $\lambda(t)$，称为失效率函数或故障率函数，用"%/kh"表示。仪表故障率的变化大体上可分成如下 3 个阶段，分别用图 1-15 所示的故障率变化的浴盆曲线来说明。

1）初期失效期：图 1-15 中 $0 \sim t_1$ 时间段，这段时间故障率很高，但随着使用时间的增加，故障率迅速降低。仪表元器件安装前，应采取如下措施来减小仪表失效的概率：一是加强对原材料、半成品和成品的检验，尽可能把可能造成早期失效的元器件淘汰掉；二是选用指标上限高的元器件。例如，仪表的使用环境温度上限为 45℃，则选用上限为 85℃ 的电解电容来组成电源滤波电路，以减小电解电容失效的概率；又如，电路中某个电阻的消耗功率为 0.5W，则可选用 1W 的金属膜电阻，以防电阻偶然过热烧毁。

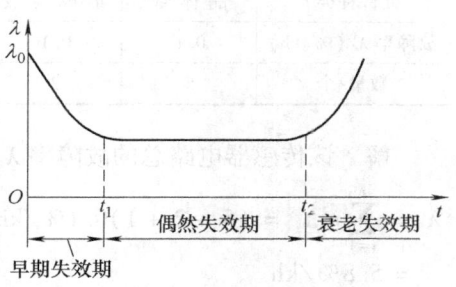

图 1-15 故障率变化的浴盆曲线

仪表故障的大多数原因是设计或制造上有缺陷，所以应尽量在使用前期予以暴露，并消除。例如，工业现场电源电压不稳定，或仪表可能暴露在高温下。为了加速渡过这一危险期，将仪表电源调到工作电压的最高值，使之处于高温环境→低温环境→高温环境……反复循环 48h，称为"老化"试验。老化试验之后暴露出故障的仪表予以返修，能够正常工作的仪表再安装到现场使用，此时故障率会大为降低。又如，在沿海使用的仪表必须进行湿度及盐雾试验，小型盐雾试验箱外形如图 1-16a 所示。盐雾试验箱能够向箱内均匀释放带有盐分的水蒸气，相对湿度可达 98%，最高温度可达 65℃，用于考验仪表的抗盐雾腐蚀能力。

a)

b)

图 1-16 老化试验设备

a) 小型盐雾试验箱 b) 高低温循环老化室

2）偶然失效期：图 1-15 中 $t_1 \sim t_2$ 时间段。这期间的故障率较低，是构成检测系统正常使用期的主要部分。

3）衰老失效期：图 1-15 t_2 以后的时间段。这期间的故障率迅速上升。这是由于产品已经老化、疲劳、磨损、蠕变、腐蚀等原因引起。这期间的故障率随时间的增加而迅速增大，需要经常维修，随时都有可能损坏。因此有的使用单位规定测控系统超过使用寿命时，即使还未发生故障，也应及时退役，以免影响整个检测系统的可靠性，造成更大的损失。

例 1-2 某传感器电路由表 1-2 所列元器件组成，若不考虑结构、装配等其他因素，只考虑元器件的失效，求：该传感器电路总的故障率。

表 1-2 某传感器电路的元器件故障率

元件种类 i	晶体管	集成运放	电阻	电解电容	电位器	电路板	接插件
故障率 λ/(%/kh)	0.1	0.1	0.05	0.2	0.5	0.1	0.2
数量/个	5	2	20	6	4	1	4

解 该传感器电路总的故障率 λ 由所组成的元器件故障率累加得到

$$\lambda = \sum_{i=1}^{n} n_i \lambda_i = (5+2+1)0.1\%/\text{kh} + 20 \times 0.05\%/\text{kh} + (6+4)0.2\%/\text{kh} + 4 \times 0.5\%/\text{kh}$$
$$= 5.8\%/\text{kh}$$

可以采用以下几种方法来减小电路的故障率：①选用可靠性高的元器件；②尽量减少元器件的数量（以软件代替硬件）；③用微处理器实现电路的参数调整，减少带有机械触点的元件（例如电位器）。传感器内部大多带有机械结构，其故障率比电子电路大。传感器除了要进行温度老化试验之外，还应进行振动等试验，以提早暴露机械安装缺陷。

项目三 测量方法及测量误差

【项目教学目标】

☞ 知识目标

1）熟悉常用的测量方法。

2）熟悉误差的分类。

☞ 技能目标

掌握有关准确度和绝对误差的计算。

一、测量的一般概念

测量是通过借助专门的技术和仪表设备，采用一定的方法取得某一客观事物定量数据资料的实践过程。

测量过程实质上是一个比较的过程，即将被测量与一个同性质的、作为测量单位的标准量进行比较，从而确定被测量与标准量比例关系的过程。用天平测量物体的质量就是一个典型的例子。

测量结果可以表现为一定的数字，也可表现为一条曲线，或者显示成某种图形等。测量结果包含数值（大小和符号）以及单位。

二、测量方法分类

从不同的角度看，测量有不同的分类方法。

1）根据被测量是否随时间变化，可分为静态测量和动态测量。例如，用激光干涉仪对建筑物的缓慢沉降作长期监测就属于静态测量；又如，用光导纤维陀螺仪测量火箭的飞行速度和方向就属于动态测量。

2）根据测量的手段不同，可分为直接测量和间接测量。用仪表直接读取被测量的测量结果,称为直接测量。例如,用磁电式仪表测量电流、电压;用离子敏 MOS 场效应晶体管测量 pH 值和甜度等。间接测量的过程比较复杂。首先要对几个与被测量有确定函数关系的量进行直接测量,将测量值代入函数关系式 $y = f(x_1, x_2, x_3, \cdots)$,经过计算求得被测量。

例如,为了求出某一匀质金属球的密度,可先用电子秤称出球的质量 m,再用长度传感器测出球的直径 D,最后通过公式 $\rho = m/(\frac{1}{6}\pi D^3)$ 求得球的密度 ρ。

3) 根据测量结果的显示方式,可分为模拟式测量和数字式测量。目前多采用数字式测量。

4) 根据测量时是否与被测对象接触,可分为接触式测量和非接触式测量。例如用多普勒雷达测速仪测量汽车超速与否就属于非接触测量。非接触测量不影响被测对象的运行工况,是今后测量发展的方向。

5) 为了监视生产过程或在生产流水线上监测产品质量的测量称为在线测量;反之,称为离线测量。例如,现代自动化机床均采用边加工、边测量的方式,就属于在线测量,它能保证产品质量的一致性。离线测量虽然能测出产品的合格与否,但无法实时监控产品质量。

6) 根据测量的方式来分,又可分为偏位式测量、零位式测量和微差式测量。

① 偏位式测量:在测量过程中,被测量作用于仪表内部的比较装置,使该比较装置产生偏移量,直接用仪表的偏移量表示被测量的测量方式称为偏位式测量。例如,用弹簧秤测量物体质量;用高斯计测量磁场强度等,均是直接以指针偏移的大小来表示被测量。在这种测量方式中,必须事先用标准量具对仪表刻度进行校正。显然,采用偏位式测量的仪表内不包括标准量具。

偏位式测量易产生灵敏度漂移和零点漂移。比如,随着时间的推移,弹簧的刚度发生变化,弹簧秤的读数就会产生误差。所以必须定期对偏位式仪表进行校验和校准。偏位式测量虽然过程简单、迅速,但准确度不高。

② 零位式测量:在测量过程中,被测量与仪表内部的标准量相比较,当测量系统达到平衡时,用已知标准量的值决定被测量的值,这种测量方式称为零位式测量。在零位式测量仪表中,标准量具是装在测量仪表内的。用调整标准量进行平衡操作过程,当两者相等时,用指零仪表的零位来指示测量系统的平衡状态。

例如,用天平来测量物体的质量;用平衡式电桥来测量电阻值等均属于零位式测量。零位式测量可以获得较高的测量准确度,但在测量时,要进行平衡操作,花费时间长。为了缩短平衡过程,有时采用自动平衡随动系统,例如自动平衡电位差计等。

③ 微差式测量:微差式测量法综合了偏位式测量法速度快和零位式测量法准确度高的优点。这种测量方法预先使被测量与测量装置内部的标准量取得平衡,当被测量有微小变化时,测量装置失去平衡。用上述偏位式仪表指示出其变化部分的数值。微差式测量装置在使用时要定期用标准量校准(包括调零和调满度),才能保证其测量准确度。

三、测量误差

1. 真值

测量的目的是希望通过测量求取被测量的真值。在一定条件下,任何一个被测量的大小都有一个客观存在的实际值,称为真值。真值是一个可以接近却难以达到的理想概念。由于受测量方法、测量仪器、测量条件以及观测者水平等多种因素的限制,只能获得该物理量的近似值。

真值有理论真值、约定真值、相对真值之分。①理论真值：例如，平面三角形的三个内角之和为180°，理想电容两端电压与电流的相位差为90°等；②约定真值：例如，在标准条件下，水的三相点为273.16K，金的凝固点是1064.18℃；"米"是1/299792458秒的时间间隔内光在真空中行程的长度等；③相对真值：准确度高两级以上的标准仪表，或标准仪表与准确度低的仪表相比，若前者的绝对误差是后者的1/3以下，则标准仪表的测量值可以认为是相对真值。相对真值在误差测量中的应用最为广泛。测量值与真值之间的差值称为测量误差。测量误差可按其不同特征进行分类。

2. 绝对误差

测量结果 A_i 减去真值 A_0 称为绝对误差，用 Δ 表示，绝对误差与被测量的量纲相同：

$$\Delta = A_i - A_0 \tag{1-4}$$

3. 相对误差

绝对误差不足以反映测量值偏离真值程度的大小，所以引入相对误差。相对误差用百分比来表示。相对误差可分为示值相对误差和引用相对误差。

1）示值相对误差 γ_x：用绝对误差 Δ 与被测量 A_x 的百分比来表示，也称为标称相对误差：

$$\gamma_x = \frac{\Delta}{A_x} \times 100\% \tag{1-5}$$

2）引用误差 γ_m：将仪表的绝对误差 Δ 除以一个引用值或特定值，例如仪表的量程（测量上限减去测量下限，$A_{max} - A_{min}$），用百分比来表示，也称满度相对误差：

$$\gamma_m = \frac{\Delta}{A_{max} - A_{min}} \times 100\% \tag{1-6}$$

对测量下限为零的仪表而言，在式（1-6）中，用上限值 A_m 来代替分母中的 $A_{max} - A_{min}$。

式（1-6）中，当 Δ 取仪表的最大绝对误差值 Δ_m 时，引用误差常被用来确定仪表的准确度等级 S，即

$$S = \left| \frac{\Delta_m}{A_{max} - A_{min}} \right| \times 100 \tag{1-7}$$

根据仪表给出的准确度等级 S 及量程范围，可以推算出该仪表可能出现的最大绝对误差 Δ_m。准确度等级 S 规定取一系列标准值。我国模拟仪表有下列七种等级：0.1、0.2、0.5、1.0、1.5、2.5、5.0。仪表常用准确度等级和引用误差对照如表1-3所示，它们分别表示对应仪表的满度相对误差不应超过的百分比。从图1-17所示的电压表右侧，我们可以看到该仪表的准确度等级为5.0级，它表示对应仪表的引用误差（满度相对误差）不超过5.0%。同类仪表的准确度等级数值越小，准确度就越高，价格就越贵。在工程中，仪表的准确度有时也称为"精度"，准确度等级有时也称为"精度等级"。此外，还经常使用"正确度"、"精密度"、"精确度"等名词来评价测量结

图1-17 从电压表上读取准确度等级

果。这些术语比较容易引起混乱，本书只采用"准确度"这个名词来描述测量结果的相对误差大小。

表1-3 仪表常用准确度等级和引用误差对照

准确度等级 S	0.1	0.2	0.5	1.0	1.5	2.5	5.0
引用误差 γ_m	±0.1%	±0.2%	±0.5%	±1.0%	±1.5%	±2.5%	±5.0%

随着测量技术的进步，目前部分行业的仪表还增加了以下几种准确度等级：0.005、0.01、0.02、(0.03)、0.05、0.2、(0.25)、(0.3)、(0.35)、(0.4)、(0.75)、(1.35)、(2.0)、4.0等。只有在必要时，才可采用括号内的准确度等级。

例 1-3 用 0.5 级、量程为 $-50 \sim 150$℃ 的温度仪表来测量温度，求：可能产生的最大绝对误差为多少摄氏度？

解： $\Delta_m = \pm \dfrac{S}{100} \times (A_{\max} - A_{\min}) = \pm 0.5\% \times [150 - (-50)]$℃ $= \pm 1.0$℃

仪表的最大绝对误差在多数情况下是不变的，而示值相对误差 γ_x 随示值的减小而增大。例如，用图1-17所示的电压表来测量220V电压时，可能产生的最大示值相对误差 $\gamma_{x220} = [(\pm 5.0\% \times 300)\text{V} \div 220\text{V}] \times 100\% = \pm 6.82\%$，而用它来测量22V电压时，可能产生的最大示值相对误差 $\gamma_{x22} = [(\pm 5.0\% \times 300)\text{V} \div 22\text{V}] \times 100\% = \pm 68.2\%$。

例 1-4 某压力表的准确度为 2.5 级，量程为 $0 \sim 1.5$MPa，求：
1) 可能出现的引用误差 γ_m。
2) 可能出现的最大绝对误差 Δ_m 为多少千帕？（注：保留3位有效数字）
3) 测量结果显示为 0.70MPa 时，可能出现的最大示值相对误差 γ_x。

解 1) 可能出现的引用误差（最大满度相对误差）可以从准确度等级直接得到，即 $\gamma_m = \pm 2.5\%$。

2) $\Delta_m = \gamma_m A_m = \pm 2.5\% \times 1.5\text{MPa} = \pm 0.0375\text{MPa} = \pm 37.5\text{kPa}$

3) $\gamma_x = \dfrac{\Delta_m}{A_x} \times 100\% = \dfrac{\pm 0.0375\text{MPa}}{0.70\text{MPa}} \times 100\% = \pm 5.36\%$

由上例可知，γ_x 的绝对值总是大于 γ_m（在满度时的相对误差），被测值与满度值的差距越大，示值相对误差就越大。

【7种量程为 $0 \sim 300$kPa 压力表的引用误差、最大绝对误差对照填空训练】

引用误差 γ_m (±%)	5.0				0.5	0.2	
最大绝对误差 Δ_m/kPa		7.5	4.5	3.0			0.3

例 1-5 准确度为 0.5 级，测量范围为 $0 \sim 300$℃，和准确度为 1.0 级的 $0 \sim 100$℃的两个温度计，用于测量80℃的温度，试问采用哪一个温度表好？

解 根据式（1-6）、式（1-7）计算最大绝对误差，用 0.5 级 $0 \sim 300$℃ 温度表以及 1.0 级 $0 \sim 100$℃ 温度计测量时，可能出现的最大绝对误差分别为 ±1.5℃ 及 ±1.0℃，测量80℃的温度，最大示值相对误差分别为 ±1.88% 和 ±1.25%。计算结果表明，用上述 1.0 级表比用 0.5 级表测量，示值相对误差的绝对值反而小，所以量程稍大于被测量的仪表更合适。在选用仪表时应兼顾准确度等级和量程，通常希望示值落在仪表满度值的 2/3 左右。

4. 测量误差的表现形式

（1）粗大误差　超出在规定条件下预计的误差，或明显偏离真值的误差称为粗大误差，也称疏忽误差。粗大误差主要是由于测量人员的粗心大意及电子测量仪器受到突然而强大的干扰所引起的。如测错、读错、记错、外界过电压尖峰干扰等造成的误差。就数值大小而言，粗大误差明显超过正常条件下的误差。当发现粗大误差时，应予以剔除。

（2）系统误差　在重复性条件下，对同一被测量进行无限多次重复测量所得结果的平均值与被测量的真值之差，称为系统误差 Δ_S，即

$$\Delta_S = \bar{A} - A_0 \tag{1-8}$$

式中　A_0——被测量的真值；

$\bar{A}$——测量结果的算术平均值。

当测量次数 $n \to \infty$ 时，$\bar{A}$ 可以用下式计算得到：

$$\bar{A} = \frac{1}{n}\sum_{i=1}^{n} A_i = \frac{A_1 + A_2 + A_3 + \cdots + A_n}{n} \tag{1-9}$$

系统误差有时也采用如下的表达：凡误差的数值固定或按一定规律变化的，均属于系统误差。按其表现的特点，可分为恒值误差、变值误差及周期性误差等几大类。恒值误差在整个测量过程中，其数值和符号都保持不变。例如，由于仪表未调零而产生的误差，环境温度及湿度波动、电源电压下降、电子元件老化、机械零件变形移位、仪表零点漂移等引起的误差均属于恒值误差。系统误差的几种表现形式如图1-18所示。

系统误差具有规律性，因此可以通过实验的方法或引入修正值的方法计算修正，也可以重新调整测量仪表的有关部件使系统误差尽量减小。

由于系统误差及产生的原因不能完全知晓，因此通过修正和调整只能有限程度地对系统误差进行补偿，使得系统误差比调整和修正之前小，但不可能为零。

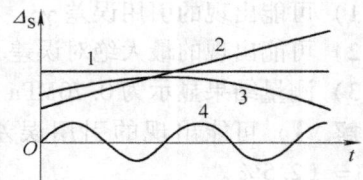

图1-18　系统误差的几种表现形式
1—恒值误差　2、3—变值误差　4—周期性误差

（3）随机误差　测量结果与在重复条件下对同一被测量进行无限多次测量所得结果的平均值之差称为随机误差 Δ_R。随机误差大多是由影响量的随机变化引起的，这种变化带来的影响称为随机效应，它导致重复观测中的分散性。随机误差也可以表达为：在同一条件下，多次测量同一被测量，有时会发现测量值时大时小，误差的绝对值及正、负以不可预见的方式变化，该误差称为随机误差。随机误差反映了测量值离散性的大小。随机误差是测量过程中许多独立的、微小的、偶然的因素引起的综合结果。

存在随机误差的测量结果中，虽然单个测量值误差的出现是随机的，既不能用实验的方法消除，也不能修正，但就误差的整体而言，服从一定的统计规律。通过增加测量次数，在排除明显的粗大误差后，利用式（1-9）就可以尽量减小随机误差对测量的影响。

在工程中，经常对存在干扰和随机误差的信号进行"等准确度"的快速、多次"采样"，然后先舍去第一个采样值（不稳定），再舍去若干对最大值和最小值，将余下的几个中间值作算术平均值运算，该算术平均值可以认为是排除了大多数干扰后较正确的结果，这种方法有时也被称为简易数字滤波。

（4）动态误差　根据测量的静态特性和动态特性分类，还可将误差分为静态误差和动

态误差。在被测量不随时间变化时所产生的误差称为静态误差。当被测量随时间迅速变化时,系统的输出量在时间上不能与被测量的变化精确吻合,这种误差称为动态误差。例如,被测水温以很快的速度上升到100℃,玻璃水银温度表(属于一阶系统)的水银柱不可能立即上升到100℃。如果此时就记录读数,必然产生误差。

引起动态误差的原因很多。例如,用笔式记录仪(属于二阶系统)记录心电图时,由于记录笔的惯性较大,所以记录的结果在时间上滞后于真实心电的变化,有可能记录不到特别尖锐的窄脉冲,而且还存在较长的稳定时间。用不同品质的心电图仪测量同一个人的心电图时的曲线如图1-19所示。由于心电图仪的放大器带宽不够,动态误差较大,描绘出的窄脉冲幅度可能偏小。又如,用放大器放大含有大量高次谐波的周期信号(例如很窄的矩形波)时,由于放大器的频响及电压上升率不够,电路中的积分常数较大,故造成高频段的放大倍数小于低频段,在示波器上看到的波形失真很大。

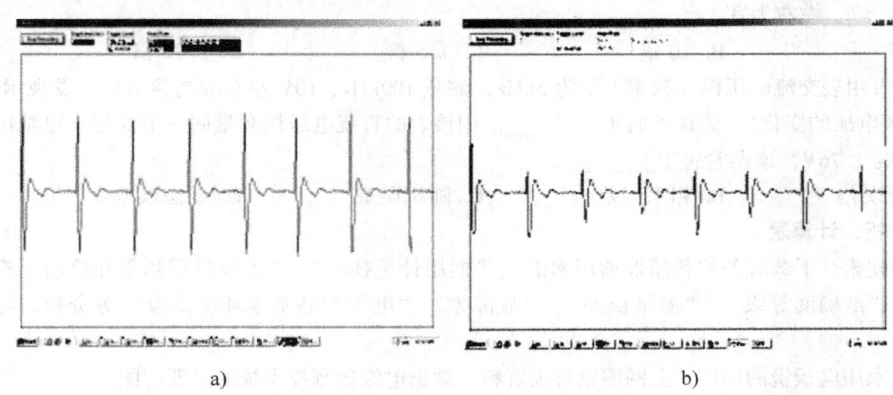

图1-19 用不同品质的心电图仪测量同一个人的心电图时的曲线
a) 动态误差较小的心电图仪测量结果 b) 动态误差较大的心电图仪测量结果

多数静态测量要求仪器的带宽为0~10Hz,而动态测量要求带宽上限较高(例如要求大于10kHz)。这就要求采用高速运算放大器,并尽量减小电路的时间常数。

对用于动态测量且带有机械结构的仪表而言,应尽量减小机械惯性,提高机械结构的谐振频率,才能尽可能真实地反映被测量的迅速变化。

思考题与练习题

1-1 单项选择题

1) 在工程中,"换能器"、"检测器"、"探头"等名词均与_____同义。
   A. 信号调理装置　　B. 显示器　　C. 执行机构　　D. 传感器

2) 某数字式压力表的量程为0~999.9kPa,当被测量的变化小于_____kPa时,仪表的输出不变。
   A. 9　　B. 1.0　　C. 0.9　　D. 0.1

3) 重要场合使用的元器件或仪表,购入后需进行高、低温循环老化试验,其目的是为了_____。
   A. 提高准确度
   B. 加速其衰老
   C. 测试其各项性能指标
   D. 提早发现故障,提高可靠性

4) 某传感器的故障率为5.8%/kh,当运行时间达到1000h时,发生故障的概率大致为_____。
   A. 5.8%　　B. 58%　　C. 100%　　D. 1000%

5) 电工实验中,采用平衡电桥测量电阻的阻值,属于_____测量,而用动圈式电压表测量电压,属于_____测量。

　　A. 偏位式　　　　B. 零位式　　　　C. 微差式　　　　D. 非接触式

6) 在仪表的误差校验中,最常用到的真值是_____。

　　A. 理论真值　　　B. 约定真值　　　C. 相对真值　　　D. 绝对真值

7) 某采购员分别在三家商店购买 100kg 大米、10kg 苹果、1kg 巧克力,发现均缺少约 0.5kg,但该采购员对卖巧克力的商店意见最大,在这个例子中,产生此心理作用的主要因素是_____。

　　A. 绝对误差　　　B. 示值相对误差　C. 引用误差　　　D. 准确度等级

8) 同类仪表的准确度等级数值越小,_____。

　　A. 准确度就越高,价格就越贵　　　　B. 准确度就越低,价格就越便宜
　　C. 准确度就越高,价格就越便宜　　　D. 准确度就越低,价格就越高

9) 在选购线性仪表时,必须在同一系列的仪表中选择适当的量程。这时应尽量使选购的仪表量程为欲测量的_____左右为宜。

　　A. 3 倍　　　　　B. 10 倍　　　　　C. 1.5 倍　　　　D. 0.75 倍

10) 用万用表交流电压档(频率上限为 5kHz)测量 100kHz、10V 左右的高频电压,发现示值不到 2V(跟不上高频电压的变化),该误差属于_____。用该表的直流电压档测量同一节 5 号干电池电压,发现每次示值均为 1.76V,该误差属于_____。

　　A. 系统误差　　　B. 粗大误差　　　C. 随机误差　　　D. 动态误差

1-2 分析、计算题

1. 上网搜索、下载有关"传感器通用术语"、"通用计量技术"、"工业过程测量和控制用检测仪表和显示仪表"、"准确度等级"、"测量误差"、"故障率""电子产品基本环境试验"等资料,简述其主要内容。

2. 观察家用电饭煲的结构,上网搜索有关资料,画出电饭煲测控系统的原理框图。

3. 各举出两个日常生活中非电量电测的例子来说明:

1) 静态测量;2) 动态测量;3) 直接测量;4) 间接测量;5) 接触式测量;6) 非接触式测量;7) 在线测量;8) 离线测量。

4. 有一压力传感器,测量范围为 50~300kPa,输出特性见图 1-12,请用作图法求取该压力传感器在输入为 70kPa 时的灵敏度 K_{70},并画出作图过程。

5. 有一温度表,测量范围为 -50~250℃,准确度等级为 0.2 级,求:

1) 该温度表可能出现的最大绝对误差 Δ_m。

2) 当示值分别为 -50℃、10℃、200℃ 时,可能产生的最大示值相对误差 γ_{-50}、γ_{10}、γ_{200}。

6. 欲测量 240V 左右的电压,要求测量示值相对误差的绝对值不大于 0.6%,求:

1) 允许的最大绝对误差不应超过多少伏?

2) 若选用量程为 500V 电压表,其准确度应选模拟仪表中常用的哪一个等级?

7. 某仪表公司生产 500V 电压表,绝大部分产品的满度相对误差能够控制在 0.15%~0.28% 之间,由于产品的技术指标应优于产品说明书所规定准确度等级,请查表 1-3,确定出厂指标应定为哪一级?

8. 指出下列情况哪些属于粗大误差?哪些属于系统误差?哪些属于随机误差?

1) 看错电压表的量程倍数。

2) 打雷时出现的输出电压跳变。

3) 天平未调水平。

4) 游标卡尺零点不准。

5) 电子秤内部温度逐渐增大产生的输出温漂。

6) 弹簧秤的弹簧逐渐失去弹性。

7) 电桥检流计的零点漂移。
8) 欧姆表表棒的接触电阻。
9) 电网电压的微小跳变给测温仪表带来的误差。
9. 射击弹着点示意图如图 1-20 所示，请分别说明图 a、b、c 各包含什么误差。

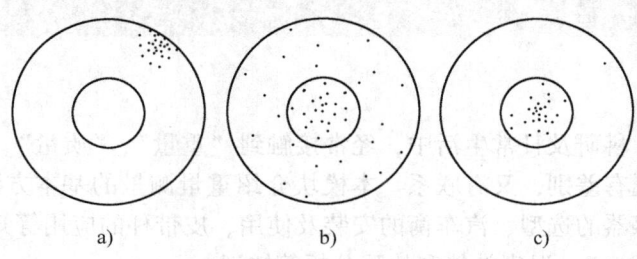

图 1-20　射击弹着点示意图

10. 用核辐射式测厚仪对钢板的厚度进行 6 次等精度测量，所得数据如下表，请指出哪几个数值明显为粗大误差？在剔除明显的粗大误差后，用式（1-9）所示的算术平均值公式计算钢板的大致厚度 d 为多少毫米？

i	d_i/mm	i	d_i/mm	i	d_i/mm	i	d_i/mm	i	d_i/mm	i	d_i/mm
1	8.00	2	8.03	3	7.98	4	6.99	5	9.03	6	7.99

模块二 重量检测

在工业、农业、科研及日常生活中，经常接触到"重量"、"质量"、"力"、"重力"等概念，这四者之间既有差别，又有联系。本模块介绍重量测量的基本方法、应变计的组桥、零点调整、荷重传感器的选型、汽车衡的安装及使用、皮带秤的应用等知识。重点介绍计量领域经常用到的"检定"、温度补偿和故障分析等知识。

知识链接 质量、重力与重量的基本概念

一、质量的基本概念

质量（kg）、物质量（mol）、长度（m）、时间（s）、电流（A）、热力学温度（K）、光强（cd）是国际单位制的7个基本单位。根据以上7个国际单位，可以导出其他单位，例如：力、能量、温度、电压、频率、磁通等，其中的"质量"是以人工制品来定义的国际单位。

物体所含物质的多少称为质量，用字母"m"表示。质量是物体的一种基本属性，与物体的状态、形状、温度、所处的空间位置变化等因素无关。同一物体在任何地方的质量是不变的。例如，在地球上用天平测量一个砝码的质量为20kg，如果宇航员将这个砝码带到月球上，用天平或加速度传感器称量，质量仍为20kg。

1791年，法国科学院规定：在4℃（密度最大）时，1立方分米纯水的质量为1kg（千克）。同年，人们利用精密加工工艺，用铂铱合金（90%Pt加10%Ir）制成了高度和直径都是39.17mm的圆柱体，质量等于上述水的质量，并且具有不易磨损、抗氧化及抗腐蚀性较强的能力。在1899年第一届国际度量衡大会上，该圆柱体被批准为"国际千克原器"，称为IPK，如图2-1所示。它现今保存在巴黎国际计量局（BIPM）总部的地下室，所有计量的测量都应溯源到该国际千克原器。通过与千克原器相比就可得出物体的质量，其国际单位为千克，符号是kg。此外还正式制作了几十个IPK的复制品，可供其他国家作为国家标准使用。这些复制品每50年就要跟IPK比对一次。

图2-1 放在抽真空玻璃器皿里的国际千克原器IPK

我国古代用到的称量单位有：石、斤、两、钱等。英制中有：磅、盎司、打兰、格令等；现在常用的比千克（kg）小的单位有克（g）、毫克（mg）等；比千克（kg）大的单位有吨（t）等。

质量越大，惯性就越大，物体受力时运动状态的变化就越困难。物体受力后产生的加速度a与所受的力f成正比，与质量m成反比，三者之间的关系可以用下式表示：$a = F/m$。

有一个类似于"牛顿与苹果"的传说：有一天，牛顿用一个弹簧秤牵拉一个质量为1kg的物体，使它在光滑的平面上以 1m/s² 的加速度前进。于是牛顿就在弹簧秤的刻度表上标志：此处的力为1牛（N）。

二、重力、重量的概念

1. 重力

在地球的表面，物体所受万有引力的数值称为重力，用字母 W 或 F 表示，单位用 N 表示。重力的方向是竖直向下。

重力与质量之间的数值关系可以用公式 $W=mg$ 表示。式中的 W 为重力（N），m 为质量（kg），g 为重力加速度，单位为 m/s²。

世界各地不同纬度的重力加速度有微小的差异。如果 g 的单位用 m/s² 表示，则世界各地不同纬度的重力加速度如表 2-1 所示。

当物体距地面高度较大时，重力加速度 g 的数值显著减小。在别的星球上，重力加速度的数值差别很大。月球表面的重力加速度 g 只有地球表面的 1/6。

表 2-1 世界各地不同纬度的重力加速度

地 点	赤 道	广 州	武 汉	上 海	北 京	纽 约	莫斯科	北 极
纬度	0°	23°06′	30°33′	31°12′	39°56′	40°40′	55°45′	90°
$g/(m/s^2)$	9.780	9.788	9.794	9.794	9.801	9.803	9.816	9.832

2. 重量

在地球的赤道表面，物体所受重力的大小称为重量。物体所处的地理位置纬度越高，地球圆周运动所需的向心力也越小，重力加速度变大，重量也将随之增大。地理南北两极的圆周运动轨道半径为零，需要的向心力也为零，重力加速度达到最大值，用电子秤称量的示值也最大。反之，赤道海平面的重力加速度最小，称量的示值也最小。

3. 电子秤的地区修正

用电子秤称量物体重量的实质是测量物体垂直压在电子秤秤台上的力。该力的大小是地球引力与地球做圆周运动所需向心力之差。

作为一种重力测量器具，电子秤在测量同一物体的重量时，显示的数据会因重力加速度 g 的不同而有所不同。因此必须对电子秤的出产地及使用地进行修正。精密型电子秤在不同的纬度使用时，首先必须输入所在地的纬度修正值，在以后的应用中，电子秤内部的微处理器会自动乘以这一修正系数，使得在不同地点称量同一砝码时的示值相同。用天平称量物体的质量时不需要进行使用地修正。

重量的单位应与重力的单位相同，都为牛（N）。但是在人们的习惯中，经常将重量的单位与质量的单位混淆起来，均用千克（kg）表示，数值也相等。

项目一 商用电子秤

【项目教学目标】
☞知识目标
1) 掌握应变计和直流电桥的工作原理。

2）熟悉商用电子秤的工作原理。

☞技能目标

1）掌握应变计组桥及零位调整方法。

2）熟悉电子秤的选型。

能感受物体重量并转换成可用输出信号的传感器称为重量（称重）传感器。常用的重量（称重）传感器有电子秤和汽车衡、轨道衡等。电子秤属于衡器的一种，是利用胡克定律原理测定物体质量的工具，能够满足"快速、准确、连续、自动"称量的要求。电子秤是国家强制检定的计量器具，未按照规定申请检定或者检定不合格者均不得使用。

任务一 认识应变计

1. 应变计的发展历程

早在1856年，人们在轮船上向大海里铺设海底电缆时就发现，电缆的电阻值由于拉伸而增大，继而对铜丝和铁丝进行拉伸试验，得出结论：金属丝的电阻与其应变呈某种函数关系。1936年，人们制出了纸基丝式电阻应变计；1952年制出了箔式应变计；1957年制出了半导体应变计，并利用应变计制作了各种传感器。用它们可测量力、应力、应变、荷重和加速度等物理量。现在，各种电阻应变计和应变式传感器的品种规格已达数万种之多。

2. 应变计的结构

电子秤的核心元件是"应变计"（也称"应变片"），电阻应变式传感器主要由电阻应变计及测量转换电路等组成。电阻丝应变计结构如图 2-2 所示。它用直径为 0.01~0.05mm 且具有高电阻率的电阻丝制成。为了获得高的电阻值，电阻丝排列成栅网状，并粘贴在绝缘基片上。线栅上粘贴有保护用的覆盖层，电阻丝两端焊有引出线。图中 l 称为应变计的工作基长，b 称为应变计基宽。$b \times l$ 为应变计的有效使用面积。应变计规格一般是用有效使用面积以及电阻值来表示，例如（3×10）mm²、120Ω、350Ω、1000Ω 等。应变计的线栅越长，灵敏度就越高，动态响应就越差。

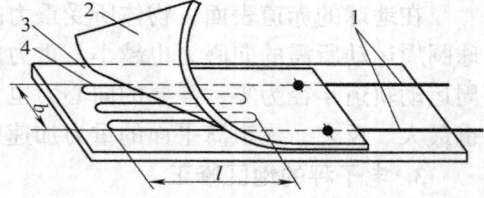

图 2-2 电阻丝应变计结构
1—引出线 2—覆盖层 3—基底 4—电阻丝线栅

用应变计测试应变时，将应变计粘贴在试件表面。当试件受力变形后，应变计上的电阻丝也随之变形，从而使应变计电阻值发生变化，通过测量转换电路最终转换成电压或电流的变化。

应变计具有体积小、价格便宜、准确度高、频率响应好等优点，被广泛应用于应变、应力、力、重量、扭矩等非电量测量中。

3. 应变效应

导体或半导体材料在外界力的作用下，会产生机械变形，其电阻值也将随着发生变化，这种现象称为应变效应。下面我们以金属丝应变计为例来分析应变效应。

设有一长度为 l、截面积为 A、半径为 r、电阻率为 ρ 的金属丝，它的电阻值 R 可表示为

$$R = \rho \frac{l}{A} = \rho \frac{l}{\pi r^2}$$

当沿金属丝的长度方向作用均匀拉力（或压力）时，上式中 ρ、r、l 都将发生变化（见图2-3），从而导致电阻值 R 发生变化。例如金属丝受拉时，l 将变长，r 变小，均导致 R 变大；又如，某些半导体受拉时，ρ 将变大，导致 R 变大。

实验证明，电阻丝及应变计的电阻相对变化量 $\Delta R/R$ 与材料力学中的轴向应变 ε_x 的关系在很大范围内是线性的，即

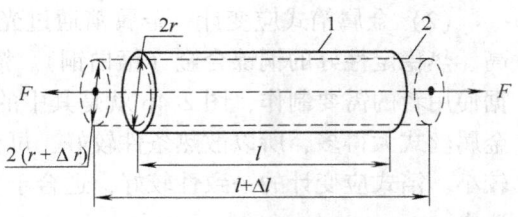

图 2-3　金属丝的拉伸变形
1—拉伸前　2—拉伸后

$$\frac{\Delta R}{R} = K\varepsilon_x \tag{2-1}$$

式中　K——电阻应变计的灵敏度。

对于不同的金属材料，K 略微不同，数值一般为 2 左右。而对半导体材料而言，由于其感受到应变时，电阻率 ρ 会产生很大的变化，所以灵敏度比金属材料大几十倍。

在材料力学中，$\varepsilon_x = \Delta l/l$ 称为电阻丝的轴向应变，也称纵向应变，是量纲为1的数。ε_x 通常很小，常用 10^{-6} 表示。例如，当 ε_x 为 0.000 001 时，在工程中常表示为 1×10^{-6} 或 $1\mu m/m$。在应变测量中，经常将它称为微应变($\mu\varepsilon$)。

对金属材料而言，受力后所产生的轴向应变应小于 $1\,000\mu\varepsilon$，即 $1\,000\mu m/m$，否则有可能超过材料的极限强度而导致断裂。

由材料力学可知，$\varepsilon_x = F/(AE)$，所以 $\Delta R/R$ 又可表示为

$$\frac{\Delta R}{R} = K\frac{F}{AE} \tag{2-2}$$

如果应变计的灵敏度 K 和试件的横截面积 A 以及弹性模量 E 均为已知，则只要设法测出 $\Delta R/R$ 的数值，即可获知试件受力 F 的大小。

4. 应变计的种类及特点

应变计可分为金属应变计及半导体应变计两大类。前者可分成金属丝式、箔式、薄膜式等。图2-4为几种不同类型的电阻应变计。

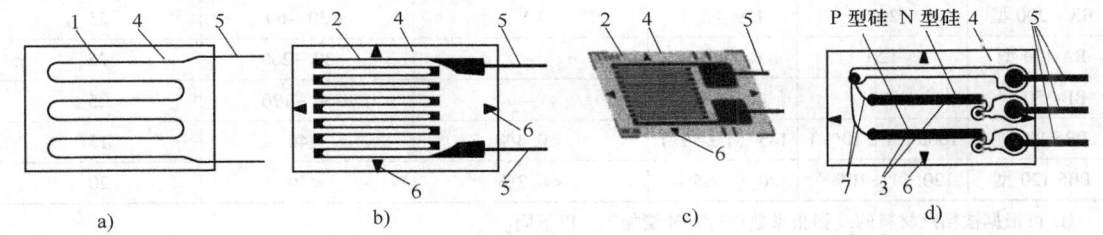

图 2-4　几种不同类型的电阻应变计
a) 金属丝式　b) 金属箔式　c) 金属箔式外形　d) 半导体应变计
1—电阻丝　2—金属箔　3—半导体　4—基片　5—引脚　6—定位标记　7—金丝

(1) 金属丝式应变计　金属丝式应变计由直径为 0.02~0.05mm 的锰白铜丝或者镍铬丝绕成栅状，夹在两层绝缘薄片（基底）中制成，用镀锡铜线与应变计的丝栅连接，作为应变计的引线。由于金属丝式应变计蠕变较大，金属丝易脱胶，有逐渐被箔式应变计所取代的趋势。但金属丝式应变计价格便宜，多用于要求不高的应变的大批量、一次性试验。

(2) 金属箔式应变计　金属箔通过光刻、腐蚀等工艺制成箔栅。箔的材料多为电阻率高、热稳定性好的铜镍合金（锰白铜）。箔的厚度一般为几微米，箔栅的尺寸、形状可以根据使用者的需要制作，图 2-4b 就是其中的一种。由于金属箔式应变计与片基的接触面积比金属丝式大得多，所以散热条件较好，可允许流过较大的电流，而且在长时间测量时蠕变也较小。箔式应变计的一致性较好，适合于大批量生产，目前广泛用于各种应变式传感器的制造中。

在制造工艺上，还可以对金属箔式应变计进行适当的热处理，使它的线胀系数、电阻温度系数以及被粘贴的试件的线胀系数三者相互抵消，从而将温度影响减小到最小的程度。

目前，利用热处理方法可使应变式传感器成品在整个温度范围内使用的温漂小于 $10^{-4}/℃$。使用卡玛合金及铁镍铝合金制成的应变计工作温度可以达到 400℃。

(3) 金属薄膜式应变计　薄膜式应变计的敏感栅是用蒸镀或溅射法沉积的金属、合金薄膜制成的。在绝缘基片上蒸镀金属材料薄膜，最后加上保护层，其厚度一般在 0.1μm 以下。也可以直接蒸镀在弹性元件的绝缘层表面，不易产生蠕变。

(4) 半导体应变计　是将杂质扩散到一个高电阻 N 型硅基底上，形成一层极薄的导电层，然后用超声波或热压焊法焊接引线。它的主要优点是灵敏度高，缺点是灵敏度的一致性差、温漂大、电阻与应变之间的非线性误差大。在使用时，需采用温度补偿及非线性补偿措施。

图 2-4d 中的 N 型和 P 型硅"体电阻"受到拉力时，一个电阻值增大，一个减小，可构成双臂半桥，同时又具有温度自补偿功能。

表 2-2 列出了几种应变计的主要技术指标，仅供参考。PZ 型为纸基丝式应变计，PJ 型为胶基丝式应变计，BX、BA、BB 型为箔式应变计，PB6 型为半导体应变计。

表2-2　几种应变计的主要技术指标

参数名称	电阻值/Ω	灵敏度	电阻温度系数/℃$^{-1}$	极限工作温度/℃	最大工作电流/mA
PZ-120 型	120	1.9~2.1	20×10^{-6}	-10~40	20
PJ-120 型	120	1.9~2.1	20×10^{-6}	-10~40	20
BX-200 型	200	1.9~2.2	—①	-30~60	25
BA-120 型	120	1.9~2.2	—	-30~200	25
BB-350 型	350	1.9~2.2	—	-30~170	25
PB6-1K 型	1000 (1±10%)	145 (1±5%)	<0.4%	<40	15
PB6-120 型	120 (1±10%)	120 (1±5%)	<0.2%	<40	20

① 可根据被粘贴材料的线膨胀系数进行自补偿加工，以下同。

任务二　应变计的粘贴

应变计是通过黏合剂粘贴到试件上的，黏合剂的种类很多，选用时要根据基片材质、工作温度、潮湿程度、稳定性、是否加温加压、粘贴时间等多种因素合理选择。

应变计的粘贴质量直接影响到应变测量的准确度，必须十分注意。应变计的粘贴工艺包括：试件贴片处的表面处理，贴片位置的确定，应变计的粘贴、固化，引出线的焊接及保护处理等。现将粘贴工艺简述如下：

(1) 试件的表面处理　为了保证一定的黏合强度，必须将试件表面处理干净，清除杂质、油污及表面氧化层等。粘贴表面应保持平整、光滑。最好在表面打光后，采用喷砂处理，喷砂面积约为应变计的 3~5 倍。

(2) 确定贴片位置　在应变计上应标出敏感栅的纵、横向中心线，在试件上按照测量要求划出中心线，还可以采用光学投影的方法来更精密地确定贴片位置。

(3) 粘贴　首先用甲苯、四氢化碳等溶剂清洗试件表面。如果条件允许，也可采用超声清洗。应变计的底面也要用溶剂清洗干净，然后在试件表面和应变计的底面各涂一层薄而均匀的环氧树脂类或氰基丙烯酸脂类黏结剂，然后粘贴在一起。对黏结剂的要求是绝缘电阻高、防水、耐油、耐化学药品以及固化不收缩，不会造成应变计残余应力。

贴片后，在应变计表面盖上一张对黏结剂有不粘效果的聚乙烯塑料薄膜，并加压，将多余的胶水和气泡排出，可以形成超薄（5μm）、无气隙的胶层，从而有较强的抵抗潮湿和化学腐蚀的能力。胶层太厚则易导致应变计受力后产生蠕变。

(4) 固化　贴好后，根据所使用的黏合剂的固化工艺要求进行高温固化处理和时效处理。保温温度与时间为 175℃（1h）。

(5) 粘贴质量检查　检查粘贴位置是否正确，黏合层是否有气泡和漏贴，敏感栅是否有短路或断路现象以及敏感栅的绝缘性能等。

(6) 引线的焊接与防护　检查合格后即可焊接引出线。引出导线要用柔软、不易老化的胶合物适当地加以固定，以防止导线摆动时折断应变计的引线。然后在应变计和引线上及时涂一层较厚的柔软防护层，防止外力拉断引线以及大气对应变计的侵蚀，保证应变计长期工作的稳定性。

任务三　惠斯通电桥组桥

一、直流电桥

4 个电阻连接成四边形，共有 4 个结点，其中处于对角线的一对结点接到激励电源，另一对结点作为电压输出端，这样的电路称为电桥。电桥激励源可以是交流电压，称为交流电桥；激励源也可以是直流电压，称为直流电桥。由于交流电桥的平衡调节非常困难，所以现在多采用直流电桥。

直流电桥是一种精密的电阻测量仪器。按工作方式，直流电桥可分为平衡桥式电路和不平衡桥式电路。平衡电桥是将待测电阻与标准电阻进行比较，通过调节电桥平衡，从而测得待测电阻值，如单臂电桥等；非平衡电桥则是通过测量电桥失衡后的输出信号（电压、电流等）并进行运算处理，得到被测电阻值。直流电桥还可用于测量引起电阻变化的其他物理量，如温度等。

二、电子秤的测量转换电路——不平衡直流电桥

1. 桥式测量转换电路的输出电压

金属应变计的电阻变化范围通常小于 0.1%。如果直接用欧姆表测量其电阻值，由于被测量的变化很小，而"本底"很大，将产生很大的误差，所以常用电阻应变计测量电路，即"不平衡电桥"（本书根据行业习惯，称之为惠斯通电桥，以下同）来测量这一微小的变化量，将电阻的相对变化量 $\Delta R/R$ 转换为输出电压 U_o。惠斯通电桥电路的准确度高、电路结构简单，易于实现温度自补偿。

图 2-5 称为应变计的桥式测量转换电路。电桥的一对对角线结点接入电源电压 U_i,另一个对角线结点为输出电压 U_o。为了让电桥在测量前的输出电压为零,应该正确选择4个桥臂电阻,使得 $R_1R_3 = R_2R_4$ 或 $R_1/R_2 = R_4/R_3$,这就是电桥平衡的条件。

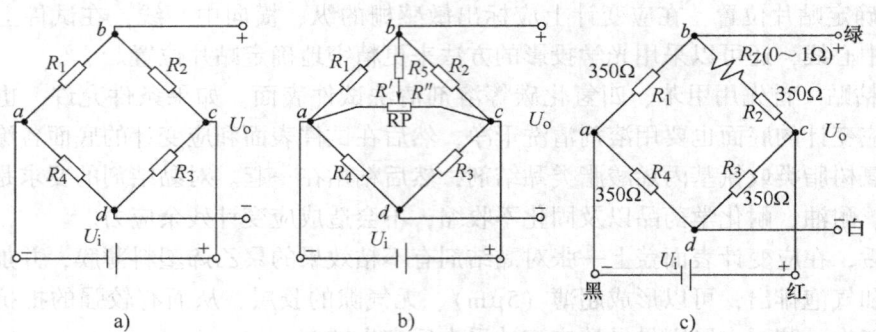

图 2-5 应变计的桥式测量转换电路
a) 基本应变桥路 b) 桥路的并联调零原理 c) 桥路的串联调零原理

当每个桥臂电阻的变化值 ΔR 远小于 R,且电桥输出端的负载电阻为无限大、全等臂形式工作,即初始值 $R_1 = R_2 = R_3 = R_4 = R$ 时,电桥输出电压可用下式近似表示

$$U_o \approx \frac{U_i}{4}\left(\frac{\Delta R_1}{R} - \frac{\Delta R_2}{R} + \frac{\Delta R_3}{R} - \frac{\Delta R_4}{R}\right) \tag{2-3}$$

由于 $\Delta R/R = K\varepsilon_x$,当各桥臂应变计的灵敏度 K 都相同时,则有

$$U_o \approx \frac{U_i}{4} K(\varepsilon_1 - \varepsilon_2 + \varepsilon_3 - \varepsilon_4) \tag{2-4}$$

2. 应变电桥的三种工作方式

根据不同的要求,应变电桥有三种不同的工作方式:

(1) 单臂半桥工作方式 即 R_1 为应变计,R_2、R_3、R_4 为固定电阻,$\Delta R_2 \sim \Delta R_4$ 均为零。

(2) 双臂半桥工作方式 即 R_1、R_2 为应变计,R_3、R_4 为固定电阻,$\Delta R_3 = \Delta R_4 = 0$。

(3) 全桥工作方式 即电桥的4个桥臂都为应变计。上面讨论的三种工作方式中的 ε_1、ε_2、ε_3、ε_4 可以是试件的拉应变,也可以是试件的压应变,取决于应变计的粘贴方向及受力方向。若是拉应变,ε 应以正值代入;若是压应变,ε 应以负值代入。

如果设法使试件受力后,应变计 $R_1 \sim R_4$ 产生的电阻增量(或感受到的应变 $\varepsilon_1 \sim \varepsilon_4$)正负号相间,就可以使输出电压 U_o 成倍地增大。上述三种工作方式中,4臂全桥工作方式的灵敏度最高,双臂半桥次之,单臂半桥灵敏度最低。

采用双臂半桥或全桥的另一个好处是能实现温度自补偿的功能。当环境温度升高时,桥臂上的应变计温度同时升高。温度引起的电阻值漂移数值一致,代入式(2-3)及式(2-4)中,可以相互抵消,所以这两种桥路的温漂较小。

3. 桥路的零点输出调整

实际使用中,R_1、R_2、R_3、R_4 不可能成严格的比例关系,所以即使无载荷时,桥路的输出电压也不能严格为零,因此,必须设置"零点输出调整电路"。可采用并联电位器 RP 的方法来调零,如图 2-5b 所示。由于电位器的稳定性较差,电子秤中多使用焊接串联电阻法,电子的串联调零电路如图 2-5c 所示。

在无载荷时，将高准确度的万用表调节到 2kΩ 量程，测量桥路引出线的红、绿、黑、白 4 个端点相互之间的电阻值，判断哪个桥臂电阻偏小，差距有多少。经过计算，在该桥臂串联适当阻值的低温漂电阻（锰铜丝）R_Z。在桥路的红、黑两端加上激励电源 U_i，用毫伏表监视绿、白两端桥路的输出电压 U_o。通过微调电阻丝 R_Z 的长度，使桥路的输出电压逐渐趋向于零，达到零点输出调整的目的。

任务四　商用电子秤的工作原理分析

一、商用电子秤的分类

（1）按功能分类　计数秤、计价秤、计重秤。

（2）按用途分类　工业秤、商业秤、特种秤。

（3）按放置位置分类　4～150kg 的人体秤、0～30kg 的案秤（桌秤）、30～300kg 的台秤、称量在 300kg 以上的地磅、称量在 1t 以上的吊秤等。

（4）按准确度分类　Ⅰ级特种天平（误差≤10^{-5}）；Ⅱ级高准确度天平（误差≤10^{-4}）；Ⅲ级中准确度秤（误差≤1/1 000）；Ⅳ级普通秤（误差≤1/100）。

（5）按信号传输方式分类　模拟电流（4～20mA）式、RS232/RS485 总线式、USB 总线式、以太网络式、无线射频（RF2.4G）式、蓝牙式等。

（6）按显示器分类　LED 式、背光 LCD 式等。

（7）按供电方式分类　交流供电式、电池（可充电式）等。

各种类型商用电子秤如图 2-6 所示。

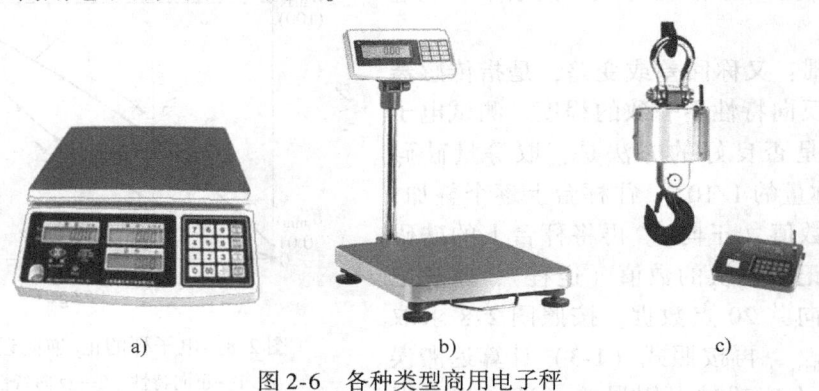

图 2-6　各种类型商用电子秤
a）案秤　b）台秤　c）无线吊秤

二、商用电子秤的型号及含义

商用电子秤，内置有高准确度称重传感器和称重显示仪表，具有计量准确、读数简便等特点。商用电子秤型号的含义如图 2-7 所示，型号有：ACS-30-C、TCS-1 000-D 等。C 级的分度值为 500～10 000，D 级的分度值为 1～10 000。

三、商用电子秤的主要性能指标

1）最大称量：包含皮重的最大秤重能力（满载值），也称额定载荷或最大载荷。

2）最小称量：低于该值时，示值误差将超

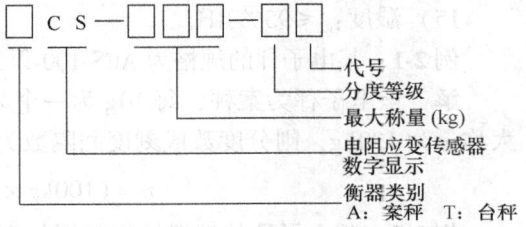

图 2-7　商用电子秤型号的含义

过允许最大绝对误差。

3）安全载荷：120%最大称量。

4）允许最大绝对误差：等级检定时允许的最大偏差 Δ_m。

5）最小感量：所能显示的最小刻度，通常用"d"来表示。国家规定最小刻度等于检定分度值 e，即 $d=e$。

例如：某一电子秤的规格为 $60kg \times 5g$，则 5g 即为最小刻度或最小感量。

6）分度数 n（也称刻度数）：将最大称量除以最小感量，就等于分度数。

7）检定分度值 e：是必须在产品说明书上注明的重要参数，用于检定该电子秤是否合格。将最大称量除以分度数，就等于检定分度值。

8）准确度：最小感量与全称量的比值。

例如：某电子秤的称量为 6000g，最小刻度（最小感量）为 0.5g，则准确度 = 0.5g/6000g = 1/12000。

9）预热时间：台秤上电后，达到各项指标所需的时间。

10）蠕变：在预热之后，将100%最大量程的负载放置于电子秤的秤台上，经一段规定的时间后，记录显示值。在20min和30min时得到的读数与初始值之差不应超过最大允许绝对误差的15%。以后每隔30min，记录一次当前值。读数与初始值之差，不应超过最大允许绝对误差的70%。

11）最小静载荷输出恢复：施加 100% 最大量程的负载 30min 后再卸载。读数不应超过 $e/2$。

12）迟滞：又称回差或变差，是指传感器正向特性和反向特性不一致的程度。测试电子秤的回复性是否良好的方法是：取等量砝码（例如最大称量的1/10），往秤台上逐个叠加，记录每次的数值（正向）。再将秤台上的砝码逐个取下，记录每次的数值（逆程），列表记录正向和反向共 20 点数据。按照图 2-8 求取最大误差 Δ_{Hmax}，再按照式（1-3）计算迟滞误差 γ_H，要求不应超过引用误差（满度相对误差）γ_m。

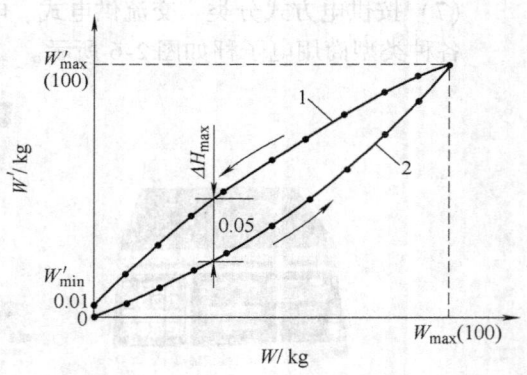

图 2-8 电子秤的正/逆向迟滞特性
1—正向特性 2—反向特性

13）储存温度：$-40 \sim +60$℃。

14）使用环境温度：$-10 \sim +40$℃。

15）湿度：≤95% RH。

例 2-1 某电子秤的规格为 ACS-100-Ⅳ，10g（最小感量）起跳，求：该电子秤的分度数。

解 该电子秤为案秤，每 10g 为一个刻度或数显面板最低位代表的数值，即 $e=10g$，最大称量为 100kg，则分度数或刻度间隔数为

$$n = (100kg \times 1\,000)/10g = 10\,000$$

例 2-2 某电子秤的迟滞检定数据如表 2-3 所示，求：该电子秤的迟滞误差 γ_H。

表 2-3 某电子秤的迟滞检定数据

重量 W/kg	0	10	20	30	40	50	60	70	80	90	100
读数 W'（正向）/kg	0	9.99	19.98	29.97	39.97	49.98	59.98	69.99	79.99	90.00	100
重量 W/g	100	90	80	70	60	50	40	30	20	10	0
读数 W'（逆向）/kg	100	90.00	80.01	70.02	60.02	50.03	40.02	30.02	20.01	10.01	0.01

解 根据表 2-3，可以逐点标出电子秤的正/逆向迟滞特性，再连接为光滑的曲线，如图 2-8 所示。根据式（1-3）可以得到迟滞误差

$$\gamma_H = \frac{\Delta_{Hmax}}{y_{max} - y_{min}} \times 100\% = \frac{0.05 \text{kg}}{(100-0.01) \text{kg}} \times 100\% \approx 0.05\%$$

还可以将表 2-3 的数据输入电子秤，内部的微处理器对非线性误差进行曲线拟合，从而进一步减小测量误差。

四、商用电子秤的功能

1）具有自动调整零点及自动满度整定功能。

2）去皮功能：当物料盒置于秤盘上时，按"去皮键"，去皮灯亮，显示器显示零。

3）称量功能：去皮后，商品置于秤盘上，显示窗显示相应的数字。当重量超过满称量时，会出现超重符号"OF"。

4）单价和总价功能：按数字键，置入单价。微处理器根据称重结果计算出总价。

5）金额累计：按累计键，将第二次称量的重量及金额与第一次结果进行累计。当累计次数超过 99 次，或累计金额为 9 999.99 元时，产生报警信号。若按清除键，则累计重量及总金额被清除。

6）可以实现电池/充插电两用。

7）可连接打印机等外围设备。

五、案秤的组成

商用电子秤的形式有多种，本模块主要介绍案秤。案秤主要由承重系统（秤盘、秤台）、传力转换系统（称重传感器）和示值系统（刻度盘、电子显示仪表）三部分组成。电子秤电路由应变桥路、放大器、A-D 转换电路、微处理器电路、显示电路、键盘电路、通讯接口电路、稳压电源电路等组成。

1. 力转换为应变的弹性敏感元件

物体因外力作用而改变原来的尺寸或形状称为变形，如果在外力消失后能完全恢复其原来的尺寸和形状，那么这种变形称为弹性变形，具有这类特性的元件称为弹性元件，在传感器中应用的弹性元件称为弹性敏感元件。

弹性敏感元件能把某些形式的非电量变换成应变或位移量，然后由各种不同形式的传感元件把这些量变为电量。弹性敏感元件是影响某些传感器稳定性、动态特性的关键部件。

弹性敏感元件应具有良好的弹性特性、足够的准确度及温度变化时的稳定性等，所以通常要求弹性模量的温度系数要小，线膨胀系数小且恒定，机械加工及热处理性能良好等。

变换力的弹性敏感元件的输入量为力 F，输出量为应变或位移。常用的变换力的弹性敏感元件有实心轴、空心轴、等截面圆环、变截面圆环、悬臂梁、双连孔剪梁等，如图 2-9 所示。

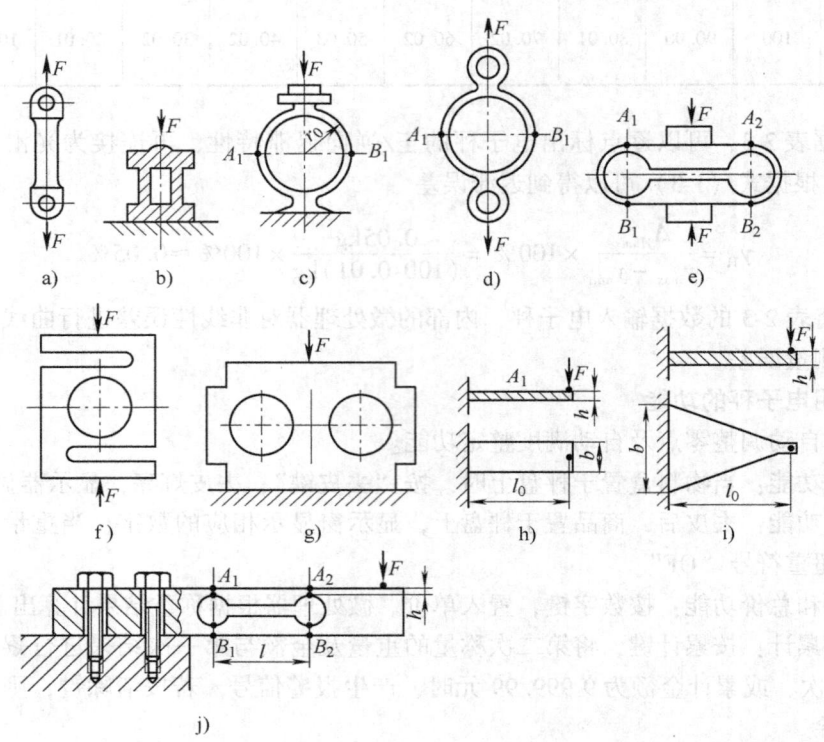

图 2-9　力转换为应变的弹性敏感元件
a) 实心轴　b) 空心轴　c)、d) 等截面圆环　e)、f) 变形的圆环　g) 工字梁桥式
h) 等截面悬臂梁　i) 等强度悬臂梁　j) 双连孔剪梁

2. 案秤的弹性元件与应变

案秤的秤台采用不锈钢材料，用螺栓固定在弹性敏感元件上。弹性敏感元件多数采用"双连孔剪梁式弹性体"。由于梁的两端较厚，产生的应变较小，因此主要的应变集中在圆孔的上、下两面。该应变不属于弯曲应变，而是剪切应变。双连孔剪梁受力后的应变情况如图 2-10 所示。

当力 F 垂直向下作用于切变梁的末端时，梁的上表面靠近根部的位置产生拉伸应变（R_1），靠近受力点的位置产生压缩应变（R_2）；梁的下表面靠近根部的位置产生压缩应变（R_4），靠近受力点的位置产生拉伸应变（R_3）。

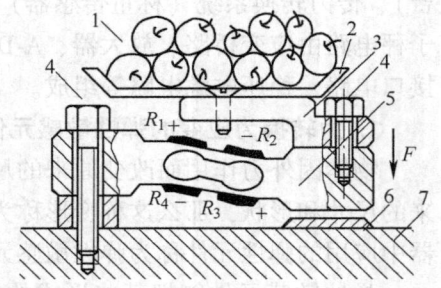

图 2-10　双连孔剪梁受力后的应变情况
1—被测物　2—托盘　3—秤台　4—固定螺栓
5—双连孔剪梁　6—限位器　7—底座

3. 案秤的工作原理

当物体放在秤台上时，重力施给称重传感器，该传感器中的弹性元件（应变梁）发生机械变形，从而使粘贴在弹性元件上的应变计的电阻发生变化，直流激励电压作用在应变计组成的桥路上。桥路失衡后，输出一个与被测物体重量成正比的模拟信号（mV 级）。该信号经高共模抑制比、低温漂的放大电路放大后，输出到 A-D 转换器，转换成便于处理的数字信号，再输出到微处理器。微处理器不断扫描键盘和开关，根据键盘输入内容和各种功能开关的状态进行必要的判断与分析，由电子秤的软件来控制各种运算，运算结果送到 LED 数码管显示器中显示。信号调理（放大、滤波）、A-D 转换以及各种运算处理都在大规模集成电路中进行。案秤的工作原理框图如图 2-11 所示。

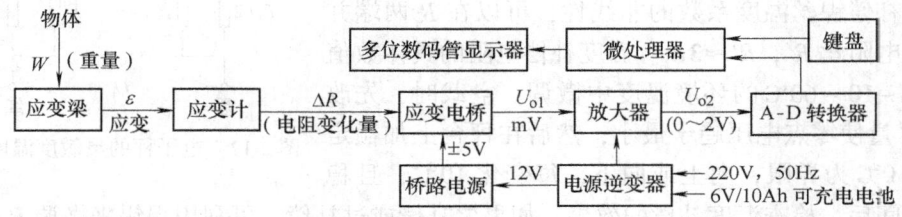

图 2-11　案秤的工作原理框图

任务五　案秤的温度补偿

如果将未经过温度补偿处理的电子秤放在不同的温度环境中，即使称量相同的被测物，读数却有所不同。其原因有二：

1）除了应变能导致应变计电阻变化外，温度升高也会导致应变计电阻阻值增大。

2）弹性元件的弹性模量随着温度的升高而变小，在相同的力作用下，应变增加，灵敏度增大，导致应变计电阻的变化增大，属于灵敏度漂移。

温度是测量系统中最重要的干扰量，因此，需要对电桥转换电路进行温度补偿。

电子秤称量系统较为常用的温度补偿方法有桥路自补偿法和电源电压补偿法。

1. 桥路自补偿法

（1）双臂半桥工作方式的桥路补偿　R_1、R_2 为两个材料性质相同的应变计，R_3、R_4 为固定电阻，两个应变计处在相同的温度下。假设由于温度变化产生的应变计电阻的变化量 $\Delta R_{1t} = \Delta R_{2t} = \Delta R$，带入式（2-3），则桥路输出电压

$$U_o \approx \frac{U_i}{4}\left(\frac{\Delta R_1}{R} + \frac{\Delta R_{1t}}{R} - \left(\frac{\Delta R_2}{R} + \frac{\Delta R_{2t}}{R}\right)\right) = \frac{U_i}{4}\left(\frac{\Delta R_1}{R} - \frac{\Delta R_2}{R}\right)$$

由上式可知，由于双臂半桥输出电压的加减特性，相互抵消了温度带来的影响，因此双臂半桥电路可以实现温度自补偿。

（2）全桥工作方式的桥路补偿　电桥的 4 个桥臂都为应变计，由于它们处于相同的温度条件下，同理，$\Delta R_{1t} = \Delta R_{2t} = \Delta R_{3t} = \Delta R_{4t} = \Delta R$，也能相互抵消温度的影响，因而，全桥工作方式也具备桥路温度自补偿的功能。

2. 弹性元件的弹性模量温度补偿

如果在弹性元件因环境温度升高引起灵敏度增大的同时，能使桥路的激励电源电压成比

例地减小，就能维持桥路的输出不变。根据这一原理，可以在桥路激励电源回路中串接阻值较小、正温度系数的巴尔科合金丝或者镍丝，来抵消弹性元件的弹性模量灵敏度的变化。在电子秤电源回路中，可串联温度补偿用的镍电阻丝 R_t 来实现电子秤的灵敏度温度补偿，其电路如图 2-12 所示。

为了使电路对称，通常将 R_t 一分为二，红、黑两端紧贴铝合金剪梁的位置各串联阻值为 $R_t/2$ 的电阻丝。R_t 的大小由镍丝的温度系数及铝合金剪梁的弹性模量温度系数的比例决定。参考有关经验，$R_t \approx R/15$，R 为桥臂的初始电阻值。

为了补偿镍丝温度系数的非线性，可以在 R_t 两端并联低温漂电阻丝 R'，$R' \approx 3R_t$。温度补偿电阻的具体数值还需要在 $-10 \sim 60℃$ 的环境温度中微调。空载时，先改变 R_Z，尽量使零点电压趋于最小，然后在秤台上加额定载荷，以 0℃ 为界限，向上或向下，每变化 10℃，且稳

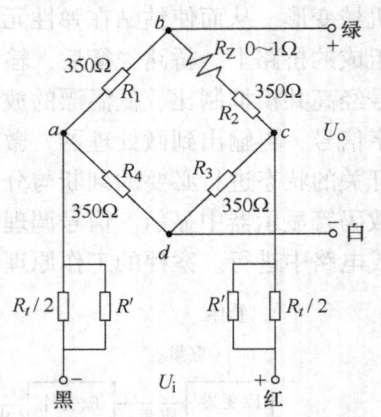

图 2-12 电子秤的灵敏度温度补偿电路

定一定时间后，检查温度补偿的效果。如果欠补偿或过补偿，可利用焊锡来微调 R_t 的数值。

项目二 汽 车 衡

【项目教学目标】

☞知识目标

1）掌握荷重传感器的计算及选型。
2）熟悉动态自动汽车衡系统的组成。

☞技能目标

1）掌握汽车衡的安装。
2）熟悉汽车衡的检定。
3）熟悉汽车衡的故障分析和排除。

任务一 荷重传感器的计算与选型

一、有关荷重传感器的计算

汽车衡中的荷重（称重）传感器大多数采用应变式荷重传感器。柱式荷重传感器结构如图 2-13 所示。它能将来自于被测物向下力的量值转化为相应的电信号，从而达到测量重力的目的。

应变计粘贴在钢制圆柱（称为等截面轴，可以是实心圆柱，也可以是空心薄壁圆筒）的表面。在力的作用下，等截面轴产生应变。R_1、R_3 感受到的应变与等截面轴的纵向应变相同，为压应变。而 R_2、R_4 沿圆周方向粘贴，根据材料力学可知，当等截面轴受压时，沿 R_2、R_4 的周长方向变长，应变计受拉，即等截面轴的纵向应变与其横向应变符号相反。R_1、R_2、R_3、R_4 以正负相间的数值代入式（2-3）或式（2-4）中，可获得较大的输出电压。

等截面轴的特点是加工方便，但灵敏度（在相同力作用下产生的应变）比梁式低。空

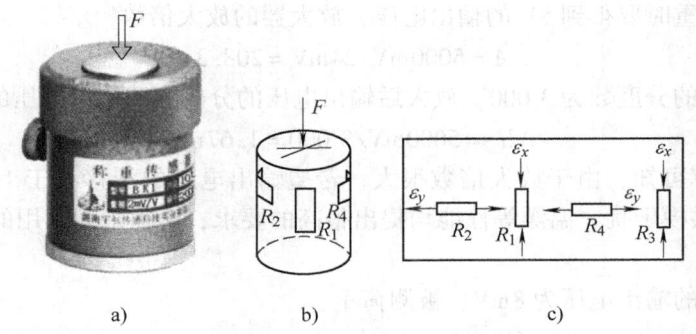

图 2-13 柱式荷重传感器结构

a) 外形图　b) 内部的承重等截面圆柱　c) 应变计在等截面圆柱展开图上的位置

心轴在同样的截面积下，轴的直径可加大，可提高轴的抗弯能力，但过载能力弱。

当被测力较大时，一般多采用钢材制作弹性敏感元件，钢的弹性模量约为 $2 \times 10^{11} \text{N/m}^2$。当被测力较小时，可使用铝合金或铜合金。铝的弹性模量约为 $0.7 \times 10^{11} \text{N/m}^2$。材料越硬，弹性模量越大，灵敏度越低，能承受的载荷就越大。

荷重传感器的输出电压 U_o 正比于荷重 F。实际运用中，生产厂商一般会给出荷重传感器的灵敏度 K_F。设荷重传感器的满量程为 F_m，桥路激励电压为 U_i，满量程时的输出电压为 U_{om}，则 K_F 被定义为

$$K_F = \frac{U_{om}}{U_i} \tag{2-5}$$

桥路所加的激励源电压 U_i 越高，满量程输出电压 U_{om} 也越高，U_i 通常为 12V。

由于 U_o 往往是 mV 数量级，而 U_i 往往是 V 级，所以荷重传感器的灵敏度以 mV/V 为单位。在额定荷重范围内，输出电压 U_o 与被测荷重 F 成正比，所以有

$$\frac{U_o}{U_{om}} = \frac{F}{F_m} \tag{2-6}$$

将式 (2-5) 代入式 (2-6) 可得到在被测荷重为 F 时的输出电压 U_o 为

$$U_o = \frac{F}{F_m} U_{om} = \frac{K_F U_i}{F_m} F \tag{2-7}$$

例 2-3 用图 2-13 所示的等截面空心圆柱式荷重传感器称重，额定荷重 $F_m = 10 \times 10^3 \text{kg}$，灵敏度 K_F 为 2mV/V，桥路电压 U_i 为 12V，求：

1) 在额定荷重时的输出电压 U_{om}。

2) 若希望在额定荷重时得到 5V 的输出电压（接到 A-D 转换器），放大器的放大倍数应为多少倍？

3) 若要求能分辨 1/3 000 的电压变化，放大后输出电压的漂移应小于多少毫伏？

4) 测得桥路的输出电压为 8mV，求被测荷重为多少吨？

5) 当承载为 10kg 时，传感器的输出电压 $U_{o(10\text{kg})}$。

解 1) 从图 2-13 所示的荷重传感器铭牌上得到：$K_F = 2\text{mV/V}$，根据式 (2-7)，在额定荷重时的输出电压

$$U_{om} = K_F U_i = 2\text{mV/V} \times 12\text{V} = 24\text{mV}$$

2) 在额定荷重时要得到 5V 的输出电压，放大器的放大倍数
$$A = 5000\text{mV}/24\text{mV} = 208.3$$
3) 若传感器的分度数为 3 000，放大后输出电压的分辨力和输出电压的漂移要小于
$$\Delta U_\text{o} = 5000\text{mV}/3\ 000 = 1.67\text{mV}$$
根据以上计算可知，由于放大倍数很大，希望输出电压的漂移小于 1mV，所以对放大器的稳定性、抗共模干扰、温漂等性能均提出很高的要求，必须采用专用的集成仪表放大器电路。

4) 测得桥路的输出电压为 8mV，被测荷重
$$F = \frac{U_\text{o}}{U_\text{om}} F_\text{m} = \frac{8\text{mV}}{24\text{mV}} \times 10 \times 10^3 \text{kg} = 3.33\text{t}$$

5) 当承载为 10kg 时，传感器的输出电压
$$U_\text{o(10kg)} = \frac{F}{F_\text{m}} U_\text{om} = \frac{10\text{kg}}{10 \times 10^3 \text{kg}} \times 24\text{mV} = 0.024\text{mV} = 24\mu\text{V}$$

结论：由上述计算可知，在小载荷时，放大器的输入电压只有几十微伏，所以对传感器的传输线、屏蔽、电源等提出很高的要求，必须将放大器、A-D 转换器、通信等电路全部安装在传感器的密封金属壳中，直接输出数字串行信号，以防电磁干扰。激光焊接、充氮全密封防爆式荷重传感器如图 2-14 所示。

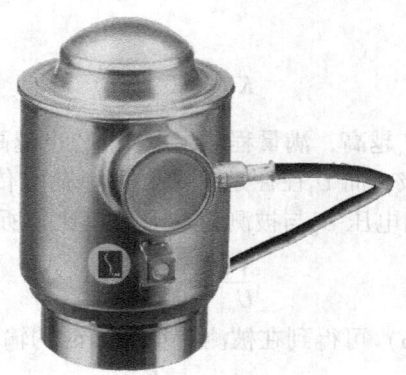

图 2-14　激光焊接、充氮全密封防爆式荷重传感器

【荷重传感器参数填表训练】

荷重传感器外形如图 2-13 所示，当地重力加速度为标准值，请填写下表。

桥路电压 U_o/V	灵敏度 K_F/mVV^{-1}	满量程输出电压 U_o/mV	最大量程 F_m/kN	荷重 F/kN	荷重 F/kg	输出电压 U_o/mV
12	4		0.1	0.01		
12	2		1	1		
	2	24			1.02	24
12	2		100	100		
24	2		100	10		
24	2		100	40		

二、荷重传感器的选型

汽车衡内部的荷重传感器形式很多,常用的荷重传感器形式有筒式、柱式、S 形扭环式、轮辐式、桥式、弯板式,如图 2-15 所示。下面以某系统工程有限公司的系列产品为例,说明各自的特点。不同形式的荷重传感器及特性如表 2-4 所示。

图 2-15　常用的荷重传感器形式

a) 空心筒式　b) 实心柱式　c) S 形扭环式　d) 轮辐式　e) 双孔工字钢桥式　f) 弯板式

表 2-4　不同形式的荷重传感器及特性

型　号	形　式	弹性敏感元件	特　点	最大荷重 /t	30t 的底座宽度/mm	灵敏度 mV/V
CFBHZ	实心柱式	等截面实心圆柱	过载能力强、不能防侧弯	300	90	1.5
CFBHT	实心筒式	等截面空心圆筒	灵敏度高、过载能力弱	300	90	2.8
CFBHNH	S 型扭环式	S 形圆环(扭环)	灵敏度高、过载能力差	30	110	2.0
CFBHL	轮辐式	轮辐剪切梁	抗偏载能力高、过载能力差	30	145	2
CFBHQ	双孔桥式	双孔桥式(剪切梁)	线性好、抗偏载、过载能力强	40	220	1.5
CFBHW	弯板式	弯板	整体式、可靠性强、不存在偏载问题、过载能力强	30	1 000	2

表 2-4 中的 S 形扭环式荷重传感器和空心筒式荷重传感器的灵敏度较高,但抗过载能力较弱;实心柱式荷重传感器的抗过载能力较强,但抗偏载能力较弱;轮辐式灵敏度较高,抗偏载能力较强,抗过载能力不如实心柱式;桥式的中心应变区属于"工字形"截面应变梁,稳定性及线性度均比上述几种形式好,在 100t 以上的汽车衡中得到广泛的应用。在弯板式传感器中,应变计直接粘贴在弯板式荷重传感器的高强度钢板的"里侧",属于整体式结

构,可靠性强,不存在偏载问题,过载能力强,高度只有30mm,多用于便携式荷重检测或无人值守自动轴重衡。用户可以根据灵敏度、稳定性等不同要求,来选择不同的荷重传感器。

任务二 汽车衡的分类与选型

在古代,流传着一个利用"浮力"原理来称量大象的故事,也就是众所周知的"曹冲称象"。而如今,人们可以利用自动衡器迅速称得大象的重量。汽车衡作为一种称重仪器在国内已有几十年的使用历史,在一些工矿企业、港口、建筑工地、粮仓等地用于大宗货物的称量,汽车衡常见于公路收费站或国道口,用于载货车辆重量的称量。

汽车衡是一种大型的地磅。20世纪80年代之前的汽车衡一般是利用杠杆原理制成的机械式衡器,随着传感器与检测技术的发展,机械地磅逐渐被准确度高、稳定性好的电子汽车衡所取代。与汽车衡类似的计量器具还有车间里的行车秤、铁路上的轨道衡等。

一、汽车衡的结构

电子汽车衡(以下简称汽车衡,或SCS)由基本部分和外围设备两部分组成。基本部分主要由秤台、限位装置、称重传感器、接线盒、测量装置(称重显示仪表或称重显示器)、计算机等组成。根据需要,还可配接打印机、大屏幕显示器、UPS等外围设备,以完成各种功能。汽车衡的基本结构如图2-16所示。

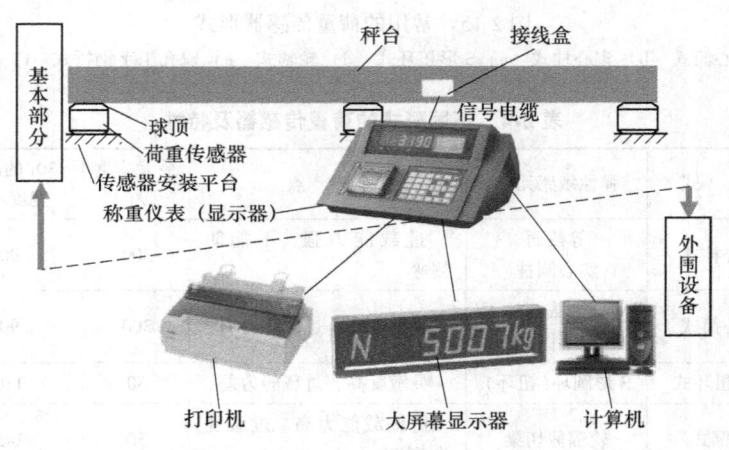

图2-16 汽车衡的基本结构

1. 秤台

秤台是用来支撑并测量车辆载荷的受力平面。按照制造材料分,秤台可分为全钢结构、钢架混凝土结构、钢筋混凝土结结构等形式。其中,全钢结构的秤台目前应用最多。按其结构特征,可分为箱型结构、框型结构和U形钢结构等。

(1)U形钢结构秤台 是目前使用较多的一种秤台形式。它采用600t大型双机连动折弯机,将冷轧钢板折成U形钢,再逐一顺着长度方向,按一定的间距,焊接在花纹钢板秤台的背侧(满焊),两端封头。秤台的四侧再焊上若干个传感器承重支架。双面要经过抛丸除锈处理,以保证油漆附着力。抛丸后4h内,涂覆环氧富锌底漆和聚氨胺脂树脂喷漆,防止酸碱侵蚀,以达到优良的防锈效果,U形钢秤台局部解剖图如图2-17所示。

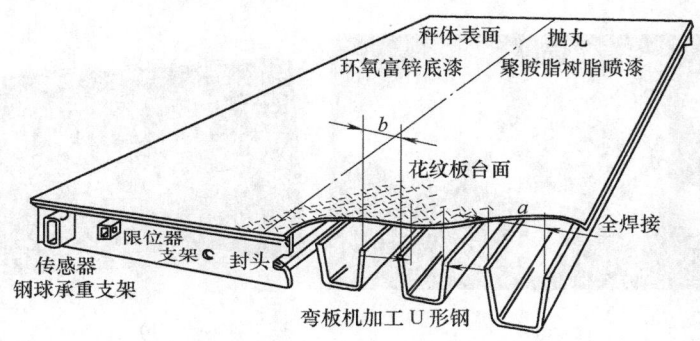

图 2-17 U 形钢秤台局部解剖图

U 形钢结构秤台具有以下特点：①秤台内腔采用全部焊接，密封性好，不易生锈；②U 形钢秤台结构使得中央部位承重能力强，避免秤体出现中央部位断裂、塌陷、扭曲等现象；③过载能力比较大，可安全过载 150% FS 以上。

（2）钢筋混凝土结构秤体 是近十年来兴起的一种秤台结构，是在钢筋钢架基础上浇注混凝土而成。框架由两根大工字梁和两根（或两根以上）横梁焊接而成。钢筋承受拉力，混凝土承受压力，生产周期比全钢结构长，具有坚固、耐久、防腐蚀、成本低、防雷击等特点。

2. 称重传感器

称重传感器是汽车衡的核心部分，能将被测物体的重量转换为相应的电信号，经信号电缆输出至称重显示仪表。按照转换方式，称重传感器可分为：电阻应变式、电磁力平衡式、压磁式、振弦式等。其中，电阻应变式荷重传感器的使用最为广泛。光导纤维式称重传感器可以在水中使用，也是今后的研究方向之一。

3. 称重显示器

用于处理称重传感器输出的电信号，经计算后在屏幕上显示被称物的质量。可实现信号的远距离传输和控制。显示器可显示日期、时间、车号、皮重、毛重、净重、货号、序号，能储存车号各类统计报表、车号分类统计、货号分类统计、日报表、月报表统计等。可随时调用，方便贸易结算。能智能化判别电池电量，自动关机保护电池，有断电保护功能，还能快速打印磅码单。汽车衡显示器外形如图 2-18 所示。

图 2-18 汽车衡显示器外形

4. 接线盒

接线盒是连接称重传感器与称重显示器的中间部件，呈扁长方形，接线端子密封，具有防水功能。接线盒通过螺栓固定在汽车衡秤台的中间位置，需要时可以打开上盖对线路进行调节。汽车衡防爆接线盒如图 2-19 所示。

5. 限位器

包括横向限位器和纵向限位器。横向限位器防止秤台前后水平方向的晃动，安装在秤台

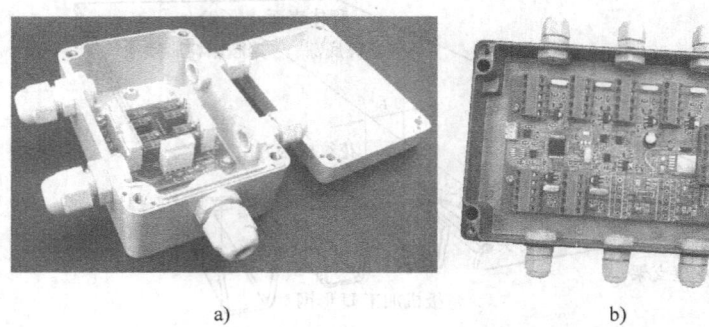

图 2-19 汽车衡防爆接线盒
a) 五孔模拟式接线盒（含多路微调电位器）　b) 七孔数字式接线盒（含多路串行接口）

两端，用于限制秤台与斜坡之间的间隙（5~10mm），防止秤台被斜坡卡死；纵向限位器安装在秤台的下方，可以用于限制秤台的纵向位移量，使得传感器的变形最多 2~3mm，防止过载时秤台压坏传感器。

二、汽车衡的分类

按安装方式分，有地中衡和地上衡；按称量方式分，有静态式和动态式；按传感器分，有模拟式（输出信号为模拟量）和数字式（输出信号为数字量或数字编码），按弹性元件分，有柱式、桥式、轮辐式、弯板式等；按秤台形式分，有全钢结构式和钢结构混凝土式；按安装基坑形式分，有无基坑可移动式、浅基坑式、深基坑地中衡、便携式等；按长度分，有整车式、轴重式等；按值班方式分，有无人值守式、有人值守自动汽车衡；按防爆等级分，有非防爆型和本安型；按秤体强度等级和称重频次分，有重型高频次汽车衡（60t 以上，每天 150 称次以上）、中型汽车衡（20~60t，每天 50~150 称次）以及低频次汽车衡（20t 以下，每天 50 称次以下）等；按载荷 m 与准确度 e 分，从低到高，有 50~200 000e 等。

三、静态汽车衡的基本工作原理

常用的汽车衡是利用电阻应变称重原理，通过称重传感器中的弹性元件，把汽车的"重量"变换为"应力"和"应变"，传递至粘贴在弹性元件表面的 4 个或者 8 个电阻应变计，导致应变计电阻发生变化，使惠斯通电桥失去平衡，输出与重量数值成正比的电压信号，经过信号调理电路，再由显示器对信号进行运算处理，显示重量的数值。

电子汽车衡的发展主要经历了三个阶段的变革，即"模拟式汽车衡"、"数字化汽车衡"和"数字式汽车衡"。

1. 模拟式汽车衡

模拟式汽车衡是指汽车衡采用模拟式称重传感器、模拟式接线盒和模拟式称重显示器。多路传感器的模拟信号先接到接线盒，在接线盒中进行多路 A-D 转换，再巡回传输到称重显示器。传感器与接线盒、显示器之间传输的是几十毫伏的模拟信号，容易引入干扰，智能化水平很低。模拟式汽车衡系统结构如图 2-20 所示。

2. 数字化汽车衡

随着数字化技术的发展，汽车衡开始引用数字化技术来提高汽车衡的称量水平，"数字化汽车衡"由此产生。

数字化汽车衡采用模拟称重传感器、数字化接线盒及数字化称重显示器为主要部件。

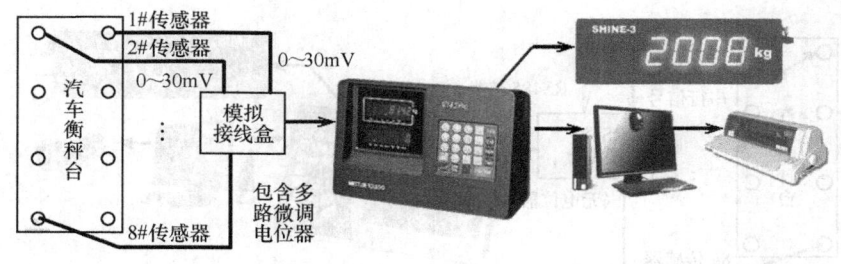

图 2-20 模拟式汽车衡系统结构

图 2-21 是一种 6 路数字化汽车衡原理框图。工作原理为：从模拟式称重传感器输出的 6 路模拟信号传送到数字化接线盒，经过数字化接线盒内的放大、滤波和 A-D 转换电路后，转换成数字电信号，该数字信号传输到数字化称重显示器，经数字化称重显示器中的微处理器对信号进行处理，从而显示被称汽车的重量等数据。数字化汽车衡仍然存在模拟信号的传输环节，稳定性不高。

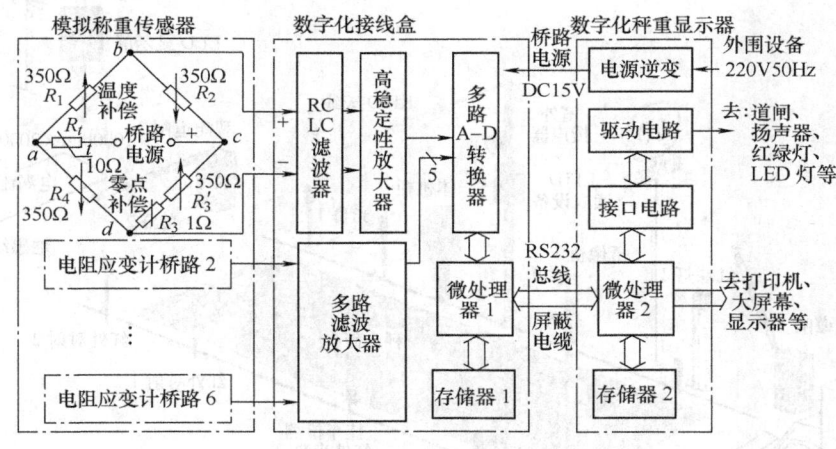

图 2-21 6 路数字化汽车衡原理框图

3. 数字式汽车衡

"数字式汽车衡"是在数字化汽车衡的基础上发展起来的。数字式汽车衡采用输出信号为数字量或数字编码的数字式传感器。与称重成正比的模拟电压先在全封闭的传感器中进行 A-D 转换和串行信号转换，以串行信号的方式输出到接线盒，接线盒与称重显示器通过 6 根传输线进行通信。称重显示器按照编码顺序逐一询问每一个传感器，带有身份编码的传感器通过应答方式来传输各自的称重数据。数字式汽车衡具有满量程设定、传感器校准、偏载自纠、自动清零、键盘设定、线性化补偿、温度补偿等功能，各项性能指标均优于模拟式汽车衡。由于传输的信号幅值为 3V 左右的 "1" 和 "0" 信号，因而数字式汽车衡抗电磁干扰及抗作弊干扰的能力比模拟式汽车衡高很多。数字式汽车衡系统结构如图 2-22 所示。

四、动态自动汽车衡系统

随着企业管理水平的不断提高，无人值守汽车衡系统正成为未来汽车衡的发展方向。

1. 无人值守汽车衡系统

无人值守汽车衡系统主要由数字式汽车衡、计算机、视频监控、无线射频读卡系统、红

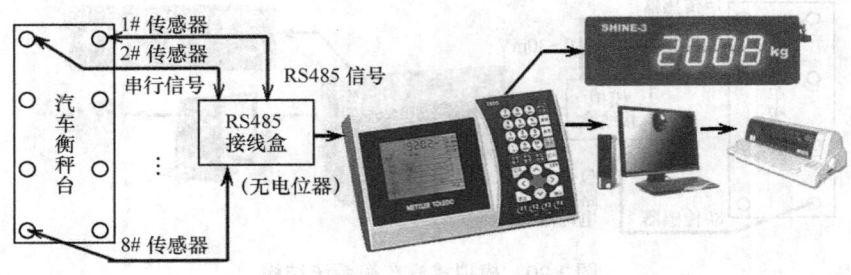

图 2-22 数字式汽车衡系统结构

绿灯、道闸及称重管理软件等组成。不需要人工干预就可以完成称重和磅单的自动打印,有效地防止了作弊现象的发生。无人值守称重系统示意图如图 2-23 所示。

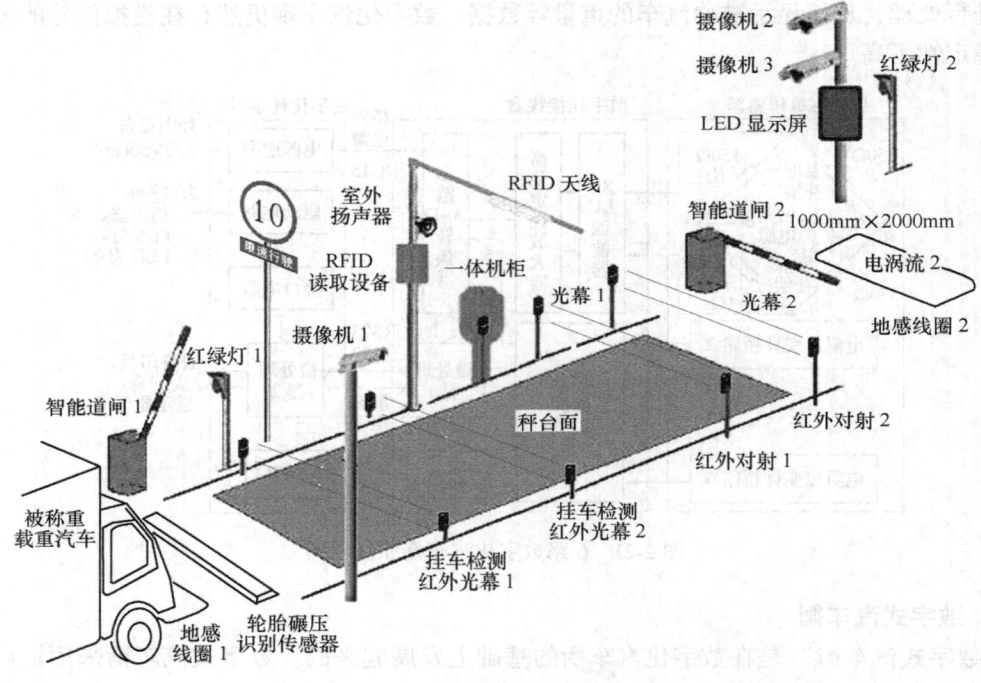

图 2-23 无人值守称重系统示意图

车辆控制系统使用电涡流原理的"地感线圈 1"(1 000mm×2 000mm)以及应变式"车胎碾压识别传感器"来检测车辆的进入,进而控制智能档杆自动抬杆、落杆。自动汽车衡数据采集系统用于实时采集自动汽车衡传感器的重量信息,并发送到后台管理中心。RFID 电子车牌识别系统采用射频识别技术,实现车辆身份识别。视频监控图片抓拍系统使用监控摄像机,24h 不间断监控车辆过磅情况,并录像、截图、存档,以备事后查询。此外,还能自动识别驶入和驶出汽车的牌号,以便扣除汽车的毛重。当光幕 1 的光束被汽车阻挡时,表示汽车已经全部进入秤台,集控中心系统开始读取汽车的重量数值;当光幕 1、2 均被遮挡时,表示汽车超出了秤台,提醒驾驶员后退;当光幕 1、2 均没有被遮挡时,表示汽车已经开出汽车衡的秤台,称重流程终止。

LED 大屏显示系统可在系统过毛、过皮的时候，实时显示称重信息，并由扬声器进行语音提示，比如"请您将车开到中间，不要下车，谢谢！"、"称重完成，请下秤，谢谢！"、"您已经超载，请开到路旁等候处理"等，在称重完成后，语音播报本次称重的车型、毛重、皮重、净重等信息，并自动打印过磅小票，在大屏幕上显示称重信息。此外，还能实现机房的工作人员与司机实时通话等。

当"挂车光幕1"被挂车的挂钩遮挡时，说明挂车没有驶上秤台，可以自动进行语音提示。无人值守智能称重系统工作流程如图2-24所示。

2. 弯板式动态轴重衡

（1）弯板式传感器的特点 弯板式荷重传感器是近年来研究出的整体结构式荷重传感器。弯板式动态轴重衡是可称量行驶中车辆的轴重和轴组总重量的自动衡器，是无人值守智能称重系统中常用的称重传感器。弯板式动态轴重衡可以固定安装在公路收费站或国道、省道收费站出口及仓库、工地等场所，也可以制成便携式衡器，用于交通车辆超载计量等。弯板式动态轴重衡采用弯板技术，秤台是由弯板式称重传感器组成，属于超薄型荷重传感器，高度只有30～50mm，抗冲击力强，动态特性好，每轴额定载荷可以达到30t。

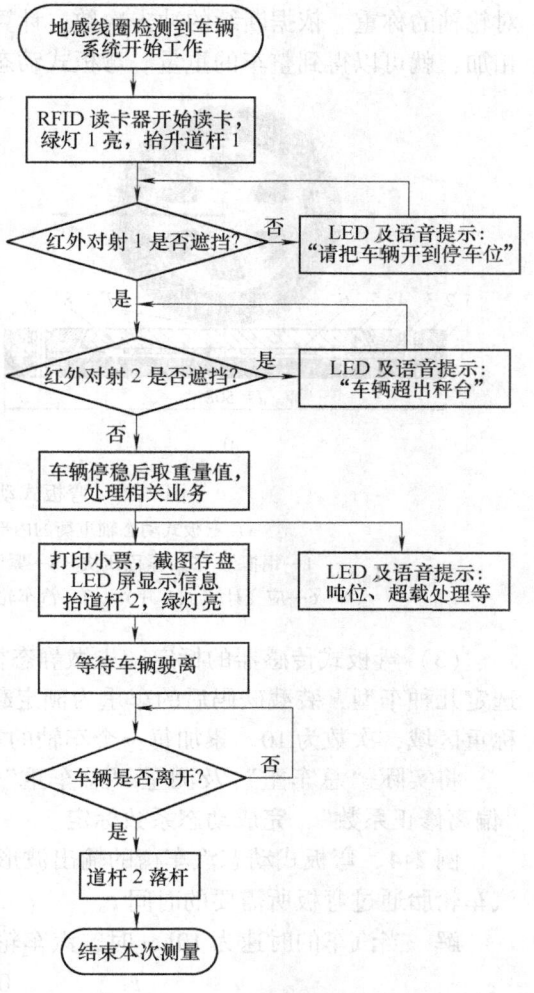

图2-24 无人值守智能称重系统工作流程

采用弯板式动态轴重衡式时，不要求汽车停止在汽车衡上进行称重。一般情况下，汽车可以20km/h的速度通过。由于无机械传导部件，抗冲击能力强，过载能力达到150%，因而允许重载汽车以120km/h通过，而不损坏弯板。由于弯板传感器采用全密封绝缘处理，则可以泡在水里短时间正常工作，以适应高速公路收费口全天候使用。又由于应变计是直接贴在受力变形的高强度弯板的里侧，所以整个弯板式动态轴重衡的高度很小，使得收费口道路切槽变得容易，使用寿命也比桥式荷重传感器汽车衡长许多倍。弯板的高度不应高于或低于路面0.5mm。弯板的前后20m路面必须尽可能平整，坡度不应超过3%，横向坡度不应超过1%。弯板框架的地脚钩插入地下200mm，以增加稳定性，框架基础内必须有排水沟。使用高强度环氧树脂，将框架胶接在安装基础里面，并将框架接到保护接地桩上。引出电缆用铁管保护并用硅胶封闭，电缆管也应接到保护接地桩。

（2）弯板式传感器的工作原理 每当一组轮胎经过弯板式称重传感器时，传感器中的电阻应变计桥路就产生一个脉冲信号，传递给称重显示器，微处理器记录弯板的受力弯曲变形曲线，计算出弯曲最大点的应变、轴重、速度测、轴型等。将左、右轴重相加，就得到一对轮轴的称重。依据断续的冲击次数，计算出一辆汽车有多少对轮轴，再将所有轮轴的称重相加，就可以得到整车的重量。弯板式动态轴重衡工作原理示意图如图 2-25 所示。

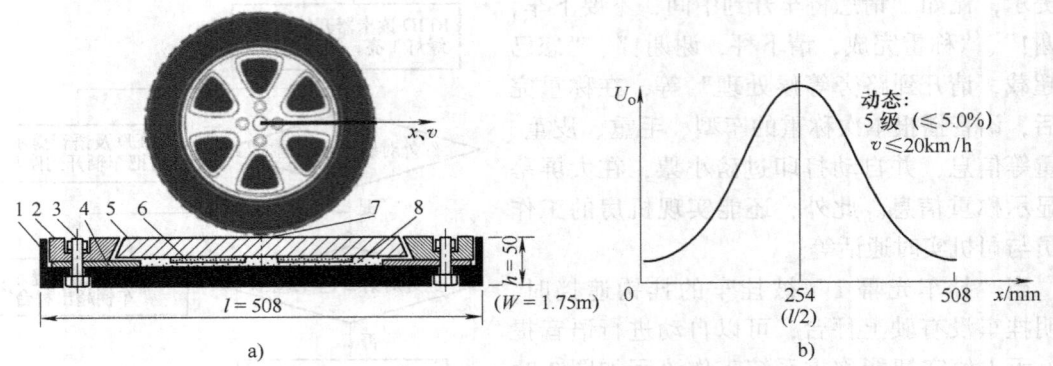

图 2-25 弯板式动态轴重衡工作原理示意图
a）弯板式动态轴重衡的内部结构　b）弯板式轴重衡的输出特性
1—钢框架　2—紧固压块　3—紧固螺栓　4—钢底板　5—受力高强度钢弯板
6—应变计（共 8 片）　7—汽车轮胎受力点（弯曲变形点）　8—绝缘密封胶

（3）弯板式传感器的标定　先做静态标定，然后做动态标定。动态标定的具体方法是：选定几种车型，装载砝码后的车重为额定载荷，以额定的时速通过左、右两个弯板传感器的称重区域，次数为 10。累加每一个车轴的重量，得到一组"总车重"数据，求其平均值。

将实际"总车重"及测量"总车重"的数据带入已经建立的数学模型中，即可得到"偏离修正系数"，完成动态系数标定。

例 2-4　弯板式动态汽车衡的输出波形如图 2-25b 所示。求：当汽车的时速为 10km 时，汽车轮胎通过弯板所需要的时间 t。

解　当汽车的时速为 10km 时，汽车轮胎通过弯板所需要的时间

$$t = \frac{l}{v} = \frac{0.508 \text{m}}{10 \times (1000/3600) \text{m/s}} = 0.183 \text{s}$$

结论：在这短暂的 0.18s 里，微处理器必须捕捉到应变计输出的峰值，需要进行 100 次以上采样，采样时间应小于 2ms。

如果希望能够捕捉到以 120km/h 速度驶过的重载汽车重量的信号，采样时间还要缩短 1/12，达到 17μs。这对应变计、滤波器、放大器、微处理器的响应速度都提出了很高的要求，也是今后动态汽车衡的研究方向。

3. 便携式动态轴重衡

便携式动态轴重衡多使用弯板传感器，外面包覆高温硫化橡胶，总厚度为 5～10mm，重量轻，携带方便。它包括左、右两块传感器、电缆，以及接口盒、用于称重计算的笔记本计算机。这种传感器的准确度等级较低，多用于超重检查。便携式动态轴重衡如图 2-26 所示。

五、汽车衡规格及主要技术指标

汽车衡的型号规格表示方法如图 2-27 所示。

a) b)

图 2-26 便携式动态轴重衡

a）便携式称重传感器及接口电路盒　b）便携式动态轴重衡的使用

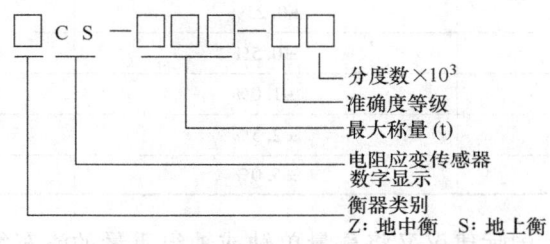

图 2-27 汽车衡的型号规格表示方法

常规汽车衡的主要技术指标

1）准确度等级：共 6 级。

2）最大称量 Max：10～200t。

3）最小称量 Min：5～50kg。

4）传感器内码：10 000～100 000。

5）分度数 n：100～50 000。

6）检定分度值 e：5～50kg。

7）秤台宽度 W：3～4m。

8）秤台长度 L：7～24m。

9）承载器强度安全系数≥2。

10）工作电源：AC 220V（-15%～+10%），50Hz，或 DC 12V/24V 蓄电池（-10%+20%）。

11）工作环境：湿度≤85%RH，温度为 -10～+40℃。

国际法制计量组织（OIML）的 R60 国际建议中给出的一个图可以清楚地说明与载荷有关的一些重要概念之间的关系（见图 2-28）。汽车衡的最小称量如表 2-5 所示。

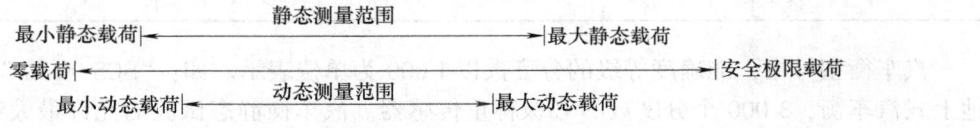

图 2-28 与载荷有关的一些重要概念之间的关系

表 2-5 最小称量（用分度值 e 表示）

准确度等级	最小称量	准确度等级	最小称量
0.2 级、0.5 级、1 级；A 级、B 级、C 级	50e	2 级、5 级、10 级；D 级、E 级、F 级	20e

R60《称重传感器》国际建议将称量整车总重量的汽车衡准确度划分为 6 个等级：0.2 级、0.5 级、1 级、2 级、5 级、10 级，称量整车总重量的最大引用误差见表 2-6。首次检定是强制性的，使用中检验也称随后检验，是用户或厂家进行的。

表 2-6 称量整车总重量的最大引用误差

准确度等级	动态汽车衡车辆的允许最大绝对误差	
	首次检定	使用中检验
0.2 级	±0.1%	±0.2%
0.5 级	±0.25%	±0.5%
1 级	±0.5%	±1.0%
2 级	±1.0%	±2.0%
5 级	±2.5%	±5.0%
10 级	±5.0%	±10.0%

R60《称重传感器》国际建议又将称量单轴或轴组重量的汽车衡准确度划分为 6 个等级：A 级、B 级、C 级、D 级、E 级、F 级，分度数如表 2-7 所示，车辆轴载荷与车辆整车总重量的准确度等级之间的关系如表 2-8 所示。厂商有时也用 A～D 级来表示整车的准确度等级，本书不去严格区分这两种准确度等级。

表 2-7 称量单轴或轴组重量的汽车衡准确度等级与分度数的关系

准确度等级	A 级	B 级	C 级	D 级
分度数下限	50000	5000	500	100
分度数上限	不限	100 000	10 000	1 000

表 2-8 车辆轴载荷的准确度等级与车辆整车总重量的准确度等级之间的关系

单轴载荷或轴组载荷的准确度等级	车辆整车总重量的准确度等级					
	0.2	0.5	1	2	5	10
A	√	√				
B	√	√	√			
C	√	√	√	√		
D		√	√	√	√	
E			√	√	√	√
F				√	√	√

汽车衡型号中，准确度等级的分度数以 1 000 为单位表示。如："SCS-90-C3"表示：90t 地上式汽车衡，3 000 个分度数的 C 级称重传感器。汽车衡静态试验的允许最大绝对误差如表 2-9 所示。

表 2-9　汽车衡静态试验的允许最大绝对误差

用检定分度值 e 表示的载荷 m				汽车衡的允许最大绝对误差	
A	B	C	D	首次检定	使用中检验
$0 \leqslant m^{①} \leqslant 50\,000$	$0 \leqslant m \leqslant 5000$	$0 \leqslant m \leqslant 500$	$0 \leqslant m \leqslant 50$	$\pm 0.5e$	$\pm 1.0e$
$50\,000 < m \leqslant 200\,000$	$5000 < m \leqslant 20\,000$	$500 < m \leqslant 2000$	$50 < m \leqslant 200$	$\pm 1.0e$	$\pm 2.0e$
$200\,000 < m$	$20\,000 < m \leqslant 100\,000$	$2\,000 < m \leqslant 10\,000$	$200 < m \leqslant 1\,000$	$\pm 1.5e$	$\pm 3.0e$

① 用检定分度值 e 表示载荷 m，以下同。

当汽车衡在额定条件（温度、湿度、偏载、迟滞、蠕变、重复性等）下使用时，规定汽车衡的以下 5 个特殊标志点是必须进行检定的点：零点、1/6Max、1/2Max、2/3Max 及 Max。这 5 个标志点标定结果的误差不应大于表 2-9 所示的允许最大绝对误差。

例 2-5　某一油库，每天出库 100 辆左右的重载油罐车，载重物为化学品，最大毛重 $G_{\max} = 35t$，车长为 12m，要求整车称重，请选择地中衡的型号，并计算引用误差，详细说明使用注意事项。

解　车长为 12m，汽车衡应大于车长 3m，则选长度为 15m，宽度为 3m 的汽车衡较为妥当，两边应加引导线条和护栏。由于载重物为化学品，所以应该选用"防爆本安型"汽车衡。"防爆本安型"传感器的论述见模块三。

由于槽钢和工字钢式结构承重器不如 U 形钢结构承重器的过载能力强，所以选用 U 形钢结构承重器（见图 2-17），并采用 6 道梁全焊接工艺。每根 U 形钢梁的间距约为 0.6m，小于汽车轮胎的宽度，刚性较高，不易产生中心区域断裂、塌陷、扭曲、变形等缺陷。

由于日称重次数约为 100 次，最大载重量 Max = 35t，因而所选择的标称值应大于 1.5 倍的称重值，为 60t，选取中频次的数字式地上衡，型号为 SCS-60-C3，具体参数见表 2-10 所示。

表 2-10　SCS-60-C3 的参数

型　号	最大称量/t	最大安全载荷/t	分度数	秤台 Q235/m	U 型梁/m	油漆工艺	荷重传感器
SCS-60-C3（数字式）	60	90	3 000	3×15×0.04	U 型高 0.34，6 道主梁	抛丸后防锈底漆，两次面漆	6 只 20t 均匀分布，钢球式承载

C3 级（有的厂商也称Ⅲ级或 3 级）的分度数 $n = 3\,000$，若最大称量 Max = 60t，则检定分度值 $e = \Delta_m = 20$kg。引用误差（满度相对误差）为

$$\gamma_m = \frac{\Delta_m}{A_m} \times 100\% = \frac{0.02t}{60t} \times 100\% = 0.033\%，即 \frac{1}{3\,000}$$

有的厂商的汽车衡显示器会采用 5 细分技术，可以显示的最小数值称为实际分度值 d。本例中，$d = 0.2e = 4$kg。即：被称量每增加 4kg，显示器的尾数可以跳一个数字。从所显示的数值表面看，有较高的准确度，但这是不可信任的数字，所以国家规定汽车衡的 d 应该等于 e。

在额定环境温度下（例如 -10~50℃），无论 d 变化多少个字，只要温漂、蠕变、回差等参数不超过允许最大绝对误差，就是合格品。

最小称量称为 Min，小于 Min 的重物称量误差将大于允许最大绝对误差。在 90t 的 C3 级汽车衡上，Min 可能达到 50e，达到 1 000kg，所以不能用于称量小于 Min 值的重物。例如，

人站立在该汽车衡上时，可能比在体重秤上的称量小很多。

如果整车为刚性4轴，若第1、2、3、4轴的承重约为15%、35%、25%、25%，则整车在汽车衡秤台上的重力分布是不均匀的，造成偏载。如果秤台下的6个荷重传感器的灵敏度不一致，误差就会变大。验收时，需要用接近额定载荷的汽车衡反复碾压10次以上，再将同一台载重汽车调头，驶上汽车衡的秤台，每次示值的误差应小于表2-9所示的允许最大绝对误差。如果将满载汽车放置于汽车衡上24h，蠕变引起的示值变化也不应大于允许最大绝对误差。首次使用时，还应按国家标准进行检定，见任务四。

任务三 汽车衡的安装与调试

一、汽车衡的安装

1. 基础地基施工

可移动汽车衡不能放置在软地基上，以免日久变形、扭曲。基础地基的耐力不应小于$10t/m^2$。基础地基的长、宽应该比汽车衡的四边均大0.5m。

基础地基底部应向下开挖0.3m，用灰土夯实后，捆扎钢筋，混凝土成型，以免日久基础沉降，还应做出排水沟。基础地基的倾斜度应小于1:1500。斜坡的斜度约为1:10~20，此外，斜坡与汽车衡秤台的交界处应有3~5mm的间隙，秤台不能与斜坡发生碰撞和摩擦。

由于汽车衡的秤台由钢板构成，所以必须良好接地，才能避免雷击损害。基础混凝土内，纵横钢筋需对50%以上的交叉点用16#铁丝捆扎起来，各地脚螺栓须与钢筋网牢固焊接，形成分布式接地网。在穿线管附近垂直打入4根角钢（至少2m深），并与基础接地网焊成一体，组成"接地桩"，接地电阻应小于4Ω。所有传感器的外壳以及秤台应该与接地桩良好连接。显示器等电路的外壳也应有良好的接地保护，以免雷击损坏。

在基础地基上要预留出N个（例如6个或8个）传感器的安装平台和固定螺栓。各个传感器平台应高于四周基础面10~30mm，以便于排水。每个传感器安装平台的高度以及横、竖、对角线距离的误差均不能超过2mm。此外，还应预留纵向限位器的位置，以免超载时秤台压坏传感器。浅基坑地上型汽车衡的基础结构如图2-29所示。

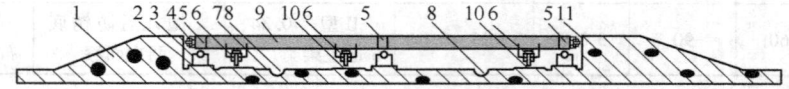

图2-29 浅基坑地上型汽车衡的基础结构

1—混凝土斜坡 2—传感器的混凝土基础 3—钢球承压荷重传感器 4—横线限位器 5—U形钢秤台的传感器支架 6—纵向限位器 7—混凝土基础 8—排水沟 9—U形钢秤台 10—纵向间隙 11—横向间隙

2. 汽车衡传感器的安装

在传感器安装前，必须先做好以下检查工作：检查传感器的型号是否一致，编号、数字地址等是否正确，用记号笔对传感器的角位进行醒目的标号，如图2-30所示。

将传感器按角位编号安装到传感器平台上，将接地线接到接地保护桩上，传感器引线及屏蔽层按随机文件中的连线图和颜色，连接到接线盒的端子上，如图2-31所示。电缆线的屏蔽层必须良好接地。确认接线无误后，再将接线盒的总线插头接入显示仪表的接口。使用柔软的压线板将信号电缆线固定在框架上，注意不能破坏电缆套管的绝缘，不要截短和加长信号电缆线。

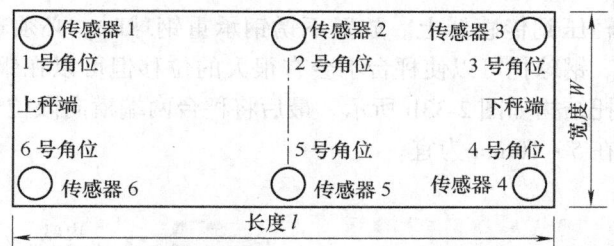

图 2-30 角位编号示意图

图 2-31 6 线制 RS485 接线盒的接线

3. 秤台的吊装

秤台的吊装如图 2-32 所示。先将所有横向限位器的螺栓调短,纵向限位器的螺栓调长,然后吊起秤台,对准传感器的位置,将秤台缓慢放到浅坑中的纵向限位器螺栓上。为了不损坏秤台,吊车对角线钢缆的张角不应超过 90°。

二、汽车衡的调试

传感器调试工作可以分为:数字传感器参数设置、秤台调平和角差修正。

1. 设置传感器参数

传感器参数包括:传感器的类型、数量、分配各角位传感器的地址等。如果显示器对传感器扫描结果正确,显示器显示 "SURE0"。

2. 传感器受力均匀度检查

将纵向限位器的螺栓调短,使秤台逐渐压到传感器的球顶上。分析空秤时每个传感器输出的数据,应符合以下要求:边角上 4 个传感器的受力以及中

图 2-32 秤台的吊装

间几个传感器中最大的与最小的两只传感器的数字之差不应大于其中示值最小传感器数值的 10%。

如果 N 个传感器之间的输出差值超过 10%,可以用千斤顶缓慢顶起秤台,如图 2-33a 所示。用可调高度的垫铁片微调传感器的高度,使 N 个传感器的受力趋向于均匀,然后将千

斤顶放下，使秤台轻轻压到传感器上。放置不锈钢承重钢球时，必须轻放到传感器的球座上，并均匀抹上黄油。钢球托可以使秤台不会有很大的位移但可以在钢球上稍作水平移动，钢球上方和下方的球托结构如图 2-33b 所示。最后将秤台两端横向限位器的螺栓调长，使秤台与斜坡的间隙控制在 5~10mm 为宜。

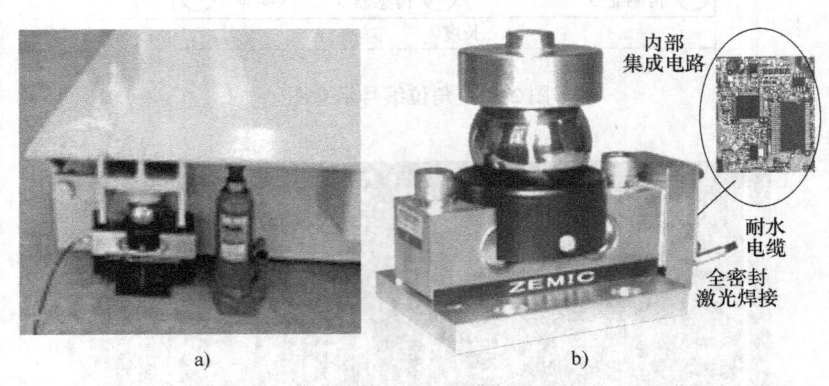

图 2-33 桥式荷重传感器
a) 用千斤顶将秤台顶起 b) 钢球上方和下方的球托放大图

3. 角差修正

选用合适重量的砝码进行压角，如图 2-34 所示。压角砝码重量的选择按以下公式进行：压角砝码重量 $G = \text{Max}/(N-1)$。式中，Max 为最大称量，N 为传感器的数量。

角差修正有两种方式：自动式和手动式。手动角差修正操作相对繁琐，需要知道砝码的具体数值。模拟式称重传感器是依靠接线盒的电位器来进行角差修正。调节方式分为两种：供桥电源调节和输出信号调节。

自动式角差修正操作方法：

按"F1"→显示器显示"FUnc0"，把砝码压在第一个角位→显示"dcr01"→显示"d******"，把砝码压在第 2 个角位，显示"dcr02"→显示"d******"，→……→依次操作，直到压完全部 N 个角位，角差修正完成，返回称重状态。

图 2-34 压角试验

4. 满量程、分度值、自动调零、去皮等功能的检查

当空秤时，按"调零"键，显示器显示零；当空车驶上汽车衡，停稳后，按"去皮"键，显示器显示零。满量程、分度值、分度数等技术指标，尽量按照出厂默认值设定。

5. 传感器的限位微调

传感器的高度调整完成后，必须微调限位器的高度。

将纵向限位器的螺母调松，旋转限位螺栓，减小螺栓顶部与传感器安装平台的间隙，至 3mm 停止，旋紧螺母。

任务四 汽车衡的检定

检定是对计量器具的计量性能是否符合国家法定要求所进行的强制性检查工作。计量器具只有在准确的基础上才有使用价值。

检验是检查使用中的秤是否符合检定规程的要求；是否处于良好的工作状态、误差大小是否合理、稳定性如何等。

"首次检定"是强制性的，并需要由国家计量管理部门出具检定证书，盖检定合格印、贴合格证，注明检定日期和有效期，对可能改变计量性能的器件或部位加印封或铅印。

"使用中的检验"也称"随后检验"，是非强制性的，是一种监督性检查，厂家和客户都可以进行。汽车衡的检定有静态检定和动态检定之分。

一、静态检定

1. 零点检定

将 $0.1e$ 的砝码逐一放在秤台的中央，直至显示器跳变 1 个最低位 e。$0.5e$ 与所用到的 $0.1e$ 的砝码的累加值 m_0 之间的差值即为零点误差 E_0。即

$$E_0 = 0.5e - m_0 \tag{2-8}$$

例如，$m_0 = 7 \times 0.1e = 7 \times 0.1 \times 10\text{kg} = 7\text{kg}$，则 $E_0 = 0.5e - m_0 = 0.5 \times 10\text{kg} - 7\text{kg} = -2\text{kg}$。即：示值少了 2kg。用标准砝码检定汽车衡的静态误差时，不应大于汽车衡相应称量允许最大绝对误差的 1/3。

2. 静态检定点

分度值为 3 000 的汽车衡的静态测试点至少为以下 5 个点：最小称量 Min、1/6Max、50% Max、2/3Max、最大称量 Max。例如，若 60t 汽车衡的分度值为 3 000，则静态测试点为 0、30t、60t，允许最大绝对误差的两个误差转折点：$500e = 10\text{kg}$，以及 $2\ 000e = 40\text{t}$。

标准砝码的使用如图 2-35 所示。若标准砝码量不足时，可使用其他恒定载荷替代标准砝码。但标准砝码量必须大于或等于最大称量 Max 的 1/3。如果检定 100t 以上的汽车衡，可能无法托运全部砝码，可以用满足检定标准的"力标准机"来检定。

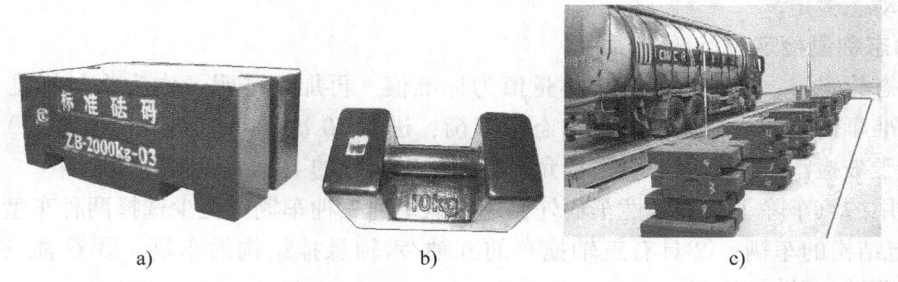

图 2-35 标准砝码的使用

a) 2t 大砝码 b) 10kg 小砝码 c) 将砝码均匀摆放在汽车衡的秤台上

3. 误差计算方法

以下检定首先必须关闭自动置零功能，再将规定质量 m 的标准砝码放在秤台上，示值为 I，则可以根据下式计算"整定前的示值误差"。

$$E = I - m \tag{2-9}$$

如果被检定的汽车衡的最小显示值 $d = e$，也就是说，显示器没有细分指示装置，则无法用式（2-9）计算出示值误差，就必须使用"闪变点法"计算整定前的示值误差，具体方法如下述。

对于某一特定负载 m，记录下汽车衡的示值 I。然后连续加放 $0.1e$ 的砝码，当示值跳变一个分度值时，设此时加到秤台上的附加载荷为 Δm，可用下式得到中间值

$$P = I + 0.5e - \Delta m \tag{2-10}$$

式中的"$0.5e$"是指人为假设载荷每次增加 $0.5e$ 时示值就会跳变。则整定前的示值误差

$$E = P - m = (I + 0.5e - \Delta m) - m \tag{2-11}$$

将整定前的示值误差减去零值误差，就可以得到载荷 m 时的修正误差 E_c，即

$$E_c = E - E_0 \tag{2-12}$$

例 2-6 一台型号为 SCS-30-C3 的汽车衡，分度数 $n = 3\,000$，零位误差 $E_0 = -2\text{kg}$。在检定误差转折点，即 2 000 分度点时，在秤台上放 $m = 20\text{t}$ 的标准砝码，示值 $I = 20\,000\text{kg}$，再逐一加放 $0.1e = 1\text{kg}$ 的小砝码，一直加到示值由 20 000kg 突然增加 10kg 时，跳变为 20 010kg。此时附加的 1kg 的小砝码数量为 11 个，问：20t 称量点是否合格？

解 根据型号可知，Max = 30t，分度数 $n = 3\,000$，则检定分度值 $e = 10\text{kg}$。检定 2 000 分度点，即是检定 20t 称量点。已知 $\Delta m = 11\text{kg}$，根据式（2-11），整定前的示值误差

$$E = (I + 0.5e - \Delta m) - m = (20\,000 + 5 - 11) - 20\,000 = -6\text{kg}$$

载荷 $m = 20\text{t}$ 时的修正误差 $E_c = E - E_0 = -6\text{kg} - (-2\text{kg}) = -4\text{kg}$。

查表 2-10 可知，SCS-30-C3 汽车衡在 20t 时的检定允许最大绝对误差是 $\pm 1.0e = \pm 10\text{kg}$，大于修正误差 E_c，所以 20t 称量点合格。

由上述计算可知，施加 20t 砝码时，该汽车衡实际测试得到的数据是 19 996kg，而不是所显示的 20 000kg。检定之后，可以通过软件来扣除这一测量误差，以提高测量准确度。

二、动态检定

动态检定不能直接使用砝码，而应该将标准砝码放置在标准车辆上，在静态检定合格后，再做动态检定。

1. 动态称量检定

做动态检定时，以汽车的静态称量值为标准值，再加上砝码，作为临时标准车的总重量。将标准车按典型运行速度通过动态汽车衡，进行 10 次动态试验（两个方向）。平均误差不应大于被检汽车衡相应动态称量允许最大绝对误差的 1/3。

检定用的汽车除了双轴刚性车辆外，还应从下列三种车辆中至少选择两种车型：①三轴/四轴固定结构的车辆；②具有三轴拖车的五轴/六轴悬挂结构的车辆；③双轴/三轴车辆，加上一辆两轴/三轴的挂车。

2. 偏载检定

试验车辆加载 1/3 最大称量的载荷，分 10 次通过汽车衡。其中 6 次由承载器的中心通过；两次由靠近承载器的左侧通过；另外两次由靠近承载器的右侧通过。平均误差不应超过允许最大绝对误差。

3. 重复性检定

在 50% Max 称量点进行重复性测试，每组至少重复测试 3 次。平均误差不应大于该称量

的允许最大绝对误差。

4. 超载荷检定

将150% Max 载荷车辆按额定速度驶过动态汽车衡，共10次。零部件应无损伤，显示器的零位误差不超过允许值。

任务五　汽车衡的故障分析与排除

汽车衡是知识密集型、技术密集型和技巧密集型的高科技计量设备，分度值可达20 000，内码可达100万，称量值可达200t。工作环境多为室外，经常达到极端的温度和湿度，十分容易损坏。特别是动态汽车衡，允许重载汽车以几十千米的时速通过，更容易引起冲击损坏。汽车衡故障具有多项性、复杂性、综合性和交叉性的特点。汽车衡的故障分析，就是灵活运用汽车衡的基础知识和工艺技术，采用科学推理方法，根据故障现象和机理，来分析和判断故障的原因，并采取措施排除故障，争取在最短时间里恢复汽车衡的运行，减小经济损失。

查找汽车衡故障的方法有：观察法、替代法、比较法、使用代码诊断法等，往往要综合运用几种方法。"代码诊断法"是利用数字仪表自动诊断显示的错误代码来找出故障的方法，通过查故障代码表，判断故障的原因。

一、桥路、电源故障分析与排除

案例1　故障现象： 一台配有8只数字传感器的汽车衡，安装和连接都没有问题，但进行自动设置传感器环节时，显示"nodc"（没有数字传感器与显示器连接）。

故障分析： 在接线盒处测量传感器的供电电压，结果为3.8V。分析：用户总线长度只有20m，电压明显偏低。后逐一测量传感器，发现只要脱开7#传感器的接线，传感器供电电压就立即恢复成11.9V。

故障处理： 更换7#传感器，恢复正常，重做检定。

案例2　故障现象： 一台带有8只数字传感器的数字式汽车衡，初期使用正常。后经过一次供电电路改造后，发现秤体和显示器外壳的金属部件"麻手"，数据稳定性差，且外接打印机后，总开关跳闸。

故障分析： 发现现场电源无地线，导致显示器外壳带电。

故障处理： 显示器接地线，恢复正常。

案例3　故障现象： 某一汽车衡，初期工作正常，后在秤台上进行电弧焊作业，第二天发现数据不稳定。

故障分析： 电弧焊机借秤台作零线接地用，使秤台成为电焊回路的一部分，导致其中最接近电焊机的一只传感器的电缆产生电磁感应过电压，引起传感器内部电路受损。

故障处理： 更换传感器，重做检定。

案例4　故障现象： 某山区的一台汽车衡，附近山体遭受过一次雷击，导致显示器不亮。更换显示器后，读数明显偏小。

故障分析： 雷击在电源上感应出高电压，烧毁显示器的逆变电源。更换显示器，还是不正常。由于从配电室到接地桩有很长一段空间距离，秤台到秤房也有一段较长距离的信号电缆，雷击引起地面大气静电场变化，使接闪物体附近的导体产生几千伏的感应电压，传感器的电缆与秤台之间产生电位差，击穿了传感器内部的电路。

故障处理： 更换击穿的传感器，重做检定。事后，在秤台附近设置避雷针，利用尖端放电效应中和云团中的电荷，使汽车衡磅不再因雷击而损坏。

二、绝缘故障分析与排除

案例1　故障现象：某公司的一台数字式汽车衡，装有4只30t数字式传感器。第一天全部调试好，称量、角差等均没有问题。第二天开机复查时，短时间内（约20min～2h不等）的数据逐渐漂移，显示器报"Err43"。查3#传感器，接线无松动。继续预热后，"Err43"消失，但显示器空秤数据大范围跳变，最后变成"Err03"。查看传感器输出值，发现3#传感器一会儿显示"999999"，一会儿显示"------"，一会儿变成"-28636"，一会儿又变成正值。

故障分析：测量接线盒每个接线端子之间的电阻值都小于正常值，可能是接线盒受潮。

故障处理：打开接线盒，用酒精擦洗，再用电吹风机吹干接线盒。

案例2　故障现象：某公司一台数字式汽车衡，检定后正常。使用3个月后发现，每天开机后数据便开始漂移，近一个小时后才稳定。重新开机，一切表现正常。

检查时，有意让传感器连续通电工作24h，然后关机，接着重新开机，无漂移等现象。

故障分析：可以初步确定，故障原因是传感器受潮。后逐个检查内码，有两只传感器每天首次开机时数据跳动和漂移时间都比较长，开机预热1h后才稳定下来。

故障处理：更换这两只传感器，重做检定。

案例3　故障现象：一台汽车衡，早期正常，一年后，数据不稳定。

故障分析：敲打接线盒，数据有时能稳定下来，有时紊乱。断电后，用万用表测量每一个传感器的接线电阻，其中2#传感器的某一根连接线对地电阻很小。顺着接线盒与传感器的接线电缆检查，发现2#传感器的电缆被压线夹压破，绝缘破坏。

故障处理：电缆做防水处理，恢复正常。

三、零点、蠕变的故障分析与排除

案例1　故障现象：某120t汽车衡有6个传感器，每天发生几千克的零点漂移。汽车开离汽车衡后，不能复零。

故障分析：通过检查，可以排除限位、秤体等部分的机械故障。判断可能是传感器性能变坏所致。用10t砝码压角，发现左侧中间位置的5#传感器误差最大，只有6t，其他位置基本正常。

故障处理：更换5#传感器，重做检定。

案例2　故障现象：某60t汽车衡，发现每次大吨位汽车通过后，再上小吨位的汽车，读数就偏小。日积月累，读数越来越小。

故障分析：大吨位汽车压到传感器上，可能使传感器中的应变计的胶层发生蠕变，且部分脱胶。蠕变的结果是使应变计逐渐失效。可以用一部大吨位汽车做实验。将大吨位汽车停止在秤台上，每隔1h记录一次数据。结果发现数据逐渐变小。读取所有传感器的内码，发现其中的6#传感器发生渐进性退行。

故障处理：更换6#传感器，重做检定。

四、通信回路故障分析与排除

案例1　故障现象：某用户的汽车衡采用30t数字传感器10只，安装调试均顺利完成，但在使用中会出现个别传感器丢失（显示Err4*）的现象。

故障分析：经检查，接线时总线采用了四线制连接方式，导致显示器与传感器通信冲突，这是由于个别传感器通信中断所致。

故障处理：总线改为六线方式，问题解决。

案例2 **故障现象**：一台配有8只数字传感器（标志地址为1#~8#）的汽车衡，安装和连接没有问题，但进行自动设置传感器操作后，显示器扫描的实际结果为：传感器数量为7只，地址为1#~6#、8#，没有7#传感器。

故障分析：将标志地址为7#的传感器单独连接，查看地址，发现实际地址为2#。

故障处理：将2#传感器的地址修改为7#，重新设置传感器，恢复正常。

说明：数字传感器均预先设置地址，并且是成组配套出厂的，每只传感器的地址身份都是唯一的，且被明确标志出来。但往往由于传感器厂家的疏漏，个别传感器的标志地址会存在与实际不一致的错误，造成一套中有地址重复的几只传感器。

五、秤台故障分析与排除

案例1 **故障现象**：某公司的150t数字式汽车衡，秤台为3m×18m，采用10个40t数字传感器（最大输出10万码），秤台自重22t。安装调试完毕后，使用正常。一年后，出现角差过大的问题。同一辆汽车，停在秤台的不同位置，显示的数据不一致。

故障分析：检查内码，记录10只传感器空秤状态的输出数据码数如下：1#13054，2#13724，3#16717，4#16354，5#18584，6#14170，7#13240，8#19833，9#14497，10#12262。经计算，发现有两个传感器严重受力不足。检查秤台，存在扭曲。

故障处理：将秤台吊起，修整，再重新调整传感器高度，将10只传感器输出码的误差控制到10%以内，重做检定。

案例2 **故障现象**：一台30t汽车衡，经45t大吨位汽车碾压后，再称量其他汽车，数据变小。

故障分析：经检查，秤台后端的纵向限位器一只倾斜、弯曲，一只折断。两只传感器已经变形，说明限位器的安装架钢材偏薄。

故障处理：更换限位器和传感器，并清除汽车衡秤台下的石块、杂物，重做检定。

案例3 **故障现象**：某120t汽车衡，在进行三点比对时，下秤端数值偏低。

故障分析：可以判断不是显示器的原因。又因计量时无明显跳数现象，则不会是传感器线路破损或传感器损坏引起，很可能是机械原因。检查纵向限位，发现下秤端的限位器已经顶死，造成秤台自由性差。

故障处理：调整纵向限位间隙，使纵向限位间隙保持在2~3mm以内。

六、轴称量动态车辆自动衡器系统故障分析与排除

案例1 **故障现象**：道闸对汽车没有反应，导致汽车无法进入秤台。

故障分析：计算机没有收到地感线圈的信号。用万用表测量线圈的电阻为无穷大。

故障处理：更换地感线圈的航空插头，解决问题。

案例2 **故障现象**：挂车未上秤台就自动开始称量。

故障分析：挂车检测光幕失效，系统误认为没有挂车。检查发现：左、右光幕没有对准。

故障处理：重新调试挂车光幕的安装角度，解决问题。

案例3 **故障现象**：冬天经常出现汽车已经全部开上秤台但无法开始称量的现象。扬声器反复提示"请将汽车全部开到秤台上"。

故障分析：中午检查时，对射光幕1正常；但第二天清早检查时，对射光幕1失效，系统误认为车头没有超过对射光幕1。检查发现光幕的加热电路没有接通，导致光幕表面结水。

故障处理：接通光幕玻璃的加热电路，解决问题。（注意：夏天必须断开加热电路。）

案例4　故障现象：低速时，称重正常。车速超过8km/h时，称量值偏小。

故障分析：弯板传感器系统的计算速度偏低，没有捕捉到荷重的最大值。

故障处理：请厂家更换数学模型，植入动态修正系数。

拓展阅读　皮带秤

一、皮带秤的结构及工作原理

前面几个项目中介绍的电子台秤和汽车衡等均不属于连续称量方式。对于某些要求连续运行的生产来说，由皮带输送机输送的物料量，例如煤炭、矿石、沙料等，均是大宗散装物料，输送量每小时高达数百吨乃至数千吨，多选用胶带输送机（本书根据行业习惯，称为皮带输送机）来连续输送。皮带秤是一种能够解决皮带输送机散装物料连续自动称量和自动配料的衡器，它既能显示瞬时输送量，也能显示累计输送量，并具有去皮重、自动校零、打印输出等功能。皮带秤有机械式和电子式之分，本书只讨论电子式皮带秤，以下简称皮带秤。

1. 皮带秤的结构

皮带秤是一种动态称重仪表，安装在皮带输送机上。皮带秤主要由皮带输送机、称重台和控制箱三部分组成，与皮带秤配套的机械结构如图2-36所示。皮带输送机包括称重桥架、传动装置和带拉紧装置的环形皮带。皮带的张紧是由配重装置自动调节的，装置上装有一重锤，通过重锤的力量拉紧皮带。

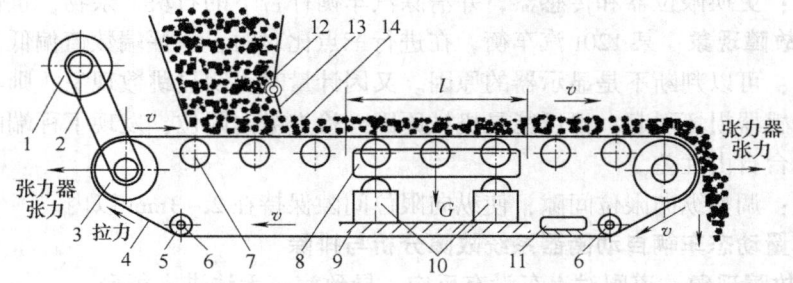

图2-36　与皮带秤配套的机械结构

1—驱动电动机齿轮箱　2—驱动链条　3—主皮带轮　4—裙边皮带　5—下托辊　6—测速装置
（角编码器）　7—承载托辊　8—三辊式称重桥架　9—机架　10—荷重传感器（两只）
11—清扫装置　12—料仓　13—出料口调节装置　14—物料

称重台包括称重托辊、称重桥架、称重传感器等，安装在传送带下面的机架上。称重托辊及称重桥架如图2-37所示。

称重桥架是将皮带上物料的重量传递给称重传感器的荷重承受和传递装置，也是物料称量过程中第一个转换环节。称重桥架与称重传感器之间采用柔性传递，起阻尼减振作用。称重传感器起到第二次转化作用，将重力转换为 mV 信号。控制箱具有处理、积算、储存、显示和控制功能。

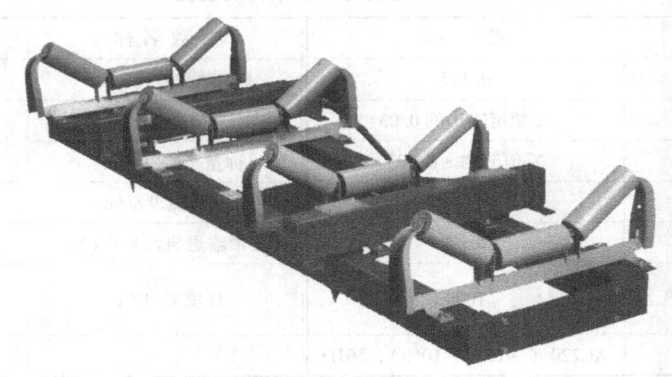

图 2-37　称重托辊及称重桥架

2. 皮带秤的工作原理

皮带秤有测速法和测长法之分，均可以在积算仪中进行累积计算，皮带秤积算仪如图 2-38 所示，本模块只叙述测速法皮带秤的工作原理。

测速法可以看作称重与测速结合的过程。当物料从主皮带或料斗下方落到皮带输送机上，运行一段距离后，就到达称重桥架上方长度为 l 的皮带上。l 长度皮带上的一小段物料的重量（称为"皮带载荷"）作用于称重传感器，称重传感器在瞬间称出皮带某一微小段上的重量 G_1，同时用测速传感器测出同一瞬间皮带的线速度 v。经过 1s 的时间段后，得到皮带输送机输送的总重量 G（G 是 G_1 对时间的积分），乘以时间（1s），即可得到皮带输送机所输送的物料的瞬时重量，单位为 t/s。再对时间 t 进行积分，得到 1min、1h 内总的输送量。

测速传感器（又称皮带线速度传感器）与测速滚轮"连轴"，检测皮带的速度。测速传感器多采用增量式角编码器（原理见模块十）来测量皮带滚筒的角速度。以脉冲的形式输送给积算仪，再乘以测速皮带滚筒的周长（πD），就得到皮带的线速度 v。通过积分运算，得出瞬时流量值和累积重量值，并分别显示出来。瞬时流量值的单位为 kg/min 或 t/h，累积重量值的单位为 t。累积时间可以是 1h、24h、1 个月等。皮带秤的型号与含义如图 2-39 所示，ICS14 单托辊电子皮带秤的主要技术指标如表 2-11 所示。

图 2-38　皮带秤积算仪

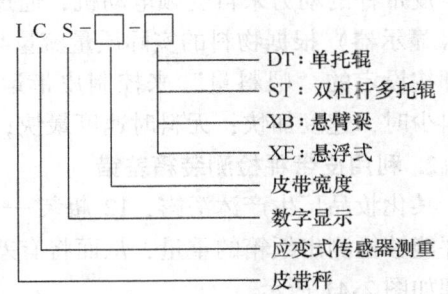

图 2-39　皮带秤的型号与含义

3. 皮带秤的型号与主要技术参数

表 2-11 ICS14 单托辊电子皮带秤的主要技术指标

参数名称	指标	参数名称	指标
系统准确度（%）	0.125	非线性（%）	<额定输出的 0.05
重复性（%）	<额定输出的 0.03	滞后（%）	<额定输出的 0.03
温度漂移（%）	零值时为 ±0.003	称量范围/$t \cdot h^{-1}$	0~8 000
安全过载（%）	150	皮带宽度/mm	500~2400
皮带速度/$m \cdot s^{-1}$	0~4	皮带输送机倾角/（°）	0~6
远传传输/m	1000	环境温度/℃	机械：-20~50 仪表：-10~40
电源电压/V	AC220（-15%~10%），50Hz		

二、电子皮带秤的应用

1. 皮带秤用于配料

配料皮带秤又称为称重皮带给料机。配料皮带秤一方面测量物料的流量，另一方面根据预先设定的流量来向外输送物料。配料皮带秤的工作原理如图 2-40 所示。

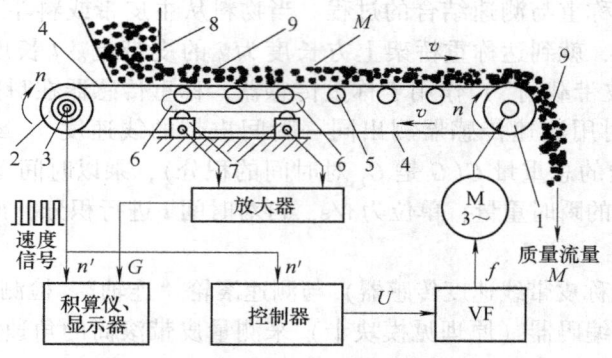

图 2-40 配料皮带秤的工作原理
1—主动轮 2—从动轮 3—角编码器 4—皮带 5—托辊 6—秤架
7—荷重传感器（两只） 8—落料斗 9—物料 VF—变频器

皮带秤的动力来自变频电动机，通过调节变频器的输出频率 f 来改变送料速度 v。积算仪（显示器）根据物料的实际质量流量与设定的质量流量差值来调整电动机的转速 n，使皮带秤按设定的"喂料量"来控制皮带运行的线速度。从而形成皮带上料多时，速度变慢；上料少时，速度加快；无料时速度最快；而超载时最慢。

2. 利用皮带秤检测装箱差错

某化妆品厂生产沐浴露，12 瓶装一个纸箱。有时会少装一瓶，引起商业纠纷。使用皮带秤能够检测出纸箱的重量，从而将有差错的纸箱推出流水线。检测装箱流水线差错的工作原理如图 2-41 所示。

检测系统采用短型皮带秤，被检测纸箱从前端主皮带输送机滑到皮带秤的皮带上。当被检测纸箱缺瓶（重量偏小）时，皮带秤产生报警信号，推杆动作，将出差错的纸箱推下皮带秤。

模块二 重量检测 57

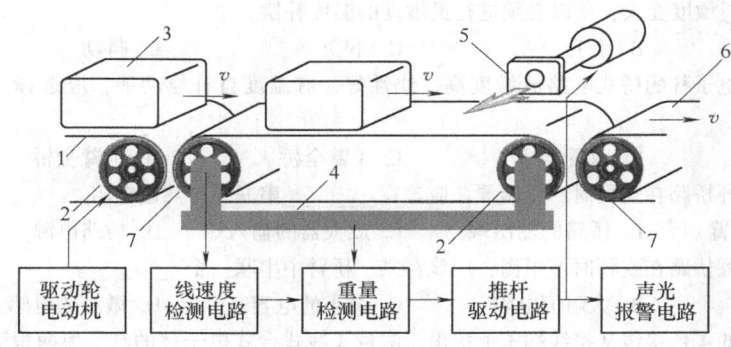

图 2-41 检测装箱流水线差错的工作原理
1—前端输送皮带 2—驱动皮带轮 3—被检测重量的纸箱 4—皮带秤
5—推杆 6—后端输送皮带 7—从动皮带轮

思考题与练习题

2-1 单项选择题

1）国际法制计量组织的名称是_____。

A. OIML B. OML C. LOIM D. MOIL

2）我国《计量法》规定国家采用_____。

A. 米制 B. 公制 C. 英制 D. 国际单位制

3）最近一次的国际计量大会仍然将 1 千克（kg）定义为_____。

A. 若干个碳-12 原子的重量

B. 铂铱合金构成的国际千克原器 IPK 的质量

C. 1 克的 1 千倍

D. 在 1N 的持续作用力下，以 $1m/s^2$ 的加速度运动，那么该物体的质量是 1kg

4）质量的单位是_____，重力的单位是_____，重量的单位是_____。

A. N B. kN C. kg D. kgf

5）天平称量的对象是_____；弹簧秤称量的对象是_____。

A. 重量 B. 质量 C. 体积 D. 压力

6）使用同样型号的精密天平，称量同样型号的重物，在北京称量的示值与在上海称量的示值_____；使用同样型号的应变计精密台式电子秤，称量同样型号的砝码，在北京称量的示值比在上海称量的示值_____。

A. 相同 B. 大 C. 小 D. 时大时小

7）电子秤中所使用的应变计应选择_____应变计。

A. 金属丝式 B. 金属箔式 C. 半导体式 D. 固态压阻式

8）应变计用胶水胶贴在弹性元件上时，在保证粘贴强度的条件下，希望胶的厚度尽量_____一些，才能防止蠕变误差。

A. 薄 B. 厚 C. 宽 D. 长

9）施加最大称量 Max 到电子秤的秤台上，静置 30min 后，最终读数与初次读数之差超过了允许最大绝对误差，这种误差称为_____。

A. 零点漂移 B. 蠕变 C. 迟滞 D. 灵敏度漂移

10）气温升高时，若不进行温度补偿，荷重传感器内部的弹性元件的强度略微变弱，其应变将略有_____，使得灵敏度变大，所以必须进行灵敏度的温度补偿。
A. 下降　　　　　B. 上升　　　　　C. 不变　　　　　D. 抖动

11）如果希望电子秤的桥式电路灵敏度高、线性好、有温度自补偿功能，应选择_____测量转换电路。
A. 单臂半桥　　　B. 双臂半桥　　　C. 4 臂全桥　　　D. 单臂全桥

12）如果电子秤桥路在空秤时产生温漂，应该在_____串联一个热敏电阻。
A. 其中一个桥臂　B. 桥路的输出端　C. 放大器的输入端　D. 桥路电源

13）如果电子秤桥路在空秤时不平衡，应该在某一桥臂中串联一个_____。
A. 小阻值电阻　　B. 大阻值电阻　　C. 微小的电容　　D. 微小的电感

14）将电子秤的 4 色接线从接线端子上拔出，测量 4 线式台式电子秤的红、黑两根引线之间的电阻为无穷大，可能的故障是_____；测量四线式台式电子秤的绿白两根引线之间的电阻为零，可能的故障是_____。
A. 4 个桥臂中的 1 个应变计短路　　B. 4 个桥臂中的 1 个应变计开路
C. 两根信号输出线短路　　　　　　D. 两根电源线开路

15）荷重传感器有多种形式。直接将应变计粘贴在测力钢板秤台上的形式是_____。
A. 实心筒式　　　B. 桥式　　　　　C. 环式　　　　　D. 弯板式

16）案式电子秤的缩写是_____，地上式数字显示汽车衡的缩写是_____，皮带秤的缩写是_____。
A. ACS　　　　　B. DCS　　　　　C. SCS　　　　　D. ICS

17）静态固定式汽车衡台面多采用加工周期短的_____。
A. 箱式　　　　　B. U 形钢式　　　C. 工型钢式　　　D. 全混凝土式

18）汽车衡秤台两端的横向限位器是用于限制秤台的_____运动范围。
A. 上、下　　　　B. 左、右　　　　C. 前、后　　　　D. 振动

19）汽车衡的接线盒中，有电位器的是_____。
A. 模拟式　　　　B. 数字化式　　　C. 数字式　　　　D. 模拟/数字混合式

20）常用的数字式汽车衡台的传感器与接线盒的通信方式是_____。
A. 模拟式　　　　B. 并行式　　　　C. RS232 串行式　D. RS485 串行式

21）汽车衡中，信号在传输时抗干扰能力最强的是_____。
A. 模拟式　　　　B. 数字化式　　　C. 数字式　　　　D. 模拟-数字混合式

22）数字式汽车衡中，模拟信号在_____中进行 A-D 转换，再通过接线盒与显示器进行串行通信。
A. 传感器壳体　　B. 接线盒　　　　C. 称重显示器　　D. 计算机

23）常用的汽车衡的形式有多种，其中施工量最大的是_____。
A. 无基坑可移动式　　　　　　　　B. 浅基坑式
C. 深基坑地中衡　　　　　　　　　D. 便携式

24）某一汽车衡的型号为 SCS-90-C5，其规格是_____。
A. 深基坑 50t，C 级，9 000 分度数　　B. 地上型 90t，C 级，5 000 分度数
C. 浅基坑 90t，S 级，5 000 分度数　　D. 便携式 90t，C 级，5 000 分度数

25）A 级汽车衡的准确度等级_____C 级。
A. 优于　　　　　B. 劣于　　　　　C. 等于　　　　　D. 无法确定

26）汽车衡中的检定分度值用符号_____表示。
A. d　　　　　　B. e　　　　　　C. f　　　　　　D. g

27）某一汽车衡，Max = 100t，分度数 n = 5 000，检定分度值 e 等于_____。
A. 20kg　　　　　B. 5 000kg　　　　C. 10kg　　　　　D. 1kg

28) 某一汽车衡，Max=60t，共安装6个传感器。在进行角差修正时，压角砝码的重量为_____。
A. 6t　　　　　　　B. 12t　　　　　　　C. 60t　　　　　　　D. 12kg

29) 汽车衡的静态最大载荷_____动态最大载荷；静态最大载荷_____安全极限载荷。
A. 大于　　　　　　B. 小于　　　　　　C. 等于　　　　　　D. 无法确定

30) 汽车衡的首次检定是_____的。
A. 强制性的，由质检部门进行　　　　B. 用户进行
C. 买家进行　　　　　　　　　　　　D. 都可以

31) 汽车衡的_____个特殊标志点是必须进行首次检定的。
A. 3　　　　　　　　B. 4　　　　　　　　C. 5　　　　　　　　D. 6

32) 动态汽车衡检定时，必须先进行_____检定。
A. 静态　　　　　　B. 动态　　　　　　C. 静、动态　　　　D. 满度

33) 某30t汽车衡，发现每次大吨位汽车通过后，再测量小吨位的汽车，读数就偏小一些。日积月累，读数误差越来越大，其原因可能是传感器_____。
A. 零点漂移　　　　B. 蠕变　　　　　　C. 温漂　　　　　　D. 破裂

34) 某数字式汽车衡，平时正常，有时在下雨天数据报错，其原因可能是_____。
A. 全密封型传感器损坏　　　　　　　B. 接线盒受潮
C. 过热　　　　　　　　　　　　　　D. 断线

35) 某汽车衡，汽车偏到秤台左边时，数据变小，其原因可能是_____传感器的安装高度偏低。
A. 左边　　　　　　B. 右边　　　　　　C. 左、右两边　　　D. 无法判断

36) 某汽车衡，重车通过时，数据明显偏小，其原因可能是_____。发现某汽车衡的秤台前后方向不灵活，其原因可能是_____。
A. 纵向限位器断裂　B. 横向限位器断裂　C. 纵向限位器太长　D. 横向限位器卡死

37) 某汽车衡，重车下衡后，显示器能够复零，但轻车下衡后，显示器上有几千克的余值，其原因可能是_____。
A. 纵向限位器断裂　　　　　　　　　B. 横向限位器断裂
C. 纵向限位器卡死　　　　　　　　　D. 秤台与斜坡之间有杂物，从而卡死秤台

38) 一台弯板式汽车衡，额定载荷的汽车慢速通过时显示正常。每当车速提高到10km/h的时候，读数就偏小，可能的原因是_____。
A. 传感器损坏　　　　B. 接线盒损坏　　　C. 电缆受潮　　　　D. 数学模型不对

2-2　分析、计算题

1. 上网搜索、下载"衡器计量名词术语及定义"、"应变式称重传感器的设计与计算"、"应变式称重传感器技术动向和发展趋势"、"数字式汽车衡的安装与调试方法"、"SCS汽车衡"、"皮带秤"等资料，简述其主要内容。

2. 采用图2-13所示的等截面空心圆柱式荷重传感器称重，式（2-6）中的额定荷重 $F_m = G_{max} = 20 \times 10^3$ kg，灵敏度 $K_F = 2mV/V$，桥路电压 $U_i = 10V$，求：
1) 在额定荷重时的输出电压 U_{om}。
2) 若在额定荷重时要得到5V的输出电压（接A-D转换器），放大器的放大倍数 K 应为多少倍（保留小数点后2位）？
3) 若要分辨1/5 000的电压变化，输出电压放大后的漂移 Δt 要小于多少毫伏？
4) 当承载 G_{20} 为20kg时，传感器的输出电压 $U_{o(20kg)}$。
5) 测得桥路的输出电压 U_o 为10mV，求被测荷重 G 为多少吨？

3. 某煤炭码头每天出库300辆左右的重载汽车，最大毛重 $G_{max} = 50t$，车长为14m，要求整车称重，若要求分度数 $n = 5 000$，请根据图2-27及例2-5选择C级地中衡的型号。

模块三 温度检测

 知识链接　温度与温标的基本概念

一、温度

温度是国际单位制七个基本量之一，是一个与人们生活环境有着密切关系的物理量，是"工质热力"重要参数之一，也是在生产、科研、生活中需要测量和控制的重要物理量。比如空调温度、窑炉温度、机车轴温、蔬菜大棚温度等的检测与控制，其目的是测量和显示被测对象的温度，并将其控制在所需要的上、下限之间，从而满足生产、科研、生活的需要。

温度是表征物体冷热程度的物理量。温度概念是以热平衡为基础的。如果两个相接触的物体的温度不相同，它们之间就会产生热交换，热量将从温度高的物体向温度低的物体传递，直到两个物体达到相同的温度为止。

温度的微观概念是：温度标志着物质内部大量分子无规则运动的剧烈程度。温度越高，表示物体内部分子热运动越剧烈。

二、测温传感器

检测温度的传感器很多，按照用途可分为基准温度计和工业温度计；按照测量方法可分为接触式和非接触式；按工作原理可分为膨胀式、电阻式、热电式、辐射式等；按转换方式可分为非电测型、自发电型等；按输出方式可分为模拟式、数字式等。可以根据成本、准确度、测温范围及被测对象的不同，选择不同的温度传感器。表 3-1 列出了常用测温传感器的名称、测温范围及特点。

表 3-1　常用测温传感器的名称、测温范围及特点

传感器类型	测温范围/℃	所利用的物理现象	特　点
气体温度计 液体压力式温度计 玻璃水银温度计 双金属片式温度计	$-250 \sim 1000$ $-200 \sim 350$ $-50 \sim 350$ $-50 \sim 300$	热膨胀体积变化	不需要电源，寿命长；感温部件体积较大
钨铼热电偶 铂铑热电偶 其他热电偶	$1000 \sim 2100$ $200 \sim 1800$ $-200 \sim 1200$	接触热电动势	自发电型，标准化程度高，品种多，可根据需要选择；需进行冷端温度补偿
铂热电阻 热敏电阻	$-200 \sim 850$ $-50 \sim 300$	电阻的变化	标准化程度高；需要桥路电源才能得到电压输出
硅半导体集成温度传感器	$-50 \sim 150$	PN 结的结电压	体积小，线性好；测温范围小
示温涂料 液晶	$-50 \sim 1300$ $0 \sim 100$	温度-颜色	面积大，可得到温度图像；易衰老，准确度低

(续)

传感器类型	测温范围/℃	所利用的物理现象	特　　点
热成像仪	−50 ~ 500	光辐射 热辐射	非接触式测量，反应快；易受环境及被测体表面状态影响，标定困难
红外辐射温度计	−50 ~ 1 500		
光学高温温度计	500 ~ 3 000		
热释电式温度传感器	0 ~ 1 000		
光子探测器	0 ~ 3 500		

三、温标

温度的数值表示方法称为温标。它规定了温度读数的起点（即零点）以及温度的单位。各类温度计的刻度均由温标确定。国际上规定的温标有：摄氏温标、华氏温标、热力学温标等。

1. 摄氏温标（℃）

摄氏温标把在标准大气压下冰的熔点定为零度（0℃），水的沸点定为100度（100℃）。在这两固定点间划分一百等分，每一等分为1摄氏度，符号为 t。

2. 华氏温标（℉）

它规定在标准大气压下，冰的熔点为32℉，水的沸点为212℉，两固定点间划分180个等分，每一等分为1华氏度，符号为 θ。它与摄氏温标的关系式为

$$\theta/\text{℉} = \frac{9}{5}t/\text{℃} + 32 \tag{3-1}$$

例如，20℃时的华氏温度 $\theta = (1.8 \times 20 + 32)\text{℉} = 68\text{℉}$。西方国家在日常生活中普遍使用华氏温标。

3. 热力学温标（K）

热力学温标是建立在热力学第二定律基础上的最科学的温标，是由开尔文（Kelvin）根据热力学定律提出来的，因此又称开氏温标。它的符号是 T，单位是开尔文（K）。

热力学温标规定分子运动停止（即没有热存在）时的温度为绝对零度，水的三相点（气、液、固三态同时存在且进入平衡状态时的温度）的温度为273.16K，把从绝对零度到水的三相点之间的温度均匀分为273.16格，每格为1K。

由于以前曾规定冰点的温度为273.15K，所以现在沿用这个规定，用下式进行开氏温度和摄氏温度的换算

$$t/\text{℃} = T/\text{K} - 273.15 \tag{3-2}$$

或

$$T/\text{K} = t/\text{℃} + 273.15 \tag{3-3}$$

例如，100℃时的热力学温度 $T = (100 + 273.15)\text{K} = 373.15\text{K}$。

热力学温标是纯理论的，人们无法得到开氏零度，因此不能直接根据它的定义来测量物体的热力学温度，需要建立一种实用的温标作为测量温度的标准，这就是国际实用温标。

4. 1990 国际温标（ITS-90）

国际计量委员会在1968年建立了一种国际协议性温标，即 IPTS-68 温标。这种温标与热力学温标基本吻合，其差值符合规定的误差，而且复现性（在全世界用相同的方法，可以得到相同的温度值）好，所规定的标准仪器使用方便、容易制造。

在 IPTS-68 温标的基础上，根据第18届国际计量大会的决议，从1990年1月1日开始在全世界范围内采用1990年国际温标，简称 ITS-90。

ITS-90 定义了一系列温度的固定点，共 17 个，规定了标准仪器和温度与相应物理量的函数关系。

例如，规定了氢的三相点为 13.8033K、氖的三相点为 24.5561K、氧的三相点为 54.3584K、氩的三相点为 83.8058K、汞的三相点为 234.3156K、水的三相点为 273.16K（0.01℃）等。

以下物理量的固定点用摄氏温度（℃）来表示：镓的三相点为 29.7646℃、锡的凝固点为 231.928℃、锌的凝固点为 419.527℃、铝的凝固点为 660.323℃、银的凝固点为 961.78℃、金的凝固点为 1064.18℃、铜的凝固点为 1084.62℃，这里就不一一列举了。

ITS-90 规定了不同温度段的标准测量仪器。例如在极低温度范围，用气体体积热膨胀温度计来定义和测量；在氢的三相点和银的凝固点之间，用铂电阻温度计来定义和测量；而在银凝固点以上用光学辐射温度计来定义和测量等。从 1993 年起，我国全面施行 ITS-90 国际温标。

项目一　铂 热 电 阻

【项目教学目标】

☞知识目标

1) 掌握铂热电阻的测温原理与方法。
2) 熟悉热电阻的型号。

☞技能目标

1. 熟悉铂热电阻的组桥方法及与显示仪表的连接方法。
2. 学会查铂热电阻分度表。

热电阻传感器（以下简称热电阻）主要用于中、低温区的温度测量。热电阻的主要特点是测量准确度高，性能稳定，缺点是需要稳定的激励电源。常用的热电阻有铜热电阻和铂热电阻。铂热电阻的测量准确度比铜热电阻高，但价格稍贵。

任务一　认识铂热电阻

铂的物理化学性能非常稳定，是目前制造热电阻的最好材料。部分铂热电阻如图 3-1 所示。

一、铂热电阻的工作原理

用万用表测量一只 100W/220V 白炽灯的电阻值，可以发现其冷态阻值只有几十欧姆，但是用公式 $R = U^2/P$ 计算得到的额定热态电阻值应为 484Ω，两者相差许多倍。由此可知，金属丝在不同温度下的电阻是不相同的。

温度升高，金属内部原子晶格的振动加剧，从而使金属内部的自由电子通过金属导体时的阻力增大，宏观上表现为电阻率变大。大多数金属的温度系数为正温度系数，即电阻值与温度的变化趋势相同。

可以利用金属的电阻值随温度升高而增大这一特性来测

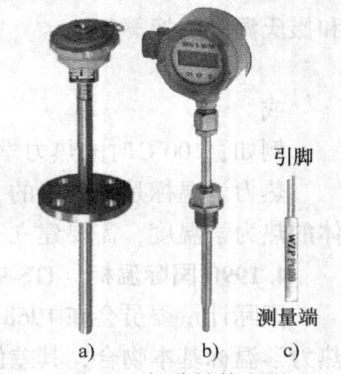

图 3-1　部分铂热电阻
a) 铂热电阻（法兰盘固定）
b) 铂热电阻温度变送器（螺栓固定）
c) 小型铂热电阻

量温度。目前较为广泛应用的热电阻材料是铂和铜，它们的电阻温度系数在$(3\sim 5)\times 10^{-3}/℃$范围内。作为热电阻材料，通常希望其具有电阻温度系数大、线性好、性能稳定、使用温度范围宽、加工容易等特点。铂热电阻的性能较好，适用温度范围为$(-200\sim +850)℃$；铜热电阻价廉并且线性较好，但高温下易氧化，故只适用于温度较低$(-50\sim +150)℃$的环境中，目前已逐渐被铂热电阻所取代。两种热电阻的主要技术指标如表 3-2 所示。

表 3-2　两种热电阻的主要技术指标

特　　性 \ 材　　料	铂热电阻（WZP）	铜热电阻（WZC）
使用温度范围/℃	$-200\sim +850$①	$-50\sim +150$
电阻率/$(\Omega\cdot m\times 10^{-6})$	$0.098\sim 0.106$	0.017
$0\sim 100℃$间电阻温度系数 α（平均值）/℃$^{-1}$	0.00385	0.00428
化学稳定性	在氧化性介质中较稳定，不能在还原性介质中使用，尤其在高温情况下	超过 100℃易氧化
特性	温度与电阻值有确定关系、性能稳定、准确度高	线性较好、价格低廉、体积大
应用	适于较高温度的测量，可作标准测温装置	适于测量较低温度、无水分、无腐蚀性介质的温度

① 在工业中，测温上限由热电阻的保护套管的最高承受温度决定。

目前我国全面施行"1990 国际温标"。按照 ITS-90 标准，国内统一设计的工业用铂热电阻在 0℃时的阻值 R_0 值有 25Ω、100Ω、1000Ω 等，分度号分别用 Pt25、Pt100、Pt1000 等表示。薄膜型铂热电阻有 100Ω、1000Ω 等。同样，铜热电阻在 0℃时的阻值 R_c 值有两种：50Ω 和 100Ω，分度号分别用 Cu50、Cu100 表示。

热电阻的阻值 R_t 与温度 t 的关系可用以下的一般表达式表示

$$R_t = R_0(1 + At + Bt^2 + Ct^3 + Dt^4)$$

式中　　　R_t——热电阻在温度为 t 时的电阻值；

R_0——热电阻在 0℃时的电阻值；

A、B、C、D——温度系数。

在工程中，若不考虑线性误差的影响，也可以用下式来近似计算热电阻的阻值

$$R_t \approx R_0(1 + \alpha t) \tag{3-4}$$

式（3-4）中的 α 为铂热电阻的温度系数。金属热电阻的阻值 R_t 与温度 t 之间呈非线性关系。按照 ITS-90 标准，每隔 1℃给出摄氏温度与对应热电阻的阻值，并列成表格，这种表格称为"热电阻分度表"，见附录 A。不同国家、不同厂商的同型号产品均需符合 ITS-90 标准。

【查 Pt100 分度表训练】

温度/℃		-100	-50	0		150	
电阻值/Ω	39.72				119.40		375.70

二、铂热电阻的结构

按铂热电阻的结构类型分类，有装配式（普通型）、铠装式和薄膜式等。

装配式铂热电阻由感温元件（金属电阻丝）、支架、引出线、保护套管及接线盒等基本部分组成，为避免电感分量，电阻丝常采用双线并绕，制成无感电阻。装配式铂热电阻的内部结构如图3-2所示，其外形及结构如图3-3所示。

铠装式铂热电阻外形及结构如图3-4所示，比较细长，具有能弯曲、抗冲击、便于安装、寿命长等特点。

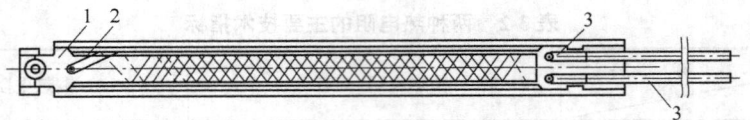

图3-2 铂电阻的内部构造

1—铆钉 2—铂电阻丝 3—耐高温银质引脚

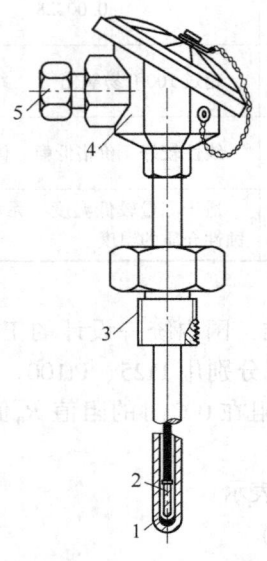 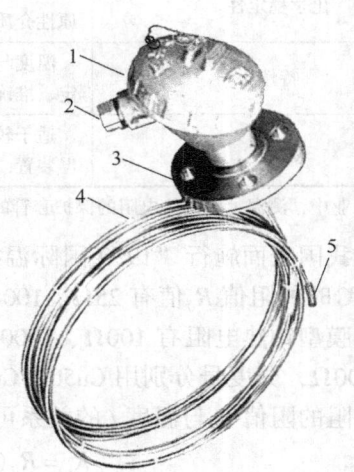

图3-3 装配式铂热电阻的外形及结构

1—保护套管 2—热电阻
3—紧固螺栓 4—接线盒
5—引出线密封套管

图3-4 铠装式铂热电阻的外形及结构

1—接线盒 2—引出线密封管
3—法兰盘 4—柔性外套管
5—测温端部

薄膜式铂热电阻如图3-5所示。它是利用真空镀膜法或用糊浆印刷烧结法使铂金属薄膜附着在耐高温基底上，其尺寸可以小到几平方毫米。可将其粘贴在被测高温物体上测量局部温度，具有热容量小、反应快的特点。

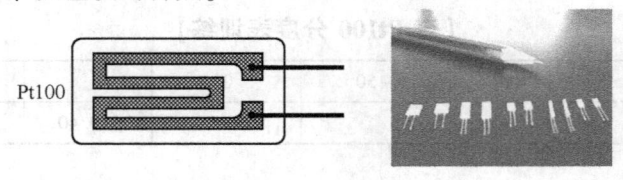

a)   b)

图3-5 薄膜式铂热电阻

任务二　铂热电阻组桥

铂热电阻传感器的测量电路为电桥电路，热电阻两线制电桥测量电路如图 3-6 所示。电桥在 0℃ 时，利用"调零电位器" RP_1 来进行调零；温度高于 0℃ 时，桥路的输出为正；温度低于 0℃ 时，输出为负。如果四个桥臂在 0℃ 时的初始电阻值相等，并且忽略 R_7、r_{1a}、r_{1b} 的影响，根据式（3-4），热电阻单臂电桥的输出电压可用下式表示

$$U_o \approx \frac{U_i}{4}\alpha t \qquad (3-5)$$

电桥的输出电压与温度的关系有一定的非线性，必须由微处理器进行非线性校正。

由于热电阻安装处（测温点）距仪表之间有一定距离，引线的电阻也会因环境温度的变化而变化，从而造成测量误差。为了减小或消除引线电阻的影响，常采用三线制接法。铂热电阻的三线制电桥测量电路如图 3-7 所示。热电阻 R_t 用三芯屏蔽电缆中的三根导线①、②、③接到测温电桥。其中两根引线的内阻 r_1、r_4 分别

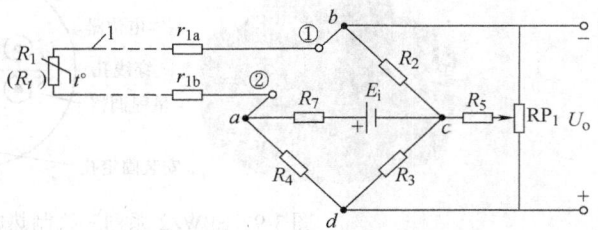

图 3-6　热电阻两线制电桥测量电路

与测量电桥相邻两臂的 R_1、R_4 串联，引线的长度变化不影响电桥的平衡，所以可以避免因引线电阻受环境影响而引起的测量误差。r_i 与激励源 E_i 串联，也不影响电桥的平衡。可通过"调满度电位器" RP_2 来微调电桥的满量程输出电压。

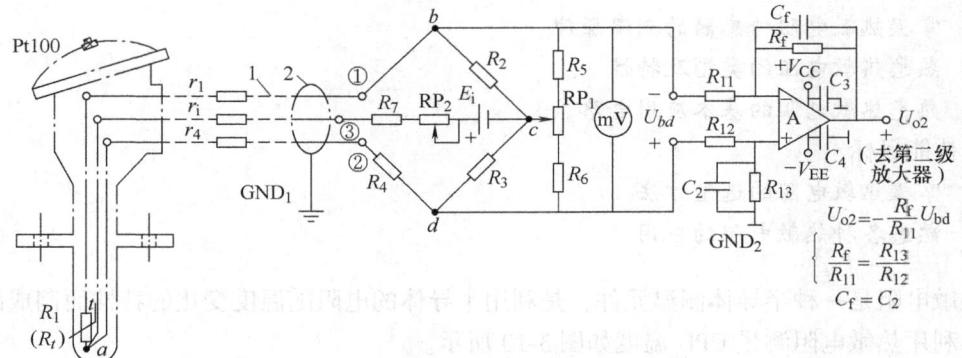

图 3-7　铂热电阻的三线制电桥测量电路
1—连接电缆　2—屏蔽层　RP_1—调零电位器　RP_2—调满度电位器

当选用的热电阻为 Pt100 时，流过热电阻的电流应小于 5mA，以减小热电阻"自热"的影响。为了减小环境电、磁场的干扰，最好采用三芯屏蔽线，并将屏蔽线的金属网状屏蔽层接大地。图 3-7 中的 GND_1、GND_2 分别位于测量现场与仪表端，屏蔽线的屏蔽层只能接到其中一端，否则将引起两个不等电位大地之间的 50Hz "大地环流"，在屏蔽层里产生压降，造成 50Hz 干扰。在检测技术中需要严格遵守"一点接地"的原则。

热电阻温度变送器是一种现场安装式温度变送单元。它采用两线制传送方式（具体介绍见模块四），电源与信号输出共两根导线，一根为红色（电源线），一根为黑色（信号线）。热电阻温度变送器输出与被测温度成线性的 4~20mA 电流信号。变送器模块可以安装

于热电阻的接线盒内，形成一体化结构，广泛应用于石油、化工、纺织、冶金、机电、电力、航空、食品加工、医学工程等工业和科研领域，进行自动温度检测和控制。WP6200 系列热电阻温度变送器的接线盒如图 3-8 所示，SBWZ2 系列三线制热电阻温度变送器的接线图如图 3-9 所示。

图 3-8　WP6200 系列热电阻温度变送器的接线盒

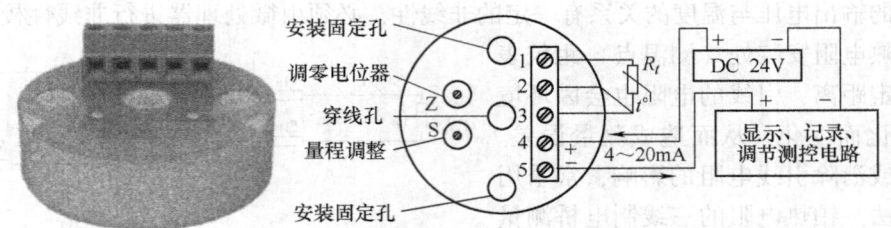

图 3-9　SBWZ2 系列三线制热电阻温度变送器的接线图

项目二　热敏电阻

【项目教学目标】

☞知识目标

1) 掌握热敏电阻传感器的测温原理。
2) 熟悉热敏电阻的类型及特性。
3) 熟悉热敏电阻的基本应用电路。

☞技能目标

1) 掌握热敏电阻的选型方法。
2) 熟悉各种热敏电阻的应用。

热敏电阻是一种半导体测温元件，是利用半导体的电阻随温度变化的特性而制成的测温元件。利用热敏电阻测量 CPU 温度如图 3-10 所示。

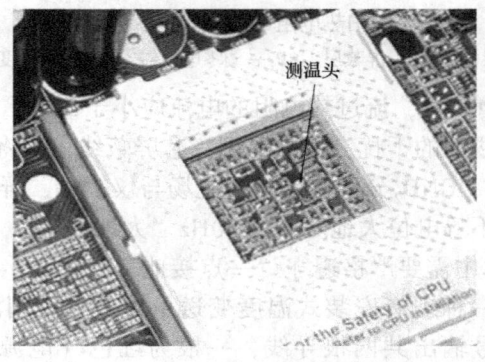

图 3-10　利用热敏电阻测量 CPU 温度

任务一　认识热敏电阻

一、热敏电阻的类型及特性

热敏电阻的灵敏度比金属热电阻高几十倍，具有体积小、反应快的特点。

热敏电阻按温度系数不同，可分为负温度系数热敏电阻（NTC 热敏电阻）和正温度系数热敏电阻（PTC 热敏电阻）两大类。所谓负温度系数是指当温度上升时，电阻值的变化趋势与温度的变化趋势；所谓正温度系数是指电阻的变化趋势与温度的变化趋势相同。

1. NTC 热敏电阻

NTC 热敏电阻研制得较早，也较成熟。最常见的是由多种金属氧化物，如锰、钴、铁、镍、铜等氧化物混合烧结而成，其 25℃时的标称阻值视氧化物的比例而定，可以在 0.1Ω 至 1MΩ 范围内选择。

根据不同的用途，NTC 热敏电阻又可分为两大类：第一类为负温度系数的 NTC 热敏电阻，它的电阻值与温度之间呈负指数关系，如图 3-11 中的曲线 2 所示，关系式为

$$R_T = R_0 e^{-B\left(\frac{1}{T} - \frac{1}{T_0}\right)} \tag{3-6}$$

式中　R_T——NTC 热敏电阻在热力学温度为 T 时的电阻值；
　　　R_0——NTC 热敏电阻在热力学温度为 T_0 时的电阻值，T_0 设定为 298K（25℃）。
　　　B——NTC 热敏电阻的温度常数。

负指数型 NTC 热敏电阻的 B 值由制造工艺、氧化物含量等因数决定。B 值的范围从 1000 到 10000，其准确度和一致性可达 0.1%。NTC 热敏电阻的离散性较小，测量准确度较高，用户可根据需要选择。

例如，某系列 NTC 热敏电阻在 25℃时的标称阻值为 10.0kΩ，在 -30℃时阻值可能高达 130kΩ；而在 100℃时，可能只有 800Ω，相差两个数量级，可用于空调、电热水器等在 0~100℃范围内作测温元件。

第二类为突变型 NTC 热敏电阻，又称临界温度型（CTR 热敏电阻）。当被测温度上升到某临界点 T_K 时，其电阻值突然下降，可抑制各种电子电路的浪涌电流。例如，在整流回路串联一只突变型 NTC 热敏电阻，可减小上电时的冲击电流。各种热敏电阻的特性曲线示意图如图 3-11 所示。

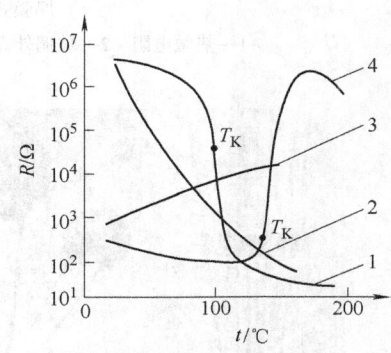

图 3-11　各种热敏电阻的特性曲线示意图
1—负突变型 NTC 热敏电阻　2—负指数型 NTC 热敏电阻
3—线性型 PTC 热敏电阻　4—正突变型 PTC 热敏电阻
T_K—突变型 PTC 热敏电阻的转折温度

2. PTC 热敏电阻

典型的 PTC 热敏电阻是在钛酸钡中掺入其他金属离子，以改变其温度系数和临界点温度，它的温度-电阻特性曲线呈非线性，如图 3-11 中的曲线 4 所示。它在电子线路中可起限电流、短路保护作用。

当流过 PTC 热敏电阻的电流超过一定限度或 PTC 热敏电阻感受到的温度达到材料的居里点（临界温度转折点）时，PTC 热敏电阻的阻值会陡然增加，可用于制作自恢复熔断器。

大功率的PTC陶瓷热敏电阻还可以用于电热暖风机。当PCT热敏电阻的温度达到设定值（例如190℃）时，PTC热敏电阻的阻值急剧上升，流过PTC热敏电阻的电流减小，使暖风机的温度基本恒定于设定值上，提高了安全性。

近年来还研制出掺有大量杂质的Si单晶PTC热敏电阻。它的电阻变化接近线性，如图3-11中的曲线3所示，其最高工作温度上限约为140℃。

二、热敏电阻的结构与符号

热敏电阻可根据使用要求，封装加工成各种形状的探头，如圆片形、柱形、珠形、铠装式、厚膜式、贴片式等，如图3-12所示，各种热敏电阻外形如图3-13所示。

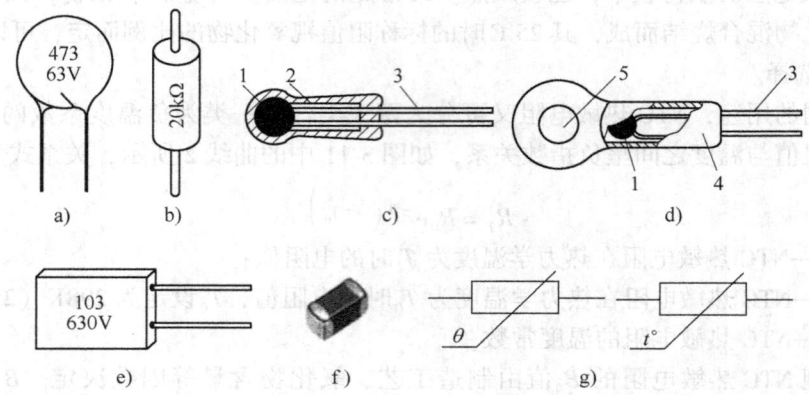

图3-12 热敏电阻的外形、结构及图形符号
a) 圆片形热敏电阻 b) 柱形热敏电阻 c) 珠形热敏电阻 d) 铠装式
e) 厚膜式 f) 贴片式 g) 图形符号
1—热敏电阻 2—玻璃外壳 3—引出线 4—纯铜外壳 5—传热安装孔

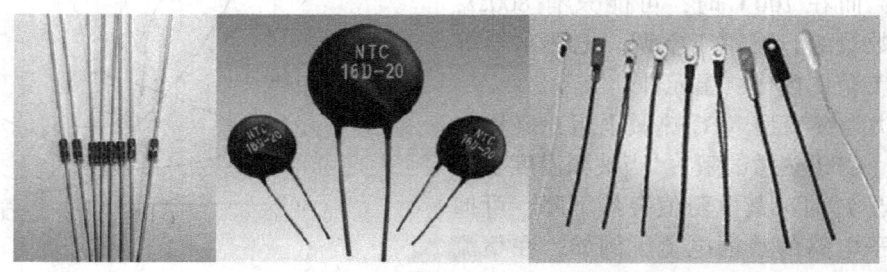

图3-13 各种热敏电阻外形

三、热敏电阻的主要参数

（1）标称阻值 R_0　一般指环境温度为25℃时热敏电阻的电阻值。在直标法中，阻值直接印在热敏电阻上，如：20kΩ等，见图3-12b；另一种是用数字表示，共三位，前两位为有效数字，最后一位为零的个数。例如：473表示 $47\times10^3\Omega$，见图3-12a。

（2）B 值　是反映NTC热敏电阻阻值随温度变化的参数，量纲为1。B 值越大，表示NTC热敏电阻的灵敏度越高。

（3）居里温度 T_K　对于PTC热敏电阻的应用来说，将电阻值陡峭地增高时的温度定义为居里温度。居里温度点所对应的 PTC 热敏电阻 $R_{TK} = 2R_{min}$，R_{min} 为 PTC 热敏电阻的最小阻值。

（4）电阻温度系数 α　它表示温度变化 1℃ 时的阻值变化率，单位为 %/℃。

（5）时间常数 τ　是描述热敏电阻热惯性的参数。将初始温度为 t_0 的热敏电阻突然置于温度为 t 的介质中，当热敏电阻达到稳定值的 63.2% 所需的时间为 τ。τ 越小，表明热敏电阻的热惯性越小。

（6）最大工作电流 I_M　热敏电阻在低阻态时所允许的电流值上限。超过 I_M 时，可能引起自热，严重时烧毁。

（7）额定功率 P_M　热敏电阻长期、连续接到电源上时，所允许的消耗功率。

某电子公司的 MZ6 电动机保护 PTC 热敏电阻的主要技术指标如表 3-3 所示。

表 3-3　MZ6 电动机保护 PTC 热敏电阻的主要技术指标

参数名称	指标	电动机绝缘等级	电动机极限工作温度/℃	T_K/℃
25℃ 时的零功率电阻/Ω	≤300	Y	90	80~85
控温点温度 T_K 的公差/℃	±5	A	105	95~100
控温点温度 T_K 的重复性/℃	±0.5	E	120	110~115
T_K 时的跳变时间/s	≤5	B	130	120~125
T_K+5K 时的热态电阻/kΩ	≥3.9	F	155	145~150
建议工作电压/V	2.5	H	180	170~175
耐压/kV	2.5	C	180 以上	定制

任务二　热敏电阻的应用

一、热敏电阻测温

NTC 热敏电阻可以用于要求不高的场合测温和控温。价格较低廉，输出变化大，测量电路比较简单。没有外保护层的热敏电阻只能应用在干燥的地方；密封的热敏电阻可以使用在潮湿的环境。由于热敏电阻的阻值较大，故其连接导线的电阻和接触电阻可以忽略，因此热敏电阻可以在长达几千米的远距离测量温度。测量电路多采用桥路或分压电路。热敏电阻体温表原理如图 3-14 所示。

调试热敏电阻体温表时，必须先调零，再调满度，最后再验证温度显示器面板上其他各点的误差是否在最大允许绝对误差范围内，上述过程称为标定。具体做法如下：用准确度高两级的数字式温度计监测水温，将外壳绝缘的热敏电阻放入初始温度为 32℃

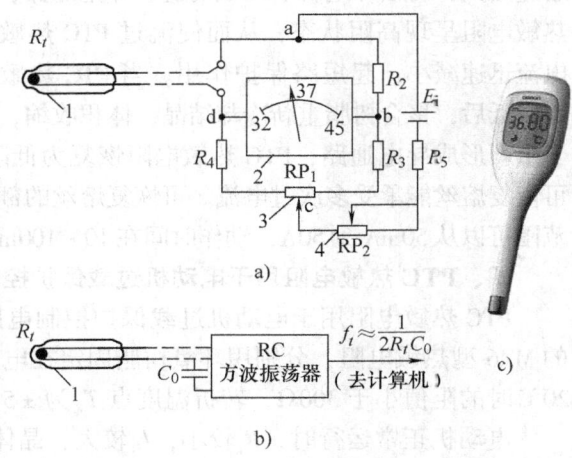

图 3-14　热敏电阻体温表原理
a) 桥式电路　b) 调频式电路　c) 数字式体温表
1—热敏电阻　2—指针式温度显示器
3—调零电位器　4—调满度电位器

（表头的零位）的温水中。待热量平衡后，调节 RP_1，使指针指在 32℃ 上；加入热水，使其缓慢上升到 45℃，待热量平衡后，调节 RP_2，使指针指在 45℃ 上；再加入冷水，逐渐降温，检查 32～45℃ 范围内刻度的准确性。如果误差超过允许值，可以采取以下措施：①模拟仪表可以重新设计刻度线；②在带有微处理器的情况下，可用软件修正非线性误差。

目前上述热敏电阻温度计均已数字化，如图 3-14c 所示，调试过程也已自动化。但是上述的"调零"、"标定"的基本原理是作为检测技术人员必须掌握的基本技能。

二、热敏电阻用于温度补偿

热敏电阻可在一定的温度范围内对某些元件进行温度补偿。例如，动圈式表头中的动圈由铜线绕制而成。当环境温度升高时，动圈的电阻增大，引起表头的指针偏转角减小。可以在动圈回路中串入由负温度系数 NTC 热敏电阻组成的电阻网络，如图 3-15 所示，从而抵消由于温度变化所产生的误差。

$$I_{DQ} = \frac{E_{AB}}{r_{AB} + R_1 // R_t + R_{DQ}}$$

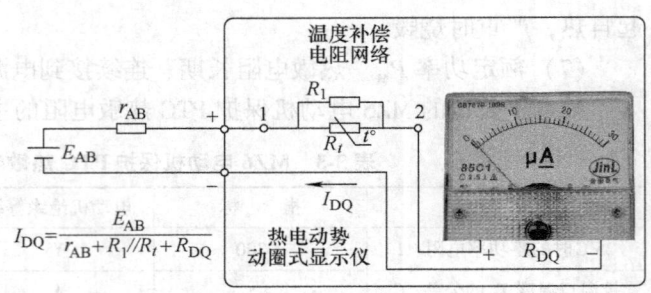

图 3-15 动圈仪表表头的温度补偿

只要仔细调整 R_1 与 R_t 的阻值，就可以整定流过微安表的电流 I_{DQ}，且减小受动圈电阻 R_{DQ} 温漂的影响。

三、可恢复熔丝

可恢复熔丝外形如图 3-16 所示。在可恢复熔丝（也称可恢复保险丝）本体中，聚合树脂均匀分布在导电氧化物周围。在正常电流下，PTC 热敏电阻内部的导电粒子构成链状导电通路，呈现低阻状态。当电路发生短路或过载时，PTC 热敏电阻产生较大的热量，使聚合树脂熔化，体积迅速增大，切断导电粒子构成的链状导电通路，使 PTC 热敏电阻呈现高阻状态，从而使流过 PTC 热敏电阻的电流迅速减小，起短路保护作用。当 PTC 热敏电阻温度降低后，聚合树脂重新冷却结晶，体积收缩，导电粒子重新形成导电通路，PTC 热敏电阻恢复为低阻状态。可恢复熔丝能承受多次过电流。可恢复熔丝的额定电流范围可以从 50mA 到 50A，动作时间在 10～100ms 之间。

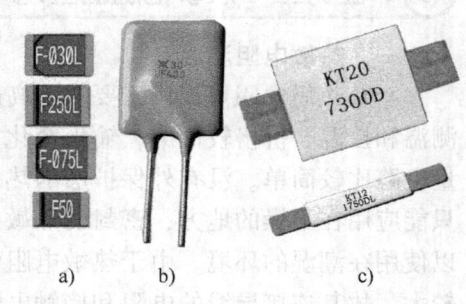

图 3-16 可恢复熔丝外形

四、PTC 热敏电阻用于电动机过载保护控制

PTC 热敏电阻用于电动机过载保护控制电路如图 3-17 所示，R_{tA}、R_{tB}、R_{tC} 是特性相同的 MZ6 型热敏电阻，分别用环氧树脂固定在电动机的三相定子绕组中。MZ6PTC 热敏电阻在 20℃ 时的阻值小于 300Ω，转折温度点 T_K 为 ±5℃ 时的阻值分别为小于 1kΩ 和大于 4kΩ。

电动机正常运行时，R_t 较小，I_B 较大，晶体管 V 导通，继电器 KA 线圈得电，常开触点闭合。当电动机过载、断相或某一相短路时，电动机绕组的温度急剧升高。任何一相绕组超过转折温度 T_K（例如 115℃）时，由于三只 PTC 热敏电阻串联，只要任何一只 R_t 阻值急剧增大，都将导致 I_B 减小，I_C 随之减小，V 截止，KA 线圈失电，触点释放，给电动机控制电路一个报警信号，从而实现过热保护作用。可以根据不同电动机的绝缘等级（见表 3-3）及

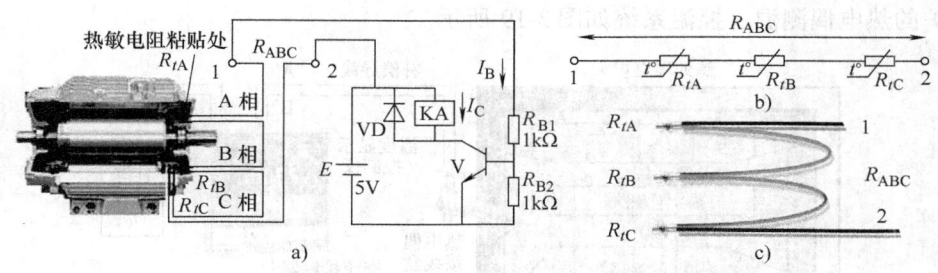

图 3-17 PTC 热敏电阻用于电动机过载保护控制电路

a) 电动机过热保护电路 b) 三相绕组中的热敏电阻连接方式 c) 三相电动机保护 PTC 热敏电阻外形

允许温升来选择 PTC 热敏电阻的型号,从而确定继电器 KA 的动作点。该电路的温度转折点(控温点温度)T_K 的重复性好,保护效果优于"双金属片热继电器"。

五、NTC 热敏电阻用于汽车油箱油位的判断

突变型 NTC 热敏电阻用于汽车油位报警如图 3-18 所示。将 NTC 热敏电阻 R_t 置于汽车燃油箱中的某个高度位置,在检测电路中施加 12V 电压,有微小电流流过 R_t,R_t 会产生微热。当燃油液位高于报警下限时,燃油带走 R_t 的热量,R_t 的温度较低,电阻值较大。反之,当燃油液面降低到报警下限时,R_t 暴露在空气中,R_t 的热量散发比在液体中慢,所以温度升高,阻值降低。当 R_t 的阻值下降到一定值时,与 R_t 串联的红色 LED 亮,产生油位报警信号。R_1 用于限流,在测量装置发生短路故障时,流过短路点的电流不超过 15mA,可以避免电火花引发燃油燃烧。NTC 热敏电阻在汽车中还用于冷却水温的测量等。

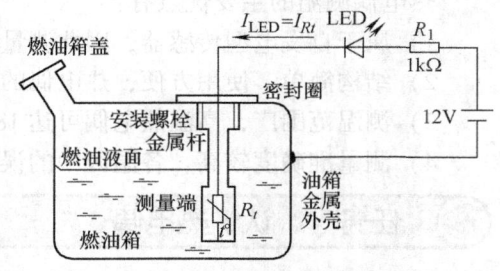

图 3-18 突变型 NTC 热敏电阻用于汽车油位报警

项目三 热 电 偶

【项目教学目标】

☞知识目标

1) 掌握热电偶的基本工作原理。
2) 熟悉热电偶的种类和结构。
3) 掌握热电偶的冷端温度补偿方法。

☞技能目标

1) 掌握热电偶选型的方法。
2) 掌握查热电偶分度表的方法。
3) 掌握热电偶与测温仪表的接线方法。

热电偶传感器(以下简称热电偶)能将温度信号转换成电动势输出,是已形成系列化、标准化的一种测温传感器,可以选用标准的显示仪表和记录仪表(二次仪表)来进行显示和记录,由二次仪表中的微处理器判断被测温度的上下限,从而控制交流接触器的通断,热处理电炉的热电偶测温、控温系统如图 3-19 所示。

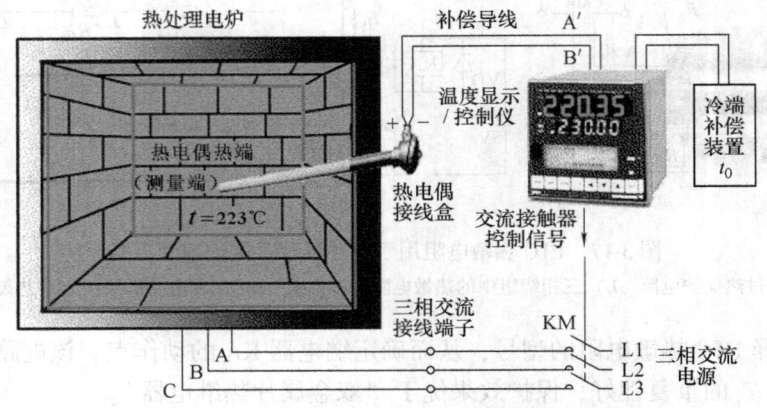

图 3-19　热处理电炉的热电偶测温、控温系统

热电偶测温的主要优点有：
1）属于自发电型传感器，因此测量时不必外加电源，可直接驱动动圈式仪表。
2）结构简单，使用方便，热电偶的电极不受大小和形状的限制，可按照需要选择。
3）测温范围广，高温热电偶可达 1800℃ 以上，低温热电偶可达 -260℃。
4）测量准确度较高，各温区中的误差均符合国际计量委员会的标准。

任务一　认识热电偶

热电偶外形如图 3-20 所示，是将温度量转换为电动势大小的热电式传感器，也是目前接触式测温中应用最广的传感器之一，在工业测温中占有极其重要的位置。

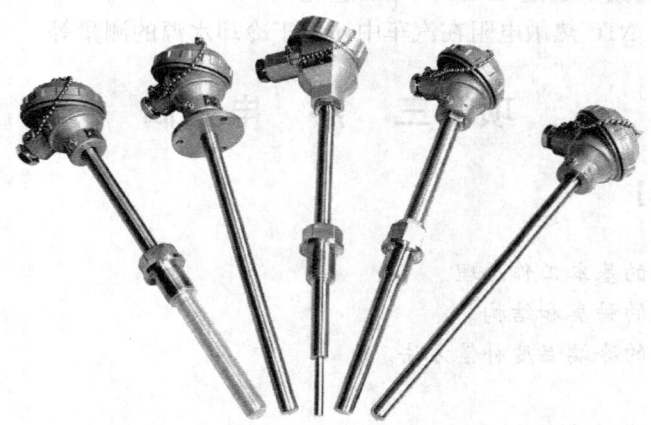

图 3-20　热电偶外形

一、热电偶的基本工作原理
热电偶测量温度的基本原理是基于热电效应。
1. 热电效应
1821 年，德国物理学家赛贝克（T·J·Seebeck）用两种不同金属组成闭合回路，并用酒精灯加热其中一个接触点（称为结点），发现放在回路中的指南针发生偏转，如图 3-21a 所示。如果用两盏酒精灯对两个结点同时加热，指南针的偏转角反而减小。显然，指南针的偏转说明回路中有电动势产生并有电流在回路中流动，电流的强弱与两个结点的温差有关。

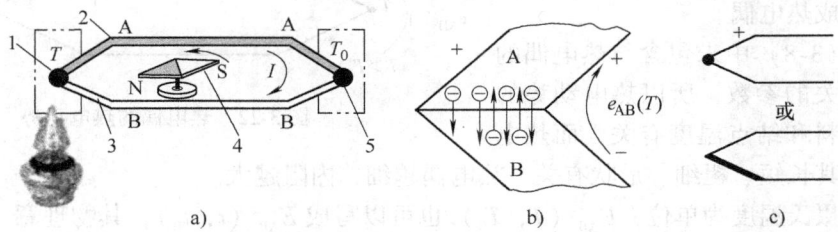

图 3-21 热电偶原理图
a）热电效应示意图 b）结点产生热电动势的微观原理 c）热电偶的图形符号
1—工作端 T 2—热电极 A 3—热电极 B 4—指南针 5—参考端 T_0

据此，赛贝克发现和证明了两种不同材料的导体 A 和 B 组成的闭合回路，当两个结点温度不相同时，回路中将产生电动势。这种物理现象称为热电效应。两种不同材料的导体所组成的回路称为"热电偶"，组成热电偶的导体称为"热电极"，热电偶所产生的电动势称为热电动势。热电偶的两个结点中，置于温度为 T 的被测对象中的结点称之为测量端，又称为工作端或热端；而置于参考温度为 T_0 的另一结点称之为参考端，又称自由端或冷端。

热电偶产生的热电动势 $E_{AB}(T, T_0)$ 主要由接触电动势组成。将两种不同的金属互相接触，如图 3-21b 所示。由于不同金属内自由电子的密度不同，在两金属 A 和 B 的接触点处会发生自由电子的扩散现象。自由电子将从密度大的金属 A 扩散到密度小的金属 B，使 A 失去电子带正电，B 得到电子带负电，直至在接点处建立起充分强大的电场，能够阻止电子的继续扩散，从而达到动态平衡为止，建立起稳定的热电动势。这种在两种不同金属的接点处产生的热电动势称为珀尔帖（Peltier）电动势，又称接触电动势。它的数值取决于两种导体的自由电子密度和接触点的温度，而与导体的形状及尺寸无关。

$$e_{AB}(T) = \frac{KT}{e}\ln\frac{n_A}{n_B} \tag{3-7}$$

式中 $e_{AB}(T)$——导体 A、B 结点在温度 T 时形成的接触电动势；
e——单位电荷，$e = 1.6 \times 10^{-19}$ C；
K——玻尔兹曼常数，$K = 1.38 \times 10^{-23}$ J/K；
n_A、n_B——导体 A、B 的电子密度。

由于热电偶的两个结点均存在珀尔帖电动势，所以热电偶所产生的总的热电动势是两个结点的温差 $(T - T_0)$ 的函数（见图 3-22），即

$$E_{AB}(T, T_0) \approx e_{AB}(T) - e_{AB}(T_0) = \frac{kT}{e}\ln\frac{n_A}{n_B} - \frac{kT_0}{e}\ln\frac{n_A}{n_B} = \frac{k}{e}(T - T_0)\ln\frac{n_A}{n_B} \tag{3-8}$$

由上式可以得出下列几个结论：

1）如果热电偶两结点温度相同，则回路总的热电动势必然等于零。两结点温差越大，热电动势越大。

2）如果热电偶两电极材料相同，即使两端温度不同（$T \neq T_0$），但总输出热电动势仍为零。因此必须由两种不同材料才能构成热电偶。

3）式（3-8）中未包含与热电偶的尺寸形状有关的参数，所以热电动势的大小只与材料和结点温度有关，而热电

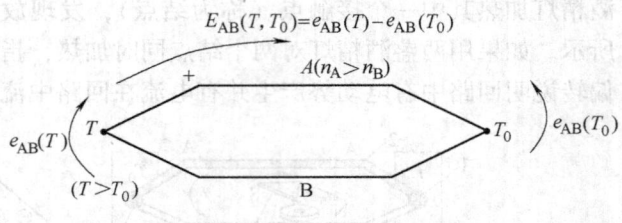

图3-22 热电偶的热电动势

偶的内阻与其长短、粗细、形状有关。热电偶越细，内阻越大。

如果以摄氏温度为单位，$E_{AB}(T, T_0)$ 也可以写成 $E_{AB}(t, t_0)$，其物理意义略有不同，但热电动势的数值是相同的。

2. 中间导体定律

若在热电偶回路中插入中间导体，只要中间导体两端温度 T_{01}、T_{02} 相同，则对热电偶回路的总热电动势无影响。这就是中间导体定律，见图3-23a。如果热电偶回路中插入多种导体（例如：D、E、F、…），如图3-23b中的 HNi、QSn、Sn、NiMn、Cu 等，只要保证插入的每种导体的两端温度相同，则对热电偶的热电动势就无影响。

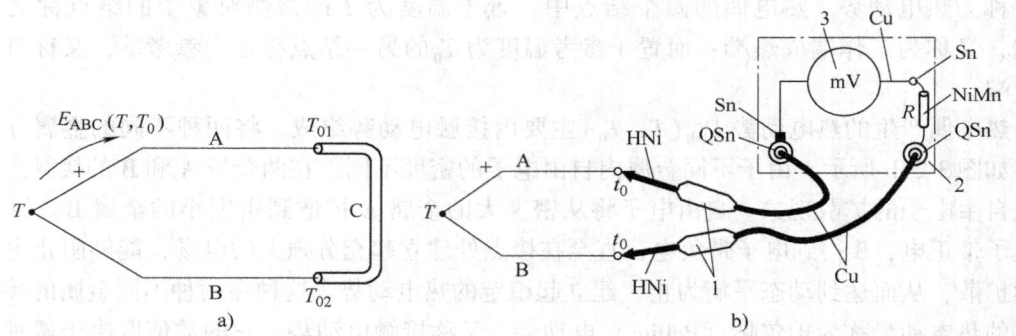

图3-23 中间导体定律示意图

a）原理图 b）应用电路

1—毫伏表的镍铜表棒 2—磷铜接插件 3—漆包线动圈表头

HNi—镍黄铜 QSn—锡磷青铜 Sn—焊锡 NiMn—镍锰铜热电阻丝 Cu—纯铜导线

利用热电偶来实际测温时，连接导线、显示仪表和接插件等均可看成是中间导体，只要保证这些中间导体两端的温度各自相同，则对热电偶的热电动势没有影响。因此中间导体定律对热电偶的实际应用是十分重要的。在使用热电偶及各种仪表时，应尽量使上述元器件两端的温度相同，才能减少测量误差。

二、热电偶的种类与结构

1. 热电偶的种类

热电偶的种类繁多，我国从1991年开始采用国际计量委员会规定的"1990年国际温标"（简称ITS-90）的新标准。按此标准，共有8种标准化了的国际通用热电偶，其主要技术指标及特点如表3-4所示。

表 3-4 8 种国际通用热电偶的主要技术指标及特点

名　称	分度号	测温范围/℃	100℃时的热电动势/mV	1 000℃时的热电动势/mV	允许误差/℃	特　点
铂铑30[①]-铂铑6[②]	B	50~1820[③]	0.033	4.834	±4	熔点高，测温上限高，性能稳定，100℃以下热电动势极小，可不必考虑冷端温度补偿；价昂，热电动势小，只适用于高温域的测量
铂铑13-铂	R	-50~1768	0.647	10.506	±1.5	使用上限较高，性能稳定，复现性好；但热电动势较小，不能在金属蒸气和还原性气氛中使用，价昂；多用于温度的精密测量
铂铑10-铂	S	-50~1768	0.646	9.587	±1.5	优点同R，但性能略差于R；长期以来曾经作为国际温标的法定标准热电偶
镍铬-镍硅	K	-270~1370	4.096	41.276	±2.5	热电动势大，线性好，稳定性好，价廉；但材质较硬，在1000℃以上长期使用会引起热电动势漂移；适用于1000℃以下的温度测量
镍铬硅-镍硅	N	-270~1300	2.744	36.256	±2.5	是一种新型热电偶，各项性能均比K热电偶好，适用于1000℃以下的温度测量
镍铬-铜镍（锰白铜）	E	-270~800	6.319	—	±2.5	热电动势比K热电偶大，线性好，价廉；但不能用于还原性气氛；适用于工业测量
铁-铜镍（锰白铜）	J	-210~760	5.269	—	±2.5	价廉，在还原性气体中较稳定；但纯铁易被腐蚀和氧化；适用于500℃以下的温度测量
铜-铜镍（锰白铜）	T	-270~400	4.279	—	±1	价廉，易加工，离散性小，性能稳定，线性好，准确度高；铜在高温时易被氧化，测温上限低；多用于低温域测量，可作-200~0℃温域的计量标准

① 根据热电偶行业习惯，涉及热电偶成分的型号表示中，有关数字不采用下标方法，以下同；
② 铂铑30表示该合金含70%的铂及30%的铑，以下类推；
③ 在工业中，测温上限由热电偶的保护管最高承受温度决定，以下同。

表 3-4 所列热电偶中，写在前面的热电极为正极，写在后面的为负极。对于每一种热电偶，还制定了相应的分度表，并且有相应的线性化集成电路与之对应。所谓分度表就是热电偶自由端（冷端）温度为0℃时，热电偶工作端（热端）温度与输出热电动势之间的对应关系的表格。本教材列出了工业中常用的镍铬-镍硅（K）热电偶的分度表，见附录B。

【查 K 热电偶分度表（自由端为 0℃）训练】

温度/℃		-100	-50	0		780	
热电动势/mV	-6.458				24.905		52.410

图 3-24 示出了几种常用热电偶的热电动势与温度的关系曲线。从图中可以看到，在 0℃时它们的热电动势均为零，这是因为绘制热电动势-温度曲线或制定分度表时，总是将冷端置于 0℃这一标准温度中的缘故。

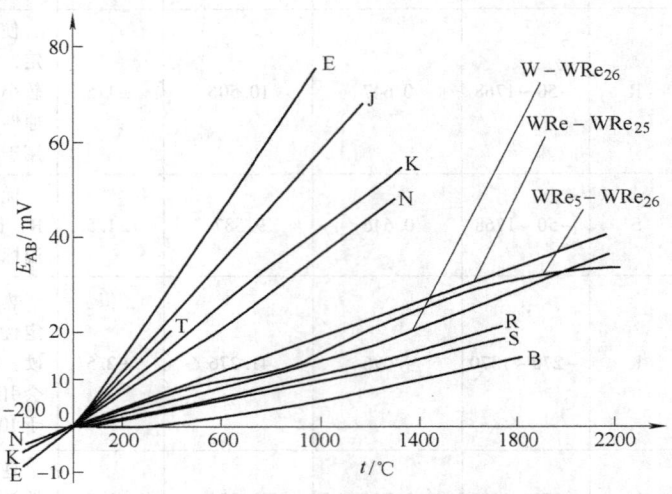

图 3-24 常用热电偶的热电动势与温度的关系

从图中可以看到，B、R、S 及 WRe5-WRe26（钨铼 5-钨铼 26）等在 100℃以下的热电动势几乎为零，只适合于高温测量。

从图中还可以看到，多数热电偶的输出都是非线性的（斜率 K_{AB} 不为常数），但国际计量委员会已对这些热电偶每 1℃的热电动势做了非常精密的测试，并向全世界公布了它们的分度表。应用时，只要将这些分度表输入到微处理器的存储器中，由微处理器根据测得的热电动势自动查分度表就可获得被测温度值。

2. 热电偶的结构形式

(1) 装配式热电偶　装配式热电偶主要用于测量气体、蒸气和液体等介质的温度。这类热电偶已做成标准形式，其中包括有棒形、角形、锥形等。从安装固定方式来看，有固定法兰式、活动法兰式、固定螺栓式、焊接固定式和无专门固定式等几种。装配式热电偶主要由接线盒、保护管、接线端子、绝缘瓷珠和热电极等组成，并配以各种安装固定装置。装配式热电偶结构及外形如图 3-25 所示，WR 系列装配式热电偶型号的含义如图 3-26 所示。

(2) 铠装式热电偶　铠装式热电偶是由金属保护套管、绝缘材料和热电极三者组合成一体的特殊结构的热电偶。它是在薄壁金属套管（金属铠）中装入热电极，在两根热电极之间及热电极与管壁之间充填无机绝缘物（MgO 或 Al_2O_3），使它们之间相互绝缘，热电极与金属铠构成一个整体。铠装式热电偶可以做得很细长，而且可以弯曲。热电偶的套管外径最细能达 0.5mm，长度可达 100m 以上。它的外形和断面示于图 3-27 中。

铠装式热电偶具有响应速度快，可靠性好，耐冲击，柔软性、可挠性好，便于安装等特点，因此适用于复杂结构（如狭小弯曲管道内）的温度测量。

模块三 温度检测 77

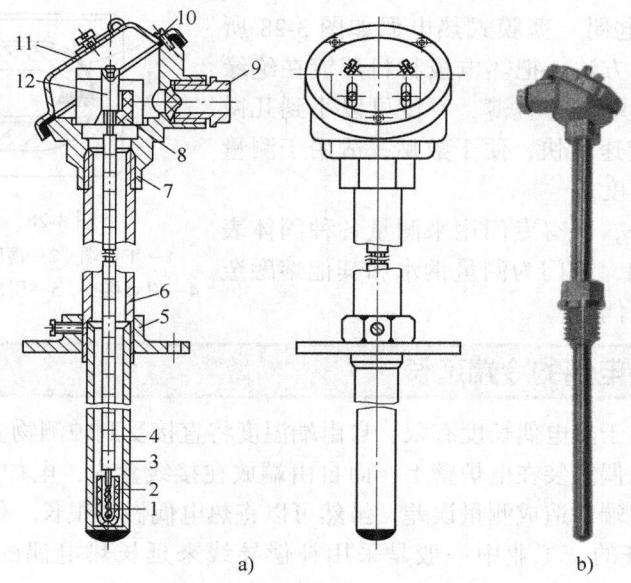

图 3-25 装配式热电偶结构及外形
a) 法兰安装式 b) 螺栓安装式
1—热电偶工作端 2—绝缘套 3—下保护套管 4—绝缘珠管 5—固定法兰 6—上保护套管 7—接线盒底座
8—接线绝缘座 9—引出线套管 10—接线盒固定螺钉 11—接线盒外罩 12—接线柱

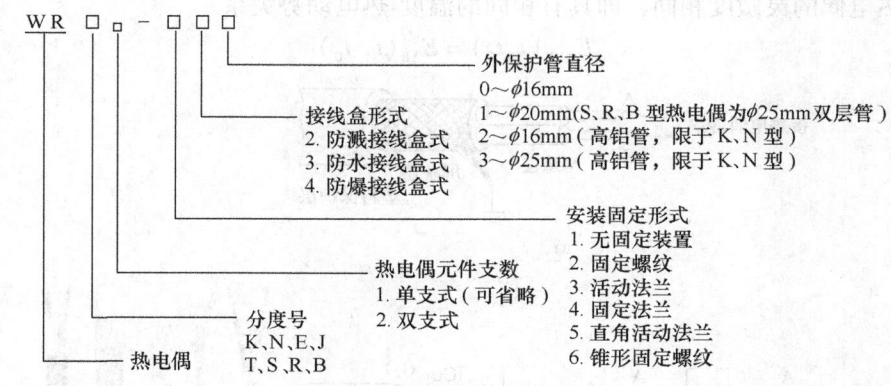

图 3-26 WR 系列装配式热电偶型号的含义

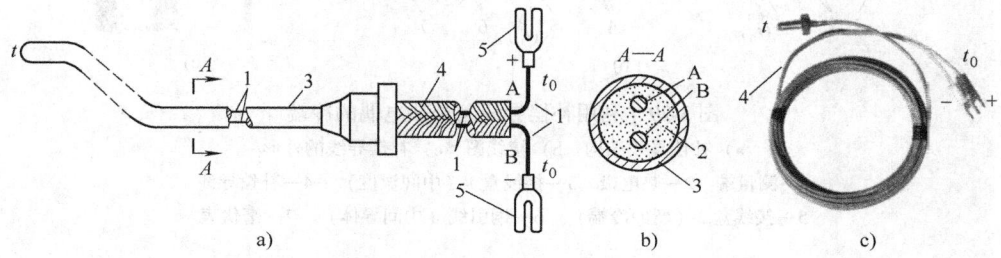

图 3-27 铠装式热电偶的结构及外形
a) 结构 b) 径向剖面图 c) 外形
1—内电极 2—绝缘材料 3—薄壁金属保护套管 4—屏蔽层 5—接线卡 t—测量端 t_0—冷端

(3) 薄膜式热电偶　薄膜式热电偶如图 3-28 所示，利用真空蒸镀的方法，把热电极材料蒸镀在绝缘基板上而制成。测量端既小且薄，厚度可以小到几微米，热容量小，响应速度快，便于敷贴，适用于测量微小面积上的瞬变温度。

除以上所述之外，尚有专门用来测量各种固体表面温度的表面热电偶，专门为测量钢水和其他熔融金属而设计的快速热电偶等。

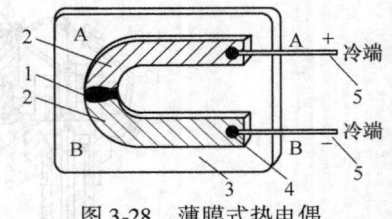

图 3-28　薄膜式热电偶
1—工作端　2—薄膜热电极　3—绝缘基板
4—引脚接头　5—引出线（相同材料的热电极）

任务二　热电偶的冷端延长

实际测温时，由于热电偶长度有限，自由端温度将直接受到被测物温度和周围环境温度的影响。例如，热电偶安装在电炉壁上，而自由端放在接线盒内，电炉壁周围温度不稳定，波及接线盒内的自由端，造成测量误差。虽然可以将热电偶做得很长，但这将提高测量系统的成本，是很不经济的。工业中一般是采用补偿导线来延长热电偶的冷端，使之远离高温区。

利用补偿导线延长热电偶的冷端如图 3-29 所示。补偿导线（A′、B′）是两种不同材料的、相对比较便宜的金属（多为铜及铜的合金）导体。它们的自由电子密度比与所配接型号的热电偶的自由电子密度比相等，所以补偿导线在一定的环境温度范围内（如 0 ~ 100℃），与所配接的热电偶的灵敏度相同，即具有相同的温度-热电动势关系

$$E_{A'B'}(t, t_0) = E_{AB}(t, t_0) \tag{3-9}$$

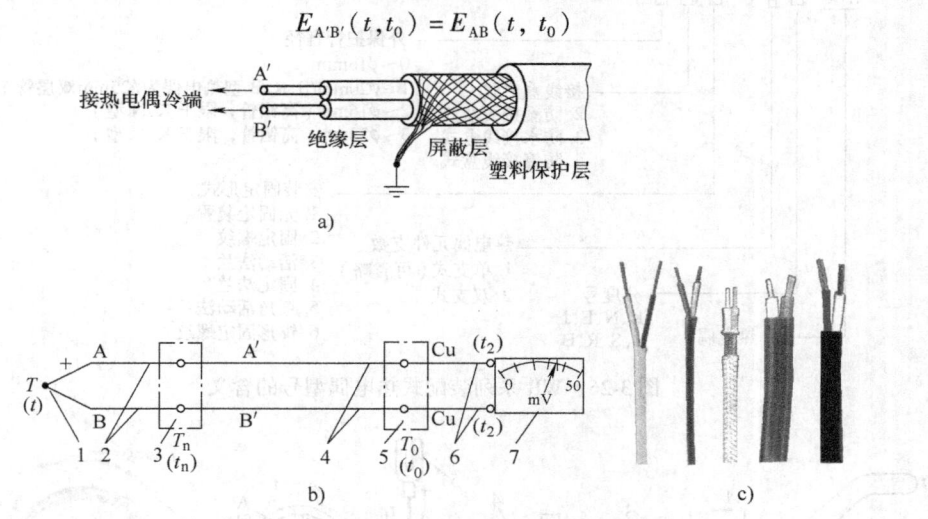

图 3-29　利用补偿导线延长热电偶的冷端
a) 补偿导线结构　b) 接线图　c) 补偿导线的外形
1—测量端　2—热电极　3—接线盒 1（中间温度）　4—补偿导线
5—接线盒 2（新的冷端）　6—铜引线（中间导体）　7—毫伏表

使用补偿导线的好处是：

1）补偿导线将自由端从温度波动区 t_n 延长到温度相对稳定区 t_0，使指示仪表的示值（mV 数）变得相对稳定。

2）使用补偿导线比使用相同长度的热电极（A、B）便宜，可节约贵金属。

3）补偿导线多是用铜及铜的合金制作，所以单位长度的直流电阻比直接使用热电极小许多。

4）由于补偿导线通常用塑料（聚氯乙烯或聚四氟乙烯）作为绝缘层，其自身又是较柔软的铜合金多股线，所以易弯曲，便于敷设。

必须指出的是，使用补偿导线仅能延长热电偶的冷端，虽然总的热电动势在多数情况下会比不用补偿导线有所提高，但从本质上看，这并不是因为温度补偿引起的，而远离高温区、两端温差变大的缘故，故将其称为"补偿导线"只是一种习惯用语。真正的冷端补偿方法将在任务三中介绍。

使用补偿导线必须注意以下问题：

1）两根补偿导线与热电偶两个热电极的接点必须具有相同的温度。

2）各种补偿导线只能与相应型号的热电偶配用。

3）必须在规定的温度范围内使用。

4）极性切勿接反。常用热电偶补偿导线的主要技术指标如表3-5所示。

表3-5 常用热电偶补偿导线的主要技术指标

型 号	配用热电偶 正-负	补偿导线 正-负	导线外皮颜色 正	导线外皮颜色 负	100℃热电动势 /mV	20℃时的电阻率 /(Ω·m)
SC	铂铑10-铂	铜-铜镍①	红	绿	0.646±0.023	0.05×10⁻⁶
KC	镍铬-镍硅	铜-锰白铜	红	蓝	4.096±0.063	0.52×10⁻⁶
WC5/26	钨铼5-钨铼26	铜-铜镍②	红	橙	1.451±0.051	0.10×10⁻⁶

① 99.4%Cu，0.6%Ni；② 98.2%~98.3%Cu，1.7%~1.8%Ni。

任务三 热电偶的冷端温度补偿

由热电偶测温原理可知，热电偶的输出热电动势是热电偶热端和冷端温度 t 和 t_0 差值的函数。当冷端温度 t_0 不变时，热电动势与工作端温度成单值函数关系。各种热电偶的分度表都是在冷端温度为0℃时作出的，若要直接应用热电偶的分度表，就必须满足 $t_0=0℃$ 的条件。但在实际测温中，冷端温度常随环境温度而变化，t_0 不但不是0℃，而且也不稳定，因此将产生测温误差。一般情况下，冷端温度多高于0℃，热电动势多是偏小。常用的消除或补偿该损失的方法有以下几种。

1. 冷端恒温法

1）将热电偶的冷端置于装有冰水混合物的恒温容器中，使冷端的温度保持在0℃不变。此法也称冰浴法，它消除了 t_0 不等于0℃而引入的误差。由于冰融化较快，所以一般只适用于实验室。

2）将热电偶的冷端置于电热恒温器中，恒温器的温度略高于环境温度的上限（例如40℃）。

3）将热电偶的冷端置于恒温空调房间中，使冷端温度恒定。

必须指出的是，除了冰浴法是使冷端温度保持0℃外，后两种方法只是使冷端维持在某一恒定（或变化较小）的温度上，因此后两种方法仍必须采用下述几种方法予以修正。冰浴法接线图如图 3-30 所示。

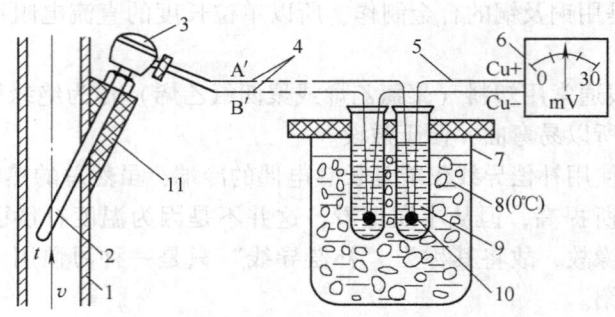

图 3-30　冰浴法接线图

1—被测流体管道　2—热电偶　3—接线盒　4—补偿导线　5—铜质导线　6—毫伏表
7—冰瓶　8—冰水混合物　9—绝缘试管　10—新的冷端　11—保温材料

2. 计算修正法

当热电偶的冷端温度 $t_0 \neq 0℃$ 时，由于热端与冷端的温差随冷端的变化而变化，所以测得的热电动势 $E_{AB}(t, t_0)$ 与冷端为 0℃ 时所测得的热电动势 $E_{AB}(t, 0℃)$ 不等。若冷端温度高于 0℃，则 $E_{AB}(t, t_0) < E_{AB}(t, 0℃)$。可以利用下式计算并修正测量误差：

$$E_{AB}(t, 0℃) = E_{AB}(t, t_0) + E_{AB}(t_0, 0℃) \tag{3-10}$$

式（3-10）中，$E_{AB}(t, t_0)$ 是用毫伏表直接测得的热电动势毫伏数。修正时，先测出冷端温度 t_0，然后从该热电偶分度表中查出 $E_{AB}(t_0, 0℃)$（此值相当于损失掉的热电动势），并把它加到所测得的 $E_{AB}(t, t_0)$ 上，求出 $E_{AB}(t, 0℃)$（此值是已得到补偿的热电动势），根据此值再在分度表中查出对应的温度值。计算修正法共需要查分度表两次。如果冷端温度低于 0℃，查出的 $E_{AB}(t_0, 0℃)$ 是负值，仍可用式（3-10）计算修正。

例 3-1　用镍铬-镍硅（K）热电偶测量炉温，其冷端温度 $t_0 = 30℃$，在直流毫伏表上测得热电动势 $E_{AB}(t, 30℃) = 38.505\text{mV}$，求：炉温为多少？

解　查镍铬-镍硅热电偶 K 分度表，得到 $E_{AB}(30℃, 0℃) = 1.203\text{mV}$。根据式（3-10）有：

$E_{AB}(t, 0℃) = E_{AB}(t, 30℃) + E_{AB}(30℃, 0℃) = (38.505 + 1.203)\text{mV} = 39.708\text{mV}$

查 K 分度表，求得炉温 $t = 960℃$。

该方法适用于热电偶冷端温度较恒定的情况。在智能化仪表中，查表及运算过程均可由微处理器完成。

3. 动圈仪表机械零点调整法

当热电偶与动圈式仪表配套应用时，若热电偶的冷端温度比较恒定，对测量准确度要求又不太高时，可将动圈仪表的机械零点调整至热电偶冷端所处的 t_0 处，这相当于在输入热电偶的热电动势前就给仪表输入一个补偿热电动势 $E_{AB}(t_0, 0℃)$。这样，仪表在应用时所指示的值约为 $E(t, t_0) + E_{AB}(t_0, 0℃)$。

进行仪表机械零点调整时，首先必须将仪表的电源及输入信号切断，然后用螺钉旋具（俗称螺丝刀）调节仪表面板上的螺钉，使指针指到 t_0 的刻度上。当气温变化时，应及时修正指针的位置。

仪表机械零点调整法虽有一定的误差，但比较简便，经常在动圈仪表上使用。

4. 电桥补偿法

电桥补偿法是利用不平衡电桥产生的不平衡电压来自动补偿热电偶因冷端温度变化而引起的热电动势变化值。可购买与被补偿热电偶对应型号的补偿电桥（又称冷端补偿器），按使用说明书进行温度补偿。

5. 利用半导体集成温度传感器测量冷端温度

在计算修正法中，首先必须测出冷端温度 t_0，才有可能按照式（3-10）进行计算修正。现在普遍使用半导体集成温度传感器（简称温度 IC）来测量室温。温度 IC 具有体积小、集成度高、准确度高、线性好、输出信号大、无需冷端补偿、不需要进行温度标定、热容量小、外围电路简单等优点。只要将温度 IC 置于热电偶冷端附近，将温度 IC 的输出电压作简单的换算，就能得到热电偶的冷端温度，从而用计算修正法进行冷端温度补偿。具体方法见项目四。

任务四　热电偶的安装与应用

一、热电偶的安装

装配式热电偶在管道中的安装方法如图 3-31 所示，为了使管道的气流充分与热电偶产生热交换，装配式热电偶应尽可能垂直向下插入管道中。热电偶高出管道的部分必须包扎保温材料，否则将产生 3~5℃ 的误差。直管道也可以采用图 3-30 的斜插法。在斜插法中，热电偶的测量端必须逆着流体的流动方向，端部必须超过管道的中心线，接线盒必须朝下。

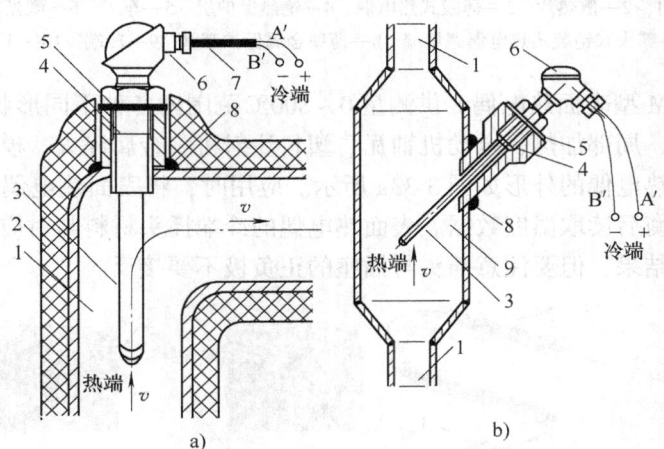

图 3-31　装配式热电偶在管道中的安装方法
a）在肘管（弯管）上的安装　b）在扩展管上的安装
1—管道　2—绝热层　3—热电偶　4—安装螺栓　5—垫片　6—接线盒　7—补偿导线　8—焊台　9—扩大管

二、热电偶的应用

1. 金属表面温度的测量

对于机械、冶金、能源、国防等部门来说，金属表面温度的测量是非常普遍的问题。例如，热处理工作中锻件、铸件以及各种余热利用的热交换器表面、气体蒸气管道、炉壁面等表面温度的测量。根据对象特点，测温范围从几百到一千多摄氏度，而测量方法通常采用直接接触测温法。

直接接触测温法是指采用各种型号及规格的热电偶（视温度范围而定），用黏结剂或焊接的方法，将热电偶与被测金属表面直接接触，然后把热电偶接到显示仪表上组成测温系统。

适合不同壁面的热电偶及使用方式如图 3-32 所示。如果金属壁比较薄，一般可用胶合物将热偶丝粘贴在被测元件表面，如图 3-32a 所示。为减少误差，在紧靠测量端的地方应加足够长的保温材料保温。

如果金属壁比较厚，则对于不同壁面，测量端的插入方式有：从斜孔内插入如图 3-32b 所示。利用电动机起吊螺孔，将热电偶从孔内插入的方法如图 3-32c 所示。

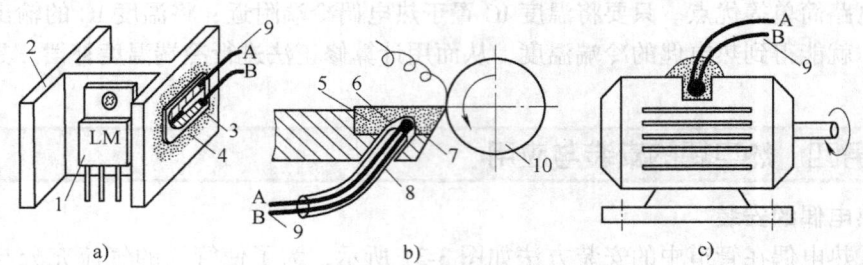

图 3-32 适合不同壁面的热电偶及使用方式
a) 热电偶丝或薄膜式热电偶粘贴在被测元件表面 b) 铠装式热电偶的测量端从斜孔内插入
c) 测量端从原有的孔内插入
1—功率元件 2—散热片 3—薄膜式热电偶 4—绝热保护层 5—车刀 6—激光加工的斜孔
7—露头式铠装式热电偶测量端 8—薄壁金属保护套管 9—冷端 10—工件

WREM、WRNM 型表面热电偶专供测量 0~800℃ 范围内各种不同形状固体的表面温度，常作为锻造、热压、局部加热、电动机轴瓦、塑料注射机、金属淬火、模具加工等现场测温的有效工具。表面热电偶的外形如图 3-33a 所示。应用时，将表面热电偶的热端紧压在被测物体表面，待热平衡后读取温度数据。表面热电偶的冷端插头材料与对应的补偿导线的材料相同，不影响测量结果，但要注意插头与插座的正负极不要接反。

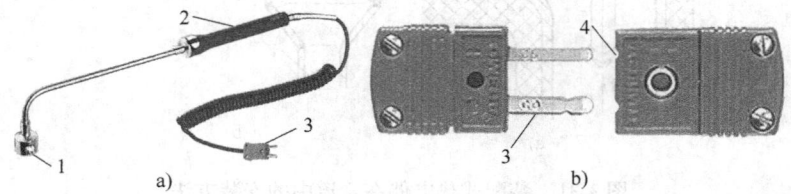

图 3-33 表面热电偶外形及热电偶插头插座
a) 表面热电偶外形 b) 表面热电偶的插头、插座
1—热端 2—握柄 3—冷端插头 4—冷端插座

2. 热电堆在红外线探测器中的应用

红外线辐射可引起物体的温度上升。将热电偶置于红外辐射的聚焦点上，可根据其输出的热电动势来测量入射红外线的强度。

单根热电偶的输出十分微弱。为了提高红外辐射探测器的探测效应，可以将许多对热电偶相互串联起来，即第一根负极接第二根正极，第二根负极再接第三根正极，以此类推。它们的冷端置于环境温度中，热端发黑（提高吸热效率），集中在聚焦区域，就能成倍地提高输出热电动势，这种接法的热电偶称为热电堆，如图3-34所示。热电堆可用于煤气灶的熄火报警。

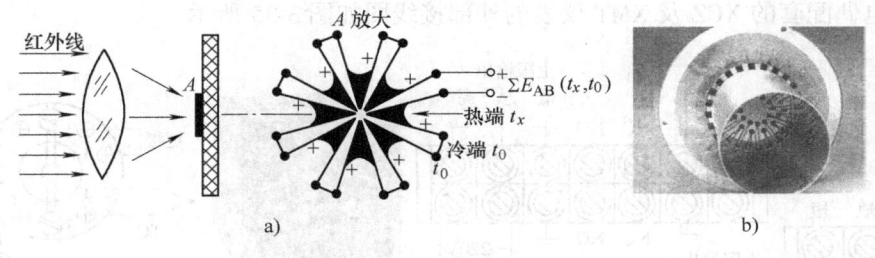

图3-34 热电堆
a）原理图 b）外形

三、与热电偶配套仪表的接线

我国生产的热电偶均应符合 ITS-90 国际温标所规定的标准，其一致性非常好，国家又规定了与每一种标准热电偶配套的仪表，它们的显示值为温度，而且均已线性化。与热电偶配套的仪表有动圈式仪表、数字式仪表以及智能温度变送器。

1. 与热电偶配套的二次仪表

与热电偶配套的动圈式显示仪表命名为 XC 系列。按其功能有指示型（XCZ）和指示调节型（XCT）等系列。与 K 型热电偶配套的动圈仪表型号为 XCZ-101 及 XCT-101 等。数字式仪表按其功能也有指示型 XMZ 系列和指示调节型 XMT 等系列。

XC 系列动圈式仪表测量机构的核心部件是一个磁电式毫伏计。动圈式仪表与热电偶配套测温时，热电偶、连接导线（补偿导线）、调整电阻和显示仪表组成了一个闭合回路。动圈式仪表的示值与摄氏温度成正比。

XMT 系列仪表是在 XMZ 系列仪表的基础上，加装了有调节、报警功能的数字式指示调节型仪表，是专为热工、电力、化工等工业系统测量、显示、变送温度的一种标准仪器，适用于旧式动圈指针式仪表的更新、改造。它不仅具有显示温度的功能，还能实现被测温度超限报警或双位继电器调节。其面板上设置有温度设定按键。当被测温度高于设定温度时，仪表内部的继电器动作，可以切断加热回路。它的特点是采用工控微处理器为主控部件，智能化程度高，使用方便。XMT 系列仪表具有以下功能：

（1）双屏显示 主屏显示测量值，副屏显示控制设定值。

（2）输入分度号切换 仪表的输入分度号，可按键切换（如 K、R、S、B、N、E 等）。

（3）量程设定 测量量程和显示分辨率由按键设定。

（4）控制设定 上限、下限或上上限、下下限等各控制点值可在全量程范围内设定；上下限控制回差值可分别设定。

（5）继电器功能设定 内部的数个继电器可根据需要设定成上限控制（报警）方式或下限控制（报警）方式。

（6）断线保护输出 可预先设定各继电器在传感器输入断线时的保护输出状态（ON/OFF/KEEP）。

（7）全数字操作 仪表的各参数设定、准确度校准均采用按键操作，无需电位器调整，掉电不丢失信息。

(8) 冷端补偿范围 0~60℃。

(9) 接口 有些型号还带有计算机串行接口和打印接口。

与热电偶配套的 XCZ 及 XMT 仪表的外部接线图如图 3-35 所示。

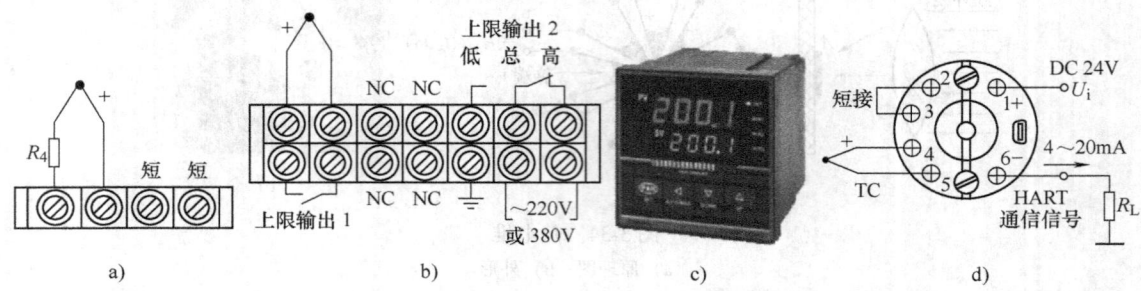

图 3-35 与热电偶配套的 XCZ 及 XMT 仪表外部接线图
a) XCZ 型仪表背面接线　b) XMT 型仪表背面接线
c) XMT 仪表面板　d) STT 两线制智能温度变送器接线

图 3-35a 中的 "短"、"短" 两端在搬运仪表时需用导线短接起来，以保护仪表指针不致打弯或折断。图 3-35b 右上角的三个接线端子分别为 "上限输出 2" 的三个触点，从左到右依次为：仪表内继电器的常开（动合）触点、动触点和常闭（动断）触点。当被测温度低于设定的上限值时，"高-总" 端子接通，"低-总" 端子断开；当被测温度达到上限值时，"低-总" 端子接通，而 "高-总" 端子断开。"高"、"总"、"低" 三个输出端子在外部通过适当连接，能起到控温或报警作用。"上限输出 1" 的内部继电器触点还可用于控制其他电路，如控制电炉的交流接触器等。

2. 智能温度变送器

变送器的含义是：把传感器的输出信号转换为可以被控制器或者测量仪表所接受的标准信号的仪器，详细介绍见模块四。智能温度变送器也称万能输入温度变送器，能将多种温度传感器信号转换为 4~20mA 模拟信号和 HART 通信信号，可利用 "现场手持通信器" 远距离组态。可与 Pt100、Pt200 铂热电阻以及 8 种热电偶配套，由按键设定。内部采用数字化调校、无零点及满度电位器，能完成非线性补偿、冷端温度补偿；具有传感器极性反接、开路和短路报警功能；输出电路与输入电路电气隔离；具有本安防爆结构。

项目四　集成温度传感器

【项目教学目标】

☞知识目标

1) 熟悉集成温度传感器的工作原理。

2) 了解常用集成温度传感器的特性。

☞技能目标

1) 能根据不同的应用场合选择集成温度传感器。

2) 掌握集成温度传感器的接线方法。

集成温度传感器是近几年迅速发展起来的一种新颖半导体器件，它与传统的温度传感器相比，具有测量准确度高、重复性好、线性优良、体积小、响应快、使用方便等优点，集成温度传感器测温的基本原理是 PN 结的温度特性。

任务一　认识集成温度传感器

1. PN 结的温度特性

集成温度传感器（以下简称温度 IC）的基础是 PN 结的电压随温度而线性变化的原理。当流过 PN 结的正向电流为恒定值时，正向压降 U_D 与热力学温度呈线性关系，温度系数 $\alpha \approx -2\text{mV}/℃$。温度升高，$U_D$ 降低。在激励电流为几十微安、环境温度为 20℃ 时，其 U_D 约为 600mV。当环境温度从 20℃ 增加到 120℃ 时，其正向电压降 U_D 约降低 200mV。硅二极管正向电压与温度、正向电流之间的关系如图 3-36 所示。

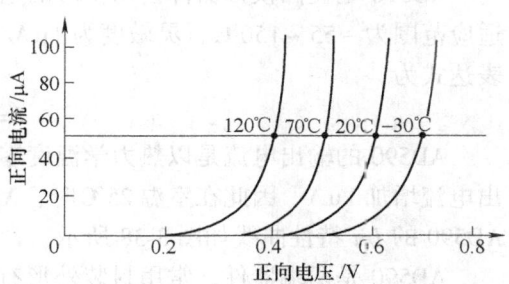

图 3-36　硅二极管正向电压与温度、正向电流之间的关系

2. 温度 IC 内部的测温简化电路分析

温度 IC 的工作原理是利用半导体器件的温度特性。晶体管的基极、发射极的正向压降随温度升高而减小，比二极管 PN 结的温度特性更好。将感温晶体管与恒流源、放大器、输出级等电路集成化，可以构成集成温度传感器。温度 IC 的测温简化电路如图 3-37 所示。发射结电压 U_{BE} 是温度的函数：

$$U_{BE} = U_{BE0} - \frac{KT}{q}\ln\left(\frac{A}{I_C}\right) \tag{3-11}$$

式中　T——热力学温度；

U_{BE0}——T 为 0K 时的 U_{BE} 值（为常数）；

K——玻尔兹曼常数；

q——电子电荷绝对值；

A——与晶体管制造工艺、集电极面积等多种因素有关的常数；

I_C——集电极电流。

在图 3-37 中，V_1、V_2 为一对"镜像晶体管"。它们的集电极电流 $I_1 = I_2$，并与 V_3、V_4 的集电极电流相同。V_3、V_4 为"温度检测晶体管"，两者的集电极面积不同，其面积比为 m。取样电阻 R 上的电压降等于 $\Delta U_{BE} = U_{BE3} - U_{BE4}$。$\Delta U_{BE}$ 与热力学温度 T 有下述关系：

$$\Delta U_{BE} = \frac{KT}{q}\ln m \tag{3-12}$$

当 R、m 恒定时，ΔU_{BE} 与热力学温度 T 有良好的线性关系。后续放大电路将 R 上的电压放大、处理，就可以得到与温度成正比的电压或电流输出，也可以输出数字脉冲信号。可用于 -50～150℃ 的测温，以及热电偶的温度补偿。

温度 IC 可分为模拟型和数字型。模拟型集成温度传感器又有电

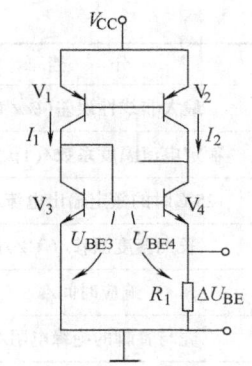

图 3-37　集成温度传感器的测温简化电路

流输出型（如 AD590）和电压输出型（如 LM35）等；数字型集成温度传感器有 DS18B20、LM74、LM87、LM92 等。

任务二　电流输出型温度 IC 的应用

一、AD590 简介

AD590 是美国模拟器件公司生产的电流输出型温度 IC。工作电压范围为 4~30V，温度适应范围为 -55~150℃，灵敏度为 1μA/K，输出电流 I 与热力学温度 T 成正比，输出电流表达式为

$$I = T \times 1\mu A/K \tag{3-13}$$

AD590 的输出电流是以热力学温度零度（-273.15℃）为基准。环境温度每增加 1℃，输出电流增加 1μA。因此在室温 25℃ 时，AD590 的输出电流 $I = (273.15 + 25)\mu A = 298.15\mu A$。AD590 的 I/t 特性曲线如图 3-38 所示。

AD590 是两端器件，常用封装外形有 2 引线扁平封装、SO-8 贴片封装和 TO-52 金属管壳封装，如图 3-39 所示。图 3-39d 所示为 AD590 的电路符号，它等效于一个高阻抗的恒流源，能减小因电源电压波动而产生的测温误差。AD590 系列产品分为 I、J、K、L、M 共 5 档，AD590 系列产品的主要技术指标如表 3-6 所示。

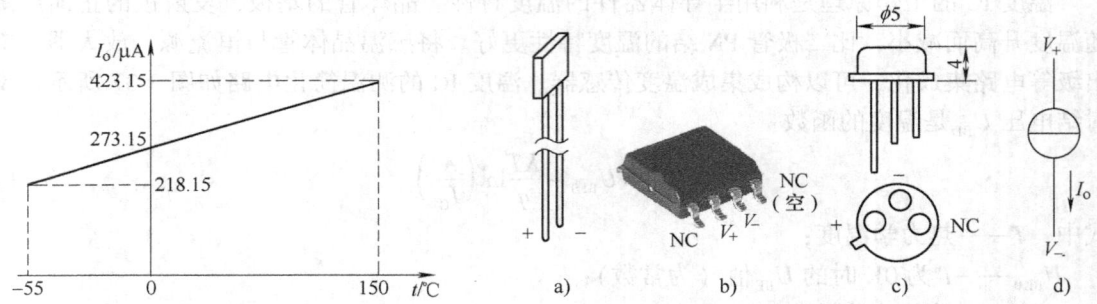

图 3-38　AD590 的 I-t 特性曲线

图 3-39　常用 AD590 封装图及符号
a) 扁平塑料封装　b) SOP-8 贴片封装
c) TO-52 金属封装　d) 符号

表 3-6　AD590 系列产品的主要技术指标

分　档	I	J	K	L	M
最大非线性误差(%/℃)	±3.0	±1.5	±0.8	±0.4	±0.3
额定电流温度系数/(1μA/K)	1.0					
25℃时的额定输出电流/μA	298.15					
长期温度漂移/(℃/月)	±0.1					
响应时间/s	20					
壳与管脚的绝缘电阻/Ω	10^{10}					
等效并联电容/pF	100					
工作电压范围/V	4~30					

AD590 具有体积小、响应速度快、传输距离远（可达到 1km）、抗干扰能力强、线性好等特点，适合远距离测温、控温，不需要进行非线性校正。

二、AD590 测温电路

AD590 测温电路如图 3-40a 所示，输出电压 U_{o1} 与热力学温度成正比：

$$U_{o1} = I_o R_L = (T \times 1\mu A/K) \times 1k\Omega = T \times 1mV/K \tag{3-14}$$

图 3-40b 电路的输出电压与摄氏温度成正比：

$$U_{o2} = -I_f R_f = -t \times 10mV/℃ \tag{3-15}$$

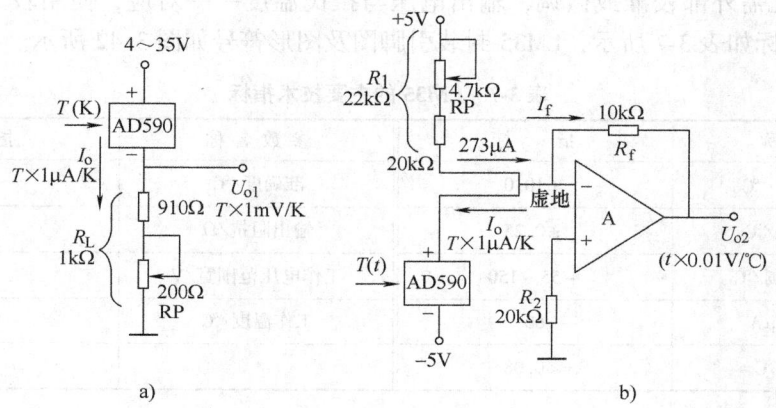

图 3-40　AD590 测温电路
a) 输出电压与热力学温度成正比的电路　b) 输出电压与摄氏温度成正比的电路

三、两点之间的摄氏温度差测量

利用两个 AD590 测量两点之间的摄氏温度差电路如图 3-41 所示。设 AD590 两处的温度分别为 t_1 和 t_2，输出电流分别为 I_1 及 I_2，则流入 A 点（虚地点）的电流 $I_i = I_1 - I_2$。运算放大器在此电路中起到电流减法器的作用。在反馈电阻为 $10k\Omega$ 的情况下，输出电压

$$U_o = -I_f R_f = -(I_1 - I_2) R_f = (t_2 - t_1) \times 10mV/℃$$

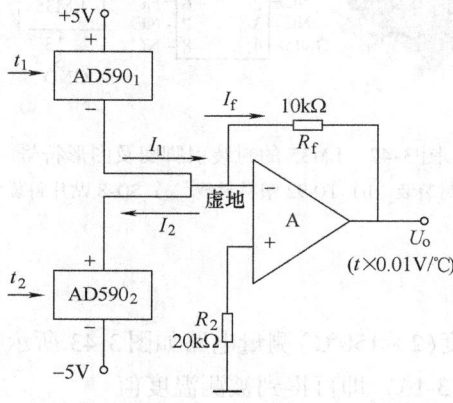

图 3-41　利用两个 AD590 测量两点之间的摄氏温度差电路

任务三 电压输出型温度 IC 的应用

一、LM35 简介

LM35 是美国国家半导体公司（NS）生产的温度 IC，其输出的电压 U_o 与摄氏温度 t 成正比：

$$U_o = t \times 10\text{mV}/\text{℃} \tag{3-16}$$

从外电路的复杂性的角度看，电压输出型的 LM35 比按热力学温度校准的 AD590 有优越之处。LM35 无需外部校准或微调，输出电压与摄氏温度一一对应，使用较为方便。LM35 的主要技术指标如表 3-7 所示，LM35 封装引脚图及图形符号如图 3-42 所示。

表 3-7 LM35 的主要技术指标

参数名称	指标	参数名称	指标
输出电压/mV·℃$^{-1}$	+10.0	准确度/℃	0.5
非线性误差/℃	±0.25	输出阻抗/Ω	0.1
额定温度范围/℃	-55~150	工作电压范围宽/V	4~30
工作电流/μA	60	工作温度/℃	-10~+40
自热效应/℃	<0.08		

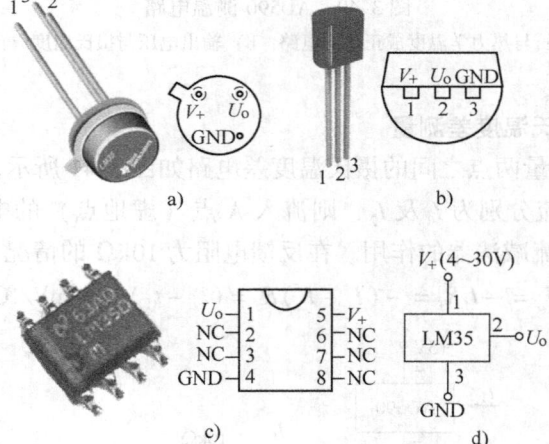

图 3-42 LM35 的封装引脚图及图形符号
a) TO-46 金属封装装 b) TO-92 塑料封装 c) SO-8 贴片封装 d) 图形符号

二、LM35 的典型应用

1. 正摄氏温度传感器

LM35 构成的正摄氏温度（2~150℃）测量电路如图 3-43 所示，只要直接测量其输出端电压 U_o（单位为 mV），由式（3-16）即可得到被测温度值

$$t = \frac{U_o(\text{mV})}{10\text{mV}/\text{℃}} \tag{3-17}$$

2. 满量程（-55～150℃）摄氏温度传感器

图 3-44 中，若取 $R_S = V_S/50\mu A$，则被测温度为 +150℃时，输出电压为 1500mV；当被测温度为 +25℃时，输出电压为 250mV；当被测电压为 -55℃时，输出电压为 -550mV。

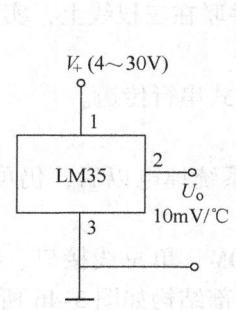
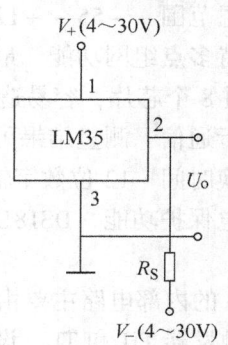

图 3-43 LM35 构成的正摄氏温度
（2～150℃）测量电路

图 3-44 LM35 构成的满量程
摄氏温度测量电路

3. LM35 使用要点

1）实际使用中，可将塑料封装的 LM35 的平面用环氧树脂粘贴在待测的零件表面，若是 TO-46 金属封装，则可在待测零件上钻一个与传感器管帽直径对应的孔，用高温胶黏结，温度差不超过 0.01℃。

2）另一种方法是将 LM35 安装在密闭的金属管中，然后浸入一个槽中或拧入槽的螺纹孔中。如果电路工作在可能发生凝结的低温下，就应加强绝缘，以确保湿气不会腐蚀 LM35 或其连接线。

3）电容负载问题：与许多微功率电路一样，LM35 驱动电容负载能力较弱，只能驱动 50pF 的电容负载。

任务四 数字输出型温度 IC 的应用

一、DS18B20 温度 IC 简介

DS18B20 是美国 DALLAS 公司生产的数字型温度 IC。它将传感器和各种数字转换电路集成在一起，对外只有 3 个引脚，分别是电源线 V_{DD}、地线 GND 和数据线 DQ，共有 3 种封装，如图 3-45 所示。

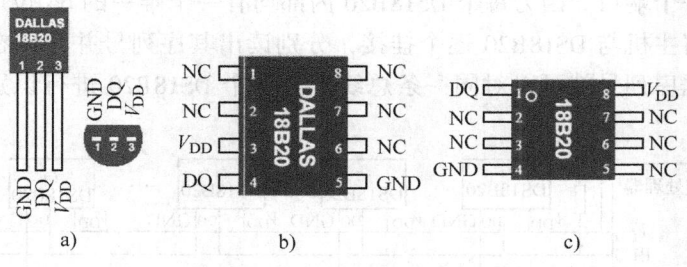

图 3-45 DS18B20 的封装及引脚
a）TO-92 塑料封装 b）SO-8 贴片封装 c）μSO-8 小型贴片封装

DS18B20 的主要特点：

（1）独特的单线接口方式　DS18B20 在与微处理器连接时，仅需要一根传输线即可实现微处理器与 DS18B20 的双向通信，使用中无需外围器件。

（2）测温范围　-55～+125℃，固有测温分辨率为 0.5℃。

（3）支持多点组网功能　最多允许 8 个 DS18B20 可以并联在三根线上，实现多点测温。如果数量超过 8 个芯片，容易造成信号传输的不稳定。

（4）串行通信　测量结果可以设置为 9～12 位数字量方式串行传送。

（5）转换时间　12 位数字输出时最大转换时间为 750ms。

（6）掉电保护功能　DS18B20 内部含有 EEPROM，在系统掉电以后，仍可保存报警温度的设定值。

DS18B20 的内部电路主要由 5 部分组成：64 位光刻 ROM、单总线接口、温度传感器、高低温报警触发器 TH 和 TL、设置寄存器等。DS18B20 的内部结构如图 3-46 所示。

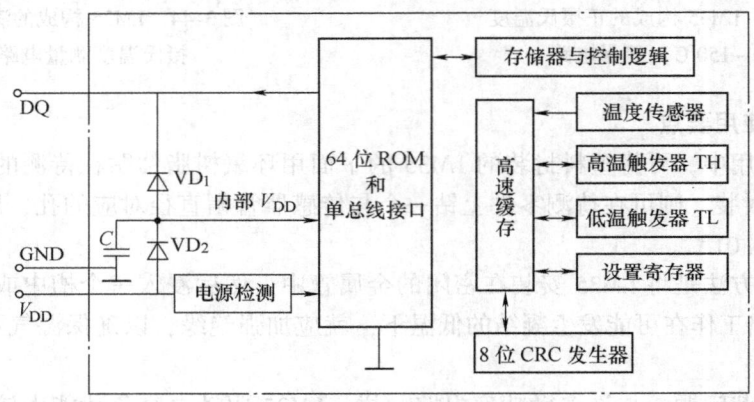

图 3-46　DS18B20 的内部结构

64 位光刻 ROM 是生产厂家给每一个出厂的 DS18B20 命名的产品序列号，可以看作为该器件的地址序列号。其作用是使每一个出厂的 DS18B20 地址序列号都各不相同，这样就可以实现一根总线上挂接多个 DS18B20 的目的。

二、DS18B20 温度 IC 的单端口多点测温应用

DS18B20 的单端口多点测温原理框图如图 3-47 所示。多个 DS18B20 的三根引线相互并联，公共的数据线 DQ 连接到微处理器的某个 I/O 端口上（例如 P1.0）。其显著的特点是只占用微处理器的一个端口。因为每个 DS18B20 内部均有一个唯一的 64 位序列号，在系统安装及工作之前先将主机与 DS18B20 逐个挂接，分别读出其序列号并存储在主机的 EEPROM 中，微处理器根据序列号就可以对同一条总线上的多个 DS18B20 进行识别与控制，分别读取它们的温度。

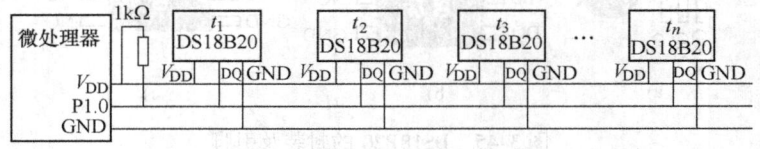

图 3-47　DS18B20 的单端口多点测温原理框图

单总线多点测温的设计思想是：当主机需要对众多在线的 DS18B20 中的某一个进行测温操作时，首先要发出匹配 ROM 的命令，紧接着主机把需要访问的 64 位序列号发送到总线上，只有具有此序列号的 DS18B20 才接受主机的命令，之后操作就仅针对该 DS18B20。主机发送"跳过 ROM 命令"，启动所有的 DS18B20 进行温度转换，然后，再通过"匹配 ROM 命令"，逐一读取每个 DS18B20 的温度数据。

三、DS18B20 温度 IC 的多端口多点测温应用

上述单总线多点测温的优点是连接电路简单，所占用的微处理器端口数量少。但其缺点也是很明显的。①这种单总线式的测温方法是由多个 DS18B20 并联连接在一起的，它们在电气特性上会有一定相互影响。当其中的某个器件发生故障（如短路）时，将会影响其他器件的正常工作；②在这种应用方法中，多个器件并接在总线上时，对所有器件的查询操作，需要逐个识别，完成一次对全部器件的查询需要花费几倍的操作时间，降低了系统的工作效率，并且使得程序设计变得比较复杂；③由于系统需花费较长的时间来对单一总线上的器件进行序列号查询/应答等，因而获得的所有温度 IC 的温度数据将不具有同时性。DS18B20 的多端口多点测温原理框图如图 3-48 所示。

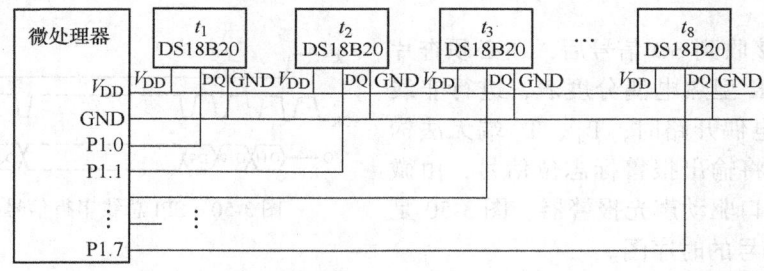

图 3-48　DS18B20 的多端口多点测温原理框图

各个温度点的 DS18B20 数据线 DQ 分别连接到微处理器的不同 I/O 端口。系统工作时，微处理器同时对多（8）个 DS18B20 进行并行操作。对所有 DS18B20 而言，命令的接受与数据的传送是同步进行的，所花费的时间等同于操作单个 DS18B20 器件所用的时间，这样即可一次输入多个数据，从而达到同步快速读取温度数据的目的。从图 3-48 可知，一个端口只对应一个 DS18B20 器件，系统工作时数据线上传输的命令与数据也是相互独立的，所以也就不再需要对每个器件进行序列号搜索与匹配操作。这种并行操作的另一个好处就是程序的设计、编写、调试也变得较为简单，有利于缩短产品的研制开发周期。

多端口多点测温方法的缺点是微处理器的 I/O 口占用较多，每一个测试点需要一根连接线，当连接的测试点较多、距离较远时，连接线的成本就较昂贵。

四、SPI 总线输出型温度 IC 用于 K 型热电偶的温度补偿

MAX6675 是基于 SPI 总线、专门用于对工业中最常用的镍铬-镍硅（K 型）热电偶进行温度补偿的芯片。它能补偿因 K 型热电偶冷端不为 0℃ 时带来的热电动势损失。在 0～125℃ 范围内，MAX6675 将产生 41.6μV/℃ 的补偿电压。

热电偶的补偿导线 A′、B′接到 MAX6675 芯片的 T_+、T_- 端，经 MAX6675 内部的加法电路，将 K 型热电偶补偿后的热电动势转换为代表温度的数字信号，从 SPI 串行接口输出到微处理器，如图 3-49 所示。MAX6675 工作时，必须与热电偶冷端或补偿导线 A′、B′的末端处

于相同的温度 t_0 中。

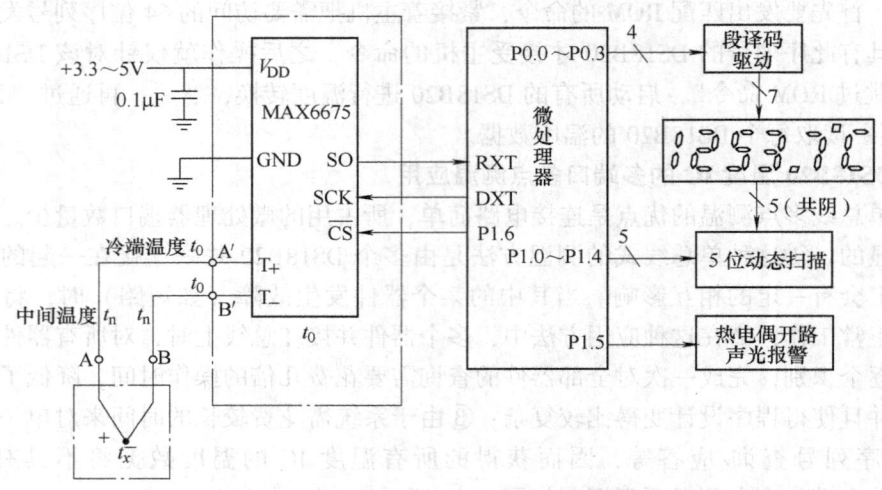

图 3-49　MAX6675 构成的热电偶冷端补偿及测量显示电路原理框图

微处理器接收到 SO 信号后，还必须查片内存储器中的 K 型热电偶分度表，进行非线性修正；当热电偶开路时，T_+、T_- 端无法构成回路，SO 端将输出报警标志位信号，由微处理器的 P1.3 口驱动声光报警器。图 3-50 是 SPI 总线串行信号的时序图。

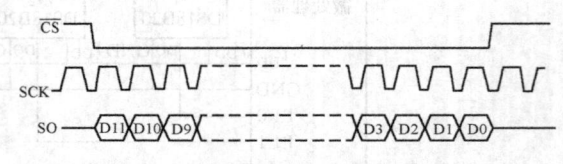

图 3-50　SPI 总线串行信号的时序图

当CS为低电平时，MAX6675 的 SO 端输出一串 12 位与时钟信号（SCK）同步的二进制码，由微处理器的 RXT 引脚读取串行信号，传输速率（波特率）由微处理器的 DXT 引脚给出。

项目五　防爆技术与安全栅

【项目教学目标】

☞知识目标

1) 了解防爆技术。
2) 了解安全栅的作用及工作原理。

☞技能目标

1) 掌握齐纳式安全栅的接线方法。
2) 熟悉隔离式安全栅的应用。

任务一　认识防爆技术

石油、化工、煤炭等许多工业部门，在生产、加工、运输和贮存的各个过程中，可能泄漏或溢散出各种易燃、易爆气体、液体和各种可燃性粉尘或纤维。这类物质与空气混合后，可能成为具有爆炸危险的混合物，当混合物的浓度达到爆炸浓度范围时，一旦出现火源即会引起爆炸或引发火灾等事故。在这类危险环境中使用的电气设备、仪表，都必须是经过专业机构认证的具有防爆性能的产品，涉及防爆技术。中国国家仪器仪表防爆安全监督站是监督生产安全防爆产品的机构，对本安型安全栅产品有着严格、科学、详细的规定，只有通过该监督站认证的企业及其所开发生产的产品才具备符合标准的安全性能，否则可能会给使用方的设备、人员和生产造成无可估量的损害。本模块所述的测温传感器以及其他模块涉及的热工量测量传感器都经常在上述危险场所使用，所以需要掌握有关"防爆"、"本安"等知识。

1. 爆炸的概念

爆炸是物质从一种状态，经过物理或化学变化，突然变成另一种状态，并释放出巨大能量的过程。急剧释放的能量将使周围的物体遭受到猛烈的冲击和破坏。

2. 爆炸必须具备的三个条件

（1）爆炸性物质　能与氧气、空气反应的物质，包括气体、液体和固体。

（2）助燃物质　氧气、空气等。

（3）点燃源　包括明火、电气火花、机械火花、静电火花、高温、化学反应、光能等。

当爆炸性物质与氧气的混合浓度处于爆炸极限范围内时，若存在点燃源，将会发生爆炸。防爆技术就是根据这些爆炸条件，采取相应的技术措施和管理措施，达到预防事故的目的。

3. 防爆仪表

自动化仪表属于低压电气设备，因此在危险场所使用的自动化仪表要按照电气设备防爆规程管理。按照有关规程规定，防爆电气设备可制成隔爆型（标志"d"）、本安型（标志"i"）两种结构类型。

隔爆型仪表特点：仪表的电路和接线端子全部置于隔爆壳体中，表壳强度足够大，表壳结合面间隙足够深，最大的间隙宽度又足够窄。即使仪表因事故产生火花，也不会引起仪表外部的可燃性物质爆炸。

隔爆型仪表在安装及维护正常时，它是安全的，但揭开仪表表壳时，它就失去防爆性能。因此，不能在通电运行的情况下打开外壳进行检修或调整。对于组别、级别高的易爆性气体如氢、乙炔、二硫化碳等，不宜采用隔爆型防爆仪表。原因有：①对这些气体所要求的隔爆表壳在加工上有困难；②即使能解决加工问题，但经长期使用后，由于磨损，很难长期保持要求的间隙，而会逐渐失去防爆性能。

4. 本安型仪表

本安型是指在正常状态和故障状态下，电路及设备产生的火花能量和达到的温度都不会引起易爆气体爆炸的防爆类型。正常状态指在设计规定条件下的工作状态，故障状态指因事故而发生短路、断路等情况。

从原理上讲，它适用于一切危险场所及一切易爆气体。其安全性能不会随时间而变化，可在运行状态下进行维修和调整。

在危险区域使用的仪表，无论在正常状态下和故障状态下，仪表电路系统产生的过电流和所达到的温度都不应引燃爆炸性混合物。它的防爆功能主要由以下措施来实现：

（1）低电流　采用新型集成电路等组成仪表电路，在较低的工作电压和较小的工作电流下工作。

（2）安全栅　使用"齐纳式安全栅"或"隔离式安全栅"（以下均简称安全栅）把危

险场所和安全场所的电路分隔开来，限制由安全场所传递到危险场所去的电能量。

（3）减小电感　电感 L 在开路瞬间释放储存的磁能（$LI^2/2$），电容 C 在短路瞬间会释放储存的磁能（$CU^2/2$）。电感和电容在释放能量的过程中，会产生电火花，所以仪表的连接导线不得形成过大的分布电容，分布电感应接近于零，以减少电路的储能。

在本安型防爆仪表的电路中，必须在电感两端并联续流二极管。当电感断路时，提供释放磁能的通路，以消除电火花；在电容两端必须并联钳位二极管，以限制电容的端电压。在电容回路，需要串联限流电阻，确保短路时不会出现超过规定的电流，以消除电火花或只产生"安全火花"，其能量不足以对其周围的可燃物质构成点火源。

本安型仪表不是依赖于通风、充惰性气体、隔爆外壳等措施来实现其防爆性能，本安特性是由电路本身实现的，因而是"本质安全"的。本安型仪表不能单独使用，必须和本安关联设备——安全栅及正确的外部连接导线，以及二次仪表一起组成"本安防爆系统"，才能发挥防爆功能。防爆等级的表示方法如图 3-51 所示，防爆等级表示方法的说明如表 3-8 所示。

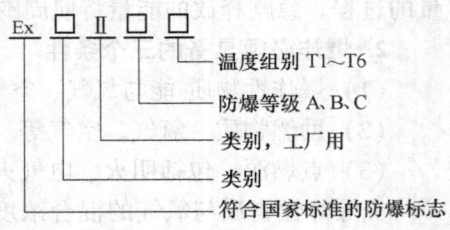

图 3-51　防爆等级的表示方法

表 3-8　防爆等级表示方法的说明

符　号		说　明
	Ex	符合国家标准的防爆标志
类别（隔爆/本安）或本质级别	d	隔爆型电气设备
	ia	本质安全型 a 级标志
	ib	本质安全型 b 级标志
类别（用途）	I	矿井用电气设备
	ⅡA	工厂用电气设备 A 级
	ⅡB	工厂用电气设备 B 级
	ⅡC	工厂用电气设备 C 级
温度组别	T1	电气设备表面最高温度 450℃
	T2	电气设备表面最高温度 300℃
	T3	电气设备表面最高温度 200℃
	T4	电气设备表面最高温度 135℃
	T5	电气设备表面最高温度 100℃
	T6	电气设备表面最高温度 85℃

表 3-8 中的"ia 级别"指在正常工作状态下，1 个故障或两个故障状态下都不会点燃危险气体，安全电流限制在 100mA 以下；"ib 级别"指电气设备只能保证在 1 个故障状态下不会点燃危险气体，安全电流限制在 150mA 以下。例如，某仪表的防爆等级为"Ex ia ⅡB T6"，含义如下：

Ex：防爆标志；ia：防爆等级；ⅡB：工厂使用（气体组别为煤气等气体）；T6：电气设备表面最高温度 85℃。

模块三　温度检测　　95

5. 安全栅

安全栅又称安全保持器、本安回路的安全接口等。安全栅能在安全区和危险区之间双向转递电信号，并限制安全区的危险能量进入危险区，限制送往危险区的电压和电流。安全栅本身并不具有本安特性，但它能限制危险区本安电路中的能量。

安全栅有齐纳式安全栅和隔离式安全栅之分。齐纳式安全栅结构较为简单，是安全栅的早期产品。隔离式安全栅结构较为复杂，是在齐纳式安全栅的基础上发展起来的新型产品。防爆型安全栅如图3-52所示。

图3-52　防爆型安全栅

任务二　齐纳式安全栅的应用

一、齐纳式安全栅特点

齐纳式安全栅的外形如图3-53所示。齐纳式安全栅电路中采用快速熔断器、限流电阻以及限压二极管以对输入的电能量进行限制，从而保证输出到危险区的能量在安全限制的范围内。齐纳式安全栅的原理简单、电路实现容易、价格低廉。

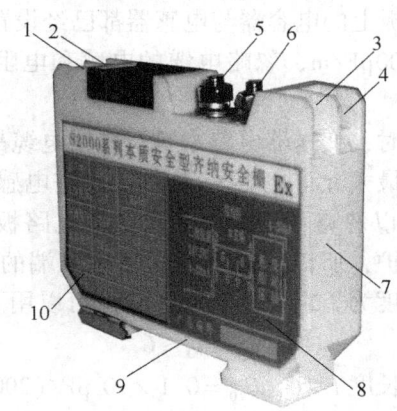

图3-53　齐纳式安全栅的外形

1、2—到安全区二次仪表的接线端子　3、4—到危险区一次仪表的接线端子　5、6—接地螺母
7—阻燃环氧树脂封装壳体　8—接线图　9—DIN标准导轨安装槽　10—铭牌

齐纳式安全栅的内部电路如图3-54所示，主要由3部分组成：

（1）电流限制回路　它能在本安侧对地短路或元器件损坏等故障情况下，把输出电流限制在安全数值之内。电流通常被限制在DC 35mA（某些等级为100mA）以下。超过额定电流时，快速熔断丝被熔断。

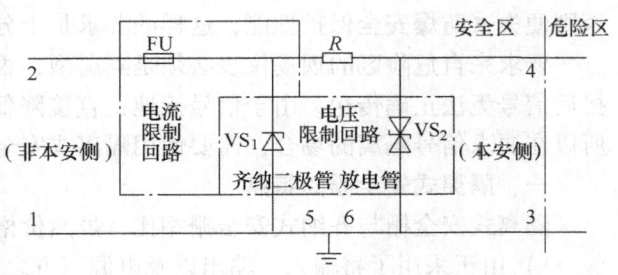

图3-54　齐纳式安全栅的内部电路

(2) 电压限制回路 它由齐纳二极管组成。当非本安侧电压超过齐纳二极管额定工作电压或串入干扰高电压时，齐纳二极管被击穿而导通，使快速熔断器熔断，起限制电压作用。齐纳二极管的击穿电压通常被限制在 DC 30V 以下。

(3) 快速熔断器 FU 可更换的快速熔断器用来保护齐纳管不被烧毁，因此要求快速熔断器的熔断时间小于齐纳二极管的过热时间。

二、齐纳式安全栅的接线

齐纳式安全栅的接线图如图 3-55 所示。安装在危险区的"一次仪表"的电缆接到安全栅本安侧的接线端子 3、4 上；置于安全区的"二次仪表"电缆接到安全栅的非本安侧接线端子 1、2 上。安全栅在正常情况下不影响测量系统的功能，它被设置在安全区一侧，安全栅的地线接到"电源地"，再接到"接地汇流条"，接地电阻应小于 1Ω。通往现场（危险场所）的电缆必须是安全栅专用电缆，软铜导线的截面积必须大于 0.5mm²。电缆越长，分布电容就越大，如果电缆的分布电容 C_c 超过安全栅的最大允许电容 C_a，就有可能在危险区产生放电火花，仪表系统便不是本质安全的了。

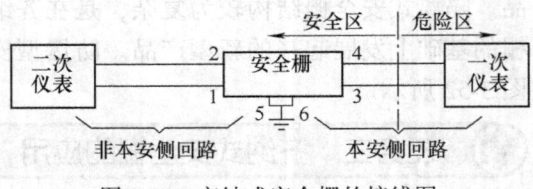

图 3-55 齐纳式安全栅的接线图

例 3-2 本安防爆系统由本安变送器与安全栅组成，某一安全栅铭牌上标示的最大允许电容 $C_a = 0.1\mu F$，变送器电路板上的电容器与电感器都已经设置了限流电阻和续流二极管保护，若电缆的分布电容 $C_{c0} = 200pF/m$，忽略电缆的电感和电阻，求：该本安变送器与安全栅的最大距离。

解 安全栅与变送器连接时，变送器电路本身及连接电缆都是安全栅的负载，它们的电感、电容总值应小于安全栅的最大允许电容 C_a 及最大允许电感 L_a。如果电缆不采用卷绕式布线，则电缆的分布电感 L_c 可以忽略不计。由于变送器电路板上的电容器与电感器都已经采用限流电阻和续流二极管保护，所以等效到变送器输入端的未经保护电容 C_i 及未经保护电感 L_i 也可以忽略不计，则长度为 l 的电缆分布电容 C_c 可以用下式计算：

$$C_c = lC_{c0} \leq C_a \tag{3-18}$$

该本安变送器的电缆最大长度 $l \leq C_a/C_{c0} = 0.1 \times 10^6 pF/(200pF/m) = 500m$。

任务三 隔离式安全栅的应用

齐纳式安全栅有如下缺点：

安装位置必须有非常可靠的接地系统，并且该齐纳式安全栅的接地电阻必须小于 1Ω，否则便失去防爆安全保护性能，这样的要求是十分苛刻的，在实际工程应用中难以保证。

要求来自危险区的现场仪表必须是隔离型，否则通过齐纳式安全栅的接地端子与大地相接后信号无法正确传送。由于信号接地，直接降低信号的抗干扰能力，影响了系统稳定性。所以在要求信号隔离的场合，需要使用隔离式安全栅。

一、隔离式安全栅的特点

隔离式安全栅与齐纳式安全栅相比，虽然价格较贵，但它在性能上有如下突出的特点：

1) 由于采用了将输入、输出以及电源三方之间相互电气隔离的电路结构，同时符合本安型限制能量的要求，因此无需系统接地线路，给设计及现场施工带来极大方便。

2) 对危险区的仪表要求大幅度降低，现场无需采用隔离式的仪表。

3) 由于信号线路无需共地，使得检测和控制回路信号的稳定性和抗干扰能力大大增强，从而提高了整个系统的可靠性。

4) 隔离式安全栅可输出两路相互隔离的信号，以提供给使用同一信号源的两台设备使用，并保证两设备信号不互相干扰，同时提高所连接设备相互之间的电气安全绝缘性能。

WP-8000-EX 系列隔离式安全栅（两路）如图 3-56 所示。

隔离式安全栅的输入/输出信号有：RS485/RS232 双向、两线制频率双向等几种形式。隔离式安全栅原理框图如图 3-57 所示。

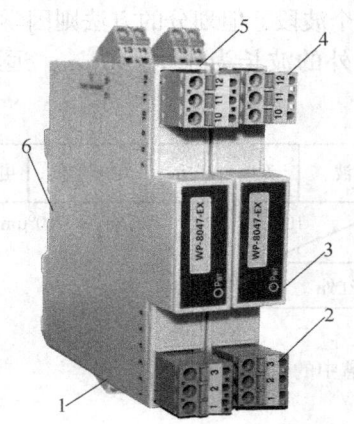

图 3-56　WP-8000-EX 系列隔离式安全栅（两路）　　　图 3-57　隔离式安全栅原理框图
1—本安侧（危险侧）电源接线端　2—本安侧接线端（蓝色标志）
3—电源指示灯　4—非本安侧（安全侧）接线端（绿色标志）
5—非本安侧电源接线端　6—DIN 标准导轨安装槽

隔离式安全栅是以中频作为调制波信号。在传感器侧，先将信号进行数字化，再经光电耦合（电→光→电）电路（过去也使用变压器耦合）隔离，再进行解调，变换回隔离前的原信号模式，本安回路与非本安回路的耐压可以达到 500V。由于隔离式安全栅存在两次信号转换，准确度会有所降低。中频振荡和调制电路还将产生射频干扰，产品必须达到国家规定的 EMC 标准。

二、隔离式安全栅的接线与应用注意事项

1) 隔离式安全栅应安装在非危险场所。

2) 隔离式安全栅通往现场（危险场所）的软铜导线截面积必须大于 $0.5mm^2$。

3) 连接导线的绝缘强度大于 500V。

4) 隔离式安全栅本安端有蓝色标记，非本安端电路配线（有绿色标记）。本安导线宜选用蓝色；非本安导线宜选用绿色。本安导线和非本安导线在汇线槽中应分开铺设，采用各自保护套管。隔离式安全栅的本安侧与非本安侧分别使用各自的隔离电源。

5) 隔离式安全栅与一次仪表组成本安安全防爆系统时，必须经国家指定的防爆检验机构检验认可。

6) 严禁用绝缘电阻表（也称兆欧表）测试隔离式安全栅端子之间的绝缘性。若要用绝缘电阻表检查系统线路绝缘性时，应先断开全部隔离式安全栅接线，否则会引起内部器件损坏。

7）凡与隔离式安全栅相连接的现场仪表，均应是防爆部门进行防爆试验并取得防爆合格证的仪表。

拓展阅读　红外测温

一、认识红外技术

红外技术是研究红外辐射的产生、传播、转化、测量及其应用的技术。红外辐射俗称红外线，包括介于可见光与微波之间的广阔的电磁波段。红外辐射在电磁波谱中的位置如图 3-58 所示。红外波段又可划分为近红外、中红外、远红外三个波段，但划分的方法则因学科或技术领域不同而异。近红外的波长为 $0.75 \sim 3.0 \mu m$；中红外的波长为 $3.0 \sim 40 \mu m$；远红外的波长为 $40 \sim 1000 \mu m$。

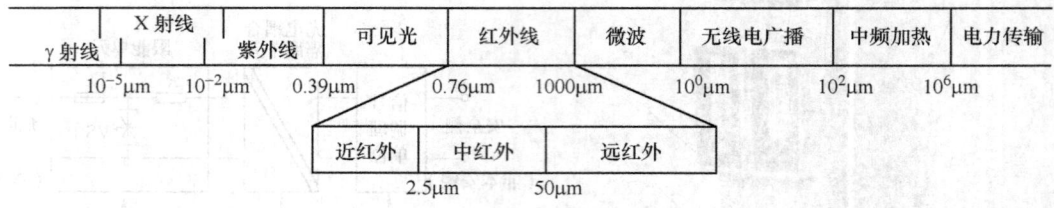

图 3-58　红外辐射在电磁波谱中的位置

红外技术包含 4 个主要部分：

1）红外辐射受热物体所发射的红外线在光谱、强度和方向的分布等。

2）红外元件、部件的研制，包括辐射源、窗口材料和滤光片等。

3）各种红外元件、部件构成光学、电子学系统。

4）红外技术在各领域中的应用。

自 1800 年英国天文学家 F·W·赫歇尔发现红外辐射至今，红外技术的发展经历了两个多世纪。目前红外技术作为一种高技术，与激光技术并驾齐驱，在军事上占有举足轻重的地位。红外成像、红外侦察、红外跟踪、红外制导、红外预警、红外对抗等在现代战争中都是很重要的战术和战略手段。在 20 世纪 70 年代以后，军事红外技术逐步向民用部门转化。红外测温、红外测湿、红外报警、红外遥感等更是各行业争相选用的先进技术，尤其是焦平面列阵技术的采用，将使它发展成可与眼睛相媲美的凝视系统。

在自然界中，一切温度高于绝对零度的物体都在不停地向周围空间发出红外辐射能量。物体的红外辐射能量的大小及其按波长的分布与它的表面温度有着十分密切的关系。因此，通过对物体自身辐射的红外能量及波长的测量，便能测定辐射体的表面温度。红外测温示意图如图 3-59 所示。

物体在温度较低时，辐射的是不可见的红外光。温度升高到 500℃时，开始辐射一部分暗红色的光。从 $500 \sim 1500 ℃$，辐射光的变化是：逐渐从红外→红色→橙色→黄色→蓝色→白色。也就是说，在 1500℃时的热辐射中已包含了从几十微米至 $0.4 \mu m$、甚至更短波长的连续光谱。如果温度再升高，例如达到 5500℃时，辐射光谱的上限已超过蓝色、紫色，进入紫外线区域。因此通过测量光的波长以及辐射强度，可以判定物体的温度。特别是在高温（2000℃以上）区域，已无法用常规的温度传感器来测量，例如钨铼 5-钨铼 26 热电偶的测

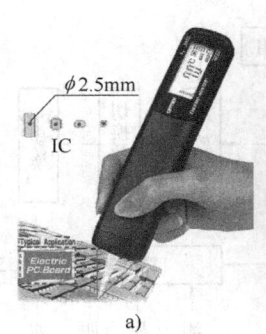 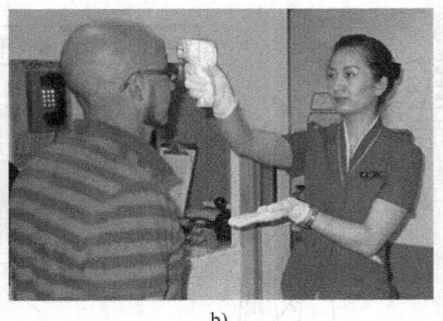

图 3-59 红外测温示意图
a) 集成电路温度测量 b) 人体温度测量

温上限也只有 2 100℃，所以高温测量多采用辐射原理的温度计。

辐射温度计可分为高温辐射温度计、高温比色温度计、红外辐射温度计等。

二、红外辐射温度计

红外辐射温度计（又称红外测温仪）既可用于高温测量，又可用于冰点以下的温度测量，所以它是辐射温度计的发展趋势。市售的红外辐射温度计的温度范围为 -30 ~ 3 000℃，中间分成若干个不同的规格，可根据需要选择适合的型号。红外辐射温度计外形如图 3-60 所示。

1. 红外线辐射测量温度原理

红外辐射温度计由光学系统、光电探测器、信号放大器及信号处理、显示输出等部分组成。光学系统汇聚其视场内的目标红外辐射能量，视场的大小由温度计的光学零件及其位置确定。红

图 3-60 红外辐射温度计外形

外能量聚焦在光电探测器上并转变为相应的电信号。电信号经过放大器和信号处理电路，并按照仪器内的算法和目标发射率校正后，得到被测目标的温度值。除此之外，还应考虑目标和温度计所在的环境条件，如湿度、气氛、污染和干扰等因素对性能指标的影响及修正方法。红外辐射温度计测温如图 3-61 所示。

测试时，按下红外测量仪辐射温度计的开关，"枪口"即射出一束低功率的红色激光，仅用于瞄准被测物的表面位置。该位置被测物表面发出的红外辐射能量准确地聚焦在红外辐射温度计"枪口"内部的光电池上。红外辐射温度计内部的微处理器根据距离、被测物表面黑度辐射系数、水蒸气及粉尘吸收修正系数、环境温度以及被测物辐射出来的红外光强度等诸多参数，计算出被测物体的表面温度。其响应时间只需 0.2ms，有峰值、平均值显示及保持功能，可与计算机串行通信。红外辐射温度计广泛应用于铁路机车轴温检测，冶金、化工、高压输变电设备、热加工流水线的表面温度测量，还可快速测量人体体表温度。

当被测物不是绝对黑体时，在相同温度下，辐射能量将减小。比如十分光亮的物体只能发射及接收很少一部分光的辐射能量，因此必须根据预先标定过的温度，输入光谱黑度修正系数 ε_λ（或称发射本领系数）。上述测量方法中，必须保证被测物体的"热像"充满光电

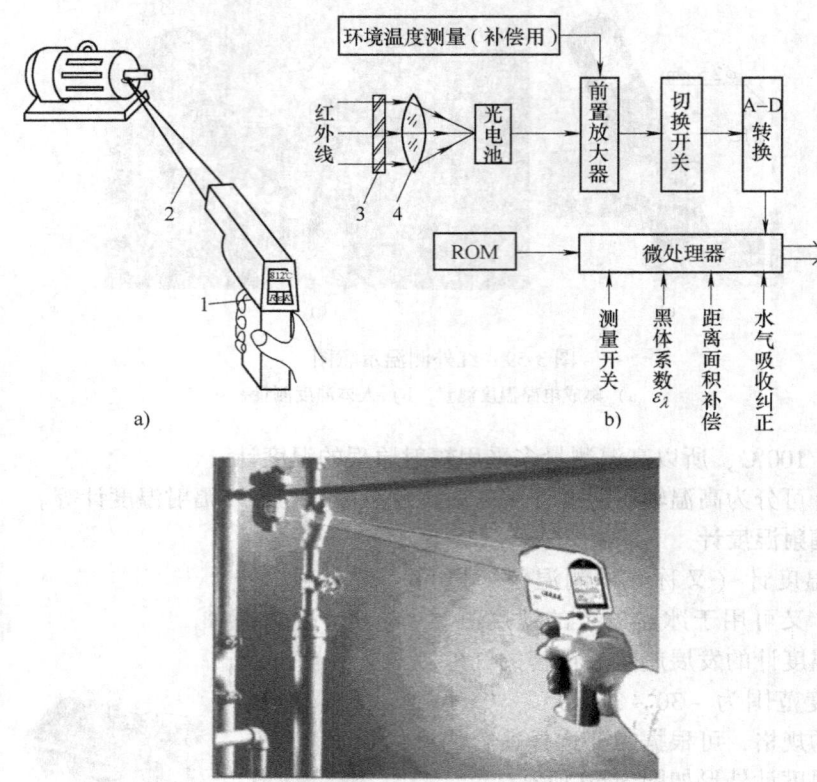

图 3-61 红外辐射温度计测温
a）表面温度测量示意图 b）内部原理框图 c）现场使用
1—枪形外壳 2—红色激光瞄准系统 3—滤光片 4—聚焦透镜

池的整个视场。

2. 红外辐射温度计的主要参数

红外辐射温度计的主要参数有测量范围、测量准确度、距离系数、响应时间、瞄准方式、工作波段等，具有最大值/最小值/平均值/温差值显示、数据保持、欠电压指示、上下限报警等功能。TI213 手持式红外辐射温度计的主要技术指标如表 3-9 所示。

表 3-9 TI213 手持式红外辐射温度计的主要技术指标

参 数 名 称	指　标	参 数 名 称	指　标
测量范围/℃	−25~1200	允许最大绝对误差/℃	±1（或读数值的±1%）
重复误差/℃	±0.5	距离系数	80∶1
显示分辨力/℃	1	显示方式	4 位 LCD
被测体发射率（%）	0.1~1.00	响应时间/ms	<200
瞄准方式	同轴激光瞄准	工作波段/μm	8~14
环境等级	IP65	环境温度/℃	−10~60
相对湿度（%）	10~90RH（不冷凝）	电源	9V 电池
仪器体积(宽×深×高)/mm	185×170×50	仪器重量/g	500

3. 红外辐射温度计的应用

必须将仪器对准要测的物体，在仪器的 LCD 上读出温度数据，保证距离和光斑尺寸之比及视场符合使用规范。红外辐射温度计应用时还应注意以下问题：

1）红外辐射温度计不能测量内部温度，只能测量物体表面温度。

2）不能透过玻璃进行测温，但可通过专用的"红外窗口"测温。

3）红外测温仪不可用于测量光亮的或抛光的金属表面的温度（例如不锈钢、铝等）。

4）由于蒸气、尘土、烟雾等会阻挡红外线，所以红外辐射温度计不适合于上述场合的测温。

三、红外热释电传感器

某些电介质如压电陶瓷锆钛酸铅（PZT）、铁电陶瓷等，当其表面温度发生变化时，在电介质的表面就会产生电荷，这种现象称为热释电效应，利用具有这种效应的电介质制成的元件称为热释电元件。近年来，热释电元件在红外线检测中得到广泛的应用。它可用于能产生远红外辐射的人体检测，如防盗门、宾馆大厅自动门、自动灯的控制等。

1. 红外热释电传感器简介

红外热释电传感器如图 3-62 所示。它由滤光片、热释电红外敏感元件，高输入阻抗放大器等组成。通常采用金属封装，3 根引脚分别为电源端 D、输出端 S 和接地端 GND。

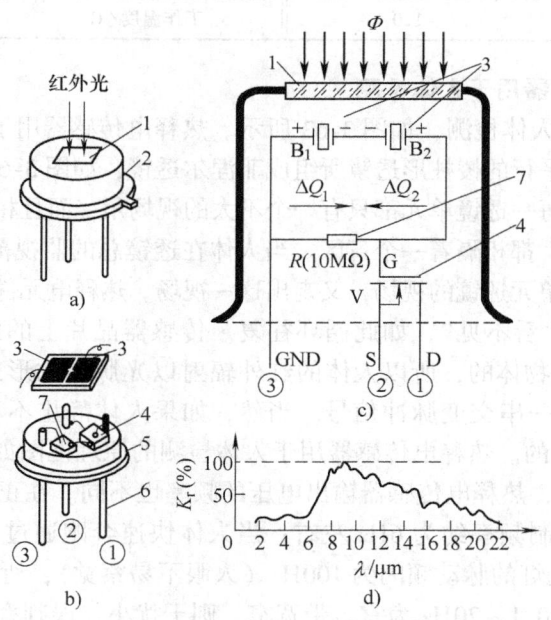

图 3-62 红外热释电传感器
a）外形 b）分体结构 c）内部电气接线图 d）滤光片的光谱特性
1—滤光片 2—管帽 3—左、右敏感元件 PZT 4—放大器 5—管座 6—引脚 7—高阻值电阻 R

(1) 热释电敏感元件 制作热释电敏感元件时，先把热释电材料制成很小的薄片，在薄片两侧镀上电极，把两个极性相反的热释电敏感元件并排，再反向串联，如图 3-62c 所示。

因环境影响而使整个晶片温度变化时,两个传感元件产生的热释电信号相互抵消,所以它对缓慢变化的信号没有输出。但如果两个热释电元件的温度变化不一致,它们的输出信号就不会被抵消。只要想办法使照射到两个热释电元件表面的红外线忽强忽弱,传感器就会有交变电压输出。

(2) 滤光片　为了防止可见光对热释电元件的干扰,必须在两个热释电元件的表面安装一块滤光片(FT)。不同温度的物体发出的红外辐射波长不同。当人体外表温度为36℃时,人体辐射的红外线在波长为9.4μm处最强。所以热释电传感器的滤光片应选取 7.5~14μm 工作波段。

(3) 高输入阻抗放大器　热释电元件输出的交变电压信号由高输入阻抗的场效应晶体管(FET)放大器放大,并转换为低输出阻抗的电压信号。

目前常用的热释电红外传感器型号主要有 P228、LHI958、LHI954、RE200B、KDS209、PIS209、LHI878、PD632 等。LHI 红外热释电传感器的主要技术指标如表 3-10 所示。

表 3-10　LHI 红外热释电传感器的主要技术指标

参数名称	指标	参数名称	指标
工作电压/V	3~15	工作波长/μm	7.5~14
源极输出电压/V	0.4~1.1($R_L=47\text{k}\Omega$)	检测距离/m	6~10
检测角度/(°)	0~120	工作温度/℃	-10~+40

2. 红外热释电传感器用于人体检测

热释电传感器用于人体检测,如图 3-63 所示。热释电传感器用于红外防盗器时,必须在表面再罩上一块由一组平行的棱柱形透镜所组成菲涅尔透镜,如图 3-63a 所示。从热释电元件的角度来看,它前面的每一透镜单元都只有一个不大的视场角,而且相邻的两个单元透镜的视场既不连续,也不重叠,都相隔着一个盲区。当人体在透镜总的监视范围(视野约70°)中运动时,依次地进入某一单元透镜的视场,又走出这一视场。热释电元件对运动物体一会儿"看得见",一会儿又变得"看不见",如此循环往复。传感器晶片上的两个反向串联热释电元件是轮流"看到"运动物体的,所以人体的红外辐射以光脉冲的形式不断改变两个热释电元件的温度,使它输出一串交变脉冲信号。当然,如果人体静止不动地站在热释电元件前面,它是"视而不见"的。热释电传感器用于人体检测的原理框图如图 3-63b 所示。

人体运动速度不同,热释电传感器输出电压的频率也不同。在正常行走速度下,由菲涅尔透镜产生的光脉冲调制频率约为 6Hz 左右;当人体快速奔跑通过传感器面前时,可能达到 20Hz。再考虑到荧光灯的脉动频闪为 100Hz(人眼不易察觉),所以信号调理电路中的放大器带宽不应太宽,以 0.1~20Hz 为宜。带宽窄,则干扰小,误判率低;带宽大,噪声电压大,可能引起误报警,但对快速和极慢速移动响应好。目前已可将图 3-63b 点画线框中的所有电路集成到一片厚膜电路中。热释电传感器用于路灯的自动控制如图 3-64 所示。

3. 红外热释电传感器的应用注意事项

红外热释电传感器的优点是本身不产生任何类型的辐射,器件功耗很小,隐蔽性好,价格低廉。缺点是容易受各种热源、光源干扰;被动红外穿透力差,人体的红外辐射容易被遮挡;环境温度和人体温度接近时,探测的灵敏度明显下降,甚至会造成失灵。红外热释电传感器应用时应注意:

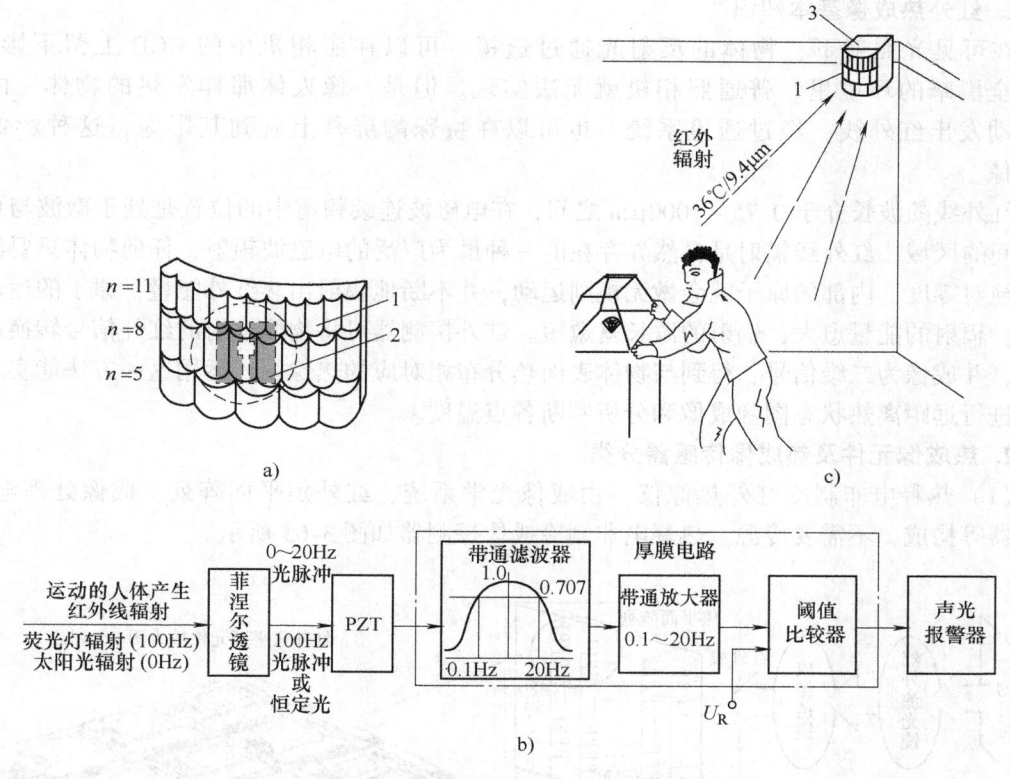

图 3-63 热释电传感器用于人体检测的原理框图
a) 菲涅尔透镜示意图 b) 电路原理框图 c) 防盗报警示意图
1—菲涅尔透镜 2—热释电元件（透镜后） 3—热释电传感器

1) 红外线热释电传感器应离地面 2.0~2.5m，避免因风吹晃动而造成误报。

2) 应避开日光、汽车头灯、白炽灯直接照射，也不能对着热源（如暖气片、加热器）或空调，以避免造成误报。

3) 光学透镜外表面应避免因灰尘影响而降低灵敏度。

四、热成像技术

热成像技术是在红外检测的基础上发展起来的图像传感器技术。热电成像传感器主要由热电元件和扫描机构等组成。热电成像传感器可以检测到常规光电传感器无法响应的中、远红外信号，并得到发热物体的图像（热像）。热成像技术广泛应用于军事、医学、输变电、化工等许多领域。热电探测器的种类很多，热电阻、热电偶等都可以将热信号转换成电信号，但较难形成热像，而热释电成像传感器或红外光子探测器可以用于热成像测温。

图 3-64 热释电传感器用于路灯的自动控制

1. 红外热成像基本知识

在可见光照射下，物体的反射光通过透镜，可以在照相机中的 CCD 上留下影像。在完全黑暗的环境里，普通照相机就无法实现。但是，像人体那样发热的物体，由于能主动发出红外线，经过透镜系统，也可以在特殊的屏幕上看到其影像，这种影像称为热像。

红外线的波长介于 $0.75 \sim 1000 \mu m$ 之间，在电磁波连续频谱中的位置是处于微波与可见光之间的区域。红外线辐射是自然界存在的一种最为广泛的电磁波辐射，任何物体只要温度高于绝对零度，内部的原子就会做无规则运动，并不断地辐射出热红外能量，原子的运动愈剧烈，辐射的能量愈大，辐射的波长就愈短。红外探测器可将物体辐射的红外信号转换成电信号，并成像为二维信号，得到与物体表面热分布相对应的热像图。运用这一方法能实现对目标进行远距离热状态图像成像和分析判断各点温度。

2. 热成像元件及热成像传感器分类

（1）热释电非制冷红外热像仪　由成像光学系统、红外焦平面阵列、成像处理电路、显示器等构成，不需要冷源。热释电非制冷成像探测器如图 3-65 所示。

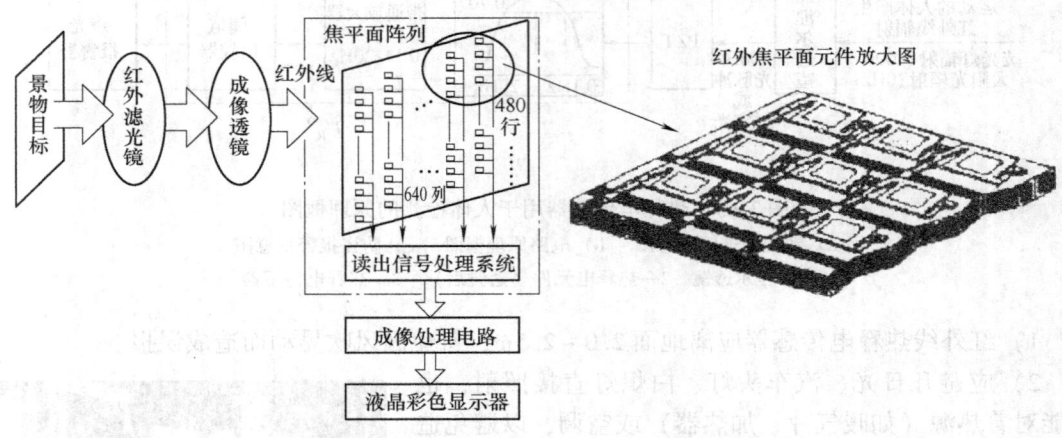

图 3-65　热释电非制冷成像探测器

光学系统将景物目标发射的红外辐射收集起来，经过光谱滤波之后，将景物的辐射通量汇聚成像到采用微机械加工技术制作成的热释电阵列焦平面元件上，热释电元件将接收到的景物红外辐射转换成电信号，由读出信号处理系统逐行输出到放大器，再由成像处理电路转换成标准的视频信号，最后在彩色液晶显示器上显示出被测物体的红外热像图。热像图中，温度高的部位用红色表示，温度低的部位用蓝色表示。

图 3-65 中的热释电元件由 α-Si 非晶硅或锆钛酸铅与钛酸锶钡混合结构的热释电元件构成最基本的红外探测单元。单元的面积越小，热释电传感器的像素就越高，分辨力就越强，常见的有 $25\mu m \times 25\mu m$ 的 640×480 阵列，现在已经可以达到 2048×2048 像素，并且可以与 CMOS 读出电路集成在一起，制作成热成像模块。$25\mu m$ 红外焦平面阵列传感器的主要技术指标见表 3-11 所示。

表3-11　25μm红外焦平面阵列传感器的主要技术指标

参　　数	性　　能	参　　数	性　　能
阵列规模	320×240	像素尺寸/μm	25×25
工作波长/μm	8~14	视场(F50mm)/(°)	16×12
帧频/Hz	60	输出噪声/mV	RMS1.0
响应时间/ms	3	响应率/(V/W)	$2.5×10^7$
工作环境温度/℃	-20~50	重量/g	2

由于热释电成像阵列电路与硅集成电路工艺兼容，因此可以做成大规模的红外探测器阵列。由于热释电效应的检测机理是基于红外焦平面元件的温度微局部变化，因此当红外光照射到焦平面元件上以后，元件的响应有一定的滞后，一般长达几个毫秒。

（2）红外光子探测器　除了热释电元件以外，近年来还研制出另一类性能更优异的探测器，它是利用红外光子与探测器物质中的电子相互作用的工作原理，称为红外光子探测器。

红外光子探测器的光敏接收单元收到红外辐射后，由于红外光子直接把材料的束缚态电子激发成传导电子，所以引起电信号输出，信号大小与吸收的光子数成正比。控制光子探测器单元的材料和制造工艺可以使得红外光子探测器单元具有不同的波长特性。工作在不同波段的典型红外光子探测器如表3-12所示。

表3-12　工作在不同波段的典型红外光子探测器

辐射波长(波段)	红外光子探测器材料
近红外(0.75~3μm)	非晶硅(α-Si)、铟镓砷(InGaAs)、硫化铅探测器(PbS)
中波红外(3~5μm)	锑化铟(InSb)、碲镉汞探测器(HgCdTe)
长波红外/人体热红外(8~14μm)	碲镉汞探测器(HgCdTe)
超长波远红外(16μm以上)	量子探测器(QWIP)

在中、长波红外探测领域，可以采用非制冷焦平面便携式红外光子探测器，可在常温下工作。光子探测器的响应速度比热释电元件快得多，它的响应时间一般在微秒甚至纳秒数量级，因此一些要求快速测量的场合，只能采用红外光子型探测器。例如，随着我国火车的不断提速，列车轮轴温度测量已经改用红外光子型探测器，可以在轨道侧面快速测量火车轮轴的温度

五、红外热像仪的应用

热像仪与微光安保监视探头有很大的区别。微光探头采用图像增亮技术，不能在全黑的情况下观察物体。如果采用红外LED照明的方法，又易于暴露己方位置。使用热成像传感器可制成性能优异的热像仪，许多过去行之有效的战术已显得过时，传统的夜战概念已转化为"全天时"作战新概念。大多数军事目标，如飞机、坦克、导弹、军舰、战斗人员等都是发热体，即使采取了伪装手段，也很难使目标与背景温度及发射率完全相同，热像仪是依靠接收目标自身发射的红外线成像的，它不依赖月光、星光的照射，可以用于探测、搜索、监视军事或其他保安目标，且能得到较为清晰的目标图像。

热像仪能透过烟尘、云雾、小雨及树丛等许多自然或人为的伪装来看清目标。目前，最

先进的红外热像仪的温度分辨力可达 0.05℃，手持式及安装于轻武器上的热像仪可以让使用者看清 800m 或更远的人体大小的目标。

热像仪不仅可对目标进行实时观测，还可以通过"热痕迹"进行动态分析。有些物体的热发散需要很长时间，例如部队点燃过的行军灶、被车辆烤热过的地面等都可以留下"热影"，从而可以发现军事人员与车辆活动后又撤离的地区，判断其行踪。

红外热像仪是对运行设备进行无接触检测的一种设备，因此在工程探测方面也有广泛的用途。红外焦平面热像仪外形如图 3-66 所示。红外焦平面热像仪又称为凝视型热像仪。在如同邮票大小的芯片上，集成了数百万个红外探测器及其信号放大处理电路。芯片置于光学系统的焦平面上，从而取得目标的全景热像，所以称为焦平面器件。在电子扫描电路的驱动下，逐行读出热像信号，功耗较低。应用时，如同手持摄像机一样，单手即可方便地操作。

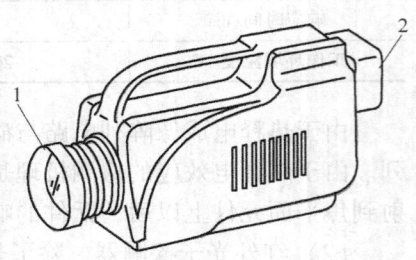

图 3-66　红外焦平面热像仪外形
1—镜头　2—观察窗

红外热像仪在汽车工业方面可用于诊断汽缸和冷却系统的故障；在电气设备中可用于诊断集成电路、电气接头的过热；在食品加工、贮藏方面，可用于检查加工或贮存温度是否均匀；在发电行业，应用远红外热像仪进行扫描的范围主要包括锅炉热保温部分、蒸气管道、热风道、发电机、电动机、电气控制盘、变压器、升压设备、电路板、电缆接头等。

在医学方面，医用红外热像诊断仪是继 X 光、B 超、CT、核磁共振等结构影像之后的一个崭新分支——功能影像学。其原理是检测人体表面散发出的红外线，通过计算机整理、量化后，在屏幕上形成彩色温度图像，表示人体各部位的不同温度，测量温度差，并结合临床经验，可判断疾病的性质和症状，可用于诊断乳腺癌、皮肤癌、血管瘤等。

图 3-67 为人体红外热像图。它用不同的颜色和亮度代表不同的温度，通过这张热像图，可以直观判断面部各部位的温度状况，并可发现温度的异常分布，例如肿瘤等，从而作出疾病诊断。

红外热像图也可以用来对工业中的各种设备进行过热诊断，图 3-68 所示为三相绝缘子红外热像图。在图中，中间绝缘子上的电缆接头温度较高，在热像图上显现出红色或白色，而温度低的部分趋于绿色、蓝色。

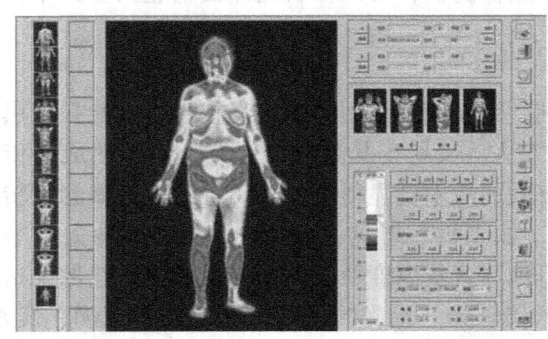

图 3-67　人体红外热像图

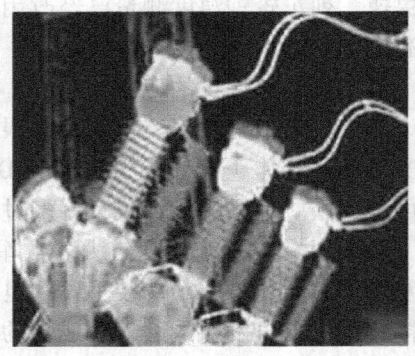

图 3-68　三相绝缘子红外热像图

采用四象限光子型碲镉汞探测器的高速列车轮轴温度探测仪示意图如图 3-69 所示。列车在运行时，承重轴承会由于摩擦而产生热量。当轴承内部出现故障时，摩擦加剧，温度突升，达到一定程度时，便形成热轴，烧毁轮轴，严重时将导致断轴，使运行中的车辆颠覆。四象限光子型列车轮轴温度探测仪的静态输出电压约 0.01V，静噪声有效值小于 10mV，测温范围为 −40～150℃，视角为 □40mm，响应时间小于 1μs。光子型碲镉汞探测器可以在线快速检测车速小于 360km/h 列车的轴温，并为调度系统提供报警信号。

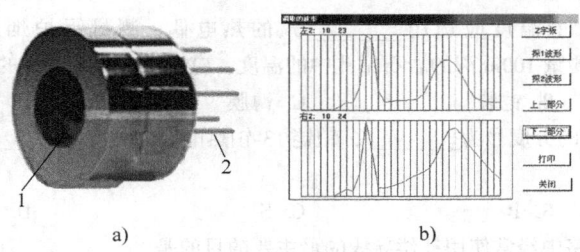

图 3-69 高速列车轮轴温度探测示意图
a) 光子型碲镉汞红外探测器外形 b) 轴温在线检测输出波形
1—受光窗口 2—引脚

思考题与练习题

3-1 单项选择题

1）工业中的温度测量，最常用的温标是_____。
A. 摄氏温标　　　　B. 华氏温标　　　　C. 热力学温标　　　　D. 国家温标

2）正常人的体温为 37℃，则此时的华氏温度与热力学温度约为_____。
A. 32 ℉，100K　　B. 99 ℉，236K　　C. 99 ℉，310K　　D. 37 ℉，310K

3）目前我国全面施行_____国际温标。
A. ISO-90　　　　B. ITS-68　　　　C. IPTS-90　　　　D. ITS-90

4）仓库中有一个热电阻，印刷的标记模糊。用万用表的欧姆档测量，阻值约为 108Ω，此时的环境温度约为 20℃，用手捏住一会儿，阻值有所增加。可以判断该热电阻的分度号是_____。
A. Cu50　　　　B. Pt25　　　　C. Pt100　　　　D. Pt1 000

5）欲测量细长管道深处的温度，应选择_____热电阻。
A. 普通型　　　　B. 铠装型　　　　C. 薄膜型　　　　D. 半导体型

6）在三线制桥路中，流过铂热电阻的电流应小于_____，以减小"自热"的影响。
A. 0.1mA　　　　B. 10mA　　　　C. 100mA　　　　D. 1 000mA

7）负温度系数的温度传感器是_____。
A. 铂热电阻　　　　B. PTC 热敏电阻　　　　C. NTC 热敏电阻　　　　D. CTR

8）在图 3-14 中，热敏电阻测量转换电路的调试步骤是_____。
A. 先调节 RP_1，然后调节 RP_2　　　　B. 同时调节 RP_1、RP_2
C. 先调节 RP_2，然后调节 RP_1　　　　D. 都可以

9）在图 3-14 中，若发现毫伏表的满度值偏大，应将_____。
A. RP_2 往左调　　B. RP_2 往右调　　C. RP_1 往左调　　D. RP_1 往右调

10）图 3-14 中的 R_t（热敏电阻）应选择_____热敏电阻；图 3-17 中的 R_t 应选择_____热敏电阻。
A. 指数型 NTC　　B. 突变型 NTC　　C. 突变型 PTC　　D. 指数型 PTC

11）属于自发电型的温度传感器是_____。
　A. 铂热电阻　　　B. 热敏电阻　　　C. 热电偶　　　D. 温度 IC
12）_____的数值越大，热电偶的输出热电动势就越大。
　A. 热端直径　　　B. 热端和冷端的温度　　　C. 热端和冷端的温差　　　D. 热电极的电导率
13）测量钢退火炉的温度，最好选择_____热电偶；测量汽轮机高压蒸气（200℃左右）的温度，且希望灵敏度高一些，选择_____型热电偶为宜。
　A. R　　　B. B　　　C. S　　　D. K　　　E. E
14）测量 CPU 散热片的温度应选用_____式的热电偶；测量锅炉烟道中的烟气温度，应选用_____式的热电偶；测量 100m 深的岩石钻孔中的温度，应选用_____式的热电偶。
　A. 装配　　　B. 铠装　　　C. 薄膜　　　D. 热电堆
15）镍铬-镍硅热电偶的分度号为_____，铂铑 13-铂热电偶的分度号是_____，铂铑 30-铂铑 6 热电偶的分度号是_____。
　A. R　　　B. B　　　C. S　　　D. K　　　E. E
16）在热电偶测温回路中经常使用补偿导线的最主要的目的是_____。
　A. 补偿热电偶冷端热电动势的损失　　　B. 起冷端温度补偿作用
　C. 将热电偶冷端延长到远离高温区的地方　　　D. 提高灵敏度
17）在图 3-29 中，热电偶新的冷端在_____。
　A. 温度为 t 处　　　B. 温度为 t_n 处　　　C. 温度为 t_0 处　　　D. 毫伏表接线端子上
18）使用补偿导线时，若接线盒的温度比显示仪表的接线端的温度高（即 $t_n > t_0$），用户误将补偿导线的极性接反，显示仪表的数值将_____。
　A. 变小　　　B. 变大　　　C. 不变　　　D. 等于零
19）与 K 型热电偶配套的补偿导线的正、负极的颜色是_____。
　A. 红-绿　　　B. 红-蓝　　　C. 红-橙　　　D. 红-黑
20）在实验室中精密测量金属的熔点时，冷端温度补偿宜采用_____，以尽量减小测量误差；而在车间，用带微处理器的数字式测温仪表测量炉膛的温度时，应采用_____较为妥当。
　A. 计算修正法　　　B. 仪表机械零点调整法
　C. 冰浴法　　　D. 冷端补偿器法（电桥补偿法）
21）为了使管道的气流充分与热电偶产生热交换，装配式热电偶的端部必须_____。
　A. 不超过管道的中心线　　　B. 超过管道的中心线
　C. 碰到管道壁　　　D. 在管道壁的外面
22）_____系列仪表是具有显示、调节、报警功能的数字式指示/调节型仪表。
　A. XCZ　　　B. XCT　　　C. XMZ　　　D. XMT
23）智能温度变送器的输出信号多为_____。
　A. 0~50mV　　　B. 0~1V　　　C. 0~10mA　　　D. 4~20mA
24）集成温度传感器的测温基础是_____随温度而线性变化的原理。
　A. PN 结的电压　　　B. PN 结电阻
　C. 集电极与发射极之间的电阻　　　D. 集电极电流
25）DS18B20 是_____的集成温度传感器。
　A. 电流输出型　　　B. 电压输出型　　　C. 数字输出型　　　D. 电阻输出型
26）根据表 3-8，本安型仪表的标志是_____。
　A. d　　　B. i　　　C. e　　　D. p
27）本安型仪表是依靠_____来实现本质安全防爆性能的。
　A. 表壳强度足够大　　　B. 通风　　　C. 充惰性气体　　　D. 电路本身

28）某仪表的防爆等级为"EX ia ⅡB T4"，其中 T4 的含义是电气设备表面最高温度为_____。
A. 85℃　　　　　　B. 100℃　　　　　　C. 135℃　　　　　　D. 200℃

29）配置安全栅的仪表的工作电压不应大于_____。
A. 3V　　　　　　　B. 30V　　　　　　　C. 300V　　　　　　D. 都可以

30）安装在危险区的"一次仪表"的电缆应连接到安全栅_____的接线端子上。
A. 本安侧　　　　　B. 非本安侧　　　　　C. 二次侧　　　　　D. 三次侧

31）根据例 3-2，本安仪表与安全栅之间的电缆最大长度由_____决定。
A. 电缆的直流电阻　B. 电缆的分布电容　　C. 电缆的分布电感　D. 电源的内阻

32）隔离式安全栅多数使用_____来实现隔离。
A. 光电隔离电路　　B. 电阻隔离电路　　　C. 电容隔离电路　　D. 电感隔离电路

33）红外波段是处于_____波长的电磁波。
A. 小于 0.4μm　　　B. 小于 0.75μm　　　 C. 0.75~1 000μm　　D. 大于 1 000μm

34）物体在温度低于 500℃ 时，主要的辐射是_____。
A. 红外光　　　　　B. 可见光　　　　　　C. 紫外光　　　　　D. X 光

35）热释电传感器主要是用于检测_____。
A. 红外光　　　　　B. 可见光　　　　　　C. 紫外光　　　　　D. X 光

3-2　分析、计算题

1. 上网搜索、下载"温度与水分计量名词术语与定义"、"1990 年温标实施办法"、"铂、铜热电阻检定规程"、"补偿导线"、"DS18B20"等行业标准和国家标准以及有关温度传感器的专业知识，简述其主要内容。

2. Pt100 热电阻的阻值 R_t 与温度 t 的关系在 0~100℃ 范围内可用式 $R_t \approx R_0(1+\alpha t)$ 近似表示，
1）查表 3-2，写出铂金属的温度系数 α。
2）计算当温度为 50℃ 时的电阻值。
3）查附录 A（工业热电阻分度表），50℃ 时的电阻值为多少欧？

3. 图 3-70 是汽车进气管道中使用的热丝式气体流速（流量）检测装置的结构示意图。在通有干净且干燥气体、截面积为 A 的管道中部，安装有一根加热到 200℃ 左右的细铂丝 R_1。另一根相同长度的细铂丝（R_2）安装在与管道相通、但不受气体流速影响的小室中，请分析填空。

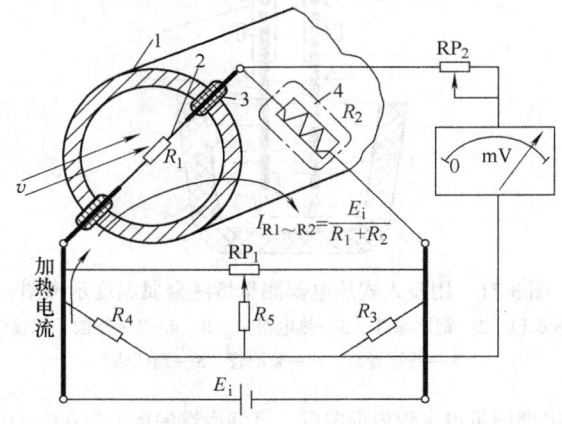

图 3-70　热丝式气体流速（流量）计的结构示意图
1—进气管　2—铂丝　3—支架
4—与管道相通的小室（连通管道未画出）　R_2—与 R_1 相同的铂丝

1) R_1、R_2、R_3、R_4组成电桥电路，R_1、R_2为铂丝，R_3、R_4为固定电阻。设在200℃时，$R_1 = R_2 = 20\Omega$，$R_3 = R_4 = 1k\Omega$，$E_i = 12V$，则流过R_1的电流为_____ A，使R_1处于微热状态。

2) 当气体流速$v=0$时，R_1的温度与R_2的温度_____，电桥处于_____状态。当气体介质自身的温度发生波动时，R_1与R_2同时感受到此波动，电桥仍然处于_____状态，所以设置R_2是为了起到温度补偿作用。

3) 当气体介质流动时，将带走R_1的热量，使R_1的温度变_____，电桥失去_____，毫伏表的示值与气体流速的大小成一定的函数关系。图中的RP_1称为_____电位器，RP_2称为_____电位器。欲使毫伏表的读数增大，应将RP_2向_____（左/右）调。

4) 设管道的截面积$A = 0.01 m^2$，气体流速$v = 2m/s$，则通过该管道的气体的体积流量$q_V = Av =$ _____ m^3/s。

5) 如果被测气体含有水气，则测量得到的流量值将偏_____（大/小），这是因为水气比空气的_____（导电性/导热性）更大；如果R_1、R_2改用铜丝，会产生化学_____等问题。

6) 可以用_____（PTC热敏电阻/NTC热敏电阻/CTR）来代替图3-70中的铂丝，起到检测气流是否关闭的报警作用。

4. 在炼钢厂中，按照YBl63/T—2008《消耗型快速热电偶》行业标准，可以直接将廉价热电极（易耗品，例如镍铬、镍硅热偶丝，时间稍长即损坏）插入钢水中测量钢水温度，如图3-71所示。试说明：

1) 为什么不必将工作端焊在一起？如果被测物不是钢水，而是熔化的塑料行吗？为什么？
2) 根据图3-23，要满足哪些条件才不影响测量准确度？
3) 采用图3-71所示的方法是利用了热电偶的什么定律？

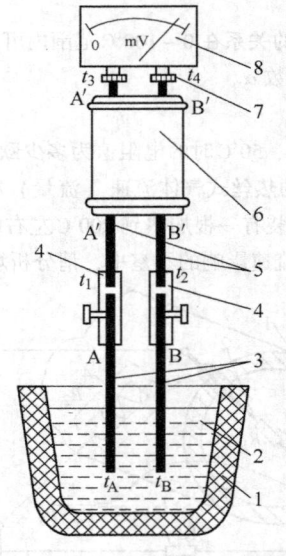

图3-71 用浸入式热电偶测量熔融金属温度示意图
1—钢水包 2—钢熔融体 3—热电极A、B 4、7—补偿导线接线柱
5—补偿导线 6—保护管 8—毫伏表

5. 用镍铬-镍硅K型热电偶测量退火炉内部温度，已知冷端温度t_0为0℃，用高准确度毫伏表得这时的热电动势为29.129mV，求：被测点温度t。

6. 图3-72所示为镍铬-镍硅热电偶测温电路，热电极A、B直接焊接在钢板上（V形焊接），A'、B'为补偿导线，Cu为铜导线，已知接线盒1的温度$t_1 = 40.0℃$，冰水温度$t_2 = 0.0℃$，接线盒2的温度$t_3 = 20.0℃$。求：

1) 当 $U_x = 39.314\text{mV}$ 时,计算被测点温度 t_x。
2) 如果 A'、B' 换成铜导线,此时 U_x 是增大还是减小?为什么?
3) 直接将热电极 A、B 焊接在钢板上时,t_x 与 t_x' 哪一个略高一些?为什么?如何减小这一误差?

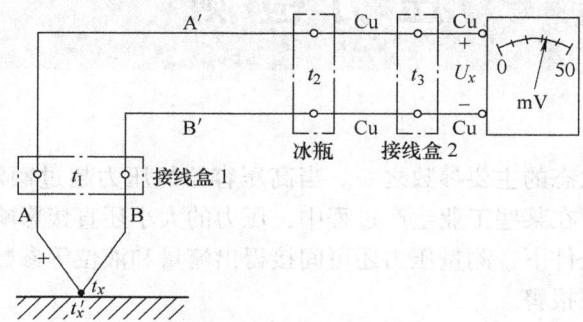

图 3-72 采用补偿导线的镍铬-镍硅热电偶测温示意图

7. 用一台"3½位"(俗称 3 位半)、准确度等级为 0.5 级(已包含最后一位数据跳动引起的 ±1 误差)的数字式电子温度计测量汽轮机低压蒸汽的温度,该"三位半"数字表的量程 $A_{min} \sim A_{max}$ 为 $-50 \sim 199.9$℃,数字"面板表"上显示如图 3-73 所示的数值,求:
1) 分辨力 Δ 及分辨率。(提示:分辨力为该数字表最后一位所代表的数值)
2) 可能产生的最大引用误差(最大满度相对误差)γ_m 和最大绝对误差 Δ_m。

(提示:$\gamma_m = \dfrac{\Delta_m}{A_{max} - A_{min}} \times 100\%$)

3) 图 3-73 所示被测温度的示值相对误差。
4) 图 3-73 所示被测温度实际值可能的范围。(提示:实际值范围 = 示值 $A \pm \Delta_m$)

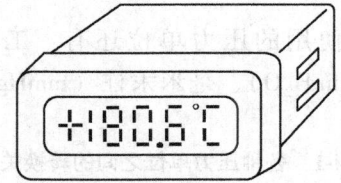

图 3-73 数字式电子温度计面板表示意图

模块四 压力检测

压力是工质热力状态的主要参数之一。当高压容器的压力超过额定值时便是不安全的，必须进行测量和控制。在某些工业生产过程中，压力的大小还直接影响产品的质量和生产效率。此外，在一定的条件下，测量压力还可间接得出流量和液位等参数。压力检测包括压力测量和压力的高、低限报警。

知识链接 压力的基本概念

一、压力的单位

工程技术中的"压力"实际上是指物理学中的压强，用 p 表示，它等于垂直作用于一定面积 A 上的力 F 除以面积 A，即垂直并均匀作用在单位面积上的力

$$p = \frac{F}{A} \tag{4-1}$$

在国际单位制中，定义 1 牛顿（N）力垂直均匀地作用在 $1m^2$ 面积上所形成的压力为 1 帕斯卡，符号为 Pa，还有千帕（kPa）、兆帕（MPa）等单位。我国规定"帕"为压力的法定计量单位。

目前，工程技术部门仍在使用的压力单位还有：工程大气压（at）、标准大气压（atm）、巴（bar）、毫米水柱（mmH_2O）、毫米汞柱（mmHg）等。各种压力单位之间的转换关系如表 4-1 所示。

表 4-1　各种压力单位之间的转换关系

单 位	帕 （Pa）	巴 （bar）	毫巴 （mbar）	毫米水柱 （mmH_2O）	标准大气压 （atm）	工程大气压 （at）	毫米汞柱 （mmHg）	磅力/英寸² （lbf/in²）
帕 （Pa）	1	1×10^{-5}	1×10^{-2}	$1.019\,716 \times 10^{-1}$	$0.986\,9236 \times 10^{-5}$	$1.019\,716 \times 10^{-5}$	$0.750\,06 \times 10^{-2}$	$1.450\,442 \times 10^{-4}$
巴 （bar）	1×10^5	1	1×10^3	$1.019\,716 \times 10^4$	$0.986\,9236$	$1.019\,716$	$0.750\,06 \times 10^3$	$1.450\,442 \times 10$
毫米水柱 （mmH_2O）	$0.980\,665 \times 10$	$0.980\,665 \times 10^{-4}$	$0.980\,665 \times 10^{-1}$	1	$0.967\,8 \times 10^{-4}$	1×10^{-4}	$0.735\,56 \times 10^{-1}$	1.422×10^{-3}
标准大气压/atm	$1.013\,25 \times 10^5$	1.01325	1.01325×10^3	$1.033\,227 \times 10^4$	1	$1.033\,2$	0.76×10^3	$1.469\,6 \times 10$
工程大气压（at）	$0.980\,665 \times 10^5$	$0.980\,665$	$0.980\,665 \times 10^3$	1×10^4	$0.967\,8$	1	$0.735\,57 \times 10^3$	$1.422\,398 \times 10$
毫米汞柱 （mmHg）	$1.333\,224 \times 10^2$	1.333224×10^{-3}	$1.333\,224$	$1.359\,51 \times 10$	1.316×10^{-3}	$1.359\,51 \times 10^{-3}$	1	1.934×10^{-2}
磅力/英寸² （lbf/in²）	$0.689\,49 \times 10^4$	$0.689\,49 \times 10^{-1}$	$0.689\,49 \times 10^2$	$0.703\,07 \times 10^3$	$0.680\,5 \times 10^{-1}$	0.707×10^{-1}	$0.517\,15 \times 10^2$	1

二、压力的分类及对应的传感器

压力可分为绝对压力和相对压力。相对压力又可分为表压和差压。表压又有正压、负压之分。高于大气压的表压称为正压，低于大气压的表压称为负压。负压的绝对值也称真空度。根据不同的测量条件，相应地，测量压力的传感器也可分为5大类：绝对压力传感器、大气压传感器、表压传感器、真空度传感器和差压传感器。

1. 绝对压力传感器

常见的压力传感器有两个取压口：一个称为正取压口；另一个称为负取压口。绝对压力传感器（以下简称绝压传感器）的正取压口接到被测压力处，负取压口接到内部的基准真空腔（相当于零压力参考点），所测得的压力数值是相对于基准真空腔而言的，是以真空零压力为起点的压力，称为绝对压力，用 $p_{绝}$ 或 p_{abs} 表示。登山者使用的海拔表就是一个带有温度补偿的绝对压力表。

2. 大气压传感器

大气压是指以地球上某个位置的单位面积为起点，向上延伸到大气上界的垂直空气柱的重量，用 p_a 或 $p_{大气}$ 表示。测量地点距离地面越高，或纬度越高，大气压就越小。1954年第十届国际计量大会将大气压规定为：在纬度45°的海平面上，当温度为0℃时，760mm高水银柱所产生的压强称为标准大气压，用 p_a 表示。若用千帕为单位时，标准大气压为101.3kPa。

在工程中，出于简化目的，有时候可以近似认为标准大气压的数值为绝对压力100kPa（0.1MPa），记为1bar。

大气压传感器的本质也是绝压传感器，只是正取压口向大气敞开。同一地点的大气压随气温、湿度而变化。

3. 表压传感器

表压传感器能感受相对于大气压的压力（压强），其正取压口接到被测压力处，负取压口向大气敞开，所测得的压力数值是相对于大气压而言的，是以大气压为起点的压力，称为表压，用 $p_{表}$ 或 p_g 表示。例如，表压传感器指示为1.0MPa，表示比大气压高1MPa，绝对压力大约为1.1MPa。

表压传感器的输出信号随大气压的波动而波动，但误差不大。在工业生产和日常生活中，通常所说的压力绝大多数是指表压。生产中所使用的压力表绝大多数都属于表压传感器，没有特别说明的场合，压力表是指表压传感器，而计量领域多使用绝对压力传感器。

4. 真空度传感器

以大气压力为基准，绝对压力高于测量地大气压力的压力称为正压，绝对压力小于测量地大气压力的压力称为负压。负压的绝对值称为相对真空度。用符号 p_z 或 $p_{真空}$ 表示。真空度表示气体稀薄的程度，相对真空度的数值越大，表示气体越稀薄。

压力式真空度传感器的正取压口接到比大气压低的被测压力处，负取压口向大气敞开，所测得的压力数值也是以大气压为起点的，但所指示的数值是负值。

大气压与表压、绝对压力、相对真空度的关系如图4-1所示，4者之间的关系见下式：

$$p_{表} = p_{绝} - p_{大气} \tag{4-2}$$

$$p_{真空} = |p_{绝} - p_{大气}| \tag{4-3}$$

通常不能利用式（4-2）来计算绝对压力，但可以利用测得的绝对压力计算表压及相对真空度。例如，用绝压传感器测量某容器的压力，读数为90kPa，若测量地的大气压为100kPa，根据式（4-3）可知：相对真空度为10kPa（负压为-10kPa）。相对真空度的数值介于0～101.325kPa之间。大气压力表压、绝对压力、表压、负压、真空度之间的关系如图4-1所示。

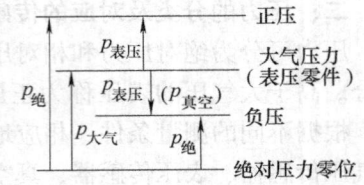

图4-1 大气压力、绝对压力、表压、负压、真空度之间的关系

机械式的"压力-真空表"是既能测量正压力，也能测量负压力的表压型仪表，其刻度沿顺时针方向变大。而"真空表"的起始点（0点）表示一个大气压（约等于0.1MPa），刻度的绝对值是沿逆时针方向变大的（负压）。压力-真空表与真空表如图4-2所示。绝对真空是无法达到的，工程中通常认为负压不低于-0.1MPa，也就是说，最大相对真空度不大于0.1MPa。接近绝对零压时真空度的测量不能采用压力式仪表，而应选用热传导真空计、电离真空计等仪器。

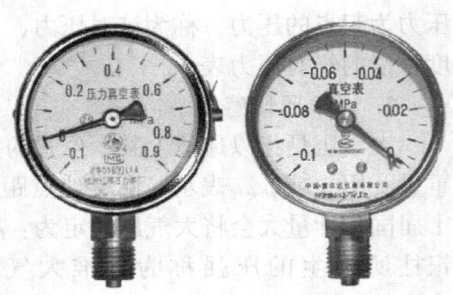

图4-2 压力-真空表与真空表

5. 差压传感器

差压是指两个压力 p_1 和 p_2 之差，又称为压力差，用符号 Δp 或 p_d 表示。差压传感器能感受两个测量点压力（压强）之差，其正取压口接到被测压力 p_1 处，负取压口接到被测压力 p_2 处，差压传感器的核心敏感元件感受到的是两个被测压力之差。

如果将差压传感器的负取压口向大气敞开，就相当于表压传感器；如果将差压传感器的负取压口接到基准真空腔，就相当于绝对压力传感器。

三、压力传感器简介

常用压力传感器按敏感元件和转换元件的原理不同，可以分为液柱式压力表、弹性式压力表、电气式压力传感器等几种。

1. 液柱式压力表

液柱式压力表是以液体静力学原理为基础制成的压力表。U形管内液柱所产生的重力与被测压力平衡，并根据液柱高度差来确定被测压力大小的压力传感器，常称为液柱式压力表，所用的液体叫封液，可以采用水银或四氯化碳，测量准确度可达0.1%，此类传感器主要用作实验室中的低压基准仪表，以校验其他类型的压力传感器。由于封液的密度会随环境温度而改变，所以必须对测量结果进行温度修正。液柱式压力表如图4-3所示。

U形管左右侧的两个管口分别接压力 p_1 和 p_2。当 $p_1 = p_2$ 时，左右两管的液柱高度相同。当 $p_1 > p_2$ 时，左侧管的液柱低于右侧管的液柱。则 p_1 和 p_2 之差

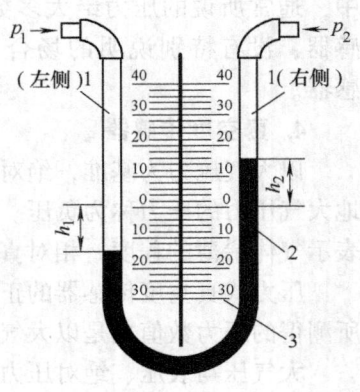

图4-3 液柱式压力表
1—U形玻璃管 2—封液 3—刻度尺

$$\Delta p = p_2 - p_1 = \rho g(h_2 - h_1) = \rho g H \tag{4-4}$$

式中 Δp——左右侧两个管口的压力差（Pa）；

ρ——封液的密度（kg/m^3）；

g——测量地的重力加速度（m/s^2）；

H——左右侧两个液柱的高度差（m）。

被测差压 Δp 与两个液柱的高度差 H 成正比。如果将右侧管口向大气敞开，则被测压力 p_1 与 H 成正比；如果 p_1 低于大气压，则 $h_1 < h_2$，示值就为真空度。

2. 弹性式压力表

弹性式压力表是利用对压力敏感的各种弹性元件来检测压力的变化。弹性元件可以将压力转换成应变或位移。在一定的范围内，应变或位移与弹性元件感受到的压力成确定的函数关系，多为线性关系。常见感受压力的弹性元件有膜片、膜盒、波纹管以及弹簧管等。变换压力为位移的弹性元件如图 4-4 所示。

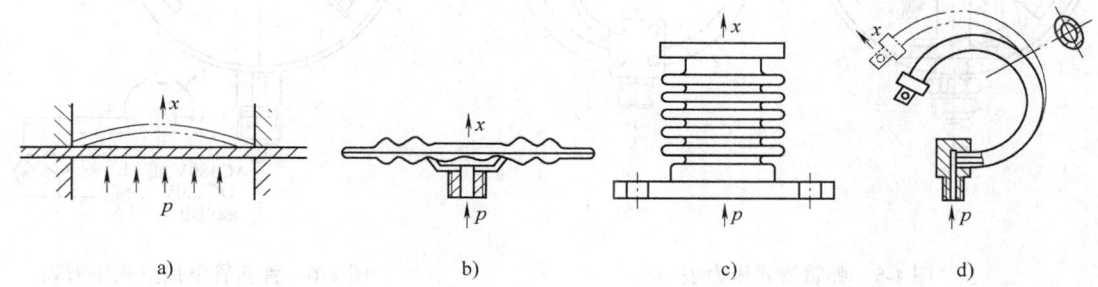

图 4-4 变换压力为位移的弹性元件

a) 等截面平膜片 b) 膜盒 c) 波纹管 d) 弹簧管

（1）膜片 可以用不锈钢、陶瓷、多晶硅薄片等构成膜片。平膜片的周边固定，等截面平膜片如图 4-4a 所示。当它的上（或下）面受到均匀分布的压力时，薄板将弯向压力低的一面，并在薄板表面产生应力，从而把均匀分布的压力变换为膜片的应变或位移。将应变计粘贴在膜片的表面，可以组成电阻应变式压力传感器，利用膜片的位移（挠度），可以组成电容式压力传感器。

（2）膜盒 是膜盒压力表中的敏感元件。将两个同心波纹膜片焊接在一起，做成空心膜盒，用于测量微小压力，如图 4-4b 所示。压力从膜盒固定端的进气口进入，使膜盒产生膨胀变形，带动它的自由端产生直线位移，并传递到齿轮，齿轮上的指针指示出压力的数值。膜盒的被测压力上限约为 10MPa。

（3）波纹管 是一种表面上有许多同心环波形皱纹的薄壁圆管。它的一端与被测压力相通，另一端密封，如图 4-4c 所示。波纹管在压力作用下将产生直线伸长或缩短，利用这个特性，可以把压力变换成位移，它的被测压力上限较低，约为 1MPa。

（4）弹簧管 又称波登管，是由不锈钢等材料弯成扁平的 C 形空心管子。它一端固定、一端自由，如图 4-4d 所示。压力通过弹簧管的固定端导入弹簧管的内腔，弹簧管的另一端（自由端）密封，并借助铰链与压力表的齿轮及指针相连。当压力从弹簧管的固定端进入弹簧管后，弹簧管被押直，通过杠杆、齿轮等传动机构，带动指针摆动。C形弹簧管的过载能力较强，常用作测量较大压力的弹性敏感元件，被测压力上限约为100MPa。弹簧管式压力表的结构如图4-5所示，它可以测量正压力，也可以测量真空度。

为了实现压力报警，可以在弹簧管式压力表上增加触点机构。在表盘上安装两个可调节角度位置的电极，称为高限静触点和低限静触点，分别对应于被测压力的高限和低限，就组成弹簧管式电接点式压力表，可用作电气发讯设备，给控制系统发出压力高、低限连锁信号。弹簧管电接点式压力表如图4-6所示（触点的自保、互锁电路未画出）。

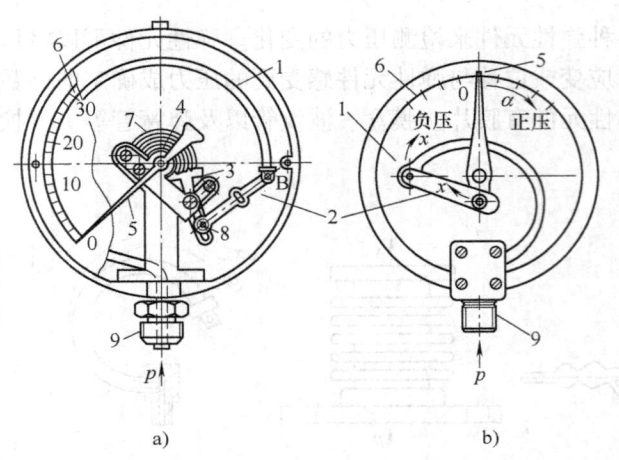 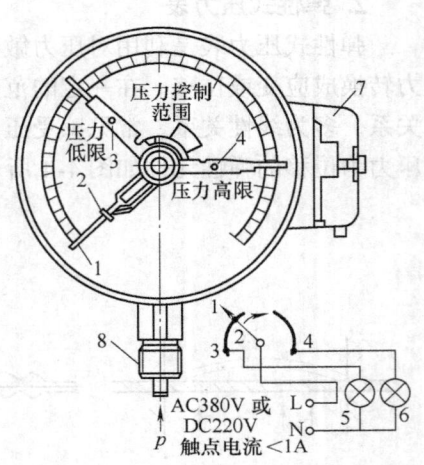

图4-5 弹簧管式压力表
a) 部分剖面图 b) 原理示意图
1—弹簧管 2—杠杆 3—扇形齿轮 4—中心齿轮
5—指针 6—面板刻度 7—游丝
8—灵敏度（位移放大倍数）调整螺丝 9—压力接头

图4-6 弹簧管电接点式压力表
1—指针 2—动触点 3—低限静触点
4—高限静触点 5—绿灯 6—红灯
7—接线盒 8—压力接头

当压力从零开始增大时，压力表的指针顺时针旋转，到某一压力值时，指针上的动触点接触到低限静触点，绿灯亮，发出低限报警，此时压力回路继续增压；当指针上的动触点接触到高限静触点时，红灯亮，并给压力控制回路一个高限报警信号，控制系统切断压力回路电源，压力逐渐下降，压力表指针逆时针退回；当指针上的动触点再次接触到低限静触点时，绿灯亮，并给控制回路一个低限报警信号，压力回路电源重新接通，压力再次上升……如此循环，将压力保持在高、低限静触点所给出的压力范围内，从而实现压力控制。根据需要的压力数值，可以用绝缘螺丝刀调节高、低限静触点的位置。由于在电接点式压力表的触点分离和接通的瞬间会产生电火花或电弧，故不适用于防爆场合。

3. 电测式压力传感器

利用压力敏感元件将压力的变化转换为电阻、电感、电容等电量的变化，再经过信号调理电路，转换为电压、电流或频率信号。这一类传感器有压阻式压力传感器、电容式和应变式压力传感器、光纤式压力传感器、谐振式硅微结构压力传感器等。它们的主要特点是既可以就地显示，也可以测量远程压力信号。常用压力仪表的类型、测量范围和特点如表4-2所示。

表 4-2 常用压力仪表的类型、测量范围和特点

压力仪表类型	压力测量范围/MPa	工作原理	特点
液柱式	<0.1	根据流体静力学原理,液柱所产生的压力与被测压力平衡	无源,读数直观,价廉;液柱较长,信号不能远传,封液易与被测介质发生物理和化学反应,玻璃管易破损;多用于实验室,可用于校准其他压力传感器
弹性式	陶瓷膜片<50 膜盒<20 波纹管<2 弹簧管<100	各种形式的弹性元件在被测介质压力的作用下,产生弹性变形	结构简单、寿命长、直观、价廉,机械式弹性压力表不能远传;弹性敏感元件可作为其他电测式传感器的感压元件
热传导真空计	$10^{-3} \sim 10^{-7}$	根据气体分子热传导与压力有关的物理现象	可以测量低压力;标定困难
电离真空计	$10^{-5} \sim 10^{-10}$	低气压下,气体分子易在高电压下电离,产生的离子电流随压力变化	可以测量极低压力;玻璃管易损坏;不适用50Pa以上的压力
电容式压力传感器	10	电容的两个极板距离随压力而变化	可以由硅微加工工艺制作微差动电容,准确度高,温度自补偿;大量用于工业压力变送器
谐振式硅微结构式压力传感器	10	硅微加工谐振膜的谐振频率随压力增加而变大,由电磁激励和电磁拾振,或静电激励和电容拾振	直接输出频率量,准确度可达0.01%,温度稳定性优于$10^{-6}/℃$;可用于校验其他压力传感器
压阻式压力传感器	20	硅的压阻效应	压力直接作用在扩散硅杯,不需要传压液体;工作温度低于100℃
厚膜电阻式陶瓷式压力传感器	20	硅的压阻效应	压力直接作用在陶瓷膜片上,不需要传压液体,过载能力强,采用桥路激光修正,准确度高;工作温度低于120℃

项目一　电容式压力传感器

【项目教学目标】

☞知识目标
1) 熟悉电容式传感器的工作原理。
2) 熟悉差动变极距电容式传感器的特性。

☞技能目标
1) 掌握压力表的安装。
2) 掌握压力表的量程计算。

任务一　认识电容式压力传感器

电容式传感器是将被测物理量的变化转换为电容的变化,再经测量转换电路转换为电压、

电流或频率。电容式传感器具有如下优点：①相对变化量可达到200%以上；②能在高温和强辐射等环境中工作；③电容式传感器所需的激励源功率小；④动态响应快，能用于动态测量。

一、电容式传感器的工作原理及结构形式

电容式传感器的工作原理可以用图4-7所示的平行板电容器来说明。当忽略边缘效应时，其电容为

$$C = \frac{\varepsilon A}{d} = \frac{\varepsilon_0 \varepsilon_r A}{d} \tag{4-5}$$

式中　A——两极板相互遮盖的有效面积（m^2）；
　　　　d——两极板间的距离，也称为极距（m）；
　　　　ε——两极板间介质的介电常数（F/m）；
　　　　ε_r——两极板间介质的相对介电常数；
　　　　ε_0——真空介电常数，$\varepsilon_0 = 8.85 \times 10^{-12}$（F/m）。

由式（4-5）可知，在 A、d、ε 三个参量中，如果固定 A、ε，就可以制作成变极距电容式传感器，其结构如图4-8a所示。

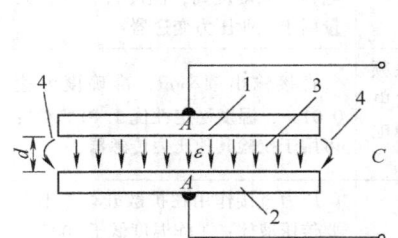

图4-7 平行板电容器
1—上极板　2—下极板　3—电力线
4—边缘效应

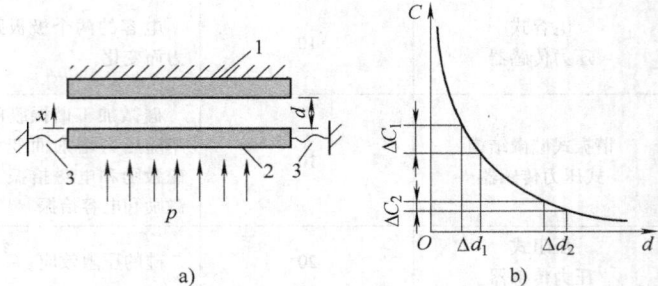

图4-8 变极距电容式传感器
a）结构　b）电容与极板距离的关系
1—定极板　2—动极板（平膜板）　3—弹性膜片

当动极板2受被测物体作用引起上下位移时，改变了两极板之间的距离 d，从而使电容 C 发生变化。设初始极距为 d_0，当动极板向上位移时，极板间距减小了 Δd，电容变大。设起始电容 $C_0 = \varepsilon A/d_0$，若不考虑平板电容的边缘效应，则有

$$C_x = \frac{\varepsilon A}{d_0 - \Delta d} = C_0 \left(1 + \frac{\Delta d}{d_0 - \Delta d}\right) \tag{4-6}$$

$$\Delta C = C_x - C_0 = \frac{\Delta d}{d_0 - \Delta d} C_0 \tag{4-7}$$

由式（4-7）和图4-8b可知，当 d_0 较小时，对于同样的位移 x 或 Δd，所引起的电容变化量 ΔC 比 d_0 较大时大得多，即灵敏度较高。所以实际使用时，总是使初始极距 d_0 尽量小些，以提高灵敏度。但这也带来了变极距电容器式传感器行程较小的缺点。

在变极距电容器式传感器中，起始电容 C_0 设置在几皮法至十几皮法、极距 d_0 设置在几百微米的范围内，最大位移约为0.1mm。由于变极距电容式传感器的位移与电容的特性是双曲线关系，非线性误差则应由微处理器来计算修正。

二、差动电容式压力传感器的工作原理与结构显示

上述变极距电容式传感器的温漂较大，线性较差，工程中通常使用差动形式的电容式压

力传感器，其灵敏度可以提高近一倍，线性也得到较大改善。诸如温度、激励源电压、频率变化等外界的影响也能基本上相互抵消。

差动电容式压力传感器的结构如图 4-9a 所示。它的核心部分是一个变极距差动电容式传感器。定极板是两个热胀冷缩系数很小的凹形玻璃圆片，圆片上镀有很薄的金膜，这两个凹形镀金薄膜与夹紧在它们中间的弹性平膜片组成电容 C_1 和 C_2。

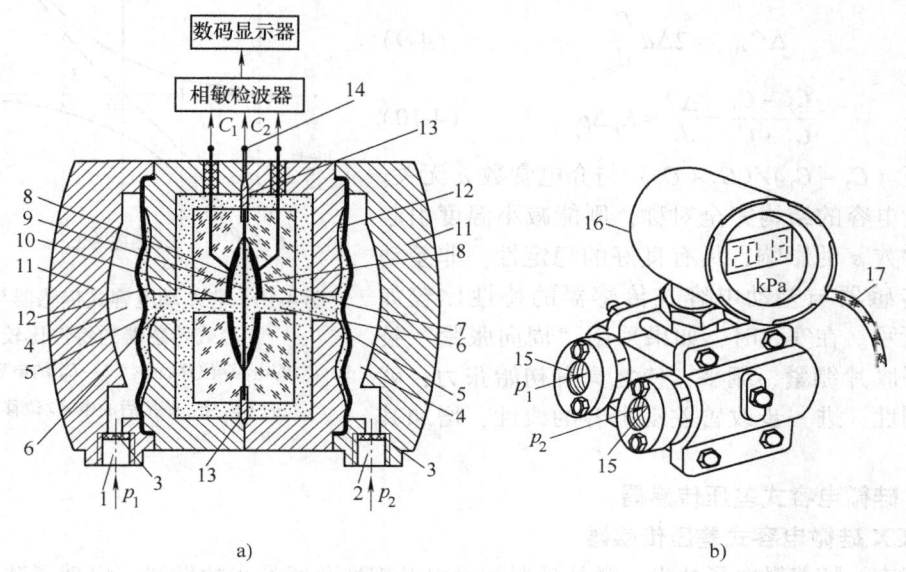

图 4-9 差动电容式差压传感器
a）结构 b）外观
1—高压侧进气口 2—低压侧进气口 3—过滤片 4—空腔 5—柔性不锈钢波纹隔离膜片 6—导压硅油
7—凹形玻璃圆片 8—镀金凹形电极（定极板） 9—弹性平膜片 10—δ 腔 11—铝合金外壳
12—限位波纹盘 13—过压力保护悬浮波纹膜片 14—公共参考端（地电位）
15—螺纹压力接头 16—测量转换电路及显示器铝合金盒 17—信号电缆

被测压力 p_1、p_2 由两侧的内螺纹压力接头进入各自的空腔，压力通过不锈钢波纹隔离膜，经过膜片内热稳定性很好的灌充液（导压硅油），传导到"δ 腔"。弹性平膜片由于受到来自两侧的压力之差，而弯向压力小的一侧。在 δ 腔中，由于弹性膜片与两侧的镀金定极之间的距离很小（约 0.5mm），所以微小的位移（不大于 0.1mm）就可以使电容有较大的变化。测量转换电路（相敏检波电路或占空比测量电路）及电流控制电路将此电容的变化转换成 4~20mA 的标准电流信号，通过信号电缆线输出到二次仪表。从图 4-9b 中还可以看到，该压力传感器自带 LCD 数码显示器，可以就地读取测量值。此外，内部模块的电流损耗不超过 4mA。

对静态压力较大而额定差压较小的差动电容式差压传感器来说，当某一侧突然失压时，巨大的静态压力有可能将很薄的平膜片压破，因此，传感器中还设置了安全悬浮膜片和限位波纹盘，起过压力保护作用。

当采用差动电容式压力传感器时，若 $p_1 > p_2$，则 C_1 的极距增大了 Δd，容量减小了 ΔC_1；C_2 的极距减小了 Δd，容量增大了 ΔC_2，得到差动电容总的变化量为

$$\Delta C_{差动} = \Delta C_2 - \Delta C_1 = \frac{\Delta d}{d_0 - \Delta d}C_0 - \frac{\Delta d}{d_0 + \Delta d}C_0 = 2\Delta d \frac{d_0}{d_0{}^2 - \Delta d^2}C_0 \qquad (4\text{-}8)$$

当 Δd 很小时，$d^2 << d_0{}^2$，所以二次项 Δd^2 可以忽略不计，则式（4-8）可以化简为式（4-9）。差动电容的变化量大致与极距的变化量成正比，也与差压传感器两侧的压力差 Δp 成正比。

$$\Delta C_{差动} \approx 2\Delta d \frac{C_0}{d_0} \qquad (4\text{-}9)$$

$$\frac{C_2 - C_1}{C_2 + C_1} = \frac{\Delta d}{d_0} \approx K_p \Delta p \qquad (4\text{-}10)$$

比值 $(C_2 - C_1)/(C_2 + C_1)$ 与介电常数 ε 无关。如果差动电容的结构完全对称，则能减小温度引起的介电常数 ε 的影响，具有良好的稳定性。非差动电容式传感器与差动电容式传感器的特性比较如图 4-10 所示。在安装时，如果采用"周向张紧"技术，将平膜片绷紧、绷平，使之有初始张力，就能增加刚性，进一步改善差动电容的线性，增加其稳定性。

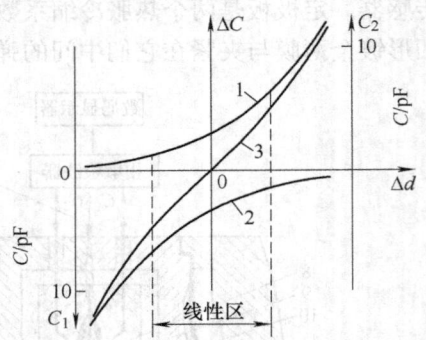

图 4-10 非差动电容式传感器与差动电容式传感器的特性比较

1—C_1 的电容/位移特性 2—C_2 的电容/位移特性
3—C_1、C_2 差接后的电容/位移特性

三、硅微电容式差压传感器

1. FCX 硅微电容式差压传感器

近年来，随着微电子技术、微处理器技术以及现场总线技术的发展，出现了硅微电容式差压传感器，它采用硅基 MEMS 技术（以硅为基础，采用微加工技术及微封装技术），其特点是体积小（外形尺寸为毫米量级）、一致性好、弹性滞后小、温度特性好、零点稳定，热膨胀系数只有不锈钢的 1/4。FCXA Ⅱ 型硅微电容式差压传感器结构如图 4-11 所示。

在单晶硅薄片上，经等离子刻蚀、扩散等一系列微机械电子加工过程，构成硅微电容式差压传感器的 3 个电极。中间电极称为动极板，又称测量膜片，其外缘加工出沟状薄层，可以使中央部位的单晶硅膜片的位移接近于平移。测量膜片的左、右两侧加工出圆片状的固定电极，称为定极板。3 片电极之间由 SiO_2 绝缘，构成差动电容。被测压力 p_1、p_2 作用于传感器内部的导压液，通过左右固定极板中央的"金属通孔"，作用到测量膜片的两个侧面。当压力 p_1、p_2 不相等时，测量膜片便产生与压力差成正比的位移，于是一边的电容减小，而另一边的电容增大。在满量程时，测量膜片的位移只有几个微米，所以这种压力传感器位移与压力的线性关系好，准确度高。

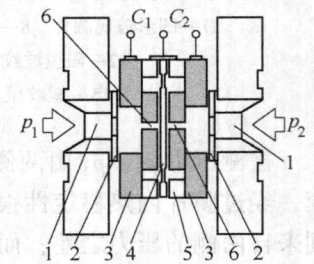

图 4-11 FCXA Ⅱ 型硅微电容式差压传感器结构

1—压力接口 2—陶瓷环
3—硅微加工固定膜片（定极板）
4—硅微加工感压膜片（动极板）
5—SiO_2 绝缘层 6—金属化通孔

2. FCX 硅微电容式浮动膜盒差压传感器

为了减小过压力损坏，可以利用硅微机械加工工艺，制造出浮动膜盒压力传感器。FCXA/C 型硅微电容式浮动膜盒差压传感器结构如图 4-12 所示。

在硅微电容式浮动膜盒差压传感器内部，共有 3 种膜片：隔离膜片、测量膜片、不锈钢保护膜片。隔离膜片的作用是将被测压力的介质（可能有腐蚀性）与传感器内部的导压液隔离开；测量膜片由单晶硅构成，其作用是将被测差压转换成差动电容的变化；不锈钢保护膜片的作用是在单向过压时，防止测量膜片损坏。

硅微电容式浮动膜盒差压传感器的工作过程如下：被测压力 p_1、p_2 经过隔离膜片和导压液，传递到传感器上方的测量小室。与 FCXA II 型硅微电容式差压传感器的工作原理相似，测量膜片产生与压力之差成正比的位移。

在小于额定压力时，压力传感器下室较厚的不锈钢保护膜片基本不动。只有当单向过压（3 倍以上的额定压力）时，较厚的保护膜片才会产生变形。由于保护膜片的面积远大于单晶硅测量膜片的面积，所以导压液的容积发生较大的变化，使得隔离膜片紧贴在波纹座的波纹上，从而抑制导压液的压力上升，使单晶硅测量膜片不产生过大的位移，延长了使用寿命。

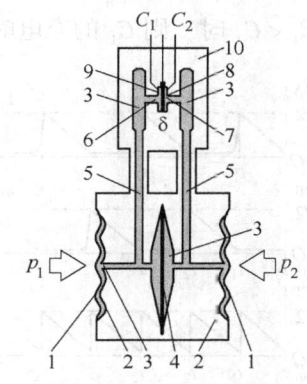

图 4-12 FCXA/C 型硅微电容式
浮动膜盒差压传感器结构
1—隔离膜片 2—波纹座 3—导压液
4—保护膜片 5—硅微电容式压力入口
6—测量小室（δ 室） 7—单晶硅测量膜片
8—右定极板 9—左定极板 10—硅方块

四、差动电容式传感器的测量转换电路

差动式电容式传感器的测量转换电路有多种形式，例如：相敏检波电路、双 T 形电桥电路、调频电路、脉冲宽度调制电路等。脉冲宽度调制电路也称 PWM 电路，它是利用某种方法对半导体开关器件的导通和关断进行控制，在电路的输出端得到一系列幅值相等，宽度不相等的脉冲。

电容量的变化将引起脉冲宽度调制电路充放电时间的变化，导致矩形波发生电路输出脉冲的"占空比"随差动电容式传感器的电容变化而变化。微处理器可以读取差动电容式传感器电路输出的占空比，从而计算出电容式差压传感器输入端 p_1、p_2 的压力之差。

差动电容式传感器的脉冲宽度调制电路如图 4-13 所示。该电路由 D 触发器、"CMOS 模拟开关"及微处理器等部件组成。

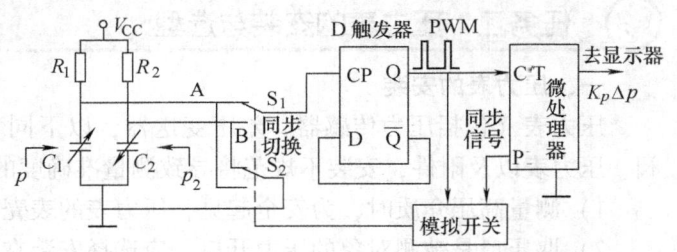

图 4-13 差动电容式传感器的脉冲宽度调制电路

设 D 触发器的 Q 端在 t_0 时刻输出为低电平。CP 时钟先通过 S_1 接通到 C_1，V_{CC} 通过 R_1 对 C_1 充电，CP 端电压逐渐升高。在 t_1 时刻到达 $V_{CC}/2$ 时，Q 端翻转，输出高电平。CP 端改接到 C_2，V_{CC} 通过 R_2 对 C_2 充电（同时 CMOS 模拟开关 S_2 将 C_1 接地并放电），此时 CP 的电位受 B 点控制，由低电平逐渐升高，在 t_2 时刻，再次到达 $V_{CC}/2$ 时，Q 端再次翻转，输出低电平（同时 CMOS 模拟开关 S_2 将 C_2 接地并放电）。CP 受 S_1 控制，回到 C_1；到 t_3 时刻，Q 端翻转，又跳变到高电平……如此周而复始，在 D 触发器的 Q 端产生一个宽度受 C_1、C_2 调制的脉冲波形。

当 $C_1 = C_2$ 时，脉冲宽度调制电路的各点电压波形如图 4-14a 所示，此时 CP 时钟是对称的。当 $C_1 > C_2$ 时，则 C_1 的充电时间大于 C_2 的充电时间，Q 端电压波形如图 4-14b 所示；

当 $C_1 < C_2$ 时，则 C_1 的充电时间小于 C_2 的充电时间，Q 端电压波形如图 4-14c 所示。

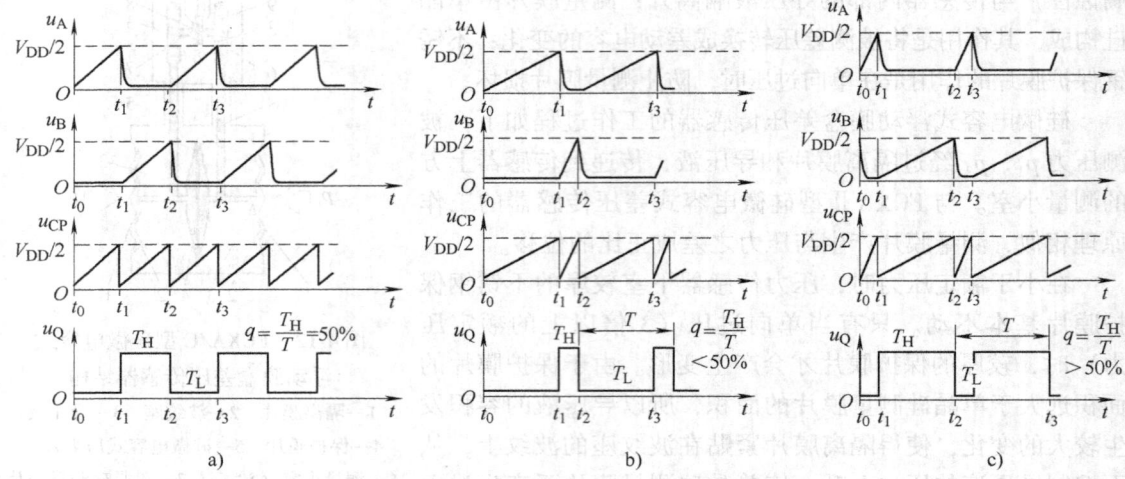

图 4-14　脉冲宽度调制电路的各点电压波形
a) $C_1 = C_2$ 时的波形　b) $C_1 > C_2$ 时的波形　c) $C_1 < C_2$ 时的波形

由上述分析可知，C_1、C_2 的差值将导致 D 触发器 Q 端的高、低电平的宽度比例发生变化，它们之间的关系见式 (4-11)。可由微处理器测出脉冲高、低电平的宽度比，并根据差压传感器制造时的实测参数 K_p 进行分段线性补偿。

$$\frac{T_H - T_L}{T_H + T_L} = \frac{C_2 - C_1}{C_2 + C_1} \approx K_p \Delta p \tag{4-11}$$

任务二　压力表的安装与选型

一、压力表的安装

压力表（包括压力传感器、差压变送器，以下同）的安装涉及取压口、导压管、截止阀、压力表以及附件，安装不规范将导致测量准确度的降低。压力表安装要求如下：

1) 测量高压介质时，为安全起见，压力表的表壳应向着墙壁或无人通过的位置。

2) 取压口是被测对象的压力开口，应选择安装在流速平稳的直线管段上。当管路中有突出物体时，取压口应在其前面。

3) 当被测介质为液体时，取压口应开在管道的下方；当被测介质为干净气体时，取压口应开在管道的上方；当被测介质为蒸气时，在管道水平中心线成 0°~45° 的夹角范围内，最好在管道水平中心线，如图 4-15c 所示。

4) 取压口与压力计之间应装有截止阀（也称切断阀或节流阀），以备检修压力计时使用。截止阀应装设在靠近取压口的地方，如图 4-15a、b 所示。

5) 导压管的内径为 6~10mm，长度应尽可能短。水平安装的导压管应有 1:30 以上的倾斜，以利于排气或排液。当被测介质为液体时，导压管向压力表方向向下倾斜；当被测介质为气体时，导压管向压力表方向向上倾斜。

6) 当被测介质存在脉动压力时，应加装减振缓冲器，以免振动影响或发生泄漏事故。

7) 当被测介质温度过高时，可能超过压力表的额定温度，应采用冷凝弯来防止高温介质直接与测压传感器接触，如图 4-16 所示。测量蒸气压力时，压力表下端也应装有环形管，由蒸气冷凝液传递压力，避免高温的蒸气直接进入表内损坏仪表。

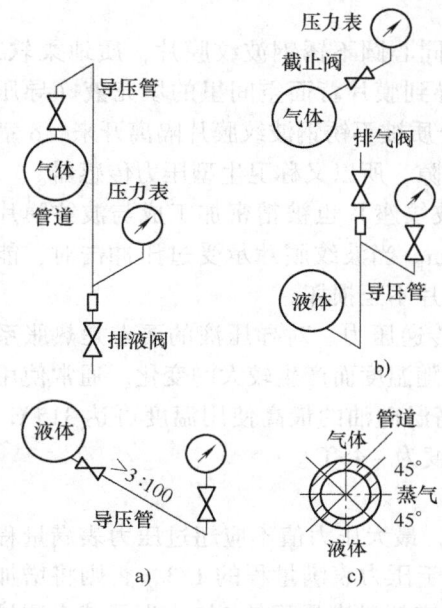
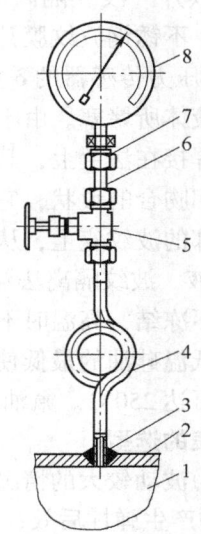

图 4-15　导压管管路的敷设
a) 压力表在容器（管道）的下方
b) 压力表在容器（管道）的上方
c) 取压口在管道横截面的角度

图 4-16　带冷凝弯压力表的安装
1—被测管道　2—管道壁　3—管接座（或内螺纹凸台）
4—冷凝弯　5—外螺纹截止阀　6—直管
7—压力接头　8—压力表

8）当被测介质有腐蚀性或黏度大、易结晶时，应加装隔离罐或采用隔离法兰压力传感器。

9）当环境温度较低时，导压管、压力传感器应采取保温和伴热措施，或直接将隔离法兰压力传感器安装在被测管道上，将信号远传到控制室。

10）当被测介质为食品等有卫生要求的气体或液体时，应采用陶瓷式压力传感器或不锈钢隔离法兰压力传感器，隔离法兰压力传感器如图 4-17 所示。

11）压力传感器的外壳通常需要接地，信号电缆线不能与动力电缆混合铺设，传感器周围应避免有强电磁场干扰。

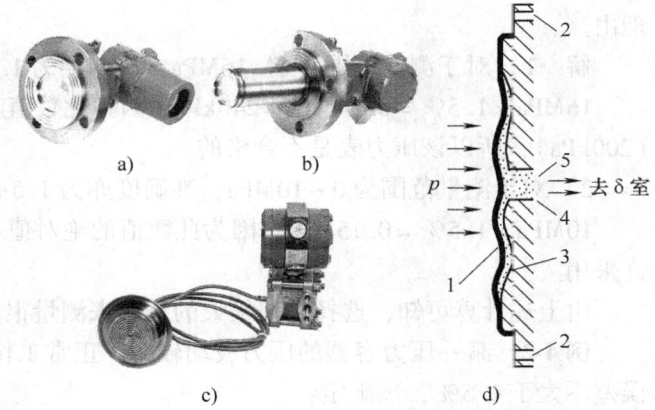

图 4-17　隔离法兰压力传感器
a) 齐平式　b) 伸出式　c) 远传式　d) 波纹膜片截面示意图
1—波纹膜片　2—法兰安装孔　3—波纹座　4—导压孔　5—导压液

二、波纹隔离法兰压力传感器简介

波纹隔离法兰压力传感器由波纹法兰、传压管（或导压孔）、导压液（填充液）、测量室（δ室）、电子电路等部件组成。

（1）法兰 又称法兰盘，是管子之间及管子与阀门之间相互连接的零件，连接于管端。法兰上最少有3个安装孔，使用多个螺栓将两法兰紧连。

（2）波纹膜片 波纹隔离法兰的正面压制有多圈同心圆不锈钢波纹膜片，质地柔软，在压力作用下，不锈钢波纹膜片向内弯曲，将压力传导到膜片背面空间里的填充液（导压液），再传导到压力传感器的δ室（测量小室）。被测介质被不锈钢波纹膜片隔离开来，δ室就不会被黏稠液体所堵塞。由于波纹膜片的表面没有缝隙，所以又称卫生型压力传感器。

波纹膜片焊接在法兰上，其背部的保护连接件（波纹座）也被精密加工成与波纹膜片的波纹状阴阳相吻合的形状，它们之间的空隙只有1mm。当波纹膜片承受过压冲击时，能紧紧贴靠在背部的波纹座上，从而在过压时保护波纹膜片不至损坏。

（3）导压液 波纹隔离法兰的内部充灌导压液以传递压力。对导压液的要求是热胀系数小，低温时不冻结，高温时不挥发、不气化，黏度不随温度而产生较大的变化。通常使用硅油或氟油。低温硅油的最低使用温度可达 -40℃；高温硅油的最高使用温度可达315℃，最低使用温度可达250℃。氟油为惰性液体，其使用温度为 -45℃。

三、压力表的选型

在被测压力波动较大的情况下（例如往复泵出口），最大压力值不应超过压力表满量程的1/2，否则易产生弹性后效；最小压力值最好不要低于压力表满量程的1/3，否则将增加测量误差。在被测压力较稳定的情况下，最大压力值不应超过满量程的2/3；为了减小测量误差，被测压力不应低于满量程的1/3；测量高压（10MPa以上）时，最大过程压力不应超过量程的3/5。

例4-1 如果某压力容器最大压力为6MPa，允许最大绝对误差为 ± 200kPa。求：

1）若选用量程为 $0 \sim 16$MPa、准确度为1.5级的压力表进行测量，能否符合误差要求？

2）若改为测量范围为 $0 \sim 10$MPa、准确度为1.5级的压力表，是否允许采用？试说明其理由。

解 1）对于测量范围为 $0 \sim 16$MPa，准确度为1.5级的压力表，允许的最大绝对误差为 $16\text{MPa} \times 1.5\% = 0.24\text{MPa} = 240\text{kPa}$。因为此数值超过了工艺上允许的最大绝对误差数值（200kPa），所以该压力表是不合格的。

2）对于测量范围为 $0 \sim 10$MPa，准确度亦为1.5级的压力表，允许的最大绝对误差为 $10\text{MPa} \times 1.5\% = 0.15\text{MPa}$。因为此数值的绝对值小于该工艺允许的最大绝对误差，故允许采用。

由上述计算可知，选择量程很大的仪表来测量很小的参数是不合适的。

例4-2 某一压力容器的压力波动较小，正常工作压力为10MPa左右。现要求示值相对误差不大于1.5%，试确定：

1）压力表的量程。

2）压力表的准确度等级。

解 1）设压力表的量程为 M，$p = 10$MPa，则有以下不等式方程

$$p < M \times 2/3, \text{ 且 } p > M \times 1/3 \tag{4-12}$$

解此不等式方程，得 $M > 15$MPa，且 $M < 30$MPa，因此选择量程为 $0 \sim 20$MPa 的压力表。

2）由题意可知，可能产生的最大绝对误差与示值相对误差的关系为

$\Delta_m = 10\text{MPa} \times 1.5\% = 0.15\text{MPa}$,根据式(1-6),要求所选压力表的最大引用误差

$$\gamma_m < \frac{\Delta_m}{A_{\max} - A_{\min}} = \frac{0.15}{20 - 0} \times 100\% = 0.75\%$$

按照表1-3所示的准确度等级,选取0.5级压力表。

如果最小量程与最大量程的差距太大,准确度将降低。为了合理地选择量程,工程中提出了"量程比"的概念。量程比是指最大测量范围(URV)与最小测量范围(LRV)之比。智能压力传感器(也称智能变送器,具体定义见项目二)的"量程比"较大,可达40~400。量程比越大,实际测量时的准确度就越低,当仪表的准确度降低到最大量程的40%时,称为"可用量程比"δ,即

$$\delta = \pm\left(0.05 + 0.5 \times \frac{\text{最大量程}}{\text{使用量程}}\right)\% = \pm\left(0.05 + 0.5 \times \frac{\text{URV}}{\text{LRV}}\right)\% \quad (4\text{-}13)$$

例4-3 设某智能差压变送器的最大量程为1MPa,当使用量程等于变送器最大量程的1/10时,仪表的准确度仍然能达到±0.1%。若小于最大量程的1/10,则仪表的准确度可用式(4-13)计算,求:

1)当准确度降低到±0.1%×2.5时的可用量程比。

2)最小量程LRV为多少千帕?

解 1)当用户选择较小的量程,并使准确度降低到±0.1%×2.5时,"可用量程比"与准确度之间有以下关系:

$$\pm 0.25\% = \pm\left(0.05 + 0.5 \times \frac{\text{最大量程}}{\text{使用量程}}\right)\%,\text{则此时的可用量程比} = \frac{\text{URV}}{\text{LRV}} = 40。$$

2)最小量程 $\text{LRV} = \frac{\text{URV}}{40} = \frac{1\text{MPa}}{40} = 25\text{kPa}$。

由上述计算可知,在选择仪表时,实际量程应尽量接近仪表的最大量程,否则会引起准确度降级。

3051电容式压力(差压)变送器的型号和主要技术指标如表4-3所示,用户可以根据实际需要,查阅和选用其他压力(差压)变送器。

表4-3 3051电容式压力(差压)变送器的型号和主要技术指标

3051			电容式压力变送器	
	代号	压力类型		
	CD	差压		
	CG	表压		
	CA	绝对压力		
	HD	高温差压(过程温度190℃)		
	HP	高温表压(过程温度190℃)		
	量程	测量范围 [$x_1 \sim x_2$ (kPa)] 或 [$x_3 \sim x_4$ (MPa)]		
		代号	综合准确度(线性+重复性+迟滞)	
		1	±0.4% FS	
		2	±0.25% FS	
		代号	信号输出	
		N	非智能型,4~20mA模拟输出,无HART输出	
		A	4~20mA,带有基于HART协议的数字量输出	
		M	DC1~5V,带有基于HART协议的数字量输出	

例如，型号"3051HP（0~100kPa）2A"表示：电容式高温表压变送器，过程温度为190℃，综合准确度为±0.25%FS，输出信号为4~20mA及基于HART协议的串行通信信号。

如果选择本安型压力变送器，则需要同时购买安全栅。乙炔和氧气压力表要按国家规定选型。

任务三 压力表的校验

仪表使用前或使用一段时间后，都需要进行校验，检查准确度是否符合规定。如果误差超过规定的数值，就应对该仪表进行检修。

校验就是给被校压力表与标准压力表通以相同的压力，比较它们的指示数值。在标准表量程等于被校表量程的情况下，所选用的标准表的绝对误差一般应小于被校仪表绝对误差的1/3，此时被校仪表的误差就可以忽略不计，可以认为标准表的读数就是真实值。如果被校仪表的绝对误差小于允许绝对误差，则认为被校仪表准确度合格。常用的压力校验仪器有活塞式压力检验台及压力校验仪等。

一、砝码校验法

砝码校验法利用静压平衡原理，所用设备为活塞式压力校验台，其结构如图4-18所示。

在图4-18中，测量活塞上端的托盘上放有砝码，活塞下端作用在工作液上，工作液通常为变压器油（但不能用于氧气压力表）。当工作液的压力与活塞、托盘及砝码作用于活塞截面积上的压力相等时，活塞就稳定在某个位置上（通常为活塞柱上的标志线位置）。力的平衡关系为 $pA = mg$，或

$$p = mg/A \qquad (4-14)$$

式中 m——测量活塞、托盘与砝码重量之和（kg）；

g——测量地的重力加速度（m/s²）；

A——环境温度为20℃时活塞的有效面积（m²）。

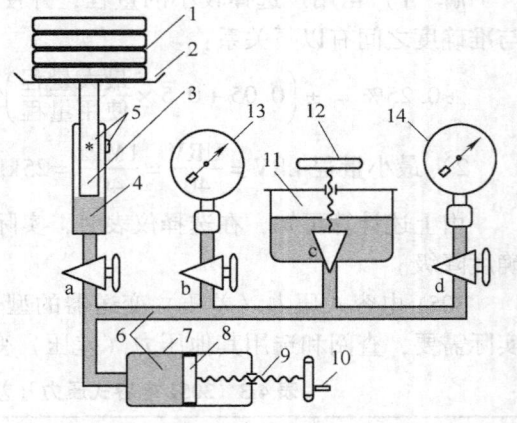

图4-18 活塞式压力校验台的结构
1—砝码 2—托盘 3—活塞 4—活塞柱
5—标志线 6—工作液（变压器油） 7—手摇液压泵
8—手摇液压泵活塞 9—丝杠 10—手轮 11—油杯
12—进油阀把手 13—标准压力表 14—被校压力表
a—活塞截止阀 b—标准压力表截止阀
c—被校压力表截止阀 d—进油阀

由于机械加工的误差可小于10μm，而砝码的质量准确度也很高，所以活塞式压力校验台的准确度可达±0.05%（0.05级）。校验方法如下述：

1）调整活塞式压力计四角的支撑螺钉，观察气泡水准器，使活塞式压力计处于水平位置。

2）把工作液灌入油杯内，反复旋转手轮，以排除管道内的空气。

3）关闭进油阀，缓慢地旋转手轮，观察测量活塞是否正常升降以及有无漏油现象。

4）接通被校压力表下方的截止阀c，按被校压力点数值，增加相应的砝码；并顺时针缓慢旋转手轮，使活塞停在活塞柱上的标志线上。校验过程中，要使活塞以30r/min的角速

度连续旋转,以减小摩擦力的影响。在校验机械压力表过程中,还可以轻敲表壳,以减小机械摩擦力引起的迟滞误差。

5)压力正行程达到高限值时,逐步减少砝码,进行反行程校验。将正、反行程被校表的示值与砝码的质量记在相应的表格内,并根据测量地的重力加速度和空气温度,计算每个校验点的误差。如果最大误差超过允许绝对误差,则必须打开压力表进行调整;如果不允许调整,则必须降级使用。

6)校验完毕后,打开进油阀,将工作液压回油杯内,再取下砝码,放回砝码盒内。

二、标准表比较法

砝码校验法虽然准确度较高,但是操作麻烦。对于 0.5 级以下(数值大于 0.5)的普通压力表,可采用标准表比较法进行校验。标准表比较法是将被校验的压力表与较高准确度的另一只标准压力表进行示值比较,其差值可视为被校表的误差。标准压力表的准确度要比被校表的准确度高两级以上。

标准表比较法所用设备与活塞式压力检验台相似,只是没有测量活塞,被一只标准压力表取代。工作液压力的增加与减少靠手摇泵来完成。校验的方法、步骤与"砝码比较法"类似,但必须关闭活塞截止阀 a,标准的压力值与砝码无关,由标准表读得。

在精确校验时,要在全量程范围内选 4~6 个点,根据各点误差中的最大值来确定被校验压力表的误差。

在校验真空计时,要预先把工作活塞内的部分工作液排到油杯中,关闭进油阀后,反向旋转手柄,使管路中形成负压。将被校真空计与标准真空计的示值进行比较,计算出每一个测试点的误差值以及最大误差。

例 4-4 设被校验的压力表 A 的最大量程为 1MPa,准确度等级 $S=1.5$ 级,现有三块标准表可供校验选择:B 表:1.6MPa,0.5 级;C 表:1.6MPa,0.2 级;D 表:4.0MPa,0.2 级。请确定哪一块标准表较为合适?

解 按校验规程,标准表的最大绝对误差不应超过被校验表的最大绝对误差($\Delta_{\max A}$)的 1/3(5.0kPa)。

被校验 A 表的最大绝对误差 $\Delta_{\max A} = A_{\max A} \Delta_A = 1\text{MPa} \times 1.5\% = 15.0\text{kPa}$。
B 表的最大绝对误差 $\Delta_{\max B} = A_{\max B} S_B = 1.6\text{MPa} \times 0.5\% = 8\text{kPa} > (\Delta_{\max A}/3)$。
C 表的最大绝对误差 $\Delta_{\max C} = A_{\max C} S_C = 1.6\text{MPa} \times 0.2\% = 3.2\text{kPa} < (\Delta_{\max A}/3)$。
D 表的最大绝对误差 $\Delta_{\max D} = A_{\max D} S_D = 4.0\text{MPa} \times 0.2\% = 8\text{kPa} > (\Delta_{\max A}/3)$。
由上述计算可知,标准表 C 适合于校验压力表 A。

三、压力变送器的 HART 手持终端校验

如果被测介质为气体,可以用带有压力输入接口的 EJACA700 压力校准器来校验智能差压变送器,如图 4-19 所示(图中未画出电源回路)。

将带有压力输入接口的 EJACA700 压力校验器端子并联在智能差压变送器的端子上,电源端子与变送器的回路电阻应在 250~1000Ω 的范围内。由手泵(压力发生器)产生校验压力,手持终端通过 HART 信号读取智能差压变送器的压力数据,并与手持终端本身测量的结果进行对比,计算出测量误差。由于 EJACA700 压力校验器采用表 4-2 所示的谐振式硅微结构压力传感器,准确度可以达到 0.05%,可认为其测量值接近真实值。

根据国家计量检定规程的规定,对弹簧管式精密压力表在进行校验时,当示值达到测量

上限后，必须保持压力3min，弹簧管重新焊接过的压力表应在测量上限处保持压力10min。

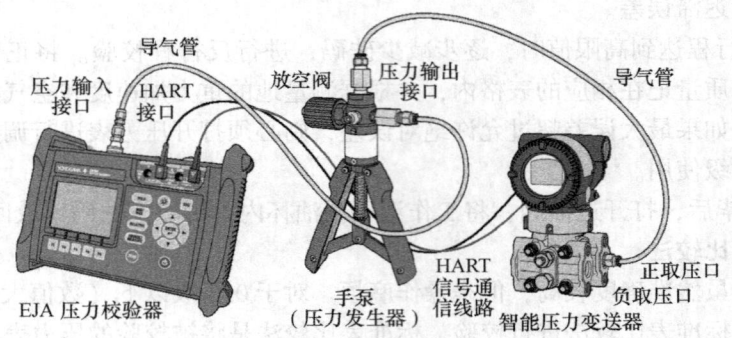

图4-19 用EJACA700压力校验器校验智能差压变送器

项目二 两线制压力变送器

【项目教学目标】

☞知识目标

1) 熟悉压力变送器的分类和组成。
2) 熟悉压力变送器的HART通信。
3) 熟悉现场总线型变送器的原理。

☞技能目标

1) 掌握两线制压力变送器的接线。
2) 掌握智能变送器的零点迁移方法。

任务一 两线制压力变送器的应用

一、压力变送器简介

（1）变送器 能够将传感器的输出信号转换为可以被控制器接受的标准化信号的设备。其输出信号与压力变量之间有一给定的连续函数关系（通常为线性函数）。变送器主要由传感器、测量转换电路、补偿电路等组成。不同的物理量需要不同的传感器和相应的变送器。用于工业控制的变送器主要有：温度变送器、压力变送器、流量变送器、液位变送器、电流变送器、电压变送器等。

在自动控制中，涉及变送器的信号流程：信号源→传感器→运算器→输出级→传输线→控制器→执行机构。

变送器具有输入过载保护、输出过电流保护、输出电流长时间短路保护、输出端口瞬态感应雷与浪涌电流TVS抑制保护、工作电源过压极限保护、工作电源反接保护等。

（2）压力变送器（包含差压变送器）是一种能将接收的气体、液体等压力信号转换为可传送的标准化输出信号的仪器。此外，其输出信号与压力之间有一给定的连续函数关系（通常为线性函数）。压力变送器主要用于工业过程压力参数的测量与控制，其中的差压变送器常用于液位和流量的测量。

(3) 压力变送器分类 ①按工作原理，可分为电容式、压阻式、谐振式、等（谐振式压力变送器可不经过信号处理电路，直接输出数字脉冲信号等）；②按接线方式，可分为两线制、三线制（一根正电源线。两根信号线，其中一根 GND）、四线制（两根正负电源线，两根信号线，其中一根 GND）等；③按输出方式，可分为电压输出、电流输出、数字信号输出等；④按压力测量范围，可分为一般压力变送器（0.001~35MPa）和微压力变送器（0~1.5kPa），负压变送器（-100~0kPa）等；⑤按准确度，可分为高准确度变送器（0.1%或0.075%级）和通用变送器（0.5%级）等。

二、两线制压力（差压）变送器简介

压力（差压）变送器主要由测压元件（传感器）、信号处理、转换模块电路、就地显示单元、表壳和过程连接件等组成。其原理框图如图 4-20 所示。

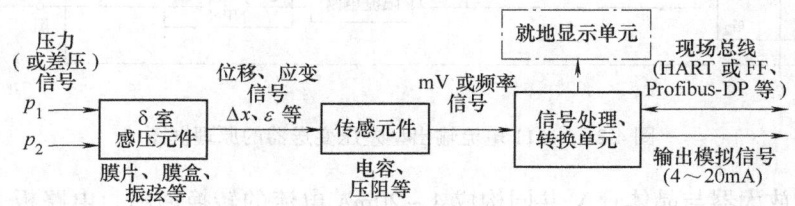

图 4-20 压力（差压）变送器的原理框图

以电容式压力（差压）传感器为例，两个大小不同的被测压力 p_1、p_2 通过导压液传送到电容式压力（差压）变送器的两个压力室，并作用在 δ 室（即感压元件）两侧的隔离膜片上，致使测量膜片产生位移，其位移量与压力之差成正比。

1. 一次仪表与二次仪表

压力变送器已经将传感膜头与信号处理、转换单元组合在一个壳体中，并安装在检测现场的信号采集转换装置在工业中被称为一次仪表，例如热电偶、压力变送器、流量计、液位计等。而接受来自一次仪表的信号，并显示、记录、转换及发送该信号的装置称为二次仪表，例如：显示报警仪、记录仪、调节器等。二次仪表通常安装在仪表盘上。

2. 电流输出型仪表

一次仪表的输出信号可以是直流电压，也可以是电流。由于电流信号不易受干扰，且便于远距离传输（可以不考虑电路压降），所以在一次仪表中多采用直流电流输出型。

从 DDZ-Ⅲ型电动仪表开始，规定标准电流输出型仪表的输出为 4~20mA（DDZ-Ⅱ标准为 0~10mA），对应的输出电压为 1~5V（DDZ-Ⅱ标准为 0~2V）。在 4~20mA 信号制中，4mA 对应于零输入，20mA 对应于满度输入。不让信号占有 0~4mA 这一范围的原因，一方面有利于判断电路故障（开路）或仪表故障；另一方面，这类一次仪表内部均采用微电流集成电路，总的耗电还不到 4mA，因此，0~4mA 这一部分"本底"电流还能为一次仪表的内部电路提供工作电流，使一次仪表成为两线制仪表。1511 电流输出型差压变送器的原理框图如图 4-21 所示。

电流输出型差压变送器的转换电路由振荡控制放大器、解调器、温度检测电路、基准电压源、线性补偿电路、调零电路、量程调整电路、阻尼调整电路、电流控制放大器、电流功放电路、电流限制电路、电源反极性保护电路等组成。

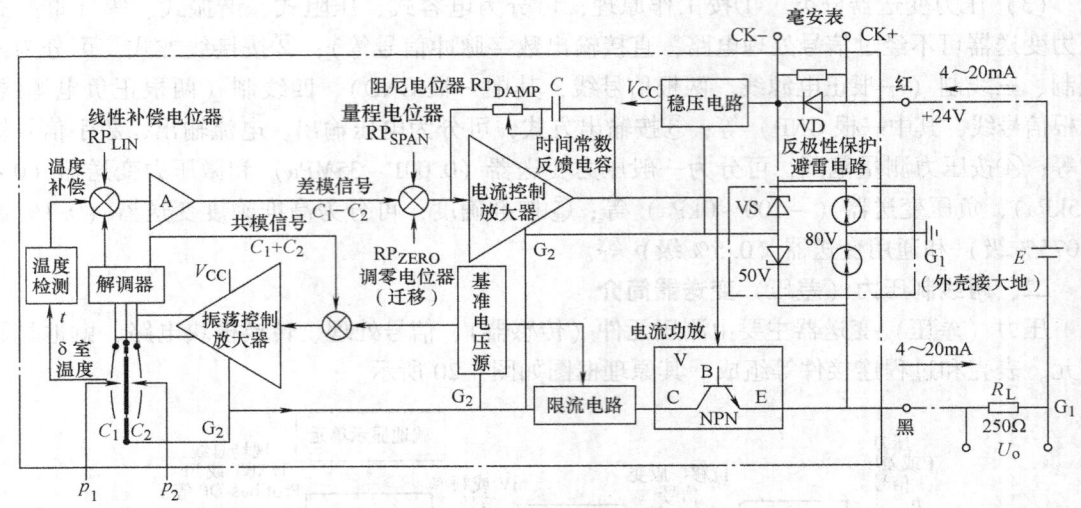

图 4-21　1511 电流输出型差压变送器的原理框图

电流控制放大器与晶体管 V 共同构成 4~20mA 电流的转换回路。电路板上所有集成电路中电流的总和小于 4mA，可以通过调零电位器 RP_{ZERO} 调整仪表的零点电流，使之在零压力时等于 4mA，称为电流整定。还可以通过 RP_{ZERO} 进行零点迁移（见任务二）。此外，可以通过量程电位器 RP_{SPAN} 调整变送器的量程；通过阻尼电位器 RP_{DAMP} 调整变送器的阻尼时间（通常为 0.2~1.6s）。当压力波动较大时，最好将变送器的阻尼时间调大一些。

二极管 VD 构成外接电源极性反接保护电路。当外接电源 E 极性反接时，二极管 VD 反向工作，电路的电流很小，不会损坏变送器电路。

当用户希望就地测试变送器的输出电流时，不必断开变送器的电路，可以将毫安表并联在 VD 两端（CK+、CK-）。毫安表在 20mA 时的最大压降小于 0.5V，所以二极管 VD 不会造成分流。

3. 两线制仪表

上述两线制仪表与外界的联系只需两根导线。其中一根为电源正极导线，另一根既作为电源负极引线，又作为二次仪表的信号传输线。在信号传输线的末端，通过一只精密的取样电阻（也称负载电阻）接到电源负极，将电流信号转换成电压信号。

两线制仪表的接线方法如图 4-22 所示。两线制仪表的抗磁场耦合和抗静电耦合干扰能力较强，不一定使用屏蔽线，可以使用双绞线。如果两线制仪表的输出电流为 0mA，则可判断传输线开路或仪表损坏。

两线制仪表的另一优点是：在仪表内部，可以通过电流叠加的方法，在电流信号传输线上叠

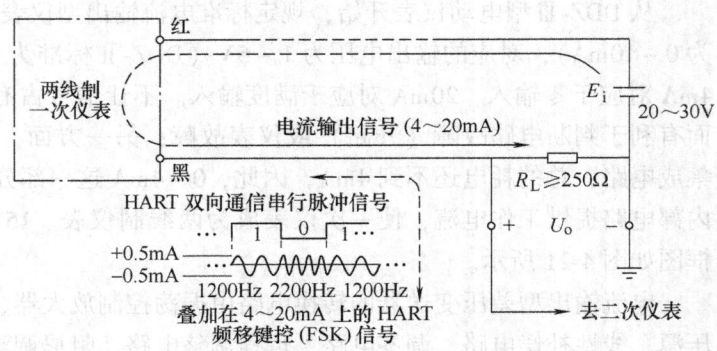

图 4-22　两线制仪表的接线方法

加数字脉冲信号,以便远程读取和通信,成为总线仪表。由于叠加的通信信号平均值为零,所以不会影响输出的 4~20mA 直流信号。

两线制仪表的输出信号是国际标准化信号,将这类仪表称为变送器。变送器的输出信号可直接与电动过程控制仪表或与 DCS 连接。

例 4-5 某两线制电流输出型压力变送器的产品说明书注明其量程范围为 0~200kPa,对应的输出电流为 4~20mA。求:当测得输出电流 $I = 12mA$ 时的被测压力 p。

解 因为该仪表说明书未说明线性度,可以默认输出电流与被测压力之间为线性关系,即 I 与 p 的数学关系为一次方程,所以有

$$I = a_0 + a_1 p \tag{4-15}$$

式中 a_0、a_1——待求常数。

当 $p = 0$ 时,$a_0 = 4mA$。

当 $p = 200kPa$ 时,$I = 20mA$,代入式(4-15)得 $a_1 = 0.08mA/kPa$,所以该压力变送器的输出/输入方程为:$I = 4mA + 0.08(mA/kPa)p$。将 $I = 12mA$ 代入式(4-15)得 $p = (I - a_0)/a_1 = (12mA - 4mA)/(0.08mA/kPa) = 100kPa$。

上例中,输出电流为 10mA 时的压力并不是满量程的一半(100kPa),而是 75kPa。两线制电流输出型压力变送器的电流/压力特性如图 4-23a 所示,也可用作图法来得到 p 与 I 的对应关系。根据该两线制压力变送器的最低工作电压(例如 12V)以及最小负载电阻的限制(例如 250Ω),可以得到负载/电源电阻特性,如图 4-23b 所示。

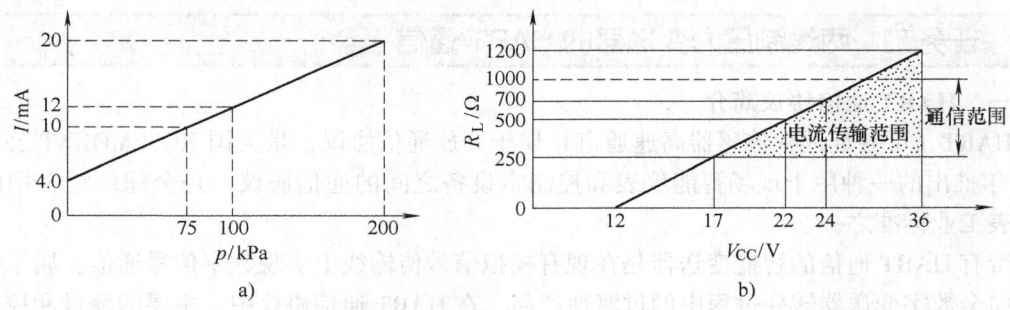

图 4-23 两线制电流输出型压力变送器的特性曲线
a) 电流/压力特性 b) 负载/电源电阻特性

【填写压力变送器输出电流与压力的对照表训练】

输出电流 I/mA	<3.75	4		12	16	20	>21.75
差压/kPa		0	40			160	

例 4-6 某两线制电流输出型绝对压力(p_{abs})变送器的量程为 40~250kPa,零点和量程均已校准,若将取压口向大气敞开,求:此时的输出电流 I 大约为多少毫安?

解 该仪表输入 40kPa 的绝对压力时,输出为 4mA;输入 250kPa 的绝对压力时,输出为 20mA。设大气压的绝对压力 $p_{大气} \approx 100kPa$,则此时输出电流与 $(p_{大气} - p_{min})$ 成正比:

$$I = 4mA + (20mA - 4mA) \times \left(\frac{p_{大气} - p_{abs\,min}}{p_{abs\,max} - p_{abs\,min}} \times 100\% \right) \approx 4mA + 16mA \times \left(\frac{100kPa - 40kPa}{250kPa - 40kPa} \times 100\% \right)$$

$$= 8.57mA$$

三、两线制仪表的负载电阻

两线制 4~20mA 电流输出型仪表的输出必须依靠取样电阻（也称负载电阻），将输出的电流信号转换成电压信号。负载电阻越大，得到的输出电压就越高。在图 4-22 中，若取样电阻 $R_L = 250.0\Omega$，则对应于 4~20mA 的输出电压 U_o 为 1~5V。负载电阻的上限受电源电压和传输线路直流电阻的限制。当选择 HART 通信方式时，R_L 下限为 250Ω，上限为 1000Ω。

例 4-7 某两线制 4~20mA 电流输出型仪表的电源电压为 24V，变送器的最低工作电压为 12V，若传输线路总长为 1km，传输线直流电阻约为 100Ω，求：

1) 最大取样负载电阻 R 为多少欧？
2) 若取样电阻 R 取 250Ω 时，取样电阻两端的最大输出电压 U_{max} 为多少伏？
3) 若取样电阻 R 取 250Ω 时，在线径不变的情况下，传输线的长度最多为多少米？

解 1) 当传输线直流电阻为 100Ω 时，变送器的最大输出电流为 20mA，则线路的最大压降为 2V 时。当电源电压为 24V、变送器的最低工作电压为 12V，则负载电阻上的最大压降为 10V。最大负载电阻 $R_L = 10V/20mA = 500\Omega$。

2) 若取样电阻 R 取 250Ω 时，电阻两端的最大输出电压 $U_{max} = 250\Omega \times 20mA = 5V$。

3) 若取样电阻 R 取 250Ω 时，传输线允许的最大电阻值

$$R_{传输线} = (24V - 12V - 5V) \div 20mA = 350\Omega$$

由于 $\dfrac{l_{max}}{350\Omega} = \dfrac{1km}{100\Omega}$，则传输线的最大长度 $l_{max} = 1km \times \dfrac{350\Omega}{100\Omega} = 3.5km$。

任务二　两线制压力变送器的 HART 通信

一、HART 通信协议简介

HART（可寻址远程传感器高速通道）属于开放通信协议，是美国 ROSEMOUNT 公司于 1985 年推出的一种用于现场智能仪表和控制室设备之间的通信协议，是全球广泛采用的智能仪表工业标准之一。

带有 HART 通信的智能变送器是在现有模拟信号传输线上实现数字信号通信，属于模拟系统向全数字变送器转变过程中的过渡性产品。在 HART 通信协议中，主要的变量和控制信息由 4~20mA 传送；当需要时，通过 HART 协议访问变送器的测量、过程参数、设备组态、校准、故障诊断等辅助信息，传输速率为 1200bit/s。主机可以从现场智能变送器获取 2~4 次/s 的数字更新，不适用于快速过程控制。HART 通信协议有以下几个特点：

(1) FSK 信号　HART 协议采用基于 Bell202 标准的频移键控（FSK）信号，1200Hz 表示 1，2200Hz 表示 0。在 4~20mA 模拟信号上叠加幅度为 0.5mA 的音频数字信号进行双向数字通信。由于 FSK 信号的平均值为零，所以不影响传送给控制系统模拟信号的大小，从而保证了与现有模拟系统的兼容性。HART 通信协议波形示意图如图 4-24 所示，HART 信息格式包括开头码、显示终端与现场设备地址、字节数、现场设备状态与通信状态、数据、奇偶校验等。

(2) HART 协议是主/从协议　只有当主设备发出询问信号时，现场智能变送器（从机）才会发送应答信号。在现场智能变送器与中央控制、监测系统之间传输信息时，HART 协议允许点对点或多点模式。此时，最多可有两个主设备（第一主设备和智能手持终端）。使用手持终端能够在远传或现场便捷地获取和更改变送器的信息，而不会对第一主设备（如控制/监测系统）的通信造成干扰。HART 协议的主机与从机的 3 种通信模式如图 4-25 所示。

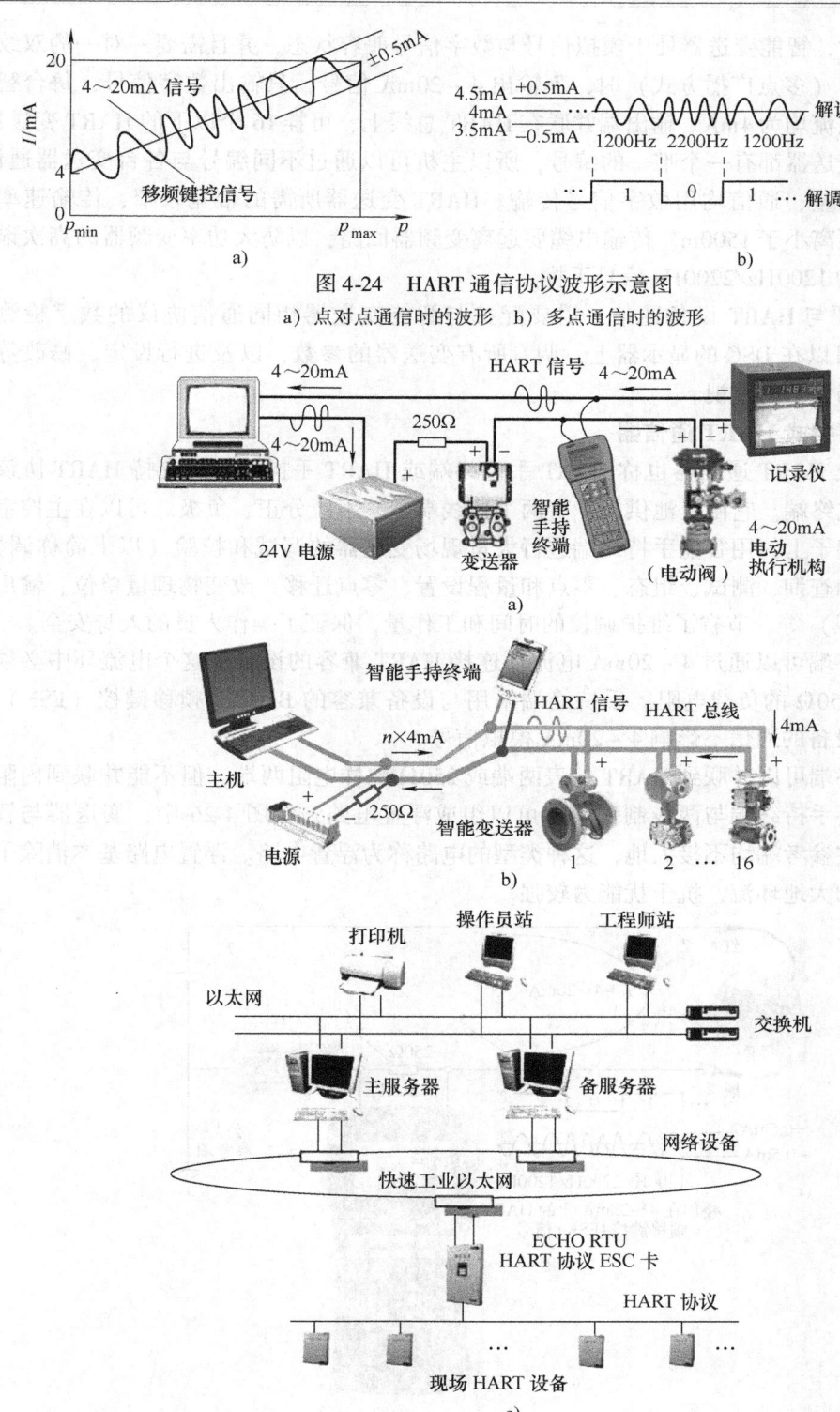

图 4-24　HART 通信协议波形示意图
a）点对点通信时的波形　b）多点通信时的波形

图 4-25　HART 协议的主机与从机的 3 种通信模式
a）点对点主从应答方式（两个主机和一个从机）　b）多点广播方式（两个主机和多个从机）　c）HART 设备与 DCS 的通信

当点对点通信时，智能变送器处于模拟信号与数字信号兼容状态，并且需要一对一的双绞线连接；多点通信（多点广播方式）时，不输出4～20mA信号，只输出数字信号，每台智能变送器的输出电流均为4mA。输出端并联在HART总线上，可挂16个以下的HART变送器。

由于每台变送器都有一个唯一的编号，所以主机可以通过不同编号与各台变送器通信。此时，所有的测量、通信均用数字信号传输。HART变送器所需的带宽较窄，传输速率较慢，接口通信距离小于1500m。传输电缆要远离变频器回路，以防大功率变频器的高次谐波对HART通信的1200Hz/2200Hz信号干扰。

如果DCS要与HART设备通信，需要配接与智能变送器相同通信协议的数字检测卡（ESC卡），就可以在DSC的显示器上，调看所有变送器的参数，以及进行设定、修改等操作，实现对现场设备的监视。

二、智能手持式HART通信器

智能手持式HART通信器也称HART手持终端或HART手操器，是支持HART协议设备的智能手持式终端。它由电池供电，有两个接线端子，不区分正、负极。可以在主控室控制柜内的接线端子上，用智能手持终端进行大量现场变送器的调试和校验（以下简称调校）维护工作。例如查询、测试、组态、零点和量程设置、零点迁移、改变物理量单位、输出模式（线性或方根）等，节省了维护调校的时间和工作量，保证了操作人员的人身安全。

智能手持终端可以通过4～20mA电流环连接HART兼容的设备，这个电流环中必须存在一个最小为250Ω的负载电阻。手持终端采用与设备兼容的Bell202频移键控（FSK）技术，与HART设备的通信不影响4～20mA模拟信号。

智能手持终端可以并联到HART仪表两端或250Ω取样电阻两端，但不能并联到内阻很低的电源两端。手持终端与两线制仪表还可以组成浮置电路。在图4-26中，变送器与智能手持终端的公共参考端均不接大地，这种类型的电路称为浮置电路。浮置电路基本消除了大地电位差引起的大地环流，抗干扰能力较强。

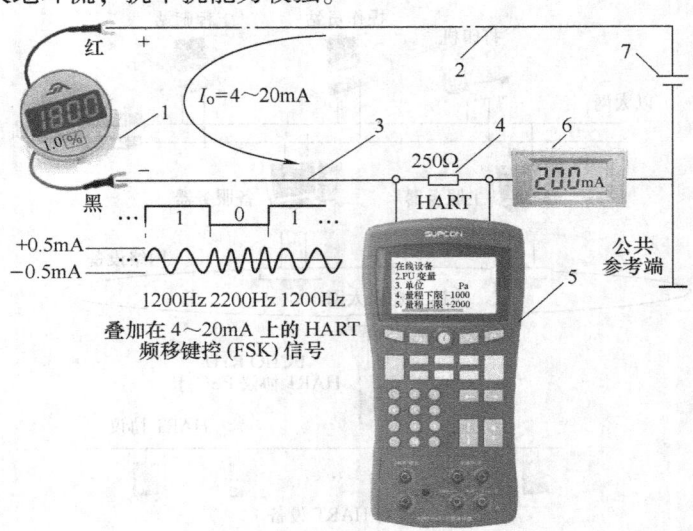

图4-26　HART通信的智能手持终端与取样电阻并联连接示意图
1—低功耗两线制仪表　2—传输线（正极）　3—传输线（负极）　4—取样电阻
5—智能手持终端　6—低功耗数字电流表　7—浮置式电源

任务三 智能压力变送器的应用

一、智能变送器简述

（1）**智能** 是指一种随外界的变化而确定正确行为的能力，包括理解、推理判断与分析等一系列功能。

（2）**智能仪表** 智能仪表发展到今天，已经不只是"含有微处理器的测量仪器"。随着微电子、微机械电子加工、网络、通信等方面的迅速发展，智能仪表已经是软、硬件深入结合的综合体，拥有对数据的存储、运算、逻辑判断、双向通信的功能，具有一定的智能作用。它能适应被测量的变化，检测自身的工作状态，还能与外界双向传递信息，进行逻辑操作和自动化操作，因此被广泛应用于工程测量。

（3）**智能化传感器** 是将一个或多个敏感元件、精密模拟电路、数字电路、微处理器（MCU）、通信接口、智能软件系统相结合的产物，并将硬件集成在一个封装组件内。该类传感器具备数据采集、数据处理、数据存储、自诊断、自补偿、自适应、在线校准、逻辑判断、双向通信、数字输出/模拟输出等功能。

（4）**智能变送器** 20 世纪 80 年代，霍尼韦尔公司首先推出 ST3000 系列智能差压变送器，这是计算机技术与通信技术发展到一定阶段的必然产物。随后其他公司也都推出了类似的智能变送器。智能变送器是既有模拟信号又有数字信号的混合测量仪器。传感器多数采用微机械电子加工技术（MEMS 技术）。在检测部件中，一般都有温度补偿元件和软件线性补偿功能。通常采用微功耗超大规模集成电路（ASIC）和通信模块，内部有多个微处理器和数据存储器，采用高准确度 A-D、D-A 芯片。智能仪表的结构紧凑，采用表面安装技术，具有可靠性高、准确度高，但体积却很小的特点。智能变送器的量程范围宽，量程比大，可以达到 400∶1。智能变送器量程与常规模拟式变送器相比，可以根据工艺要求，在不更换表的情况下随时更改量程，不用重新更换仪表。

二、智能差压变送器的特点

（1）**性能稳定，可靠性好** 可根据内部程序自动处理数据，如进行统计处理、去除异常数值等。测量准确度高，基本误差可达 ±0.1%，无故障时间可达 10 万小时以上。

（2）**量程范围宽** 可达 400∶1（等精度测量），有较宽的零点迁移范围。

（3）**阻尼时间可调** 可根据压力的波动性，阻尼时间常数可在 0~28s 内调整，从而对压力信号进行平滑，减小数据跳动。

（4）**具有自检和自动补偿能力** 通电后可对传感器进行自检，并作出判断。可通过软件对传感器的非线性、时漂等进行自动补偿，用激光调阻方法，减小了温漂。数据处理方便准确，可根据内部程序自动进行数据处理，如进行统计处理、去除异常数值等。

（5）**数字量输出** 可输出总线协议的数字信号，方便地与计算机或现场总线连接。

（6）**具有双向通信功能** 微处理器不但可以接收和处理传感器数据，还可将信息反馈到传感器，从而对测量过程进行调节和控制。可进行信息存储和记忆，能存储传感器的特征数据、组态信息和补偿数据等。

（7）**远程通信** 通过现场手持终端，使变送器具有自修正、自补偿、自诊断及错误方式告警等多种功能，简化了调整、校准与维护过程。

（8）**单位换算** 例如，将压力转化为水位的高度（mmH$_2$O）；或者将压力开二次方，再乘以系数，转化为流量（m³/s）等。

（9）高、低压侧转换　如果发现正负相导压管接反，可以把表内的参数由 NOROMAL（右侧高压，左侧低压）改为 REVERSE（右侧低压，左侧高压），重新组态，节省了安装工作量。

（10）固定输出　可以设定 3.8~21.6mA 之间的任一数值，联校其所在整个回路是否正常。

三、智能差压变送器的结构及工作原理

智能差压变送器的典型产品有 1151、3051、ST3000、EJA、AS 等系列。智能差压变送器主要由传感器、微处理器、存储器及模/数、数/模转换器、通信电路等组成。

传感器部分包括：传感器膜头、检测电路、温度传感器和温度补偿电路等。

微处理器是压力智能变送器的核心，负责对数据的综合运算处理。如对检测信号线性化、量程重调、函数运算、工作单位换算及诊断与通信功能。

存储器用来存储供微处理器调用的各种常数、程序及变送器的组态等，可多次擦写。

模/数、数/模转换器是将模拟信号与数字信号进行相互转换。传感器的检测信号传送到微处理器使用模/数转换器；微处理器输出 4~20mA 信号使用数/模转换器。

智能差压变送器需要配置手持终端，用于完成组态、量程设定、零点迁移等操作。

3051C 型智能差压变送器的工作原理框图如图 4-27 所示。电路结构主要包括传感器部件（传感膜头）和电子电路板两大部分。传感膜头内的 EEPROM 用于产生编码以及修正传感器的线性度等。电子电路板内的 EEPROM 用于各种设定以及故障诊断等。

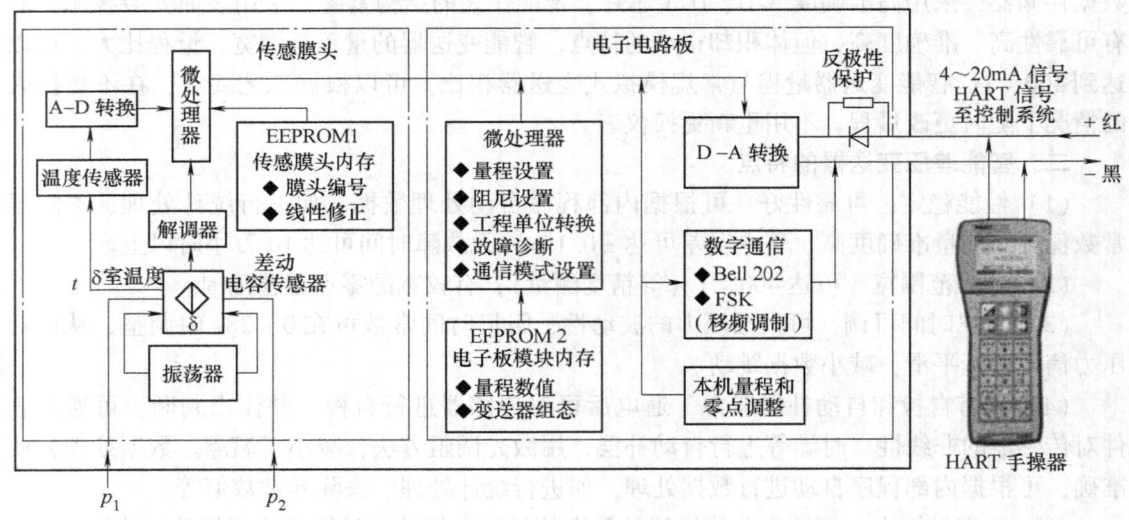

图 4-27　3051C 型智能差压变送器的工作原理框图

智能差压变送器带有液晶显示器，与手持终端配合，可以在现场变送器的信号端子上，就地设定零点、量程；也可以在远离现场的控制室中，或远离危险的地方，将智能手持终端接到某个变送器的信号线上，进行远程组态、测量范围变更、变送器校准、故障自诊断等。

传感膜头中的 EEPROM 用于存放膜盒制造过程中由生产线上的计算机采集到的数据，包括测量范围、输出/输入特性、静压和温度特性、线性修正数据等参数，而电子单元中的

EEPROM 用于存放变送器调试过程中仪表的各种参数。双存储器结构使变送器有良好的部件互换性。如果传感器膜头损坏，只需更换同型号的传感器膜头，而可以继续使用原来的电子电路板。智能差压变送器外形及内部电路板如图 4-28 所示。

四、智能差压变送器的零点迁移

在工程测量中，有时因实际条件限制，导致压力容器的位置比较高，而压力变送器的安装高度比较低，如图 4-29 所示。当容器中的被

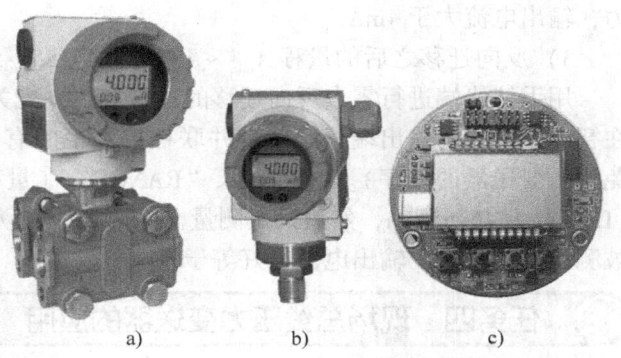

图 4-28 智能差压变送器外形及内部电路板
a) 导压管式　b) 外螺纹式　c) 带 LCD 的电路板卡

测压力等于零时，由于隔离法兰式压力变送器的取压管中灌满密度为 ρ 的导压液，高度为 h，则初始压力 p_{+0} 不等于零

$$p_{+0} = \rho g h \tag{4-16}$$

式中　p_{+0}——隔离法兰式压力变送器正取压口的初始压力（Pa）；

　　　ρ——导压液的密度（kg/m³）；

　　　h——导压管的垂直高度（m）；

　　　g——测量地的重力加速度（m/s²）。

在变送器安装完成后，式（4-16）中的 $\rho g h$ 为常数，称为零点迁移。零点迁移导致压力变送器在被测压力等于零时，输出不为 4mA，必须予以校正，称为反向迁移。工程中也用"零点迁移"来表示压力初始值的迁移。

可以用手持终端来进行零点的反向迁移，使得在被测压力等于零时，变送器的输出电流被调校到 4mA。有的智能差压变送器可以允许 +500% 和 -600% 的迁移。迁移过程并没有改变压力变送器的总量程，也不改变灵敏度，只是使变送器的量程的下限和上限同时向正方向或负方向平移。

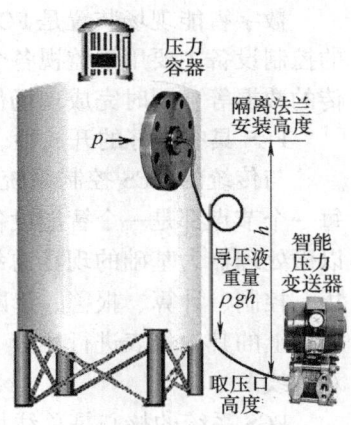

图 4-29 隔离法兰式智能差压变送器的零点迁移

例 4-8　隔离法兰式智能差压变送器的量程为 0~500kPa，取压口低于安装法兰 5m，如图 4-29 所示。已知起隔离作用的导压液为硅油，密度 $\rho = 950 \text{kg/m}^3$，测量地的重力加速度 $g = 9.8 \text{m/s}^2$，求：

1）迁移量 B。

2）反向迁移之前，如果容器的被测压力为零，变送器的输出电流 I_0 为多少毫安？

3）反向迁移之后的量程 A。

解　1）$B = p_{+0} = \rho g h = 950 \text{kg/m}^3 \times 9.8 \text{m/s}^2 \times 5\text{m} = 46550\text{Pa} = 46.55\text{kPa}$，为正迁移。

2）$I_0 = 4\text{mA} + 16\text{mA} \times \dfrac{46.55\text{kPa}}{500\text{kPa}} = 4\text{mA} + 16\text{mA} \times 9.31\% \approx 5.49\text{mA}$。

由上述计算结果可知，压力变送器的正取压口压力为零时，已经受到 46.55kPa 的静压

力,输出电流大于 4mA。

3)反向迁移之后的量程 $A_{min} \sim A_{max}$ 为:46.55~546.55kPa。

用手持终端进行零点反向迁移的过程如下:先关闭手持终端的电源,将两个接线夹并联在智能变送器的输出端子上或者并联在控制柜的有关端子上,再开启手持终端的电源(以免扰乱变送器的程序)。然后进入"RANGE"(量程范围设定)画面。首先设定测量下限(LRV)为 46.55kPa,然后设定测量上限(URV)为 546.55kPa。反向迁移之后,当容器的被测压力为零时,输出电流恰好等于 4mA。

任务四 现场总线压力变送器的应用

一、现场总线控制系统简介

现场总线控制系统(FCS)是由现场总线组成的网络集成式全分布控制系统,是继气动仪表控制系统、电动单元组合式模拟仪表控制系统、集中式数字控制系统、集散控制系统(DCS)后新一代的控制系统。随着控制、计算机、通信、网络等技术的发展,信息交换领域正在从工厂的现场设备层到控制、管理的各个层次,向工段、车间、工厂、企业发展,引发了自动化系统结构的变革,逐步形成以网络集成自动化系统为基础的企业信息系统。

数字智能现场装置是 FCS 系统的硬件支撑。FCS 将控制功能下放到现场仪表中,控制室的控制设备主要用于监视各个现场仪表的运行状态、优化控制、协调控制和保存智能仪表上传的数据等,同时完成现场仪表无法完成的高级控制功能。

FCS 具有很好的开放性、互操作性、互换性、全数字通信和高度分散性。

与传统的 DCS 控制系统不同,FCS 采用总线网络,所有现场仪表都是一个网络节点,每一个节点都是一个智能设备。现场仪表的数据通过现场总线传送到控制室的控制设备上。以微处理器为基础的现场总线仪表已不再是传统意义上的变送单元,而是同时起着数据采集、控制、计算、报警、诊断、执行和通信的作用。每台仪表均有自己的地址,以便与同一通道上的其他仪表进行区分。现场仪表多数采用总线供电方式,即电源线和信号线共用一对双绞线。

FCS 系统的核心是总线协议,即总线标准。采用双绞线、光缆或无线电方式传输数字信号。

二、现场总线简介

现场总线也称现场网络,出现于 20 世纪 80 年代中后期。IEC(国际电工委员会)对现场总线的定义是"安装在制造和过程区域的现场装置与控制室内自动控制装置之间的数字式、串行、多点通信的数据总线"。现场总线应用于生产现场与微处理器测控设备之间,是实现双向、串行、多节点数字通信的系统,也被称为底层控制网络。现场总线与因特网、企业内部网相连,可以实现不同网段、不同现场设备、控制室之间的信息共享,又将各种控制、维护、组态命令送往相关的现场设备。

在总线上,一对导线上可传输多种信息。允许将各种现场设备(如变送器、调节阀、基地控制器、记录仪、显示器、PLC 及手持终端)与控制系统之间双向、多变量的数字通信。

现场总线控制系统既是一个开放通信网络,又是一种全分布控制系统。它作为智能设备的联系纽带,把挂接在总线上、作为网络节点的智能设备连接为网络系统,并进一步构成自动化系统。

目前在工业现场控制中，常用的现场总线国际标准有 EtherCAT、Lightbus、IEC/ISA、Control-NET、P-NET、FF-HSE/FFH2、Swift-Net、WorldFIP、Interbus、CANopen、Device-Net、USB、Profibus 等。

Profibus 总线是一种广泛应用于工厂自动化车间级监控以及现场设备层数据通信与控制的现场总线技术。Profibus 由三个兼容部分组成。

(1) Profibus-DP　用于高速数据传输、设备级控制系统与分散式 I/O 的通信。

(2) Profibus-PA　专为过程自动化设计，主要特点是"本质安全"。

(3) Profibus-FMS　用于车间级监控网络。

其中的 Profibus-PA 是一种广泛用于制造业、楼宇自动化等众多领域的开放式现场总线。从网络层次上看，Profibus-PA 在整个控制系统中处于最底层，直接铺设在生产现场，以串行形式连接位于生产过程监测最前沿的各类设备和仪表，如阀门定位器、温度、压力、差压、流量、液位变送器等，其上层是高速的 Profibus-DP 总线。Profibus-PA 段与 Profibus-DP 总线之间通过耦合器连接。通过双层总线结构，实现数据的采集、传输以及对设备的控制和管理。由于 Profibus-PA 的开放性，用户无论是对耦合器还是仪表，都有很大的选择自由，使不同厂家生产的现场设备具有互换性，增加和去除总线站点时，不会影响到其他站。

三、Profibus 现场总线变送器

随着 FCS 的发展，出现了集检测、运算、控制、故障诊断功能于一体的变送器。在整个控制系统中，每台变送器都是一个网络接点。现场总线压力变送器原理框图如图 4-30 所示。

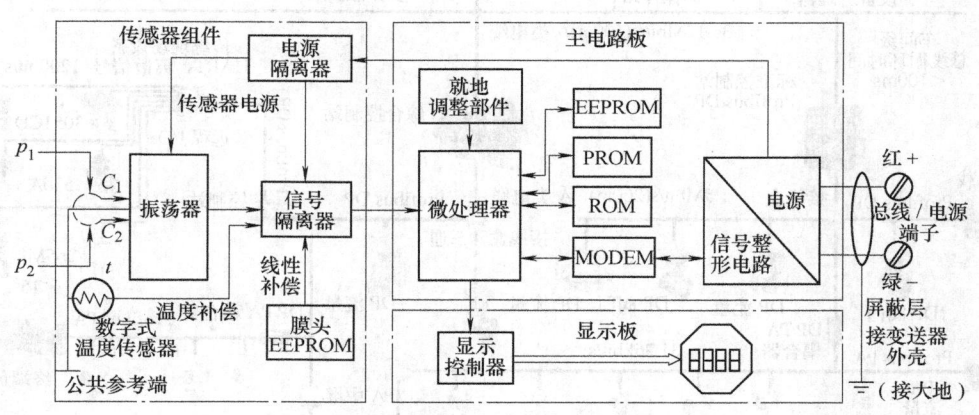

图 4-30　现场总线压力变送器原理框图

1. 现场总线变送器的特点

(1) 节省费用　一对屏蔽双绞线导线可以连接多台现场总线设备（包括变送器和调节器），因而电缆、端子、槽盒、桥架等的用量大量减少。当需要增加现场控制设备时，无需增设新的电缆，可就近连接在原有的电缆上。使用现场总线后，自控系统的配线、安装、调试和维护等方面费用可以大幅度降低。

(2) 全数字传输　抗干扰能力强，准确度高。

(3) 多变量测量　例如在一台变送器内，有多个敏感元件，可以测量温度、压力、差压、流量，可以输出多种变量，节省硬件数量。

(4) PID 控制　可以直接控制其他调节器，改变了现有 DCS 集中与分散相结合的集散控制系统体系，简化了系统结构，提高了可靠性。

(5) 故障诊断　用户可以查询所有设备的运行、诊断维护信息，以便早期分析故障原因并尽快排除。

2. 现场总线变送器的连接及拓扑结构

Profibus-PA 总线支持线型、树型、星型拓扑结构。总电缆与分支电缆长度总和不应超过 1900m。每个线段最多可连接 32 个站，可用 10 个 "中继器" 进行扩展。Profibus-PA 设备通过 DP/PA 耦合器接入 Profibus-DP 总线系统。为了有好的电磁兼容特性，电缆的屏蔽层接到仪表设备端的外壳，允许多点接地。

当采用屏蔽双绞线作为 Profibus 传输介质时，屏蔽线的分布电容应小于 30pF/m。一个网段的传输距离与波特率之间的关系为：31.25kbit/s（1500m 时）、187kbit/s（1000m 时）、500kbit/s（400m 时）、1.5Mbit/s（200m 时）、3~12Mbit/s（100m 时）。网段的终端必须设置一个由 100Ω 电阻和 1μF 电容串联的 RC 终端负载，以消除在总线电缆终端的信号反射干扰。Profibus 现场总线测控系统的拓扑结构如图 4-31 所示，Profibus 总线与计算机的连接端子及终端负载如图 4-32 所示。

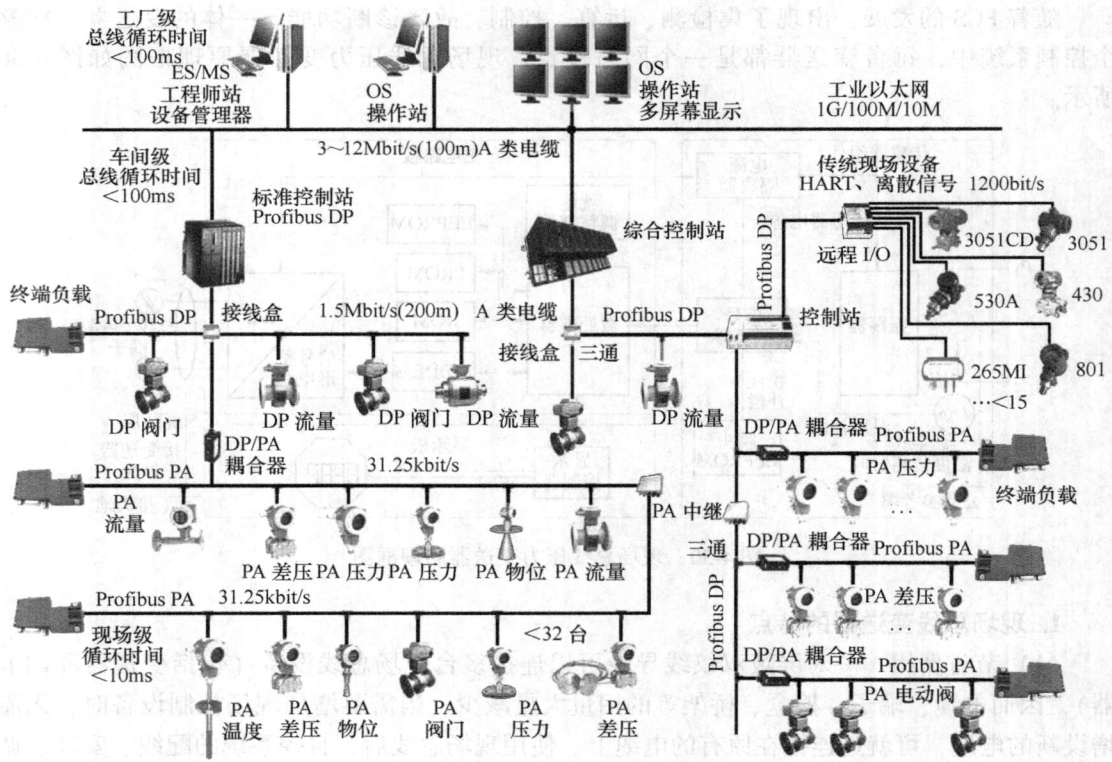

图 4-31　Profibus 现场总线测控系统的拓扑结构

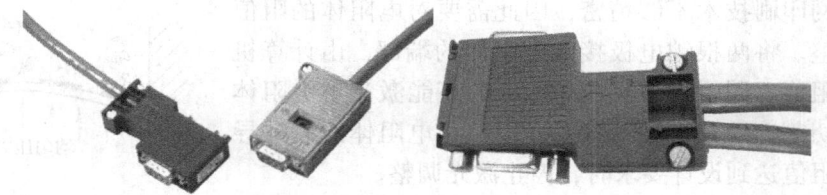

图 4-32　Profibus 总线与计算机的连接端子及终端负载

Profibus 采用 RS485 的插头，插座用于连接 Profibus 电缆和 Profibus 的站点。Profibus 设备的电流是 12mA。通信信号是一个叠加在直流电源上的 1V（峰峰值）调制信号。非本安型 Profibus 耦合器的电流限制在 400mA，可以提供 3 两台设备的电源供应；本安型耦合器的电流限制在 100mA，只能提供 8 台设备的电源供应。如果需要驱动更多的 Profibus-PA 设备，可以增加耦合器。

拓展阅读　陶瓷式压力传感器

陶瓷式压力传感器是近年发展起来的新型压力传感器。压力直接作用于作为敏感元件的陶瓷膜片上，不需要导压液体传递压力，也不产生工艺污染，因此在食品、医药等行业有着广泛的应用。陶瓷式压力传感器由不锈钢外壳、陶瓷膜片、厚膜电阻和引出线、信号处理电路等所组成，陶瓷厚膜电阻式压力传感器如图 4-33 所示。

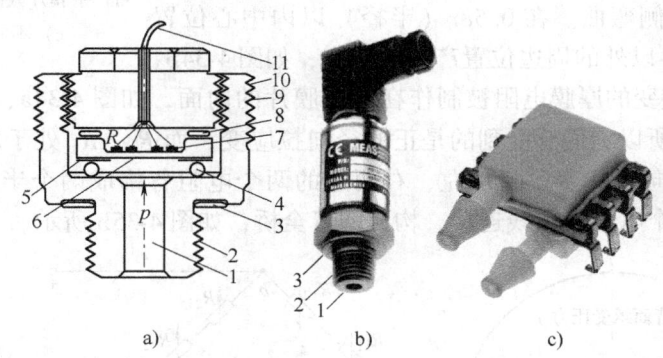

图 4-33　陶瓷厚膜电阻式压力传感器
a）结构　b）螺栓式外形　c）电路板安装式外形
1—进气口　2—外接螺纹　3—外垫片　4—O 形圈　5—玻璃烧结黏合剂　6—陶瓷膜片
7—厚膜电阻　8—内部垫圈　9—锁紧螺栓　10—外壳螺纹　11—电极引线

陶瓷传感器所使用的陶瓷材料是精细陶瓷。用模具压制成型，然后在高温中进行烧结。冷却后，表面经磨平、抛光，不吸附被测介质。厚膜电阻制作在陶瓷膜片的背面，由电阻体、引出端等组成。

利用丝网印刷技术，将厚膜电阻浆料（氧化钌、银、钯、铂、有机溶剂和玻璃珠等的混合物）印刷在陶瓷膜片上，放入烧结炉中烧结，形成阻值可控的电阻体，其表面被融化的玻璃体覆盖，形成保护层。

由于丝网印刷技术不够精密，因此需要对电阻体的阻值进行激光调整。将两根铂电极接触电阻体的端部，由计算机跟踪测量电阻值，同时用聚焦成 $10\mu m$ 的高能激光对电阻体进行烧灼、切割，使其熔融、蒸发，以减小电阻体的有效导电面积。当阻值达到设计要求时，停止激光调整。

经过激光调阻后，电阻边缘的表面玻璃体也被激光烧蚀，暴露出被保护的电阻体，还要在电阻上烧结一层玻璃保护膜。

由于端电极（图 4-35a 中的黑点）很薄，需要制作用于焊接的端头。端头为三层结构，最里层是端电极，外面镀一层镍，增加强度，再在其上镀一层可焊性良好的锡。陶瓷膜片上还串联了一个经激光修正的增益调节电阻 R_p，使传感器在经过外部差动放大电路放大后，达到标准的输出值（例如 2mV/V），使陶瓷膜头具有可互换性。

陶瓷式压力传感器的感压元件是陶瓷膜片。陶瓷膜片越厚，能够承受的被测压力就越大，灵敏度就越低。通常用玻璃黏结剂将陶瓷膜片与一个相同材料的陶瓷 O 形圈黏结在一起，然后放在高温中烧结，构成压力密封。陶瓷膜片相当于等截面弹性平膜片，其受力及应变如图 4-34 所示。

当陶瓷膜片承受来自外侧（底部）的压力时，膜片向印制有厚膜电阻的一侧弯曲。在 $0.58r$（半径）以内中心位置产生拉应变，$0.58r$ 以外的周边位置产生压应变，如图 4-34b、c 所示。4 个感受应变的厚膜电阻被制作在陶瓷膜片的内面，如图 4-34a、b 所示。由于 R_2、R_4 距离圆心很近，所以它们感受到的是正的径向拉应变，而 R_1、R_3 处于膜片的边缘区，它们的应变是负的径向压应变。膜片左、右两边的两个电阻各构成两个半桥，如图 4-35a 所示。两个半桥的 6 个电极由引线连接，构成四臂全桥，如图 4-35b 所示。

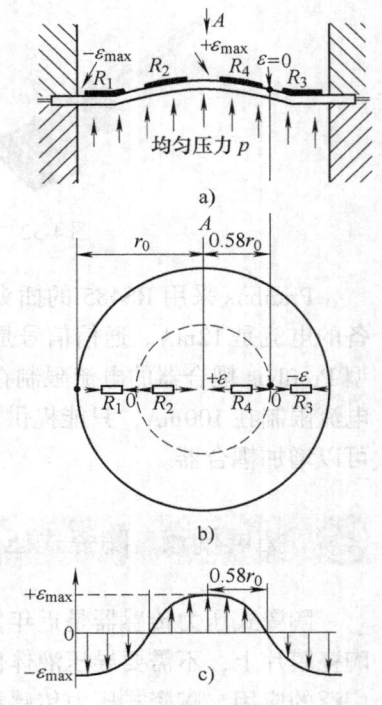

图 4-34 弹性平膜片的受力及应变
a) 平膜片截面图 b) 平膜片俯视图
c) 不同半径区域的应变

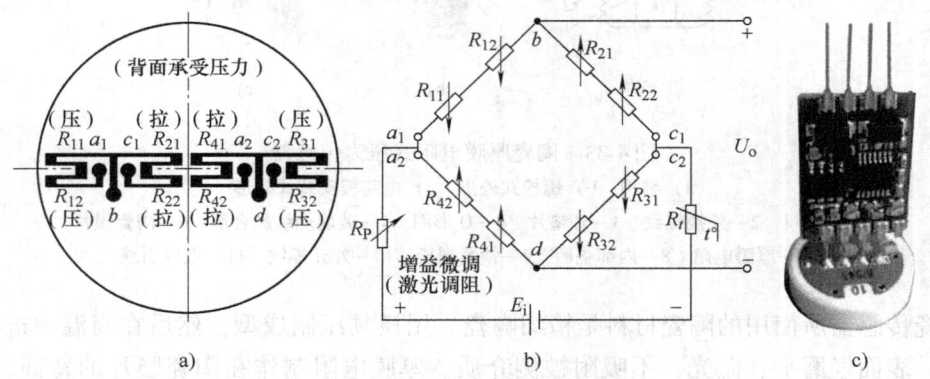

图 4-35 陶瓷式压力传感器应变电桥
a) 厚膜电阻在陶瓷膜片上的分布（底部受力） b) 等效桥路 c) 实物照片

陶瓷式压力传感器不需要导压液，压力直接作用在陶瓷膜片的前表面，使膜片产生微小的变形，4 个厚膜电阻与膜片具有相同的应变，R_1、R_3 阻值减小，R_2、R_4 阻值增加，电桥失去平衡，输出电压 U_o 与膜片压力 p 成正比。

由于 4 个应变电阻是直接制作在同一硅片上的，工艺简单，滞后小，因为 4 个电阻 $R_1 \sim R_4$ 的初始值和温度相等，灵敏度一致，由温度引起的电阻值漂移能互相抵消。陶瓷式压力变送器原理框图如图 4-36 所示。

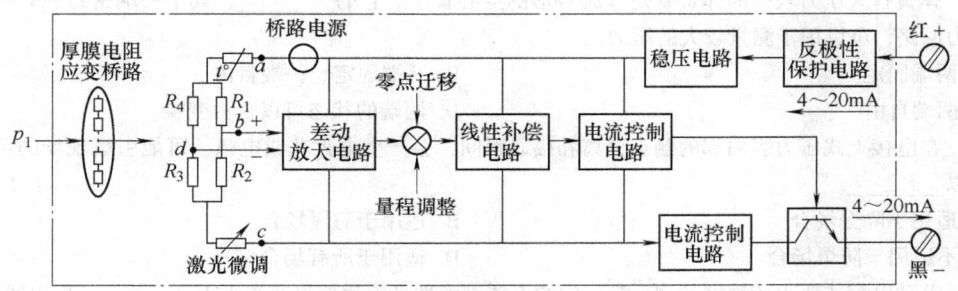

图 4-36　陶瓷式压力变送器原理框图

厚膜电阻应变桥路信号经差动放大电路以及电流控制电路，转换成 4～20mA 输出信号，量程调整比例可达 3∶1 以上。

思考题与练习题

4-1　单项选择题

1）我国规定压力的法定单位为_____。

A. kgf/cm² B. mmHg C. bar D. Pa

2）1 千帕等于_____。

A. 1.019716×10^{-2} 工程大气压　　B. 9.87 标准大气压

C. 100 巴　　D. 760mm 汞柱

3）若将表压传感器的取压口向大气敞开，读数等于_____。

A. 零（绝对压力） B. 零（表压） C. 1 个大气压 D. -100kPa

4）若将真空表的取压口向大气敞开，图 4-2 中的真空表读数等于_____。

A. 零（绝对压力） B. 零（真空度） C. 1 个大气压 D. -100kPa

5）如果将差压传感器的正、负取压口同时向大气敞开，则读数_____。

A. 等于一个大气压 B. 等于零 C. 等于 -100kPa D. 等于 100kPa

6）用常规血压计测量人体血压，得到的数值是_____。

A. 绝对压力　　B. 表压（Pa 或 mmHg）

C. 相对真空度　　D. 大气压

7）若在纬度 45° 海平面，用真空表测得真空度等于零，则海拔越高，真空表读数的绝对值就_____。

A. 越小 B. 越大 C. 不变 D. 无法确定

8）用绝对压力传感器测量某容器的压力，读数为 90kPa，若测量地大气压为 100kPa，则相对真空度为_____，属于微负压。

A. 10kPa B. 90kPa C. 110kPa D. 190kPa

9）压力-真空表_____。

A. 既可以测量正压，也可以测量负压　　B. 只能测量正压

C. 只能测量负压　　D. 只能测量真空度

10）测量接近10Pa的绝对压力，选择_____较为恰当。
   A. 弹簧管式压力表   B. 水银柱压力表   C. 陶瓷压力表   D. 电离真空计
11）相同材料和厚度的等截面平膜片的压力灵敏度比膜盒_____。
   A. 高   B. 低   C. 一样   D. 高很多
12）弹簧管式压力表中的弹簧管是弯成C形的空心管子。它的_____，其中一端密封，另一端接到被测压力回路，可以用于测量较大的压力。
   A. 两端固定   B. 一端固定、一端自由
   C. 两端自由   D. 两端的状态可以自由变换
13）在电接点式压力表内部的触点分离和接通瞬间，会产生电火花或电弧，可能引爆现场的可燃性气体，所以_____。
   A. 适用于隔爆场合   B. 适用于防爆场合
   C. 不适用于防爆场合   D. 适用于所有场合
14）差动电容式压力传感器的"δ腔"中的不锈钢弹性平膜片位移通常小于_____，所以线性较好。
   A. $100\mu m$ B. 1mm   C. 10mm   D. 100mm
15）差压电容式压力传感器中的限位波纹盘起_____作用。
   A. 过压（气压）保护   B. 过电流保护
   C. 短路保护   D. 开路保护
16）采用差动传感器可以_____。
   A. 提高灵敏度，增大线性误差   B. 降低灵敏度，增大线性误差
   C. 提高灵敏度，增大线性误差   D. 提高灵敏度，减小线性误差及温度影响
17）硅微电容式差压传感器的核心是_____。
   A. 硅弹簧管   B. 硅微加工感压膜片   C. 硅电子电路   D. 硅晶体管电路
18）硅微电容式浮动膜盒差压传感器内部的保护膜片是用_____制作的。在单向过压3倍左右时，保护膜片产生位移，不使硅测量膜片损坏。
   A. N型硅   B. P型硅   C. 不锈钢   D. 聚四氟乙烯
19）电容式传感器中的脉冲宽度调制电路缩写是_____。
   A. MPW   B. WPM   C. PWM   D. PMW
20）当管道中有突出的热电偶时，压力表的取压口应选择在热电偶_____。
   A. 之后   B. 之前   C. 同一截面位置   D. 都可以
21）当被测介质为液体时，取压口应开在管道的_____；当被测介质为干净气体时，取压口应开在_____；当被测介质为蒸气时，取压口最好开在_____。
   A. 下部   B. 上部   C. 管道水平中心线   D. 都可以
22）当被测介质为液体时，导压管朝压力表方向_____倾斜；当被测介质为气体时，导压管朝压力表方向_____倾斜。
   A. 向下   B. 向上   C. 向左   D. 向右
23）往复式空气压缩机的出口需要安装一台压力表，已知压缩机出口的平均压力是1MPa，则应选择量程约为_____的压力表较为合适。
   A. 0.75MPa   B. 1MPa   C. 1.5MPa   D. 2MPa
24）测量高压，例如20MPa时，则应选择满量程约为_____的压力表较为合适。
   A. 20MPa   B. 25MPa   C. 33.3MPa   D. 100MPa
25）某智能差压变送器的准确度为0.1%，量程为1MPa，最大量程比可达400，从而可以_____。
   A. 用于0~2.5kPa的压力测量，但准确度降低较多
   B. 用于0~2.5kPa的压力测量，但准确度不变

C. 用于 0～2.5kPa 的压力测量，但准确度提高
D. 不能用于 0～2.5kPa 的压力测量

26）用活塞式压力计校验机械式压力表时，轻敲机械式压力表的表壳，可以减小_____。
A. 温漂　　　　　　B. 迟滞误差　　　　　C. 灵敏度　　　　　D. 线性误差

27）用活塞式压力检验台校验机械式压力表时，顺时针旋转加压手轮，使活塞逐渐上升，并停在活塞柱上的标志线附近。稳定后，又顺时针旋转加压手轮90°，则_____。
A. 活塞柱上升，压力表读数基本不变　　　B. 活塞柱下降，压力表读数变大
C. 活塞柱位置不变，压力表读数也基本不变　D. 活塞柱上升，压力表读数变小

28）采用相同量程标准表比较法校验一台1.0级压力表时，标准压力表的准确度应选_____较为合适。
A. 2.5 级　　　　　B. 1.0 级　　　　　　C. 0.5 级　　　　　D. 0.075 级

29）变送器常用的输出信号是_____。
A. 0～50mV　　　　B. 0～10V　　　　　　C. 0～10mA　　　　D. 4～20mA

30）变送器的常用输出信号的制式是_____。
A. 两线制　　　　　B. 三线制　　　　　　C. 四线制　　　　　D. 五线制

31）标准电流式压力变送器在输出信号线短路时，_____危险。
A. 产生大电流　　　　　　　　　　　　B. 产生高电压
C. 产生大电流和高电压　　　　　　　　D. 不会产生

32）一次仪表通常被安装在_____。
A. 现场　　　　　　B. 控制室　　　　　　C. 控制室的控制柜内　D. 计算机柜内

33）若要测量电流输出型差压变送器的输出电流，可以将毫安表并联在_____。
A. 直流电源两端　　　　　　　　　　　B. 变送器两端
C. 反极性保护二极管两端　　　　　　　D. 交流电源两端

34）电流输出型差压变送器的内部集成电路总耗电流_____。
A. >4.1mA　　　　B. <1mA　　　　　　C. 等于4mA　　　　D. <3.8mA

35）智能差压变送器内部的输入电路避雷电路可以采用_____电路。
A. 串联稳压管和压敏电阻　　　　　　　B. 并联气体放电管和压敏电阻
C. 串联二极管　　　　　　　　　　　　D. 并联电容

36）发现压力变送器的输出信号跳动较大，但有规律，可能是_____。
A. 仪表损坏　　　　B. 传输线接触不良　　C. 电源接触不良　　D. 压力波动

37）测量波动较大的压力时，最好将智能差压变送器的阻尼时间_____。
A. 调大一些　　　　　　　　　　　　　B. 调小一些
C. 调到零　　　　　　　　　　　　　　D. 调大、调小都一样

38）电流输出型压力变送器的反极性保护电路是在内部的电源输入端_____。
A. 串联稳压管　　　B. 并联稳压管　　　　C. 串联二极管　　　D. 并联二极管

39）如果两线制压力变送器的输出电流为2mA，则可判断_____。
A. 压力只有最小值的一半　　　　　　　B. 电源电压只有额定值的一半
C. 仪表损坏　　　　　　　　　　　　　D. 传输线开路

40）如果测得两线制压力变送器的输出电流为3.9mA，则可判断_____。
A. 压力略微小于量程的下限　　　　　　B. 传输线开路
C. 仪表损坏　　　　　　　　　　　　　D. 电源电压略微高于额定值

41）如果测得两线制压力变送器的输出电流为20.1mA，则可判断_____。
A. 压力略微超过量程的上限　　　　　　B. 压力等于额定值的上限
C. 仪表损坏　　　　　　　　　　　　　D. 电源电压略微低于额定值

42）某两线制电流输出型表压变送器的量程为 0～1MPa，零点已校准，若将取压口向大气敞开，此时的输出电流大约为_____mA。
   A. 0   B. 4   C. 12   D. 20

43）某两线制电流输出型差压变送器的量程为 0～20kPa，零点已校准，若将正、负取压口向大气敞开，此时的输出电流大约为_____mA。
   A. 0   B. 4   C. 12   D. 20

44）某两线制电流输出型绝对压力变送器的量程为 0～100kPa，零点和量程均已校准，若将取压口向大气敞开，此时的输出电流大约为_____mA。
   A. 0   B. 4   C. 20   D. 100

45）某两线制电流输出型绝对压力变送器的量程为 0～200kPa，零点和量程均已校准，若将取压口向大气敞开，此时的输出电流大约为_____。
   A. 0   B. 4   C. 12   D. 200

46）常用标准电流输出型压力变送器的取样电阻阻值为_____时，可以在取样电阻两端得到 1～5V 的取样电压。
   A. 100Ω   B. 250Ω   C. 1000Ω   D. 2.5kΩ

47）电流输出型压力变送器设置为 HART 通信方式时，两线制输出回路的负载电阻（取样电阻）下限为_____，上限为 1000Ω。
   A. 25Ω   B. 100Ω   C. 250Ω   D. 900Ω

48）HART 协议采用 FSK 信号。在 4～20mA 模拟信号上叠加幅度为_____的音频数字信号进行双向数字通信，FSK 信号本身的平均值为_____。
   A. 0mA   B. 0.1mA   C. 0.5mA   D. 0.5mV

49）HART 协议采用基于 Bell202 标准的频移键控信号，1200Hz 表示"1"，_____表示"0"。
   A. 0Hz   B. 120Hz   C. 2000Hz   D. 2200Hz

50）若点对点 HART 技术是主/从协议，这意味着_____。
   A. 只有当 HART 主设备发出询问信号时，现场智能变送器才会发送应答信号
   B. 现场智能变送器（从机）可以随时向主机发送数据
   C. 主机和从机以规定的时间间隔通信
   D. 关闭电源后，才能通信

51）当 HART 设备与 DCS 点对点通信（模拟信号与数字信号兼容状态）时，_____。
   A. 需要一对一的双绞线连接
   B. 多台设备可以同时并联在一对双绞线上
   C. 一台设备需要多对双绞线
   D. 在一对电缆上可以传输多路 HART 设备信号

52）如果 DCS 需要与 HART 设备通信，_____。
   A. 可以将 HART 设备通过双绞线直接接到 DCS 的输入端子上
   B. DCS 需要配接与智能变送器相同通信协议的数字检测卡
   C. DCS 可以配接各个不同厂家的数字检测卡
   D. 是不允许的

53）当 HART 协议设置为多点通信（多点广播方式）、只输出数字信号时，每台智能变送器的输出电流约为_____。
   A. 0mA   B. 4mA   C. 4～20mA   D. 20mA

54）当 HART 协议设置为点对点主从应答方式时，允许_____进行在线组态等工作。
   A. 1 台 HART 手持终端   B. 两台 HART 手持终端

C. 3 台 HART 手持终端　　　　　　　　D. 多台 HART 手持终端

55）HART 手持终端不可以并联在_____的两个端子上。
   A. HART 设备　　　B. 取样电阻　　　C. 负载电阻　　　D. 电源

56）使用 HART 手持终端进行现场变送器的组态时，_____。
   A. 必须调节现场变送器的内部电位器
   B. 必须调节 HART 手持终端的内部电位器
   C. 同时调节现场变送器和 HART 手持终端的内部电位器
   D. 单击 HART 手持终端的键盘进行设定

57）使用 HART 手持终端进行现场变送器的组态前，必须_____，然后将手持终端的两个夹头并联到有关节点，再开启 HART 手持终端的电源，才能避免扰乱 HART 设备的程序。
   A. 关闭 HART 手持终端的电源
   B. 关闭 HART 变送器的电源
   C. 同时关闭 HART 手持终端和 HART 设备的电源
   D. 同时开启 HART 手持终端和 HART 变送器的电源

58）HART 手持终端_____进行组态。
   A. 只能在危险的现场　　　　　　　　B. 只能在距离变送器 10m 距离内
   C. 可以在远离现场的控制室控制柜上　D. 可以在电源柜上

59）既有模拟信号又有数字信号的变送器是_____。
   A. 模拟式变送器　　B. 数字变送器　　C. 智能变送器　　D. 总线变送器

60）智能变送器内部_____。
   A. 有一个微处理器　B. 有多个微处理器　C. 没有微处理器　D. 有一个 2051 单片机

61）如果现场的工艺改变，容器的过程压力增加到原来的 4 倍，采用_____可以不必更换压力测量设备。
   A. 模拟式变送器　　B. 非智能变送器　　C. 智能变送器　　D. 机械压力表

62）由于传感膜头中的 EEPROM 存放有膜盒制造过程中由生产线上的计算机采集到的数据，如果发现智能变送器的电流控制元件损坏，而传感器膜头完好，则_____。
   A. 可以只更换同型号的电子电路板　　B. 可以只更换同型号的传感器膜头
   C. 电子电路板与传感器膜头必须同时更换　D. 必须更换整个变送器

63）在工程测量中，若将智能差压变送器的正、负取压管与取压口接反，则_____。
   A. 取压口的螺纹受损　　　　　　　　B. 智能差压变送器受损
   C. 可以用 HART 手持终端重新组态　　D. 不须更动硬件和软件，可以正常工作

64）在工程测量中，有时压力容器的位置比较高，压力变送器的安装高度比较低，若采用隔离法兰式压力变送器时，需要_____。
   A. 灵敏度迁移　　　B. 零点反向迁移　　C. 温度补偿　　　D. 线性补偿

65）零点反向迁移时，_____变化。
   A. 灵敏度　　　　　　　　　　　　　B. 量程（上限减去下限）
   C. 零点　　　　　　　　　　　　　　D. 线性度

66）FCS 是指_____。
   A. 气动仪表控制系统　　　　　　　　B. 电动单元组合式模拟仪表控制系统
   C. 集散控制系统　　　　　　　　　　D. 集中式数字控制系统

67）现场总线变送器_____。
   A. 可以控制不同总线协议的电动阀门　B. 可以控制相同总线协议的电动阀门
   C. 不能控制电动阀门　　　　　　　　D. 只有测量功能，不具备控制功能

68) 不适合快速传输通信数据的是_____。
A. HART 协议　　　B. FF 协议　　　C. Control-NET 协议　　　D. Profibus 协议

69) 处于整个控制系统中处于最底层，直接铺设在生产现场的总线是_____。
A. Profibus-PA　　　B. RS232　　　C. RS485　　　D. Profibus-ABB

70) 一对现场总线_____现场总线设备。
A. 可以连接多台　　　B. 只能连接 1 台　　　C. 只能连接两台　　　D. 只能连接 3 台

71) Profibus 总线网段的终端必须设置一个_____，以消除在总线电缆终端的信号反射干扰。
A. 变压器　　　B. 电容器　　　C. 取样负载　　　D. 终端负载

72) 压力直接作用在作为敏感元件的膜片上，不需要导压液，不易淤积被测介质，适用于食品、制药等行业的卫生型压力传感器是_____。
A. 导压管式电容式压力传感器　　　B. 硅微压力传感器
C. 浮动膜盒式硅微压力传感器　　　D. 陶瓷式压力传感器

73) 陶瓷式压力传感器膜片上的厚膜电阻需要经过激光调阻，调阻后的_____。
A. 阻值减小　　　B. 阻值增大　　　C. 阻值不变　　　D. 电感变大

74) 陶瓷膜片越厚，_____。
A. 能够承受的被测压力就越小，灵敏度就越低
B. 能够承受的被测压力就越大，灵敏度就越低
C. 能够承受的被测压力就越大，灵敏度就越高
D. 能够承受的被测压力就越小，灵敏度就越高

75) 当陶瓷膜片承受来自外侧的压力时，膜片向印制有厚膜电阻的一侧弯曲。在 $0.58r$（半径）以内中心位置产生_____，$0.58r$ 以外的周边位置产生压应变，从而引起膜片上的 4 个电阻的阻值发生对应的变化。
A. 拉应变　　　　　　　　　　　B. 压应变
C. 较大的位移（挠度）　　　　　D. 断裂

76) 根据表 4-2，能够不经 A-D 转换电路，直接输出数字脉冲信号的压力传感器是_____。
A. 弹簧管式压力传感器　　　B. 单晶硅谐振式硅微结构压力传感器
C. 压阻式压力传感器　　　D. 厚膜电阻式陶瓷式压力传感器

77) 根据表 4-2，准确度最高、稳定性最好、零漂最小的是_____。
A. 扩散硅压力变送器　　　B. 单晶硅谐振式压力变送器
C. 电容式压力变送器　　　D. 陶瓷式压力变送器

4-2 计算分析题

1. 上网搜索、下载 "压力计量-名词术语及定义"、"一般压力表"、"硅电容式压力传感器"、"干式陶瓷压力传感器"、"智能仪表系统中的 HART 协议通信" 等行业标准、国家标准以及与压力测量有关的专业资料，简述其主要内容。

2. 上网查阅氧气、氢气、乙炔等可燃性气体压力表的标度盘上标示出的警示标记颜色。

3. 如果某压力容器最大压力为 12MPa，允许最大绝对误差为 ±300kPa。若选用量程为 0~20MPa、准确度为 0.5 级的压力表进行测量，标准表的最大绝对误差不应超过被检验表的最大绝对误差的 1/3，请进行有关计算，确定能否符合误差要求？

4. 某两线制压力变送器的量程范围为 0~2MPa，对应的输出电流为 4~20mA。求：
1) 压力 p 与输出电流 I 的关系表达式（输出/输入方程）。
2) 画出压力与输出电流间的输出/输入特性曲线。
3) 当 p 为 0MPa、2MPa 和 1MPa 时变送器的输出电流 I_0、I_2、I_1。
4) 如果希望在信号传输终端将电流信号转换为 1~5V 电压信号，求负载电阻 R_L 的阻值。

5）如果电源电压为24V，但负载电阻达到1kΩ，会发生什么现象？
6）画出该两线制压力变送器的电路接线图。
7）如果测得变送器的输出电流为8mA，求此时的压力 p。
8）若测得变送器的输出电流为0mA，试说明可能是哪几个原因造成的？
9）请将图4-37中的各元器件及仪表正确地连接起来。

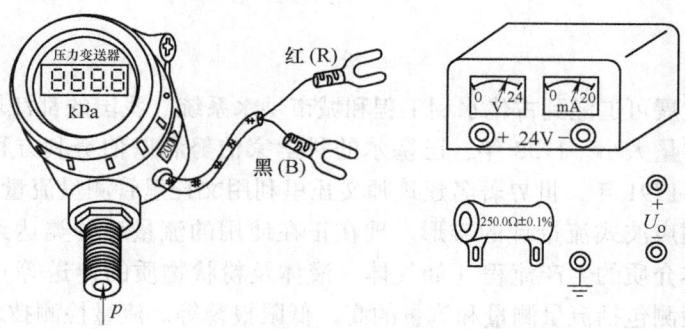

图4-37　两线制仪表的连线

5. 使用隔离法兰式智能压力变送器测量地下油罐顶部的蒸气压力示意图如图4-38所示，变送器安装在高于法兰取压口3m的地面。该压力变送器的量程为 0～200kPa。已知起隔离作用的导压液为硅油，密度 $\rho = 950 \text{kg/m}^3$，测量地的重力加速度 $g = 9.8 \text{m/s}^2$，求：

1）迁移量 B 为多少千帕？（保留小数点后2位）（提示：迁移量的百分比 $\delta = 14\%$）

2）如果不进行反向迁移，容器的被测压力必须增大到多少千帕，变送器的输出电流 I_0 才能上升到4mA？（提示：反向迁移之后的量程 $A_{\min} \sim A_{\max}$ 不变）

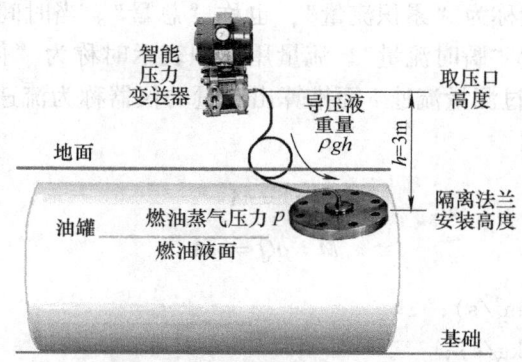

图4-38　使用智能压力变送器测量地下油罐顶部的蒸气压力示意图

模块五 流量检测

流量检测的发展可追溯到古代水利工程和城市供水系统。我国的都江堰水利工程利用宝瓶口的水位观测水量大小。1738年，巴塞尔的科学家伯努利以伯努利方程为基础，利用差压法测量水流量。1791年，世界著名建筑师文丘里利用文丘里管测量流量。到了20世纪30年代，又出现了超声波式流量计的雏形。现在正在使用的流量计种类达到近百种。在工程中，凡是涉及流体介质的生产流程（如气体、液体及粉状物质的传送等）都要用到流量检测和控制。流量检测包括流量测量和流量的高、低限报警等。流量检测技术可用于冶金、电力、煤炭、化工、石油、交通、建筑、轻纺、食品、医药、农业、能源计量，实现节能降耗，提高经济效益。

知识链接 流量的基本概念

一、流量的基本概念

流体流过一定截面的量称为"流量"。流量是瞬时流量和累积流量的统称。在一段时间内流体流过一定截面的量称为"累积流量"，也称"总量"。当时间很短时，流体流过一定截面的量与时间之比称为"瞬时流量"。流量用体积表示时称为"体积流量"，用质量表示时称为"质量流量"。通过测量流速 v 而推算出流量的仪器称为流速法流量计。所测得的瞬时质量流量可用下式表达

$$Q = vA \tag{5-1}$$

$$M = \rho Q = \rho v A \tag{5-2}$$

式中　Q——体积流量（m^3/s）；

　　　M——质量流量（kg/s）；

　　　ρ——流体密度（kg/m^3）；

　　　v——流体平均速度（m/s）；

　　　A——流通管道截面积（m^2）。

如果流通管道的截面积为圆形，直径为 D（单位为m）；则 $Q = v\pi D^2/4$，$M = \rho v \pi D^2/4$。

将瞬时流量对时间 t 进行积分，可以求出累积体积流量和累积质量流量。如果流量十分平稳，则可将短暂时段 t_i 与该时段的瞬时流量的平均值 $\bar{Q}$ 相乘，并对乘积进行累加，从而得到体积总量。若再乘以密度，则可以得到质量总量 $M_总$：

$$Q_总 = \sum_{i=1}^{n}(\bar{Q}_i t_i) \tag{5-3}$$

$$M_{总} = \sum_{i=1}^{n} (\overline{M}_i t_i) \tag{5-4}$$

式中 $Q_{总}$——体积总量（m^3）；

$M_{总}$——质量总量（kg 或 t）；

$\overline{Q}_i$——在某一时段内的平均体积流量（m^3/h）；

$\overline{M}_i$——在某一时段内的平均质量流量（kg/h）；

t_i——计量时段的时长（h）。

例 5-1 已知工作状态下的质量流量最大值 $M_{max} = 500t/h$，工作状况下被测流体的密度 $\rho = 800 kg/m^3$，求：工作状态下最大的体积流量 Q 为多少立方米每小时？

解 $Q = M/\rho = 500\,000 kg/h \div 800\, kg/m^3 = 635 m^3/h$。

例 5-2 已知某过热蒸气（本教材中特指水蒸气，以下同）的密度 $\rho = 10 kg/m^3$，管道直径 $D = 250 mm$，被测管道中的平均流速 $v = 15 m/s$，求：

1）该过热蒸气的平均体积流量 Q。

2）该过热蒸气的平均质量流量 M。

3）该过热蒸气一小时累积的体积总量 $Q_{总}$ 为多少立方米？

4）该过热蒸气每小时的质量总量 $M_{总}$ 为多少吨？

解 1）$Q = v\pi D^2/4 = (15 m/s) \times 3.14 \times (0.25 m)^2 \div 4 = 0.736 m^3/s$。

2）$M = \rho Q = 10 kg/m^3 \times 0.736 m^3/s = 7.36 kg/s$。

3）$Q_{总} = Qt = 0.736 m^3/s \times 3600 s = 2649.6 m^3$。

4）$M_{总} = M \times t = 7.36 kg/s \times 3600 s \div (1000 kg/t) = 26.50 t/h$。

管道中心的流速通常大于管壁的流速，式（5-1）、式（5-2）中的 v 应取流速的平均值。流体在管道中的流速分布如图 5-1 所示。

流体流动主要有两种不同的流态，即层流和紊流。当流体流动时，流线之间没有质点交换，流体的质点作分层运动，迹线有条不紊，层次分明的流动工况称层流流型。流体作层流流动时，流体质点作平行于管道轴的直线运动。管道的中心流速最快，越靠近管壁处的流速越小，管壁处的流速为零，流速分布呈抛物线状，如图 5-1a 所示。

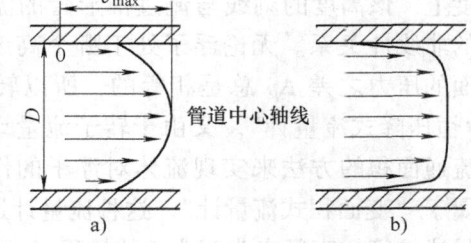

图 5-1 流体在管道中的流速分布
a）层流时的流速分布 b）紊流时的流速分布

当流体流动时，流线之间有质点交换，流体在管道内流速和流动方向紊乱的流动工况称紊流流型。紊流中含有微小的旋涡，随机的速度波动叠加在平均流上。从平均流速的变化来看，中心部位的流速比层流的小，管壁处的流速不为零，如图 5-1b 所示。测量流量时，必须考虑流体流态引起的测量误差。

二、常用流量计简介

流量测量的方法有多种，适合于不同的测量对象与场合。按工作原理可分为：变面积式、动压力式、容积式、速度式、振动式、差压式、电磁式、质量式等。常用流量计的特性如表 5-1 所示。

表 5-1 常用流量计特性

类 型	工作原理	积算特性	介质种类	压力损失	低速特性	含杂质	液体含气	高黏度	量程比
明渠堰式	变面积	非线性	液	小	好	可	可	否	20:1
玻璃转子式	变面积	非线性	气、液	小	好	少量	可	否	10:1
椭圆齿轮式	容积	线性	气、液	大	好	否	少量	可	20:1
蜗轮式	叶片旋转	线性	气、液	大	好	否	否	否	10:1
涡街式	漩涡频率	线性	气、汽、液	较小	不好	否	否	否	10:1
孔板式	压力差	开平方	气、汽、液	大	不好	否	否	否	5:1
超声波式	时间差、频率差	线性	气、液	小	不好	可	否	可	20:1
电磁式	磁感应	线性	导电液	小	不好	可	少量	可	20:1
科氏质量式	开氏力	非线性	液	中等	好	可	少量	可	10:1

1. 玻璃转子流量计

玻璃转子流量计是一种可以直读流量数值的无源流量计，主要由一根自下而上直径均匀扩大的垂直玻璃锥管和一只可随流量大小而上、下移动的浮子（在测量过程中方向随机旋转，俗称转子）组成，如图 5-2 所示。当流体从下至上流经锥管时，流体的冲击力使转子向上运动。随着转子的上升，浮子最大外径与锥管内壁之间的环状流通面积增大，流体的流速相应下降。当上升力与浮子自身重力平衡时，浮子稳定在锥形管中的某一高度上，该高度的刻线与流过锥形管的流量值存在着确定的非线性关系。无论浮子处于哪个高度，浮子上、下表面的压力之差 Δp 总是相等的，所以转子流量计也称为"恒压降式流量计"。又由于转子流量计是通过改变流体流通面积的方法来实现流体对浮子的作用力平衡，因此属于"变面积式流量计"。这种流量计通过改变浮子的重量或锥管的直径来改变流量的量程。

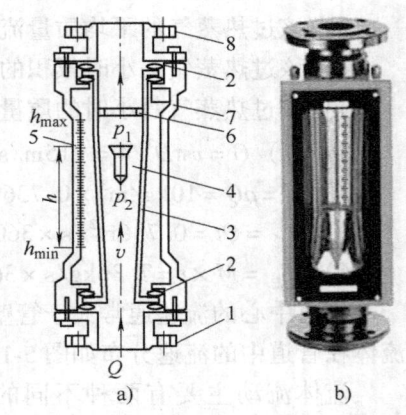

图 5-2 玻璃转子流量计
a) 结构示意图 b) 实物
1—下基座法兰 2—O 型垫圈 3—玻璃锥管
4—浮子 5—刻度 6—上限挡板
7—保护外壳 8—上基座法兰

由于玻璃锥管容易破损，所以工业中也常用无磁性的不锈钢管代替玻璃管，用磁性标尺来观察浮子的平衡位置，还可以远传流量信号。变面积式流量测量的其他方式还有明渠堰式流量计等。

2. 椭圆齿轮流量计

椭圆齿轮流量计属于容积式流量计，又称定排量流量计，是准确度较高的一类流量计。容积式流量计按其测量元件分类，又分为椭圆齿轮流量计、腰轮流量计、刮板流量计、旋转活塞流量计、往复活塞流量计、圆盘流量计、液封转筒式流量计等。

椭圆齿轮流量计由两个相互啮合的椭圆齿轮、轴、壳体、远传电磁线圈等组成，外形和工作腔剖面如图 5-3 所示，工作过程如图 5-4 所示。

当被测流体流经椭圆齿轮流量计时，流体的动压力使进、出口间形成一个差压 Δp。在

图 5-4a 中，壳体内部下方齿轮 1 的两端分别处于入口侧和出口侧，在压力差形成的力矩作用下，逆时针旋转，并带动壳体中的齿轮 2 顺时针旋转。两个齿轮各转动 45°后，成为图 5-4b 的状态。在图 5-4b 中，齿轮 1 中的液体被挤到出口侧，齿轮 2 与壳体上方的间隙中也逐渐充满液体。在图 5-4c 中，齿轮 2 的两端分别处于入口侧和出口侧，成为主动轮，在压力差的作用下，继续作顺时针旋转，同时带动齿轮 1 继续逆时针旋转。这样，利用椭圆齿轮把流体连续不断地分割成单个已知的体积 V_0，逐次把齿轮与壳体之间所形成"新月形"空腔中的液体从入口侧推移至出口侧。齿轮每旋转一圈，就有 4 个 V_0 容积当量的被测液体从出口侧流出，流量与齿轮轴的旋转圈数成正比。

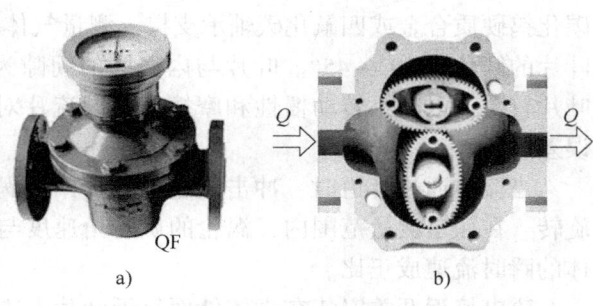

图 5-3 椭圆齿轮流量计
a) 外形 b) 工作腔剖面图

通常在齿轮 1 后方的壳体上设置发讯器 QF（见图 5-3a）。由椭圆齿轮 1 带动一个磁性联轴器，再带动一个开槽的铁磁圆片旋转，使得发讯器的检测线圈产生一连串与铁磁圆片旋转圈数成正比的电脉冲，远传给二次仪表，从而显示瞬时流量和累积流量。

只要椭圆齿轮流量计的齿轮与壳体的配合间隙及组装合理，就有较低的起步流量特性，可用于小流量燃气等计量。

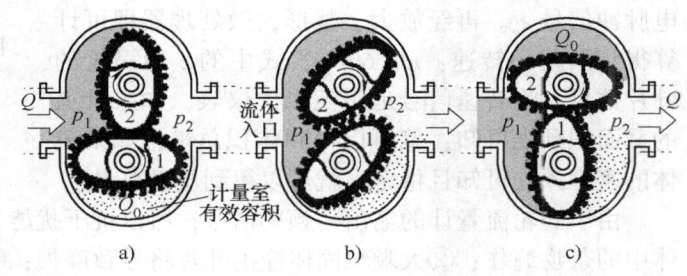

图 5-4 椭圆齿轮流量计的工作过程
a) 齿轮 1 的两端分别处于入口侧和出口侧
b) 齿轮 1 中的液体被挤到出口侧
c) 齿轮 2 的两端分别处于入口侧和出口侧

由于黏性较高的液体不易产生泄漏，所以也比较适合于高黏度的液体流量检测。椭圆齿轮流量计的缺点是压力损失较大。如果被测物中含有固体颗粒，则齿轮易磨损。

还有一种"腰轮流量计"，其原理与椭圆齿轮流量计类似，不同之处在于它是用光滑的腰轮代替椭圆齿轮，称为罗茨流量计，该流量计经常用于高黏度的液体流量检测。

3. 涡轮流量计

涡轮流量计是速度式流量计中的一种，它采用"多叶片转子"（涡轮）感受流体的平均流速。涡轮流量计具有体积小、结构简单的特点，可以用于锅炉给水、热交换系统等的流量测量。

涡轮流量计的流通通道中安装一个涡轮，其结构示意图如图 5-5 所示。壳体由非磁性的不锈钢制成；涡轮由导磁的不锈钢制成，装有螺旋状叶片。管道的直径越大，叶片的数量就越多（4~24 片不等）。涡轮两端由耐磨的

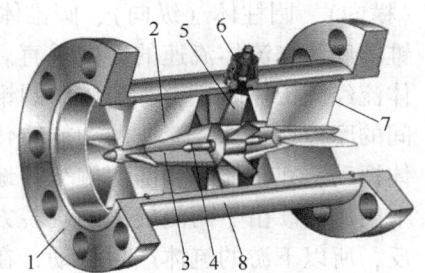

图 5-5 涡轮流量计结构示意图
1—安装法兰 2—流体入口导流片（固定）
3—导流片固定杆 4—涡轮轴承
5—叶片 6—磁电接近开关接口
7—流体出口导流片（固定）
8—涡轮流量计壳体

碳化钨硬质合金或四氟化碳轴承支撑。测量气体时，叶片的倾角为 10°～15°；测量液体时，叶片的倾角为 30°～45°。叶片与内壳间的间隙为 1mm 左右。为了提高对流速的响应速度，叶片较薄，以减小转动惯性和摩擦力。导流片对流体起导向作用，以避免流体自旋而引起误差。

当流体通过管道时，冲击涡轮的叶片，使涡轮旋转。在额定测量范围内，涡轮的旋转角速度与流体的瞬时流速成正比。

磁电接近开关安装在壳体外面靠近叶片上方的位置。磁电接近开关发讯器（QF）原理示意图如图 5-6 所示。磁电感应线圈约几百匝，永久磁铁固定在线圈的骨架内。当涡轮旋转时，导磁叶片顶部周期性地切割磁力线，使通过线圈的磁感应强度 B 发生周期性变化，从而在线圈内感应出频率为 f 的电脉冲信号 e_o。再经放大、整形，微处理器即可计算得到涡轮的转速：$n = 60f/z$，式中的 z 为涡轮的叶片数目。将转速信号远传至二次仪表，如果管道的截面积预先可知，就可以得到体积总量；如果流体的密度预先可知且稳定，就可以得到质量总量。

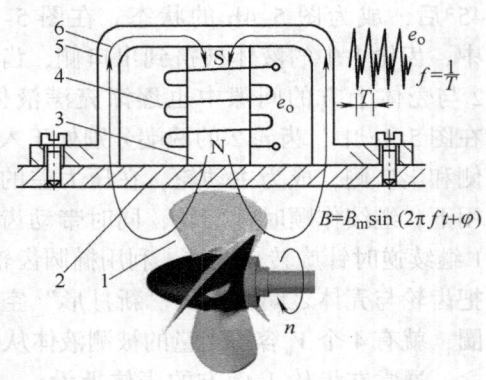

图 5-6　磁电接近开关发讯器原理示意图
1—被测旋转体（导磁不锈钢叶片）
2—非导磁涡轮壳体　3—永久磁铁
4—线圈　5—发讯器磁性外壳　6—磁力线

由于涡轮流量计的输出是频率信号，所以抗干扰能力强。它的缺点是：①涡轮容易被液体中的杂物缠住；②大颗粒固体撞击叶片将导致磨损；③轴承感受流体的轴向压力，容易磨损，从而影响涡轮流量计的寿命。

4. 涡街流量计

涡街流量计是根据"卡门旋涡"原理制成的速度式流量计。当一稳定的流体流经直管道并撞击处于流体中心的非线性柱体时，在柱体的下游会产生有规则的旋涡剥离现象（即卡门旋涡）。

非线性柱体可以有多种形式，称为漩涡发生器或阻流体。常用的非线性柱体有圆柱体（横向）、圆柱体（纵向）、圆锥体等。卡门涡街流量计结构及原理如图 5-7 所示。图中的圆锥体底面与流体流速的方向垂直。当流体流经圆锥体时，由于流体和圆锥体之间的摩擦，一部分流体的动能转化为流体振动，在锥体的后部两侧交替地产生卡门旋涡。由于两侧旋涡的旋转方向相反，所以下游的流体产生振动，在额定范围内，其流体的振动频率与流速成正比。

只要测量出卡门旋涡的频率 f，即可获得流体的流速 v，并通过公式 $Q = vA$（A 为管道的横截面积）算得进入管道的流体的瞬时流量 Q。测量卡门旋涡

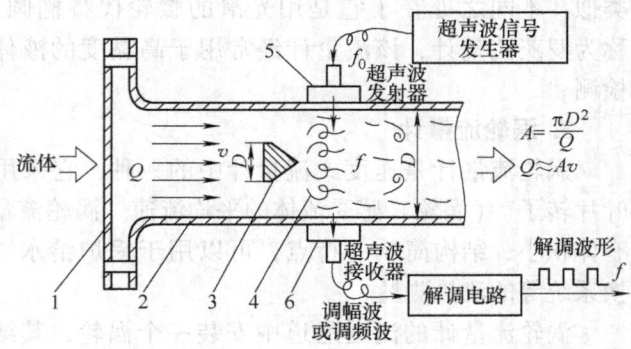

图 5-7　卡门涡街流量计的结构及原理
1—安装法兰　2—管道　3—旋涡发生锥体　4—卡门旋涡
5—超声波发生器探头　6—超声波接收器探头

频率的方法有光电式、热敏电阻式、变极距电容式、磁电式和超声波式等。

图 5-7 中,超声波发射器、接收器安装在卡门旋涡发生器后部的上、下两侧。超声波发生器发射固定频率的超声波,接收器接收到的超声波是由卡门旋涡调制后的调幅波或及调频过的疏密波。经过放大、解调(鉴幅或鉴频)电路,可以得到卡门旋涡低频脉冲信号 f。

涡街流量计对直管段的要求是:至少保证流量计前 15 倍管径、流量计后 5 倍管径的直管段。如流量计前、后有弯头、缩径、扩径等干扰源,则需保证流量计前 30 倍管径,流量计后 6 倍管径的直管段。所谓直管段是指轴线是笔直,且内部横截面的面积和形状不变的管段,管道的横截面形状通常为圆形。

5. 流量报警开关

流量报警开关属于无源的动压力式流量传感器,典型结构如图 5-8a 所示。在水、气、油等介质管路中,流体冲击流量报警开关的挡板,使之向下游弯曲。当流量大于临界值时,动片压住微动开关,使动触点与动合(常开)触点接通;反之,当流量小于设定值时,微动开关复位,动触点与动断(常闭)触点接通。

流量报警开关结构简单、工作可靠,微动开关触点交、直流通用。也可借助灵敏度微调螺钉调节阻力矩,从而改变流量报警点。可用于大型设备冷却液的控制、水排放的报警等。利用类似的原理,还可以制成"靶式流量计",它是利用应变计电路测量流体对挡板的动压力。

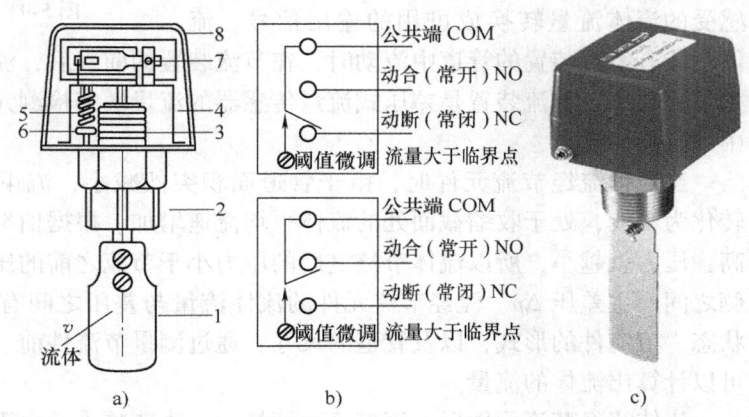

图 5-8 流量报警开关
a) 内部结构图　b) 触点状态图　c) 外形
1—挡板　2—安装接管　3—密封波纹管　4—杆杠　5—弹簧
6—灵敏度微调螺钉　7—微动开关触点　8—报警开关外壳

以上介绍的几种流量计均会产生压力损失,且不适用混有纤维状杂质的流体测量。

项目一　节流式流量计

【项目教学目标】

☞知识目标
1) 熟悉节流式流量计的工作原理。
2) 熟悉标准节流孔板的种类和特性。
3) 掌握节流孔板的取压方法。
4) 熟悉节流式流量测量的误差合成。

☞技能目标
1) 掌握节流式流量计的流量计算与调校。
2) 掌握节流装置的安装。

任务一 认识节流式流量计

一、节流式流量测量的基本原理

17世纪,托里拆利奠定了差压式测量流量的理论基础。差压式流量计也称节流式流量计或DPF,是利用流体流经节流装置产生压力差,将感受的流体流量转换成可用输出信号的传感器,由节流装置(节流件、导压管)、差压变送器等组成,其工作原理框图如图5-9所示。

1. 节流现象

利用流体流经节流装置产生压力差,将感受的流体流量转换成可用的输出信号。流

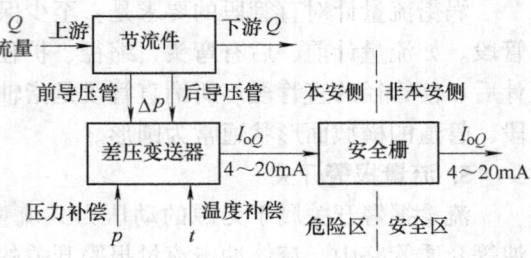

图5-9 节流式流量计工作原理框图

体在装有节流装置的管道中流动时,在节流装置的前、后,流体的静压力产生差异的现象称为节流现象。节流装置是差压式流量传感器的流量敏感检测元件,是安装在流体流动的管道中的阻力元件。

当流体流经节流元件时,由于管道面积突然减小,流束成局部收缩,部分"压力能"转化为动能,处于收缩截面处的流体平均流速增加。根据伯努利方程,管道中流体的流速越高,压力就越小,所以流体节流之后的压力小于节流之前的压力,在节流件的上游侧与下游侧之间产生差压 Δp。流经节流元件的流体流量与差压之间有确定的函数关系,若已知流体状态、节流件的形式,以及管道的尺寸,通过测量节流件前、后的差压,根据有关公式,就可以计算出流体的流量。

流体流经节流元件后,流束又逐渐扩大,流速减小。由于节流装置的工作是基于紊流的工况,流体流经节流元件时要克服摩擦力,而且在节流元件的下游侧存在局部涡流,也要消耗一部分能量,所以流体在管道的下游不能恢复到节流之前的压力,从而产生压力损失。

2. 节流元件

所谓节流元件就是在管道中放置一个局部面积收缩的机械元件,简称节流件。

(1) 标准节流装置与标准节流元件 所谓标准节流装置就是有关计算数据都经国家相关部门试验而有统一的图表和计算公式,按统一标准规定设计、加工和安装的节流装置,不必经过个别标定就可以使用。

GB/T 2624—1993中规定的标准节流装置有孔板、喷嘴和文丘里管。其中应用最广的是孔板,其次是喷嘴和文丘里管。它们的结构形式、相对尺寸、技术要求、管道条件和安装要求等均已标准化。

1) 标准孔板是一块具有圆形开孔的金属薄板,其直角入口的边缘非常尖锐。圆孔壁与孔板前端面成直角,安装时孔板轴心与管道轴线应同心,如图5-10a所示。

标准孔板结构简单,安装方便,但压力损失较大,直角入口边缘容易被流体中的杂质磨损而钝化,引起差压偏低,严重时需更换孔板。

标准孔板表面还可能黏结污垢,或者由于使用日久,在孔板前、后角落处沉积杂质,或由于腐蚀作用,使管道的流通截面积逐渐变小,造成测量误差。

利用标准孔板测量流量必须满足以下条件:①管道的直径必须大于50mm而小于

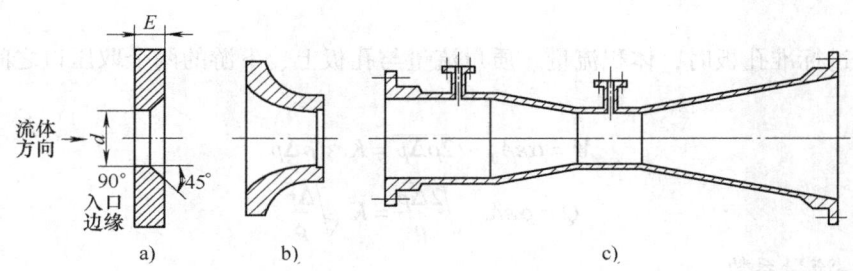

图 5-10 3 种标准节流件
a) 标准孔板 b) 喷嘴 c) 文丘里管

1200mm；②流体必须充满管道，并连续流动；③不应发生气、液物态变化（即需要保持单相流）；④流体流束必须与管道轴平行，不应有旋转流或偏心流；⑤差压变送器的规格应与标准孔板的孔径匹配；⑥在计算蒸气和气体流量时，必须针对流体的压力和密度实测值进行修正。

2）喷嘴的外形如图 5-10b 所示。流体入口的圆弧曲面引导流体在喷嘴内收缩，减小了涡流区，压力损失比孔板小 20% 左右。

3）文丘里管的外形如图 5-10c 所示。它有一段扩展段，流体从收缩到扩展都有一定的型面引导，涡流比喷嘴小，压力损失是孔板的 1/6～1/3。文丘里管加工复杂，价格昂贵，多用于大管径以及要求节能的场合。

（2）非国家标准节流件 所谓非国家标准节流件是指那些试验数据不很充分，设计、制造后必须经过个别标定才能使用的节流件，它们各有特点，使用场合也不相同。

1）双重孔板：由两块按一定距离排放的孔板组成。开孔直径较大的孔板在前，较小的在后。适用于流速较小、黏度较大的液体流量测量。

2）双面孔板：也是一块薄板，孔板的入口和出口都不尖锐，且左、右对称。适用于双向流动的流体流量测量。

3）偏心孔板：轴线与孔不在同一条线上，适用于含粉尘较多的气体流量测量，可以使粉尘与流体分离，而沉淀在节流件的上游。

4）圆缺孔板：孔呈扇形状，适用于含有气泡的液体流量测量。

5）内藏孔板：直接安装在差压变送器内部，适用于小管径的流量测量。

6）1/4 圆喷嘴：也是一块薄板，其入口的收缩弧面是用半径为 r 的 1/4 圆弧构成，压力损失较小，适用于黏度很大的液体流量测量。

3. 标准孔板的流量基本方程

节流孔板用于流体的流量测量如图 5-11a

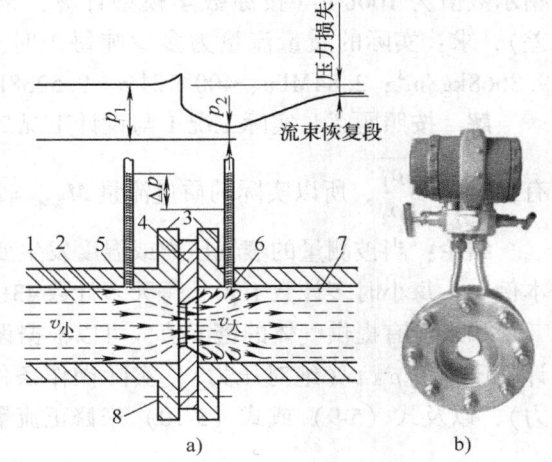

图 5-11 节流孔板用于流体的流量测量
a) 节流孔板附近管壁的流束压力分布示意图 b) 实物照片
1—上游管道 2—流体 3—法兰 4—节流孔板
5—前取压孔 6—后取压孔 7—下游管道 8—螺栓

所示。

流体通过标准孔板时,体积流量、质量流量与孔板上、下游的两个取压口之间的差压之间的关系为

$$M = \alpha \varepsilon A_0 \sqrt{2\rho \Delta p} = K \sqrt{\rho \Delta p} \tag{5-5}$$

$$Q = \alpha \varepsilon A_0 \sqrt{\frac{2\Delta p}{\rho}} = K \sqrt{\frac{\Delta p}{\rho}} \tag{5-6}$$

式中 α——流量系数;

ε——流体的膨胀系数(液体的 $\varepsilon \approx 1$,气体的 $\varepsilon < 1$);

A_0——孔板前端的开口截面积(m^2);

Δp——孔板前、后的压力差(Pa);

ρ——流体密度(kg/m^3);

K——流量比例系数,$K = \sqrt{2}\alpha\varepsilon A_0$。

式中的 α 与 ε、A_0 的数值可以查表得到,但需要根据现场的流量状态进行微调,计算结果只需保留 3~4 位有效数字。

当被测流体的密度变化时,质量流量与密度的算术平方根(以下简称平方根)成正比;体积流量与密度的平方根成反比

$$\frac{M_1}{M_2} = \sqrt{\frac{\rho_1 \Delta p_1}{\rho_2 \Delta p_2}} \tag{5-7}$$

$$\frac{Q_1}{Q_2} = \sqrt{\frac{\rho_2 \Delta p_1}{\rho_1 \Delta p_2}} \tag{5-8}$$

例 5-3 某节流式蒸气流量计中的差压变送器不带开平方器。原设计工况中的蒸气压力为 2.94MPa,温度为 400℃。实际使用中的工况压力降为 2.84MPa(温度不变),流量计的指示数值为 100t/h(按原数学模型计算,未考虑压力因数的影响,与真实结果有较大误差),求:实际的质量流量为多少吨每小时?(注:水蒸气密度:2.94MPa、400℃ 时 ρ = 9.8668kg/m^3;2.84MPa、400℃ 时 ρ = 9.5238kg/m^3,并假设 α、ε、A_0 不变)。

解 按照题意,实际工况 1 与设计工况 2 的比较是在差压相同时进行的,根据式(5-7)有:$\frac{M_1}{M_2} = \sqrt{\frac{\rho_1}{\rho_2}}$,所以实际的质量流量 $M_{实际} = M_{设计} \sqrt{\frac{\rho_{实际}}{\rho_{设计}}} = 100\text{t/h} \sqrt{\frac{9.5238}{9.8668}} = 98.2\text{t/h}$。

结论:当被测量的蒸气压力或温度发生变化时,将引起实际流量不等于所显示的流量。本例中,每小时多计数 1.8t,每天多计数 43t,流体买入方的经济损失非常可观。

如果没有提供气体的密度值,可以根据设计温度值 $T_{设计}$(T 为绝对温度,以下同)、设计静压力值 $p_{设计}$(绝对压力)、实际操作条件下的温度值 $T_{实际}$、实际压力值 $p_{实际}$(绝对压力),以及式(5-9)或式(5-10)来修正流量的计算结果。

$$\frac{M_{实际}}{M_{设计}} = \sqrt{\frac{p_{实际} T_{设计} \Delta p_{实际}}{p_{设计} T_{实际} \Delta p_{设计}}} \tag{5-9}$$

$$\frac{Q_{实际}}{Q_{设计}} = \sqrt{\frac{p_{设计} T_{实际} \Delta p_{实际}}{p_{实际} T_{设计} \Delta p_{设计}}} \tag{5-10}$$

例 5-4 用孔板流量计测量某气体的质量流量,已知原设计压力为 0.2MPa（表压）,设计温度为 20℃,而实际压力为 0.15MPa（表压）,实际温度为 30℃。二次仪表的质量流量显示值为 0~10t/h,求：差压相等情况下实际质量流量的修正系数 K。

解 $K = \dfrac{M_{实际}}{M_{设计}} \times 100\% = \sqrt{\dfrac{p_{实际}T_{设计}\Delta p_{实际}}{p_{设计}T_{实际}\Delta p_{设计}}} \times 100\% = \sqrt{\dfrac{(0.15+0.098) \times (20+273.15)}{(0.20+0.098) \times (30+273.15)}} \times 100\%$
$= 89.7\%$

例 5-5 与节流件配套的差压变送器的测量范围为 0~20kPa,二次仪表的质量流量显示值为 0~10t/h。若被测流体的密度不变,二次仪表的指示处于 50% 位置,求：此时差压变送器输入的差压 Δp 为多少千帕?

解 质量流量与密度、差压的比例关系为：$\dfrac{M_1}{M_2} = \sqrt{\dfrac{\rho_1 \Delta p_1}{\rho_2 \Delta p_2}}$,由于密度 ρ 相同,假设 α、ε 均为常数,当二次仪表的指示处于 50% 位置时,$\dfrac{50\%}{100\%} = \sqrt{\dfrac{\Delta p_1}{\Delta p_2}}$,则有 $\Delta p_2 = \left(\dfrac{5t/h}{10t/h}\right)^2 \times 20\text{kPa} = 5\text{kPa}$。

计算结果表明,若二次仪表的指示处于 50% 位置时,差压只有原来的 25%。

由于流量与差压之间是开平方关系,所以当流量小于 1/3 量程时,差压减小到满量程的 1/9,允许最大绝对误差就可能超过设计值。通常要求智能差压变送器提供"小流量报警"信号,并在小流量报警点之下,改变流量计算的数学模型,实现小量程自适应。

例 5-6 用孔板及差压变送器测量流量,差压变送器的量程为 25kPa,对应的最大体积流量为 60m³/h,工艺要求在 1/3 量程时报警。变送器的输出电流为 4~20mA,求：

1) 差压变送器带开平方器时,对应的报警输出电流值 I_1 设在多少毫安?

2) 差压变送器不带开平方器时,对应的报警输出电流 I_2 设在多少毫安?

解 报警点的体积流量 $Q_3 = Q_{max}/3 = 60\text{m}^3/\text{h} \div 3 = 20\text{m}^3/\text{h}$。

1) 变送器带开平方器时,因为输出电流与流量 Q 成正比,所以对应的报警输出电流为 $I_1 = (20\text{t/h} \div 60\text{t/h}) \times 16\text{mA} + 4\text{mA} = 9.33\text{mA}$。

2) 变送器不带开平方器时,由于流量与差压的平方根成正比,所以对应于 20m³/h 流量时的差压 $\Delta p_{20} = 25\text{kPa} \times (20/60)^2 = 2.78\text{kPa}$。

对应的报警输出电流为 $I_2 = (2.78\text{kPa} \div 25\text{kPa}) \times 16\text{mA} + 4\text{mA} = 5.78\text{mA}$。

例 5-7 有一差压变送器用于流量测量,量程为 40kPa,对应的流量范围为 0~200m³/h。实际运行中发现常态流量经常处于 35~40kPa 之间,有时还超过 40kPa,所以要求扩大差压量程,使常态流量在满度的 2/3 附近,问：差压变送器的量程应如何调校（调试和校验）?

解 按照题意,流量计调校后的量程 $Q = Q_原 \times (3/2) = 200\text{m}^3/\text{h} \times (3/2) = 300\text{m}^3/\text{h}$。

已知原变送器量程为 40kPa,当显示范围仅 0~200m³/h 时,则有：$(300/200)^2 = \Delta p_2/40\text{kPa}$。

$\Delta p_2 = 40\text{kPa} \times (300/200)^2 = 90\text{kPa}$。所以差压变送器的量程要调校为 0~90kPa。

与上述流量偏大的情况相反,如果发现常态流量经常处于量程的 1/3 以下时,不允许用调校差压变送器的量程来增大流量值,而应更换小一级孔径的节流件,以增大差压。

【填写差压变送器输出电流与流量的对照表训练】

有一台差压式流量变送器，额定差压 $\Delta p_{max}=40\text{kPa}$，对应的额定质量流量 $M_{max}=20\text{t/h}$。差压变送器未设置开平方器功能时，输出电流 $I_{\Delta p}$ 与差压成正比，$I_{\Delta p}=(\Delta p/\Delta p_{max})\times 16\text{mA}+4\text{mA}$。

在使用过程中，为了使流量的刻度线性化，将智能差压变送器改为开平方后再输出 4~20mA 电流，输出电流 I_M 与流量 M 的关系为：$I_M=(M/M_{max})\times 16\text{mA}+4\text{mA}$。

请根据 $M=M_{max}\sqrt{\dfrac{\Delta p}{\Delta p_{max}}}$，或 $\Delta p=(M/M_{max})^2\Delta p_{max}$，填写不同质量流量下的差压 Δp，以及两种情况下的输出电流 $I_{\Delta p}$ 和 I_M，并分析流量、差压、电流之间的变化规律。

流量 $M/(\text{t/h})$	0	2.0	6.0	10	14	18	20
差压 $\Delta p/\text{kPa}$	0		1.600	6.4	14.4	25.6	40.0
没有开二次方器时的输出电流 $I_{\Delta p}/\text{mA}$		4.16	5.44	8.0	11.84	16.96	
有开二次方器时的输出电流 I_M/mA	4.0		7.2	10.4	13.6	16.8	20

4. 节流件的取压方式

节流件有多种取压方法，均须符合国家规定的标准。标准孔板的 5 种取压方式及取压孔位置如图 5-12 所示。

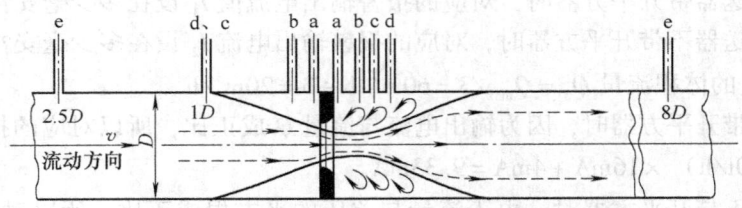

图 5-12　标准孔板的 5 种取压方式及取压孔位置
aa—角接取压法　bb—法兰取压法　cc—理论取压法　dd—径距取压法　ee—管接取压法

（1）**角接取压法**　上、下游导压管位于孔板（或喷嘴）的前、后端面处，如图 5-12 中的 aa 位置。角接取压包括环室取压和单独钻孔。角接取压是最常用的取压方法。

（2）**法兰取压法**　法兰取压装置由两个带取压孔的取压法兰组成。上、下游侧取压孔的轴线至孔板上、下游侧端面之间的距离均为 (25.4 ± 0.8) mm，如图 5-12 中的 bb 位置。

（3）**理论取压法**　上游侧取压孔的轴线至孔板上游端面的距离为 $1D\pm0.1D$（D 为管道的直径，以下同），下游侧取压孔的轴线至孔板下游端面的距离与孔板的开孔面积值有关。理论上应该处于流束收缩到最小截面的距离，如图 5-12 中的 cc 位置。实际应用时，导压管的轴线不一定能准确处于上述位置，所以需要对差压进行修正。理论取压法应用于管道直径 $D>100\text{mm}$ 的场合。

（4）**径距取压法**　上游侧取压孔的轴线至孔板上游端面的距离为 $1D\pm0.1D$，下游取压孔的轴线至孔极下游端面的距离为 0.5D，如图 5-12 中的 dd 位置。

（5）管接取压法　上游侧取压孔的轴线至孔板上游端面的距离为 2.5D，下游侧取压孔的轴线至孔板下游端面的距离为 8D，如图 5-12 中的 ee 位置。这种取压方法测得的是流体流经孔板后的压力损失值，该方法使用较少。

常用的三种标准孔板取压方法如图 5-13 所示。

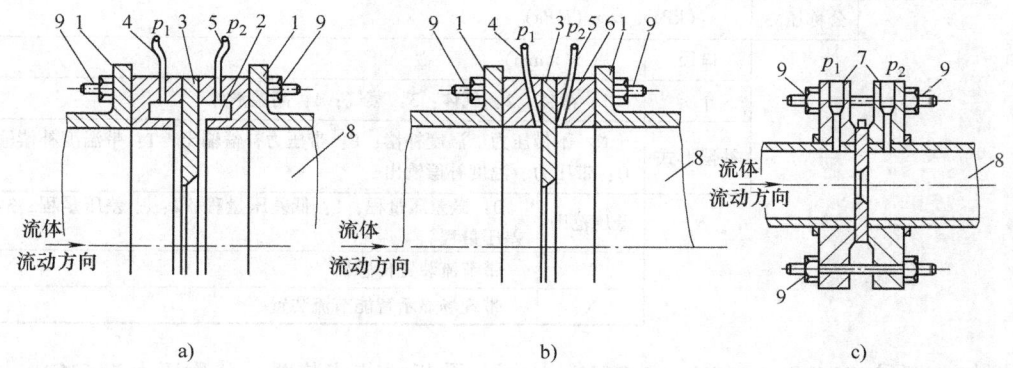

图 5-13　常用的三种标准孔板取压方法
a）环室取压法　b）直接钻孔取压法　c）法兰取压法
1—法兰　2—环室　3—孔板　4—前导压管　5—后导压管　6—夹紧环
7—法兰取压孔　8—下游管道　9—夹紧螺栓

5. 节流式流量计的缺点

1）流体通过节流装置后，产生不可逆的压力损失。

2）对上游直管段有较高的要求，否则将造成测量误差。

3）被测流量与差压 Δp 成平方根关系。对于直接配用差压变送器显示流量时，流量标尺是非线性的。为了得到线性刻度，可加开平方器。要求智能差压流量变送器必须带有开平方运算功能。

4）输入与输出之间是非线性关系，流量较小时，误差较大，通常要求常态流量在 1/3 量程以上。

5）当流体的温度 t、压力 p_1 变化时，流体的密度将随之改变，造成测量误差，必须进行温度、压力的修正和补偿。在内设微处理器的智能变送器中，可以分别对 p_1、t 进行采样，然后按有关公式对 ρ 进行计算修正。

6）在实际工况中，如果流体的各项参数变化，将引起 α、ε 变化，必须根据有关参数表进行计算修正。

7）节流式流量计的测量准确度较低，如果某产品的标称准确度为 1%～2%，在实际应用中，由于受到诸多因数影响，只能达到 3%～5%。

8）测量范围较窄，量程比一般仅为 3∶1 左右。

二、常用节流式流量计

节流件规格比较多，被测流体的性质也比较复杂，常用节流式流量计的型号和规格如表 5-2 所示。

表 5-2 常用节流式流量计的型号和规格

LG	节流装置		
	K 孔板	标准孔板 H：环室；Y：法兰；K：钻孔 S：双重孔板；Q：圆缺孔板；Z：锥形入口孔板；R：1/4 圆孔板；P：偏心孔板 N：整体（内藏）孔板；X：楔形孔板	
	P 喷嘴	I：ISA1932；L：长径喷嘴；W：文丘利喷嘴；G：经典文丘利管	
	公称压力	x_1（kPa） 或 x_2（MPa）	
	口径	（××mm）	
	介质	1：液体；2：气体；3：蒸气；4：高温液体	
	补偿形式	N：不带压力、温度补偿；P：带压力补偿输出；T：带温度补偿输出；Q：带压力、温度补偿输出	
	差压范围	0：微差压量程；1：低差压量程；2：中差压量程；3：高差压量程	
	W	带节流装置传感器	
	X	带现场显示智能节流装置	

例如，型号"LG-K 6 100 2 Q 1 W X"表示：孔板式节流装置；公称压力为 6MPa；口径为 100mm；介质为气体；低差压量程；带节流装置传感器；带现场显示智能节流装置。

流量积算控制仪属于流量测量的二次仪表，可以显示差压、温度、压力、瞬时流量、累积流量等；可以根据被测流体的工况，由仪表面板上的按键依次输入各项常数，置入相应的存储器中，进行开二次方计算、温度和压力补偿、累积计算等。累积流量显示范围通常可达 8 位数，即 0 ~ 99 999 999；可以输出 4 ~ 20mA、RS232、RS485 等通信信号；也可以实现上、下限报警，由软件设定报警值或人工输入报警值。SWP-LE 系列流量积算控制仪如图 5-14 所示。

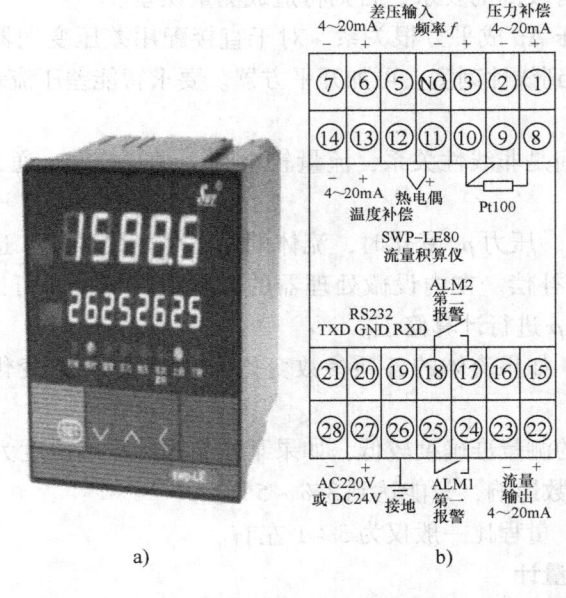

图 5-14 SWP-LE 系列流量积算控制仪
a）外形（开孔标准尺寸 76mm×152mm） b）背面输入/输出接线图

例 5-8 有一流量积算控制仪，累积质量流量显示范围为 0~99 999 999，如图 5-14a 所示。每个字代表 1kg/h，最大积算速度 R = 100 000 字/h，求：多少天后计数器复位（清零）？

解 复位时间 =（99 999 999kg/h ÷ 100 000kg/h）÷ 24h/d = 41.67d。

任务二 节流式流量计的安装与应用

一、对流体管道的要求

1）节流件前、后的管段不得有肉眼可见的弯曲、突出、焊渣、焊缝等。
2）如果管段不光滑，流量系数应乘以粗糙度，需进行计算修正。
3）孔板对上、下游直管段长度的要求如表 5-3 所示。

表 5-3 孔板对上、下游直管段长度的要求

上、下游的管道状态	上游为光滑的直管段	上游有缩径	上游有扩径	上游有弯头或突出物	上游有阀门	下游为光滑的直管段
对直管段的要求/D①	10	12	18	20	30	5

① D 为管道的直径，以下同。

二、孔板的安装

1）新装管路系统时，必须在冲洗或"吹扫"管道后，再进行孔板的安装。
2）孔板的安装方向（+）号应该向着流束进入的方向。
3）安装过程中，不允许工具与孔板的尖锐入口碰撞。
4）孔板的前端面与管道轴线的不垂直度应在 ±1°范围内。
5）孔板的开孔应与管道轴线同心。
6）孔板的密封垫片（包括环室与法兰、环室与孔板间的垫片）夹紧后不得突入管道内壁。
7）测量段管、取压法兰（或取压环室）的热胀系数应接近于孔板的热胀系数。
8）孔板安装处必须严密，不允许有泄漏现象。安装工作必须在管道试压前进行。
9）尽量将孔板与取压法兰（或取压环室）以及测量段管道预先组装，经检查合格后，再接入主管道。
10）热电偶等突出物应安装在孔板之后 5D 之外的位置。

三、导压管的安装

（1）导压管的长度、内径与厚度 ①导压管的长度应小于 16m，内径应大于 6mm。导压管越长，其内径应越大；②虽然节流式流量测量中的差压多数只有几十千帕，但系统的静压可能达到几十兆帕，必须选用无缝不锈钢管。导压管的管壁厚度必须随静压而增厚，两者之间的关系可以查有关规范。

（2）导压管在管道截面的取压位置 ①测量液体流量时，取压孔的开口应位于管道下半部，与管道垂直轴线成 0°~45°夹角范围内，如图 5-15a 所示。其目的是为了防止气体进入导压管，造成两根导压管中的介质密度不等，引起压力迁移；②测量气体流量时，取压孔应位于管道上半部，与管道垂直轴线成 0°~45°夹角范围内，如图 5-15b 所示。其目的是为了防止水珠或污物进入导压管；③测量蒸气流量时，取压孔应位于管道中、上部与管道水平

轴线成 0°~45°夹角范围内，如图 5-15c 所示，防止污物进入导压管。

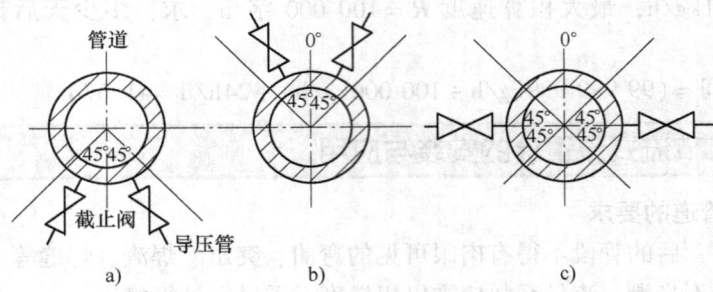

图 5-15 3 种流体在管道的截面取压位置
a）液体 b）气体 c）蒸气

四、差压变送器的安装

（1）被测流体为清洁液体 被测流体为清洁液体时的导压管安装示意图如图 5-16 所示。为了防止液体中混有的气体进入并积存在导压管内，差压变送器最好安装在管道的下方。为了能排走导压管中的气体，取压口处的导压管应向下倾斜到差压变送器，其倾斜度大于 1：12。对于黏性流体，其倾斜度还应增大。在导压管的最高点应安装集气器和排气阀（针阀），以定期排出气体。为了防止液体中有沉淀物析出，在导压管的最低点应装设沉降器和排污阀。

如果差压变送器的位置高于管道，则从节流装置引出的导压管也应先向下倾斜，然后再向上弯曲，形成 U 形"液封"，再在导压管的最高点装设集气器和排气阀，如图 5-16b 所示。导压管的弯角应光滑。

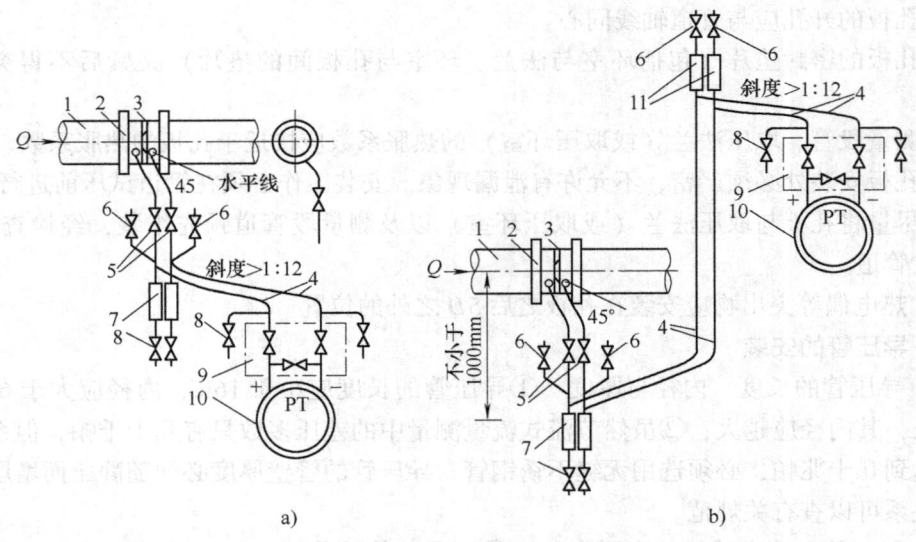

图 5-16 被测流体为清洁液体时的导压管安装示意图
a）差压变送器在管道下方 b）差压变送器在管道上方
1—管道 2—法兰 3—孔板 4—导压管 5—截止阀（一次阀）
6—排气阀 7—沉降器 8—排污阀
9—三阀组 10—差压变送器 11—集气器

（2）被测流体为清洁干气体　被测流体为清洁干气体时的导压管安装示意图如图 5-17 所示。为了防止气体中混有的液体污物进入并积存在导压管内，建议将差压变送器安装在管道的上方。为了能排走导压管中的液体，取压口处的导压管应向节流装置倾斜，并在导压管的最低点装设沉降器和排污阀。

如果差压变送器的位置低于管道，则从节流装置引出的导压管先向上倾斜，而后再向下，在导压管的最低点装设沉降器，测量腐蚀性气体时还需装设隔离罐，如图 5-17b 所示。

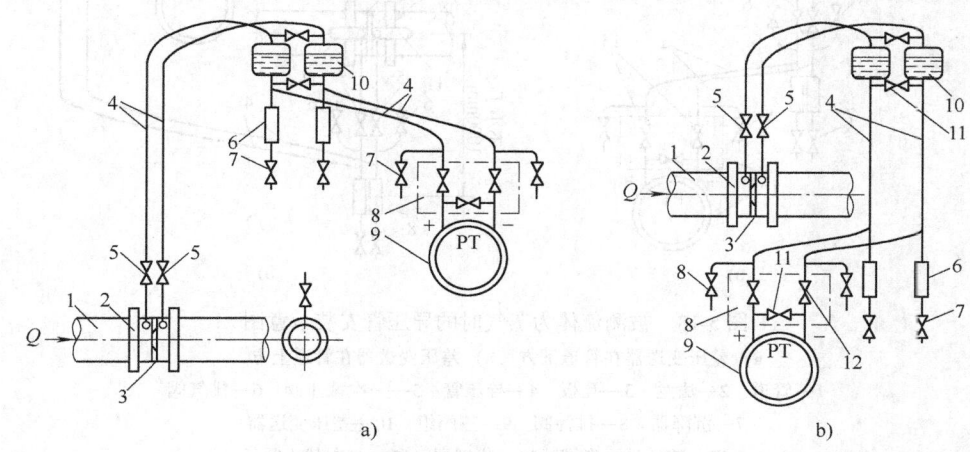

图 5-17　被测流体为清洁干气体时的导压管安装示意图
a）差压变送器在管道上方　b）差压变送器在管道下方
1—管道　2—法兰　3—孔板　4—导压管　5—一次截止阀
6—沉降器　7—排污阀　8—三阀组　9—差压变送器
10—隔离罐　11—平衡阀　12—二次截止阀

（3）被测流体为水蒸气　被测流体为蒸气时的导压管安装示意图如图 5-18 所示。建议将差压变送器安装在管道的下方，取压口处的导压管应向差压变送器倾斜，形成液封。在取压口要装设两个平衡器，目的是保持两根导压管内充满冷凝液。当流量等于零时，两根引压管内的冷凝柱高度必须相等。

如果差压变送器在管道的上方，导压管也应先向下，再向上弯。此时，在导压管的最低点要装设沉降器和排污阀；在导压管的最高点，装设集气器和排气阀，如图 5-18b 所示。

如果导压管中的介质有凝固或冻结的可能，应沿导压管设置保温或伴热装置。但应注意防止两导压管因加热不均匀或局部汽化而造成差压测量误差。被测流体为蒸气时的阀较多，需要严格按照规章操作。

五、节流式流量计的管线阀门的操作与运行

1. 液体流量计的管线阀门操作

流量测量中的阀较多，常见的有以下几种：①截止阀：通常在取压口的正、负导压管上各有一个阀门，称为一次截止阀（以下简称一次阀），使得在不间断主设备运行的条件下，能冲洗导压管、现场校验差压变送器，以及在导压管发生故障时能与主设备隔离。一次阀采用流通量较大的球阀或蝶阀；②平衡阀：跨接在两只隔离罐之间，当打开平衡阀时，可以检查差压变送器的零点；③排污阀或冲洗阀：安装在导压管的最低点，用于排除污物或冲洗导

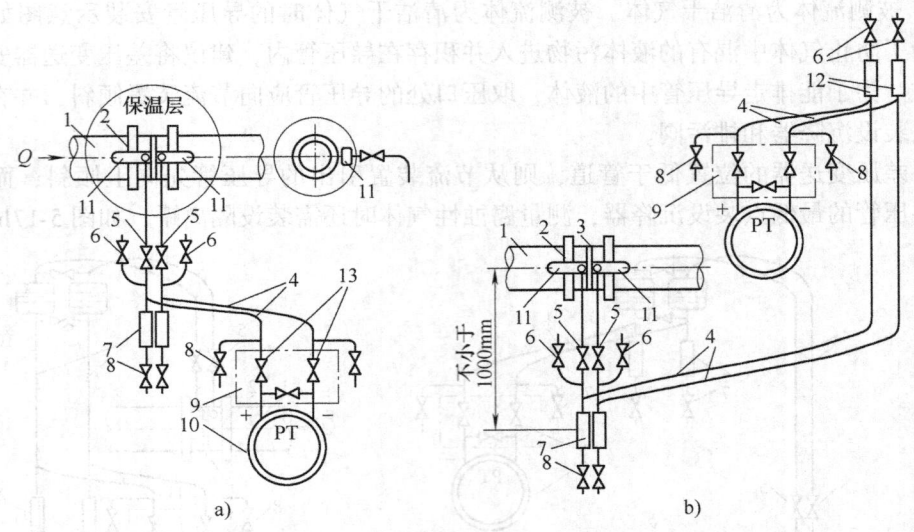

图 5-18 被测流体为蒸气时的导压管安装示意图
a) 差压变送器在管道下方 b) 差压变送器在管道上方
1—管道 2—法兰 3—孔板 4—导压管 5—一次截止阀 6—排气阀
7—沉降器 8—排污阀 9—三阀组 10—差压变送器
11—前、后平衡器 12—集气器 13—二次截止阀

压管,以及在现场输入差压来校验差压变送器;④排气阀:安装在导压管的最高点,用于排除导压管中的气体;⑤三阀组:在靠近差压变送器的正、负取压口附近,装设两只二次截止阀。在差压变送器的正、负取压口装设平衡阀(也称连通阀)。以上这 3 个阀门安装在一个壳体内,称为三阀组。

利用差压变送器的三阀组,可以在管道无流量时,平衡变送器正、负压室的压力,由此可调校差压变送器的零点迁移。错误操作三阀组的开合顺序,将使差压变送器的膜盒单向过压而损坏测量膜片。

管线阀门操作顺序如下:

1) 关闭一次阀,打开差压变送器侧面的两个排污阀,将导压管内的污物排除掉。

2) 关闭排污阀,三阀组的平衡阀继续处于打开状态,缓慢打开正一次阀及二次阀,检查导压管、接头、焊口、阀门及盘根是否有渗漏。

3) 打开排气阀(针阀),将导压管内的气体排除掉,直到不再有气泡时,关闭排气针阀。

4) 如果差压变送器的测量室有"丝堵"装置,可以拧开排掉积存的气体,再拧紧丝堵。

5) 待导压管内充满被测介质(测量蒸气时,导压管内因冷却引起的凝结液)并趋近平衡后,关闭三阀组的平衡阀,再打开负一次阀,差压变送器进入测量状态。

6) 对于充灌隔离液的差压流量计(例如测量腐蚀性液体),在打开一次阀前,必须先将平衡阀关闭,以防止隔离液冲走;停运时,必须首先关闭一次阀和二次阀,再打开平衡阀,使仪表处于平衡状态。

7）检查仪表零点时，须关闭二次阀的正压阀、再打开平衡阀、最后关闭负一次阀。此时仪表处于正、负压平衡，可将仪表的输出值调校为起始值，即差压变送器的输出为 4mA。

2. 气体流量计的管线阀门操作、运行

关闭二次阀，打开一次阀和排污阀、排气阀，对导压管进行吹扫。首先缓慢地打开节流装置上的两个一次阀，使被测气体充满导压管。然后关闭上述阀门，打开平衡阀，再稍微打开正一次阀和二次阀，使差压变送器逐渐充满被测气体，最后，关闭差压变送器上的平衡阀，并打开负二次阀，差压变送器投入正常运行。

3. 蒸气流量计的管线阀门操作、运行

吹扫导压管后，关闭一次阀，将冷凝器（平衡器）和导压管中的冷凝水从排污阀排出。然后关闭排污阀，打开一次阀，使冷凝器和导压管内逐渐充满冷凝液，当排气针阀不再有气泡后，关闭排气针阀和平衡阀，差压变送器投入正常运行。

停运顺序与启动顺序相反，即：关闭负压阀、打开平衡阀、关闭正压阀。

六、孔板式流量计流量偏小的原因分析

（1）投运后流量偏小的原因　①孔板装反；②导压管或阀门泄漏；③平衡阀没有关紧；④一次、二次截止阀没有完全打开；⑤密度、流量系数等工艺参数不正确。

（2）投运后流量逐渐偏小的原因　①孔板的尖锐入口磨损；②节流件上游端面沉积污物，需要定期停运冲洗；③正压测导压管堵塞（可以用 0.3MPa 的高压空气加以冲洗）；④导压管中的隔离液流失；⑤变送器的零点负迁移等。

任务三　节流式流量计的误差合成

一、节流式流量计的误差

节流式流量计受工况影响较大，测量准确度比温度、压力、液位低。密度变化引起的误差最大，可达 2%；孔板的加工误差约为 1%；因直管段的长度不够、上游有阀门等引入的误差可达 2%；隔离液高度误差可达 1%；差压测量的误差约为 0.5%。

当被测流体为气体时，由于气体的压缩系数较大，所以在不同温度、压力下的测量误差比较大。需要根据理想气体方程、实际气体压缩系数等公式，计算实际工况下气体的密度，由人工或差压变送器自带的温度、压力传感器，将多变量数据输入到二次仪表，再根据有关公式计算出体积流量或质量流量。

二、节流式流量计的静态测量误差合成

检测系统一般由若干个单元组成，这些单元在检测系统中称为环节。为了确定整个系统的静态误差，需将每一个环节的静态误差综合起来，称为静态误差的合成。由 n 个环节串联组成的开环系统如图 5-19 所示。输入量为 x，输出量 $y_n = f(x)$。

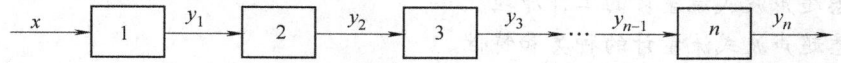

图 5-19　由 n 个环节串联组成的开环系统

若第 i 个环节的误差为 γ_i 时，则输出端的误差 γ_m 与 γ_i 之间的关系可用以下两种方法确定。

(1) 绝对值合成法 绝对值合成法是从最不利的情况出发的合成方法,即认为在 n 个分项 γ_i 中有可能同时出现正值或同时出现负值,则总的合成误差为各环节引用误差 γ_i 的绝对值之和,即

$$\gamma_n = \sum_{i=1}^{n} |\gamma_i| = \pm(|\gamma_1| + |\gamma_2| + \cdots + |\gamma_n|) \tag{5-11}$$

这种合成法对误差的估计是偏大的,因为每一个环节的误差不可能同时出现最大值,精确的方法必须考虑各个环节误差可能出现的概率。

(2) 方均根合成法 当系统误差的大小和方向都不能确切掌握时,可以仿照处理随机误差的方法来处理系统误差。计算公式为

$$\gamma_m = \pm \sqrt{\gamma_1^2 + \gamma_2^2 + \cdots + \gamma_n^2} \tag{5-12}$$

例 5-9 用节流式孔板流量计测量蒸气的流量,已知实际蒸气的密度与设计值的误差为 3%,孔板的加工误差为 1%,管道上游阀门引起的误差为 2%,差压测量的误差为 0.5%,计算误差为 0.002%,显示仪表的误差为 0.001%,试估算流量测量的总误差 γ_m。

解 1) 用绝对值合成法计算静态测量误差为

$$\gamma_m = \pm(|\gamma_{m1}| + |\gamma_{m2}| + |\gamma_{m3}| + |\gamma_{m4}| + |\gamma_{m4}|) = \pm(3\% + 1\% + 2\% + 0.5\% + 0.002\% + 0.001\%)$$
$$= \pm 6.503\%$$

2) 用方均根合成法计算静态测量误差为

$$\gamma_m = \pm \sqrt{3^2 + 1^2 + 2^2 + 0.5^2 + 0.002^2 + 0.001^2}\% \approx \pm 3.775\%$$

用方均根合成法估算测量的总误差是考虑了各项测量误差可能相互抵消的情况,结果较为合理。

从例 5-9 中还可以看到,测量系统中的一个或几个环节的准确度特别高,对提高整个测量系统总的准确度意义不大,反而提高了测量系统的成本,造成了资源浪费。在本例中,如果一味提高微处理器的运算位数和显示仪表的准确度,并不能有效地减小测量总误差,而是应努力提高误差最大的某个环节的测量准确度。在本例中,蒸气的密度与设计值的误差最大,应进行温度和压力补偿,以达到最佳的性能/价格比。

项目二 超声波式流量计

【项目教学目标】

☞知识目标

1) 熟悉超声波式流量计的工作原理。
2) 熟悉超声波式流量计的种类和特性。
3) 熟悉超声波式流量计的计算。

☞技能目标

1) 掌握超声波式流量计的安装。
2) 掌握流量计的校验。

任务一　认识超声波

1. 声波的分类

声波是一种机械振动波。当它的振动频率在20Hz~20kHz的范围内时，可为人耳所感觉，称为可闻声波；低于20Hz的机械振动人耳不可闻，称为次声波。声波的频率分布如图5-20所示。

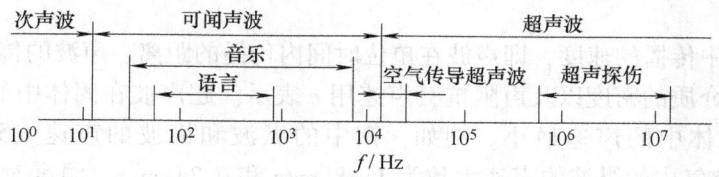

图5-20　声波的频率分布

频率高于20kHz的机械振动波称为超声波。超声波的指向性好，能量集中，能穿透几米厚的钢板，而能量损失不大。在遇到两种介质的分界面（例如钢板与空气的交界面）时，能产生明显的反射和折射现象。超声波的频率越高，与光波的反射、折射特性越接近。

2. 超声波的传播波型

在介质中传播的超声波的类型以质点振动方向与波传播方向的相对关系来表征，常见的有纵波、横波、表面波、板波、棒波等。纵波、横波和表面波示意图如图5-21所示。

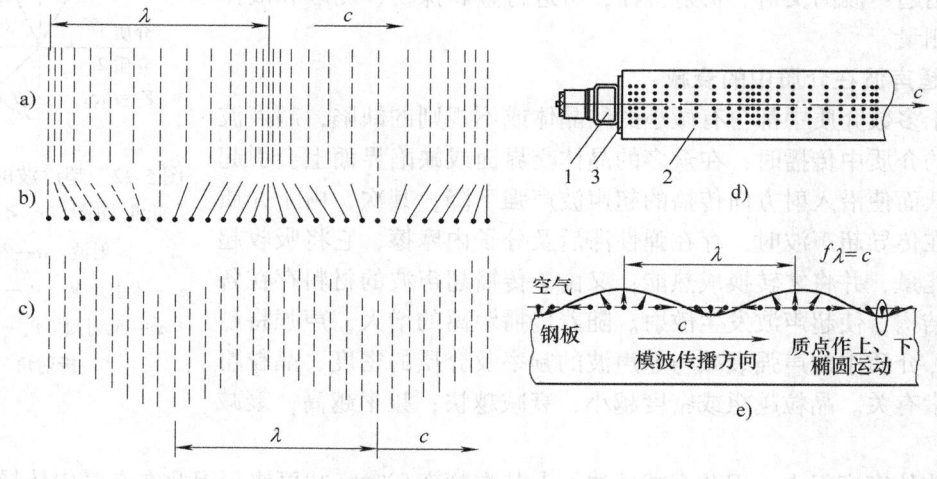

图5-21　纵波、横波和表面波示意图

a) 纵波　b) 质点的运动过程　c) 横波　d) 纵波在钢材中的传播　e) 表面波在板材表面的传播

1—超声波发生器　2—钢材　3—耦合剂　c—声速　λ—波长

（1）纵波　声波在介质中传播时，介质质点的振动方向与波的传播方向一致的波。纵波可以在各种介质中传播，又称压缩波，如图5-21a所示。纵波在固体介质中传播时，其传播速度约为横波的两倍。纵波能够在固体、液体、气体中传播。人讲话时产生的声波就属于纵波。

（2）横波　声波在介质中传播时，介质质点的振动方向与波的传播方向垂直的波，它是介质受到交变剪切应力作用时产生的剪切形变,所以又称剪切波,如图 5-21c 所示。横波只能在固体和切变模数很高的黏滞液体中传播,其传播速度约为纵波的二分之一。

(3) 表面波　沿介质两个相之间的表面中传播的波。表面波的幅值随表面下的深度迅速减小,其传播速度约为横波的 0.9,质点振动的轨迹为椭圆,使振动波只沿着固体的表面向前传播,如图 5-21e 所示。当波长小于介质厚度时,也称瑞利波。

(4) 兰姆波　它在薄板中传播,可用于长薄壁管的无损探伤。

3. 声速

声波在介质中传播的速度,即声波在单位时间内传播的距离。声波的传播速度取决于介质的弹性系数、介质的密度以及声阻抗,声速用 c 表示。超声波在固体中的传播速度最快,液体其次,在气体中的声速最小。例如,钢中的纵波和横波的声速大致为 5.9km/s 和 3.2km/s;水和空气中的纵波的声速大致为 1.48km/s 和 0.34km/s。温度对超声波的声速有很大的影响,容易造成测量误差。例如,温度越高,超声波在气体中传播的声速就越快,因此必须进行温度补偿。

4. 超声波的反射与折射

当超声入射波 P_e 以一定的入射角 α 从介质 1 传播到介质 2 的分界面上时,一部分能量反射回原介质,称为反射波 P_r;另一部分能量则透过分界面,在介质 2 内继续传播,称为折射波或透射波 P_s,如图 5-22 所示。入射角 α 与反射角 α_r 以及折射角 β 之间遵循类似光学的反射定律和折射定律。利用超声波的反射、折射特性,可进行金属探伤、测厚和液体的流量测量。

5. 超声波在介质中的衰减

由于多数介质中都含有微小的结晶体或不规则的缺陷,超声波在这样的介质中传播时,在众多的晶体交界面或缺陷界面上会引起散射,从而使沿入射方向传播的超声波声强下降;其次,由于介质的质点在传导超声波时,存在弹性滞后及分子内摩擦,它将吸收超声波的能量,并将之转换成热能;又由于传播超声波的材料存在各向异性结构,使超声波发生散射。随着传播距离的增大,声强将越来越弱。介质中的声强衰减与超声波的频率及介质的密度、晶粒粗细等因素有关。晶粒越粗或密度越小,衰减越快;频率越高,衰减也越快。

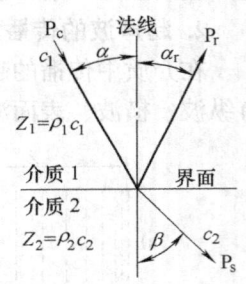

图 5-22　超声波的反射与折射简图($c_1 < c_2$ 时)
P_e—入射波　α—入射角
c_1—入射声速　P_r—反射波
α_r—反射角　P_s—折射波
β—折射角

气体的密度很小,因此衰减较快,尤其在频率高时衰减更快。因此在空气中传导的超声波频率选得较低,约数十千赫,而在固体、液体中则选用较高的频率(MHz 数量级)。

6. 超声波换能器

超声波换能器又称超声波探头。根据超声波换能器的工作原理,可分为压电式(利用逆压电效应,详细原理见模块七)、磁致伸缩式、电磁式等几种,在检测技术中主要采用压电式。压电式超声波换能器又可分为直探头、斜探头、聚焦探头、冲水探头、水浸探头、双探头、表面波探头、空气传导探头等。超声波换能器(直探头)结构如图 5-23 所示,直探头主要由压电晶片、吸收块(阻尼块)、保护膜组成。当超声高电压脉冲施加于压电晶片的两侧时,压电晶片产生同频率的伸缩振动,发出超声波。

7. 耦合技术

一般不能直接将其放在被测介质（特别是粗糙金属）表面来回移动，以防磨损。更重要的是，由于超声探头与被测物体接触时，在工件表面不平整的情况下，探头与被测物体表面间必然存在一层空气薄层。空气的密度很小，将引起三个界面间强烈杂乱反射，造成干扰，而且空气也将对超声波造成很大的衰减。为此，必须将接触面之间的空气排挤掉，使超声波能顺利地入射到被测介质中。在工业中，经常使用一种称为耦合剂的液体物质，使之充满在接触层中，以起到传递超声波的作用。常用的耦合剂有甘油、自来水、羧甲基纤维素（化学糨糊）、洗洁精、机油等。耦合剂的厚度应尽量薄一些，以减小耦合损耗，所选用的耦合剂不应对被测物产生腐蚀。

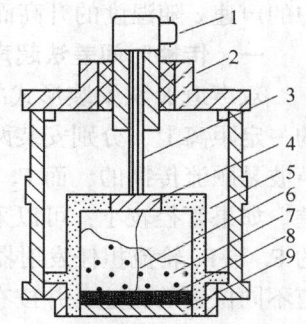

图 5-23 超声波换能器
（直探头）结构
1—接插件 2—金属外壳
3—导电螺杆 4—接线片
5—塑料内壳 6—金属丝
7—阻尼吸收块 8—压电晶体
9—保护膜

8. 超声波的发射器与接收器的相对位置

根据超声波的发射器与接收器的安装相对位置的不同，可以分为透射型和反射型两种基本类型。超声波发射器与接收器的安装相对位置如图 5-24 所示。当超声发射器与接收器分别置于被测物两侧时，称为透射型；当超声发射器与接收器置于被测物同侧时，属于反射型。

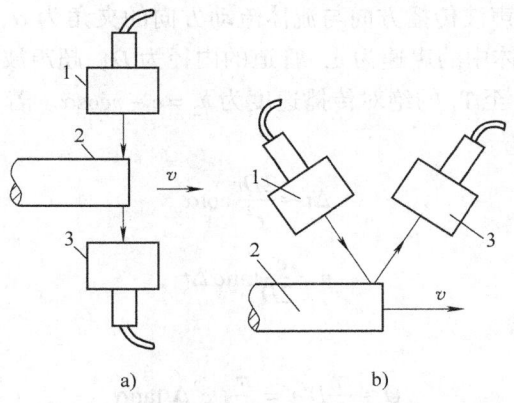

图 5-24 超声波发射器与接收器的安装相对位置
a）透射型 b）反射型
1—超声发射器 2—被测物 3—超声接收器

9. 连续超声波和脉冲超声波

按超声波的波形不同，可分为连续超声波和脉冲超声波。连续超声波是指持续时间较长的超声振动。脉冲超声波是持续时间只有几十个重复脉冲的超声振动。为了提高分辨力，减少干扰，超声波传感器多采用脉冲超声波。

任务二 超声波式流量计的原理及应用

超声波式流量计又称 USF，其测量原理有传播时间差法、频率差法、相位差式、多普勒式以及互相干式等。时间差超声波式流量计的工作原理与流体中的声速 c 有关，而多数材料

中的声速 c 随温度的升高而变化，误差较大，而频率差超声波式流量计的温度影响较小。

一、传播时间差法超声波式流量计原理

双声道 X 法安装形式的超声波式流量测量示意图如图 5-25a 所示。在被测管道上、下游的一定距离上，分别安装两对超声波发射和接收探头（F_1，T_1）、（F_2，T_2）。其中 F_1 的超声波是顺流传播的，而 F_2 的超声波是逆流传播的，T_1、T_2 两个接收器接收到信号存在时间差。如果管径较小，可以采用图 5-25b 所示的单声道 V 法夹装式超声波反射测量原理。其中的 F_1 与 F_2 轮流担任发射器与接收器。还有 4 通道、8 通道等超声波式流量计，能够测量管道不同位置的流速，并按有关数学模型进行综合计算，测量准确度较高。

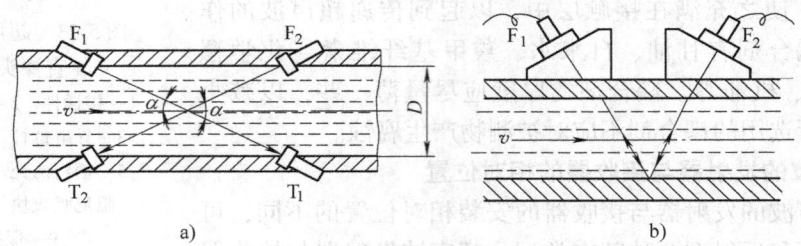

图 5-25 传播时间差法超声波式流量计测量示意图
a) 双声道 X 法安装形式 b) 单声道 V 法夹装式

在图 5-25a 中，设超声波传播方向与流体流动方向的夹角为 α，流体在管道内的平均流速为 v，超声波在静止流体中的声速为 c，管道的内径为 D，超声波由 F_1 至 T_1 的绝对传播速度为 $v_1 = c + v\cos\alpha$，由 F_2 至 T_2 的绝对传播速度为 $v_2 = c - v\cos\alpha$。若不考虑管道壁厚，超声波顺流与逆流传播时间差为

$$\Delta t \approx \frac{2Dv}{c^2}\cot\alpha \tag{5-13}$$

由于 $1/\cot\alpha$，则有

$$v = \frac{c^2}{2D}\tan\alpha \Delta t \tag{5-14}$$

体积流量约为

$$Q \approx \frac{\pi}{4}D^2 v = \frac{\pi}{8}Dc^2 \Delta t \tan\alpha \tag{5-15}$$

由式（5-14）、式（5-15）可知，平均流速 v 及流量 Q 均与时间差 Δt 成正比，时间差的测量可用标准脉冲计数器来实现。在时间差法测量中，流量与声速 c 有关，而声速一般随介质的温度变化而变化，因此必须进行温度补偿。

例 5-10 用传播时间差法超声波式流量计测量某管道中液体的流量，已知管道的直径为 600mm，流体在管道中的流速为 10m/s，超声波在该液体中的声速为 1500m/s。如果超声波传播的方向与流体的流动方向的夹角 $\alpha = 45°$，求：超声波在顺流与逆流中传播的时间差为多少毫秒？

解 $\Delta t \approx \dfrac{2Dv}{c^2}\cot\alpha = \dfrac{2\times 0.6\text{m}\times 10\text{m/s}}{(1500\text{m/s})^2}\cot 45° = 5.3\times 10^{-3}\text{ms}$

时间差法的测量结果通常为微秒数量级，要求测量电路有较高的采样速度和时间测量准确度。

二、频率差法超声波式流量计原理

频率差法超声波式流量计测量示意图如图 5-26a 所示。在测试点上游和下游管壁的外侧,各用夹具夹装一个结构完全相同的超声斜探头 F_1、F_2。通过电子开关的控制,交替地作为超声波发射器与接收器使用。

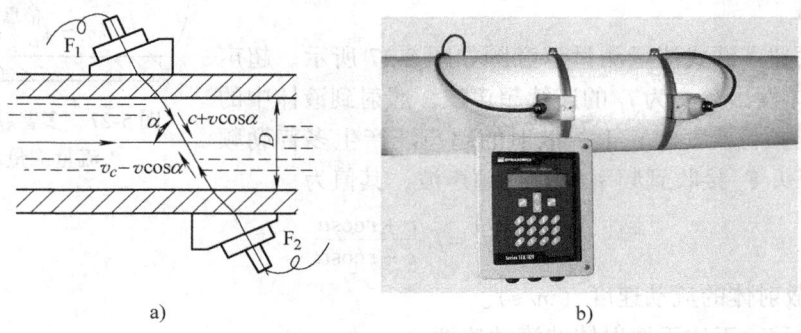

图 5-26 频率差法超声波式流量计测量示意图
a) 原理图 b) 超声波式流量计外形

在一个固定的时间间隔 t 内,首先由 F_1 顺流发射出第一个超声脉冲群,它通过管壁、流体及另一侧管壁,被 F_2 接收。F_2 的输出电压经放大后,再次触发 F_1 的驱动电路,使 F_1 发射第二个超声脉冲群,以此类推。在 t 时间段结束后紧接下去的另一个相同的时间间隔内,与上述过程相反,由 F_2 逆流发射超声脉冲群,而 F_1 接收此脉冲群。若不考虑管道的壁厚,则两个探头的超声脉冲群重复频率差 Δf 与流速 v 成正比

$$\Delta f = f_1 - f_2 \approx \frac{\sin 2\alpha}{D} v \tag{5-16}$$

式中 α——超声波束与流体的夹角;
v——流体的流速(m/s);
D——管道的直径(m)。

频率差法超声波流量计测得的流速 v 约等于管道截面的平均流速,体积流量 Q 约为

$$Q \approx \frac{\pi D^3}{4} \frac{\Delta f}{\sin 2\alpha} \tag{5-17}$$

由式(5-16)可知,Δf 仅与被测平均流速成正比,而与声速 c 无关,所以频率差法测量流速的温漂较小。

由于流体中的气泡和杂物会干扰超声波的传播速度,并衰减超声波的能量,所以频率差法不适用于含有较多气泡和杂物的液体的测量。

例 5-11 用频率差法超声波式流量计测量某管道中流体的流量,已知管道的直径为 600mm,流体在管道中的流速为 10m/s。如果超声波传播的方向与流体流动方向的夹角 $\alpha = 45°$,求超声波在顺流与逆流中传播的频率差为多少赫兹?

解 $\Delta f = \dfrac{\sin 2\alpha}{D} v = \dfrac{\sin(2 \times 45°)}{0.6\text{m}} \times 10\text{m/s} = 16.67\text{Hz}$

三、多普勒法超声波式流量计原理

所谓"多普勒效应"是指:当运动物体迎着波源运动时,波被压缩,波长变得较短,

频率变得较高；而当运动物体背着波源运动时，会产生相反的效应。产生的频偏 f_d 与波源、移动物体两者之间的相对速度 v 及运动方向有关。物体运动的速度越快，所产生的频偏效应就越大。多普勒效应广泛存在于光波（电磁波）、声波等物理现象中。

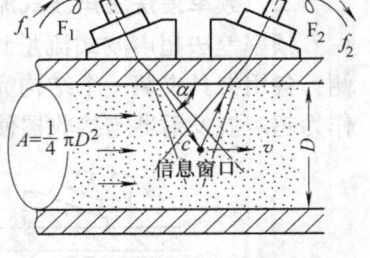

图 5-27 多普勒法超声波式流量测量示意图

多普勒法超声波式流量测量示意图如图 5-27 所示。超声探头 F_1 向流体发出频率为 f_1 的连续超声波，照射到液体中的散射体（悬浮颗粒或气泡）上。散射的超声波产生多普勒频移 f_d，接收探头 F_2 接收到频率为 f_2 的超声波，其值为

$$f_2 = f_1 \frac{c + v\cos\alpha}{c - v\cos\alpha}$$

式中 v——散射体的流动速度（m/s）。

多普勒频移 f_d 正比于散射体的流动速度 v

$$f_d = f_2 - f_1 \approx f_1 \frac{2\cos\alpha}{c} v \tag{5-18}$$

$$v \approx \frac{c}{2\cos\alpha} \frac{f_d}{f_1} \tag{5-19}$$

式（5-19）中的流速 v 只反映了信息窗区域内某一颗粒子的瞬时速度，并不等于整个管道流体的平均流速。对于含有大量粒群的流体，则应对所有频移信号进行统计处理，再根据标准流量计标定的结果，折算出整个管道的平均流速，再乘以管道的截面积 A，才等于被测体积的流量。由于散射波的幅值很小，且被测杂质断断续续，所以必须在放大电路之后，引入锁相环，才能在流体中没有杂质的短暂时间段里锁存着粒子断续之前的 f_d。

四、超声波式流量计的特点

超声波式流量计的探头可安装在被测管道的外壁，不需要截断管道，即可实现非接触测量。测量时既不干扰流场，又不受流场参数的影响。在额定量程内，超声波式流量计的输出与流量基本上呈线性关系，准确度一般可达 ±1%，价格不随管道直径的增大而增加，因此特别适合大口径管道、污水或腐蚀性液体的流量测量。超声波式流量计对上、下游的直管段要求比孔板流量计小。

超声波式流量计的工作温度低于 200℃，不能测量含有大量气泡的液体。

任务三 流量计的检定

按照我国计量法对计量器具管理的规定，必须对新购进或维修过的流量计进行检定。检定是为了评定流量计的性能，如：准确度、重复性、温漂等。检定人员必须先对被检定流量计进行外观检查，再进行示值误差等项目的检定。

液体流量计的检定（含校验）方法有：静态容积法、静态称重法、动态容积法、动态称重法、标准体积管法、标准表法等。用标准表法与称重法结合比较准确。气体流量计的检定方法有：标准表法、钟罩法、音速文丘里喷嘴法等。

一、液体流量标准表检定法

液体流量标准表检定装置如图 5-28 所示。多台被检定或被校验的流量计与标准流量计

（也称标准流量表）串联。如果流体稳定，可以认为被检定流量计与标准流量计的质量流量基本相等。如果不考虑液体的压缩系数，温度也相同，体积流量也相同。标准流量表的量程应略高于被检定流量计，不超过25%；允许最大绝对误差 Δ 应小于被校流量计允许最大绝对误差的1/3。此时可以认为被检定流量计的误差 Δ 等于显示值 A_x 减去标准流量计的读数 A_0，即：$\Delta \approx A_x - A_0$。

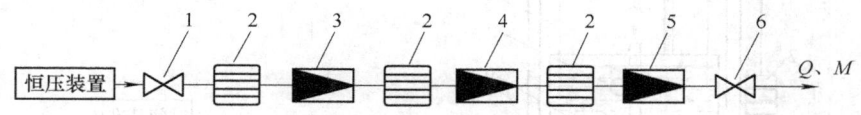

图 5-28 液体流量标准表检定装置

1—电磁阀 2—整流器 3—标准流量计 4—被检定流量计a 5—被校流量计b 6—电动阀

二、水标准装置检定法

水标准装置结构示意图如图 5-29 所示。检定流量计时，要求流速在整个检定过程中相对稳定。通常选用一个稳定的液位来提供水源。首先启动水泵，使稳压水塔的水位达到溢流壁的高度，有水从溢流槽和溢流管流回水池，液位就能一直保持在溢流壁的高度，从而稳定了水流的压力。再由计时电路打开截止阀（电磁阀）和调节阀（电动阀），有稳定的水流流经被检定的流量计，流量的大小由调节阀的开度决定。在检定开始计时之前，分水换向器使水流到"旁通过渡槽"。在检定开始的时刻，分水换向器使水改为流到"称量计量槽"。电子秤跟踪称量计量槽的质量变化。到达 τ 时刻，分水换向器换向，使水再次流入旁通过渡槽，称量计量

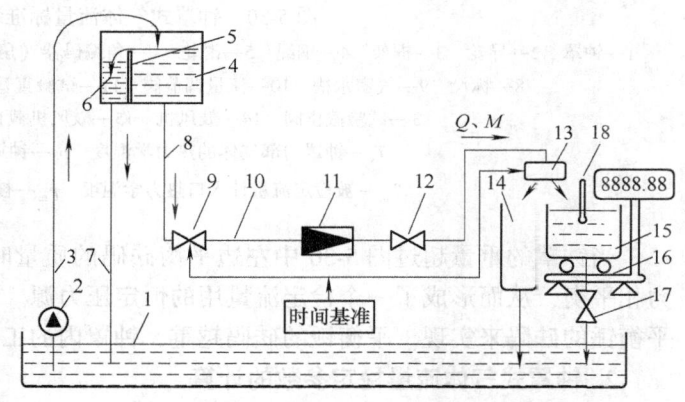

图 5-29 水标准装置结构示意图

1—水池 2—水泵 3—进水管 4—稳压水塔 5—溢流壁（堰）
6—溢流槽 7—溢流管 8—出水管 9—截止阀
10—直管道 11—被检定流量计 12—调节阀 13—分水换向器
14—旁通过渡槽 15—称量计量槽 16—电子秤
17—放水阀 18—温度传感器

槽的质量 $M_{2总}$ 不再增大。被检定的流量计的质量总量 $M_总 = (M_{2总} - M_1)$，式中的 M_1 为计时开始前称量计量槽的质量。以上方法也称时间重量法。由于电子秤的准确度较高，只要称量计量槽的容积足够大，检定所经历的计时时间足够长，时间重量法的误差就可以小于0.1%。

三、钟罩式气体流量标准装置检定法

1. 钟罩式气体流量标准装置的结构

钟罩式气体流量标准装置的结构如图 5-30 所示，它主要由钟罩、标尺、液槽、平衡锤、调节阀、压力传感器、温度传感器、管道、鼓风机等组成。钟罩式气体流量标准装置亦称为PVT法气体流量装置。该装置采用空气作为检定气体。当钟罩下降时，钟罩内的空气经被检定流量计排出。还需测定钟罩内空气的温度、压力，以及被检定流量计上游侧的温度、压

力,再根据气体压缩系数,便可得到钟罩内气体减少的体积以及被检定流量计的体积流量。

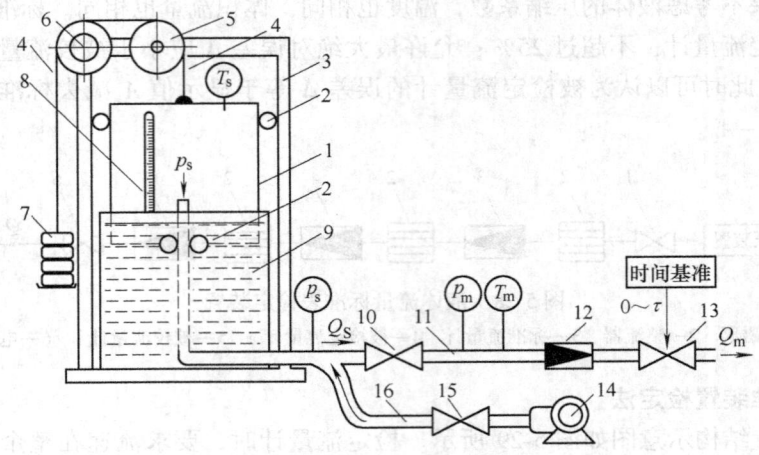

图 5-30 钟罩式气体流量标准装置结构

1—钟罩 2—导轮 3—框架 4—钢绳 5—滑轮 6—角编码器(角位移测量传感器) 7—平衡砝码及补偿机构
8—标尺 9—气密水槽 10—流量调节阀 11—试验直管 12—被检定流量计(体积总量)
13—试验截止阀 14—鼓风机 15—鼓风机截止阀 16—预置空气管道
T_s—钟罩内部气体的热力学温度 p_s—钟罩内部气体绝对压力
T_m—被检定流量计入口热力学温度 p_m—被检定流量计入口压力

当钟罩的重量超过图 5-30 中左边平衡砝码的质量时,两者质量之差与钟罩内的气体压力相平衡,从而形成了一个检定流量用的恒定压力源。当所需工作压力不同时,可通过增减平衡锤的砝码来实现。平衡锤的砝码越重,钟罩内的工作压力就越低。

2. 钟罩式气体流量检定参数的计算

钟罩内部的气体参数有:

1)V_s:钟罩内部排出气体的体积,单位为 L。测量钟罩向下的位移量,可以由计算得到。

2)T_s:钟罩内部气体的热力学温度,单位为 K。$T_s = t_s + 273.15$K,t_s 为温度传感器测得的钟罩内部气体的摄氏温度。

3)p_s:钟罩内部气体的绝对压力,单位为 Pa。$p_z = p_s + p_a$,p_z 为压力传感器测得的钟罩内部的表压,p_a 为标准大气压,$p_a = 101325$Pa。如果在高海拔地区,还应该测量环境大气压力。

4)Z_z:钟罩内部气体压缩系数,Z_z 可以通过查表或公式计算得到。

被检定流量计的气体参数有:

1)V_m:流经被检定流量计的气体体积,单位为 L。依据气体方程,可以计算得到 V_m。

2)T_m:被检定流量计入口的气体热力学温度,单位为 K。$T_m = t_m + 273.15$K,t_m 为温度传感器测得的入口摄氏温度。

3)p_m:被检定流量计入口处气体的绝对压力,单位 Pa。$p_m = p_z + p_a$,p_z 为压力传感器测得的被检定流量计入口处气体的表压,$p_a = 101325$Pa。

4)Z_m:被检定流量计的气体压缩系数,Z_m 可以通过查表或公式计算得出。

虽然钟罩内部排出的气体体积 V_z 可以由标尺或位移传感器测得，但气体流经调节阀后，压力有所损失，温度也可能不相同，所以流经被检定流量计时的气体体积 V_m 并不等于钟罩内气体所减少的体积 V_s，需要进行温度和压力的补偿。补偿必须依据气体状态方程，可以用以下两式计算

$$\frac{p_s V_s}{T_s Z_s} = \frac{p_m V_m}{T_m Z_m} \tag{5-20}$$

或

$$V_m = V_s \frac{p_s T_m Z_m}{p_m T_s Z_s} \tag{5-21}$$

例 5-12 用图 5-30 所示的钟罩式气体流量标准装置检定某流量计。已知钟罩内的气体表压 p_s = 8000Pa，温度 t_s = 20℃，被检定流量计入口的表压 p_m = 4000Pa，标准大气压 p_a = 101325Pa。假设上述两个状态下的气体压缩系数 Z 相等，温度 t_m 均为 20℃，此时用位移传感器测得钟罩内的气体体积减少了 3000L，求：流过被检定流量计的气体体积总量 V_m 为多少升？

解 因为温度不变，根据式（5-21）可求得流经被检流量计的气体体积总量

$$V_m = V_s \frac{p_s T_m Z_m}{p_m T_s Z_s} \approx V_s \frac{p_s}{p_m} = 3000\text{L} \times \frac{8000\text{Pa} + 101325\text{Pa}}{4000\text{Pa} + 101325\text{Pa}} = 3114\text{L}$$

钟罩式气体流量标准装置检定的流量是经过累积的体积总量 V_m。若除以试验时间 t，就可以得到瞬时体积流量 Q。

项目三　流量变送器的电磁兼容试验

【项目教学目标】

☞知识目标

1）熟悉电磁兼容原理。

2）熟悉电磁兼容防护技术。

☞技能目标

掌握常用电磁兼容试验方法。

任务一　认识 EMC

自从 1866 年世界上第一台发电机开始出现至今的一百多年里，人类在制造出越来越复杂的电气设备的同时，也制造出越来越严重的电磁"污染"。

如果不正视这种污染，研制出来的各种仪器设备在电磁污染严重的场合将无法正常工作。早在 20 世纪 40 年代，人们就提出了电磁兼容概念。我国从 20 世纪 80 年代至今，已制定了上百个电磁兼容国家标准，强制要求所有的电气设备必须通过相关电磁兼容标准的性能试验。

1. 电磁兼容定义

电磁兼容 EMC 是指：电气及电子设备在共同的电磁环境中能执行各自功能的共存状态，即要求在同一电磁环境中的各种设备都能正常工作又互不干扰，达到"兼容"状态。

电磁兼容也可以表达为：电子设备在规定的电磁干扰环境中能按照原设计要求正常工作的能力，并且也不向处于同一环境中的其他设备释放超过允许范围的电磁干扰。

兼容性包括设备内电路模块之间的相容性、设备之间的相容性以及系统之间的相容性。电磁兼容包括电磁干扰 EMI、电磁耐受性或电磁抗扰度 EMS 等几个部分。EMI 是指：电气设备本身在执行应有功能的过程中，所产生的不利于其他系统的电磁噪声；而 EMS 是指：电气设备在执行应有功能的过程中，不会因周围电磁干扰而产生性能劣化的能力。

2. 电磁干扰的来源与干扰途径

一般来说，电磁干扰源分为两大类：自然界干扰源和人为干扰源，后者是检测系统的主要干扰源。

(1) 自然界干扰源　自然界干扰源包括地球外层空间的宇宙射电噪声、太阳耀斑辐射噪声以及大气层的天电噪声。后者的能量频谱主要集中在 30MHz 以下，对检测系统的影响较大。

(2) 人为干扰源　人为干扰源又可分为有意发射干扰源和无意发射干扰源。前者如广播、电视、通信雷达、手机等无线设备，它们有专门的发射天线，所以空间电磁场能量很强，特别是离这些设备很近时，干扰能量很大。后者是各种工业、交通、医疗、家电、办公设备在完成自身任务的同时，附带产生的电磁能量的辐射。如工业设备中的电焊机、高频炉、大功率机床启停电火花、高压输电线路的电晕放电，交通工具中的汽车、摩托车点火装置、电力牵引机车的电火花，医疗设备中的高压 X 光机、高频治疗仪器，家电中的吸尘器、冲击电钻、变频空调、微波炉，办公设备中的复印机、计算机开关电源等。它们有的产生电火花，有的造成电源畸变，有的产生大功率的高次谐波。当它们距离检测系统较近时，均会干扰检测系统的工作。

电磁干扰的形成必须同时具备三项因素，即干扰源、干扰途径以及对电磁干扰敏感性较高的接收电路。电磁干扰三要素之间的联系如图 5-31 所示。

图 5-31　电磁干扰三要素之间的关系

消除或减弱电磁干扰的方法可针对这三项因素，采取以下三方面措施：

1) 消除或抑制干扰源：积极、主动的措施是消除干扰源。例如使产生干扰的电气设备远离检测装置；将整流子电动机改为无刷电动机；在继电器、接触器等设备上增加消弧措施等，但多数情况是减少电火花而无法消除干扰源。

2) 切断干扰途径：对于以"路"的形式侵入的干扰，可采取诸如提高绝缘性能；采用隔离变压器、光耦合器等切断干扰途径；采用退耦、滤波等手段引导干扰信号的转移；以及改变接地形式来切断干扰途径等。对于以"场"的形式侵入的干扰，一般采取各种屏蔽措施，如静电屏蔽、磁屏蔽、电磁屏蔽等。

3) 削弱敏感接受回路对干扰的敏感性：高输入阻抗的电路比低输入阻抗的电路易受干扰；模拟电路比数字电路抗干扰能力差等。一个设计良好的检测装置应该具备对有用信号敏感、对干扰信号尽量不敏感的特性。

电磁干扰的传输途径有两种方式，即"路"的干扰和"场"的干扰。路的干扰又称传导干扰，场的干扰又称辐射干扰 (RFI)。

传导干扰必须在骚扰源与敏感设备之间存在有完整的电路连接，干扰沿着这一连接电路从干扰源传输至敏感接收电路。

场的干扰不需要沿着电路传导，而是以电磁场辐射干扰发射（EMI）的方式进行。

任务二　流量变送器的 EMC 试验及防护

抗扰度试验是电磁兼容试验的重要组成部分，其主要依据为 GBT17626—2008 电磁兼容验和测量技术射频场感应的传导骚扰抗扰度，主要包括下述试验：①静电放电抗扰度试验；②射频电磁场辐射抗扰度试验；③电快速瞬变脉冲群抗扰度试验；④浪涌抗扰度试验；⑤射频场感应的传导骚扰抗扰度试验；⑥工频磁场抗扰度试验；⑦脉冲磁场抗扰度试验；⑧阻尼振荡磁场抗扰度试验；⑨电压暂降、短时中断和电压变化抗扰度试验；⑩振荡波抗扰度试验；⑪交流电源端口谐波、谐间波及电网信号的低频抗扰度试验；⑫电压波动抗扰度试验；⑬频率范围 0~150kHz 的传导共模骚扰抗扰度试验；⑭直流电源输入端口纹波抗扰度试验；⑮横电波波导的发射和抗扰度试验；⑯三相不平衡抗扰度试验；⑰电源频率变化抗扰度试验；⑱直流电源输入端口电压暂降、短时中断和电压变化抗扰度试验。

变送器的 EMC 试验主要有：电源电压暂降和短时中断、脉冲串（"电快速瞬变"）、静电放电、电磁场辐射抗扰度等。施加零载荷，稳定 30min 后，开始对被测流量变送器进行下述 EMC 干扰试验，要求试验中示值的变化值不超过规定的允许最大绝对误差。

一、电源电压暂降和短时中断试验及防护

1. 试验方法

该干扰是在电源电压短时间降至很低（甚至完全消失），但很快恢复等情况下产生的干扰。这种干扰产生的原因多数是由于电源回路中，其他大功率用电器启动造成电压下降，或断路器断开又重合闸引起的。有时甚至会出现两次或更多次连续的暂降或中断。通常使用一个专用的，能够降低 50Hz 交流电源电压多个周期或半周期幅值的试验发生器来进行试验。

2. 试验程序

1）电源电压为标称值的 80% 时，持续时间为 5s。

2）在一周期内输出电压降到标称值的 50% 处，持续 10 次。

3）在半周期内电压降至 0，以 10s 为时间间隔，重复 10 次。

3. 电源电压暂降和短时中断的防护

为了提高抗电源电压暂降和短时中断的干扰能力，应加大储能电解电容的容量，使得在电源电压暂降和短时中断时，能够继续为系统（特别是传感器回路）提供能量，维持回路的端电压。有时还需要增加 UPS 不间断电源。

二、脉冲串（电快速瞬变）试验及防护

1. 试验方法

电快速瞬变脉冲群简称 EFT。脉冲群持续时间为 15ms，脉冲群的间隔为 300ms，单个脉冲宽度为 50ns，脉冲上升沿为 5ns。正、负脉冲群干扰时间各为 1min，如图 5-32 所示。脉冲串分别施加于变送器的电源线（1kV）以及 I/O 电路通信线（0.5kV），记录显示器的输出变化量。

2. 脉冲串（电快速瞬变）的防护

为了提高"抗电快速瞬变脉冲"的干扰能力，必须在信号输入电路增设 RC 低通滤波电路，如图 5-33 所示。

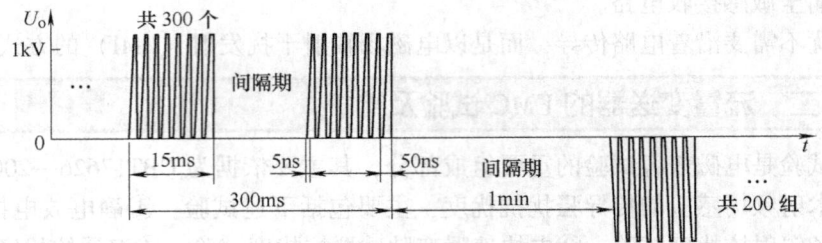

图 5-32 电快速瞬变脉冲群

RC 低通滤波电路的时间常数约为单个脉冲宽度（50ns）的 2 倍，可以滤除 80% 以上的脉冲干扰。如果低通滤波电路的时间常数太大，将影响信号的正常突变。

为了提高设备的抗电快速瞬变脉冲对电源的干扰能力，必须在电源的交流输入端增设 LC 低通滤波电路，如图 5-34 所示。在直流电源电路，设置 LC、RC 滤波电路，如图 5-35 所示。

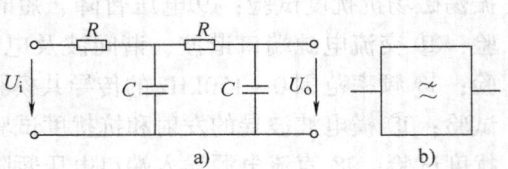

图 5-33 RC 低通滤波器
a）双节不平衡式 RC 低通滤波器
b）低通滤波器图形符号

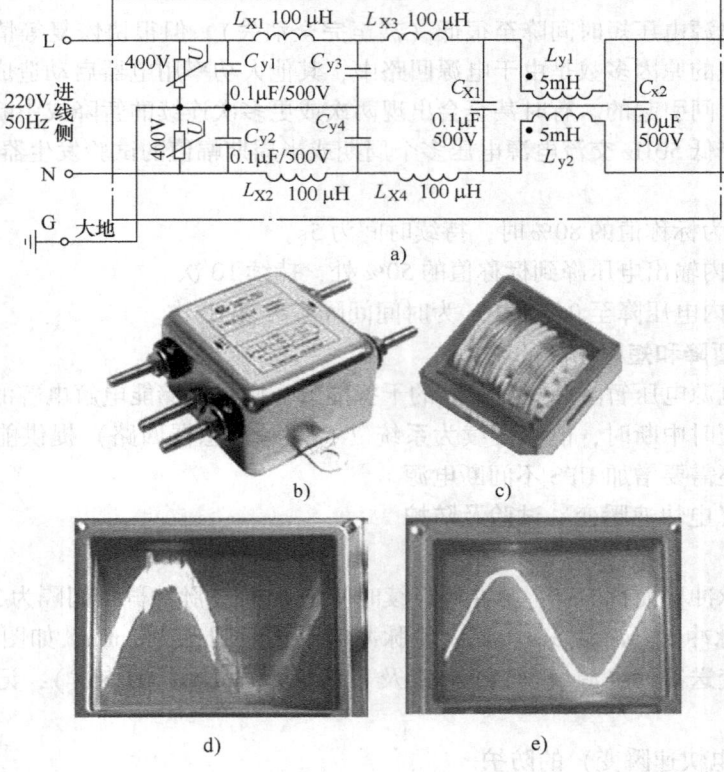

图 5-34 交流电源滤波器
a）低通滤波器电路 b）外形 c）共模电感 d）滤波前受"污染"的工频波形 e）滤波后的工频波形（略有失真）

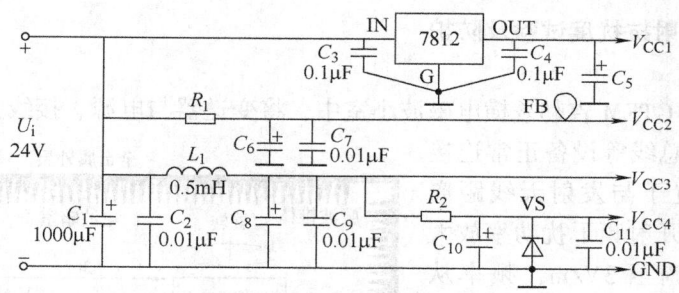

图 5-35 直流电源退耦滤波器电路

0.01μF—独石贴片电容　L_1—差模磁环滤波器　FB—磁珠 FR 滤波器

由于电解电容采用卷制工艺而含有一定的电感，在高频时阻抗反而增大，所以需要在电源端对地并联一个电感很小、约 1000pF～0.1μF 的叠层磁介电容（也称独石电容），用来滤除高频脉冲干扰。

三、静电放电试验

1. 试验方法

在施加静电的条件下，观察静态流量示值的变化。

（1）接触放电　静电放电发射枪直接施加在机壳上能接触到的金属部件，将直流电压逐步升高，直至对地产生火花放电（不应超过 6kV）。连续放电的时间间隔为 10s。共进行 20 次试验，10 次正极，10 次负极。

（2）空气放电　如果机壳是非导体，就没有能用于接触放电的导电部位，则将 8kV 直流电压施加到绝缘的水平或垂直的耦合面上，记录显示器的输出变化量。静电放电试验示意图如图 5-36 所示。

2. 静电放电的防护

利用金属材料制成容器并接地，将需要防护的电路包围在容器中，可以防止静电干扰，称为静电屏蔽。如为塑料外壳，则可喷涂金属涂层，并接地。应尽量降低各级电路的输入阻抗，可以衰减静电引起的感应电压。静电屏蔽原理如图 5-37 所示。

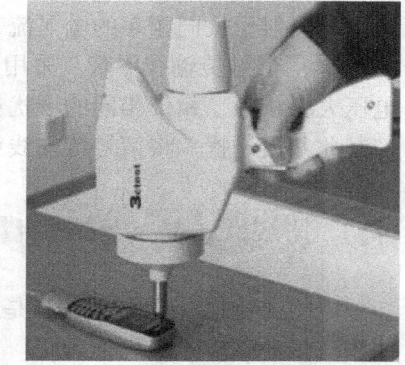

图 5-36 静电放电试验示意图

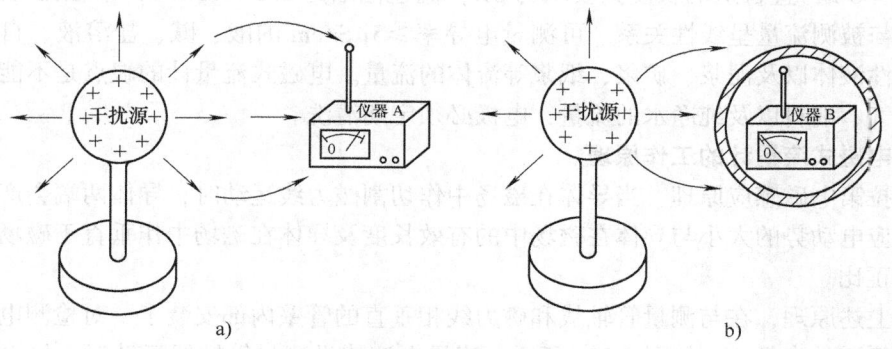

图 5-37 静电屏蔽原理

a）干扰源（带电体）通过电场感应干扰仪器 A　b）仪器 B 放在静电屏蔽盒内，不受带电体的干扰

四、电磁场辐射抗扰度试验及防护

1. 试验方法

在电波暗室或 GTEM 吉赫兹横电磁波小室中，将变送器与电源、接线盒、二次仪表、显示器、I/O 接口、总线等设备正常连接起来，通电后放置于与发射天线距离为 3m 的位置。打开射频干扰功率放大器，将干扰场强调至 3V/m，频率从 80MHz 逐渐升高到 2000MHz，调制 1kHz 的正弦波，调幅度为 80%。记录显示器的输出变化量。电磁辐射试验设备布置如图 5-38 所示。

以上几项 EMC 试验引起的显示器示值变化均应小于送检变送器的允许最大绝对误差。

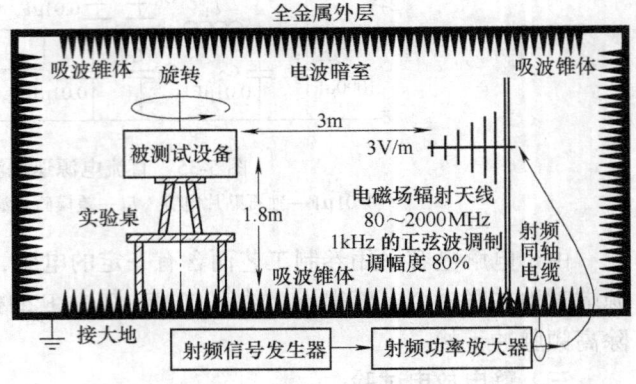

图 5-38 电磁辐射试验设备布置

2. 电磁场辐射的防护

（1）接地　将传感器、信号调理电路的公共参考端接地，可以将电磁场辐射引入大地。

（2）静电屏蔽　将有关电路放置于接地的金属壳体内，可以将电磁场辐射引入大地。

（3）高频磁屏蔽　将有关电路放置于导电良好的金属壳体内，可以在金属壳体表面感应出与辐射干扰同频率的电涡流，从而消耗了电磁场辐射的能量。

（4）信号传输线屏蔽　采用双绞扭导线可以使信号传输线吸收的电磁场辐射干扰形成电压大小相等、相位相同的干扰信号，称为共模干扰。抗共模抑制比较高的电压放大器可以抑制此共模干扰。将信号传输线穿入到接地的铁管中，能进一步抑制电磁场辐射干扰。

拓展阅读1　电磁式流量计

电磁式流量计又称 EMF，是根据法拉第电磁感应定律制造的，用于测量管内导电介质体积流量的感应式流量仪表。

电磁式流量计的测量管光滑，无突出物，所以压力损失小，不易堵塞。被测管道直径范围为 0.05~3m，直管道的长度只要求为 5D，流速范围为 0.5~12m/s，量程比可达 20∶1，输出信号与被测流量呈线性关系。可测量电导率 $\geqslant 5\mu S/cm$ 的酸、碱、盐溶液、自来水、污水、腐蚀性液体以及泥浆、矿浆、纸浆等流体的流量。电磁式流量计的缺点是不能用于测量气体、蒸气、油料以及纯净水的流量，电极必须定期清洗。

一、电磁式流量计的工作原理

据法拉第电磁感应原理，当导体在磁场中作切割磁力线运动时，导体两端会产生感应电动势，感应电动势的大小与导体在磁场中的有效长度及导体在磁场中作垂直于磁场方向运动的速度成正比。

利用上述原理，在与测量管轴线和磁力线相垂直的管壁内部安装了一对检测电极，电极的距离为管道的直径 D，如图 5-39a 所示。当导电液体沿测量管轴线运动时，导电液体切割磁力线产生感应电动势。此感应电动势由两个检测电极检出，感应电动势的数值与流速成正比，感应电动势的方向由右手定则判定，感应电动势的大小由下式确定：

$$E = BDv \times 10^{-4} \tag{5-22}$$

式中　E——感应电动势（V）；
　　　B——磁感应强度（T）；
　　　D——管道内径（m）；
　　　v——导电液体的平均流速（m/s）。

流体的流速 v 与管道截面积（πD^2）/4 的乘积等于体积流量

$$Q = \frac{\pi D \times 10^4}{4B} E = KE \tag{5-23}$$

式中　Q——体积流量（m³/s）；
　　　K——流量系数[$K = (\pi D \times 10^4)/(4B)$]。

由式（5-23）可知，在管道直径 D 为常数，且保持磁感应强度 B 不变时，被测体积流量 Q 与感应电动势 E 呈线性关系。若在管道两侧面各设置一块电极，就可以将感应电动势引出。测量 E 的大小，就可求得体积流量 Q。

感应电动势 E 传送到信号调理电路，经放大、滤波等处理后，可以就地显示瞬时体积流量和累积流量。智能电磁流量变送器除了具有 4~20mA 模拟输出外，还支持 RS485、HART 和 MODBUS 等通信协议。

要使式 Q 与 E 成正比，电磁式流量计的测量条件必须满足下列要求：①磁场均匀分布；②被测导电液体的流速轴对称分布；③被测导电液体是非磁性；④被测导电液体的电导率均匀且各向同性。

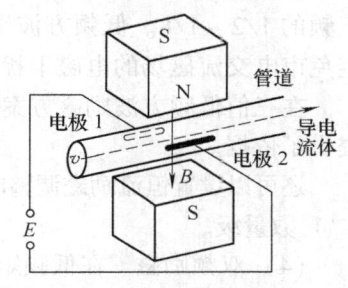

图 5-39　电磁式流量计的工作原理

二、电磁式流量计的结构

电磁式流量计主要由磁路系统、测量导管、电极、外壳、衬里和转换器等部分组成。电磁式流量计的结构如图 5-40 所示。

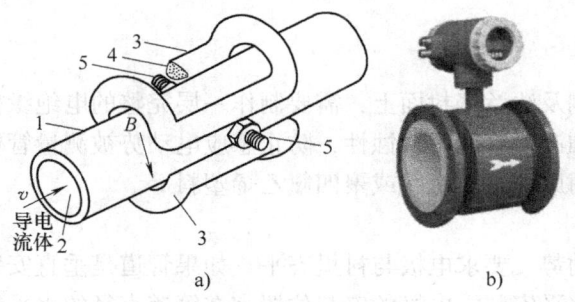

图 5-40　电磁式流量计的结构
a）内部结构　b）电磁流量变送器外形
1—管道　2—绝缘衬里　3—励磁线圈（上、下对称）　4—励磁线圈断面　5—感应电动势输出接线螺栓

1. 磁路系统

磁路系统的作用是产生磁场，电磁式流量计的励磁如图 5-41 所示。

（1）恒定磁场励磁　利用钕铁硼等材料压制成的永久磁铁来产生恒定磁场。优点是结构简单，受交流磁场的干扰较小；缺点是容易造成导管内的电解质液体极化，使正电极被负离子包围，负电极被正离子包围，并导致两电极之间的内阻增大，信号变小。

（2）50Hz 工频激励　能消除电极表面的极化现象，降低输出电阻。但是会产生正交干扰、同相干扰、零点漂移等。

（3）低频方波励磁　低频方波励磁波形有二值（正-负）和三值（正-零-负-零）两种，频率通常为工频的 1/2 ~ 1/8。低频方波励磁能

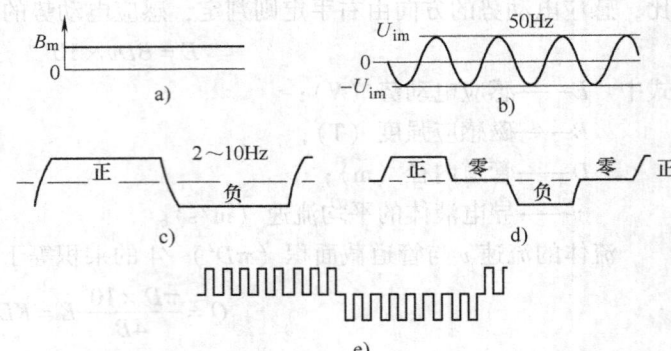

图 5-41　电磁式流量计的励磁
a）恒定励磁磁场　b）50Hz 工频励磁　c）低频矩形波励磁（2 值）
d）低频矩形波励磁（3 值）　e）双频励磁

避免市电交流磁场的电磁干扰，抑制磁场在管壁和流体内部引起的电涡流。

在三值低频方波励磁方案中，可以认为零励磁期间的输出电压为零漂，从而为零点补偿提供了依据。

还可以设置恒流励磁调整电路，以设定灵敏度。多数电磁式流量计的灵敏度为 $1\text{mV}/(\text{m}\cdot\text{s}^{-1})$ 数量级。

（4）双频励磁　在低频矩形波上叠加高频矩形波，可以克服浆液摩擦噪声和流动噪声，提高信噪比。

2. 励磁线圈的外壳

也称铁轭，通常用铁磁材料制成，能隔离外磁场干扰。

3. 测量管道

为了减小磁力线通过测量导管时磁通量的分流现象，测量导管必须采用不导磁、低导电率、低导热率和具有一定机械强度的材料制成，可选用不导磁的不锈钢、玻璃钢、高强度工程塑料等。

4. 绝缘衬里

在测量管道的内侧及法兰密封面上，需要制作一层完整的电绝缘衬里。衬里直接接触被测液体，其作用是增加测量管的耐腐蚀性，防止感应电动势被测量管壁所短路。衬里材料多为耐腐蚀、耐高温、耐磨的氯丁橡胶或聚四氟乙烯塑料等。

5. 电极

用于引出感应电动势。要求电极与衬里齐平。如果管道是垂直安装，杂质不易沉淀在电极表面；如果管道是水平安装，电极的安装位置宜在管道直径的水平线方向，以防止沉淀物堆积在电极表面。

若被测流体为水等中性液体，可以选择耐腐蚀的不锈钢为电极材料；若被测流体为酸、碱等腐蚀性溶液，可以选择耐腐蚀的钛、钽、铂、铱等合金作为电极材料。

6. 信号调理器

信号调理器的作用是将感应电动势信号滤波、放大并抑制干扰，再转换成标准电流信号。

由于液体流动产生的感应电动势属于高阻抗输出信号,所以要求设置高输入阻抗放大器。由于该感应电动势信号十分微弱(mV级),受各种干扰因素的影响大,且两根输入导线上存在很高的共模干扰,所以要求设置高共模抑制比放大器。

三、电磁式流量计的安装

1) 在电磁式流量计的测量中,要求必须满管,流体无旋涡,直管段要求是电磁式流量计前 5D 和后 3D。电磁式流量计安装位置合理性比较如图 5-42 所示。图 5-42 中,a 流量计的入口距离阀门太近;b 流量计的出口朝下,可能产生负压,易使衬里剥离;e 流量计处于出口的上方,可能不满管。

2) 正压电磁式流量计不能用于负压系统。例如,在液体温度高于室温的管系中,若关闭流量计的上、下游截止阀,流体冷却、收缩后会形成负压,有可能造成衬里剥离。

3) 电磁式流量计应远离具有强磁场的设备,如大型电机、大型变压器等。

4) 测量管应有良好的接地,才能减小外界干扰。需要用较粗铜导线($4mm^2$)跨接在前、后法兰的螺栓上,再"一点接地",如图 5-43 所示。接地电阻必须小于 10Ω。

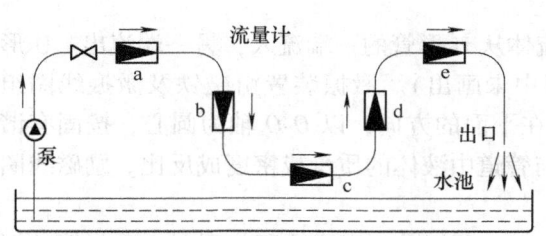

图 5-42 电磁式流量计安装位置合理性比较
a、b、e—不合理 c、d—合理

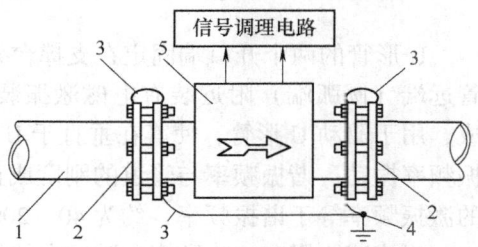

图 5-43 电磁式流量计的接地
1—管道 2—法兰 3—跨接导线 4—接大地点
5—流量计测量管

拓展阅读2 科里奥利质量式流量计

表 5-1 所示的多数流量计是通过测量流体的体积流量,再乘以流体的密度,从而得到质量流量。科里奥利质量式流量计(以下简称 CMF)是一种能够直接测量质量流量的新型流量仪表,它既能测量质量流量,也能测量流体的密度,测量结果基本不受流体的压力、温度、黏度等变化的影响。CMF 的缺点是不能测量密度太低的流体;对外界的振动干扰较敏感;薄壁测量管内壁磨损或腐蚀后易影响测量准确度,零位漂移较大,零点不稳定等。

一、U 形管 CMF 的结构与工作原理

CMF 的基本工作原理是基于牛顿第二定律关于力、质量和加速度三者之间的关系。19 世纪法国科学家科里奥利发现:当一根管子绕原点 O 旋转时,让一个质点从原点通过管子向外端流动,质点的线速度逐渐增大,质点被赋予了能量,产生反作用力使管子的旋转速度减缓,旋转运动发生滞后。相反,让一个质点从外端通过旋转的管子向原点流动,质点的线速度由大逐渐减小,质点的能量被释放出来,产生的反作用力使管子的旋转速度加快,旋转运动发生超前。这种能使旋转管子的运动发生超前或滞后的力就称为科里奥利力,简称科氏力。利用科氏力原理制造的流量计称为科氏力流量计(CMF)。然而,通过旋转运动来产生

科氏力是困难的。目前的 CMF 产品均用两端固定的薄壁测量管代替旋转的管道,用电磁学或光学的方法来测量管道的前半段与后半段之间相反的挠度。

CMF 的结构有许多形式,多数由振动管和转换器组成。振动管(测量管)有 U 形、Ω 形、S 形、直管形等多种形状。水平安装的单 U 形管 CMF 如图 5-44 所示。

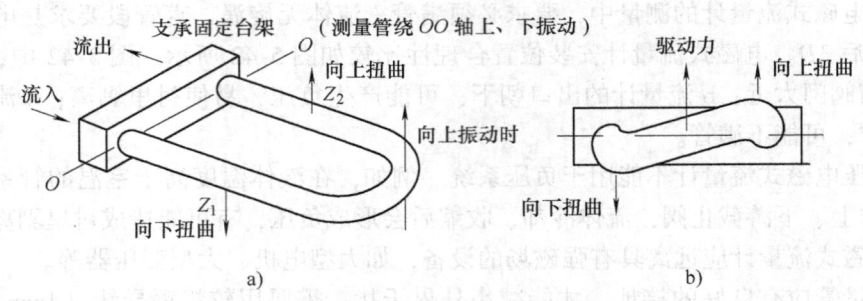

图 5-44 水平安装的单 U 形管 CMF
a) 侧视图 b) 正视图

U 形管的两个开口端固定在支撑台架上。流体从 U 形管的一端流入,另一端流出。U 形管远端(圆弧端)附近装有电磁激振装置(图中未画出)。激振装置由磁铁及激振线圈组成,用于驱动 U 形管,使其在垂直于 U 形管所在平面的方向,以 O-O 轴为圆心,按固有谐振频率振动。谐振频率与管道的刚度成正比,与管道中液体的质量或密度成反比。励磁线圈的激振频率等于谐振频率,约为 40~200Hz。

当流速为零时,U 形管在激振力的作用下作上、下振动;当流速不为零时,U 形管的振动迫使管中的流体在沿管道流动的同时又随管道作垂直运动,此时流体将受到科氏力的作用。由于流体在 U 形管两侧的流动方向相反,所以作用于 U 形管进出端的科氏力大小相等、方向相反,使 U 形管受到一个力矩的作用,绕 O-O 轴扭转而产生扭转变形。管道扭转变形的大小与通过 U 形管的质量流量具有确定的关系。

在 U 形管两侧面位置的 Z_1、Z_2 处安装两个磁电式位移传感器,用于测量 Z_1、Z_2 处振动的时间差 Δt 或测量两个传感器输出的正弦波信号位差 $\Delta \varphi$。

垂直安装的双 U 形管 CMF 如图 5-45 所示。采用两根几何尺寸完全相同的 U 形管,可以抵消 CMF 附近环境振动的影响。两根 U 形管平行地焊接在支撑管上,构成两个音叉。电磁式位移传感器 Z_1、Z_2 安装在 U 形管直管段的中部,磁

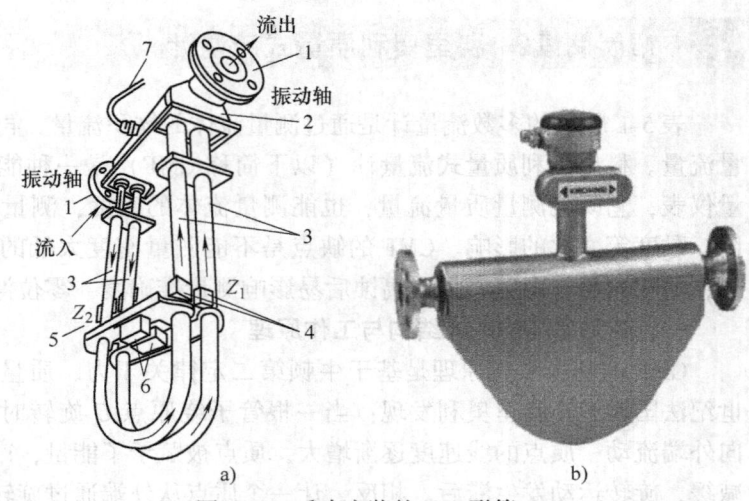

图 5-45 垂直安装的双 U 形管 CMF
a) CMF 的结构 b) CMF 的外形
1—法兰 2—支撑管 3—平行测量管 4—电磁式位移传感器 Z_1
5—电磁式相对位移传感器 Z_2 6—电磁振动激励器 7—电缆

铁固定在一根 U 形管上，线圈固定在另一根 U 形管上（质量必须相等），用于测量两根 U 形管的相对振动位移。电磁式位移传感器 Z_1、Z_2 的电磁感应电动势的时间差及相位差如图 5-46 所示，Δt 或 $\Delta \varphi$ 直接正比于流经测量管的质量流量。

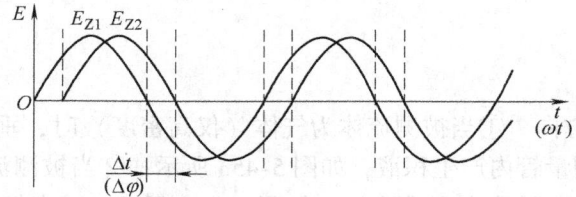

图 5-46　U 形管 CMF 两侧电磁感应电动势的时间差及相位差

二、双直管 CMF 的结构及工作原理

U 形管 CMF 易存积固体杂质而引起测量误差，且整机重量较重，体积庞大。流体在 U 形管内要经过 90°急拐弯，流动阻力较大，压力损失也较大，只适用于中、小管径的流量测量。U 形管的两固定端还因长期振动而容易疲劳断裂。直管 CMF 是近年来发展起来的新型流量计，它的流动阻力及压力损失较小，可以测量高黏度的油、含有固形物的浆液或含有少量气泡的液体，以及有足够密度的中、高压气体等流体的质量流量。采用两根直管可以抵消外界的振动干扰。垂直安装的双直管 CMF 结构如图 5-47a 所示。

在测量管的入口，流体流入分流器，分成两路进入并联的两根测量管，再经过直管段，从集流器进入下游管道。两根直管的材料、机械尺寸相同，固有振动频率也相同。

双直管 CMF 工作时，两根测量管受到中间位置（B 点）激振器的作用，时而并拢，时而分离。当测量管中无流体流动时，测量管的振动如图 5-47b 所示，A 点与 C 点的相位差保持固定不变。

当测量管中有流体流动时，假设激振方向是线圈排斥磁铁，则激振力使两根测量管分离。流体质点从分流器出口的 A 点运动到 B 点（中点）时被向外加速，质点产生反作用力，使管子向外的振动角速度减慢；而在 B 点到 C 点之间，质点向集流器方向流出，振动角速度减小，能量转移到测量管，使测量管向外振动的角速度加快。在 A 到 C 两点之间，测量管产生如图 5-47c 所示的变形。反之，两根测量管在激振器的作用下并拢时，双直管 CMF 的变形如图 5-47d 所示。

在 A 点和 C 点两根测量管上，分别安装一对红外线发射二极管和红外光敏晶体管。光敏晶体管 A、C 输出的正弦波信号的相位差 $\Delta \varphi$ 正比于流经测量管的质量流量 M。

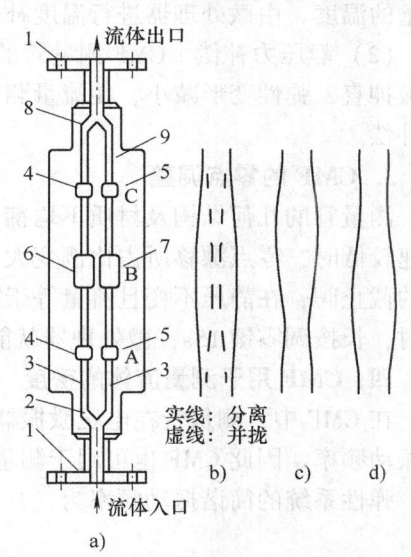

图 5-47　垂直安装的双直管 CMF 结构
a）双直管 CMF 结构示意图
b）流体速度等于零时两根测量管的变形
c）流体速度不等于零、两根测量管分离时的变形
d）流体速度不等于零、两根测量管并拢时的变形
1—法兰　2—分流器　3—直管　4—红外发光二极管
5—光敏晶体管 A、C　6—磁铁　7—励磁线圈
8—集流器　9—外壳

直管的振动刚度比 U 形管大许多，不易起振。为了提高激振灵敏度，选用弹性模量较小的钛作为测量管材料，管壁减小到 U 形管的 1/2～1/4。直管的谐振频率较高，在 400～1200Hz 之间，不易受外界振动的干扰。此外，双直管 CMF 的管壁较薄，耐磨及抗腐蚀能力比 U 形管要差。

三、CMF 的应用

1. CMF 的安装

（1）CMF 的安装方向　①当被测流体为气体（仅高密度）时，垂直安装 U 形管的弯曲部分应向上，不易使测量管内产生积液，如图 5-45a 所示；②当被测流体为液体时，U 形管的弯曲部分应向下，使测量管内充满液体，如图 5-45b 所示；③直管 CMF 应垂直安装，并使流体自下而上流动。

（2）CMF 与截止阀的关系　为使调零时流体停止流动，CMF 的上、下游应设置截止阀。上游截止阀的距离为 $5D$，下游截止阀的距离为 $3D$。

（3）对支撑台架的要求　较小管径的 CMF 可以直接连接到管道上；大管径的 CMF 要求设置支撑架。CMF 法兰平面与管道法兰的平面应平行，它们的高度相等，间隙尽量小，以减小安装应力。两台 CMF 不应安装在同一个支撑架上，以免各自的振动相互干扰。

2. CMF 的温度、静压力补偿

（1）温度补偿　CMF 振动管的杨氏弹性模量是温度的函数。当温度升高时，测量管的刚度变小，造成灵敏度增大，使流量测量值偏高。通常设置铂热电阻或温度 IC，用于测量管壁的温度，由微处理器进行温度补偿。

（2）静压力补偿　CMF 测量管的刚度会随着管道内部流体静压力的升高而变大，测量管被抻直，弹性变形减小，使流量测量值偏低。因此在要求高准确度测量时，必须进行静压力补偿。

3. CMF 的零点调整

测量管的几何结构及材质不均衡、安装应力变化等因素容易引起 CMF 的零点漂移。在流速较低时，零点漂移所占比例变大，且无法补偿。在实际应用中，需要定期关闭测量管进口的截止阀，在静压不变且流量等于零时进行零点调整。对于智能变送器，可以在流量等于零时，长按调零键 15s，微处理器就能自动扣除零点漂移。

四、CMF 用于测量流体的密度

在 CMF 中，测量管在电磁激振器的激励下以固有频率振动。流体的密度会影响测量管的振动频率，因此 CMF 也可用于测量流体的密度。

弹性系统的简谐振动频率为

$$f = \frac{1}{2\pi}\sqrt{\frac{m}{K_0}} = \frac{1}{2\pi}\sqrt{\frac{m_0 + AL\rho}{K_0}} \tag{5-24}$$

式中　f——简谐振动频率；

　　　m——振动系统的质量；

　　　K_0——振动系统的弹性常数；

　　　A——振动管的横截面积；

　　　L——振动管的长度；

　　　ρ——流体的密度。

由式（5-24）可知，当流体的密度增大时，系统的振动频率随之增大，两者之间有确定的关系。智能变送器对其他影响因子进行综合评估，可以计算出流体的密度。

思考题与练习题

5-1　单项选择题

1）体积流量_____，得到质量流量。
   A. 乘以流体的密度　　　　　　　B. 除以流体的密度
   C. 乘以流体的流速　　　　　　　D. 除以流体的流速

2）当流体的流速稳定时，欲得某时段的体积总量，可以将瞬时体积流量_____。
   A. 除以该时段所经历的时间　　　B. 乘以该时段所经历的时间
   C. 除以该时段的质量流量　　　　D. 乘以该时段的质量流量

3）一般情况下，管道_____处的流速最大。
   A. 中心　　　　B. 1/3 直径　　　C. 2/3 直径　　　D. 管壁

4）适合小流量测量，但易破碎的是_____式流量计；能够测量高黏度油脂流量的是_____式流量计；不干扰管道内流体的流动，能够测量浑浊流体流量的是_____式流量计。
   A. 涡轮式　　　B. 超声波式　　　C. 玻璃转子式　　　D. 椭圆齿轮式

5）流量报警开关可以_____。
   A. 测量体积流量的数值
   B. 测量质量流量的数值
   C. 在流体流速大于设定值时产生报警信号
   D. 在流体的压力大于设定值时产生报警信号

6）标准节流件中，压力损失最小但价格昂贵的是_____。
   A. 堰式明渠　　　B. 孔板　　　C. 文丘里管　　　D. 喷嘴

7）流体流经孔板时，流束会收缩，平均流速也随之变化，最大流束在_____。
   A. 孔板前　　　　　　　　　　　B. 孔板入口处
   C. 孔板出口处　　　　　　　　　D. 孔板后的某一距离处

8）当被测流体的密度变化时，孔板式流量计的质量流量与_____。
   A. 密度的平方根成正比　　　　　B. 密度的平方根成反比
   C. 差压的平方根成反比　　　　　D. 体积流量成反比

9）如果将标准孔板的前、后方向装反，则_____。
   A. 流量为负值　　　　　　　　　B. 流量的测量结果增大
   C. 差压增大　　　　　　　　　　D. 差压减小

10）不常用的孔板取压法是_____。
   A. 角接取压法　　B. 法兰取压法　　C. 径距取压法　　D. 管接取压法

11）由于孔板式流量计的流量与差压的平方根成正比，在满量程的_____以下使用时，误差可能超过允许最大绝对误差。
   A. 60%　　　　B. 50%　　　　C. 40%　　　　D. 30%

12）在实际运行中，如果发现常态流量十分接近满量程，可以利用智能变送器的手持终端进行调校，将差压变送器的量程_____。
   A. 调小　　　　　　　　　　　　B. 调大
   C. 关闭　　　　　　　　　　　　D. 设置为原来的一半

13）某流量积算控制仪的累计质量流量显示范围为 0 ~ 99 999 字（即：略小于 100 000 个字），每个字代表1kg/h，被测流体每小时的平均流量约为1 000kg，大约_____小时后计数器复位（清零）。
　　A. 100　　　　　　B. 1 000　　　　　　C. 10 000　　　　　　D. 100 000

14）测量液体流量时，取压孔的开口应位于管道的_____；测量气体流量时，取压孔应位于管道的_____。
　　A. 上半部　　　　B. 下半部　　　　C. 侧面水平位置　　　D. 都可以

15）安装节流式流量计的导压管时，若被测流体为清洁液体，差压变送器的导压管应_____。
　　A. 向下倾斜到差压变送器　　　　　B. 向上倾斜到差压变送器
　　C. 水平敷设　　　　　　　　　　　D. 中间高两端向下略微倾斜

16）安装节流式流量计的导压管时，若被测流体为腐蚀性气体，需装设_____。
　　A. 集气器　　　　B. 排污器　　　　C. 沉降器　　　　D. 隔离罐

17）频率_____的机械振动波称为超声波。
　　A. 低于20Hz　　　B. 低于20kHz　　　C. 20～20kHz　　　D. 高于20kHz

18）温度越高，超声波在气体中传播的声速就_____，造成测量误差。
　　A. 越慢　　　　　B. 越快　　　　　C. 不变　　　　　D. 趋向于零

19）超声波式流量计中，_____的测量准确度较高。
　　A. 单声道　　　　B. 双声道　　　　C. 4声道　　　　D. 8声道

20）超声波式流量计中，_____的温漂较大。
　　A. 时间差法　　　B. 频率差法　　　C. 相位差式　　　D. 多普勒

21）用标准流量计检定被检定流量计时，标准流量计的允许最大绝对误差应小于被校流量计允许最大绝对误差的_____。
　　A. 30%　　　　　B. 40%　　　　　C. 50%　　　　　D. 60%

22）若被校流量计的准确度等级为1.5级，则相同量程的标准流量计的准确度等级应优于_____。
　　A. 2.5级　　　　B. 1.5级　　　　C. 1.0级　　　　D. 0.5级

23）考核检测仪表的电磁兼容是否达标，是指_____。
　　A. 仪表能在规定的电磁干扰环境中正常工作的能力
　　B. 仪表不产生超出规定数值的电磁干扰
　　C. 仪表不产生较大的 EMI
　　D. A、B必须同时具备

24）发现某种检测缓变信号的仪表输入端存在50Hz差模（串模）干扰，应采取_____措施。
　　A. 提高前置级的共模抑制比　　　　B. 在输入端串接高通滤波器
　　C. 在输入端串接低通滤波器　　　　D. 在输入端串接带通滤波器

25）经常看到印制电路板数字IC的V_{DD}端或V_{CC}端与地线之间并联一个0.01μF左右的独石电容，这是为了_____。
　　A. 滤除50Hz锯齿波
　　B. 滤除模拟电路对数字电路的干扰信号
　　C. 滤除印制电路板数字IC电源线上的脉冲尖峰电流
　　D. 滤除空间 EMI 干扰

26）科里奥利质量式流量计又称_____。
　　A. EMF　　　　　B. USF　　　　　C. CMF　　　　　D. DPF

5-2 分析计算题

1. 上网搜索、下载"流量测量方法和分类"、"节流件计算"、"现场仪表对比分析"、"流量计名词术语与定义"、"流量计检定规程"等行业标准、国家标准以及有关流量测量的专业资料，简述其主要内容。

2. 已知某流量计的质量流量最大值M_{max}=10t/h，被测流体的密度ρ=900kg/m³，求：最大体积流量Q

为多少立方米每小时？（注：保留 3 位有效数字）

3. 已知某被测气体的密度 $\rho = 0.1 \text{kg/m}^3$，管道截面积 $A = 1\text{m}^2$，被测管道中的平均流速 $v = 8\text{m/s}$，求：

1) 平均体积流量 Q。
2) 平均质量流量 M。
3) 1h 的体积总量 $Q_总$ 为多少立方米？
4) 1h 的质量总量 $M_总$ 为多少吨？

4. 用孔板式流量计测量蒸气流量，差压变送器不带开方器。原设计的蒸气密度 $\rho_1 = 8\text{kg/m}^3$。实际使用中，蒸气密降低为设计值的四分之一，$\rho_2 = 2\text{kg/m}^3$。未进行密度修正时流量计的示值为 100t/h（与真实结果有很大的误差）。假设节流元件前后的差压相同，α、ε、A_0 不变，请根据式（5-7）求：实际的质量流量为原设计的几分之一？为多少吨每小时？

5. 用孔板及差压变送器测量流量，差压变送器的量程为30kPa，对应的最大质量流量 $M_{max} = 90\text{t/h}$，工艺要求在 1/3 量程时报警。求：差压变送器带开方器时，报警电流值 I_2 应设在多少毫安？（提示：差压变送器的输出电流为 4～20mA。带开方器时，输出电流 I 与流量 Q 成正比，计算结果保留三位有效数字）

6. 节流式流量计在测量时必须满管，流体无旋涡，入口没有突出物。请查表 5-3 及有关叙述，指出图 5-48 中哪几个流量计的安装是错误的？并说明错误的原因（提示：管道直径 $D = 100\text{mm}$）。

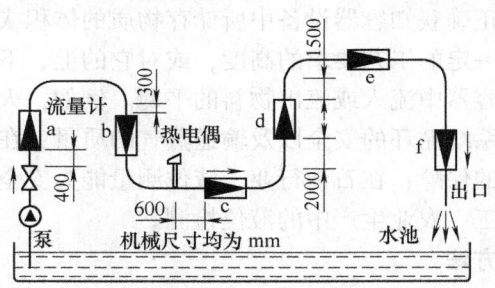

图 5-48　节流式流量计安装位置错误分析

模块六 液位检测

 知识链接　液位与物位的基本概念

一、物位与液位

物位是液位、料位、界面的总称。固体块状、散粒状物质的堆积高度称为料位；容器中，液体介质液面的相对高度或表面位置称为液位；同一容器中，两种密度不同，但互不相容的液体介质，其分界面的位置称为界面。相应的测量仪表称为料位计或液位计、界面计，统称为物位计。

物位检测的目的在于正确获知容器设备中所储存物质的体积或质量。监视和控制容器内的介质物位，使它保持在一定的工艺要求的高度，或对它的上、下限位置进行报警，以及根据物位来连续监视或调节容器中流入或流出物料的平衡。例如，火电生产过程中，锅炉汽包内的水位就直接影响汽水系统循环的安全以及输送蒸气的质量；在化工行业，液位报警和液位测量是生产质量和安全的保障；在石油行业，液位测量能为安全生产和经济核算提供可靠的依据。本模块重点介绍工、农业生产中的液位检测。

二、液位检测的主要方法

液位的检测包含液位报警和液位测量。按工作原理可分为下列几种类型，其他常用液位仪的特性如表6-1所示。

表6-1　常用液位仪的特性

液位计类型	液位测量范围/m[①]	过程温度/℃	过程压力/MPa	特　点
玻璃管（板）式	1.5	250	2.5	无源，读数直观，价廉；需要照明和定期清洗，易破碎
电接点式	2	300	25	无源，结构简单，价廉；液位测量不连续，电极易腐蚀，多用于无腐蚀性的导电液体液位报警；可以在高温、高压下工作
浮球（浮筒）式	5	80	16	读数直观，价廉；机械部件易损坏
伺服式	65	200	16	大量程，可以测量油水界面；钢丝、浮子、轮鼓等机械系统易损坏
音叉式	2	80	2	结构简单；不适合黏性物体，易损坏；多用于物位报警
变介电常数电容式	3.5（杆式） 20（缆式）	120 80	3 1	不适合黏性液体；多用于液位或料位报警
差压式	30	200	15	可适合黏性介质；需要迁移量调校
压阻投入式	30	80	1	量程大；导气电缆和测量头容易受潮

(续)

液位计类型	液位测量范围/m①	过程温度/℃	过程压力/MPa	特　点
磁致伸缩式	12	120	2	不易损坏；不适合黏性液体
超声波式	50	85	0.4	非接触式测量，多数安装在液面的上方；最高液面不得进入测量盲区，声速受温度影响较大，需要温度补偿；不适合雾气或粉尘场合，以及有泡沫的液体
雷达式	35	120	10	非接触式测量，准确度高，不受蒸气、挥发雾的影响，可在灰尘等恶劣环境工作，能测量固体料位；易受多重回波、虚假波的影响，不能用于瘦长容器
核辐射式	60	600	20	非接触式测量，量程大，可以测量固体料位，适合在高温、高压等恶劣环境中工作，测量结果不受温度、压力、黏度和流速影响；需要进行射线防护

① 此处特指密度为 1 000kg/m³ 介质的液位，例如水。其他介质的液位可以按与水的密度比例进行换算。

（1）玻璃管式　根据流体的连通性原理来直读液位，是一种最为简单、直观的测量方法。例如玻璃管（板）液位计，将容器中的液体引入带有标尺的观察管中，通过标尺读出液位高度，如图6-1所示。

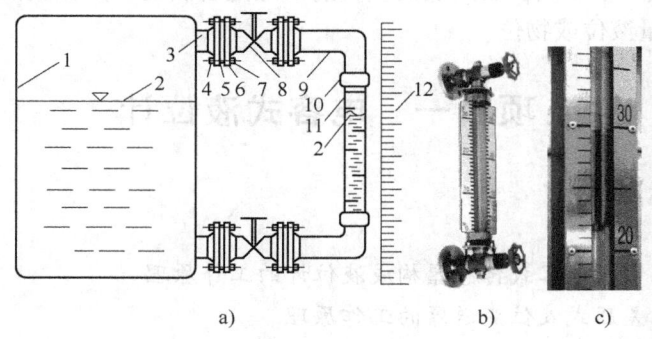

图6-1　玻璃管液位计
a）原理示意图　b）实物　c）刻度表放大图
1—汽包　2—液面　3—法兰接管　4—螺母　5—垫片　6—法兰盘　7—螺栓　8—截止阀
9—不锈钢管　10—玻璃管（板）接头　11—玻璃管（板）　12—标尺

（2）浮力式　根据浮子高度随液位高低而改变或液体对浸泡在其中的浮筒或浮球的浮力随液位高度变化，以带动测杆的原理来测量液位。

（3）伺服式　是基于浮力平衡的伺服电动机动态伺服测控原理而设计的。浮子通过测量钢丝（测量尺带）被送到罐内。当罐内液位、界面（与密度有关）变化时，浮子的位置随液位或界面而改变，利用光电系统计算钢丝的位移量，即可得到液位数值。被测液体腔与外部电气部分完全隔离，从而满足防爆要求。

（4）电接点式　属于无源、开关量输出式传感器。传感器的电极浸泡在液体中时，输出低电平；处于空气中时，输出高电平。传感器可以在高温、高压下工作，多用于无腐蚀性的导电液体液位报警。

（5）变介电常数电容式　液位传感器浸泡在液体中。由于液体的介电常数高于空气，所以液位越高，电容量就越大。

（6）差压式　根据液柱高度变化对某点产生的差压变化的原理来测量液位。

（7）超声波式　超声波传感器发射的超声波到达气体与液体的交界面，再反射回到超声波传感器的接收器。对超声波来回路程所花费的时间进行计时，计算出超声波来回的路程，从而得到液位的数值。

（8）雷达式　6.3GHz微波发生器（雷达）的喇叭口天线向下发送短时间（例如0.8ns）的微功率雷达脉冲。脉冲到达不同介电常数的物体界面时，反射回到天线系统。由于电磁波的传输速度为常数，所以对雷达波来回路程所花费的时间进行计时，就可以计算出雷达波来回的路程，从而得到液位的数据。

（9）磁致伸缩式　磁致伸缩液位计主要由脉冲发生器、不锈钢测量杆、浮子等部件组成。浮子内有磁铁，浮子随着液位的变化，沿测量杆上下移动。液位计上端的电子部件按设定的时间间隔产生低压电流脉冲，并开始计时。低压电流脉冲产生的磁场，沿测量杆中的磁致伸缩线向下传播，该磁场遇到浮子内的磁铁产生的磁场，导致磁致伸缩线扭曲，形成扭应力波脉冲，向上传播。由于扭应力波脉冲的速度是常数，计算扭应力波脉冲传播到达上端电感接收电路的时间，即可计算出磁铁与电感接收电路之间的距离。

（10）核辐射式　根据同位素射线的核辐射线透过物料时，其强度随物质层厚度的增大而减小的原理来测量液位或物位。

项目一　电容式液位计

【项目教学目标】

☞知识目标

1）掌握变介电常数电容式传感器构成液位计的工作原理。

2）掌握双法兰差压式液位变送器的工作原理。

☞技能目标

1）掌握差压式液位变送器的安装。

2）掌握差压式液位变送器的零点迁移方法。

任务一　变介电常数电容式液位计的安装与应用

在模块四中已经简单介绍过电容式传感器的工作原理。平板电容的电容量为 $C = \varepsilon_0 \varepsilon_r A/d$。式中，$\varepsilon_0$ 为真空的介电常数，ε_r 为两极板间介质的相对介电常数，A 为两极板相互遮盖的有效面积，d 为两极板间的极距。如果固定 A、d 为常数，电容 C 将随两个极板间的介质相对介电常数 ε_r 的变化而变化。

因为各种介质的相对介电常数不同，所以在电容的两极板间插入不同介质时，电容的电容量也就不同。利用这种原理制作的电容式传感器称为变介电常数电容式传感器，可以用于液体液位的测量等。几种介质的相对介电常数如表6-2所示。

表 6-2 几种介质的相对介电常数

介质名称	相对介电常数 ε_r	介质名称	相对介电常数 ε_r
真空	1	玻璃釉	3~5
空气	略大于1	SiO_2	3.8
其他气体	1~1.2①	云母	5~8
变压器油	2~4	干的纸	2~4
硅油	2~3.5	干的谷物	3~5
聚丙烯	2~2.2	环氧树脂	3~10
聚苯乙烯	2.4~2.6	高频陶瓷	10~160
聚四氟乙烯	2.0	低频陶瓷、压电陶瓷	1000~10000
聚偏二氟乙烯	3~5	纯净的水	80

① 相对介电常数的数值视该介质的成分和化学结构不同而有一些区别，以下同。

一、开环式变介电常数电容式液位计

变介电常数电容式液位计经常使用同心圆筒形结构，如图 6-2 所示。

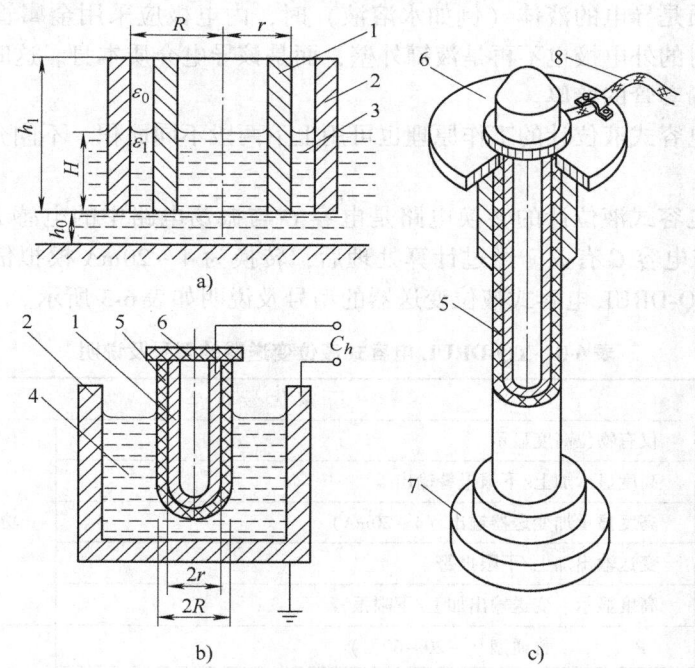

图 6-2 变介电常数电容式液位计
a) 同轴内外金属管式 b) 金属管外套聚四氟乙烯套管式 c) 带底座的电容液位传感器的结构
1—内圆筒 2—外圆筒 3—被测绝缘液体 4—被测导电液体 5—聚四氟乙烯套管
6—顶盖 7—绝缘底座 8—信号传输屏蔽电缆

图 6-2 中，当被测液体（绝缘体）的液面在两个同心圆金属管状电极间上下变化时，引起两电极间不同介电常数介质（上半部分为空气，下半部分为液体）的变化，因而导致总电容的变化。电容 C_h 与液面高度 h（从管状电极底部算起）的关系式为

$$C_h = C_{空} + C_{液} = \frac{2\pi\varepsilon_0}{\ln(R/r)}[h_1 + (\varepsilon_{r1} - 1)H] = C_0 + K_H H \tag{6-1}$$

式中 ε_0——真空介电常数（空气的介电常数与之相近），$\varepsilon_0 = 8.85 \times 10^{-12}$（F/m）；
　　　r——内圆管状电极的外半径（m）；
　　　R——外圆管状电极的内半径（m）；
　　　h_1——电容器极板高度（m）；
　　　H——不考虑安装高度时的液位（m）；
　　　ε_{r1}——被测液体的相对介电常数。

由式（6-1）可知，电容 C 与液面高度 H 呈线性关系，其灵敏度 K_H 为常数

$$K_H = \frac{2\pi\varepsilon_0(\varepsilon_r - 1)}{\ln(R/r)} \tag{6-2}$$

R/r 越小，灵敏度 K_H 越高。但是，在 R/r 较小的情况下，由于液体毛细管作用的影响，两圆管间的液面将高于实际液位，从而带来测量误差。当被测液体为黏性液体时，由黏附现象引起的测量误差将更大。

当液罐外壁是导电金属时，可以将液罐外壁接地，并作为液位计的外电极，如图 6-2b 所示。当被测介质是导电的液体（例如水溶液）时，内电极应采用金属管外套聚四氟乙烯套管式电极。这时的外电极也不再是液罐外壁，而是该导电介质本身。这时内、外电极的极距只是聚四氟乙烯套管的壁厚。

以上讨论的电容式液位计的工作原理也可用上下两段不同面积、不同介电常数的电容之和来理解。

变介电常数电容式液位计的转换电路是电容 C 与振荡电路中的电感 L 构成的 LC 振荡器，振荡频率 f 与电容 C 有关。经过计算处理后，转换为 4~20mA 模拟信号，从而实现液位的连续测量。TQ-DRUL 电容式液位变送器的型号及说明如表 6-3 所示。

表 6-3 TQ-DRUL 电容式液位变送器的型号及说明

TQ-DRUL			厂 家 代 号	
	A		仅有物位高度显示	
	B		高度显示加上/下限报警输出	
	C		高度显示加变送器输出（4~20mA）	功能选择
	D		变送输出加上/下限报警	
	E		高度显示、变送输出加上/下限报警	
	P		普通型（-20~60℃）	
	E		中温型（-40~200℃）	检测环境
	F		防腐型（不锈钢接头，氟塑料包裹探极）	（可按使用要求同时选多项）
	D		隔爆型	
	I		粉尘防爆型	
		A	螺纹连接	安装方式
		B	标准法兰	
			B　棒式探极（2.5m 以内）	探极形式
			W　重型缆式探极	
			X　探极长度 l（mm）	其他选项

例如，型号"TQ-DRUL C E B W30"表示：电容式液位变送器；输出为 4～20mA；带有液位显示，被测液体的温度为 -40～200℃；采用标准法兰安装方式；30m 重型缆式探极。

二、伺服电容式油量表

伺服式液位计将被测量的变化与标准量比较，准确度比较高，不受放大器的死区电压和温漂的影响，伺服电容式油量表示意图如图 6-3 所示。与电阻式油量表相比，允许倾斜。

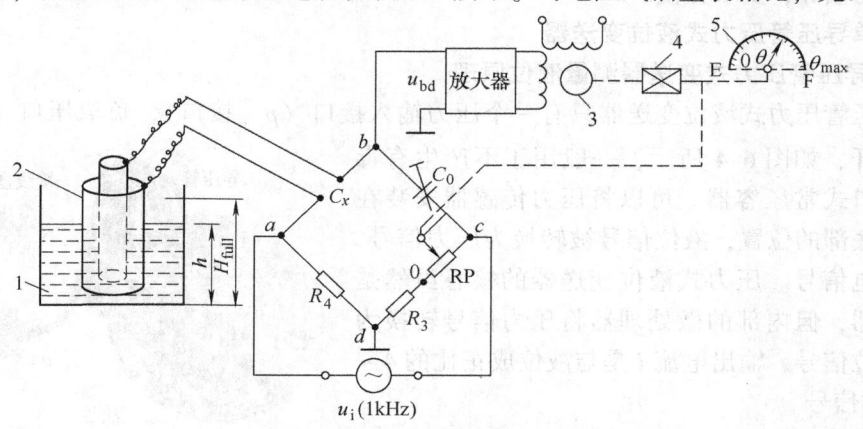

图 6-3　伺服电容式油量表示意图
1—油箱　2—圆柱形电容器　3—伺服电动机　4—减速箱　5—油量表盘

当油箱中无油时，圆柱形电容器的电容 C_{x0} 为最小值，此时应使电桥的输出 u_{bd} 为零。油量表调零过程如下：首先断开减速箱与电位器 RP 的机械连接，将 RP 人为地调到零，即：电位器 RP 的滑动臂调到 0 点，此时相邻两臂电阻相等（R_3、R_4 的阻值相同）。再调节半可变电容 C_0，使 $C_0 = C_{x0}$。此时，电桥满足 $\frac{R_4}{R_3} = \frac{X_{Cx0}}{X_{C0}} = \frac{C_0}{C_{x0}}$，此时电桥的输出 u_{bd} 为零，伺服电动机不转动，油量表指针偏转角 $\theta = 0$。

当油箱中注入油，液位上升至 H 处，$C_x = C_{x0} + \Delta C_x$，$\Delta C_x$ 与 H 成正比。此时电桥失去平衡，电桥的输出电压 u_{bd} 经放大后驱动伺服电动机，再由减速箱减速后，带动指针顺时针偏转，同时带动 RP 的滑动臂向 c 点移动，从而使 RP 的阻值增大，$R_{cd} = R_3 + R_{RP}$ 也随之增大。当 RP 阻值增大到一定值时，$R_4/(R_3 + R_{RP}) = C_0/(C_{x0} + \Delta C_x)$，电桥又达到新的平衡状态，$U_o$ 再次等于零，于是伺服电动机停转，指针停留在转角为 θ_{max} 处（H_{full}，油箱满）。

由于指针及可变电阻的滑动臂同时为伺服电动机所带动，因此，RP 的阻值与 θ 间存在着确定的对应关系，即 θ 正比于 RP 的阻值，而 RP 的阻值又正比于液位高度 H，因此可直接从刻度盘上读得液位高度 H。

当油箱中的油用掉一些后，油位降低，伺服电动机反转，指针逆时针偏转（示值减小），同时带动 RP 的滑动臂移动，使 RP 阻值减小。当 RP 阻值减小到某一数值时，电桥又达到新的平衡状态，$u_{bd} = 0$，于是伺服电动机再次停转，指针停留在与该液位相对应的转角 θ 处。从以上分析可知，该装置采用了类似于天平的零位式测量方法，所以放大器的非线性及温漂对测量准确度影响不大。伺服式液位计的反应时间大于 1s，不适合过程控制系统。

任务二　差压式液位变送器的安装与零点迁移

利用压力传感器来测量液位是基于液体是不可压缩的原理。实际上，某些液体在高压下，会产生微小的压缩量。如果忽略液体的压缩，只要量程合适，就可以利用测量压力的传感器来测量液位。差压式液位计是根据流体静力学原理而工作的，即液位与容器内液体上、下两测点的静压差成正比。压力式液位计可以分为"单导压管压力式液位变送器"、"双导压管压力式液位变送器"以及"双隔离法兰压力式液位变送器"等。这类液位计没有可动部件，不易损坏，安装方便。

一、单导压管压力式液位变送器

1. 单导压管压力式变送器测量液位原理

单导压管压力式液位变送器只有一个压力输入接口（p_+接口），负取压口（p_-接口）向大气敞开，如图6-4所示，一般用于不产生有毒气体的敞口式常压容器。可以将压力传感器安装在容器靠近底部的位置，液位信号被转换为压力信号，再转换为电信号。压力式液位变送器的核心虽然是压力变送器，但内部的微处理器将压力信号转换为对应的液位信号，输出电流 I 是与液位成正比的 4～20mA 标准信号。

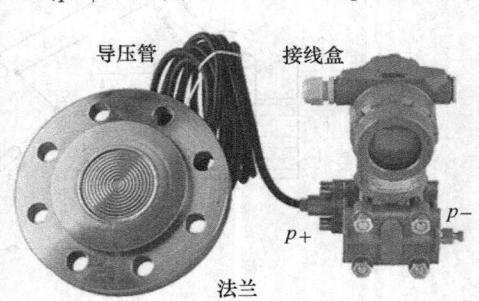

图6-4 单导压管压力式液位变送器

单导压管压力式液位变送器的安装示意图如图6-5a所示，TQ-YBUL 差压式液位变送器的型号说明如表6-4所示。

表6-4 TQ-YBUL 差压式液位变送器的型号说明

TQ-YBUL			厂家代号
	DP	差压变送器	变送器类型
	DR	微差压变送器	
	LT	液位变送器	
	HP	高静压变送器	
	1	0.125～1.5	测量范围/kPa[①]
	2	1.3～7.5	
	3	6.2～37.4	
	4	31.1～186	
	5	116～693	
		P	普通型	防爆选项
		I	本安型（Exia Ⅱ CT4、5、6）	
		D	隔爆型（Exd Ⅱ BT4、5、6）	
			1	4～20mA 两线制	输出信号
			2	4～20mA 两线制，HART 协议	
				1	2MPa	最大过程压力
				2	5MPa	
				3	10MPa	
				4	14MPa	
				5	25MPa	

① 此处按行业习惯，用 kPa 表示液位，1kPa = 0.1019716mH₂O（标准状态），若纯水温度不为4℃时，或为其他介质时，可以按密度的比例进行换算，以下同。

例如，型号"TQ-YBUL-LT-4-1-2-3"表示：液位变送器；最高差压 186kPa，相当于温度为 20℃、当地重力加速度为 9.80665m/s² 时的 18.9m 水柱的压力；本安型；输出为 4～20mA 模拟信号以及 HART 通信信号；最大过程压力为 10MPa。

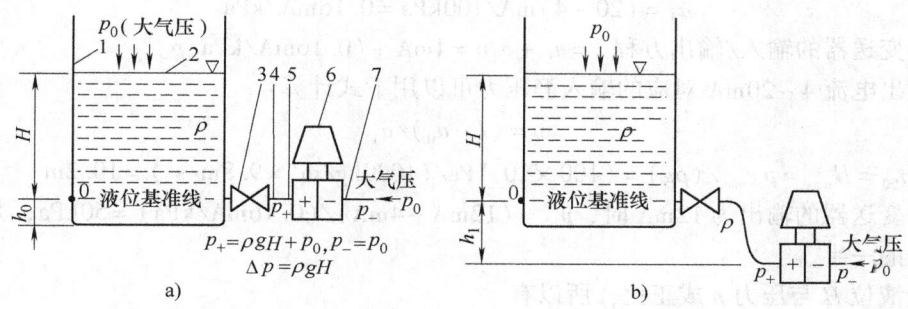

图 6-5　单导压管压力式液位变送器的安装示意图
a）压力变送器的取压口与液位基准线持平
b）压力变送器的取压口低于液位基准线
0—液位下限　1—容器　2—液面　3—截止阀　4—导压管
5—正取压口　6—压力（差压）变送器　7—负取压口

单导压管压力式液位变送器正取压口的压力 $p_+ = \rho g H + p_0$，负取压口向大气敞开，$p_- = p_0$，输入压力 Δp 与被测液体的液位 H 成正比，即

$$\Delta p = p_+ - p_- = (\rho g H + p_0) - p_- = \rho g H \tag{6-3}$$

式中　Δp——压力式液位变送器的正、负取压口的压力差（Pa）；

　　　ρ——被测量介质的密度（kg/m³）；

　　　g——当地的重力加速度（m/s²）；

　　　H——被测量液体的高度（m）；

　　　p_0——大气压（Pa）。

对于同一地点、同一被测量介质，ρ 和 g 均为常数，被测液位

$$H = p_+/(\rho g) \tag{6-4}$$

如果考虑液位基准线以下直到容器底部的液体高度 h_0，可以将所测得的液位 H 与 h_0 相加。以下例题中，一般不考虑 h_0 的影响。

由于压力 p 的量纲为 $\dfrac{\text{N}}{\text{m}^2}$，而 $\rho g H$ 乘积的量纲为 $\dfrac{\text{kg}}{\text{m}^3} \cdot g \cdot \text{m}$，两者的量纲是一致的，所以以下例题中均以对应的"Pa"、"kg/m³"、"9.80665m/s²"、"m"来计算液位 H，不再列出繁琐的单位换算。

例 6-1　型号为 TQ-YBUL-LT-4-1-2-3 液位变送器的安装见图 6-5a，压力变送器安装在敞口容器的零液位（图 6-5a 中的液位基准线）位置。压力变送器的量程为 0～100kPa，输出为标准信号 4～20mA，测量对象是密度 $\rho = 1000\text{kg/m}^3$ 的纯净水，当地的重力加速度 $g = 9.8\text{m/s}^2$。求：

1）压力变送器的输入/输出方程。

2）当输出为 20mA、12mA、10mA 时，被测液位 H_{20}、H_{12}、H_{10}。

解 1)二线制压力变送器的输入/输出方程通用表达式为:$I = a_0 + a_1 p$。

当液位 $H = 0$ 时,$p = 0$,$a_0 = 4\text{mA}$。

当被测压力为满量程时,$p_{+\max} = 100\text{kPa}$,此时的输出电流 $I = 20\text{mA}$,则
$$a_1 = (20 - 4)\text{mA}/100\text{kPa} = 0.16\text{mA/kPa}$$

压力变送器的输入/输出方程 $I = a_0 + a_1 p = 4\text{mA} + (0.16\text{mA/kPa})p$。

与输出电流 $4 \sim 20\text{mA}$ 对应的输入静压力可以用下式计算:
$$p = (I - a_0)/a_1 \tag{6-5}$$

2)$H_{\max} = H_{\max} = p_{+\max}/(\rho g) = (100 \times 10^3)\text{Pa}/(1000\text{kg/m}^3 \times 9.8\text{m/s}^2) = 10.2\text{m}$

压力变送器的输出为 12mA 时,$p_{12} = (12\text{mA} - 4\text{mA})/(0.16\text{mA/kPa}) = 50\text{kPa}$,是压力变送器量程的一半。

由于液位 H 与压力 p 成正比,所以有
$$\frac{H}{H_{\max}} = \frac{(I/\text{mA}) - 4}{20 - 4} \quad \text{或} \quad H = \frac{(I/\text{mA}) - 4}{20 - 4} H_{\max} \tag{6-6}$$

该压力(液位)变送器的输出为 12mA 时,由下式计算可知,H_{12} 是 H_{20} 的一半:
$$H_{12} = \frac{12 - 4}{20 - 4} \times 10.2\text{m} = 5.1\text{m}$$

该压力变送器的输出为 10mA 时,液位
$$H_{12} = \frac{10 - 4}{20 - 4} \times 10.2\text{m} = 3.825\text{m}$$

如果该压力(液位)变送器的输出等于 0mA 时,并不意味液位等于零,而是表明仪器或者线路、电源故障。

2. 单导压管液位变送器测量液位时的零点正迁移

在工程测量中,有时容器的位置比较高,压力式液位变送器的安装高度比较低,所以正取压口处于液位基准线下方,见图 6-5b。当液位等于零(恰好到达液位基准线,以下同)时,压力变送器的取压口中仍然灌满密度为 ρ 的液体,则 p_{+0} 不等于零,可用下式计算
$$p_{+0} = \rho g h_1 \tag{6-7}$$

差压式液位变送器的正取压口低于液位基准线的情况下,当液位等于零时,液位变送器的输出 I 将大于 4mA,造成误差。当液位为 H 时,压力变送器的取压口静压力
$$p_+ = \rho g H + \rho g h_1 = \rho g H + B \tag{6-8}$$

式(6-8)中的 $B = \rho g h_1$,为常数,称为零点迁移,简称迁移。零点迁移是液位变送器的一个重要特性。

迁移量的相对值 δ(百分比)等于迁移量与量程的百分比。

在图 6-5a 中,迁移量 $B = 0$,I-H 的关系曲线如图 6-6 中的曲线①所示。在图 6-5b 中,由于 $B > 0$,I-H 的关系曲线从坐标原点向 H 的正方向

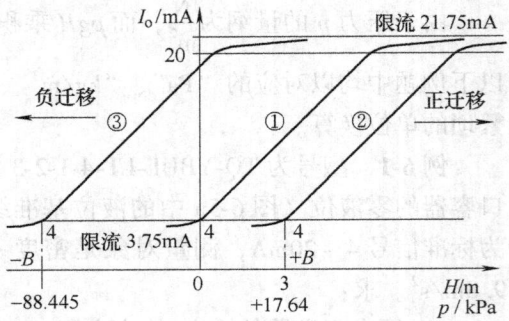

图 6-6 差压式液位变送器的迁移特性

（向右）平移了数值为 B 的位移量，称为正迁移，如图 6-6 中的曲线②所示。若在某些情况下，$B<0$，则 I-H 的关系曲线①向 H 的负方向（向左）平移了数值为 $-B$ 的位移量，称为负迁移，如图 6-6 中的曲线③所示。

从图 6-6 可知，差压式液位变送器的零点迁移并没有改变液位计的总量程，也不改变液位计的灵敏度（曲线的斜率），只是使液位计的测量下限和上限同时向正方向或负方向平移。

在差压式液位变送器中，通常都设置了能够改变测量下限的机械式迁移机构或数字式迁移电路，使得液位为零时，输出电流被调校到下限值，例如 4mA。根据上述原理和下例计算方法，目前多用"HART 手持终端"进行反向迁移。有的差压式液位变送器可以允许 $+500\%$ 和 -600% 的迁移。

例 6-2 单导压管压力式液位变送器的正取压口低于液位基准线以下，见图 6-5b 所示。已知介质为汽油，密度 $\rho = 900\text{kg/m}^3$，当地的重力加速度 $g = 9.8\text{m/s}^2$，所选的压力式液位变送器的额定压力 $p_\text{p} = 100\text{kPa}$，用米尺现场测得液位 $h_1 = 2\text{m}$，设被测最高液位 $H_\text{max} = 10\text{m}$，求：

1）迁移量 B。
2）判断正取压口在最高水位时的压力是否超过压力式液位变送器的额定压力？
3）迁移量的相对值 δ（百分比）。

解 1）$B = p_{+0} = \rho g h_1 = 900\text{kg/m}^3 \times 9.8\text{m/s}^2 \times 2\text{m} = 17640\text{Pa} = 17.64\text{kPa} > 0$，如图 6-6 中的曲线②所示，在 4mA 时的拐点为 17.64kPa。

2）压力式液位变送器的正取压口在最高液位时的静压力

$$p_\text{max} = p_\text{Hmax} + p_{+0} = \rho g H_\text{max} + \rho g h_1 = 900\text{kg/m}^3 \times 9.8\text{m/s}^2 \times 10\text{m} + 900\text{kg/m}^3 \times 9.8\text{m/s}^2 \times 2\text{m}$$
$$= 88.2 \times 10^3 \text{Pa} + 17.64 \times 10^3 \text{Pa} = 105.84\text{kPa}$$

由计算结果可知，$p_\text{max} > p_\text{p}$。由于存在正迁移，使得正取压口在最高液位时的实际压力超过了所选用的压力式液位变送器的额定压力（100kPa），所以容易引起过压损不，应该选用允许迁移量大于 $+100\text{kPa}$ 的压力式液位变送器。

3）迁移量的相对值

$$\delta = [B/(p_\text{max} - p_{+0})] \times 100\% = [17.64\text{kPa}/(105.84\text{kPa} - 17.64\text{kPa})] \times 100\% = 20\%$$
$$\text{或 } \delta = [B/(p_\text{Hmax})] \times 100\% = B/(\rho g H_\text{max}) = [17.64\text{kPa}/(900\text{kg/m}^3 \times 9.8\text{m/s}^2 \times 10\text{m})] \times 100\%$$
$$= 20\%$$

二、单隔离法兰压力式液位变送器的正迁移

在实际使用中，如果容器内的液体进入压力传感器的取压室，就可能造成结晶、冷凝、管路堵塞或腐蚀等，通常使用带有不锈钢膜片的隔离法兰。差压式液位变送器的正、负导压管分别连接到正、负取压毛细管，毛细引压管的末端焊接到隔离法兰。隔离法兰与容器壁上的截止阀法兰用螺栓固定在一起，并用垫片密封。毛细引压管与传感器的取压室之间灌满导压液体，例如硅油。膜片、毛细引压管及硅油用于传递被测压力。带有不锈钢隔离膜片的双隔离法兰套件如图 6-7 所示，单隔离法兰压力式液位变送器的安装如图 6-8 所示（隔离液由隔离罐加入，保持充满状态，图中未画出）。

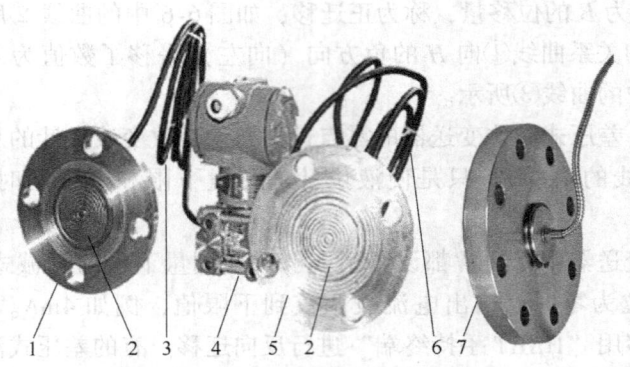

图 6-7 带有不锈钢隔离膜片的双隔离法兰套件
1—正取压法兰 2—不锈钢膜片 3—正毛细引压管 4—差压式液位变送器
5—负取压法兰 6—负毛细引压管 7—取压法兰的外表面

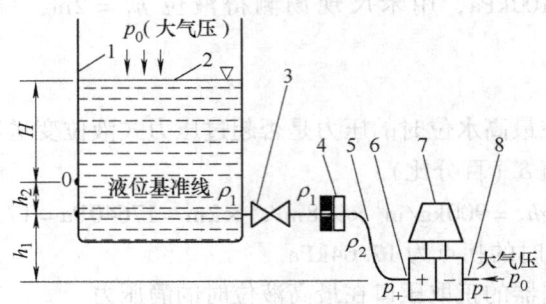

图 6-8 单隔离法兰压力式液位变送器的安装
0—液位下限基准线 1—容器（内有密度为 ρ_1 的被测液体） 2—液面 3—截止阀
4—隔离法兰 5—毛细引压管（充有密度为 ρ_2 的硅油） 6—正取压口
7—压力（差压）式液位变送器 8—负取压口
H—液位 h_1—液位零点（液位基准点）
h_2—取压口高度（低于液位基准线）

例 6-3 在工程中，有时为了便于安装和观察，单隔离法兰低于设定的零液位，$h_2 = 0.5\text{m}$，如图 6-8 所示。已知被测介质的密度 $\rho_1 = 1200\text{kg/m}^3$，毛细引压管中的隔离液（硅油）的密度 $\rho_2 = 950\text{kg/m}^3$，当地的重力加速度 $g = 9.8\text{m/s}^2$。压力变送器的正取压口比截止阀低，测量得到 $h_1 = 1\text{m}$；截止阀比零液位低，求：迁移量 B。

解 迁移量 B 由两部分组成：一是密度为 ρ_1 的被测介质高度 h_2 引起的；二是密度为 ρ_2 的引压毛细管隔离液高度 h_1 引起的。两者相加得到迁移量

$$B = p_{+0} = \rho_1 g h_2 + \rho_2 g h_1 = 1200\text{kg/m}^3 \times 9.8\text{m/s}^2 \times 0.5\text{m} + 950\text{kg/m}^3 \times 9.8\text{m/s}^2 \times 1\text{m}$$
$$= 5.88 \times 10^3 \text{Pa} + 9.31 \times 10^3 \text{Pa} = 15.19\text{kPa} > 0，为正迁移。$$

三、双隔离法兰压力式液位变送器的安装及负迁移

在实际使用中，如果是"闭口"容器（密闭容器），容器上部空间就存在气体压力 p_0，p_0 是随机变化和不可预知的。设被测液体的密度为 ρ_1，液面与设定的零液位之间的高度差为 H，则液面高度 H 至零液位的静压力

$$p = \rho_1 gH + p_0 \tag{6-9}$$

如果将零液位至液面高度 H 的静压力 p 导入到差压变送器的正取压口，将容器上部空间的气体压力 p_0 导入到差压变送器的负取压口，则差压变送器取压室两侧的静压力差

$$\Delta p = p - p_0 = \rho_1 gH \tag{6-10}$$

Δp 与 p_0 无关，使"闭口"容器的液位测量得以简化。由于采用差压测量原理，所以本模块的例题也均不考虑 p_0 的影响。

如果直接将被测液体以及容器上部空间的气体压力 p_0 导入到差压变送器的取压室，有可能造成结晶、冷凝、管道堵塞和腐蚀等故障，可以使用图6-7所示的带有不锈钢隔离膜片的双隔离法兰来隔离被测液体和气体，双隔离法兰压力式液位变送器的安装如图6-9所示。

例 6-4 为使问题简单化，设正截止阀与零液位基准线持平，如图6-9a所示。已知被测介质的密度 $\rho_1 = 1200 \text{kg/m}^3$，毛细引压管中的隔离液（硅油）的密度 $\rho_2 = 950 \text{kg/m}^3$，当地的重力加速度 $g = 9.8 \text{m/s}^2$，正截止阀与压力变送器正取压口的高度差 $h_1 = 2.5\text{m}$，负截止阀与压力变送器负取压口的高度差 $h_2 = 12\text{m}$，最大液位 $H_{\max} = 10\text{m}$，求：

1) 迁移量 B。
2) 迁移量的相对值 δ。

解 1) 本实例中，迁移量 B 由两部分组成：一是正毛细引压管中，密度为 ρ_2 的隔离液高度 h_1 引起的正取压口的压力 p_{+0}；二是毛细引压管中，密度为 ρ_2 的隔离液高度 h_2 引起的负取压口的压力 p_-。h_2 确定后，p_- 为常数。p_{+0}、p_- 两者相减，得到迁移量

$B = p_{+0} - p_- = \rho_2 g h_1 - \rho_2 g h_2 = \rho_2 g(h_1 - h_2) = 950\text{kg/m}^3 \times 9.8\text{m/s}^2 \times (2.5\text{m} - 12\text{m}) = -88.445\text{kPa} < 0$

计算结果为负迁移，见图6-6中的曲线③。

2) 当液位达到最高点 $H_{\max}$ 时，差压变送器的最大差压

$\Delta p_{\max} = \rho_1 gH + B = 1200\text{kg/m}^3 \times 9.8\text{m/s}^2 \times 10\text{m} + B = 117.6\text{kPa} + (-88.445\text{kPa}) = 29.155\text{kPa}$，为正值。

$\delta = 100\% \times B/(\rho_1 gH) = 100\% \times B/(\Delta p_{\max} - B) = 100\% \times (-88.445\text{kPa}/117.6\text{kPa}) = -75.2\%$。

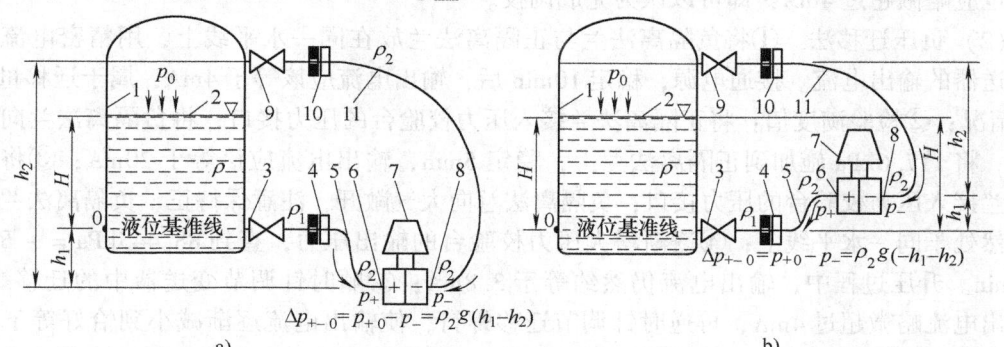

图6-9 双隔离法兰差压式液位变送器的安装
a) 差压式变送器置于零液位下方   b) 差压式变送器置于零液位上方
0—液位下限（零液位） 1—容器（内有密度为 ρ_1 的被测液体） 2—液面 3—正截止阀 4—正隔离法兰
5—正毛细引压管（充有密度为 ρ_2 的硅油） 6—正取压口 7—差压式变送器 8—负取压口
9—负截止阀 10—负隔离法兰 11—负毛细引压管（充有密度为 ρ_2 的硅油）
H—液位 h_1—零液位点与正取压口的高度差 h_2—负取压口与负截止阀的高度差

如果被测容器高 30m，则负迁移量的相对值 δ 可达 300%以上。双法兰差压式液位变送器迁移量的调校有以下两种常用方法。

1. HART 手持终端调校

可根据 B 值的大小利用 HART 手持终端进行反向迁移。反向迁移前，液位为 H_{max} 时，输出电流小于 20mA。反向迁移后，液位为零时，输出电流为 4mA；液位为 H_{max} 时，输出电流为 20mA。用 HART 手操器在现场进行迁移调校如图 6-10 所示。

2. 迁移螺钉调校

如果该双法兰差压式液位变送器不具备 HART 手持终端调校功能，可以采用以下两种方法进行反向迁移。反向迁移必须在完成变送器的零点调整及量程设定的基础上进行。反向迁移的作用是将压力变送器的测量起点迁移到某一正值或负值，且必须同时改变测量范围的上、下限值，实现测量范围的平移，但不改变其量程的大小。

图 6-10 用 HART 手操器在现场进行迁移调校

（1）模拟现场安装条件法 ①将负隔离法兰与正隔离法兰（包括隔离罐，以下同）放在同一水平线，用精密电流表监视变送器的输出电流，此时的输出电流等于 4mA；②将负隔离法兰放在低处，将正隔离法兰放在高处，此时的输出电流大于 4mA，以验证变送器的输出电流是否随正差压而变大；③再将负隔离法兰放在高处，将正隔离法兰放在低处，两者之间的高度差 $h_2 = 12m$，此时的输出电流约等于 3.75mA（变送器的最小输出电流限制）；④顺时针调节变送器中的迁移螺钉（机械弹簧或电位器，以下同），使输出电流略微超过 4mA，再逆时针缓慢调节迁移螺钉，使输出电流缓慢减小。当电流逐渐趋向于 4mA 时，调节的动作应更慢，当电流等于 4mA 时停止调校；⑤检验是否过度迁移：将正隔离法兰的高度略微抬高，输出电流也应略微超过 4mA，即可以认为完成调校。

（2）负压迁移法 ①将负隔离法兰与正隔离法兰放在同一水平线上，用精密电流表监视变送器的输出电流。接通电源，稳定 10min 后，输出电流应该等于 4mA，属于迁移量 $B = 0$ 的情况；②检验满度值：将正隔离法兰接入压力校验台的压力接口，将负隔离法兰向大气敞开，将 117.6kPa 施加到正隔离法兰上，稳定 5min，输出电流应该等于 20mA；③将负隔离法兰接入压力校验台的压力接口，负隔离法兰向大气敞开，注意保持正、负隔离法兰的高度仍然处于同一水平线上；④逐渐增大压力校验台的输出压力，直到 88.445kPa = $-B$，稳定 5min。升压过程中，输出电流仍然约等于 3.8mA；⑤顺时针调节变送器中的迁移螺钉，使输出电流略微超过 4mA，再逆时针调节迁移螺钉，使输出电流逐渐减小到恰好等于 4mA 时停止调校；⑥检验是否过度迁移：将压力校验台的输出压力略微调小，输出电流也应略微超过 4mA，即可以认为完成调校。负压迁移法的实质就是模拟正、负引压毛细管中的隔离液产生的负迁移。

如果在零位迁移调校后，又由于维修等原因，将差压变送器向上或向下略微移动时，p_{+0} 与 p_- 减小相同的数值，相互抵消，迁移量 B 不变。如果将差压变送器向上移动超过了零液位，如图 6-9b 所示，此时的 p_{+0} 逐渐向正值变化，而 p_- 也逐渐减小相同的数量，迁移量

B 仍然不变。也就是说,在双法兰压力式液位变送器测量液位的实例中,正、负截止阀的位置及零液位线确定后,再次移动差压变送器的安装位置时,就不需要再进行反向迁移调校。

四、采用两套差压式液位变送器测量燃油的质量

在燃油储运过程中,准确测定储油大罐中的液位高度,是正确计算储油量、确定库存、计算输送量的重要措施。

可以利用两套差压式液位变送器来测量燃油的质量(kg 或 t)。第一套差压式液位变送器测量出燃油的液位 H,利用第二套差压式液位变送器测量出燃油的密度 ρ,然后根据式(6-11)及式(6-12)可计算出燃油的体积 V 和质量 m。采用两套差压力式液位变送器测量燃油的质量(重量)如图 6-11 所示。设圆柱形燃油罐的直径为 D,截面积为 A,液位为 H,则燃油的体积

$$V = HA = H\frac{\pi D^2}{4} \tag{6-11}$$

燃油罐的质量

$$m = \rho V = \rho H \frac{\pi D^2}{4} \tag{6-12}$$

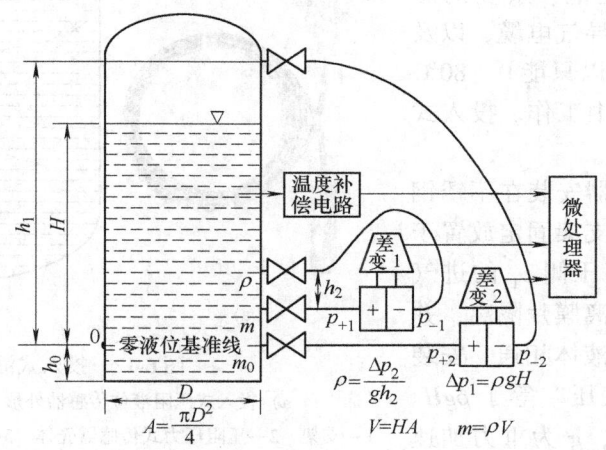

图 6-11 采用两套差压式液位变送器测量燃油的质量(重量)

例 6-5 图 6-11 中,设燃油罐的直径 $D = 10\text{m}$,差压式液位变送器 1 的差压 $\Delta p_1 = 100\text{kPa}$,差压式液位变送器 2 的两个取压口的间距 $H_2 = 1\text{m}$,若差压 $\Delta p_2 = 9\text{kPa}$(均不考虑隔离液的迁移)时,求:该燃油罐中的燃油质量为多少吨?

$$\rho = \frac{\Delta p_2}{H_2 g} = \frac{9 \times 10^3 \text{Pa}}{1\text{m} \times 9.8\text{m/s}^2} = \frac{9 \times 10^3 \text{ N/m}^2}{1\text{m} \times 9.8\text{m/s}^2} = 918 \text{ kg/m}^3$$

$$H = \frac{\Delta p_1}{\rho g} = \frac{100 \times 10^3 \text{kPa}}{918 \text{kg} \times 9.8 \text{m/s}^2} = 11.11\text{m}$$

$$V = H\frac{\pi D^2}{4} = 11.11\frac{3.1416 \times 10^2 \text{m}^2}{4} = 872.58 \text{m}^3$$

$$m = \rho V = 918 \text{kg/m}^3 \times 872.58 \text{m}^3 = 801\text{t}$$

如果考虑液位基准线以下直到容器底部液体的质量 m_0(常数),可以将所求得液位基准

线以上和以下的质量 m 与 m_0 相加, 得到该燃油罐中的燃油总质量。

根据类似原理, 还可以利用差压式液位变送器来测量两种不同密度、互不混淆的化学液体的轻组与重组介质的界面。

五、投入式液位变送器

投入式液位变送器是基于所测液体静压与该液体高度成正比的原理, 采用扩散硅元件的压阻效应或陶瓷电容, 将静压转成电信号。经过温度补偿和线性校正, 转换成 DC 4～20mA 标准电流信号输出。投入式液位变送器的传感器部分可直接投入到敞口式容器的液体中, 用支架固定在容器底部。变送器显示电路部分可用法兰固定在容器外面。传感器与显示电路之间, 用丁腈橡胶与聚氯乙烯复合物的电缆连接, 电缆中还包含一根"导气电缆", 也称背压管, 导气电缆的功能是将被测信号传导到转换电路, 同时又保证外界的大气压力与扩散硅元件取压室的低压侧（负取压室）相通, 以抵消大气压的影响。导气电缆的长度略大于最大液位。根据不同介质, 可以选择耐油型、耐酸型、耐温型的电缆。

投入式液位变送器可以对水、油或黏度较大的糊状介质的液位进行测量, 不受被测介质起泡、杂质的影响。由于存在柔性的导气电缆, 以及导气电缆的封头, 所以只能 0～80℃ 且小于 1MPa 的介质中工作。投入式液位计如图 6-12 所示。

压阻压力式传感器安装在不锈钢壳体内, 并用不锈钢支架固定放置于液体底部。传感器高压侧 p_1 的进气孔（用柔性不锈钢隔离膜片隔离, 并用硅油传导压力）与液体相通。安装高度 h_0 处液体的"表压"等于 $\rho g H$。式中, ρ 为液体密度, g 为重力加速度。传感器的负取压侧通过一根很长的橡胶"导气电缆"与大气相通, 传

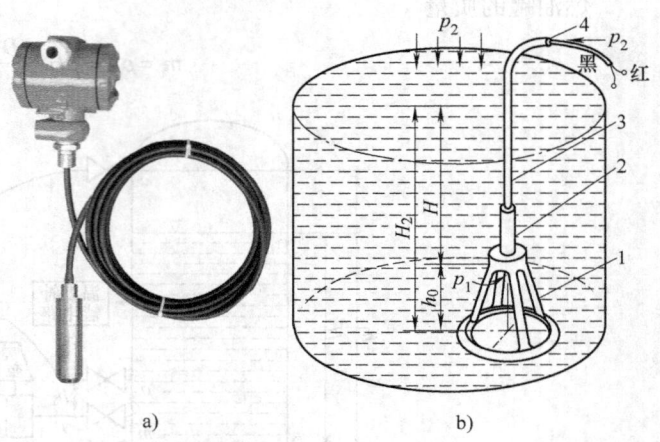

图 6-12 投入式液位计
a) 投入式压阻液位传感器外形 b) 安装示意图
1—支架 2—压阻压力式传感器壳体 3—导气电缆 4—通大气口
p_1—正取压室的压力 p_2—负取压室的压力（大气压）

感器的信号线、电源线也通过该"导气电缆"与外界的仪表接口相连接。正取压室的压力 $p_1 = \rho g H + p_0$, 负取压室的压力 $p_2 = p_0$。则正负取压室的差压

$$\Delta p = p_1 - p_2 = \rho g H \tag{6-13}$$

考虑到安装高度 h_0, 被测总液位

$$H_2 = H + h_0 = \Delta p / (\rho g) + h_0 \tag{6-14}$$

项目二　超声波式液位变送器

【项目教学目标】

☞知识目标

熟悉超声波传感器测量液位的原理。

☞技能目标
1) 掌握超声波式液位变送器的安装。
2) 熟悉超声波式液位变送器的误差排除。

任务一　超声波式液位变送器的原理及应用

超声波式液位变送器是基于压电效应的非接触式界面测量设备，适合于石油、化工、自来水、污水处理、水利、水文、食品加工等行业。超声波式液位变送器有液体传导和空气传导两大类。液体传导超声波式液位变送器安装在容器底部；空气传导超声波式液位变送器安装在液面上方。空气传导超声波式液位变送器如图6-13所示。

一、空气传导超声波传感器的工作原理及应用

空气传导式超声波式液位变送器也称气介超声波式液位变送器，基本工作原理是利用超声波在两种不同密度介质的界面产生反射的特性，通过测量超声波从发射至接收到被界面所反射的回波的时间间隔来确定液位的数值。超声波式液位变送器能将液位信号转换成4～20mA电流信号，或者通过RS485、HART、GPRS等串行信号与控制中心通信。在密闭容器中，建议采用法兰安装方式。空气传导超声波式液位变送器（外螺纹式）在敞口容器中的安装如图6-14所示。

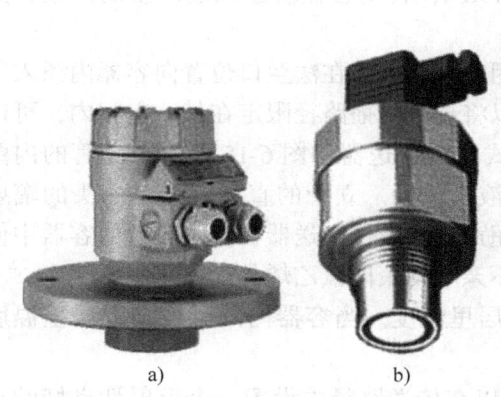

图6-13　空气传导超声波式液位变送器
　　a) 法兰式　b) 外螺纹式

图6-14　空气传导超声波式液位变送器在敞口容器中的安装

超声波式液位变送器可以使用两个超声换能器（以下简称探头）。第一个探头用于发射超声波，第二个探头用于接收超声波。也可以只用一个探头，分时完成发射和接收。在分时工作方式中，微处理器每隔一段时间间隔，就产生一组由几十个窄脉冲组成的中频脉冲群，例如10μs脉宽的中频脉冲群电压。经功率放大后，激励电压被施加到探头的压电晶片上。基于逆压电效应，压电晶片产生超声波振动脉冲群，经耦合片和塑料外壳传导到空气中，每次发射周期的间隔较长，例如为1s，因此超声波式液位变送器不能用于动态监控。

探头发出的超声波束沿轴线垂直向下传播，并以一定的角度逐渐向中心轴线之外扩散。在声束横截面的中心轴线上，超声波最强，且随着扩散角度的增大而减小。

由于超声波的频率 f 较高、波长 λ 较短,所以声源的指向性比较尖锐,散射波较少。反之,可闻声波的指向性较差,不适合于液位测量。经过特殊设计的探头的指向角可以小于 $10°$。指向角越小,指向性越好。

超声脉冲经短暂的时间到达液面,被液面反射回来。反射波经液面上方的空气,回到探头。基于压电效应,探头将机械能转换成脉动的电荷,再由电荷放大器转换为电压脉冲,传送到超声液位传感器中的微处理器。微处理器计算出从发射超声波脉冲群到接收到液面所反射的超声波脉冲群所需的时间 t,再乘以被测体的声速常数 c,就得到超声脉冲从发射到接收所经历的往返距离,它是传感器发射面与液面距离 h_1 的 2 倍

$$ct = 2h_1$$

或

$$h_1 = \frac{1}{2}ct \tag{6-15}$$

液位 H 等于换能器安装高度减去传感器与液面的距离,即

$$H = h_2 - h_1 = h_2 - \frac{1}{2}ct \tag{6-16}$$

由于发射的超声波脉冲群有一定的时间宽度,使得距离探头较近的区域内反射波与发射波重叠,无法识别,这个区域称为测量盲区。盲区的大小与超声波式液位变送器的量程有关。

探头的轴向尽可能与液面垂直,不要装在进料口以及人梯附近,离罐壁要有 $0.3\sim0.5\mathrm{m}$ 的距离,防止回波干扰。工作压力一般不超过 $0.4\mathrm{MPa}$,否则会显著影响超声波的声速,更不能在负压中使用,以免超声波衰减。

如果液面晃动,会因反射波散射,而使接收困难。此时可在法兰口位置向容器内插入一个塑料管,一直到容器底部,称为立管。立管可以将超声传播路径限定在某一空间内,可以减小泡沫、空气涡流的干扰。立管安装式超声波式液位变送器如图 6-15 所示。立管的内壁必须光滑,在其上下各开一个孔,以保证管内外液位相同。立管的直径应大于探头的辐射面,在较大距离的液面测量中不使用立管。气介超声波式液位变送器在温度较低的容器中使用时,在探头端面容易产生挂液,所以必须选用不亲水的聚四氟乙烯外壳。

超声波式液位变送器还需要考虑压电晶片的居里温度。当容器内的温度接近居里温度时,接收灵敏度大幅度降低。

空气中的声速随温度改变,会造成温漂,可以在传送路径中设置一个反射性良好的小板作标准参照物,以便计算修正。MH7100 超声波式液位变送器的主要技术指标如表 6-5 所示。

表 6-5 MH7100 超声波式液位变送器的主要技术指标

参数名称	指　　标	参数名称	指　　标
量程/m	0~15、20、30、40	显示分辨力/mm	1
盲区/m	0~15: 0.6; 0~20: 0.8; 0~30: 1.2; 0~40: 1.5	输出负载/Ω	0~500
准确度	0.5%[①]	开关量输出(4线制)	高位、低位继电器,常开
输出/mA	DC4~20(或RS485)	内部继电器规格	AC 250V 5A, DC 30V 2A
测量分辨率(%)	量程的0.03	显示方式	6位LCD液晶,中文

(续)

参数名称	指 标	参数名称	指 标
输入电源/V	DC 24（±10%）或 AC 220（±20%）	电缆	PG13.5 密封套
介质温度/℃	-5 ~ +85	外壳材质	ABS（防腐型：聚四氟乙烯）
温度补偿	全范围自动	传感器材质	PVC
压力范围/MPa	±0.4	外形尺寸/mm²	145×φ83, M60
声波束角/(°)	5（-3dB）	防护等级	IP67
检测周期/s	1	防爆等级	Ex d (ia) ⅡBT4
参数设置	3位有感按键，红外线遥控		

① 针对常温常压、无波动的液面，其他指标均如此。

例 6-6 超声波式液位计测量原理如图 6-15 所示，从显示屏上测得探头从发射至接收到反射小板的反射波时间 $t_0 = 2\text{ms}$，接收到液面反射波的时间 $t_{h1} = 5.6\text{ms}$。已知容器底部与探头的安装间距 h_2 为 10m，反射小板与探头的间距 h_0 为 0.5m，求液位 H。

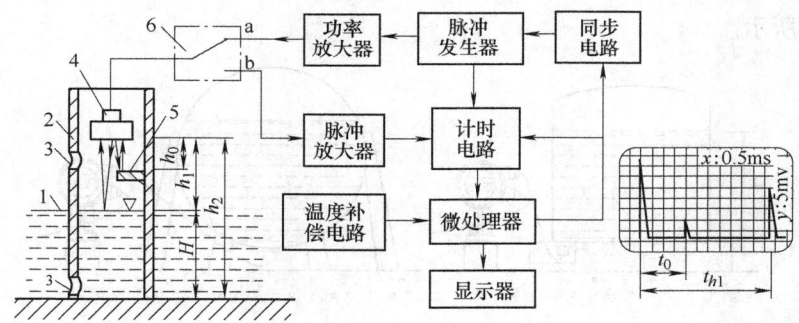

图 6-15 超声波式液位计测量原理
1—液面 2—立管 3—通孔 4—空气超声探头 5—反射小板 6—电子开关

解 由于 $c = \dfrac{2h_0}{t_0} = \dfrac{2h_1}{t_{h1}}$，所以有 $\dfrac{h_0}{t_0} = \dfrac{h_1}{t_{h1}}$，则

$h_1 = \dfrac{t_{h1}}{t_0} \times h_0 = \dfrac{5.6\text{ms}}{2.0\text{ms}} \times 0.5\text{m} = 1.4\text{m}$，所以液位 $H = h_2 - h_1 = 10\text{m} - 1.4\text{m} = 8.6\text{m}$。

在上例中，考虑到盲区的影响，满量程 20mA 输出时 $H_{\max}$ 必须小于安装距离 0.5m 以上；测量下限 4mA 输出时，通常迁移到接近底部的上方，以免沉淀物的影响。

空气传导超声波式液位变送器的液位与输出电流的关系示意图如图 6-16 所示。有时也可以将最低液位（B点）设置为 4mA，将最高液位（A点）设置为 20mA，如图中的虚线②所示。还可以根据实际需要，由软件设定零位迁移量以及量程的大小。

二、液体传导超声波式液位变送器的工作原理

液体传导超声波式液位变送器（也称液介式超声液位计）安装于硬质材料（例如金属）制成的容器下方的外表面，不与容器内的液体及气体接触，属于非接触测量，也称为外置式液位计。容器的外形可以是：球罐、槽罐、立式罐等，容器的壁厚 2 ~ 70mm，可以在液位计初始化时进行壁厚的迁移。液介式超声液位计安装时无需对被测容器开孔。与空气传导液

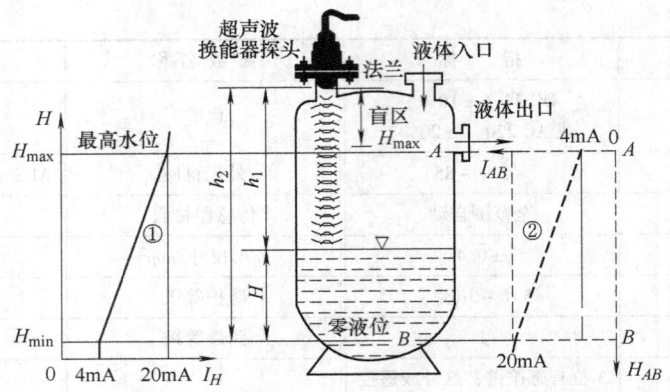

图 6-16 空气传导超声波式液位变送器的液位与输出电流关系示意图

位计相比,安装简单,不需要停止生产,不易损坏,可实现对高温、高压密闭容器内的各种有毒物质、强酸、强碱及各种超纯净液体的液位测量,广泛使用于防爆场合。液体传导超声波式液位变送器的安装简图如图 6-17 所示,HS-2000 液介式超声波式液位变送器的主要技术指标如表 6-6 所示。

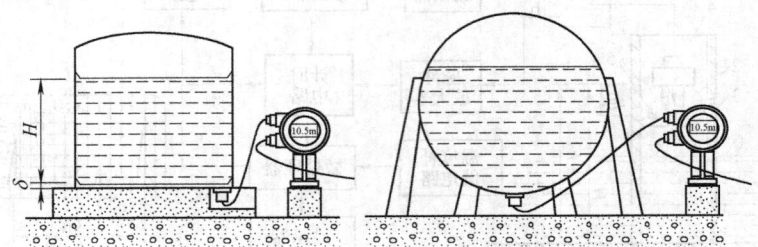

图 6-17 液体传导超声波式液位变送器的安装简图

表 6-6 HS-2000 液介式超声波式液位变送器的主要技术指标

参数名称	指标	参数名称	指标
量程/m	3、5、10、20、30	显示方式	5 位 LED 显示(3 位小数)
盲区/m	0.2	输入电源/V	DC 24(±10%)或 AC 220(±20%)
准确度(%)	1①	容器底部温度/℃	−50 ~ +100
输出电流/mA	4~20 或 RS485(最多 256 台联网)	温度补偿	全范围自动
迁移量(%)	±10	环境相对湿度 RH(%)	15~100
测量分辨率(%)	量程的 0.03	检测周期/s	0.5
显示分辨力/mm	1	外壳材质	不锈钢
短时间重复性/mm	1	外壳防护	IP65
输出负载/Ω	0~750	防爆标志	Ex d II CT6

① 针对常温常压、无波动的液面,其他指标均如此。

对于平底钢质容器,可以在探头的工作端面上涂抹耦合剂(耐高温油脂),用环形磁性吸盘将探头吸合在容器底部。容器底部的表面粗糙度应达到 Ra 为 15μm，否则需要用抛光机精细加工。

无论容器底部的几何形状如何，探头的轴线指向必须与液面垂直，倾斜度应小于 3°。可以在倾斜的容器底部焊接 4 根螺栓，加工一块与容器底部几何形状互补的楔块，涂抹耦合剂后，将探头、垫块用螺母固定在容器底部，如图 6-18 所示。安装后，还必须进行量程迁移，预先扣除垫块和容器壁的厚度。

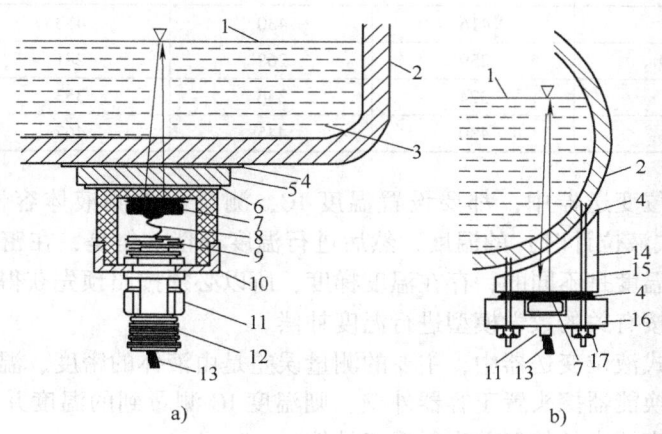

图 6-18　液介超声波式探头的安装

a）探头在平底容器底部的安装　b）探头在球形容器底部的安装

1—液面　2—容器壁　3—被测液体　4—耦合剂　5—磁性吸盘　6—胶结剂　7—压电晶片
8—金属丝　9—螺帽　10—外壳　11—软管接头　12—电缆保护管　13—探头引线
14—楔块　15—螺栓　16—支架　17—螺帽

虽然超声波在金属中传播的声速是在液体中声速的几倍，但从探头发射的超声波穿过金属容器壁，再到达液体中，以及液面的反射波穿过金属容器壁再回到探头都需要耗费一定的时间，所以必须在安装时输入零点迁移量，扣除容器壁厚的影响。液介式超声波式液位变送器的液位与发射-接收的时间间隔的关系可以用下式求得：

$$H \approx \frac{1}{2}(c_{液体}t_{液体} - c_{容器壁}t_{容器壁}) \tag{6-17}$$

液介超声波式液位变送器的被测液体中不能有密集气泡；不能悬浮大量固体，如结晶物；不能沉积大量杂质等。当液体的运动黏度大于 10MPa·s 时，进入液体的超声波将有较大的衰减，使量程减小。温度升高，黏度降低，所以测量黏度较大的液体液位时，受温度的影响较大。此外超声波在液体中的传播速度也受温度影响，所以在液位计中需要配置温度 IC，进行超声波速的温度补偿。

任务二　超声波式液位变送器的误差分析

1. 温度引起的测量误差

在气介超声波式液位变送器中，影响测量结果的最主要因素是温度。温度严重影响超声波在气体中的声速。在正常压力下，温度的变化引起声速的变化约为 0.17%/℃。例如：20℃ 时，声波在空气中的传播速度为 343m/s，在 10m 间距的往返传播时间为 58.3ms；50℃

时，在 10m 间距的往返传播时间为 55.6ms。如果仍以 343m/s 计算距离，结果是 9.44m，测量误差为 5.6%。超声波在不同气体介质、不同温度中的声速见表 6-7 所示。

表 6-7 超声波在不同气体介质中、不同温度中的声速（单位：m·s^{-1}）

温度/℃ 气体	0	20	50	75
空气（N_2、O_2 等）	331	343	360	374
氨（NH_3）	416	430	453	470
二氧化碳（CO_2）	259	268	281	292
乙烯（C_2H_4）	324	336	353	366
甲烷（CH_4）	430	445	467	484

在超声波式液位变送器中，都要设置温度 IC，测量出被测液体容器中的液体或气体（空气传导超声波式液位计时）的温度，然后进行温度补偿。但是，在密闭容器中，气体或液体的各个高度的温度是不同的，存在温度梯度，所以必须按照预先获得被测容器内气体或液体的温度梯度，按有关的数学模型进行温度补偿。

在液介超声波式液位变送器中，主要的测量误差是由液体的密度、温度、压力引起的声速变化。如果超声换能器探头置于容器外壁，则温度 IC 测量到的温度并不等于容器内部的液体温度，应根据容器内外的温差进行温度补偿。

2. 时间测量误差

假设超声波速度 $c = 344$m/s（20℃室温），当要求液位测量距离误差小于 10mm 时，则时间测量误差

$$\Delta t \leqslant 0.001\text{m}/(344\text{m/s}) = 0.00002907\text{s} \approx 29\mu\text{s}$$

要求测量电路在发射、接收、计时等环节的总误差小于 30μs，才能达到 0.1mm 的分辨力。虽然微处理器的运算速度很高，但是接收电路存在锁相环和带通滤波器，需要 10μs 的捕捉时间，才能锁定液面反射波，所以超声波式液位变送器的分辨力较难提高。

3. 超声波式液位变送器的故障分析与排除

超声波式液位变送器的故障现象、原因及解决措施如表 6-8 所示。

表 6-8 超声波式液位变送器的故障现象、原因及解决措施

故障现象	故障原因分析	解决措施
仪表通电后无任何反应 （无显示、背光不亮、无声响）	电源未接通	检查并接好电源
	电源线正负端接反	更正接线
	电源模块损坏	更换电源模块所在的电路板
仪表自检后，停留在初始化界面，不能进入测量状态	仪表初始化参数被异常修改	重新初始化
	仪表 CPU 板故障	更换 CPU 电路板
测量结果基本正确，但跳动幅度很大	液面波动剧烈	①加装立管 ②加大仪表阻尼
	超声探头连线松动，接触不良	更换超声探头电缆线
测量结果基本稳定，但显示数值不正确	初始化参数不正确	重新初始化
	测量对象罐内有挡板	移动超声探头位置，避开挡板

故障现象	故障原因分析	解决措施
测量结果无规律跳动	超声探头损坏	更换超声探头
	超声探头连线松动，接触不良	更换超声探头电缆
	收/发处理电路板故障	更换收/发处理电路板
	数字处理电路板故障	更换数字处理电路板

项目三　液位计的型式试验与型式评价

【项目教学目标】

☞ 知识目标

熟悉液位计的型式试验通则。

☞ 技能目标

1) 掌握液位计的型式试验方法。

2) 熟悉液位计的型式评价方法。

任务一　液位计的型式试验

一、型式试验概述

型式试验是对产品能否满足技术规范的全部要求所进行的试验，它既是新产品鉴定中必不可少的一个环节，也是产品改型后需要进行的一种全面的性能试验。

1. 需要进行型式试验的情况

计量仪表有下列情况之一时，应按国家有关标准中的全部技术要求和试验方法进行型式试验：①新产品试制类型；②成批生产仪表定期试验；③当设计、工艺、材料等方面有重大变更时；④停止生产的仪表再次生产时。

型式试验的项目比"例行试验"（指在国家标准或行业标准的规定下进行的试验，例如出厂试验，现场进行的交接试验，以及运行中定期进行的试验）项目多，而且更加严格和苛刻。

型式试验的依据是产品标准。试验所需样品的数量由论证机构确定，试验样品从制造厂的最终产品中随机抽取。型式试验一般要在被认可的独立检验机构进行，对个别特殊的检验项目，如果检验机构缺少所需的检验设备，可以在独立检验机构或认证机构的监督下，使用制造厂的检验设备进行。

2. 型式试验的样品数量

型式检验的样品应从出厂检验合格的产品中随机抽取2%~3%，但不少于3台。若样机少于3台，应全部检验。

在型式检验中，若有两台不合格，则判该批型式检验不合格。有一台不合格时，则应加倍抽样进行。不合格项目复验后，仍有不合格时，则判该批型式检验不合格。

对该批不合格品应分析原因，采取措施，返修后重新抽样，进行第二次型式检验。若合格，则确认该批型式检验合格。若仍不合格，则认为该批型式检验不合格，应停止检验。

二、压力式液位计的型式试验

1. 试验方法及要求

压力式（差压式）液位计（包含液位变送器，以下同）的型式试验在常温（20℃）、常压下室内水位试验台以静态方式进行。水位试验台是由高压水泵、耐高压密闭容器、高准确度压力表以及控制系统组成。常用水位试验台的最高压力为 0.6MPa，换算成标准状态下的水压为 61183mmH_2O。

如果被测对象是其他密度的液体，应预先进行量程的换算。测试过程中不得对被测压力式液位计进行灵敏度调整，但在数据处理时，允许合理的线性平移。

2. 非水压试验

(1) 外观检查　外观检查的重点是观察是否有影响液位计的特性和寿命的缺陷，如外壳是否有划痕、锈斑、霉斑、破裂、损坏等。还应检查仪器铭牌中的名称、型号、制造厂名称、出厂时间、出厂编号、防爆标志、CMC（中华人民共和国制造计量器具许可证）标志等是否齐全、清晰等。

(2) 跌落试验　包装好的压力式液位计应能承受运输的自由跌落试验。跌落高度应符合表 6-9 的要求。

压力式液位计在包装状态下，按表 6-9 选取相应的高度，自由落体跌落在平滑坚硬的混凝土面或钢面上，跌落次数为 3 次，试验后包装箱不变形、不开裂。开箱后检查压力式液位计，不应有变形、松落、损伤，功能应正常。跌落试验的装置如图 6-19a 所示。

表 6-9　跌落试验的重量与距离

包装后的毛重/kg	离地跌落高度/m
≤50	250
50~100	100

(3) 冲击试验　包装好的压力式液位计应能承受运输的冲击试验要求。按产品说明书所述的冲击力和振动幅度、频率，进行冲击试验。试验后，检查压力式液位计，外观无损伤、结构无破裂、变形、松落。通电后，显示器应能正常显示。振动试验装置如图 6-19b 所示。

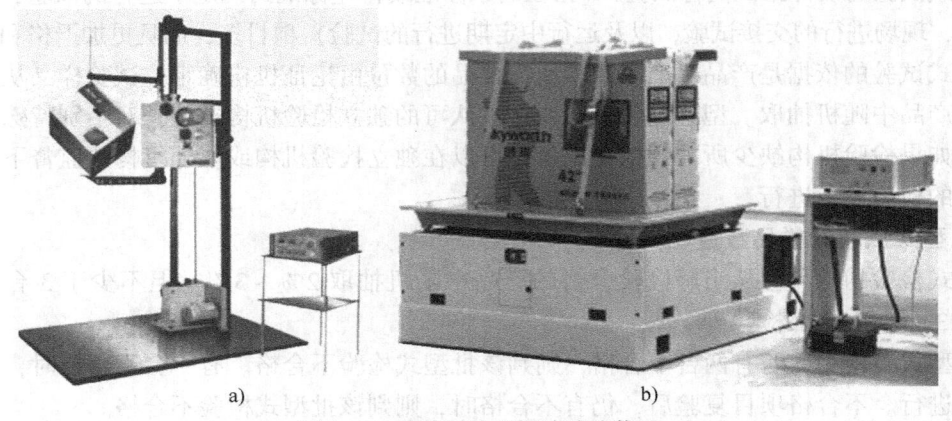

图 6-19　跌落试验和振动试验装置

(4) 储存温度、湿度试验　将压力式液位计（包含传感器和显示器）放置在 95%RH

（40℃）的试验箱中 8h，试验后取出。检查压力式液位计的表面无锈蚀、剥落等损伤。电缆各芯线和屏蔽层之间、电源线与外壳之间的绝缘电阻不小于 10MΩ。再使试验箱保持关闭状态，温度在 1h 内下降到 25℃，从而在这段时间内使水气达到饱和。1h 试验结束以后，通电，进行目检。检查是否有跳火花痕迹，冷凝水集聚及元件损坏等。

（5）防水密封试验　将投入式液位计的传感器及导压电缆放置在 1.5 倍最高压力的水位试验台中，保压 1h 取出，或在满量程水压条件下，保压 10h，电缆各芯线和屏蔽层之间、电源线与外壳之间的绝缘电阻不应小于 10MΩ（表明没有进水）。

3. 水位试验

将压力式液位计的正取压法兰连接到室内水位试验台的法兰盘上；压力式液位计的负取压法兰向大气敞开。将被试验的压力式液位计读数与水位试验台上的标准仪表的读数进行比较。加压前，先使压力式液位计迁移量为零，然后按下述顺序进行水位试验。

（1）水位变率试验　在压力式液位计的测量范围内，以 0.6m/min 的水位变率，使压力式水位试验台的高压水泵缓慢加压。水位经历升和降两个全程，静态测试各测试点（每米两个）的数值，应小于允许绝对误差的 50%。常用压力式液位计的最大允许绝对误差（引用误差）如表 6-10 所示。

表 6-10　常用压力式液位计的引用误差

准确度等级	最大允许绝对误差
0.5	±0.5%
1.0	±1.0%
1.5	±1.5%

（2）回差试验　在压力式液位计测量范围内，分别使压力式水位试验台的水位升和降至同一水位（每米两个），每个测试点各 5 次，记录液位计显示的差值的平均值，即为回差。回差应小于该压力式液位计允许误差的 50%。

（3）重复性试验　单向上升或单向下降至同一水位（每米两个），共进行 10 次测试，取最大和最小测得值之差，计算结果最大者为重复性误差。该误差应小于该压力式液位计允许误差的 50%。

（4）再现性误差输出漂移　在 1m 固定不变压力下，连续工作 24h，水位计显示的变化量即为输出漂移。再现性误差应小于 1.5 倍的允许误差。

（5）连续工作试验　压力式液位计的平均无故障工作时间（MIBF）可以是：4000h、6000h、8000h、10000h、16000h、20000h 等，视不同的型号而定。型式试验中，将压力式液位计置于最高压力中，记录液位计连续工作的时间以及初始值与终值的最大允许绝对误差，不应大于表 6-11 所示的数值。

表 6-11　连续工作时间与最大允许绝对误差

连续工作时间/d	最大允许绝对误差/mm
1	±1
35	±4
100	±9
195	±12

4. 电磁兼容试验

将压力式液位计放置到电磁兼容试验室中,正负法兰放置于同一水平线,零点迁移到 10mA,再按模块五的要求进行各项电磁兼容试验,显示器的读数不应超过允许绝对误差的 20%。

任务二 液位计的型式评价

计量仪表的新产品定型必须包括"型式评价"和"型式批准"过程。型式评价又称为定型鉴定。型式评价是液位计新产品取得《制造计量器具许可证》所必需的第一环节,是考核液位计新产品能否满足技术标准和检定规程的验证,又是对液位计新产品的性能、稳定性、可靠性以及寿命的考核,同时也是对其设计原理是否科学先进,结构是否合理,是否能在长期状态下使用的考核。型式批准是政府计量行政部门做出的有关液位计型式是否符合计量法规的决定。形式评价的结果是"予以批准",或者是签发"拒绝批准"文件,是由计量技术机构对该型压力式液位计的样机所进行的一种全面检查和申报。

型式评价是型式批准的重要组成部分,是由质量技术监督部门授权的技术机构负责实施的具有法制性的技术活动。型式评价申报的内容包括:计量要求、技术要求和法制管理要求三个方面。型式评价的依据是计量器具型式评价大纲等技术性法规。

若企业制造的液位计新产品,在正式投产前应向计量行政部门申请型式批准,相关部门会及时审查申报的产品是否科学、合理,是否符合行政管理的要求。申请单位必须提交所制造的样机和以下资料:液位计的名称、型号、规格、测量范围、准确度、适用场合等详细说明,以及样机外形照片、产品标准(含检验方法)、总装图、电路图和主要零部件图(表明已经成批生产的证据)、使用说明书、制造单位或技术机构所做的试验报告、已经试制的样机台数等。试验报告能够说明该设备的各项技术指标是否达到设计指标或国家技术规范要求。液位计的"型式批准"申请表如表 6-12 所示。本书其他模块中的传感器的型式评价申请可以参考国家标准的有关规定。

表 6-12 液位计的"型式批准"申请表

序 号	计量器具名称	型 号	规 格	准 确 度
1	电容式液位变送器	TQ-DRUL C E B W30	……	……
2	差压式液位变送器	TQ-YBUL-LT-4-1-2-3	……	……
……	……	……	……	……

拓展阅读 电接点式水位计

电接点式水位计也称电极式水位计,是利用液体导电性而开发的一种液位计,主要用于锅炉汽包、凝汽器、蒸发器、水箱、水塔等设备的水位测量。电接点式水位计由测量筒、电接点电极(几个至几十个)、电缆和二次仪表等组成。

由于锅炉汽包中的水与高温水蒸气所含的导电物质的数量差距很大,其电导率相差两个数量级以上,因此可以将锅炉汽包中的饱和蒸气看作高阻导体,而把凝结水看作低阻导体。电接点式水位计利用饱和蒸气与凝结水电导率的差异,将锅炉汽包水位转换成电信号,并由二次仪表来远距离显示水位。通常采用"汽红"、"水绿"双色发光二极管显示液位,也可以用数码管显示液位数值。电接点式水位计的优点是能够测量高温、高压、高湿、含有大量气泡的锅炉汽包水位,缺点是所显示的水位是不连续的。

一、电接点式水位计的结构与工作原理

电极在饱和蒸气或水中与电极外壁之间的漏电阻 R 可以用下式表达:

$$R = \frac{1}{\sigma x} \tag{6-18}$$

式中 σ——电导率（$(\Omega \cdot m)^{-1}$）;

x——电极表面常数（m）。

由于电极的表面积为常数,电极与测量筒内壁的接触电阻就与电极所接触的饱和蒸气或液体的电导率成反比。由电子电路测量出该接触电阻的大小,就可以判断电极是浸泡在凝结水里,还是被饱和蒸气所包围。

电接点式水位计主要由水位传感器和二次仪表组成。水位传感器主体是一个带有若干个电接点电极（以下简称电极）的不锈钢连通容器,称为测量筒。测量筒能够耐受500℃的高温和20MPa的高压。测量筒的上、下端各有一个法兰,称为"气相管法兰"和"液相管法兰",分别连接到汽包的高位、低位法兰或截止阀。若测量筒的直径较小,会由于饱和蒸气凝结而导致压力降低,使水位线略有升高;直径太大,会增加测量的滞后时间及加大了被测液体的散热。多数测量筒的直径小于100mm,机械强度需要满足压力要求,并加以保温。应尽量减小测量筒与汽包的距离,以免饱和蒸气冷凝,造成汽包的温度损失。

测量筒的表面均匀分布有多个电极。通常有3竖列,夹角为60°×2。电极的个数可以从9～19,或更多。电极的数量越多,能分辨水位变化量的数值就越小,测量准确度就越高。接点的间距按测量要求加工。多数情况下,电极的间距相等,但也可以在正常水位(零水位)附近安排较多的电极。电接点电极在测量筒上的分布如图6-20所示。

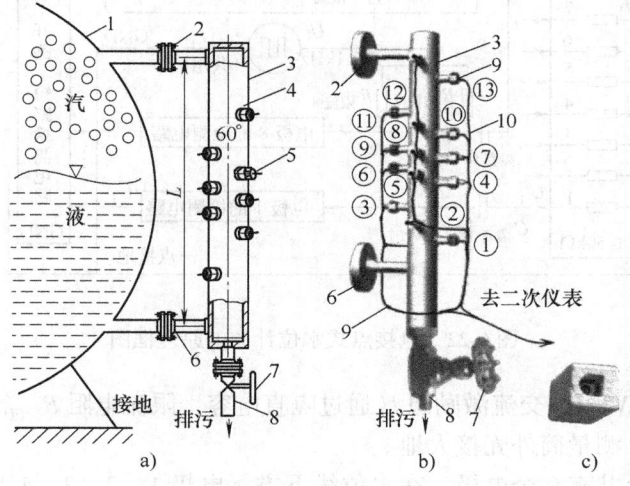

图6-20 电接点电极在测量筒上的分布（不等间隔）

a) 示意图 b) 实物照片 c) 陶瓷接线端子放大图

1—汽包 2—汽相管法兰 3—测量筒 4—电极座 5—电极 6—液相管法兰 7—排污阀手柄
8—排污管 9—陶瓷接线端子 10—耐高温电缆 L—汽液连管的中心距

电极是检测水/气状态的核心元件,如图 6-21 所示。电极的主体是耐高温、高压的密封螺栓,用于将电接点电极固定在测量筒上,并阻止容器内部的高压气、水渗出到测量筒外面,紧固力矩约为 180N·m。

密封螺栓的中心贯穿一根直径约为 1mm 的硬质耐腐蚀"芯线",芯线伸出螺栓两端各为 10mm。处于测量筒外面的一端用于接线;处于测量筒内面的一端焊接一个直径约 5mm 的电极帽,镀有耐腐蚀的铂铱合金。耐腐蚀"芯线"与密封螺栓之间由高纯度氧化铝陶瓷管隔离,绝缘电阻高达 20MΩ 以上。陶瓷与金属本体之间经特殊的金、陶焊接工艺,在高温下封接。密封螺栓的热膨胀系数与氧化铝

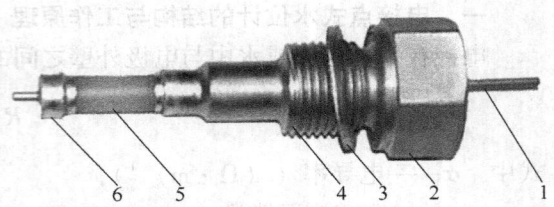

图 6-21 电接点式水位计的电极
1—电极芯引线 2—密封螺栓帽 3—纯铜垫片
4—密封螺栓 5—氧化镁绝缘陶瓷套管 6—电极帽

陶瓷管的热膨胀系数相同,不易渗漏。测量筒上的多个电极通过多根耐高温 PTFE 绝缘的镀镍电缆连接到二次仪表,测量结果显示在远传显示器上。

当水位高于电极(电极帽)时,水与电极接触,与测量筒外壳之间相当于短路,则对应的水位显示灯亮。而处于水位线以上饱和蒸气中的电极,由于蒸气的电导率小,对测量筒外壳的电阻大,所以相当于开路,对应的水位显示灯不亮。如果在测量筒的不同位置设置多个电极,就可采集不同水位的信号,配合相应的控制电路,实现多工位显示或者自动控制。电接点式水位计的电原理框图如图 6-22 所示。

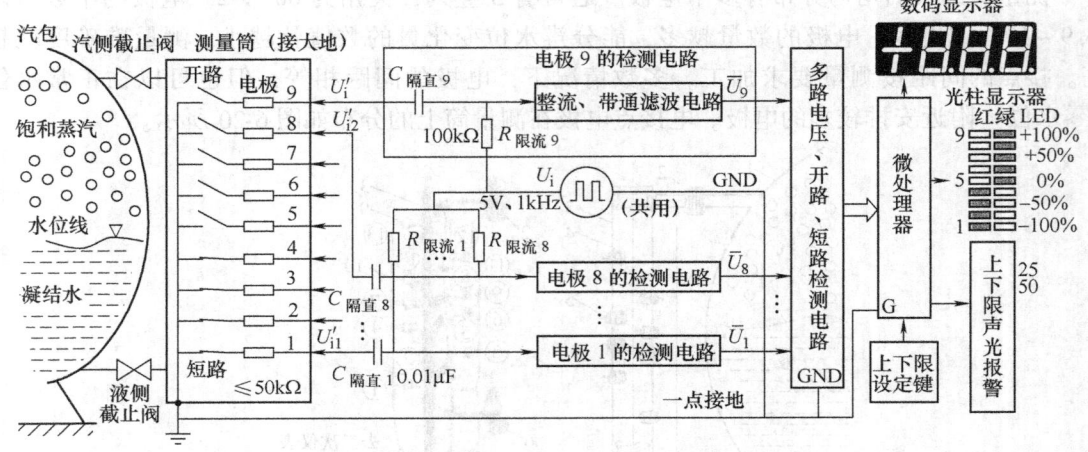

图 6-22 电接点式水位计的电原理框图

二次仪表中的 5V1kHz 交流激励源 U_i 通过隔直电容、限流电阻 $R_{限流9}$ 和电缆施加到电极 9 与测量筒外壳之间,测量筒外壳接大地。

假设该测量筒上共有 9 个电极。在水位线下方,电极 1、2、3、4 与测量筒的外壳间处于短路状态,由分压比计算可知,电极对地交流电压小于 1.6V。在水位线上方,电极 5、6、7、8、9 与测量筒的外壳间相当于开路(有少许漏电),电极的交流电压略小于 5V,经过检波电路和低通滤波器电路,转换为直流信号 $\overline{U}$,5~9 号电极的 $\overline{U}$ 为高电平。反之,1~4 号

电极的 $\bar{U}$ 为低电平。9 个电极的 $\bar{U}$ 信号并行接到微处理器的 I/O 口。微处理器判断每一个电极的输出电压电平状态，就能获知水位线到达哪一个电极的高度。图 6-23 中的光柱显示器中，1~4 绿色 LED 指示灯亮，表示 1~4 号电极处于水中；5~9 红色 LED 指示灯亮，表示 5~9 号电极处于饱和蒸气中，水位线的状态为 -25%。

由于电极长时间浸泡在高温、高压的导电介质中，容易引起原电池反应和电解反应，所以电接点式水位计必须使用交流电源激励，以防电极腐蚀。

由于电接点式水位计工作在 50Hz 强电场环境，易引起工频干扰，所以使用 50Hz20 倍频的 1kHz 中频作为激励源。可以使用隔直流电容 C 以及 1kHz 带通滤波器电路来滤除 50Hz 的干扰。

如果在二次仪表电路中设计了电压检测电路，则当电极对地短路时，微处理器检测到的电极输出电压为零，该电极对应的 LED 灯闪烁，并产生电极短路声光报警。

电极未开路并处于饱和蒸气中时，仍有微弱电流，微处理器检测到的电极输出电压略低于激励电源电压；当电极或电缆开路时，微处理器检测到的电压等于激励电源电压，该电极对应的 LED 灯闪烁，并产生电极开路声光报警，但可以按"接触键"，暂时消除报警声音。

微处理器还要判断电极的逻辑错误。例如，1~4、7、8 电极发出"有水"信号，5、6、9 电极发出"无水"信号，则 7、8 电极的输出可能是"假水位"信号，是不可能的状态。此时对应于错误电极信号的 LED 灯闪烁，并产生声光报警，提醒用户检查电极故障。以上称为电接点式水位计的故障自诊断功能。

二次仪表还具有"上、下限设置"功能。当用户按下"设置"键时，用户依照显示器的指示，逐一输入"极上限"、"上上限"、"上限"、"下限"、"下下限"、"极下限"等参数。还须判断用户设定的上、下限有无逻辑混乱。

二次仪表还具有"自检"功能。当用户按下"自检"键时，二次仪表依次产生从最低位到最高位的水位信号，可以观察 LED 光柱和数字显示屏，以检查所有报警状态是否正常。

二次仪表将每一个电极的状态进行加权，产生 4~20mA 模拟信号，传输到 DCS，并转换成 DPDT、RS485 信号，与其他上位机通信。二次仪表还可以输出 3A 继电器闭锁信号。智能电接点式水位计的二次仪表面板如图 6-23 所示。

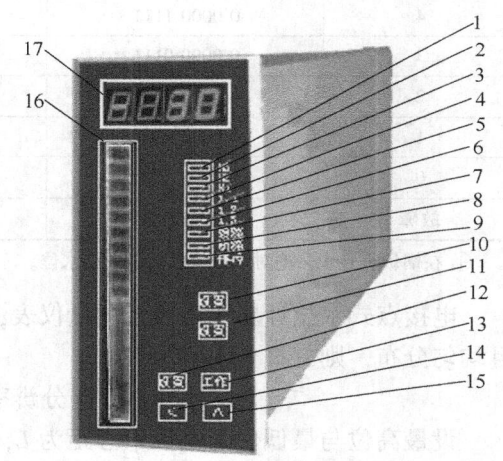

图 6-23 智能电接点式水位计的二次仪表面板
1—极上限报警灯 2—上上限报警灯 3—上限报警灯
4—下限报警灯 5—下下限报警灯 6—极下限报警灯
7—电极短路报警 8—电极开路报警 9—排污报警灯
10—自检键 11—报警扬声器消音键 12—设置键
13—功能键 14—上移键 15—下移键
16—光柱显示器 17—数字显示器

二、电接点式水位计的特性

电接点式水位计型号表示法如图 6-24 所示。例如，型号 UDZ-19-25 表示：物位仪表，电接点式水位计，电极数量为 19，最高工作压力为 25MPa。

设某一系列的电接点式水位计电极数量为9个。第1个电极处于最低位,第9个电极处于最高位,中心距为2m,浸泡在液体中的电极输出 $a_n = 1$(有水),被保护蒸气包围时电极的输出 $a_n = 0$(无水)。二次仪表输出电流为 4~20mA 时,等间隔分布的电极状态与输出电流、绝对水位的关系见式(6-19),电极状态与输出电流、绝对水位的关系如表6-13所示。

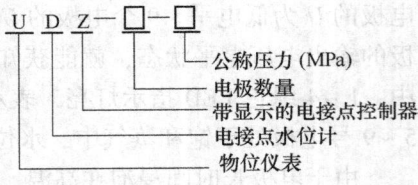

图6-24 电接点式水位计型号表示法

$$I = 4\text{mA} + \frac{\text{浸泡在水中的电极总数}}{\text{总电极数}} \times 16\text{mA} \tag{6-19}$$

表6-13 电极状态与输出电流、绝对水位的关系

电极	状态 高位 低位	输出电流/mA	相对水位(%)	绝对水位[①]/m
9	1 1111 1111	20	100	≥ +1.0
8	0 1111 1111	18.2	75	+0.75
7	0 0111 1111	16.4	50	+0.5
6	0 0011 1111	14.7	25	+0.25
5	0 0001 1111	12.9	0	0
4	0 0000 1111	11.1	-25	-0.25
3	0 0000 0111	9.3	-50	-0.5
2	0 0000 0011	7.5	-75	-0.75
1	0 0000 0001	5.8	-100	-1.0
0	0 0000 0000	4.0	-125	< -1.0
故障	其他状态	4.0	—	—

① 在锅炉汽包中,绝对水位指设定的标准水位。

电接点式水位计属于离散型测量仪表,输出信号是断续的。若测量筒上共有 n 个电极,且均匀分布,则有

$$\text{分辨率} = 1/(n-1) \tag{6-20}$$

设最高位与最低位的电极中心距为 L,则所能分辨的水位 $L_{\min}$(即分辨力)为

$$L_{\min} = L/(n-1) \tag{6-21}$$

显然,电极越多,所能分辨的水位变化量就越小,测量准确度就越高。若要提高分辨力,就必须增加电极的数量。在表6-13中,所能分辨的水位变化量为 $L_{\min} = 0.25\text{m}$。在两个相邻电极之间的水位变化无法辨别,称为固有误差。

有时候会发现水位指示灯频繁上下晃动,这多是因为汽包中的水沸腾,引起电极"挂水",产生误报。电极使用一段时间后,需要排污清洗。

例6-7 某电接点式水位计的11个电极均匀分布在测量筒上,最高、最低电极的中心距为1.2m,求:固有误差 Δ 为多少毫米?

解 固有误差 $\Delta = L_{\min} = L/(n-1) = 1.2\text{m} \div (11-1) = 1\,200\text{mm} \div 10 = 120\text{mm}$。

如果采用电极不等间隔分布的测量筒,则可以减小在常水位的上下附近的固有误差。

思考题与练习题

6-1 单项选择题

1) 气、液（或汽、液）界面的高度称为_____，气、固界面的高度称为_____。
   A. 料位　　　　　B. 电位　　　　　C. 气位　　　　　D. 液位

2) 可以在高温、高压等恶劣环境中工作，测量结果不受温度影响，但需要进行射线防护的是_____。
   A. 投入式液位计　　　　　　　　B. 电接点式液位计
   C. 雷达式液位计　　　　　　　　D. 核辐射式液位计

3) 与差压式液位计比较，伺服式液位计的测量速度_____。
   A. 较快　　　　　B. 较慢　　　　　C. 一样　　　　　D. 无法比较

4) 能够用于连续测量液位的是_____。
   A. 电容接近开关　B. 电接点液位计　C. 液位开关　　　D. 差压式液位计

5) 若液位变送器的输出为 4~20mA 标准信号，测得输出电流为 12mA，则被测液位是满量程的_____。
   A. 1/12　　　　　B. 1/2　　　　　C. 0.6　　　　　D. 3 倍

6) 被测容器中的液体密度增加，压力式液位计的测量结果就_____。
   A. 减小　　　　　B. 增大　　　　　C. 不变　　　　　D. 无法判断

7) 若单导压管压力式液位计的安装高度低于最低水位，就_____。
   A. 存在负迁移　B. 存在正迁移　C. 存在正、负迁移　D. 不存在迁移

8) 双隔离法兰差压式液位变送器的正、负毛细导压管中充填有硅油，就_____。
   A. 存在负迁移　B. 存在正迁移　C. 存在正、负迁移　D. 不存在迁移

9) 若双隔离法兰差压式液位变送器已经完成迁移调校，再将该变送器往上移动1m，则_____。
   A. 负迁移减小　　　　　　　　　B. 正迁移减小
   C. 迁移量不变　　　　　　　　　D. 正、负迁移量均减小

10) 若对差压式液位变送器进行迁移调校，则_____。
    A. 灵敏度变化　　　　　　　　　B. 零位变化
    C. 灵敏度和零位同时向相同的方向变化　D. 都不变

11) 超声波探头的发射频率越高，指向角就_____。
    A. 越大　　　　　B. 越小　　　　　C. 不变　　　　　D. 等于零

12) 超声波式液位变送器的探头从发射超声波，到接收到液面反射波的时间越长，说明探头与液面的距离就_____。
    A. 越大　　　　　B. 越小　　　　　C. 不变　　　　　D. 等于零

13) 如果将超声波式液位变送器的探头安装在进料口附近，则_____。
    A. 能提高灵敏度　B. 产生干扰　　　C. 接收不到回波　D. 回波时间延长

14) 如果将超声波式液位变送器探头安装在负压容器中，则_____。
    A. 声速增大，衰减变小　　　　　B. 声速减小，衰减变大
    C. 声速减小，衰减减小　　　　　D. 声速增大，衰减增大

15) 连续测量液体液位的"液体传导超声波式液位变送器"的探头通常安装在被测容器的_____，无需对被测容器开孔。
    A. 右侧　　　　　B. 左侧　　　　　C. 上方　　　　　D. 下方

16) 引起超声波式液位变送器测量误差的最大因素是_____。
    A. 温度　　　　　B. 压力　　　　　C. 流量　　　　　D. 液位

17) 型式试验的项目比"例行试验"以及"型式评价"的项目_____。

A. 苛刻　　　　B. 少　　　　　C. 相同　　　　D. 差

18) 型式试验的样品应从出厂检验合格的产品中随机抽取_____，但不少于3台。
A. 2%～3%　　B. 20%～30%　　C. 100%　　　D. 0%

19) 在型式检验中，若有一台不合格时，则应按原抽样的_____数量抽样进行。
A. 相同　　　　B. 2倍　　　　C. 3倍　　　　D. 4倍

20) 湿度试验后，液位计电缆各芯线和屏蔽层之间、电源线与外壳之间的绝缘电阻不应小于_____。
A. 10kΩ　　　B. 100kΩ　　　C. 1MΩ　　　　D. 10MΩ

21) 某电接点式水位计的9个电极均匀分布在测量筒上。最高、最低电极的中心距为2m，二次仪表的输出为4～20mA，当测得输出电流在12～15mA波动时，查阅表6-13可知，水位线大致位于_____电极之间。
A. 3、4　　　　B. 4、5　　　　C. 5、6　　　　D. 6、7

22) 某电接点式水位计的5个电极均匀分布在测量筒上，最高、最低电极的中心距为1m，则固有误差为_____。
A. 1m　　　　　B. 0.5m　　　　C. 0.25m　　　D. 0.2m

6-2 计算、分析题

1. 上网搜索有关"液位计检定规程"、"水位测量仪表（压力式水位计）"、"液位培训讲义"等行业标准、国家标准以及有关液位测量的资料，简述搜索到的有关内容。

2. 压力式液位计的单隔离法兰的安装位置与零液位相同（$h_2=0$），压力变送器的正取压口比隔离法兰的位置低，$h_1=2.5m$，见图6-8。已知被测介质为标准状态的水，密度$\rho_1=1000kg/m^3$，引压毛细管中的隔离液（硅油）的密度$\rho_2=940kg/m^3$，当地的重力加速度$g=9.8m/s^2$，最大液位$H_{max}=15m$，求：
1) 最大液位H_{max}时压力变送器正取压口的压力p_{max}（由ρ_1、ρ_2两种液体共同引起的）。
2) 迁移量B。
3) 迁移的方向是正迁移？还是负迁移？
4) 迁移量的相对值δ。（提示：$\delta=[B/(p_{max}-p_{+0})]\times100\%$ 或 $\delta=[B/(p_{Hmax})]$）

3. 某投入式液位变送器采用压阻压力式传感器原理，传感器的额定压力$p_{max}=300kPa$，被测介质的密度$\rho=1000kg/m^3$，探头的安装如图6-12所示，传感器的安装高度$h_0=1m$，负取压室通过导气电缆（包括信号线）接到远程机房，当地大气压$p_0=100kPa$，当地的重力加速度$g=9.8m/s^2$，二次仪表的输出是与正、负取压室的差压成比例关系的4～20mA标准信号。求：
1) 输出为12mA（一半的量程）时的正取压室的绝对压力p（包括当地大气压）。
2) 此时正、负取压室的差压Δp。
3) 考虑到安装高度h_0的总水位H_2。

4. 超声波式液位变送器原理如图6-15所示，从显示屏上测得探头从发射至接收到反射小板的反射波时间为x轴上的3.8格，接收到液面反射波的时间为x轴上的11.5格，x轴的扫描时间为0.5ms/格。已知容器底部与探头的安装间距h_2为15m，反射小板与探头的间距h_0为0.6m，求：液位H。

模块七 振动检测

知识链接 振动的基本概念

物体围绕平衡位置作往复运动称为振动。从振动对象来分，有机械振动（例如机床、电机、泵、风机等运行时的振动）；土木结构振动（房屋、桥梁等的振动）；运输工具振动（汽车、飞机等的振动）以及地震、武器、爆炸引起的冲击振动等。振动检测主要是研究上述各种振动的特征、变化规律以及分析振动产生的原因，从而找出解决问题的方法。

机械振动（以下简称振动）是工程技术和日常生活中普遍存在的物理现象。当各种机械设备处于运动状态时，都存在不同程度的机械振动。例如机器箱体的颤动、管线的抖动、叶片的摆动等。

在大多数情况下，振动是有害的。振动产生的噪声损害人的健康，还会降低仪器的准确度和寿命。但振动有时也是有益的，例如可以利用振动的原理制造输送机、清洗机、打桩机、振动筛、冲击钻等。

为了提高机械结构的抗振性能，有必要进行机械结构的振动分析，找出其中的薄弱环节。另外，对于机械设备的动力学参数，如阻尼系数、固有频率等较难利用理论公式计算，振动试验和测量便是一种有效的求解方法。

一、振动的分类

振动的类型很多，可分为自由振动、受迫振动、自激振动、简谐振动、周期振动、瞬态振动、随机振动、单自由度系统振动、多自由度系统振动、线性振动、非线性振动、低频振动、中频振动、高频振动等。机械振动分类及波形如图 7-1 所示，机械振动的分类与特征如表 7-1 所示。

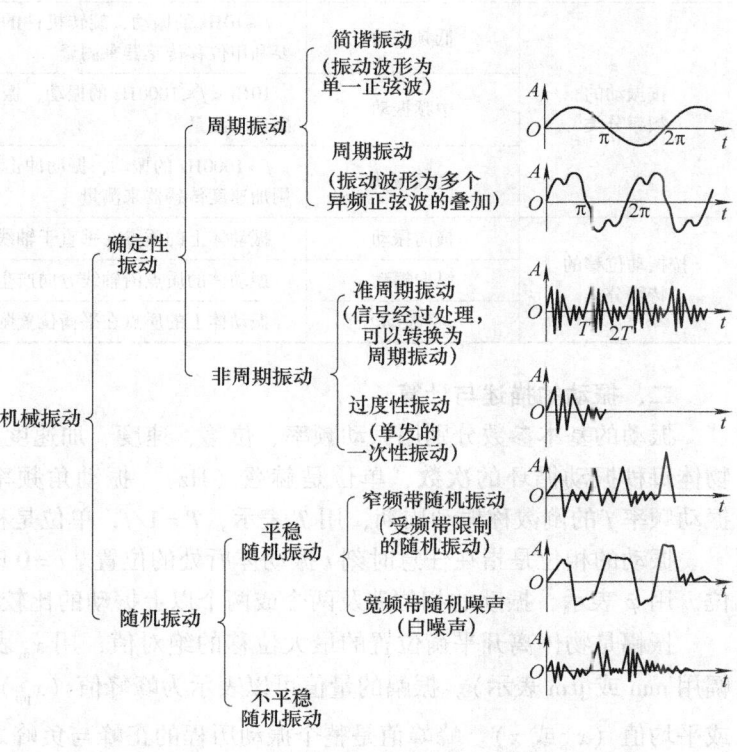

图 7-1 机械振动分类及波形

表 7-1 机械振动的分类与特征

分　类	名　称	特　征
按振动产生的原因分类	自由振动	是系统受短暂的初始干扰或外部激振后,系统本身由弹性恢复力和惯性力所维持的振动。当系统无阻尼时,振动幅度为恒值,振动频率为系统的固有频率;当系统存在阻尼时,其振动幅度将逐渐衰减
	受迫振动	由外界持续干扰引起和维持的振动,系统的振动频率为激振频率
	自激振动	是在一定条件下,没有外部激振力而仅由系统本身产生的交变力激发和维持的一种稳定周期性振动,其振动频率接近于系统的固有频率
按振动的规律分类	简谐振动	振动量为时间的正弦或余弦函数,是最基本的机械振动形式,其他复杂的振动都可以看成多个简谐振动的合成
	周期振动	振动量为时间的周期性函数,可展开为一系列简谐振动
	瞬态振动	振动量为时间的非周期函数,一般在较短(几个周期)的时间内存在,是可用各种脉冲函数或衰减函数描述的振动
	随机振动	振动量不是时间的确定函数,只能用概率统计的方法来研究
按系统的自由度分类	单自由度系统振动	用一个独立变量就能表示的系统振动
	多自由度系统振动	需用多个独立变量表示的系统振动
按系统结构参数的特性分类	线性振动	可以用常系数线性微分方程来描述,系统的惯性力、阻尼力和弹性力分别与振动加速度、速度和位移成正比
	非线性振动	需用非线性微分方程来描述,微分方程中出现非线性项
按振动的频率分类	低频振动	$f \leqslant 10\mathrm{Hz}$ 的振动,旋转机件的不平衡、机械变形等与位移成正比,主要利用位移传感器来测量
	中频振动	$10\mathrm{Hz} < f \leqslant 1000\mathrm{Hz}$ 的振动,振动噪声与速度成正比,主要利用速度传感器来测量
	高频振动	$f > 1000\mathrm{Hz}$ 的振动,振动冲击力及人体感觉与加速度成正比,主要利用加速度传感器来测量
按振动位移的特征分类	横向振动	振动体上的质点在垂直于轴线的方向产生位移的振动
	纵向振动	振动体的质点沿轴线方向产生位移的振动
	摆振动	振动体上的质点在平衡位置附近做弧线运动的振动

二、振动的描述与计算

振动的基本参数分别用振动频率、位移、速度、加速度、初相角来描述。振动频率 f 指物体每秒振动循环的次数,单位是赫兹(Hz)。振动角频率 ω 的单位为弧度/秒(rad/s)。振动频率 f 的倒数称振动周期,用 T 表示,$T = 1/f$,单位是秒(s)。

振动的相位是指在任意时刻 t 振动体所处的位置。$t = 0$ 时的相位称为初相角,也称初相位,用 φ 表示,振动的相位涉及两个或两个以上振动的比较。

振幅是物体离开平衡位置的最大位移的绝对值,用 x_m 表示,单位是 m(机械设备的振幅用 mm 或 μm 表示)。振幅的量值可以表示为峰峰值(x_{pp})、单峰值(x_p)、有效值(x_{rms})或平均值(x_{ap} 或 $\bar{x}$)。峰峰值是整个振动历程的正峰与负峰之间的差值,在振动位移测量中较为常用;单峰值是正峰或负峰的最大值;有效值是振幅的均方根值。简谐振动时,单峰值

等于峰峰值的 1/2，也可以表达为：$x_p = |-x_p| = x_m = \frac{1}{2}x_{pp}$；有效值 $\bar{x}$ 等于单峰值的 0.707；平均值 $\bar{x}$ 等于单峰值的 0.637。

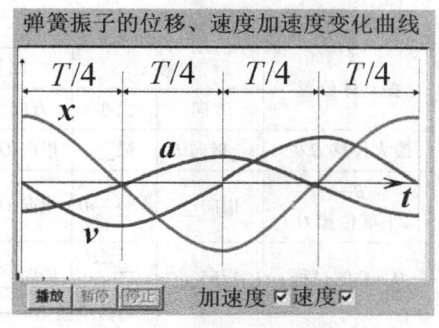

图 7-2 简谐振动的位移、速度、加速度变化曲线

1. 简谐振动位移、速度、加速度的换算

简谐振动的物理量遵从式（7-1）~ 式（7-3）所示的运动方程。将式（7-1）对时间 t 求导，可得振动速度；将速度对时间 t 求导（或对位移进行二次求导），可得振动加速度。简谐振动的位移、速度、加速度随时间的变化曲线如图 7-2 所示。

$$x = x_m \cos(\omega t + \varphi) \tag{7-1}$$

$$v = dx_m/dt = -\omega x_m \sin(\omega t + \varphi) = v_m \cos(\omega t + \varphi + \pi/2) \tag{7-2}$$

$$a = d^2 x_m/dt = dv/dt = -\omega^2 x_m \cos(\omega t + \varphi) = a_m \cos(\omega t + \varphi + \pi) \tag{7-3}$$

式中　x_m——振幅（m）；

　　　ω——振动角频率（rad/s，$\omega = 2\pi f$）；

　　　φ——初相角（rad）；

　　　v_m——速度幅值（m/s，$v_m = \omega x_p$）；

　　　a_m——加速度幅值（m/s^2，$a_m = \omega^2 x_p$）。

也可将简谐振动的加速度 a 对时间积分，得到振动的速度 v；再将振动速度 v 对时间积分（或将加速度 a 对时间双重积分），可得振动的位移 x。

在振动测量中，振动加速度的单位除 m/s^2 外，也常用重力加速度 $1g = 9.81\mathrm{m/s^2}$ 作为计量单位。简谐振动的加速度幅值（单位为 g）与位移幅值的关系为

$$a_m = \omega^2(x_p/9.81) = 4\pi^2 f^2 x_m/9.81 \approx 4f^2 x_m \tag{7-4}$$

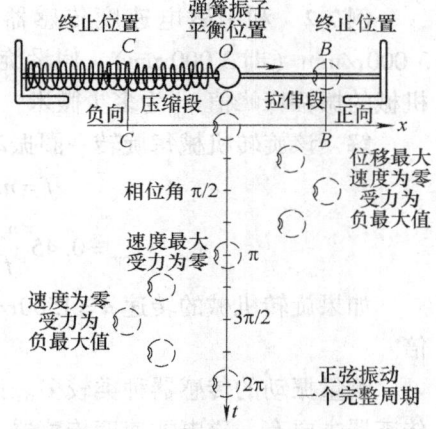

图 7-3 弹簧振子的简谐振动

例 7-1　弹簧振子的简谐振动如图 7-3 所示，弹簧振子在 C、O、B 间作无摩擦力、无阻尼的简谐运动。O 为平衡位置，C、B 分别为负的和正的终止位置。已知 B、C 的距离为 100mm，$C \to B$ 运动的时间为 1s，求：振动的周期 T、频率 f 和振幅 x_m。

解　振动的周期 T 等于弹簧振子从 $C \to O \to B \to O \to C$ 的过程所经历的时间，所以

$$T = 2t_{C \to B} = 2 \times 1 \mathrm{s} = 2\mathrm{s}, f = 1/T = 1/(2\mathrm{s}) = 0.5\mathrm{Hz}$$

振幅 x_m 等于 $C \to O$ 的距离，或 $O \to B$ 的距离，所以 $x_m = 100\mathrm{mm}/2 = 50\mathrm{mm}$。

【简谐振动的方向、位移、速度、加速度填表训练】

弹簧振子的简谐振动参数与例 7-1 同，请填写下表。

振动体位置	位移 x		回复力 F		加速度 a		速度 v		势能 E_p	动能 E_k
	方向	大小	方向	大小	方向	大小	方向	大小		
平衡位置 O	—		—		—	0	指向 B			最大
$O \to B$ 的过程	指向__	0→最__	指向 O	0→最大	指向__	0→__	$O \to$__	最大→0	0→最__	最__→0

(续)

振动体位置	位移 x		回复力 F		加速度 a		速度 v		势能 E_p	动能 E_k
	方向	大小	方向	大小	方向	大小	方向	大小		
最大位移 B 处	指向 B	最__	指向 O	最大	指向__	最大	—	—	最大	
$B \rightarrow$ 平衡位置 O	指向__	最__$\rightarrow 0$	指向 O	最大$\rightarrow 0$	指向 O	最大$\rightarrow 0$	__$\rightarrow O$	__$\rightarrow$最大	最大$\rightarrow 0$	__$\rightarrow$最大
$O \rightarrow C$ 的过程	指向__	__$\rightarrow$最大	指向__	$0 \rightarrow$最大	指向 O	$0 \rightarrow$最大	指向 __	最大$\rightarrow 0$	__$\rightarrow$最大	最大$\rightarrow$__

振动的测量主要涉及频率 f、位移 x、速度 v 及加速度 a。由于振动频率的测量涉及数字式测量，所以可以对测振传感器的输出信号进行计数或频谱分析即可得到振动频率。只要测得上述 4 个参数中的两个，根据微分或积分方程，即可推算出另外两个参数。在频谱分析中，还需要测量不同振动频率的相位。

2. 振动烈度与位移的换算

振动测量中，还经常涉及振动烈度。振动速度的有效值称为振动的烈度。简谐振动的振幅峰峰值 x_{pp} 与振动烈度 v_F 两者之间的关系见式（7-5）。振动烈度是以人可感觉到的 0.071mm/s 为起点，到 71mm/s，共 15 个量级，相邻两个烈度量级的比值约为 1.6（相差 4dB）。

$$x_{pp} = 2A = 2\sqrt{2}\frac{v_F}{\omega} = 0.45 \frac{v_F}{f} \tag{7-5}$$

例 7-2 利用磁电速度传感器测得振动烈度 $v_F = 4\text{mm/s}$，测得旋转机械的转速 $n = 3000\text{r/min}$（即 3000rpm），假设旋转机械的振动只有与转速成正比的基频振动，求：旋转机械的振幅峰峰值 x_{pp} 为多少微米？

解 该旋转机械每旋转一圈振动一次时的基频

$$f = n/60 = (3000/60)\text{Hz} = 50\text{Hz}$$

$$x_{pp} = 0.45\frac{v_F}{f} = 0.45\frac{4\text{mm/s}}{50\text{Hz}} = 0.036\text{mm} = 36\mu\text{m}$$

如果旋转机械的转速 $n = 1500\text{r/min}$，在用速度测振仪测得相同的烈度时，振幅将增大一倍。

测量振动的传感器种类较多。按是否与被测件接触，可分为接触式和非接触式。接触式传感器主要有：磁电式速度传感器、压电式加速度计等。非接触式传感器主要有：电容式传感器、涡流式传感器、激光式位移传感器等。

三、测振传感器的分类

按照振动检测的目的，测振传感器可分为两大类：一类是测量设备在运行时的振动参量，检测目的是了解被测对象的振动状态、评定振动等级和寻找振源，以及进行监测、识别、诊断和故障预估；另一类是对设备或部件进行某种激振，使其产生受迫振动，以便测得被测对象的振动力学参量或动态性能，如固有频率、阻尼、阻抗、响应和模态等。按照工作原理，测振传感器有磁电式、涡流式、压电式、电容式、激光式、光导纤维式等。测振传感器的种类及特点如表 7-2 所示。

表 7-2 测振传感器的种类及特点

种 类	基本测量原理	测量对象与测量范围	特 点
压电式测振传感器	压电效应	振动体的加速度 1Hz~50kHz	自发电式,现场不需要电源,上限频率响应高,体积小,不易损坏;标定困难
涡流式测振传感器	电磁感应定律与涡流效应	振动体的位移;0~10kHz	输出信号与振动位移成正比,非接触式测量,不影响被测振动体,标定和校验比较容易;当测量振动物体材料和温度不同时,影响传感器线性范围和灵敏度,需要重新标定;可用于静态及动态测量
磁电式测振传感器	电磁感应定律	振动体的速度;0.1Hz~1kHz	自发电式,现场不需电源,振动信号与振动速度成正比,通过微分或积分,可获得简谐振动的加速度值和位移值;体积大,线圈易损坏,输出电压的低频率响应及高频率响应应均不好;用于振动速度检测
光导纤维式测振传感器	光的全反射效应	振动体的位移 0.1Hz~10kHz	现场不需要电源,抗电磁干扰能力强;测量结果受多种因素影响;可用于工业测量
激光多普勒式测振传感器	多普勒效应	振动体的速度 0.1Hz~10kHz	能够检测振幅 10^{-6} 的微小变化;光路复杂,仪器本身不耐振动,需要放置在抗振台面上;可用于标定其他测振仪
MEMS 电容式加速度传感器	变极距式电容效应	振动体的加速度 0Hz~10kHz	体积小,集成度高,可同时测量三维振动;可用于汽车、手机、火箭、卫星、钻地炸弹等测振

1. 绝对式和相对式测振传感器

测振传感器又可分为绝对式和相对式两大类。

(1) 绝对式测振传感器 属于接触式测量。测振时,将测振传感器外壳固定在振动体待测点上,传感器壳体的振动等于被测物的振动。传感器的主要力学组件是惯性质量块及弹性体。在一定的频率范围内,质量块相对于基座的运动,与位移、速度和加速度成正比。常见的绝对式测振传感器有压电式加速度计、电容式测振传感器等。

(2) 相对式测振传感器 将测振传感器壳体固定在不动的支架上(也称固定基准),传感器的敏感元件靠近被测振动体表面,从而感受被测振动体表面的位移。传感器的输出描述了被测振动体与不动的支架之间的相对振动。也可以将传感器中质量很轻的"触杆"与被测振动体接触,触杆与敏感元件形成相对振动。常见的相对式测振传感器有涡流式加速度计及激光式测振传感器等。

磁电式速度传感器有两种不同的结构:惯性式和杆式,分别属于绝对式和相对式测振传感器。旋转机械的绝对式振动测量与相对式振动测量如图 7-4 所示。

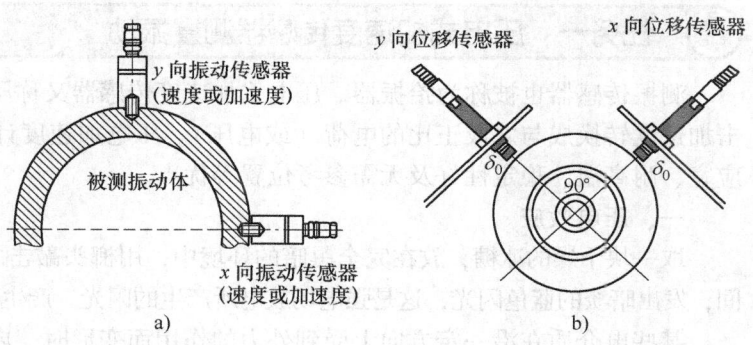

图 7-4 旋转机械的绝对式振动测量与相对式振动测量
a) 绝对式振动测量 b) 相对式振动测量

2. 测振系统力学模型

在图 7-5 所示的测振系统力学模型中，有一个质量块 m、弹簧 k、阻尼器 c（包括弹性体的内耗及弹性滞后）。这样的测振系统称为惯性式测振系统。惯性式测振系统必须紧固在被测振动体 A 上。当测振系统自身的固有振动频率 f_0（$f_0 = \frac{1}{2\pi}\sqrt{\frac{K}{m}}$）远小于被测振动体 A 的振动频率 f，即 $f_0 \leq 5f$ 时，质量块 m 相对于壳体的振动位移 x' 将与被测振动体 A 的振动位移 x 成正比，这样的测振传感器称为振幅计；当 $f_0 \approx f$、且阻尼 c 很大时，质量块 m 的振动位移 x' 将与被测振动体 A 的振动速度 v 成正比，这样的测振传感器称为速度计，如电动式测振仪；当 $f_0 \geq 5f$ 时，质量块将与振动体 A 一起振动，质量块与被测振动体 A 所感受到的振动加速度基本一致，这样的测振传感器称为加速度计。

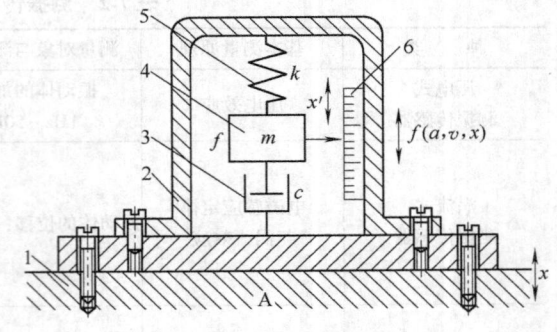

图 7-5　测振系统力学模型
1—振动体基座　2—壳体　3—阻尼器
4—惯性体　5—弹簧　6—标尺

项目一　测振传感器

【项目教学目标】
☞知识目标
1）了解压电效应及压电元件。
2）掌握电荷放大器的工作原理。
3）了解涡流式测振传感器的工作原理。
4）了解磁电式测振传感器的工作原理。
☞技能目标
1）掌握压电式测振传感器的应用。
2）掌握振动设备的激振方法。

任务一　压电式加速度传感器测量振动

测振传感器也被称为拾振器。压电式加速度传感器又称压电加速度计，它能将振动或冲击加速度转换成与之成正比的电荷（或电压）。压电加速度计具有体积小、重量轻、频率响应宽、耐高温、稳定性好及无需参考位置等优点。

一、压电效应

取一块干燥的冰糖，放在完全黑暗的环境中，用榔头敲击之，可以看到冰糖在破碎的一瞬间，发出暗淡的蓝色闪光，这是强电场放电所产生的闪光。产生闪光的机理是晶体的压电效应。

某些电介质在沿一定方向上受到外力的作用而变形时，内部会产生极化现象，同时在其表面上产生电荷，当外力去掉后，又重新回到不带电的状态，这种现象称为压电效应。反之，在电介质的极化方向上施加交变电场或电压，它会产生机械变形。去掉外加电场时，电介质变形随之消失，这种现象称为逆压电效应（电致伸缩效应）。例如音乐贺卡中的压电晶片就是利用逆压电效应而发声的。具有压电效应的物质很多，如天然形成的石英晶体、人工制造的压电陶瓷等。

在晶体的弹性限度内，压电材料受力后，其表面产生的电荷 Q 与所施加的力 F_x 成正比，即：

$$Q = dF_x \tag{7-6}$$

式中　d——压电常数。

压电效应的示意图如图 7-6 所示。自然界中与压电效应有关的现象很多。当游客在沙丘上蹦跳或从鸣沙丘上往下滑时，可以听到雷鸣般的隆隆声。产生这个现象的原因是无数干燥的沙子（SiO_2 晶体）在重压时，引起振动和滑动，表面产生电荷。在某些时刻，恰好形成电压串联，产生很高的电压，并通过空气放电而发出声音。在电子打火机中，压电材料受到敲击，产生很高的电压，通过尖端放电而点燃可燃性气体。

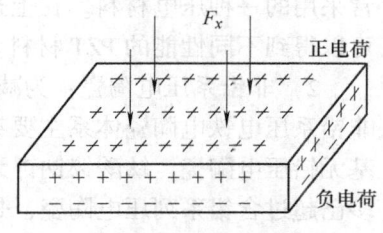

图 7-6　压电效应示意图

二、压电材料的分类及特性

压电式加速度计中的压电元件材料一般有三类：一类是压电晶体（单晶体）；另一类是经过极化处理的压电陶瓷（多晶体）；第三类是高分子压电材料。

（1）石英晶体　石英晶体是一种性能良好的压电晶体，它的突出优点是性能非常稳定。在 20~200℃ 的范围内压电常数的变化率只有 -0.0001/℃。此外，它还具有自振频率高、动态响应好、机械强度高、绝缘性能好、迟滞小、重复性好、线性范围宽等优点。将石英晶体沿某个方向切片，两侧面镀银，就可以构成压电晶片。

石英晶体的不足之处是压电常数较小（$d = 2.31 \times 10^{-12}$ C/N）。因此石英晶体大多只在标准传感器、高准确度传感器或温度较高的传感器中使用，而在一般要求的测量中，基本上采用压电陶瓷。

（2）压电陶瓷　压电陶瓷是人工制造的多晶压电材料，它由无数细微的电畴组成。这些电畴实际上是分子自发极化的小区域。在无外电场作用时，各个电畴在晶体中杂乱分布，它们的极化效应被相互抵消了，因而原始的压电陶瓷呈中性，不具有压电性质。为了使压电陶瓷具有压电效应，必须在一定温度下做极化处理。极化处理之后，陶瓷材料内部存在有很强的剩余极化强度，当压电陶瓷受外力作用时，其表面也能产生电荷，所以压电陶瓷也具有压电效应。压电陶瓷的极化处理如图 7-7 所示。

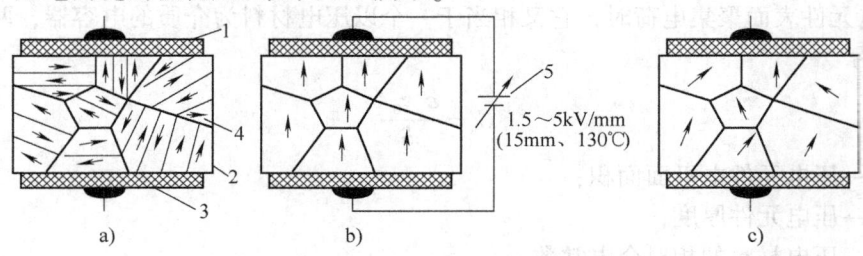

图 7-7　压电陶瓷的极化处理

a）极化处理前电畴杂乱分布　b）在极化电压下的电畴分布　c）冷却、稳定后的电畴分布

1—镀银上电极　2—压电陶瓷　3—镀银下电极　4—电畴　5—极化高压电源　↑—细微的电畴极化方向

压电陶瓷的制造工艺成熟，通过改变配方或掺杂微量元素可使材料的技术性能有较大改变，以适应各种要求。它还具有良好的工艺性，可以方便地加工成各种需要的形状。在多数情况下，它比石英晶体的压电系数高得多，而制造成本却较低，因此目前国内外生产的压电元件绝大多数都采用压电陶瓷。

常用的压电陶瓷材料主要有以下几种：

1) 锆钛酸铅系列压电陶瓷（PZT）：锆钛酸铅压电陶瓷是由钛酸铅和锆酸铅组成的固熔体。它有较高的压电常数 [$d = 200 \sim 500 \times 10^{-12} \text{C/N}$] 和居里温度（500℃左右），是目前经常采用的一种压电材料。在上述材料中加入微量的镧（La）、铌（Nb）或锑（Sb）等，就可以得到不同性能的 PZT 材料。PZT 是工业中应用较多的压电陶瓷。

2) 非铅系压电陶瓷：为减少铅对环境的污染，人们正积极研制非铅系压电陶瓷。目前非铅系压电铁电陶瓷体系主要有：$BaTiO_3$ 基无铅压电陶瓷、BNT 基无铅压电陶瓷、铌酸盐基无铅压电陶瓷、钛酸铋钠钾无铅压电陶瓷和钛酸铋锶钙无铅压电陶瓷等，它们的各项性能多已超过含铅系列压电陶瓷，是今后压电铁电陶瓷的发展方向。

(3) 高分子压电材料　高分子压电材料是近年来发展很快的一种新型材料。典型的高分子压电材料有聚偏二氟乙烯（PVF_2 或 PVDF）、聚氟乙烯（PVF）、改性聚氯乙烯（PVC）等。其中以 PVF_2 和 PVDF 的压电常数最高。有的材料比压电陶瓷还要高十几倍。在强烈振动时，其输出脉冲电压可以直接驱动 CMOS 集成门电路。

高分子压电材料是一种柔软的压电材料，可根据需要制成薄膜或电缆套管等形状。经极化处理后就显现出电压特性。它不易破碎，具有防水性，可以大量连续拉制，制成较大面积或较长的尺度，因此价格便宜。其测量动态范围可达 80dB，频率响应范围可从 0.1Hz 至 10^9 Hz。这些优点都是其他压电材料所不具备的。在一些不要求测量准确度高的场合，比如水声测量，防盗、振动测量等领域中获得广泛应用。它的声阻抗与空气的声阻抗有较好的匹配，因而是有很好发展前景的电声材料。

高分子压电材料的工作温度一般低于 100℃。温度升高时，灵敏度将降低。它的机械强度不够高，耐紫外线能力较差，不宜暴晒，以免老化。

在动态力传感器中，两片压电晶片多采用并联接法，可增大输出电荷量；若采用串联接法，可增大输出电压。

三、电荷放大器

1. 压电元件的等效电路

压电元件在承受沿敏感轴方向的外力作用时，就产生电荷，因此它相当于一个电荷发生器。当压电元件表面聚集电荷时，它又相当于一个以压电材料为介质的电容器，两电极板间的电容 C_a 为

$$C_a = \frac{\varepsilon_r \varepsilon_0 A}{\delta} \tag{7-7}$$

式中　A——压电元件电极面面积；

　　　δ——压电元件厚度；

　　　ε_r——压电材料的相对介电常数；

　　　ε_0——真空的介电常数。

因此，可以把压电元件等效为一个电荷源 Q 与电容 C_a 以及泄漏电阻 R_a 相并联的电荷等

效电路，如图 7-8 所示，如果忽略阻值较大的漏电阻 R_a 则压电元件的端电压

$$U_o \approx \frac{Q}{C_a} \tag{7-8}$$

压电式加速度计与二次仪表配套使用时，还应考虑到连接电缆的分布电容 C_c、放大器的输入电阻 R_i，输入电容 C_i 等影响。R_a、R_i 越小，C_c、C_i 越大，压电元件的输出电压 U_o 就越低。屏蔽电缆的对地分布电容 C_c 大约为 100pF/m，当屏蔽电缆较长时，C_c 成比例增大，放大器的输入电压 U_i 将比压电传感器空载时的输出 U_o 小很多。

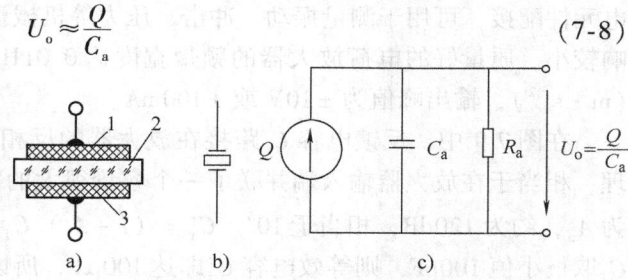

图 7-8　压电元件及等效电路
a) 压电元件结构　b) 压电元件的符号
c) 压电元件的等效电路
1—镀银上电极　2—压电晶体　3—镀银下电极

从图 7-8 可知，外力作用在压电元件上，虽然可以产生电荷 Q，但在两侧镀银电极之间总是存在泄漏电阻 R_a，电荷的保存时间通常小于几秒，而且要求放大器的输入电阻 R_i 无限大，因此压电式加速度计不能用于静态力的测量。但是在交变力的作用下，压电元件两侧电极表面的电荷可以较快地得到补充，能够供给测量转换电路微小的电流，故适用于动态测量。

2. 电荷放大器

压电式加速度计的输出信号非常微弱，一般需将电信号放大后才能检测出来。根据压电式加速度计的工作原理及等效电路，它的输出可以是电荷信号也可以是电压信号，因此与之相匹配的前置放大器（信号调理电路）有电压前置放大器和电荷放大器两种形式。

由于压电传感器的内阻抗极高，因此它需要与高输入阻抗的前置放大器配合。从图 7-8 可以看到，如果使用电压放大器，其输入电压 $u_i = Q/(C_a + C_c + C_i)$，使得放大器电压放大器的输出电压与屏蔽电缆线的分布电容 C_c 及放大器的输入电容 C_i 有关，它们均是变数，会影响测量结果，故目前多采用性能稳定的电荷放大器（电荷/电压转换器），如图 7-9 所示。

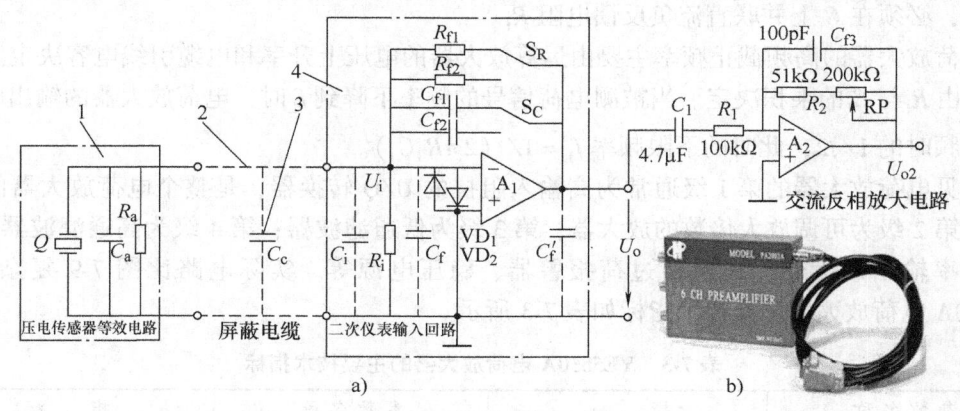

图 7-9　电荷放大器
a) 电荷放大器电路　b) 外形
1—压电传感器　2—屏蔽电缆　3—传输线分布电容　4—电荷放大器
S_C—灵敏度选择开关　S_R—带宽选择开关　C_f'—C_f 在放大器输入端的密勒等效电容
C_f''—C_f 在放大器输出端的密勒等效电容

电荷放大器实际上是一种输出电压与输入电荷量成正比的"电荷/电压转换器",与压电元件配接,可用于测量振动、冲击、压力等机械量,输入可接长电缆,对测量准确度的影响较小。质量好的电荷放大器的频带宽度达 0.01Hz ~ 100kHz,灵敏度可达 1V/g,或 10V/$(m \cdot s^{-2})$,输出峰值为 ±10V 或 ±100mA。

在图 7-9 中,反馈电容 C_f 跨接在放大器的反相输入端和输出端之间。根据密勒等效定理,相当于在放大器输入端并联了一个容量很大的等效电容 C_f'。设运算放大器的开环增益为 A_u,约为 120dB,相当于 10^6。$C_f' = (1 + A_u) C_f$,C_f 的取值范围多为 100pF ~ 0.1μF。若 C_f 取最小值 100pF,则等效电容 C_f' 即达 100μF,所以输入回路的总电容基本上由 C_f' 决定:

$$C_总 = C_a + C_c + C_i + (1+A)C_f \approx C_f'$$

电荷放大器的输出电压

$$U_o = -Au_i = -A\frac{Q}{C_总} = \frac{-AQ}{C_a + C_c + C_i + (1+A)C_f}$$

式中 Q——压电元件受动态力作用所产生的电荷有效值;

C_f——并联在放大器输入端和输出端之间的反馈电容。

当 A 足够大时,则 $(1+A)C_f \gg (C_a + C_c + C_i)$,上式可化简为

$$U_o \approx \frac{-AQ}{(1+A)C_f} \approx -\frac{Q}{C_f} \tag{7-9}$$

由式(7-9)可知,电荷放大器的输出电压 U_o 仅与输入电荷 Q 和反馈电容 C_f 有关,电缆引线电容等因素的影响可忽略不计。

3. 反馈电容和反馈电阻的选取

根据式(7-9),当被测振动较小时,电荷放大器的反馈电容 C_f 应取得小一些,可以获得较大的输出电压。为了进一步减少传感器输出电缆的分布电容对放大电路的影响,可以将电荷放大器密封在传感器壳体内。为了防止电荷放大器的输入端受"过电压"影响,可在集成运放输入端并联保护二极管 VD_1、VD_2。为防止非理想运放的"失调电流"导致集成运放饱和,必须在 C_f 上并联直流负反馈电阻 R_f。

电荷放大器的高频截止频率主要由运算放大器的电压上升率和电缆引线电容决定。下限频率 f_L 由 R_f 与 C_f 的乘积决定。当被测电荷信号的频率下降到 f_L 时,电荷放大器的输出电压降低到中频时的 $1/\sqrt{2}$,此时的下限频率 $f_L = 1/(2\pi R_f C_f)$。

常见电荷放大器的第 1 级通常为高输入阻抗的 U/Q 转换器,是整个电荷放大器的核心部分;第 2 级为可调放大倍数的放大器;第 3 级为低通滤波器;第 4 级为高通滤波器;第 5 级为功率输出放大器,还包括过荷报警器、稳压电源等。实际电路比图 7-9 复杂得多。YE5850A 电荷放大器主要技术指标如表 7-3 所示。

表 7-3 YE5850A 电荷放大器的主要技术指标

参数名称	指标	参数名称	指标
最大输入电荷量/pC	10^6	直流分流电阻/Ω	约 10^{14}
电荷灵敏度/(pC/m·s^{-2})	1 ~ 100	准确度(%)	±2
最大输出电压/V	±10	输出电流/mA	0 ~ ±5
输出阻抗/Ω	≤10	响应频率/kHz	0.001 ~ 30

(续)

参数名称	指标	参数名称	指标
噪声/μV	<30	电源/V	AC220±5%，或DC 25
环境温度/℃	0~40(20%~90%RH)	尺寸（宽×深×高）/mm	132×70×20
重量/kg	2.5		

例7-3 某压电元件用于测量振动，灵敏度 $d_{11}=100\times10^{-12}$ C/N，电荷放大器的反馈电容 $C_f=1000$pF，$R_f=100$MΩ，测得图7-9中 A_1 的输出电压 $U_o=0.2$V，求：

1）压电元件的输出电荷量 Q 的有效值为多少皮库伦？
2）被测振动力 F 的有效值为多少牛顿？
3）电荷放大器的灵敏度 K 为多少 mV/pC？
4）电荷放大器的下限截止频率为多少赫？

解 1）压电元件的输出电荷量 Q 的有效值

$$Q = C_f U_o = (1000\times10^{-12}\times0.2)C = 200\text{pC}$$

2）被测振动力 F 的有效值

$$F = \frac{Q}{d_{11}} = \frac{200\times10^{-12}\text{C}}{100\times10^{-12}\text{C/N}} = 2\text{N}$$

3）电荷放大器的灵敏度

$$K_Q = \frac{U}{Q} = \frac{200\text{mV}}{200\text{pC}} = 1\text{mV/pC}$$

4）电荷放大器的下限截止频率

$$f_L = \frac{1}{2\pi R_f C_f} \approx \frac{1}{2\times3.14\times100\times10^6\times1000\times10^{-12}\text{s}} = 1.6\text{Hz}$$

四、压电式加速度传感器的结构及应用

1. 压电式加速度传感器探头

常用压电式加速度传感器探头如图7-10所示。当压电式加速度传感器与被测振动的机件紧固在一起后，传感器受机械运动的振动加速度作用，压电晶片受到质量块惯性引起的交变力，其方向与振动加速度方向相反，大小由 $F=ma$ 决定。惯性引起的压力作用在压电晶片上产生电荷。电荷由引出电极输出，将振动加速度转换成电参量。弹簧给压电晶片施加预紧力。预紧力的大小基本不影响输出电荷的大小。若预紧力不够，而加速度又较大时，质量块将与压电晶片敲击碰撞；预紧力也不能太大，否则会引起压电晶片的非线性误差。常用的压电式加速度传感器的结构多种多样，图7-10b的结构有较高的固有振动频率（符合 $f_0>5f$），可用于较高频率的测量（几千赫至几十千赫）。目前更多地使用图7-10c所示的环形剪切式压电加速度传感器。

2. 压电式加速度传感器的组成

压电式加速度传感器由加速度传感器探头、电荷放大器、积分器、高低通滤波器、检波器及指示器、校准信号发生器、电源逆变器等组成，如图7-11所示。

便携压电式加速度仪外形及显示的频谱图如图7-12所示。用户可根据被测信号的频率下限及带宽选择开关 S_R 切换不同的 R_f，以获得不同的带宽，来减小噪声干扰。

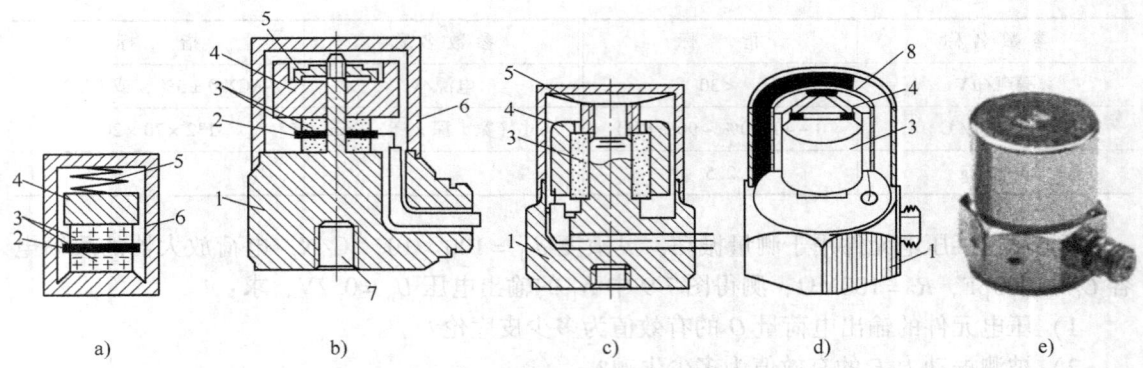

图 7-10　常用压电式加速度传感器探头

a) 原理图　b) 中心压缩式　c) 环形剪切式
d) 三角剪切型　e) 外形

1—基座　2—引出电极　3—压电晶片　4—质量块
5—弹簧　6—壳体　7—固定螺孔　8—夹持环

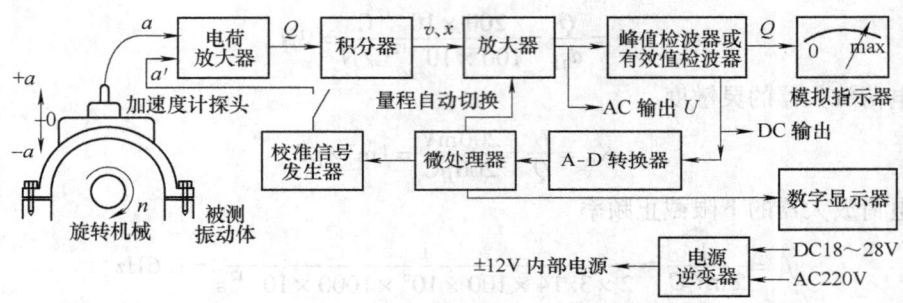

图 7-11　压电式加速度传感器原理图

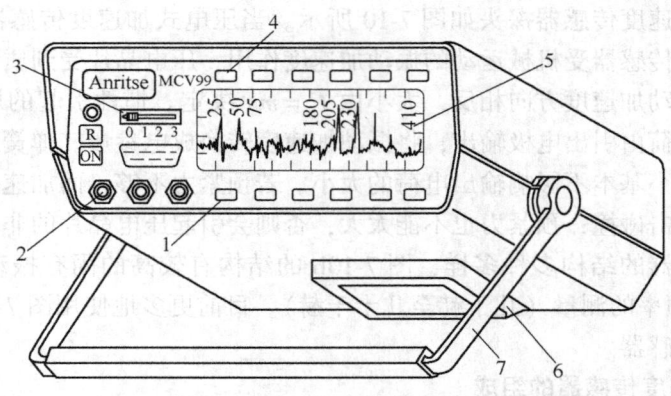

图 7-12　便携压电式加速度仪外形及显示的频谱图

1—量程选择开关 S_C　2—压电传感器输入信号插座
3—多路选择开关　4—带宽选择开关 S_R
5—带背光的点阵液晶频谱显示器
6—电池盒　7—可变角度支架

【电荷放大器参数填表训练】

便携压电式加速度计面板如图 7-12 所示，压电探头的灵敏度 $d_{11} = 100 \times 10^{-12}$ C/N = 100pC/N，开关 S_R 置于 100MΩ 档位，$f_L = 1/(2\pi R_f C_f)$，请填写下表。

输入动态力/N	电荷量 Q/pC	开关 S_C 位置	输出电压 U_o/V	下限截止频率 f_L/Hz
1		100pF	1	
1	100	1 000pF		
		0.01μF	0.1	0.16
100	10 000			0.016
100		0.01μF	1	

3. 压电式加速度传感器的主要技术特性

（1）灵敏度 K　压电式加速度传感器属于自发电型传感器，它的输出为电荷量，以 pC 为单位（$1pC = 10^{-12}C$）。而输入量为加速度，单位为 m/s²，所以灵敏度的单位是 pC/ms^{-2}。但在振动测量中，往往用标准重力加速度 g 作为加速度的单位。大多数测量振动的仪器都用 g 作为加速度单位，并在仪器的面板上以及说明书中标出，灵敏度的范围约为 10～100pC/g。

目前，许多压电加速度传感器已将电荷放大器做在同一个壳体中，它的输出是电压，所以许多压电加速度传感器的灵敏度单位为 mV/g，大小通常为 10～1000mV/g。

然而，灵敏度并不是越高越好。灵敏度低的传感器可用于动态范围很宽的振动测量，例如打桩机的冲击振动、汽车的撞击试验、炸弹的贯穿延时引爆等。而高灵敏度的压电传感器可用于测量微弱的振动。例如用于寻找地下管道的泄漏点（水管漏水处可发出几千赫的特殊振动）或测量桥梁、楼房、桩基的受激振动，通过分析精密机床床身的振动，以提高加工的准确度等。

（2）频率范围　常见的压电加速度传感器的频率范围为 0.1Hz～20kHz。压电加速度传感器的幅频特性如图 7-13 所示。

（3）动态范围　常用的测量范围为 0.1～100g，或 1000m/s²。测量冲击振动时应选用 100～10000g 的高频加速度传感器；而测量桥梁、地基等微弱振动往往要选择 0.001～10g 的高灵敏度低频加速度传感器。

（4）线性度　测量频率范围内，传感器灵敏度在理论上应为常数，即输出信号与被测振动成正比。实际上传感器只在一定幅值范围内保持线性特性，偏离比例常数的范围称为非线性，在规定线性度内可测幅值范围称为线性范围，约有1%左右的非线性误差。

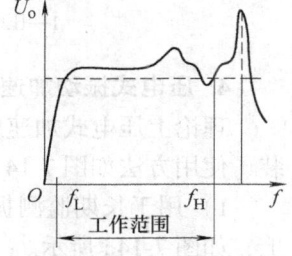

图 7-13　压电加速度传感器的幅频特性

（5）横向灵敏度　理想的加速度传感器只对主轴方向的振动量敏感，而对与该轴垂直的方向振动无反应。但实际情况并非如此，加速度传感器除了感受轴向的振动外，对垂直于主轴方向的横向振动也会产生输出信号。横向灵敏度通常用主轴灵敏度的百分比来表示。一般要求横向灵敏度小于 3%～5%。

HK9101-J 压电式加速度传感器的主要技术指标如表 7-4 所示，其外形及安装如图 7-14 所示。

表 7-4　HK9101-J 压电式加速度传感器的主要技术指标

参数名称	指标
灵敏度/pC·g^{-1}	35
最大横向灵敏度比（%）	5
加速度测量范围/g	-100 ~ +100
频率范围/Hz	0.2 ~ 8000
安装谐振频率/kHz	28（螺栓固定）
输出电压（隔直后的峰峰值）/V	10
电源/V	DC 15 ~ 24（3 ~ 10mA）
自动断电/min	1
环境范围/℃	-10 ~ 50，<90% RH
外形尺寸（宽×深×高）/mm	185×68×30
重量/g	19
安装螺栓	M5

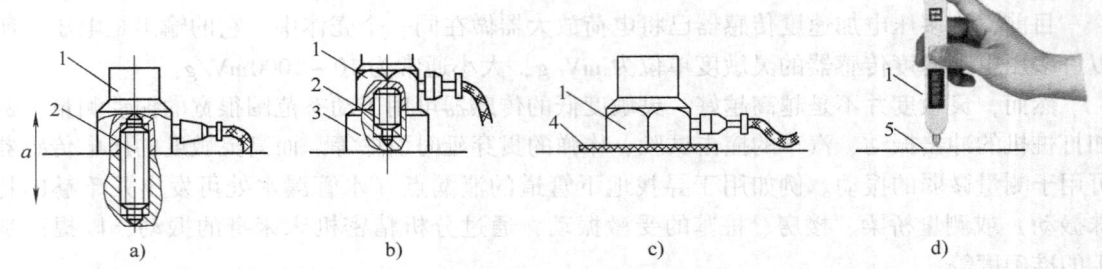

图 7-14　压电式振动加速度传感器的安装、使用方法
a）双头螺钉固定法　b）磁铁吸附法　c）胶水黏结法　d）手持探针式法
1—压电式加速度传感器　2—双头螺钉　3—磁铁　4—黏结剂　5—顶针

4. 压电式振动加速度传感器的安装、使用方法

理论上压电式加速度传感器应与被测振动体刚性连接。压电式振动加速度传感器的安装、使用方法如图 7-14 所示。

1）用于长期监测振动机械的压电加速度传感器应采用双头螺钉牢固地固定在监视点上，如图 7-14a 所示。

2）短时间监测低频微弱振动时，可用磁铁将钢质传感器底座吸附在监测点上，如图 7-14b 所示。

3）临时测量更微弱的振动时，可以用环氧树脂、瞬干胶甚至双面胶带将传感器黏于监测点上，如图 7-14c 所示。但要注意传感器底座与被测振动体之间的胶层越薄越好，否则将使高频率响应应变差，使用上限频率降低。

4）在对许多测试点进行定期巡检时，也可采用手持探针式加速度传感器。使用时，用手握住探针，紧紧地抵触在监测点上，如图 7-14d 所示。此方法方便，但测量误差较大，重复性差，使用频率上限将降低到 500Hz 以下。

便携压电式加速度传感器可以用于机械设备的振动位移、速度（烈度）和加速度的测量。可利用该类仪器在轴承座上测得有关数据后，对照国际标准 ISO2372 或其他企业标准，确定设备（风机、泵、压缩机、电机等）当前所处的状态（良好或危险等）。便携压电式加速度传感器的主要技术指标如表 7-5 所示。

表 7-5 RION-VM-63A 便携压电式加速度传感器的主要技术指标

参 数 名 称		指　　标
探头形式		压电剪切式
加速度/m·s^{-2}		0.1 ~ 199.9
速度/mm·s^{-1}		0.1 ~ 199.9
位移（峰峰值）/mm		0.001 ~ 1.999
准确度（%）		±5、±2 个字
频率范围/kHz	加速度	1 ~ 15
	速度	0.01 ~ 1
	位移	0.01 ~ 1
显示		$3\frac{1}{2}$ 位，更新速度 1s
满量程信号输出/V		AC2
耳机负载阻抗/kΩ		1
电源		9V 电池，连续工作时间 25h
自动断电时间/min		1
环境温度/℃		-10 ~ 50（<90%RH）
尺寸（宽×深×高）/mm		68×30×185
重量/g		250

5. 轴承振动检测

压电式加速度传感器如图 7-15 所示。三只压电加速度计安装在被检测轴承的壳体上。加速度计 A、B 分别用于检测轴承的轴向振动和径向振动，加速度计 C 用于检测壳体的振动，用以补偿轴承加速度计 A、B 的误差。

6. 汽车发动机爆震检测

汽车发动机中的汽缸点火时刻必须十分准确。如果恰当地将点火时间提前，即有一个提前角，就可使汽缸中汽油与空气中的混合气体得到充分燃烧，使扭矩增大，排污减少。但提前角太大或压缩比太高时，混合气体燃烧受到干扰或自燃，就会产生冲击波，以超音速撞击汽缸壁，发出尖锐的金属敲击声，称为爆震（俗称敲缸），可能使火花塞、活塞环熔化损坏，使缸盖、连杆、曲轴等部件过载、变形。

爆震测控原理如图 7-16 所示。将压电式爆震传感器旋在汽缸体的侧壁上，当发生爆震时，传感器产生共振，输出尖

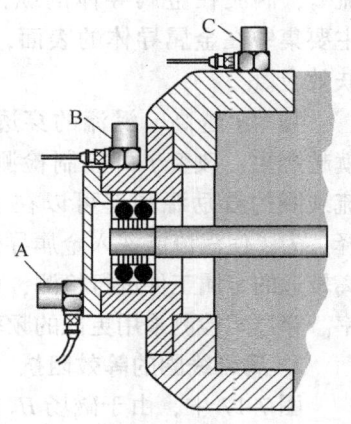

图 7-15 压电式加速度传感器检测轴承振动的安装示意图
A—轴承的轴向振动加速度传感器
B—轴承的径向振动加速度传感器
C—壳体振动加速度传感器

脉冲信号（5~6kHz）送到汽车发动机的电控单元（又称ECU），进而稍微推迟点火时刻，使点火时刻尽量接近爆震区而不发生爆震或使点火时刻仅能产生无感爆震，使发动机输出尽可能大的扭矩，又不增加发动机的磨损。

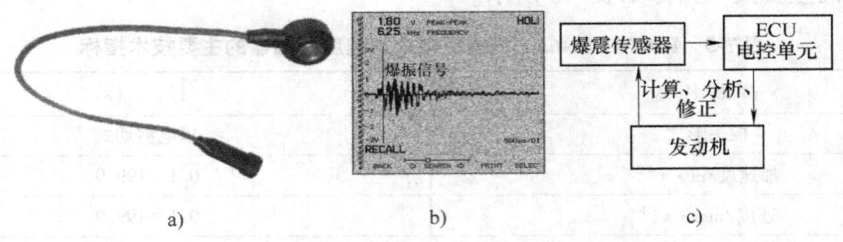

图7-16 爆震测控原理
a) 汽车爆震传感器 b) 爆震波形 c) 爆震控制原理框图

任务二 涡流式位移传感器测量振动

一、认识涡流效应与涡流线圈的阻抗

1. 涡流效应

涡流式传感器的基本工作原理是涡流效应。根据法拉第电磁感应定律，金属导体置于变化的磁场中时，导体表面以及近表面就会产生感应电流。电流在金属体内自行闭合，这种由电磁感应原理产生旋涡状感应电涡流（以下简称涡流）的现象称为涡流效应，如图7-17所示。

当高频信号源产生的高频电压u_i施加到线圈L_1（涡流线圈）时，将产生高频磁场H_1。如将导电被测工件置于该交变磁场范围之内时，工件表面就产生涡流i_2，涡流在金属导体的纵深方向不是均匀分布的，主要集中在金属导体的表面，称为趋肤效应，也称集肤效应。

频率f越高，涡流的穿透深度就越浅，趋肤效应就越严重。改变f可控制检测深度。振动检测中，涡流线圈的激励源频率可以在100kHz~5MHz范围内选择。为了使涡流能深入金属导体深处，或欲对较厚、距离较远的金属工件进行检测，可采用十几千赫的激励频率。穿过式检测采用更低的频率，约200Hz~10kHz。

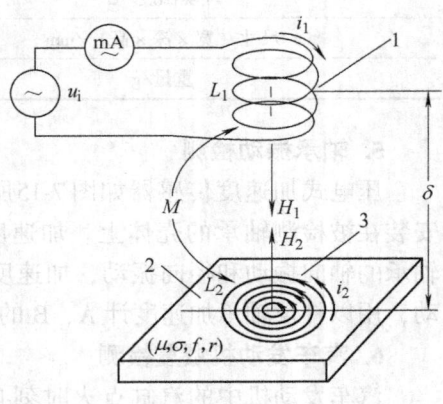

图7-17 涡流效应
1—涡流线圈 2—导电工件 3—涡流

2. 涡流线圈的等效阻抗

图7-17中，由于磁场H_2的反作用，使涡流线圈L_1的等效阻抗变小。涡流线圈受被测金属工件影响后一次线圈的阻抗Z与激励频率f、磁导率μ、电导率σ、金属导体的形状和表面因素（粗糙度、沟痕、裂纹等）r以及涡流线圈到金属导体的距离δ有关。涡流线圈的等效阻抗Z可用以下函数表达式来表示：

$$Z = f(f、\mu、\sigma、r、\delta) \tag{7-10}$$

如果控制式（7-10）中的 f、μ、σ、r 不变，涡流线圈的阻抗 Z 就成为 δ 的单值函数，可以作为非接触式位移检测传感器；如果控制 δ、f 不变，就可以用来检测与表面因素 r 有关的表面电导率 σ、表面温度、表面裂纹等参数，或用来检测与材料磁导率 μ 有关的材料型号、表面硬度等参数。

涡流线圈的阻抗与 f、μ、σ、r、δ 之间的关系均呈非线性关系，必须由计算机进行线性化处理或曲线拟合。

二、涡流式传感器探头结构

涡流式传感器的传感元件主要是一个线圈，俗称涡流探头。涡流探头必须与被测金属以及测量转换电路一起，才能构成完整的涡流式传感器。成品涡流探头的结构十分简单，其核心是一个扁平"蜂巢"空心线圈。由于激振源频率较高（数十千赫至数兆赫），所以线圈的圈数不必太多，约几十至几百匝，可用 0.08mm 多股绞扭漆包线（能减小高频阻抗，提高 Q 值）绕制而成，置于探头的端部。有时也在线圈中心放置一个圆柱状铁氧体磁心，以使磁力线集中在轴线附近。探头外部用聚四氟乙烯等高品质因数塑料密封。涡流探头结构如图 7-18 所示。

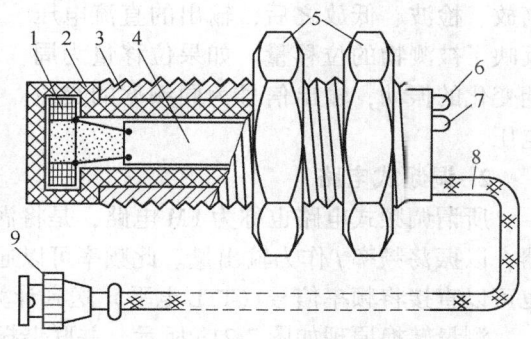

图 7-18 涡流探头结构

1—涡流线圈　2—探头壳体　3—壳体上的位置调节螺纹
4—印制电路板　5—夹持锁紧螺母　6—电源指示灯
7—阈值指示灯　8—输出屏蔽电缆　9—电缆插头

三、涡流探头信号转换电路

涡流探头与被测金属之间的距离变化可以转换为探头线圈的等效阻抗（主要是等效感抗）以及品质因数 Q（与等效电阻有关）等参数的变化。测量转换电路的任务是把这些参数变换为电压、电流或频率，相应地有调幅式、调频式和电桥等电路。

1. 定频调幅式信号转换电路

所谓调幅式电路也称为 AM 电路，它以输出高频信号的幅度来反映涡流探头与被测金属导体之间的关系。定频、调幅式电路的原理框图如图 7-19 所示。

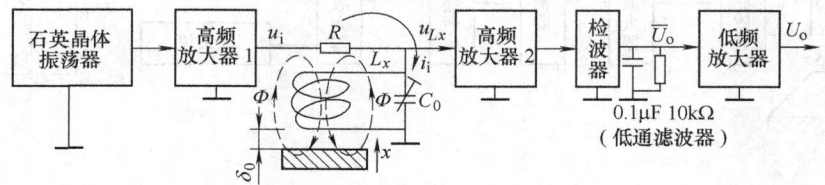

图 7-19 定频、调幅式电路的原理框图

石英晶体振荡器通过耦合电阻 R，向由探头线圈和一个微调电容 C_0 组成的并联谐振回路提供一个稳频、稳幅的高频激励信号，相当于一个恒流源。当被测金属导体距探头很远时，调节 C_0，使 $L_x C_0$ 的谐振频率等于石英晶体振荡器的频率 f_0，此时谐振回路的 Q 值和阻抗 Z 也最大，恒定电流 i_i 在 $L_x C_0$ 并联谐振回路上的压降 u_{Lx} 也最大。

当被测振动体为非磁性金属时，探头线圈的等效电感 L_x 减小，并引起 Q 值下降，并联

谐振回路谐振频率 $f_1 > f_0$，处于失谐状态，输出电压 u_{Lx} 及 U_o 就大大降低。

当被测振动体为磁性金属时，探头线圈的电感量略微增大，但由于被测磁性金属体的磁滞损耗，使探头线圈的 Q 值大大下降，输出电压也降低。以上几种情况见图 7-20 的曲线 0、1、2、3。被测振动体与探头的间距越小，输出电压就越低。经高放、检波、低放之后，输出的直流电压反映了被测物的位移量。如果位移量为周期变化的振动，输出信号为同频率的交流电压。

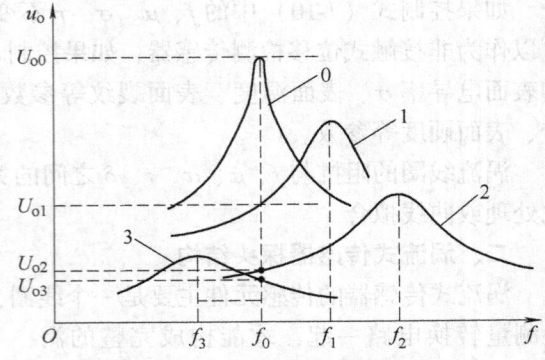

图 7-20 定频、调幅式的谐振曲线
0—探头与被测物间距很远时 1—非磁性金属、间距较小时
2—非磁性金属、间距与探头线圈直径相等时
3—磁性金属、间距较小时

2. 调频式电路

所谓调频式电路也称为 FM 电路，是将涡流线圈的电感量 L 与微调电容 C_0 构成 LC 振荡器，以振荡频率 f 作为输出量。此频率可以通过 F/V 转换器（又称为鉴频器）转换成电压。也可以直接将频率信号（TTL 电平）送到计算机的计数、定时器接口，计算出频率的变化。

测量转换原理如图 7-21a 所示。并联谐振回路的谐振频率为

$$f = \frac{1}{2\pi \sqrt{LC_0}} \tag{7-11}$$

当涡流线圈与被测振动体的距离 x 变小时，涡流线圈的电感量 L 也随之变小，引起 LC 振荡器的输出频率变大，此频率可直接用计算机测量。如果要用模拟仪表进行显示或记录时，必须使用鉴频器，将 Δf 转换为电压 ΔU_o，鉴频器特性如图 7-21b 所示。如果被测金属板处于振动状态，与涡流探头的距离 δ 周期变化，鉴频器的输出信号为同频率的交流电压。

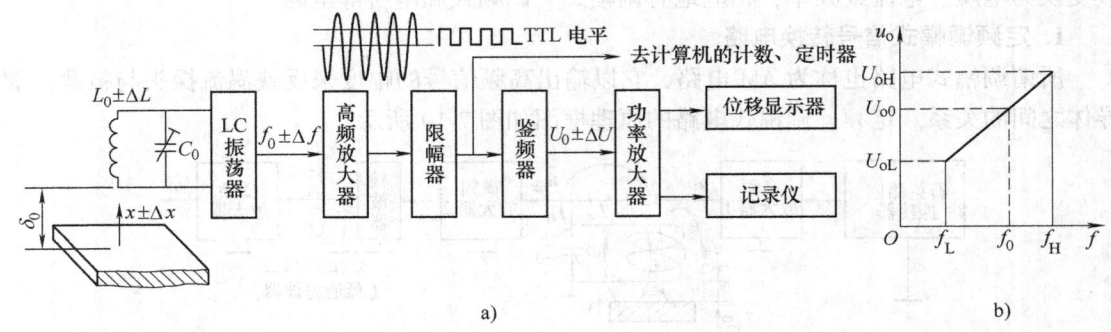

a)

图 7-21 调频式测量转换电路原理框图及鉴频器特性
a) 测量转换原理 b) 鉴频器特性

四、涡流式测振传感器的特性

随着电子技术的发展，涡流式传感器生产厂商已将测量信号转换电路安装到探头的壳体中。它的输出信号既可以是有一定驱动能力的直流电压或电流模拟信号，也可以是开关数字信号。YD9800 系列涡流式位移传感器的技术指标如表 7-6 所示。

表 7-6 YD9800 系列涡流式位移传感器技术指标[①]

壳体螺纹/mm	线圈直径/mm	线性范围（量程）/mm	最佳安装距离/mm	最小被测面直径/mm	分辨力/μm
M8×1	5	1	0.5	15	1
M14×1.5	11	4	2	35	4
M16×1.5	25	8	4	70	8
M30×2	50	25	12	100	10

① 工作温度 -50 ~ +175℃；线性误差：1%；灵敏度温漂：0.05%/℃；稳定度：1%/年；互换性误差≤5%；频率响应：0 ~ 10kHz。

由表 7-6 可知，探头的直径越大，测量范围就越大，分辨力也越差，灵敏度也降低。

五、被测振动体材料、形状和大小对灵敏度的影响

线圈阻抗的变化与金属导体的电导率、磁导率有关。对于非磁性材料，被测振动体的电导率越高，灵敏度就越高。但被测振动体是导磁材料时，其磁导率将影响涡流线圈的感抗，其磁滞损耗也将较大地影响涡流线圈的 Q 值，所以其灵敏度变高。

当被测振动体为圆盘状物体的平面时，物体的直径应大于线圈直径的 2 倍，否则将使灵敏度降低；被测振动体为轴状圆柱体的圆弧表面时，它的直径应为线圈直径的 4 倍以上，才不会影响测量结果。被测振动体的厚度也不能太薄。一般情况下，只要厚度在 0.2mm 以上，测量结果就基本不受影响。另外，在测量时，涡流式传感器探头周围除被测导体外，应尽量避开其他导体，以免干扰高频磁场，引起线圈的附加损失。

六、涡流式位移传感器用于振动的检测

涡流式位移传感器可以无接触地测量各种振动的振幅、频谱分布等参数。在汽轮机、空气压缩机中，常用涡流式传感器来监控主轴的径向、轴向振动位移量，也可以测量发动机涡轮叶片的振动。

在检测机器振动时，常常将多个传感器安装在机器不同部位，以得到各个位置的振幅值和相位值，从而画出振型图。非接触振幅测量方法如图 7-22 所示。由于机械振动是由多个不同频率的振动合成的，所以其波形一般不是正弦波，可以用频谱分析仪来分析输出信号的频率分布及各对应频率分量的幅度。

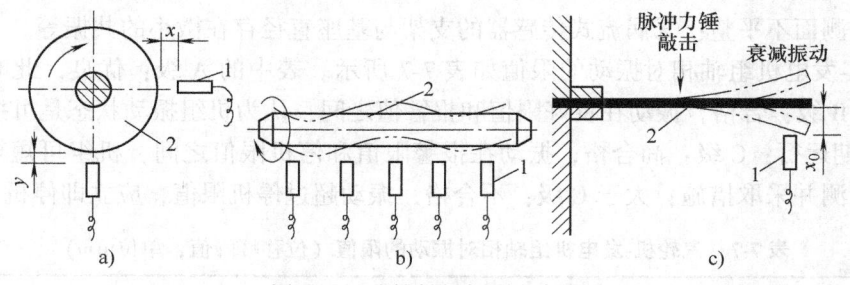

图 7-22 非接触振幅测量方法
a) 径向振动测量 b) 长轴振型测量 c) 叶片振动测量
1—涡流式传感器 2—被测物

当两个垂直或平行安装的涡流式测振传感器相互靠近时，它们之间有可能产生交叉感应干扰。因此两个传感器不能靠得太近。

涡流式测振传感器的支架自振频率必须高于设备的最高转速对应的频率，否则会因支架共振而使测量结果失真。传感器支架在测振方向的自振频率应高于被测振动最高工作频率的 3～10 倍。

涡流式测振传感器的支架可采用 6～8mm 厚的扁钢制成，其悬臂长度不应超过 100mm。当悬臂较长时，应采用型钢，例如角铁、工字钢等，以便提高支架自振频率。

安装涡流式测振传感器时，应保持额定的"间隙电压值"（传感器端部与被测物体之间的间隙与仪表所指示的电压之比），其测振数值才有较好的线度。所以在安装涡流式测振传感器时必须调整初始间隙至额定值。为了在动态下获得较大的线性范围，间隙应为量程的一半。

例 7-4 用涡流式测振仪检测轴向窜动如图 7-23a 所示。已知传感器的灵敏度 $K = 2.5\text{V/mm}$，最大线性范围（优于 5%）$x_{\max} = 8\text{mm}$。现将传感器安装在主轴的右侧，使用计算机记录下的振动波形如图 7-23b 所示。求：

1）主轴振动的基频 f 是多少赫兹？
2）轴向振动的振幅峰峰值 x_{pp} 为多少微米？
3）为了得到较好的线性度与最大的测量范围，传感器与被测金属的安装距离 δ_0 应为多少毫米？
4）振动波形不是正弦波的原因有哪些？

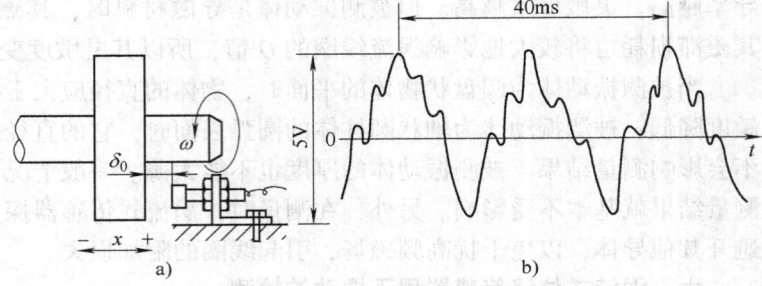

图 7-23 用涡流式测振仪检测轴向窜动
a）轴向窜动的检测 b）振动波形

解 1）主轴振动的基频 $f = 1/T = 1 \div (40\text{ms}/2) = 50\text{Hz}$。
2）轴向振动的振幅峰峰值 $x_{pp} = U_{pp}/K = 5 \div (2.5\text{V/mm}) = 2\text{mm}$。
3）为了在动态下获得较好的线性度，间隙应为量程的一半，所以传感器与被测金属的安装距离 $\delta_0 = 0.5 x_{\max} = 0.5 \times 8\text{mm} = 4\text{mm}$。
4）振动波形不是正弦波的原因有：①轴向振动本身就不是简谐振动，含有大量的高次谐波；②被测面不平整；③涡流式传感器的支架与基座直径存在微小的共振等。

汽轮机-发电机组轴相对振动的限值如表 7-7 所示。表中的 A 级：优良，此时认为振动状态良好；B 级：合格，振动在良好限值和报警值之间，认为机组振动状态是可接受的（合格），可长期运行；C 级：尚合格，振动在报警限值和停机限值之间，机组可短期运行，但必须加强监测并采取措施；大于 C 级：不合格，振动超过停机限值，应立即停机。

表 7-7 汽轮机-发电机组轴相对振动的限值（位移峰峰值，单位 μm）

级 段	转速/r·min^{-1}			
	1500	1800	3000	3600
A	100	90	80	75
B	200	185	165	150
C	300	290	260	240

任务三 磁电式传感器测量振动

磁电式传感器的工作原理是电磁感应。它能将被测速度转换成感应电动势，也称为电动式传感器。根据电磁感应定律，线圈中的感应电动势幅值由磁通的变化率决定。磁通量的变化可以通过很多方法来实现：如磁铁与线圈之间做相对运动；磁路中磁阻的变化等。磁电式传感器是一种机-电能量变换的自发电型传感器，现场不需要供电电源，输出信号强，输出阻抗小，信号处理电路简单，但尺寸和重量均较大，不适合高频振动检测。

磁电式传感器由永久磁铁、线圈、弹簧、金属骨架和壳体等组成。壳体用螺栓固定在被测振动体上。磁路系统产生恒定直流磁场，磁路中的工作气隙固定不变，气隙中的磁通也恒定不变。运动部件可以是线圈，也可以是磁铁。相应地，可分为动圈式和动铁式两种结构类型。

一、动圈式磁电传感器

动圈式磁电传感器如图 7-24a 所示。磁铁通过衔铁与传感器的钢制圆形外壳紧密固定；将 0.08mm 漆包线紧密绕制在铝箔制作的轻型骨架上，匝数约几十匝。线圈经高强度环氧树脂固化后，与骨架一起，组成很薄、很轻的动圈，也称为线圈组件。动圈用柔软的波纹膜片（弹簧）支撑（称为架空），处于磁路的气隙中间的位置。由于线圈很薄，气隙很小，所以气隙中的磁感应强度很高（约 0.1T）。永久磁铁中间有一小孔，穿过小孔的顶杆与被测振动体连接。为了不使顶杆摇晃，使用了两个波纹膜片来支撑顶杆。

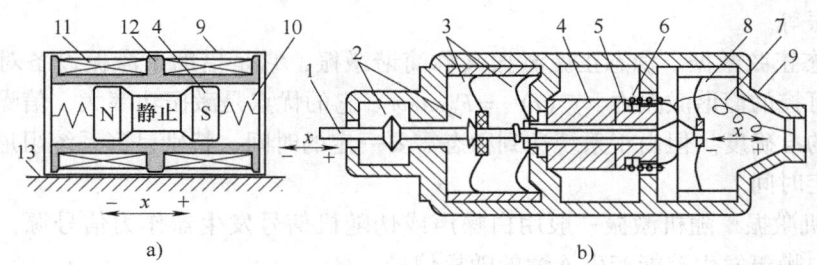

图 7-24 动圈式磁电速度传感器
a）动铁式结构 b）动圈式结构
1—顶杆（与被测振动体接触） 2—限位器 3、8—波纹膜片支撑 4—磁铁 5—铁心 6—动圈
7—动圈引线 9—壳体 10—支撑弹簧 11—固定线圈 12—线圈框架 13—被测振动体

设处于磁场气隙中的线圈有效工作匝数为 N，每匝线圈的平均长度为 l，线圈所处气隙磁感应强度为 B，由顶杆带动的线圈相对于磁场的运动速度为 v，则线圈的感应电动势

$$e = -Nd\Phi/dt = -NBlv \tag{7-12}$$

线圈的输出端通过柔软的引线连接到传感器的接线端子。若将磁电式速度传感器的输出信号接到微分电路，可获取加速度信号；若将输出信号接到积分电路，可获取位移信号。

二、动铁式磁电传感器

动铁式磁电传感器的结构如图 7-24b 所示。线圈骨架与传感器壳体固定在一起，永久磁铁用柔软的波纹膜片（弹簧）支撑。

当传感器壳体及线圈随被测振动体一起振动时，由于弹簧较软，磁铁的质量相对较大，当振动频率远高于永久磁铁及弹簧组成的弹性系统的固有频率时，永久磁铁来不及跟随振动体一起振动，几乎静止不动，所以永久磁铁与线圈之间的相对运动速度接近于被测振动体的振动速度。线圈与磁铁之间的相对运动使线圈切割磁力线,产生与运动速度成正比的感应电动势。

由于动铁式磁电传感器的气隙比动圈式磁电传感器的气隙大许多,所以动铁式磁电传感器灵敏度比较低。动铁式磁电传感器的线圈圈数较多,引起频率上限降低,只适合于低频振动检测。

任务四　振动的激振与激振器

在振动检测中,很多场合需运用激振设备使被测试的机械结构产生振动,用于模拟产品在组装、运输及使用阶段中所遇到的各种振动环境,鉴定设备能否忍受环境振动的能力,并对设备进行振动参数测量。振动激振使用激振器。

激振器有脉冲力锤式、机械偏心轮式、机械凸轮式、电液式(振动力可达 10kN)和电动式等几种类型。电动式激振器(行业习惯称"电动式振动台")能将电能转换为机械能,对被测振动体提供激振力。电动式振动台是目前使用最为广泛的一种激振设备。它的频率范围宽(0.001Hz~5kHz),动态范围宽,易于实现自动或手动控制,励磁波形好,能产生瞬态激振波和随机波。电动式激振器按其磁场的形成方法又可分为永磁式和励磁式两种。前者用于小型激振器,后者多用于大型振动台。

电动式激振器与宽频带功率放大器、相应传感器及有关仪器配合,广泛应用于各种工程结构或设备,如火箭、导弹、飞机、船舶、火车、汽车、桥梁、机床、房屋建筑等领域的各种振动试验,也可作疲劳试验和测振传感器标定。激振的方式通常有稳态正弦激振、随机激振和瞬态激振等。

(1) 稳态正弦激振　稳态正弦激振又称简谐激振,它是借助于激振设备对被测对象施加一个频率可控的简谐激振力,$f(t) = F_0 \sin\omega t$。它的优点是激振功率大、信噪比高、能保证响应测试的准确度。但由于系统达到稳态需要一定的时间,特别是当系统阻尼较小时,要有足够的稳定时间。

(2) 随机激振　随机激振一般用白噪声或伪随机信号发生器作为信号源,是一种带宽激振方法。白噪声发生器能产生连续的随机信号。

(3) 瞬态激振　瞬态激振给被测系统提供的激振信号是一种瞬态信号,属于一种宽频带激振。一次激振就可同时给系统提供频带内各个频率成分的能量使系统产生相应频带内的频率响应,是一种快速测试方法。目前常用的瞬态激振方法有脉冲锤击等。可以用敲击锤对试件直接施加脉冲力。

一、电动式激振器

1. 电动式激振器的结构及工作原理

电动式激振器的结构如图 7-25 所示。由动圈、支撑弹簧、磁铁、衔铁、壳体等组成。其工作原理与图 7-24b 所示的动铁式磁电传感器工作原理相反:在动圈中通以交变励磁大电流,产生振动,与动圈骨架相连的顶杆将激振力传递到被测振动体上。

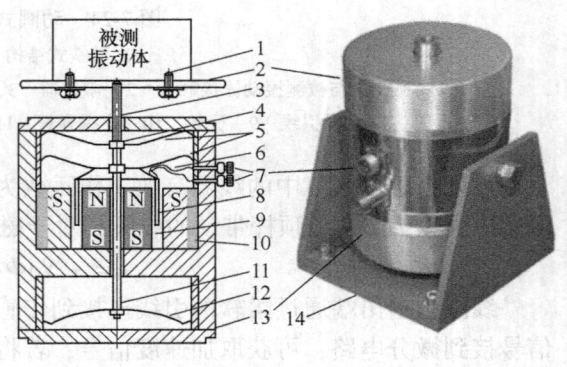

图 7-25　电动式激振器
a) 结构　b) 外形
1—固定螺栓(或橡胶扎带)　2—振动台面　3—顶杆
4—限位器　5—下凹支撑弹簧片(两片)　6—动圈引线
7—接线端子　8—动圈　9—永久磁铁　10—环形软铁心
11—心杆　12—上凸支撑弹簧片　13—壳体　14—刚性支架

由顶杆施加到试件上的激振力并不完全等于驱动线圈所受到的电动力，而是等于电动力和激振器运动部件的弹簧力、阻尼力和惯性力的矢量差。只有当激振器运动部件的质量与试件的质量相比可忽略不计，且激振器与试件连接刚性好时，才可认为电动力等于激振力。在顶杆末端与被测振动体的连接处，可以安装一个力传感器来检测激振力的大小和相位。

动圈处于磁极（图7-25中的N极）与圆柱状软铁心之间的工作间隙中。动圈由两组圆片状"线性弹簧片"支持，弹簧片的外缘固定在壳体上。由于激振器的功率较大，励磁电流大于10A，所以动圈的骨架由大直径、较厚的铝质框架构成，铝质框架在磁隙中运动时能产生阻尼作用，减小振荡时间常数；线圈漆包线的截面积大于 $4mm^2$（矩形），可以得到100N以上的激振力。

当功率放大器供给动圈可变频率的正弦大电流时，根据电磁感应定律，电动力（激振力）

$$f(t) = Bli = Bli_m \sin\omega t \tag{7-13}$$

式中　B——工作气隙中平均磁感应强度；

　　　l——切割磁力线线圈的导线有效长度；

　　i、i_m——动圈中正弦电流的瞬时值、幅值；

　　　ω——动圈中正弦电流的角频率；

　　　l——切割磁力线的线圈有效长度。

如果给激振器提供全波整流电流，则被测振动体所承受振动力的频率是激振电流的两倍，称为倍频激振方式。

永磁式激振器多采用高能磁性材料钕铁硼，具有接近1000kA/m的矫顽力，因而使激振器的体积和重量大大减小。JZQ-100永磁激振器的主要技术指标如表7-8所示。

表7-8　JZQ-100永磁激振器的主要技术指标

参 数 名 称	指　　标
最大激振力/N	1000
频率范围/Hz	0～800
最大位移/mm	±12
动圈直流电阻/Ω	0.8
最大励磁电流/A	30
力灵敏度/N·A^{-1}	17
可动部件质量/kg	1.2
总质量/kg	70
尺寸/mm	$\phi 260 \times 360$
安装方式	被激振对象用螺栓紧固在振动台面上或用橡胶带绑紧在振动台面上

2. 电动式激振器的安装

电动式激振器的安装可以采用下列几种方法：①对于固定工作，或激振器在相当低的频率下工作的情况，应将激振器刚性固定于地面，如图7-26a所示。这种固定方法要求激振器和支架、夹具等形成的振动系统的共振频率高于激振器的工作频率3～4倍。为此尽可能采用较重的、刚性较好的支架和夹具，以适合于较低频率的激振；②激振工作频率 $5Hz < f <$

100Hz时,激振器用具有弹性的支撑固定在地面,可以减小激振器的能量向地面传递,如图7-26b所示。这种固定方法要求激振器和弹性支撑所形成的振动系统共振频率为激振器最低工作频率的1/3以下;③在进行较高频率激振或当激振器无法采用上述两种方法固定于地面时,可将激振器依靠弹簧、橡胶等弹性元件固定在被测振动体上方的顶面上,如图7-26c所示。这种方法要求激振器和弹簧所形成的振动系统共振频率低于激振最低工作频率3~4倍;④将激振器用弹簧支撑在被测振动体上(如桥梁、飞机的机翼等结构),适用于被测振动体的质量远远超过激振器且激振频率大于激振器和弹性支撑所形成的振动系统共振频率的场合,如图7-26d所示;⑤当需要进行水平激振时,激振器应水平悬挂,如图7-26e所示。为了产生一定的预加载荷(当激振力为负的最大值时,激振器仍能保持对被测振动体的单向压力,不易对被测振动体产生撞击),悬挂弹簧的吊杆应倾斜θ角。

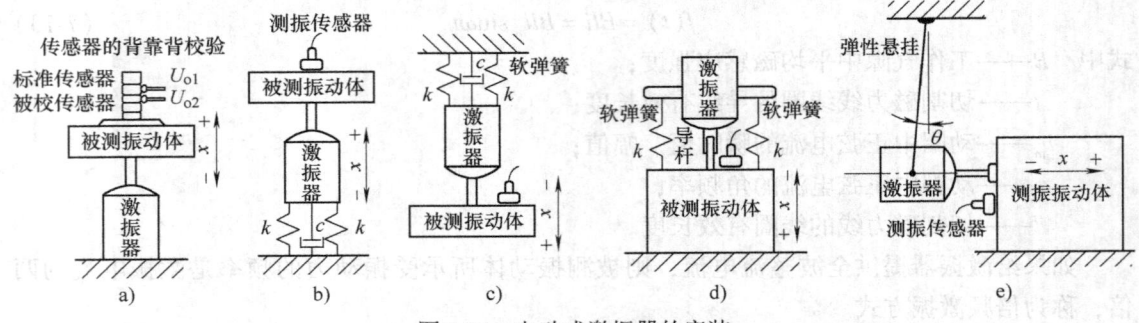

图7-26 电动式激振器的安装
a) 激振器直接固定在地面 b) 激振器用具有弹性的支撑固定在地面 c) 激振器用具有弹性的支撑固定在顶面 d) 激振器固定在被测振动体上方 e) 激振器固定在侧面
k—弹簧 c—阻尼

在图7-26a中,标准测振传感器与被校测振传感器用螺栓固定在一起,它们所接受的振动参数完全相同,所以在激振的同时,还可以用标准测振传感器的读数来标定被校测振传感器。这种标定方法称为"背靠背标定法"。

3. 振动体振动参数的激光干涉检测方法

可以将微型加速度计紧固在被测振动体的表面来检测被测振动体的振动,但同时也增加了被测振动体的质量。激光干涉测振仪属于非接触式检测,不影响被测振动体的振动。激光干涉测振系统如图7-27所示。

激光器发出的激光由分光镜分成两路:一路被反射至被测振动体上面的反光镜,称为测量光束o_0;另一路穿过分光镜至参考反射镜,称为参考光束e_0。这两路光又分别被振动体上面的反光镜及参考反射镜反射,在分光镜上再次汇合,到达光电检测器。这两束光的频率相同但相位不同,因此在光电检测器表面发生干涉。

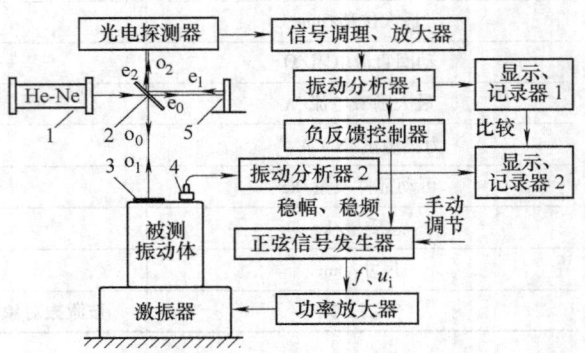

图7-27 激光干涉测振系统
1—氦氖激光器(或LD) 2—分光镜 3—反光膜
4—被校测振传感器 5—参考反射镜
o_0—测量光束 o_1—振动体反射光束
o_2—振动体光束 e_0—参考光束
e_1—参考镜反射光束 e_2—参考镜光束

被测振动体每上下移动 $\lambda/2$ 个激光波长的距离，两束光发生干涉就达到一次最大光强或最小光强。因此，只要在设定的周期（例如 10 个振动周期）内记录下干涉产生的明暗次数 N，乘以一次干涉的位移量（$\lambda/2$），即可算得在该时间段内被测振动体位移的总距离，再除以设定的周期数 m（本例中，$m=10$ 个周期），就可测得每一个振动周期的位移峰峰值

$$x_{pp} = N\frac{\lambda}{2}\frac{1}{m} \tag{7-14}$$

由于激光器的工作波长非常稳定，所以激光测振幅的准确度很高。在中频振动范围内，分辨力可达 $0.3\mu m$。光电检测器的动态响应很快，测振范围可达 $50mm/s$，测量仪的频率响应范围为 $0.01Hz \sim 300kHz$。振动分析器根据正弦信号发生器的频率，可以计算得到被测振动体表面的速度及加速度。如果被测振动体的振动不是简谐振动，就需要根据频谱分析的结果来计算振动的速度及加速度。激光干涉测振仪属于精密仪器，光路系统必须放置于隔振的专用光学台面上，以防受到激振器的干扰。

在进行频率响应测试时，可以使图 7-27 中的正弦信号发生器在设定的频率范围内作慢速的频率扫描（称为扫频），同时利用反馈电路，使振动台的振动位移（或速度、加速度）幅值保持不变，同时测量被测振动体的各项参数，便可得到被侧振动体的频率响应曲线。如果在被测振动体的表面再安装另一个被校测振传感器，就可以利用激光式振动测量仪的测量结果来标定被校测振传感器。

二、力锤激振

脉冲激振是指在极短的时间内对被测对象施加一作用力使其产生振动的激振方式。脉冲力锤（以下简称力锤）是目前振动模态分析中经常采用的一种简易及便携式激振设备。脉冲锤击激振时，用力锤对被测系统进行适当的敲击，给系统施加一个脉冲力，被测系统发生振动。由于锤击力脉冲在一定频率范围内具有平坦的频谱曲线，所以它是一种宽频带的激振方法，属于瞬态激振。

力锤的结构如图 7-28a 所示。力锤由锤头垫、测力传感器、附加质量块（配重）和锤柄等几部分组成。锤头垫与质量块之间装有一个测力传感器，以测量被测系统所受锤击力的大小。锤击的能量与质量、初速度的乘积的平方成正比；锤击的激振力与锤击质量、锤头的材料（钢、铝、橡胶、塑料等）有关。较重的力锤适合于体积和质量较大的被测振动体，可以改变力锤的配重质量块来适应不同的被测振动体。

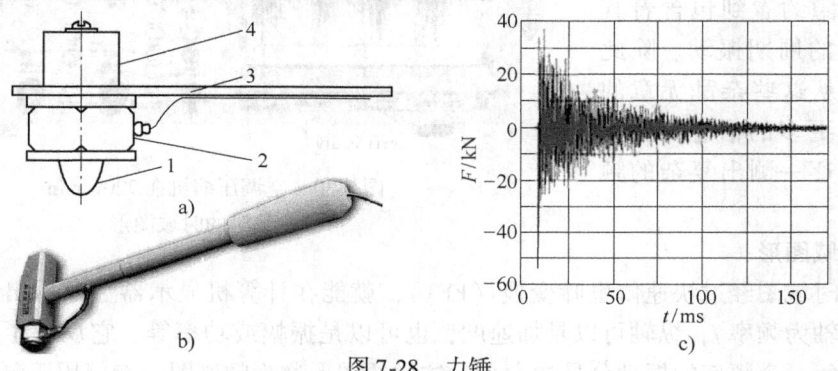

图 7-28 力锤
a) 结构 b) 外形 c) 激振的时域波形
1—锤头垫 2—测力传感器 3—锤柄 4—配重

力锤法激振系统示意图如图7-29所示。力锤敲击被测振动体的瞬间，被测振动体产生突发振动，并逐渐衰减。衰减的速率与振动体的阻尼有关。压电式加速度计安装在被测振动体的适当位置。加速度计的输出经电荷放大器后，输送给计算机，进行频谱分析。

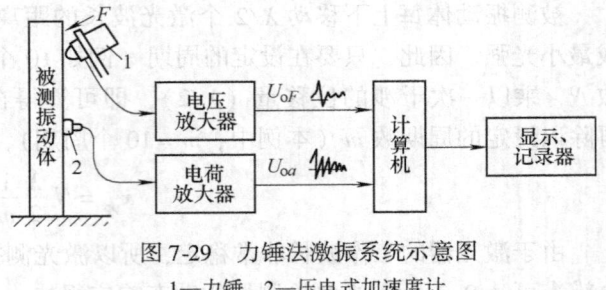

图7-29 力锤法激振系统示意图
1—力锤 2—压电式加速度计

项目二 振动的频谱分析与故障诊断

【项目教学目标】

☞知识目标

1）了解时域图及频域图。

2）了解谐波分析原理。

☞技能目标

1）掌握识读谱图的方法。

2）掌握齿轮箱的故障诊断。

任务一 时域图与频域图的识别

一、时域图形

使用示波器可以观察到振动加速度的波形图。空调压缩机在720r/min带负载时的时域图形如图7-30所示。图7-30左边的显示屏横轴为时间轴，因此称为时域图。从这个波形图中可以看到加速度的幅度变化中存在着周期为1s（2格）的振动，还能隐约看到包含着其他频率较高的周期振动。除此之外，较难从这些杂乱无章的波形中得到更多的信息，也无法用频率计逐一测出复杂的频率分量。

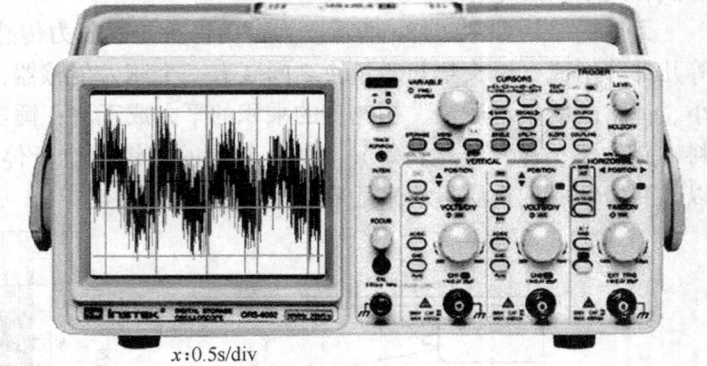

图7-30 空调压缩机在720r/min
带负载时的时域图形

二、频域图形

如果将时域图经过快速傅里叶变换（FFT），就能在计算机显示器上显示出另一种坐标图。它的横轴为频率f，纵轴可以是加速度，也可以是振幅或功率等。它反映了在频率范围之内对应于每一个频率的振动分量的大小，这样的图形称为频谱图，专门用于测量和显示频谱图的仪器称为频谱仪。

用频谱仪可以将图 7-30 的时域图变换得到图 7-31 左边显示屏的频谱图。从图 7-31 中可以看到压缩机在 $f=0.86Hz$ 时存在很窄的尖峰电压,称它为谱线。人们感觉到压缩机的低频颤动就是接近 1Hz 的振动造成的。从频谱图上还可以看到,在 24.9Hz、50Hz 以及其他频率点上还存在高低不一的谱线。依靠这些谱线,根据"故障分析技术"可以分析振动的原因并作出解决方案。

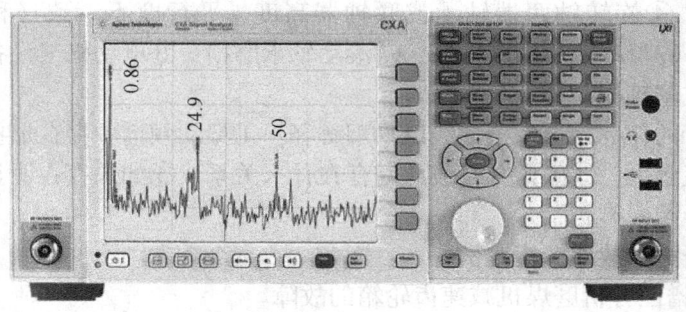

图 7-31　空调压缩机在 720r/min 带负载时的频谱图

三、谐波的合成和分析举例

某手扶拖拉机的柴油机机活塞振动时的时域图和频谱图如图 7-32 所示。从时域图可以看出,活塞的振动不是简谐振动,包括了其他的振动分量。从频谱仪得到的频谱图(见图 7-32b)中可以看到,活塞的振动是由 5Hz 和 10Hz 等多个振动分量合成的,10Hz 的幅值比 5Hz 幅值低,20Hz 的幅值更低。

在故障引起的振动中,许多不同频率分量的相位可能会不停地变化,它们的合成波形基于上述原因而变得杂乱无章和似乎毫无规律,时域图远比图 8-30a 复杂,所以从时域图中很难分析振动的原因,由于它们的频谱图不因相位变化而变化,因此可依靠频谱分析法进行故障诊断。

根据图 7-32b 所示的柴油机活塞振动谱线,我们可以尝试分析该拖拉机的故障。有经验的工程师可能会告诉你:f_2 的存在说明柴油机压缩比不正确;在 f_1 和 f_2 的两侧还出现许多较低的谱线——工程中称其为边频带,说明柴油机减速齿轮磨损严重而导致啮合不良。

以上故障分析必须依靠长期的经验积累,并在分析过程中注意保存各种正常和非正常的频谱图档案,以便检修时作对比。

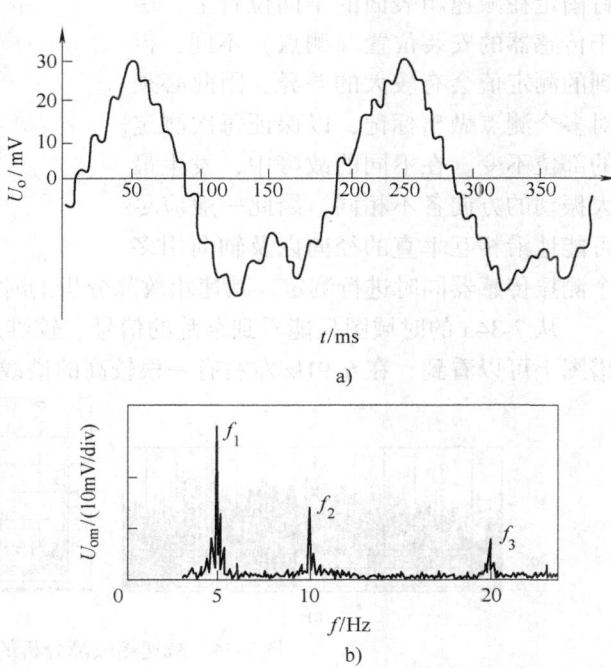

图 7-32　某手扶拖拉机的柴油机机活塞
振动时的时域图和频谱图
a) 时域图　b) 频谱图

任务二　机械设备的振动故障频谱分析

一、机械设备振动的故障原因分析

机械设备振动的故障原因有：①转轴或转子质量分布不均匀（称为原始不平衡）或设备的系统共振点与转速的基波重合；②流体动力激振；③旋转零部件飞脱、跑偏或与静止部位摩擦、碰撞等；④旋转轴两端轴承或联轴器高度、平行度不一致（称为"不对中"）；⑤旋转轴热弯曲；⑥滑动轴承油膜振荡；⑦滚动轴承磨损；⑧电动机与设备之间的齿轮箱磨损；⑨设备框架或基础松动等。

振动故障分析的任务是给每条谱线以物理解释：①振动频谱中存在那些频谱分量？②每个频谱分量的幅值多大？③频谱分量彼此间存在什么关系？④如果存在明显的高幅值频谱分量，它的来源是什么？

二、机械设备振动故障分析案例

例 7-5　利用谱图分析磨煤机减速齿轮箱的故障。

某发电厂磨煤机的减速齿轮箱（以下简称齿轮箱）使用 3 年后出现异常情况：冲击噪声明显增加，运转声音沉重，振动大，且停机后有时难以起动。减速箱的故障测试如图 7-33 所示。

可以将压电式测振传感器用双头螺钉固定在减速箱表面的不同位置上。由于传感器的安装位置（测点）不同，得到的测定值会有较大的差异，因此必须对多个测点做出标记，以保证每次测定的部位不变。在不同的故障中，发生最大振动的方向各不相同，因此一般应尽可能地沿相互垂直的径向以及轴向用多

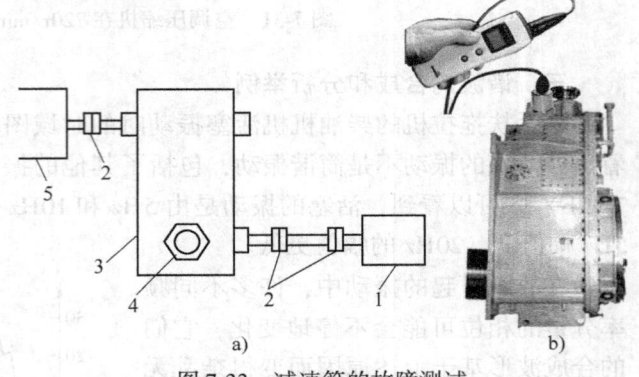

图 7-33　减速箱的故障测试
a）减速箱结构　b）减速箱的振动测试
1—负载　2—联轴器　3—减速箱
4—压电式测振传感器　5—电动机

个测振传感器同时进行测定。减速箱故障分析的时域图和频谱图如图 7-34 所示。

从 7-34a 的时域图只能看到杂乱的信号，较难从中得到有用的结论。而从图 7-34b 的频谱图上可以看到，在 6.9Hz 左右有一根较高的谱线。

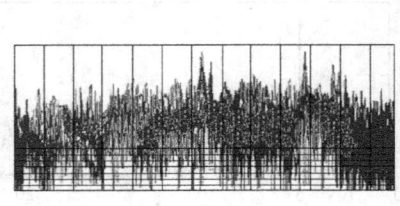 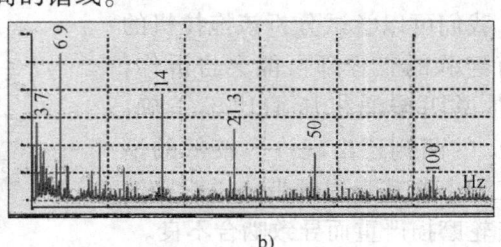

图 7-34　减速箱故障分析的时域图和频谱图
a）时域图　b）频谱图（截屏）

首先用转速表测得与频谱图同一时刻的转速。在本例中，测得磨煤机筒体的转速在 22r/min 附近波动，大约相当于 0.366r/s。查阅该齿轮箱的资料得知：与磨煤机筒体啮合的大齿轮

为36齿,与大齿轮啮合的小齿轮为19齿,将转速(0.366r/s)乘以小齿轮的齿数(19齿),乘积恰好与该谱线(6.9Hz)吻合,故6.9Hz的谱线为齿轮的"啮合频率"。啮合频率两旁还出现许多小谱线(称为边频带),边频带越高,说明小齿轮磨损越严重。图7-34b中的14Hz约为啮合频率的2倍(由于电动机抖动,所以不可能是6.9Hz的整数倍),称为二次谐波。图7-34b中的21.3Hz是啮合频率的3倍,称为三次谐波。这两根谱线均较高,根据以往的经验,可判断齿面啮合不好。在50Hz处也有一根谱线,这是工频电压引起的振动,不属于故障。

从图7-34b中还能看到许多与大齿轮(36齿)有关的频率。可以逐一分析产生这些谱线的原因。例如,频谱图的左侧3.7Hz(0.366Hz×36÷19)处存在一根很高的谱线,说明可能是大齿轮的某一个齿破损引起的。还有一些谱线是减速箱中的其他部件引起的。从图7-34b可以看到,高于100Hz的谱线落到频谱图右边的区域之外,此时可以增大扫频范围,压缩频谱仪的横轴,以便观察这些高频振动。

频谱分析之后,根据分析结果准备有关的机械部件,用最短的时间更换损坏的零件以减少停工时间。然后重新做频谱分析,可以发现许多边频谱线已经消失。

在安装调试减速箱时,还可以观察到有一些谱线随着减速箱各个紧固螺栓的旋紧,或者因联轴器、电动机角度的调整而逐渐降低幅度。因此可以依靠频谱仪将机械设备调整到最佳状态。作为现场技术人员,应在工作中逐渐积累设备的频谱分析经验和资料,以便在发生事故时能迅速地排除故障,降低停运时间。

上述针对磨煤机齿轮箱的分析方法还可用于大型风力发电机组、电冰箱、空调、汽车等领域的研发和生产,判定产生噪声和振动的原因,提高产品的竞争能力。

例7-6 旋转机械不平衡故障的频谱图分析。

利用速度式位移传感器可以检测旋转机械的振动速度。某旋转机械的频谱图如图7-35所示。该旋转机械不平衡的频谱图特点有:①振动频率比较单一,振动方向以径向为主。在转频(称为:1X)处有一最大峰值;②在"一阶临界转速"内,振幅随转速的升高而增大;③频谱图中基本不含转频的高次谐波(2X,3X,…)。

该旋转机械在严重故障发生前3个月测得的频谱图如图7-35a所示。在"转频"(1800r/min,30Hz)处的幅值最大,为1.5mm/s。3个月后发现振动越来越剧烈,同一频率处的最大峰值已增加到2.8mm/s(见图7-35b),达到该机械的安全运行报警值。拆卸该设备时发现一钢制异物缠绕在主轴上,改变了质心。排除异物后,转频处的幅值仅为0.97mm/s(见图7-35c),振幅明显减小。

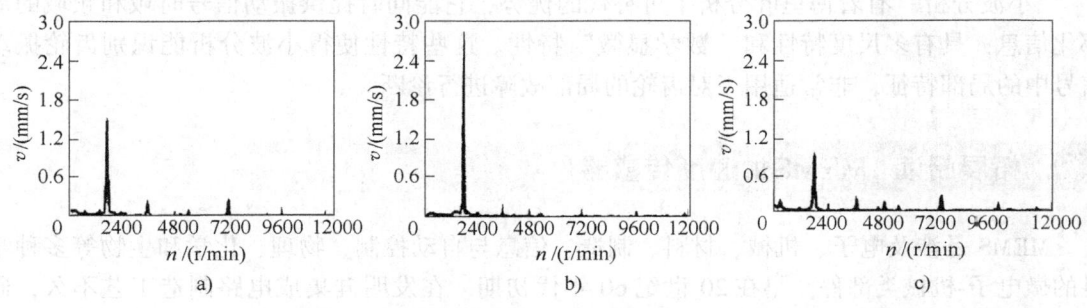

图7-35 某旋转机械的频谱图

a) 故障前3个月的频谱图   b) 严重不平衡时的频谱图   c) 排除故障后的频谱图

例 7-7 齿轮箱轴弯曲故障频谱图的分析。

利用速度式位移传感器测量某旋转机械故障（轴弯曲）的时域图和频谱图如图 7-36 所示。测试结果显示，大齿轮转频 1X（60r/min，1Hz）处的振动速度达 4.6mm/s 超过有关标准。初步判断是不平衡所致。动平衡校正后，再次测量，幅值减少到 0.5mm/s。但运行一段时间后，1X 处的振动速度又超过 4mm/s。分别测量轴向和径向的振动数据，查阅以往的维修资料，推断该故障非不平衡引起，而是由于轴弯曲在轴承上产生推拉力所致。不平衡和轴弯曲在 1X 处都会产生大的峰值，但不平衡引起的振动主要在径向，而轴弯曲会在轴向引起较大的振动力。根据以往的经验，2X、3X 处的谐波与轴向抖动有关。停机后检查，发现由于转轴在长期冲击下弯曲。振动还使前轴瓦一端的固定螺钉松动，证实了上述诊断结论。

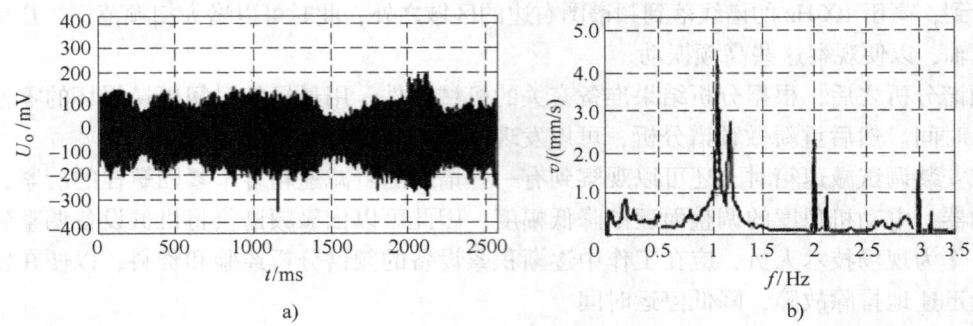

图 7-36 某旋转机械故障（轴弯曲）的时域图和频谱图
a) 时域图 b) 频谱图

以上几个实例介绍了一小部分故障的频谱特征，归纳了"识读频谱图"的方法和以"频率特征"为依据的故障类型诊断原则。机械设备是一个复杂的整体，同一故障往往可以得到不同表现形式的频谱图，而两张似乎相同的频谱图，可能是不同故障的结果。更多的情况是，多种故障共同作用的结果会引起非常复杂的频谱图。因此，只有对多种因素综合考虑才能有效地提高故障诊断的准确率。

近几年来，新的齿轮故障诊断方法不断涌现出来。例如对于同时有多对齿轮啮合的齿轮箱振动频谱图，由于每对齿轮啮合都将产生边频带，几个边频带交叉分布在一起，无法看清频谱结构。采用"倒频谱分析"方法能更好地分析结构复杂的齿轮箱的振动，更便于分析出反映故障特征的调制频率。

"小波分析"有着傅里叶分析不可替代的优势，它能同时提供振动信号时域和频域的局部化信息，具有多尺度特性和"数学显微"特性。这些特性使得小波分析能识别齿轮振动信号中的局部特征，非常适用于对齿轮的局部故障进行诊断。

拓展阅读 MEMS加速度传感器

MEMS 是涉及电子、机械、材料、制造、信息与自动控制、物理、化学和生物等多种学科的微电子-机械类部件。早在 20 世纪 60 年代初期，在发明硅集成电路制造工艺不久，研究人员就想到利用硅的良好机械特性来制造微型机械部件。硅的强度、硬度、弹性、弹性模量与钢相当，滞后小，密度类似于铝，热传导率接近钼和钨。如果将微电子器件同微机械部件制作在同一硅片上，就能构成集微型传感器、微型执行器以及信号处理、控制电路、接口电路、通信和稳压电源于一体的"微电子-机械系统"——MEMS。

20 世纪 60 年代后期，人们已经能够利用硅刻蚀技术制作出将压力转换为电信号的应变薄膜结构。20 世纪 70 年代，人们利用硅的各向异性选择性腐蚀技术成功进行"体硅加工"。20 世纪 80 年代，"表面微加工"技术在加速度计、压力传感器、汽车传感器及其他微电子机械结构制作中得到了应用。20 世纪 90 年代，MEMS 在世界范围内受到了广泛重视，各国投入的研究资金大幅增加，成功制作了基于 MEMS 技术的硅静电电动机、超声波电动机、喷墨打印头、送话器、胎压传感器、加速度计、陀螺仪等微型部件。

MEMS 的发展趋势有：①研究体积小（外形尺寸为毫米量级，构成单元尺寸为纳米量级）、重量轻（小于 0.1g）、耗能低（微安量级）、惯性小、谐振频率高、响应时间短（微秒量级）、分辨力高（微米量级）、量程大（0~3000g）、温漂小的 MEMS；②提高 MEMS 的测量准确度；③选择更合理的工艺手段，批量化生产，以提高性价比。

典型的微电子-机械系统如图 7-37 所示。MEMS 的输入是各种物理、化学信号，经内部的微传感器转换为电信号，经信号处理后，由执行器执行设定的动作。MEMS 可以采用数字或模拟信号与其他微系统或其他设备进行通信。

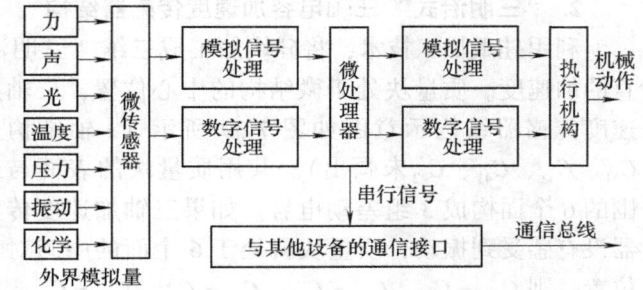

图 7-37 典型的微电子-机械系统

MEMS 的加工技术类似于半导体制造的技术，如表面微加工、体型微加工等技术制造。其中包括压延、电镀、湿蚀刻、激光干蚀刻、电火花加工等。

一、MEMS 加速度传感器分类

MEMS 加速度传感器按工作原理，可分为：压电式、压阻式、热感式、电容式等。

1）压电式 MEMS 加速度传感器的工作原理是压电效应。在 MEMS 随被测振动体振动的情况下，质量块会对压电元件产生动态压力，MEMS 将双向振动加速度转变为交变电信号。

2）压阻式 MEMS 加速度传感器的工作原理是压阻效应。在 MEMS 随被测振动体振动的情况下，质量块会对悬臂梁端部上下表面的压阻应变计产生拉应力或压应力。4 个应变计组成全桥，从而将单向加速度或双向振动加速度转变为单向或交变电压输出信号。

3）热感式 MEMS 加速度传感器的工作原理是热效应。密封的 MEMS 中央有一个微型加热体，周边多角度设置多个温度传感器。热感式 MEMS 加速度传感器工作时，通过惯性"热气团"的移动引起热场变化，温度传感器感应到加速度值，从而把双向振动加速度转变为交变电压输出信号。该类型 MEMS 的结构比较简单，但耗电稍大。

4）电容式 MEMS 加速度传感器的工作原理是差动式平板电容器。硅悬臂梁末端（或双端固定梁的中央部位）有一个相对较重的硅片（称为"质量块"，mg 量级）。单句加速度或双向振动加速度的变化带动悬臂梁末端的位移，从而改变差动平板电容两极的极距或有效面积，通过测量电容的变化量来计算加速度。

MEMS 加速度传感器按运动位移的方向，可分为：单轴式、双轴式、三轴式等。

二、变间隙电容式 MEMS 加速度传感器

变间隙电容式加速度传感器是一种惯性式传感器，工作原理为牛顿第二定律（$F = ma$）。常用的结构形式有："三明治式"、"跷跷板扭摆式"和"梳齿式"等。

1. "三明治式"单轴加速度传感器结构

所谓"三明治式"结构是指：利用硅微加工技术，加工出一个硅微质量块（以下简称质量块），位于两片固定的硅极板之间，构成差动电容 C_1、C_2。质量块的上下两面为动极板，接地电位。

当有向上的加速度作用时，质量块向下摆动时，上表面电容 C_1 极板的极距变大，电容量变小；下表面电容 C_2 极板的极距变小，电容量变大，从而形成差动电容。"三明治"电容式微加速度传感器的结构示意图如图 7-38 所示。

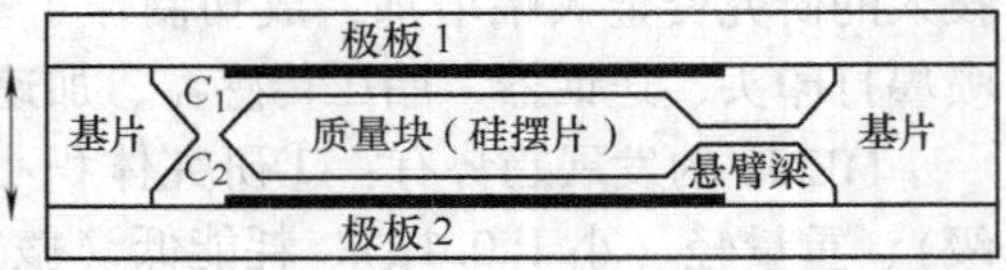

图 7-38 "三明治"电容式微加速度传感器的结构示意图

2. "三明治式"三轴电容加速度传感器结构

利用硅微加工技术，将硅块加工成三维"三明治式"结构，用于测量三个方向相互垂直的加速度。质量块处于微结构的中心位置，三轴加速度传感器结构示意图如图 7-39 所示（z 轴结构及 C_{31}、C_{32}、C_{41}、C_{42} 未画出）。共用质量块的表面与外围的 6 个面构成 3 组差动电容。如果三轴加速度传感器没有感受到振动，质量块就处于 6 个面的中间对称位置，则 $C_{11} = C_{12}$，$C_{21} = C_{22}$，$C_{31} = C_{32}$，$C_{41} = C_{42}$。如果在三个相互垂直的方向上存在振动或倾斜，微处理器根据三组差动电容的输出信号计算出三维加速度或倾斜度。ADXL330 三轴加速度计芯片的主要技术指标如表 7-9 所示。

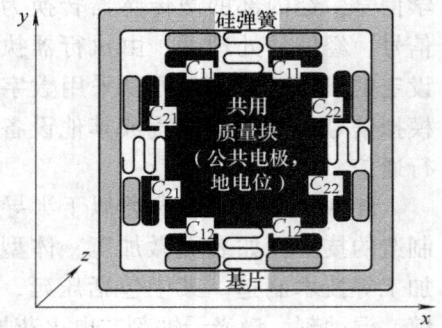

图 7-39 三轴加速度传感器结构示意图

表 7-9 ADXL330 三轴加速度计芯片的主要技术指标

参 数 名 称		指　　标
带宽/Hz	x、y	0.5 ~ 1600
	z	0.5 ~ 550
灵敏度/V·g^{-1}		0.3
测量范围/g		3
分辨率/g		2×10^{-3}
供电电压/V		1.8 ~ 3.6
尺寸（宽×深×高）/mm		$4 \times 4 \times 1.45$

3. "跷跷板扭摆式"单轴电容加速度传感器结构

"跷跷板扭摆式"单轴加速度计的两个固定电容极板设计在活动极板的同一侧面，跷跷板扭摆电容式加速度传感器的结构示意图如图 7-40 所示。弹性梁与下面两个固定极板构成差动电容 C_1、C_2。由于弹性梁左右两边的质量不相等，当有垂直于基片

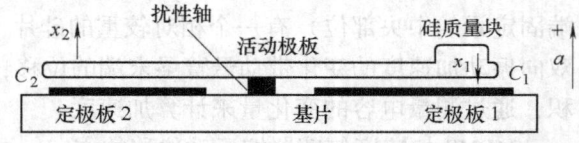

图 7-40 跷跷板扭摆电容式加速度传感器的结构示意图

的外界加速度作用时,弹性梁将围绕支承弹性轴扭转。例如,当传感器向上运动时,C_1 的极距变小,电容增大;C_2 的极距变大,电容减小。测量此差动电容值即可得到外界输入的加速度大小。扭摆式单轴加速度计的结构比较简单,不需要双面光刻,成品率高。

4. "梳齿式"单轴电容加速度传感器结构

"梳齿式"电容加速度传感器利用若干对梳齿形状的电极形成差动电容,如图7-41所示。如果增加电极数目,可以增大电容的数值,从而提高灵敏度。梳齿有定齿和动齿之分,定齿固定在基片上,动齿附着在质量块上。质量块由"硅弹簧"支撑在基片上。当有外部加速度输入时,动齿随质量块运动,产生微位移,引起动齿与定齿之间电容的变化,进而由测量电路检测出微位移并输入加速度的数值。三种电容式微加速度传感器的特性比较如表7-10所示。

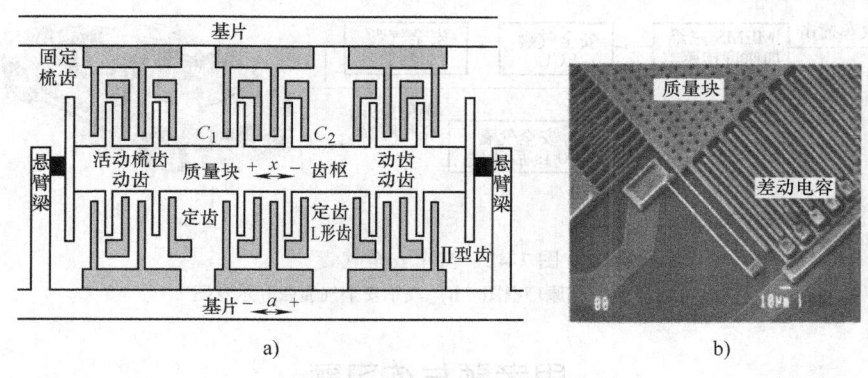

图7-41 梳齿电容式加速度传感器
a) 结构示意图 b) 芯片的扫描电镜(SEM)照片(截屏)

表7-10 三种电容式微加速度传感器的特性比较

类 型	结 构	特 性
三明治式	硅微质量块处于两片固定的硅极板之间,构成差动电容	结构对称,灵敏度高;需要双面光刻,过载能力稍弱
跷跷板扭摆式	两个固定电容极板设计在活动极板的同一侧面,构成差动电容	结构简单,不需要双面光刻,一致性好;灵敏度稍低
梳齿式	定齿固定在基片上,动齿附着在质量块上,梳齿式定齿与动齿构成差动电容	不需要双面光刻,灵敏度及分辨力随梳齿数的增加而提高,键合强度高;一致性稍差

三、MEMS加速度传感器的应用

1. MEMS加速度传感器用途及分类

MEMS加速度传感器可以用于:振动检测、姿态控制、安防报警、动作识别、状态记录等。①通过测量由于重力引起的加速度,可以计算出设备相对于水平面的倾斜角度;②通过分析动态加速度,可以得到设备移动的方式;③可以帮助机器人了解它现在身处的环境;④结合陀螺仪(测角速度),可以对无人飞机进行精确定位和控制飞行姿态;⑤通过分析汽车的撞击加速度,控制安全气囊;⑥平板电脑及智能手机内置的MEMS加速度传感器能够动态监测出设备在使用中的振动,保护硬盘不受损害;⑦数码相机和摄像机内置的MEMS加速度传感器能够检测拍摄时手部的振动,并根据这些振动,自动调节相机的CCD位置,以提高拍摄清晰度;⑧用于可移动游戏机,提供更有趣味的游戏体验;⑨用于延时起爆炸弹;

⑩用于分析发动机的振动，控制发动机的点火提前角；⑪用于家居防盗系统等。

2. MEMS 加速度传感器用于汽车安全气囊控制

当汽车速度在 30km/h 以上受到正面碰撞（碰撞角度与汽车中轴线成 30°之内）或侧面碰撞时，安装在汽车前部或侧面的 MEMS 加速度传感器将检测到的碰撞作用时间、汽车减速度（即碰撞强度）传送给安全气囊 ECU。如果 ECU 判定碰撞强度超过规定值，则发出指令，接通安全气囊引爆管的工作电路。引爆管迅速燃烧，瞬间产生并释放出大量气体，经过滤后充入折叠的安全气囊，使气囊在极短的时间内迅速膨胀展开成扁球状。当驾驶员或乘员头部、胸部或身体受到向前或向侧面的反冲力时，鼓起的气囊在驾驶员或乘员的前部或侧面车身硬件间形成弹性缓冲气垫，吸收并分散驾驶员和乘员的冲击能量。汽车安全气囊如图 7-42 所示。

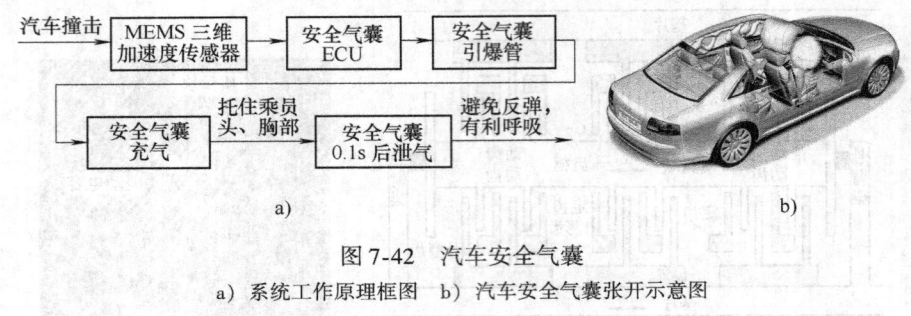

图 7-42　汽车安全气囊
a）系统工作原理框图　b）汽车安全气囊张开示意图

思考题与练习题

7-1　单项选择题

1）_____ 的振动量为时间的正弦或余弦函数，是最基本的机械振动形式。
A. 随机振动　　B. 瞬态振动　　C. 简谐振动　　D. 衰减振动

2）振动角频率 $\omega = 1\text{rad/s}$，f 约为_____ Hz。
A. 1　　B. π　　C. 2π　　D. $1/(2\pi)$

3）测得某简谐振动的峰峰值 $x_{pp} = 2\text{V}$，则峰值 $x_p = $ _____ V，有效值 $x = $ _____ V，平均值 $\bar{x} = $ _____ V。
A. 1　　B. 0.5　　C. 0.707　　D. 0.637

4）某简谐振动的位移 $x = x_m\cos(\omega t + \varphi) = 1\cos(2\pi ft + 0)$，测得 $x_m = 1\text{m}$，$f = 50\text{Hz}$，振动速度 $v = v_p\cos(\omega t + \varphi + \pi/2) = -\omega x_m\sin(\omega t + \varphi)$。则振动速度的峰值 $v_p = $ _____ m/s。
A. 1　　B. π　　C. 314　　D. 628

5）某简谐振动的频率 $f = 50\text{Hz}$，振幅的单峰值 $x_m = 1\text{mm}$。根据式（7-4），加速度幅值 $a_m \approx $ _____（单位为 g）。
A. 1　　B. 10^4　　C. πf^2　　D. $1/(4f^2 x_m)$

6）简谐振动的振动烈度 $v_F = 1\text{mm/s}$，振动频率 $f = 50\text{Hz}$，则振幅峰峰值 $x_{pp} = $ _____ μm。
A. 1　　B. $2\sqrt{2}$　　C. 0.45　　D. 9

7）将超声波（机械振动波）转换成电信号是利用压电材料的_____；蜂鸣器中发出"嘀……嘀……"声的压电晶片发声原理是利用压电材料的_____。
A. 应变效应　　B. 电涡流效应　　C. 压电效应　　D. 逆压电效应

8）在实验室做检验标准用的压电仪表应采用_____压电材料；能制成薄膜，粘贴在一个微小探头上，用于测量人的脉搏的压电材料应采用_____；用在压电加速度传感器中测量振动的压电材料应采用_____。

　　A. PTC　　　　　B. PZT　　　　　C. PVDF　　　　　D. SiO_2

9）使用压电陶瓷制作的力或压力传感器可测量_____。

　　A. 人的体重　　　　　　　　　　　B. 车刀的压紧力
　　C. 车刀在切削时感受到的切削力的变化量　　D. 自来水管中的水的压力

10）动态力传感器中，两片压电晶片多采用_____接法，可增大有效面积和输出电荷量；在电子打火机和煤气灶点火装置中，多片压电晶片采用_____接法，可使输出电压达上万伏，从而产生电火花。

　　A. 串联　　　　　B. 并联　　　　　C. 既串联又并联　　　　　D. 既不串联又不并联

11）压电晶片的输出接到电荷放大器。若电荷放大器的反馈电容 $C_f = 100pF$，输出电压 $U_o = 1V$，则压电片的输出电荷约为_____ pC。

　　A. 100　　　　　B. 10 000　　　　　C. 1　　　　　D. 0.01

12）电荷放大器的 R_f 与 C_f 的乘积越大，下限频率 f_L 就_____。

　　A. 越低　　　　　B. 越高　　　　　C. 不变　　　　　D. 无法预测

13）测量人的脉搏应采用高灵敏度的_____压电传感器。

　　A. $100V/g$　　　　　B. $0.1V/g$　　　　　C. $10mV/g$　　　　　D. 都可以

14）涡流式探头的激励频率越低，涡流渗透的深度就越_____，灵敏度就越_____。

　　A. 深　　　　　B. 浅　　　　　C. 高　　　　　D. 低

15）涡流式探头的直径越大，测量范围就越_____，但分辨力就越_____，灵敏度也变_____。

　　A. 大　　　　　B. 小　　　　　C. 好　　　　　D. 差

16）用涡流探头测量圆盘状物体的轴向振动时，物体的直径应大于线圈直径的_____倍以上，才不会使测量灵敏度降低。

　　A. 0.1　　　　　B. 0.5　　　　　C. 2　　　　　D. 20

17）动铁式磁电传感器适用于测量_____。

　　A. 低频振动加速度　　B. 低频振动速度　　C. 高频振动幅度　　D. 低频振动幅度

18）_____激振器便于携带，但无法实现正弦连续激振。

　　A. 脉冲力锤式　　B. 机械偏心轮式　　C. 电液式　　D. 电动式等几种类型

19）"背靠背"法标定测振传感器时，标准测振传感器与被标定测振传感器_____连接。

　　A. 串联　　　　　B. 并联　　　　　C. 串、并联　　　　　D. 都可以

20）时域图经过快速傅里叶变换（FFT），能在计算机显示器上显示出频域图（谱图）。它的横坐标为_____，纵坐标可以是加速度，也可以是振幅或功率等。

　　A. 时间　　　　　B. 频率　　　　　C. 速度　　　　　D. 振幅

21）"三明治式"加速度传感器的原理是_____效应。

　　A. 压电　　　　　B. 压阻　　　　　C. 电感　　　　　D. 电容

7-2　分析、计算题

1. 上网查阅压电陶瓷的资料，写出其中两种产品的特性参数和特点。
2. 上网查阅压电加速度计的资料，写出生产公司名称、产品型号，以及其中1个系列2个产品的技术指标。
3. 上网查阅激振器的资料，写出生产公司名称、产品型号，以及其中1个系列2个产品的技术指标。
4. 上网查阅 MEMS 的资料，写出 MEMS 的特点。
5. 用压电式加速度计及电荷放大器测量振动加速度，若传感器的灵敏度 $K_a = 70pC/g$（g 为重力加速度），电荷放大器灵敏度 $k_U = 10mV/pC$，当输入加速度 $a = 3g$（有效值）时，

　　求：1）此时压电式加速度计的输出电荷 Q 为多少皮库伦？

　　　　2）此时电荷放大器的输出电压 U_o。

　　　　3）此时该电荷放大器的反馈电容 C_f 为多少皮法拉？

6. 振动式黏度计原理示意图如图 7-43 所示。导磁的悬臂梁 6 与电磁铁心 3 组成激振器。压电晶片 4 粘贴于悬臂梁上，振动板 7 固定在悬臂梁的下端，并插入到被测黏度的黏性液体中。请分析该黏度计的工作原理并填空。

1) 当励磁线圈接到 10Hz 左右的交流激励源 u_i 上时，电磁铁心产生_____Hz（两倍的激励频率）的交变_____，并对_____产生交变吸力。由于它的上端被固定，所以它将带动振动板 7 在_____里来回振动。

2) 液体的黏性越高，对振动板的阻力就越_____，振动板的振幅 x_m 就越_____，所以它的加速度 $a = x_m\omega^2\sin\omega t$ 就越_____，因此质量块 5 对压电晶片 4 所施加的惯性力 $F = ma$ 就越_____，压电晶片的输出电荷量 Q 或电压 u_o 也越_____，压电晶片的输出反映了液体的黏度。

3) 该黏度计的缺点是与温度 t 有关。温度升高，大多数液体的黏度变_____，所以将带来测量误差。

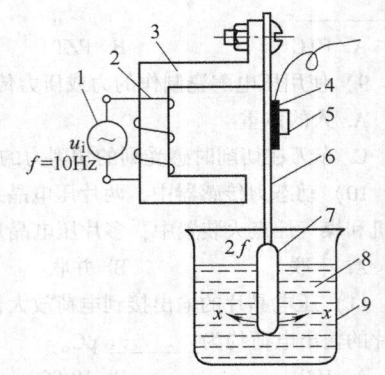

图 7-43 振动式黏度计原理示意图
1—交流励磁电源 2—励磁线圈 3—电磁铁心 4—压电晶片 5—质量块 6—悬臂梁 7—振动板 8—黏性液体 9—容器

7. 测量叶片的共振频率的方法见图 7-22c，涡流式测振仪的电压/位移峰峰值（U_o/x_{pp}）的特性曲线如图 7-44b 所示，涡流测振仪测得未滤除直流分量前振动的位移波形如图 7-44a 所示，求：

1) 涡流式测振仪测得的电压峰峰值叶片振动的电压峰峰值 u_{pp} 为多少伏？
2) 叶片振动的峰峰值 x_{pp} 为多少毫米？
3) 叶片振动的周期 T 为多少毫秒？频率 f 为多少赫兹？
4) 如果忽略振动的高次谐波，请根据式（7-2）写出振动速度的函数式（带入具体数字，不计直流分量）。

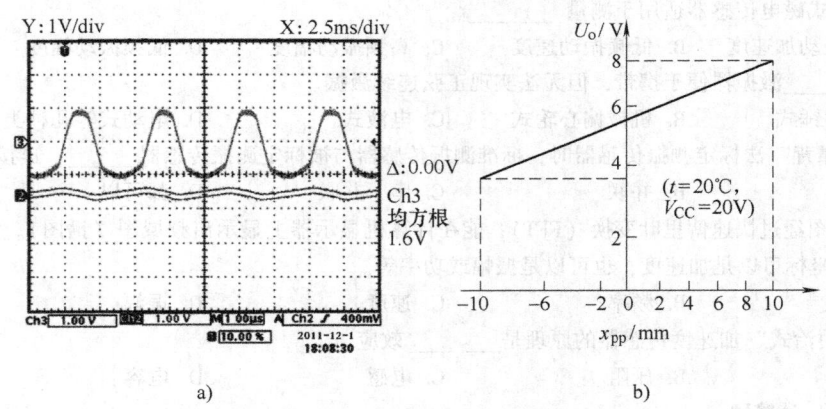

图 7-44 叶片振动测量
a) 涡流测振仪显示的位移波形　b) U_o/x_{pp} 特性曲线

8. 200MW 汽轮发电机组的结构如图 7-45 所示。转子轴系由高压转子、中压转子、低压转子和发电机转子组成。全长 30 余米，共有高压转子、中压转子、低压转子、发电机转子、7 个轴承，数百个叶片。请上网查阅有关汽轮发电机组的振动测量资料，在图 7-45 中标出需要安装测振传感器的位置，说明测量的具体目的以及这些测振传感器分别属于位移、速度、加速度中的哪几种类型？

9. PVDF 高分子压电电缆测速原理图如图 7-46 所示。两根压电电缆相距 $L = 2$m，平行埋设于柏油公路的路面下约 50mm，可以用来测量车速及汽车的超重，并根据存储在计算机内部的档案数据，判定汽车的车型。

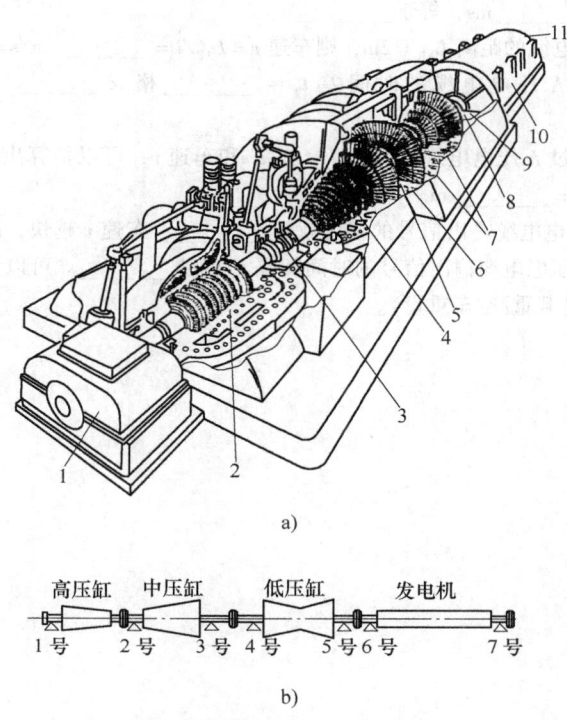

图 7-45 200MW 汽轮发电机组的结构
a) 结构示意图　b) 轴系结构
1—高压转子轴承（1号）　2—高压转子（含叶片）　3—高、中压转子轴承（2号）　4—中压转子（含叶片）　5—中压转子轴承（3号）　6—低压转子轴承（4号）　7—低压转子（含叶片）　8—低压转子轴承（5号）　9—发电机转子轴承（6号）　10—发电机　11—发电机转子轴承（7号）

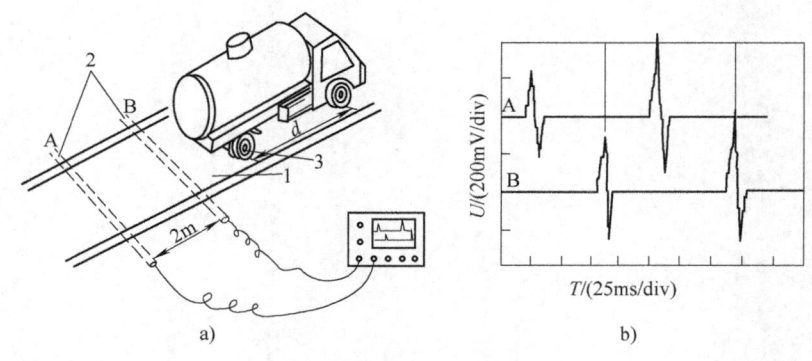

图 7-46 PVDF 高分子压电电缆测速原理图
a) PVDF 高分子压电电缆埋设示意图　b) A、B 压电电缆的输出信号波形
1—柏油公路　2—PVDF 压电电缆　3—后轮

现有一辆超重车辆以较快的车速压过测速传感器，两根 PVDF 压电电缆的输出信号如图 7-46b 所示，请分析填空。

1）仪器屏幕上的坐标每格为_____ms，汽车的前轮通过 A、B 两根 PVDF 高分子压电电缆的时间差

$t_1 \approx$ _____ 格,相当于 _____ ms,等于 _____ s。

2)设两根 PVDF 压电电缆的距离 $L_{AB} = 2\text{m}$,则车速 $v = L_{AB}/t =$ _____ m/s = _____ km/h。

3)前后轮依次通过 A 压电电缆的时间差 $t_2 \approx$ _____ 格 × _____ ms/div = _____ ms = _____ s。

4)根据前后轮依次通过 A 压电电缆的 _____ 差 t_2 和车速 v,可以估算出汽车前后轮间的轴距 $d =$ _____ m/s × _____ s = _____ m。

5)载重量 m 越重,压电电缆输出信号的幅度就越 _____ ;车速 v 越快,压电电缆输出信号的幅度也越 _____ ,A、B 两根压电电缆输出信号的时间间隔 t_1 就越 _____ 。可以综合分析车速与信号的幅度来判断汽车的 _____ (载重/空车重量)。

光学量检测

 知识链接　光学量的基本概念

一、光学的发展历程

光学是物理学中最古老的基础学科之一，又是当前科学研究中最活跃的学科之一。随着人类对自然的认识不断深入，光学的发展大致经历了几何光学、波动光学、量子光学、现代光学等几个时期。

两千多年前，中国人已了解到光的直线传播特性。公元100年（以下"公元"略），克莱门德和托勒密研究了光的折射现象，测定了光通过两种介质界面时的入射和折射规律。1000年，《梦溪笔谈》记录了凸透镜成像的规律和焦距的测量。1630年，笛卡儿在"折光学"中给出了用正弦函数表述的折射定律。1660年前后，格里马第与胡克观察到光的衍射现象。1672年，牛顿完成了著名的三棱镜色散实验，提出了光的微粒流理论。1678年，惠更斯提出光是在"以太"中传播的波。1801年，杨氏最先用干涉原理解释了白光照射下薄膜的彩虹，并用双缝显示了光的干涉现象，初步测定了光的波长。1808年马吕斯发现了光的偏振现象。1815年，菲涅耳解释了光的衍射现象。1817年，杨氏提出了光波是一种横波。1845年，法拉第发现了光的振动面在强磁场中的旋转，揭示了光学现象和电磁现象的内在联系。1856年，韦伯发现电荷的电磁单位和静电单位的比值等于光在真空中的传播速度。1865年，麦克斯韦指出电场和磁场的改变不会局限在空间的某一部分，而是以绝对值为电荷的电磁单位与静电单位比值的速度传播，即电磁波以光速传播，说明了光是一种电磁现象。上述理论在1888年被赫兹的实验所证实，从而确立了光的电磁理论基础。为了对各种电磁波有个全面的了解，人们按照波长的大小把这些电磁波排列起来，这就是广义电磁波谱，如图8-1所示。1900年，普朗克提出了量子假说，认为各种频率的电磁波（包括光），只能像微粒似地以最小份的能量发生，成功地解释了黑体辐射问题，开创了量子光学。1905年，爱因斯坦把量子理论贯穿到整个辐射和吸收过程中，提出了著名的光量子（光子）理论，圆满解释了光电效应。

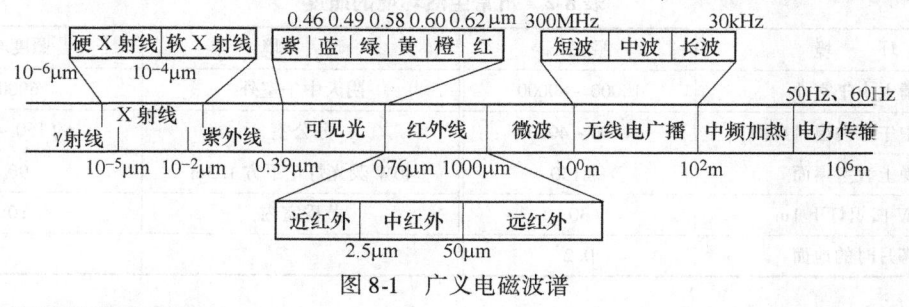

图8-1　广义电磁波谱

二、光学常用的度量

常用光度学的名称、符号、单位及说明如表8-1所示。

表 8-1　常用光度学的名称、符号、单位及说明

名　称	符　号	单　位	说　明
辐射能	Q	焦耳，J	发光体辐射出来的光能量
辐射能通量（辐射功率）	Φ	瓦，W	发光体在单位时间内辐射出的总能量
光通量	Φ	流明，lm	发光体每秒所发出的辐射功率经过人眼的视见函数影响后的等效辐射功率
光强	I	坎德拉，cd	发光体在特定方向的单位立体角内所发射的光通量
照度	E	勒克斯，lx	发光体照射在被照物体单位面积上的光通量
亮度	L	cd/m^2	发光体在视线方向单位投影面上的光强

（1）光通量　光源在单位时间内向周围空间辐射出去的，并使人眼产生光感的能量大小，用符号 Φ 表示，单位为流明（lm）。光通量在理论上可以用瓦特来度量。但与辐射功率不同的是，光通量体现的是人眼感受到的光辐射功率。在较明亮的环境中，人的视觉对波长为 555nm 左右的绿色光最敏感。光通量等于单位时间内某一波段的辐射能量和该波段的相对视见率的乘积。由于人眼对不同波长光的相对视见率不同，所以不同波长光的辐射功率相等时，其光通量并不相等。对于人眼最敏感的 555nm 的绿光，1W = 683lm，而 1W 的 650nm 的红色光，人的感觉仅为 73lm。40W 白炽灯发射的光通量为 350lm；40W 荧光灯发射的光通量为 2000lm；单只高亮度 LED 的光通量与消耗的功率有关，常见范围为 20～100lm。

（2）发光强度　简称光强，是描述点光源发光强弱的一个基本度量，用符号 I 表示，单位是坎德拉（cd），cd 是国际单位制中七个基本单位之一。曾经使用过的单位有烛光、支光。

发光强度定义为：频率为 540×10^{12} Hz（即波长 555nm）的单色光源每单位立体角（1个球面度）辐射能为 1/683W 时的光通量。也就是说：若光源发出的波长为 555nm 单色辐射是均匀的，则发光体在某给定方向上的发光强度就等于发光体在该方向的立体角 Ω 内传输的光通量 Φ 除以该立体角所得的值，即：$I = \Phi/\Omega$。太阳的发光强度为 3×10^{27} cd；高亮度 LED 的发光强度为 10cd；普通蜡烛的发光强度约为 1cd。

（3）照度　物体被照亮的程度，以被照物上光通量的面积密度来表示，用符号 E 表示，单位为勒克斯（lx），相当于 $1m^2$ 面积上受到 1 个 lm 光通量的照射。若受照面积为 A，所接收的光通量为 Φ，则照度被定义为 $E = d\Phi/dA$，也可以认为 $E = \Phi/A$，1 lx = 1 lm/m^2。日常生活环境的照度如表 8-2 所示。

表 8-2　日常生活环境的照度

环　境	照度/lx	环　境	照度/lx
晴天中午室外	10000～80000	阴天中午室外	6000
晴天中午室内窗口桌面	2000～4000	办公室	约 150～200
晚上教室桌面	约 150	40W 荧光灯正下方 1.3m	90
40W 白炽灯下 1m	30	黄昏室内	10
满月时的地面	0.2		

（4）亮度　描述人对发光体或被照射物体表面的发光或反射光强度所感受到的明亮程度，用符号 L 表示，单位为坎德拉每平方米（cd/m^2），过去使用过的单位有尼特（nt）。

人眼能够感觉的亮度范围极宽，从千分之几 cd/m² 直到几百万 cd/m²。常见物体的亮度如表 8-3 所示。

表 8-3 常见物体的亮度

光 源 名 称	亮度/cd·m⁻²	光 源 名 称	亮度/cd·m⁻²
红色激光笔窗口	2×10^{10}	地球上看到的太阳	2×10^9
超高压球状水银灯	1×10^9	白炽灯钨丝	1×10^7
乙炔火焰	8×10^4	太阳照射下的洁净雪面或白纸	3×10^4
阴天天空	2000	40W 荧光灯表面	7000
液晶电视屏幕	400 ~ 1000	满月下的白纸	0.07
无月夜空	0.0001		

项目一 光电元件及应用电路

【项目教学目标】

☞知识目标

1）了解常用光电元件的基本特性。

2）了解光电池的短路电流测量电路。

☞技能目标

1）掌握光敏晶体管应用电路的计算。

2）掌握光控电路的分析。

光电检测的理论基础是光电效应。用光照射某一物体，可以看作物体受到一连串能量为 hf 的光子的轰击，组成这物体的材料吸收光子能量而发生相应电效应的物理现象称为光电效应。通常把光电效应分为三类：

1）在光线的作用下能使电子逸出物体表面的现象称为外光电效应，基于外光电效应的光电元件有光电管、光电倍增管、光电摄像管等。

2）在光线的作用下能使物体的电阻率改变的现象称为内光电效应，也称为光电导效应。基于内光电效应的光电元件有光敏电阻、光敏二极管、光敏晶体管及光敏晶闸管等。

3）在光线的作用下，物体产生一定方向电动势的现象称为光生伏特效应，基于光生伏特效应的光电元件有光电池等。

第一类光电元件属于玻璃真空管元件，第二、三类属于半导体元件。

任务一 紫外光电管的特性及应用电路

一、紫外光电管的结构及应用电路

紫外光电管是基于外光电效应的光电元件。光电管及外光电效应如图 8-2 所示。

金属阳极 A 和阴极 K 封装在一个小型石英玻璃壳内。当入射光照射在阴极板上时，光子的能量传递给阴极表面的电子。当电子获得的能量足够大时，电子就可以克服金属表面对它的束缚（称为逸出功）而逸出金属表面，形成电子发射，这种自由电子俗称为"光电

子"。电子逸出金属表面的速度 v 可由能量守恒定律确定:

$$\frac{1}{2}mv^2 = hf - W \qquad (8-1)$$

式中 m——电子质量;
W——金属光电阴极材料的逸出功;
f——入射光的频率。

式(8-1)即为著名的爱因斯坦光电方程,它揭示了光电效应的本质。由于逸出功与材料的性质有关,当材料选定后,要使金属表面有电子逸出,入射光的频率 f 应有一最低的限度值。当 hf 小于 W 时,即使光通量很大,照射时间再长,也不可能有电子逸出,这个最低限度的频率称为红限。

不同物质相应的红限频率 f 和红限波长 λ 是不同的。在光电技术中,经常使用光的波长,而不是光的频率。光的波长 λ 与光的频率 f、光速 c 之间的关系为 $\lambda = c/f$, $c \approx 3 \times 10^8 \mathrm{m/s}$。几种金属材料的红限波长如表8-4所示。

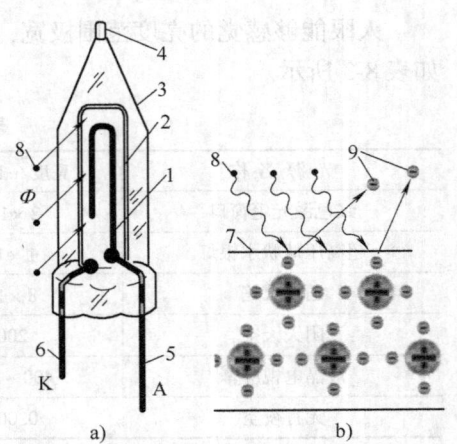

图 8-2 光电管及外光电效应
a) 光电管 b) 外光电效应示意图
1—阳极 A 2—阴极 K 3—石英玻璃外壳
4—抽气管蒂 5—阳极引脚 6—阴极引脚
7—金属表面 8—光子 9—光致发射电子

表 8-4 几种金属材料的红限波长

金属	铯	钠	锌	银	铂
红限波长/μm	0.652	0.540	0.372	0.260	0.196

当 hf 大于 W 时,光通量越大,撞击到阴极的光子数目也越多,逸出的电子数目也越多。当光电管阳极加上适当电压(几伏至数十伏,视不同型号而定)时,从阴极表面逸出的电子被具有正电压的阳极所吸引,在光电管中形成电流,简称为光电流。光电流 I_Φ 正比于光电子数,而光电子数又正比于照度。光电管的图形符号及测量电路如图8-3所示。

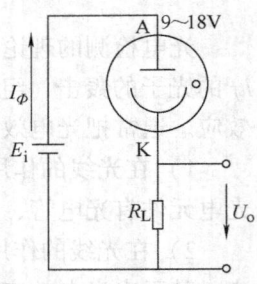

由于材料的逸出功不同,所以不同材料的光电阴极对不同频率的入射光有不同的灵敏度,人们可以根据检测对象是紫光或紫外光而选择不同阴极材料的光电管。目前紫外光电管在工业检测中多用于紫外线测量、火焰监测等,可见光较难引起光电子的发射。

图 8-3 光电管的图形符号及测量电路

二、紫外光电管的伏安特性

紫外线光电管的伏安特性如图8-4所示。当阳极电压 U_{AK} 适当时(图8-4中的 U_Q),光电流 I_Φ 随 U_{AK} 的增大而略微增大,I_Φ 取决于紫外线的照度。而当 U_{AK} 大于击穿电压 U_Z 时,I_Φ 随 U_{AK} 的增大而急剧增大,进入击穿区。

外光电效应的典型元器件还有光电倍增管(PMT)。它的灵敏度比上述紫外线光电管高几万倍,

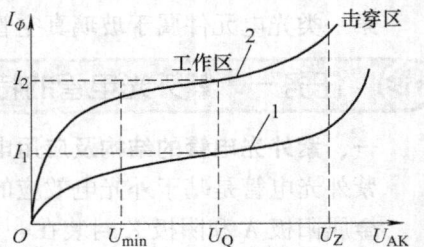

图 8-4 紫外线光电管的伏安特性
1—低照度时的特性 2—紫外线增强时的特性

在星光下就可以产生可观的电流。光通量在 $10^{-14} \sim 10^{-6}$ lm（流明）的很大变化区间里，其输出电流与光通量成线性光纤，因此可用于微光测量，如探测高能射线探伤时荧光屏产生的荧光等。但由于光电倍增管是玻璃真空器件，体积大、易破碎，工作电压高达上千伏，所以目前已逐渐被新型半导体光敏元件所取代。

任务二　光敏电阻的特性及应用电路

光敏电阻是基于内光电效应的光电元件，具有结构简单、价格低廉等特点，但其线性度较差，温漂较大。

一、光敏电阻的结构及工作原理

构成光敏电阻的材料有金属的硫化物、硒化物、碲化物等半导体。半导体的导电能力取决于半导体载流子数目的多少。在半导体光敏材料两端装上电极引线，将其封装在带有透明窗的管壳内，构成光敏电阻，如图 8-5a 所示。当光敏电阻受到光照时，若光子能量 hf 大于该半导体材料的禁带宽度，则价带中的电子吸收光子能量后，跃迁到导带，成为自由电子，同时产生空穴，"电子-空穴对"的出现使电阻率变小。光照越强，光生电子-空穴对就越多，阻值就越低。入射光消失，电子-空穴对逐渐复合，电阻也逐渐恢复原值。

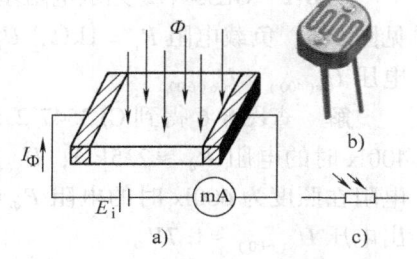

为了增加接触面积，提高灵敏度，电极常做成梳状，如图 8-5b 所示，图形符号如图 8-5c 所示。

图 8-5　光敏电阻
a) 原理图　b) 外形图　c) 图形符号

二、光敏电阻的特性和参数

（1）暗电阻　置于室温、全暗条件下测得的稳定电阻值称为暗电阻，通常大于 $1M\Omega$。光敏电阻受温度影响甚大，温度上升，暗电阻减小，暗电流增大，灵敏度下降，这是光敏电阻的一大缺点。

（2）光电特性　在光敏电阻两极电压固定不变时，照度与电阻及电流间的关系称为光电特性。GL3547 光敏电阻的光电特性如图 8-6 所示。

从图中可以看到，当照度大于 100lx 时，光敏电阻的光电特性非线性就十分严重了。而 150lx 是教育部门要求学校课堂桌面所必须达到的标准照度。由于光敏电阻光电特性为非线性，所以不能用于光的精密测量，只能用于定性判断有无光照，或照度是否大于某一设定值，也可作为照相机的测光元件。

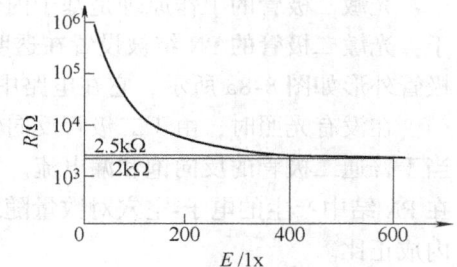

（3）光谱特性　多数光敏电阻对波长为 500～700nm 的入射光有较大的响应。

图 8-6　GL3547 光敏电阻的光电特性

（4）响应时间　光敏电阻受光照后，光电流需要经过一段时间（上升响应时间）才能达到其稳定值。同样，在停止光照后，光电流也需要经过一段时间（下降响应时间）才能恢复到其暗电流值，这就是光敏电阻的延时特性。光敏电阻的上升响应时间和下降响应时间为 30ms 左右，不能用于要求快速响应的场合。

（5）工作温度　通常为 $-30 \sim +70$℃，大于工作温度上限时，温漂严重；小于工作温度下限时，灵敏度下降较多。

三、光敏电阻的测量电路

光敏电阻的基本应用电路如图 8-7 所示。光敏电阻 R_Φ 与负载电阻 R_L 串联后，接到电源 E_i 上。在图 8-7a 中，当无光照时，光敏电阻 R_Φ 很大，I_Φ 在 R_L 上的压降 U_{o1} 很小。随着照度增大，R_Φ 减小，U_o 随之增大。图 8-7b 的情况恰好与图 8-7a 相反，照度增大，U_{o2} 反而减小。U_o 可以接到 CMOS 数字集成电路的输入端，在某一照度时，数字电路的输出电平翻转。

$$U_{o1} = \frac{R_L}{R_L + R_\Phi} U_i \tag{8-2}$$

$$U_{o2} = (1 - \frac{R_\Phi}{R_L + R_\Phi}) U_i \tag{8-3}$$

例 8-1 GL3547-2 光敏电阻基本应用电路如图 8-7a 所示，电阻/照度特性（对数坐标）见图 8-6。负载电阻 $R_L = 1\text{k}\Omega$，$U_i = 5\text{V}$，求：照度 $E_{400} = 400\text{lx}$ 及 $E_{400} = 600\text{lx}$ 时电路的输出电压 $U_{o(400)}$、$U_{o(600)}$。

解 查图 8-6 得到 GL3547-2 光敏电阻在照度为 400lx 时的电阻 $R_\Phi \approx 2.5\text{k}\Omega$，$U_{o(400)} \approx 1.4\text{V}$；光敏电阻在照度为 600lx 时的电阻 $R_\Phi \approx 2\text{k}\Omega$，电路的输出电压 $U_{o(600)} \approx 1.7\text{V}$。

由以上计算可知，照度从 400lx 增加到 600lx 时，电路的输出电压变化不大。多数光敏电阻大于 100lx 时，光敏电阻的光电流就进入饱和状态。如果要增加照度为 600lx 时的电路输出电压，可以略微增加负载电阻 R_L 的数值。

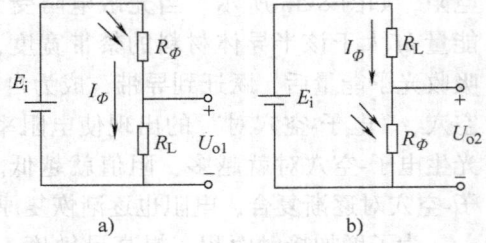

图 8-7 光敏电阻的基本应用电路
a) U_o 与照度变化趋势相同的电路
b) U_o 与照度变化趋势相反的电路

任务三 光敏二极管的特性及应用电路

一、光敏二极管的结构及工作原理

光敏二极管的工作原理是基于内光电效应，只有一个 PN 结。与一般二极管不同之处在于：光敏二极管的 PN 结被设置在透明管壳顶部的正下方，可以直接受到光的照射。光敏二极管外形如图 8-8a 所示，它在电路中处于反向偏置状态，如图 8-8c 所示。

在没有光照时，由于二极管反向偏置，所以反向电流很小，这时的电流称为暗电流，相当于普通二极管的反向饱和漏电流。当光照射在光敏二极管的 PN 结（又称耗尽层）上时，在 PN 结中产生的电子-空穴对数量随之增加，光电流也相应增大，光电流与照度在一定范围内成正比。

二、特殊光敏二极管

目前研制出的几种新型的特殊光敏二极管，在各个应用领域具有优异的特性。

（1）PIN 光敏二极管 是在 P 区和 N 区之间插入一层较厚的 I 本征半导体层，从而使 PN 结的间距加宽，结电容变小（1pF）。因此，PIN 光敏二极管的频率上限较高，可达 GHz 数量级。PIN 光敏二极管的工作电压（反向偏置电压）可以高达几十伏，灵敏度比普通的光敏二极管高几十倍。PIN 光敏二极管的缺点是 I 层电阻较大，输出电流较小，一般多为微安数量级。通常将 PIN 管与高速放大器集成在同一硅片上，输出信号得以增大，信噪比好，可用于光纤通信。

（2）APD光敏二极管（雪崩光敏二极管） 它是一种具有内部倍增放大作用的光敏二极管。当有一个光子从外部射入到其PN结上时，只产生一个电子-空穴对。由于PN结上施加了较高的工作电压（100～200V），接近于反向击穿电压，PN结中的电场强度可达10^4V/mm数量级，因此能让光电子加速到很高的速度，撞击其他原子的晶格，产生新的"二次电子-空穴对"。如此多次碰撞，最终造成载流子按几何级数剧增（称为"雪崩"效应），形成对原始光电流的放大作用，增益可达几千倍，而雪崩产生和恢复所需的时间可小于0.1ns，频带宽度可达100GHz适用于微光信号检测以及长距离光纤通信等，可以取代光电倍增管。雪崩噪声大是APD光敏二极管的主要缺点。

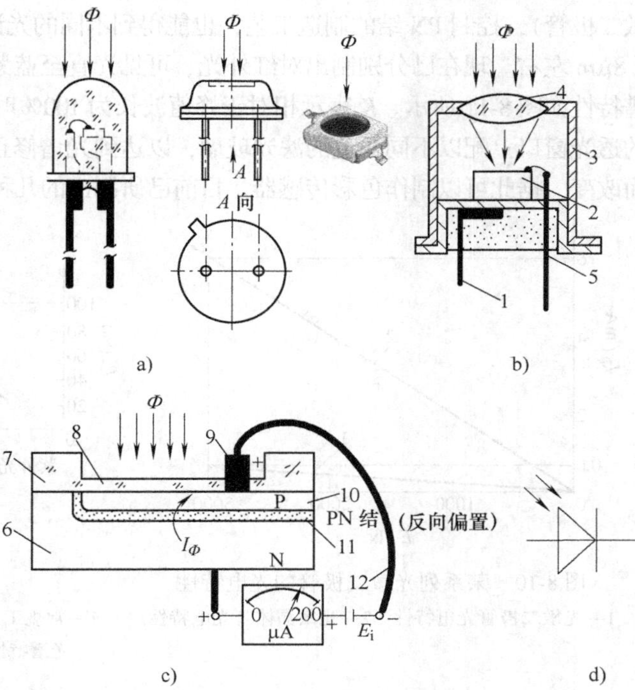

三、光敏二极管的特性

（1）最高反向工作电压 是指光敏二极管在无光照的条件下，反向漏电流不大于$10\mu A$时所能承受的最高反向电压值。APD光敏二极管工作时的反向电压值较高，可以提高电流灵敏度。

（2）暗电流 是指光敏二极管在无光照及最高反向工作电压条件下的漏电流。暗电流越小，光敏二极管的性能越稳定，检测弱光的能力就越强。

（3）光电流 是指光敏二极管在受到一定光照时，在最高反向工作电压下产生的电流。测量条件：856K钨丝光源，照度为1000lx。也可以选用940nm波段，光强为$1mW/m^2$的LED光源进行测试。

（4）伏安特性 某系列光敏二极管的伏安特性如图8-9所示。光敏二极管工作在第三象限，流过它的电流与照度成正比（曲线的间隔相等），正常使用时应施加1.5V以上的反向偏置电压为宜。

（5）光电特性 某系列光敏二极管的光电特性如图8-10中的曲线1所示，光电流I_Φ与照度基本呈线性关系。

（6）光谱特性 不同材料的光敏二极管对不同波长入射光的灵敏度是不同的，即使是同一材料（如硅光

图8-8 光敏二极管
a）外形图 b）封装结构 c）管芯结构 d）图形符号
1—负极引脚 2—管芯 3—外壳 4—玻璃聚光镜 5—正极引脚
6—N型衬底 7—SiO_2保护圈 8—SiO_2透明保护层 9—铝引出电极 10—P型扩散层 11—耗尽层 12—金丝引出线

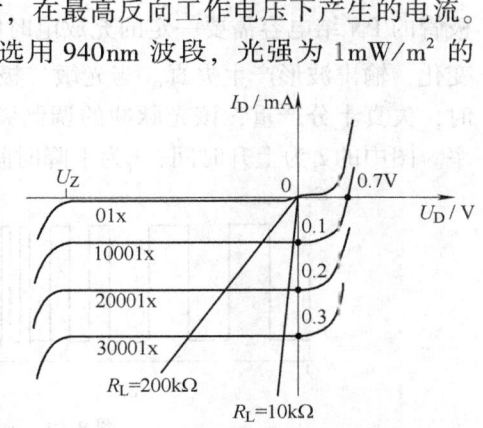

图8-9 某系列光敏二极管的伏安特性

敏二极管),控制 PN 结的制造工艺,也能得到不同的光谱特性。例如,硅光敏元件的峰值波长为 0.8μm 左右。现在已分别制出对红外光、可见光直至蓝紫光敏感的光敏晶体管,光敏二极管的光谱特性如图 8-11 所示。K_r 表示相对于峰值波长为 100% 时的相对灵敏度。有时还可在光敏二极管的透光窗口上配以不同颜色的滤光玻璃,以达到光谱修正的目的,使光谱响应峰值波长根据需要而改变,据此可以制作色彩传感器。目前已研制出的几种光敏材料光谱峰值波长如表 8-5 所示。

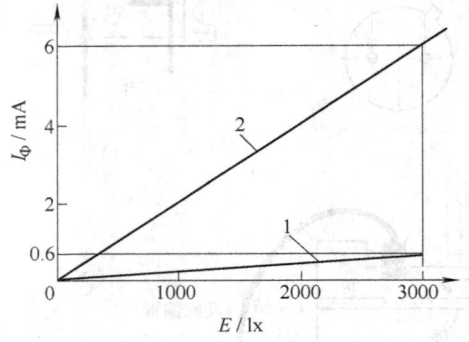

图 8-10 某系列光敏二极管的光电特性
1—光敏二极管光电特性 2—光敏晶体管光电特性

图 8-11 光敏二极管的光谱特性
1—常规工艺硅光敏二极管的光谱特性 2—滤光玻璃引起的光谱特性紫偏移 3—滤光玻璃引起的光谱特性红偏移

表 8-5 几种光敏材料的光谱峰值波长

材料名称	GaAsP	GaAs	Si	HgCdTe	Ge	GaInAsP	AlGaSb	GaInAs	InSb
峰值波长/μm	0.6	0.65	0.8	1～2	1.3	1.3	1.4	1.65	5.0

(7) 结电容 C_t 是指光敏二极管 PN 结在最高反偏电压时的电容。C_t 是影响光电响应速度的主要因素。PN 结面积越小,结电容 C_t 也越小,工作频率就越高。光敏二极管的响应时间主要取决于 PN 结电容和外部负载电阻的乘积。

(8) 响应时间 是指光敏二极管将光信号转化为电信号所需要的时间,响应时间越短,说明光敏二极管的工作频率越高。工业级硅光敏二极管的响应时间为 $10^{-7} \sim 10^{-5}$s 左右。因此在要求快速响应或入射光调制频率(明暗交替频率)较高时,应选用高速硅光敏二极管。

某型号光敏二极管频率特性如图 8-12 所示。当光脉冲的重复频率提高时,由于光敏二极管的 PN 结电容需要一定的充放电时间,所以它的输出电流的变化无法立即跟上光脉冲的变化,输出波形产生失真。当光敏二极管的输出电流或电压脉冲幅度减小到低频时的 $1/\sqrt{2}$ 时,失真十分严重,该光脉冲的调制频率就是光敏二极管的最高工作频率 f_H,又称截止频率。图中的 t_r 为上升时间,t_f 为下降时间。

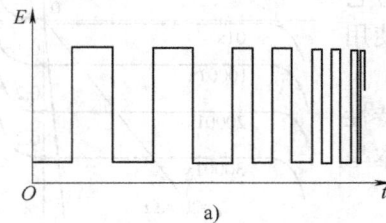
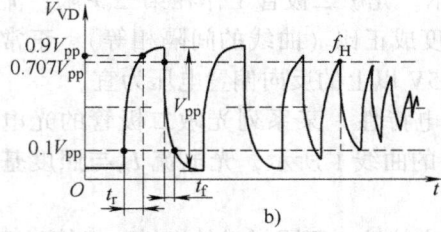

图 8-12 某型号光敏二极管的频率特性
a) 输入调制光脉冲 b) 光敏二极管脉冲响应

(9) 温度特性 温度变化对亮电流影响不大,但对暗电流的影响非常大,并且是非线性的,将给微光测量带来误差。

四、光敏二极管的应用电路

光敏二极管在应用电路中必须反向偏置,否则流过它的电流就与普通二极管的正向电流一样,不受入射光的控制。光敏二极管的反偏电路如图 8-13a 所示,输出电压与 I_D 成正比。

$$U_{o1} = I_D R_L \tag{8-4}$$

例 8-2 采用反相器可以得到较大的负载能力。利用反相器将光敏二极管的输出电压转换成 TTL 电平的反相驱动电路如图 8-13b 所示,光敏二极管的光电特性如图 8-10 所示,已知 $R_L = 10 \text{k}\Omega$。求:74HC04 的输出从高电平稳定地跳变为低电平时的照度阈值(在 $V_{DD} = 5\text{V}$ 时,74HC04 反相器的最高输入低电平电压 $U_{IL} \approx 2.4\text{V}$)。

解 当 74HC04 反相器的输入电压逐步升高到 $U_{IL} = 2.4\text{V}$ 时,输出从高电平跳变为低电平(0.1V)时,由此可知,流过 R_L 的电流

$$I_D = U_{RL}/R_L = (V_{DD} - U_{IL})/R_L = (5 - 2.4)\text{V}/10\text{k}\Omega = 0.26\text{mA}$$

查图 8-10,此时的照度 E = (3000lx/0.6mA) × 0.26mA = 1300lx。

由于 74HC04 输入端的 U_i 在 2.4 ~ 2.6V 之间时的输出状态不定,所以当照度在 1200 ~ 1300lx 之间时,74HC04 输出端状态无法判断,可能产生频繁的翻转。可以将 IC_1 改为具有施密特特性的 74HC14,这样就可以提高照度在阈值附近微小变化时的抗干扰能力(见图 8-48)。

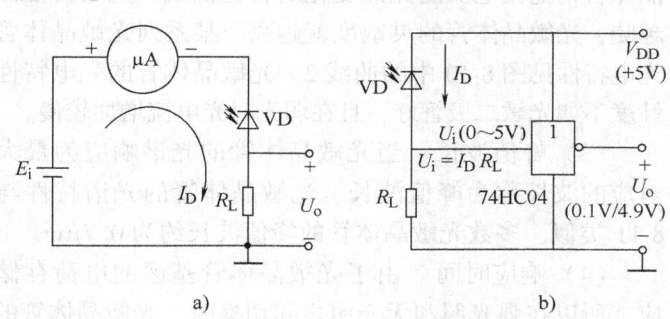

图 8-13 光敏二极管的应用电路
a) 反偏电路 b) 反相驱动电路

任务四 光敏晶体管的特性及应用电路

一、光敏晶体管的结构及工作原理

光敏晶体管也称为光敏三极管,它有两个 PN 结。与普通晶体管相似,也有电流增益。NPN 型光敏晶体管如图 8-14 所示。多数光敏晶体管的基极没有引脚,只有集电极和发射极(C、E)两个引脚,所以其外形与光敏二极管相似,从外观上很难区别。

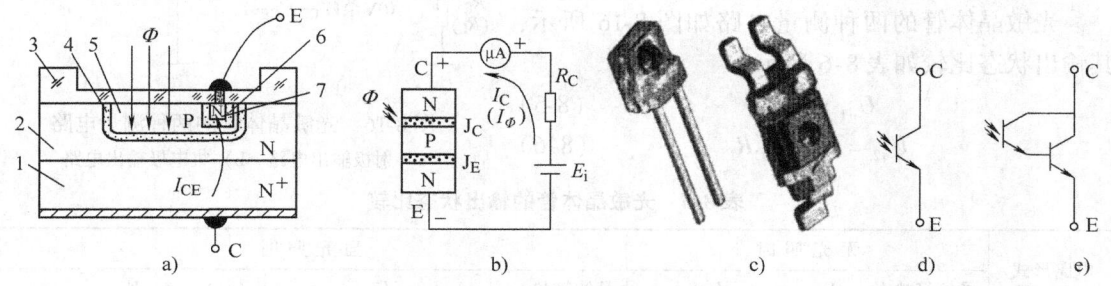

图 8-14 NPN 型光敏晶体管
a) 管芯结构 b) 结构简化图 c) 光敏晶体管外形 d) 光敏晶体管图形符号 e) 光敏达林顿晶体管图形符号
1—N^+ 衬底 2—N 型集电区 3—透光 SiO_2 保护圈 4—集电结 J_C 5—P 型基区 6—发射结 J_E 7—N 型发射区

光线通过透明窗口落在基区及集电结上，当电路按图 8-14b 所标示的电压极性连接时，集电结反偏，发射结正偏。当入射光子在集电结附近产生电子-空穴对后，与普通晶体管的电流增益作用相似，集电极电流 I_C 是原始光电流的 β 倍，因此光敏晶体管比光敏二极管的灵敏度高几十倍。

二、光敏晶体管的特性

（1）**光敏晶体管的伏安特性** 指在给定的照度下光敏晶体管上的电压 U_{CE} 与光电流（即集电极电流）I_Φ 的关系。某系列 NPN 型光敏晶体管的伏安特性如图 8-15 所示。光敏晶体管在不同照度下的伏安特性与一般晶体管在不同基极电流下的输出特性相似。从图 8-15 中可以看出，光敏晶体管的工作电压一般应大于 3V。若在伏安特性曲线上作负载线，便可求得某光强下的输出电压 U_{CE}。从图 8-15 中可以看出，当光敏晶体管的 U_{CE} 大于某极限值时，光电流陡然上升，此时的电压称为集电极-发射极击穿电压。在无光照的情况下，流过集电极的 I_{CE0} 为光敏晶体管的暗电流。

（2）**光电特性** 是指当施加规定的工作电压时，光敏晶体管集电极电流随光照变化的特性曲线。光电特性曲线越陡，光敏晶体管的灵敏度就越高。某系列光敏晶体管的光电特性见图 8-10 中的曲线 2。光敏晶体管的光电特性线性度不如光敏二极管好，且在弱光时光电流增加较慢。

（3）**峰值波长** 当光敏晶体管的光谱响应为最大时对应的波长称为峰值波长。光敏晶体管的光谱特性与图 8-11 类似，多数光敏晶体管的峰值波长约为 $0.7\mu m$。

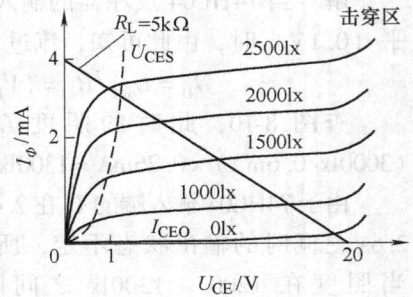

图 8-15 某系列 NPN 型光敏晶体管的伏安特性

（4）**响应时间** 由于光敏晶体管基区的电荷存储效应，所以在强光照和无光照之间切换时，光敏晶体管的饱和与截止需要更多的时间，它对入射调制光脉冲的响应时间更慢，最高工作频率 f_H 更低。光敏晶体管的响应时间比相应的二极管慢一个数量级，为微秒数量级。

（5）**温度特性** 温度对光敏晶体管的暗电流及光电流都有影响。由于光电流比暗电流大得多，在一定温度范围内，温度对光电流的影响比对暗电流的影响要小，但硅光敏晶体管的集电极电流温漂比光敏二极管的电流大几十倍，约为 1%/℃。

三、光敏晶体管应用电路

光敏晶体管的两种测量电路如图 8-16 所示，其输出状态比较如表 8-6 所示。

$$U_{o1} = I_C R_E \quad (8-5)$$
$$U_{o2} = V_{CC} - I_C R_E \quad (8-6)$$

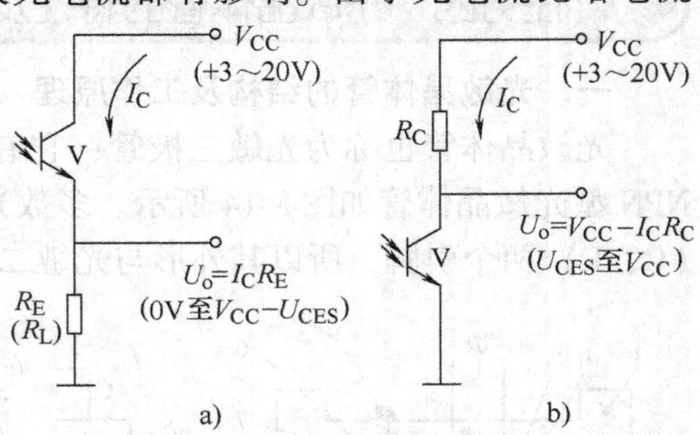

图 8-16 光敏晶体管的两种测量电路
a) 射极输出电路 b) 集电极输出电路

表 8-6 光敏晶体管的输出状态比较

电路形式	无光照时			强光照时		
	晶体管状态	I_C	U_o	晶体管状态	I_C	U_o
射极输出	截止	0	0（低电平）	饱和	$(V_{CC}-0.3V)/R_L$	$V_{CC}-U_{CES}$（高电平）
集电极输出	截止	0	V_{CC}（高电平）	饱和	$(V_{CC}-0.3V)/R_L$	U_{CES}（0.3V，低电平）

从表 8-6 可以看出，射极输出电路的输出电压变化与光照的变化趋势相同，而集电极输出电路的输出变化趋势与光照的变化趋势相反。

例 8-3 光控继电器电路如图 8-17 所示。

1）分析工作过程。

2）若 $V_{CC}=12V$，中间继电器 KA 的驱动线圈阻值 $R_{KA}=100\Omega$，设 V_2 的 β 足够大，求：在强光照时，流过中间继电器 KA 的电流。

解 1）当无光照时，V_1 截止，$I_B=0$，V_2 也截止，继电器 KA 处于失电（释放）状态。

当有强光照时，V_1 产生较大的光电流 I_Φ，I_Φ 的一部分流过下偏流电阻 R_{B2}（起稳定工作点作用），另一部分流经 R_{B1} 及 V_2 的发射结。当 $I_B>I_{BES}$（I_{BES} 为集电极饱和电流，$I_{BES}=I_{CES}/\beta$）时，V_2 饱和，产生较大的集电极饱和电流 I_{CES}，$I_{CES}=(V_{CC}-0.3V)/R_{KA}$，因此继电器 KA 得电并吸合。如果将 V_1 与 R_{B2} 位置上下对调，其结果相反，请读者自行分析。

2）由于 β 足够大，在强光照时，I_Φ 较大，流过 V_2 集电极的电流与 β 以及基极电流 I_B 基本无关，$I_{CES}\approx(12-0.3)V/0.1k\Omega=117mA$。

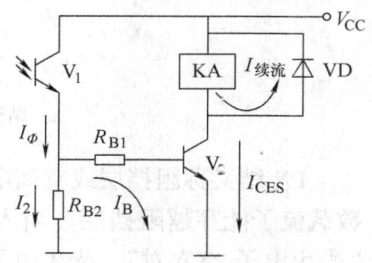

图 8-17 光控继电器电路

【光敏晶体管照度与光电流计算训练】

光敏晶体管的光电特性如图 8-10 中的曲线 2 所示，$E_x/3000lx=(I_x/6mA)$，测量电路见图 8-16b，$V_{CC}=5V$，$R_C=1k\Omega$。在强光照时，光敏晶体管的饱和压降 $U_{CES}=0.3V$，饱和电流与照度基本无关，$I_{CES}=(V_{CC}-U_{CES})/R_{KA}=(5V-0.3V)/1k\Omega=4.7mA$，此时的照度 $E=(3000lx/6mA)\times4.7mA=2350lx$。请填写下表。

照度/lx	0	1000	2000	2350	3000	4000	5000
光电流/mA	0	2		4.7	4.7		
集电极电阻压降/V							4.7
集电极电压/V			1		0.3		

任务五　光电池的特性及应用电路

光电池能将入射光能量转换成电压和电流，属于光生伏特效应元件。光电池的种类很多，有硒、锗、硅、硫化铊、硫化镉、砷化镓等制成的光电池。其中碲化镉光电池适合制作薄膜光电池，其理论转换效率达 30%。砷化镓光电池大多采用外延法制备，具有耐高温、耐辐射的特点，但生产成本高，目前主要作空间电源用。磷化铟光电池的抗辐射性能较好，多用于卫星光电池板。硒光电池因光谱特性与人眼视觉很相近，频谱较宽，故多用于照度计。工业和日常生活中常用的是硅光电池，它具有转换效率较高，性能稳定等特点。

一、硅光电池的结构及工作原理

硅光电池的材料有单晶硅、多晶硅和非晶硅等。硅光电池如图 8-18 所示。硅光电池的基体材料为一薄片 P 型单晶硅，其厚度在 0.4mm 以下，在 P 型硅的表面，利用热扩散法生成一层 N 型受光层，基体和受光层的交接处形成 PN 结（硅光电池实质上是一个大面积的半导体 PN 结)。在 N 型受光层上制作有栅状负电极。在受光面上还均匀覆盖有一层很薄的浅蓝色一氧化硅抗反射膜,可以使电池对有效入射光的吸收率提高 20%。

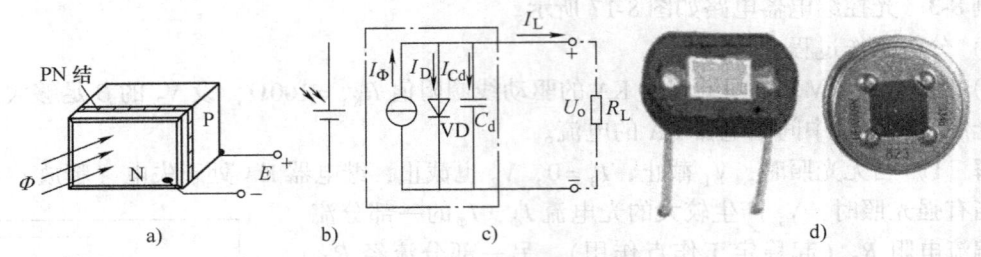

图 8-18 硅光电池
a) 结构示意图　b) 图形符号　c) 等效电路　d) 外形

PN 结又称阻挡层或空间电荷区,靠近 N 区的区域带正电,靠近 P 区的区域带负电,少数载流子能穿越阻挡层。当入射光子的能量足够大时,PN 结每吸收一个光子就产生一对"光生电子-空穴对"。光生电子在 PN 结的内电场作用下,漂移进入 N 区;光生空穴在 PN 结的内电场作用下,漂移进入 P 区。光生电子在 N 区的聚集使 N 区带负电,光生空穴在 P 区的聚集使 P 区带正电。如果光照是连续的,经短暂的时间(μs 数量级),PN 结两侧就有一个稳定的光生电动势 E 输出。当硅光电池接入负载后,光电流从 P 区经负载流至 N 区,向负载输出功率。

二、硅光电池的基本特性

(1) 光电特性　硅光电池的负载电阻不同,输出电压和电流也不同。某系列硅光电池的光电特性如图 8-19 所示。曲线 1 是光电池负载开路时的"开路电压"U_o 特性曲线,曲线 2 是负载短路时的"短路电流"I_Φ 特性曲线。开路电压 U_o 与照度的关系呈非线性,近似于对数关系,在 2000lx 照度以上就趋于饱和。由实验测得,负载电阻越小,光电流与照度之间的线性关系就越好。当负载短路时,光电流在很大范围内与照度呈线性关系。当希望光电池的输出与照度成正比时,应把光电池作为电流源来使用;当被测非电量是开关量时,也可以把光电池作为电压源来使用。

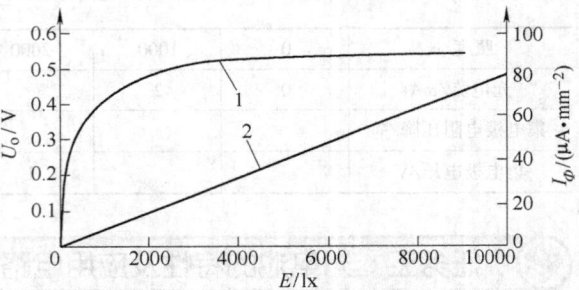

图 8-19 某系列硅光电池的光电特性
1—开路电压曲线　2—短路电流曲线

从图 8-18c 的光电池等效电路中可以看出,光电池实际上是一个光控恒流源。当 R_L 开路时,由于等效电路中,正向并联着一个由光电池 PN 结构成的二极管,当光电池的输出电压超过 PN 结的导通电压 (0.5~0.6V) 时,I_Φ 就通过该 PN 结形成回路,所以单片硅光电池的输出电压不可能超过 PN 结的正向导通电压。如果要得到较大的输出电压,必须将多块光电池串联起来。

(2) 光谱特性　硒 (Se)、硅 (Si)、锗 (Ga) 光电池的光谱特性如图 8-20 所示。随着制造技术的进步,硅光电池已具有从蓝紫到近红外的宽光谱特性。目前许多厂商已生产出峰值波长为 0.7μm (可见光) 的硅光电池,在紫光 (0.4μm) 附近,相对灵敏度 K_r 仍有 40%~60%,

大大扩展了硅光电池的应用领域。硒光电池和锗光电池由于稳定性较差，目前应用渐少。

（3）频率特性　频率特性是描述入射光的调制频率与光电池输出电流间的关系。由于光电池受照射产生电子-空穴对需要一定的时间，因此当入射光的调制频率太高时，光电池的输出光电流将下降。硅光电池的面积越小，PN结的极间电容也越小，频率响应就越好。$1mm^2$硅光电池的频率响应可达数兆赫。

（4）光电池的温度特性　光电池的温度特性是描述光电池的开路电压U_o及短路电流I_o随温度变化的特性，如图8-21所示。开路电压随温度的增高而下降，开路电压的温度系数约为$-0.34\%/℃$，短路电流温度系数：$+0.017\%/℃$。当光电池作为检测元件时，应考虑温漂的影响，采取相应措施进行补偿。某2CU系列硅光电池的主要技术指标如表8-7所示。

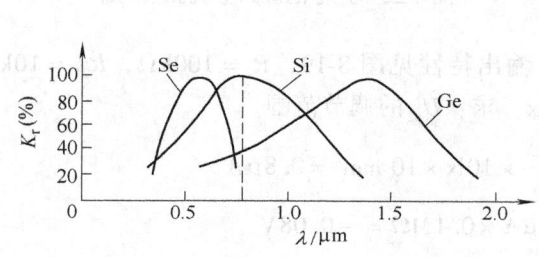

图8-20　硒（Se）、硅（Si）、锗（Ga）光电池的光谱特性

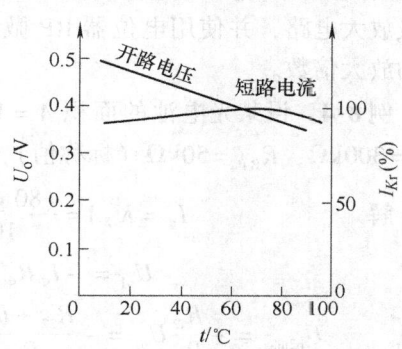

图8-21　光电池的温度特性

表8-7　某2CU系列硅光电池的主要技术指标

参数名称	测试条件	2CU金属外壳			2CU100黑陶瓷	2CU025黑陶瓷	2DU025黑陶瓷
外形尺寸	—	φ22mm			φ16.5mm×15mm	φ10.5mm×9mm	16.5mm×9mm×4mm
有效面积/mm^2	—	10×10			10×10	5×5	5×5
窗口材料	—	玻璃	石英	色片	环氧	石英	环氧
灵敏度/μA	2856K，100 lx	40			40	20	20
波长范围/nm	10%λ_{max}	200~1050		380~680	300~1050	200~1050	400~1100
峰值波长/nm		650		550	650		900
暗电流/μA	$E=0$，$V_r=1V$	1	0.1	10	1	0.1	1
结电容/nF	$E=0$，$V_r=0$	<10	<10	<10	<10	<2.5	<1.2
上升时间/μs	$E=1000$ lx，$R_L=100\Omega$	100	200		100	20	10

三、硅光电池的应用电路

为了得到光电流与照度成线性的特性，要求光电池的负载必须短路（负载电阻趋向于零）。但是，这在直接采用动圈式仪表的测量电路中是很难做到的，采用集成运算放大器组成的I/U转换电路才能较好地解决短路电流测量的难题。光电池短路电流测量电路如图8-22所示。

由于运算放大器的开环放大倍数$A_{od}\to\infty$，所以$U_{AB}\to0$，由于B点接地，所以A点亦为地电位（虚地）。从光电池的输出端角度分析，运放的输入端相当于将光电池对地短路，所以其负载特性属于短路电流的性质。又因为运算放大器反相端输入电流 $I_A \rightarrow 0$，所以 $I_{R_f} \approx I_\Phi$，则输出电压

$$U_{o1} = -U_{R_f} = -I_\Phi R_f \qquad (8\text{-}7)$$

从式（8-7）可知，该电路的输出电压 U_{o1} 与光电流 I_Φ 成正比，从而达到电流/电压转换的目的。若希望 U_{o1} 为正值，可将光电池极性调换。光电池用于微光测量时，I_Φ 可能较小，则可增加一级放大电路，并使用电位器 RP 微调总的放大倍数。

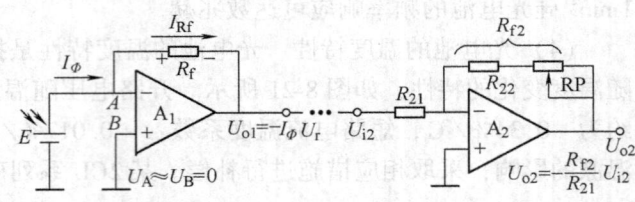

图 8-22 光电池短路电流测量电路

例 8-4 设某光电池的面积 $A = 10 \text{mm}^2$，输出特性见图 8-19，$R_f = 100 \text{k}\Omega$，$R_{21} = 10 \text{k}\Omega$，$R_{22} = 300 \text{k}\Omega$，$R_{RP} = 50 \text{k}\Omega$（标称值），$E = 10 \text{lx}$，求：$U_{o2}$ 的调节范围。

解
$$I_\Phi = K_\Phi A = \frac{(80 \text{ μA/mm}^2)}{10000 \text{lx}} \times 10 \text{lx} \times 10 \text{ mm}^2 = 0.8 \text{μA}$$

$$U_{o1} = -I_\Phi R_\Phi = -0.8 \text{μA} \times 0.1 \text{MΩ} = -0.08 \text{V}$$

$$U_{o2\max} = -\frac{R_{f2}}{R_{21}} U_{o1} = -\frac{R_{22} + R_{RP}}{R_{21}} U_{o1} = -\frac{300 \text{kΩ} + 50 \text{kΩ}}{10 \text{kΩ}} \times (-0.08 \text{V}) = 2.8 \text{V}$$

$$U_{o2\min} = -\frac{R_{22}}{R_{21}} U_{o1} = -\frac{300 \text{kΩ}}{10 \text{kΩ}} \times (-0.08 \text{V}) = 2.4 \text{V}$$

所以 U_{o2} 的调节范围为 2.4~2.8V。

常用光电元件及特性如表 8-8 所示。

表 8-8 常用光电元件及特性

名 称	所使用物理原理	特 点
紫外光电管	外光电效应	信噪比较高；易破碎，对可见光不敏感，多用于紫外线的检测
光电倍增管	外光电效应	暗电流小于 1nA，信噪比高，电流倍增可达 10^8，在 $10^{-14} \text{lm} \sim 10^{-6} \text{lm}$ 范围内线性度；体积较大，玻璃外壳易破碎；可用于微光测量及射线探伤的荧光检测
光敏电阻	内光电效应	价廉；线性度差，温漂大，响应慢；可用于 100lx 以下测量或判断有无光照
工业光敏二极管	内光电效应	体积小，线性好，温漂小，响应时间可达 1μs；可用于光电传感器
PIN 光敏二极管	内光电效应	线性好，灵敏度高，频带可达 1GHz；输出电流比工业光敏二极管小（μA 数量级）；可用于光纤通信
APD 光敏二极管	雪崩效应	雪崩电流增益大，灵敏度比工业光敏二极管高近千倍，频带可达 100GHz；雪崩散粒噪声大；可用于远距离光纤通信的光接收机
光敏晶体管	内光电效应	灵敏度比工业光敏二极管高几十倍；线性度好，温漂比工业光敏二极管大，响应较慢；可用于光电传感器

（续）

名　　称	所使用物理原理	特　　点
光敏晶闸管	内光电效应	导通电流可达几安培，反向电压可达上千伏，响应较慢；可用于光耦及光电控制
光电池	光生伏特效应	线性好，输出电流与面积以及光照成正比，响应时间与面积成反比；可用于光电传感器

项目二　光电传感器的应用

【项目教学目标】

☞知识目标

1）了解光电传感器4种类型的应用。
2）了解锅炉炉膛火焰的检测方法。

☞技能目标

1）掌握转速测量中的±1误差分析。
2）掌握边缘位置的检测和纠偏方法。

　　光电检测属于非接触式测量，根据被测物、光源、光电元件三者之间的关系，可以将光电传感器分为下述4种形式。

　　1）被测物本身是光源，被测物发出的光投射到光电元件上，光电元件的输出反映了光源的某些物理参数，如图8-23a所示。典型的例子有光电高温比色温度计、照度计、照相机曝光量控制等。

　　2）恒光源发射的光通量穿过被测物，一部分由被测物吸收，剩余部分投射到光电元件上，吸收量决定于被测物的某些参数，如图8-23b所示，典型例子如透明度计、浊度计等。

　　3）恒光源发出的光通量投射到被测物上，然后从被测物表面反射到光电元件上，光电元件的输出反映了被测物的某些参数，如图8-23c所示。典型的例子如用反射式光电法测转速、测量工件表面粗糙度、纸张的白度等。

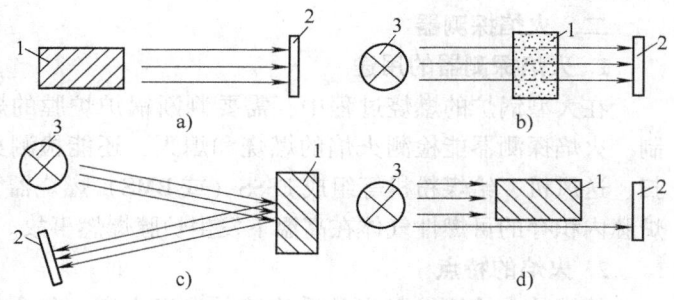

图8-23　光电传感器的4种应用形式

a）被测物是光源　b）被测物吸收部分光　c）被测物是有反射能力的表面　d）被测物遮蔽部分光

1—被测物　2—光电元件　3—恒光源

　　4）恒光源发出的光通量在到达光电元件的途中遇到被测物，照射到光电元件上的光通量被遮蔽掉一部分，光电元件的输出反映了被测物的尺寸，如图8-23d所示。典型的例子如振动测量、工件尺寸测量等。

任务一 被测物本身是光源的检测

一、照度计

照度计（或称勒克斯计）是一种专门测量光度、亮度的仪器仪表。照度计通常是由硅光电池（或硒光电池）与微安表（模拟式）或数字电路组成，如图8-24所示。

当数字式照度计的测量头对准被测照度的表面时，被测物的反射光线穿过"余弦角度补偿器"及$V(\lambda)$修正滤光片到达光电池。流过微安表的光生电流与光电池受光表面上的照度成正比，微安表以勒克斯（lx）刻度。如果将光电池的电流进行A-D转换，就可以用LCD来显示照度值。照度计有自动换档功能，量程为0.01～99999lx。

光电池在光线垂直入射的方向上响应最大。随着入射角的增加，光电池的输出电流按余弦规律减小。当入

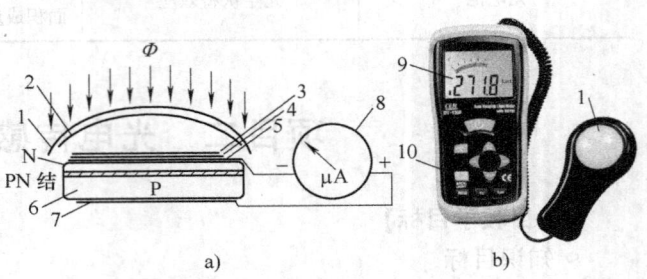

图8-24 照度计
a）原理图 b）外形
1—余弦角度补偿器 2—$V(\lambda)$修正滤光片 3—磷硅玻璃
4—氮化硅减反射膜 5—SnO_2半透明栅线前电极 6—光电池
7—银铝浆电极 8—微安表 9—液晶屏 10—控制键

射角等于90°时，输出为零，这一特性称为余弦特性。为了消除不同入射角时的误差，应在照度计的光电池前面加一个角度补偿器（余弦修正器）。补偿器可用乳白玻璃或乳白有机玻璃制成，常做成球壳状，见图8-24b。

由于光通量及照度与人眼的特性有关，所以必须设置$V(\lambda)$滤光片，使得光电池光谱响应度分布$S(\lambda)$与人眼的光谱光效率函数尽量一致。

二、火焰探测器

1. 火焰探测器的用途

在大型锅炉的燃烧过程中，需要判断锅炉炉膛的燃烧状况，从而实现燃烧的管理和控制。火焰探测器能检测火焰的燃烧和熄灭，还能检测火焰的稳定性。火焰探测器与炉膛吹扫、送风机、给煤粉机等组成FSSS（或BMS）燃烧器管理系统，可以防止火焰突然熄灭时，炉膛内积存的可燃性气体在高温下发生炉膛爆燃事故。

2. 火焰的特点

较强的火焰能发射出几乎连续的发光光谱，包含红外光、可见光和紫外光。煤粉（渣油）火焰的燃烧信号是一种不规则的脉动信号，是由火焰在燃烧过程中，微粒的集结、运动、发光、燃尽等结果所致。频率信号包含信号的频谱、带宽、峰峰值等参数，要对这部分信号进行滤波、交换，从中提取火焰的燃烧特征。经过大量的实验分析，锅炉中的煤粉火焰存在着3种闪烁频率：①15～50Hz时火焰正常；②7～15Hz时火焰不稳定；③小于7Hz时火焰丧失。

由于炉膛内炽热的焦渣及灰粉发光的频率不超过2Hz，所以通过频率信号的频谱分析及强度判断，可以确定火焰的存在。锅炉炉膛的辐射强度变化如图8-25所示。

3. 火焰探测器的结构

如果仅使用红外传感器检测炉膛的辐射，则不能区分炉膛的本底高温与煤粉的燃烧。紫

外光电管可以检测火焰发出的紫外线，但是不耐高温，工作一段时间后，灵敏度下降。

火焰检测装置由火焰检测探头、脉动信号放大处理电路、频谱分析电路等组成。锅炉火焰检测原理图如图8-26所示。火焰检测探头由红外滤除片（阻止红外线通过）、高温镜头、光导纤维（隔热，对紫外线无响应）、光电池、带通放大器、信号处理器等组成。

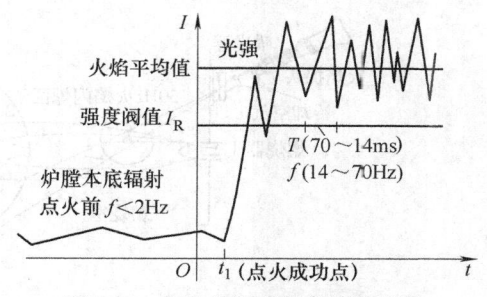

图8-25　锅炉炉膛的辐射强度变化

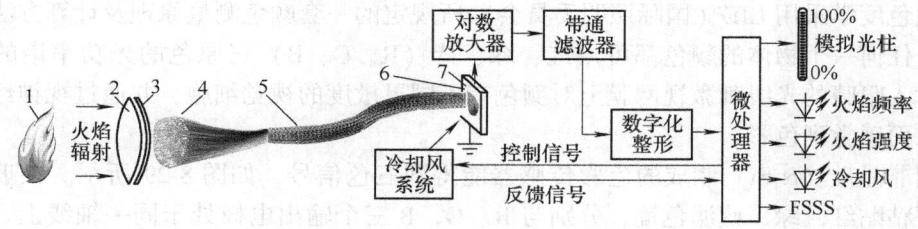

图8-26　锅炉火焰检测原理图
1—火焰　2—高温镜头　3—红外滤除片　4—成像光导纤维束
5—光导纤维外壳　6—火焰成像　7—光电池

高温镜头将炉膛某个区域的火焰成像在光导纤维束的端面，光导纤维将火焰信号传输到远离高温的光电池上。光电池产生与火焰脉动相同的电流信号，再传送到信号处理电路，将火焰信号分成"强度"、"频率"两部分，分别进行处理。也可以采用CCD摄像机拍摄火焰彩色图像，然后对彩色图像进行相干光谱数据处理和傅里叶频谱分析。

当火焰的频率及强度均高于设定的阈值时，微处理器判定为"有火"；反之判定为"无火"。为了避免误发灭火信号，提高火焰检测器的可靠性，火焰检测器有1~5s的延时。无火延时的长短取决于灭火前的强度和频率的变化速率。当火焰的强度、频率值以高速率降至阈值以下时，延时应长一些。因为这时炉内有足够的能量支持燃烧，不会达到真正灭火的状态。当火焰的强度、频率缓慢地降至阈值时，此时火焰的支持能量较小，延时时间就要短一些。

光导纤维的传输特性在波长500nm以上范围内是平坦的，带红外滤除片的光电池仅对可见光有响应。综合光导纤维、红外滤除器、光电池的光谱特性后，火焰探头的光谱响应如图8-27所示，炉膛火焰探测器的安装如图8-28所示。

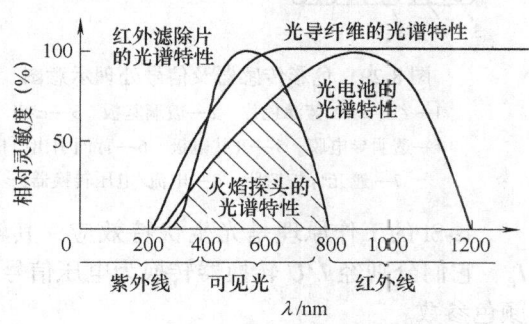

图8-27　火焰探头的光谱响应

三、色彩传感器

白色光源照在物体上时，物体表面的反射光颜色将由物体的性质决定。在许多场合，必须判定反射光的颜色。用色彩传感器就可以实现对色彩的测定，可应用于图像处理、美工、纺织、印染、涂料、食品加工、农作物生长等方面。

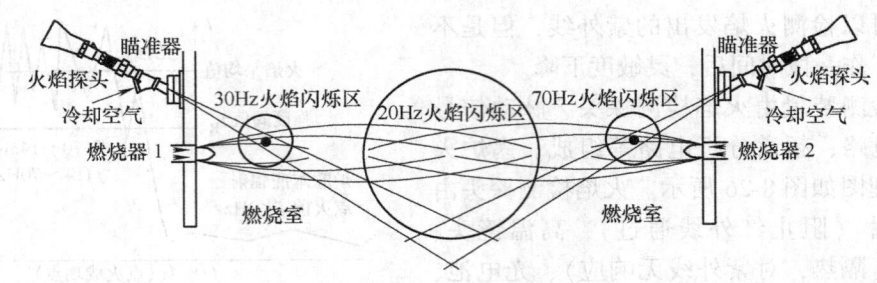

图 8-28　炉膛火焰探测器的安装

现代色度学采用 CIE（国际照明委员会）所规定的一套颜色测量原理及计算方法来确定颜色的。任何一个物体的颜色都可用红、绿、蓝（R、G、B）三原色的光功率谱的函数来表示。射入眼睛的光线刺激视网膜上对颜色有不同灵敏度的视觉细胞，并通过视神经传送到大脑，从而感觉到色彩。

采用非晶硅（α-Si）制成的色彩传感器能得到三色信号，如图 8-29 所示。在玻璃基板上按顺序粘贴红、绿、蓝滤色镜，分别与 R、G、B 三个输出电极处于同一轴线上。α-Si 本身的光谱灵敏度与人眼十分接近，峰值波长约为 $0.5\sim0.6\mu m$，而不像波长为 $0.8\mu m$ 的单晶硅特性（见图 8-20）。因此，当光线透过红、绿、蓝滤光片后，就可以分别得到如图 8-30 所示的光谱特性。

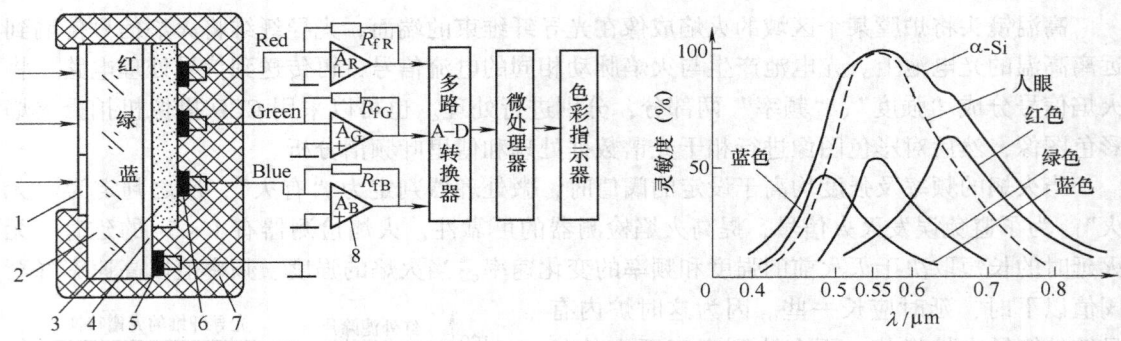

图 8-29　色彩传感器及信号处理示意图
1—红、绿、蓝滤色片　2—玻璃基板　3—α-Si
4—透明导电膜　5—公共电极　6—背面引出电极
7—遮光保护树脂　8—电流/电压转换器

图 8-30　α-Si 色彩传感器的光谱特性

α-Si 的工作原理是光生伏特效应，其输出是与接收到的光成正比的电流信号 I_R、I_G、I_B，它们分别经 I/U 转换器转换为电压信号，由微处理器根据色度学原理，计算出被测物的颜色参数。

使用 α-Si 色彩传感器必须采用日光型照明光源，在更换光源时，必须重新校正物体的色彩设定值。

任务二　被测物吸收部分光的检测

一、人体指尖脉搏仪

根据郎伯-比尔定律，当一束平行单色光垂直通过某一均匀非散射的吸光物质时，其吸光度与吸光物质的浓度及吸收层厚度成正比,而与入射光强无关。当恒定波长的光照射到人体组织上时,通过人体组织吸收、反射、衰减后测量到的光强在一定程度上反映了被照射部位组织的结构特征。

脉搏主要由人体动脉舒张和收缩产生。在人体指尖组织中的微动脉较多,指尖厚度相对其他人体组织而言较薄,透过手指检测到的光强相对较大,因此光电式脉搏传感器的测量部位可以放在人体指尖。光电式指尖脉搏仪示意图如图8-31所示。

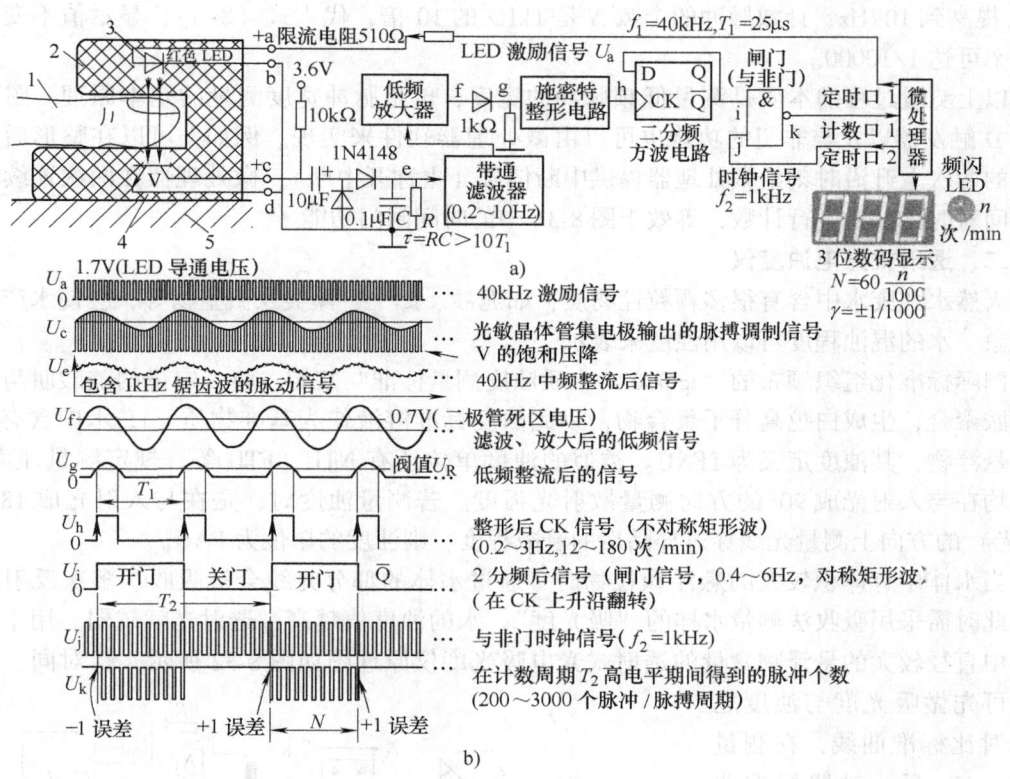

图 8-31 光电式指尖脉搏仪示意图
a) 电原理框图 b) 各关键点信号波形
1—中指 2—遮光盒 3—红色发光二极管 4—光敏晶体管 5—基座

手指的皮肤、肌肉、骨骼等组织的光吸收量是恒定的,而光透过手指后的变化主要由动脉血的充盈而引起,通过检测透过手指的光强可以间接测量到人体的脉搏信号。在人体指尖脉搏仪中,光敏元件接收到的光信号不仅包含脉搏信息的透射光信号,还包含测量环境下的背景光信号。因而必须设置 0.5~10Hz 带通滤波器,以滤除 0.1Hz 以下和 20Hz 以上(例如工频)的干扰。整形后的矩形波信号经过二分频电路,转换为对称的方波,控制时间闸门(与非门)的开启和关闭,从而使时间闸门输出一串计数脉冲 N。在一个计数周期内,计数脉冲的个数 N 与脉搏 n 成正比。微处理器按式(8-8)计算,就可以在 LED 数码管上显示出每分钟的脉搏数值

$$n = 60\frac{f}{N} = 60\frac{1000}{N} \tag{8-8}$$

式（8-8）给出的理论分辨率可达 1/1000，主要因时间闸门开启和关闭时与时钟脉冲的边沿不同步而致，使计数脉冲群的首尾可能多一个或少一个脉冲。在本设计中，由于受到数码管位数的限制，脉搏的真实分辨力为数码管最后一位所代表的数值（1 次/min）。可以利用"动态小数点"的方法来提高显示准确度：当脉搏在 99 次/min 以下时，小数点设置在倒数第二位，分辨力为 0.1 次/min；当脉搏在 99 次/min 以上时，不设小数点。在其他类似应用中，还可以通过提高"时钟频率"来提高分辨率，减小测量误差。例如，将 f_1 从原来的 1kHz 提高到 10kHz，计数脉冲的个数 N 是 1kHz 的 10 倍，代入式（8-8），显示值不变，但分辨率可达 1/10000。

以上测量过程的本质是测量低频脉冲的宽度，也是脉冲宽度测量的基本原理。图 8-31 中的 D 触发器以及与非门的功能也可以由微处理器软件来实现。例如，可以在整形后矩形周期的两次上升沿时刻给微处理器提供中断信号（也称开中断），微处理器在两次连续的中断期间对时钟脉冲进行计数，等效于图 8-31 中的时间闸门功能。

二、透射式光电浊度仪

天然水和废水中含有很多颗粒性物质，如泥沙、黏土、藻类及微生物等，会使水产生混浊现象。水的混浊程度可以用浊度来表示。

国际标准化组织颁布的"ISO7027 水质浊度测量标准"规定：将一定量的硫酸肼与六次甲基胺聚合，生成白色高分子聚合物，以此浊度标准溶液作为基准物质。1L 水中含有 1mg 此种悬浮物，其浊度定义为 1FNU。类似的浊度单位还有 NTU、FTU 等，规定测量浊度时，必须均在与入射光成 90°的方向测量散射光强度。若测量浊度时，是在与入射光成 180°角（顺光）的方向上测量光线穿过样品后的衰减程度，则浊度的单位为 FAU。

当水体中有体积较大的悬浮颗粒物时，通过水体的部分光线会被吸收、多次反射及散射，此时需采用吸收法测量水样的"吸光度"。水的浊度值越高，透射光就越弱。用于检测水样中直径较大的悬浮物含量的透射式光电吸光度仪原理图如图 8-32 所示。针对同一种物质，可先做吸光度与浊度之间的对比标准曲线，在测量出 U_{o1}/U_{o2} 后，对照标准曲线即可得出浊度的数值。

波长为（850 ± 30）nm 的 LED 光源发出红外光，从小孔 4 射出，光线经过半反半透镜 5 分成两束强度相等的光线：一路光线穿过标准水样 10（有时也采用标准衰

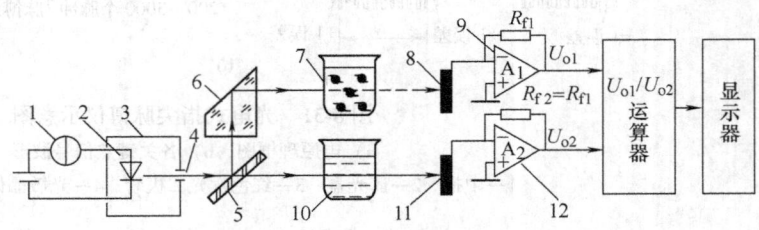

图 8-32 透射式光电吸光度仪原理图
1—恒流源 2—遮光盒 3—波长为 850nm 的 LED 4—小孔 5—半反半透镜
6—全反射镜 7—含沙被测水样 8、11—光电池 9、12—电流/电压
转换器 10—标准水样

减板），到达光电池 11，产生作为被测水样浊度的参比信号；另一路光线经全反射镜 6 后，穿过含沙被测水样 7 到达光电池 8，其中一部分光线被样品介质吸收。样品水样越混浊，光线衰减量越大，到达光电池 8 的光通量就越小。上下两路光信号分别为转换成电压信号 U_{o1} 和 U_{o2}，由运算器计算出 U_{o1}/U_{o2} 的比值，并进一步按标准水样计算出被测水样的浊度。

采用半反半透镜 5、标准水样 10 以及光电池 11 作为参比通道的好处是：当光源的光通量由于种种原因有所变化或环境温度变化引起光电池灵敏度发生改变时，由于两个通道的结

构完全一样,所以在计算 U_{o1}/U_{o2} 值时,上述误差可自动抵消,减小了测量误差。检测技术中经常采用类似的方法进行测量,因此从事检测工作的人员必须熟练掌握参比和差动的概念。若将上述装置略加改动,还可以制成光电比色计,用于血色素浓度测量、化学分析等场合。

任务三 被测物反射部分光的检测

一、散射式浊度仪

将一束光照射一定厚度的待测水样,穿过待测水样的入射光束被待测水样中的悬浮颗粒所散射。按照国际标准所规定,在与入射光 90°的方向上测量散射光强,可以得到水样的浊度。

当光线照射到液体中的粒子时,如果粒子的直径比入射光的波长大许多倍,则发生光的反射;如果粒子的直径小于入射光的波长,则发生光的散射。这时,可以观察到光波环绕微粒而向四周散射,称为散射光或乳光。散射光光强 I_{NTU} 可以用下式表示:

$$I_{NTU} = KI_i nV^2/\lambda^4 \tag{8-9}$$

式中 K——常数;
I_i——入射光强度;
λ——入射光波长;
n——单位体积内的悬浮颗粒数;
V——颗粒体积。

由式(8-9)可知,在稳定的入射光强度 I_i 以及波长 λ 的情况下,散射光强度与悬浮颗粒物的总量(nV^2)成正比。

用于测量水样中所含较小悬浮物的散射式光电浊度仪原理图如图 8-33 所示。当浊度仪用于测量有颜色的液体时,即使该液体中不含有颗粒性物质,也会对入射光产生吸收,而散射光检测器检测到的散射光将减少,则测量的浊度值就偏低。可以在与入射光 180°的方向上(顺光方向)增加一个参比光检测通道,用以检测透射光强度,从而对测量结果加以校正。浊度的测量范围是 0~40,超出该量程时必须用纯净水稀释被测水样后再测量散射光。

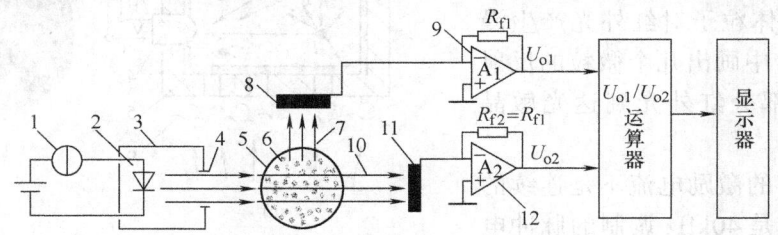

图 8-33 散射式光电浊度仪原理图

1—恒流源 2—遮光盒 3—波长为 850nm 的 LED 4—出光孔 5—被测浊度水样玻璃杯(顶视图) 6—悬浮颗粒 7—90°散射光 8—散射光测量光电池 9—散射光电流/电压转换器 10—参比透射光 11—参比透射光光电池 12—透射光电流/电压转换器

二、光电反射式烟雾报警器

1. 火灾报警器简述

宾馆等对防火设施有严格考核的场所必须按规定安装火灾报警器。火灾发生时伴随有光和热的化学反应。物质在燃烧过程中一般有下列现象发生:

(1)产生热量 物质剧烈燃烧时会释放出大量的热量,使环境温度升高,这时可以用

表 3-1 列出的各种温度传感器来测量。但是在燃烧速度非常缓慢的情况下,火灾初期环境温度的上升与气温的上升不易鉴别。

(2) 产生可燃性气体　有机物在燃烧的初始阶段,首先释放出来的是可燃性气体,如 CO 等,可以用可燃性气体传感器来检测。

(3) 产生烟雾　烟雾是人们肉眼能见到的微小悬浮颗粒,粒子直径大于 10nm。烟雾有很大的流动性,当烟雾潜入烟雾传感器的检测室时,可引起烟雾室电流增大。

(4) 产生火焰　火焰是物质产生的灼烧气体所发出的光。火焰辐射出红外线、可见光和紫外线。其中红外线和可见光不太适合用于火灾报警,这是因为正常使用中的取暖设备、电灯、太阳光线都包含有红外线和可见光。利用紫外线管能够有效地监测火焰发出的紫外线,但应避开太阳光的照射,以免引起误动作。

2. 离子式烟雾报警器

离子式烟雾报警器中的关键元件是离子室,被安装在天花板下。离子室所用放射元素为镅241,强度约为 0.8 微居里。正常状态下离子室的电流很小(约 10μA)。当有烟尘进入电离室后,产生大量的正负电离子,在电场的作用下,各自向负电极和正电极移动。报警电路检测到离子电流(毫安数量级)超过设定的阈值时发出报警信号。

3. 光电式烟雾报警器

光电反射式烟雾报警器不需要放射性元素,由总线供电。总线上可以连接几百个报警器,与火灾报警控制器联网,组成一个报警系统。报警时主机有声、光提示,值班人员可以根据感烟报警器的地址编码发现报警的物理位置。

漫反射式烟雾传感器如图 8-34 所示。没有烟雾时,由于红外对管相互垂直,烟雾室内又涂有黑色吸光材料,所以红外 LED 发出的红外光无法到达红外光敏晶体管。当烟雾进入烟雾室后,烟雾的固体粒子对红外光产生漫反射(图 8-34 中画出几个微粒的反射示意图),使部分红外光到达光敏晶体管。

红外 LED 的激励电流不是连续的直流电流,而是 40kHz 调制的脉冲电流,所以红外光敏晶体管接收到的光信号也是同频率的调制光。它输出的 40kHz 电信号经窄带选频放大器(LM567 等)放大、检波后转换为直流

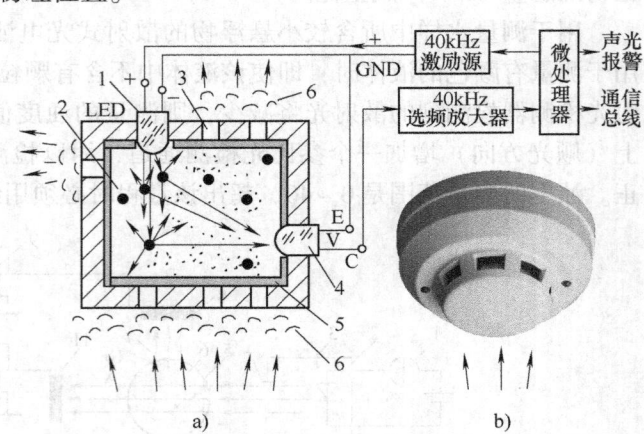

图 8-34　漫反射式烟雾传感器
a) 原理示意图　b) 外形
1—红外发光二极管　2—烟雾检测室　3—透烟孔
4—红外光敏晶体管　5—黑色吸光绒布　6—烟雾

电压,再经低频放大器和阈值比较器输出报警信号。室内的灯光、太阳光即使泄漏进烟雾检测室也无法通过 40kHz 选频放大器,所以不会引起误报警。

三、光电式转速表

1. 光电式转速表的基本原理

工程中,转速是指每分钟内旋转物体转动的圈数,它的单位是 r/min(或 rpm)。光电式

转速表可以在距被测物数十毫米外非接触地测量其转速。由于光电器件的动态特性较好,所以可以用于高转速的测量而又不干扰被测物的转动,光电式转速表如图 8-35 所示。

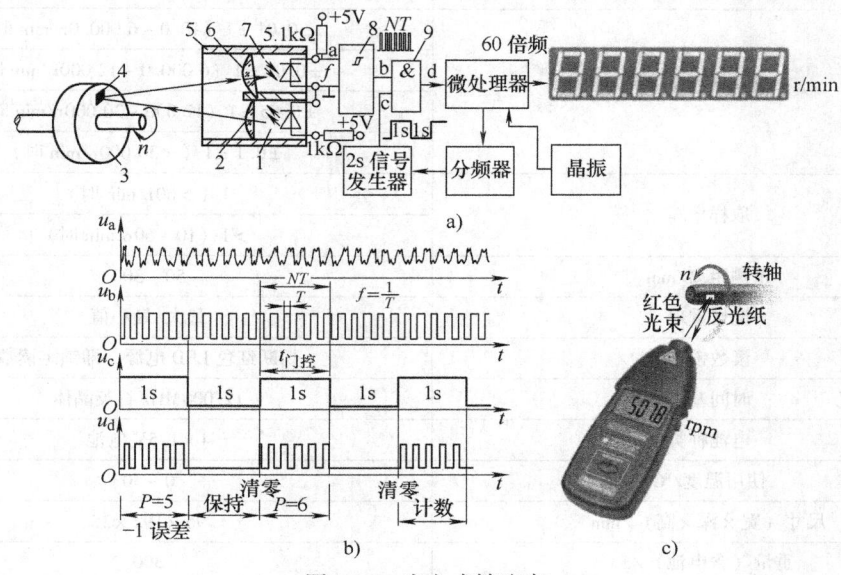

图 8-35 光电式转速表
a) 工作原理　b) 各关键点波形　c) 外形
1—光源(红色 LED)　2、6—聚焦透镜　3—被测旋转物　4—反光纸　5—遮光罩
7—光敏二极管　8—施密特整形电路　9—秒信号闸门

光源（红色 LED）发出的光线经聚焦透镜 2 会聚成平行光束,照射到被测旋转物 3 上,光线经事先粘贴在旋转物体上的反光纸 4 反射回来,经透镜 6 聚焦后落在光敏二极管 7 上。旋转物体每转一圈,光敏二极管就产生一个脉冲信号,经放大、整形电路 8 得到 TTL 电平的脉冲信号,该信号在与门（秒信号闸门）9 中和"秒信号"的高电平相"与"。与门在 1s 的时间间隔内输出的脉冲数正比于旋转物体每秒钟的转数,再经微处理器电路处理后,由 LCD 显示器显示出被测旋转物每分钟的转数（r/min）。由于被测旋转物体上只有一个反光片,所以每转只产生 1 个脉冲,则转速

$$n = 60 \frac{f}{z} = 60f \tag{8-10}$$

如果被测旋转物体上贴有 60 个反光区,则每转产生 60 个脉冲,就不需要进行 60 倍频计算,而转速的准确度就提高 60 倍。图 8-35 中的数字电路的基本功能可由微处理器实现。RM-1000 光电转速表的主要技术指标如表 8-9 所示。

表 8-9　RM-1000 光电转速表的主要技术指标

参数名称	指　标
显示器	5 位液晶显示器
量测范围/(r/min)	10.0 ~ 100 000
分辨力/(r/min)	0.1（10.0 ~ 9 999.9r/min 时）
	1（10 000 ~ 99 999r/min 时）
	10（<100 000r/min 时）

(续)

参数名称	指标
准确度（%）	±0.01±1（10.0~6 000.0r/min 时）
	±0.02±1（6 000.0~12 000r/min 时）
	±0.05±1（12 000~30 000r/min 时）
	±0.1±1（<30 000r/min 时）
取样率/s	1（>60r/min 时）
	>1（10~60r/min 时）
量测距离/mm	50~300
记忆重现	最大/最小值
读数锁定	切断红色 LED 电源，即锁定读数
时间基准	12.000MHz 石英晶体
电池种类	4×1.5V 电池
使用温度/℃	0~50
尺寸（宽×深×高）/mm	96×192×38
重量（含电池）/g	300
附件	反光贴纸（1m）

2. 数字量检测时的 ±1 误差

图 8-35 所示测量转速的基本原理是利用电子计数器电路来测量频率。测频误差主要有两个：①闸门时间 $t_{门控}$ 的误差：可以使用晶振来提高 $t_{门控}$ 的准确性；②量化误差：又称为 ±1 误差。测频时，有 N 个脉冲在闸门为高电平的时间段里通过闸门（图 8-35 中的与门）进入计数器，则被测频率 $f = N/t_{门控}$。由于闸门开启时刻（秒信号的上升沿）和被测计数脉冲上升沿到来的时刻之间的关系是随机的，因此在第二个 1s 闸门时间里，可能比在第一个 1s 闸门时间多计数或少计数了一个脉冲（见图 8-31 中的 u_k 波形、图 8-35 中的 u_d 波形）。每个脉冲所代表的频率

$$\Delta f = 1/t_{门控} \tag{8-11}$$

当被测频率 f 较低时，±1 误差所产生的示值相对误差明显增大。例如，当 $t_{门控}=1s$ 时，1 个脉冲所产生的 ±1 误差代表 $\Delta f = 1Hz$。当被测频率 $f = 1000Hz$ 时示值相对误差

$$\gamma_{f1000} = \pm \frac{1Hz}{1000Hz} \times 100\% = \pm 0.1\%$$

当被测频率 $f = 10Hz$，$t_{门控}$ 仍然为 1s 时，示值相对误差 $\gamma_{f10} = \pm \frac{1Hz}{10Hz} \times 100\% = \pm 10\%$。

当被测频率 f 较低时，应增加门控时间，以减小 ±1 误差。例如，当 $t_{门控}$ 增加到 10s 时，每一个脉冲代表 $\Delta f = 1/t_{门控} = 1/(10s) = 0.1Hz$。当被测频率 $f = 10Hz$ 时，根据 $f = N/t_{门控}$，在 10s 的时间间隔里，可以得到 $N = ft_{门控} = 10Hz \times 10s = 100$ 个脉冲，所产生的示值相对误差只有 $t_{门控}$ 为 1s 时的 1/10：

$$\gamma'_{f10} = \pm \frac{0.1Hz}{10Hz} \times 100\% = \pm 1\%$$

可以由微处理器根据被测频率的大小来自动控制门控时间,以减小 ±1 误差。门控时间增加后,测量时间变长,不适合于快速变化的信号测量。

在计数法测量中,还可以由微处理器控制闸门信号的上升沿与被测脉冲的上升沿同步,来减小 ±1 误差,称为"同步计数计时法"。

例 8-5 图 8-35 中,当 $t_{门控}=0.1\text{s}$、被测频率 $f=1\text{kHz}$ 时,求:
1) 每个脉冲代表多少赫兹?
2) 在 0.1s 的时间间隔里,可以得到多少个脉冲?
3) 所产生的示值误差为百分之几?

解 1) 每一个 ±1 脉冲代表的频率 $\Delta f=1/t_{门控}=1/(0.1\text{s})=10\text{Hz}$。
2) 在 0.1s 的时间间隔里,可以得到 $N=ft_{门控}=1\text{kHz}\times0.1\text{s}=100$ 个脉冲。
3) 所产生的示值误差为

$$\gamma_{f1000}=\pm\frac{10\text{Hz}}{1000\text{Hz}}\times100\%=\pm1\%\ \text{或}\ \gamma_{f1000}=\pm\frac{1}{100}\times100\%=\pm1\%。$$

四、反射式光电开关

光电开关可分为遮断式和反射式两类,反射式又可分为两种情况:反射镜反射式及被测物漫反射式(简称散射式),分别如图 8-36b、c 所示。反射镜反射式传感器安装时,需要调整反射镜的角度以取得最佳的反射效果,它的检测距离不如遮断式。反射镜一般不用平面镜,而使用偏光三角棱镜,它对安装角度的变化不太敏感,能将光源发出的光转变成偏振光(波动方向严格一致的光)反射回去。光敏元件表面覆盖一层偏光膜,只能接收反射镜反射回来的偏振光,而不响应表面光亮物体反射回来的各种非偏振光。这种设计使它也能用于检测诸如罐头、玻璃瓶等具有反光面的物体。反射镜反射式光电开关的检测距离可达几米。

只要不是全黑的物体均能产生漫反射。散射式光电开关的安装较为方便,但检测距离比遮断式小,通常只有几百毫米。

光电开关中的红外光发射器一般采用功率较大的发光二极管,接收器可采用光敏二极管、光敏晶体管或光电池。为了防止 50Hz 荧光灯的干扰,可选用红外 LED,并在光敏元件表面加红外滤光透镜或表面呈黑色的专用红外接收管。如果要求方便地瞄准(对中),亦可采用红色 LED。LED 最好用中频(40kHz 左右)窄脉冲电流驱动,从而发射 40kHz 调制光脉冲,可减小发射 LED 的功耗。相应地,接收光电元件的输出信号经 40kHz 选频交流放大器及专用的解调芯片处理,可以有效地防止太阳光的干扰。

光电开关可用于生产流水线上统计产量、

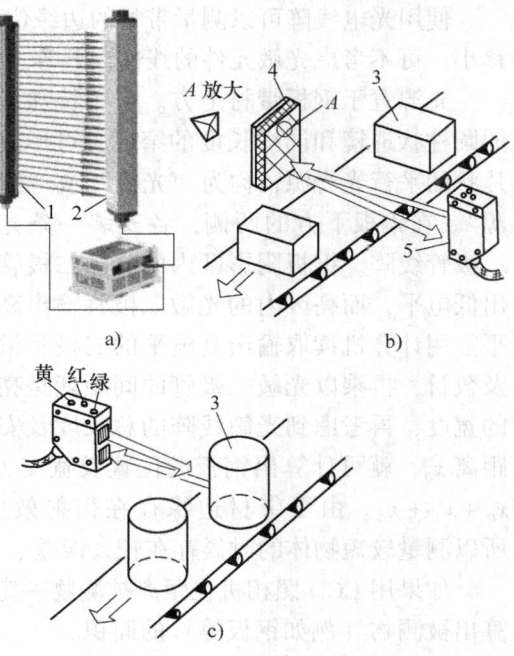

图 8-36 光电开关类型及应用
a) 遮断式 b) 反射镜反射式 c) 散射式
1—发射器 2—接收器 3—被测物
4—偏振光反射镜 5—带偏振光滤光片的接收器

检测装配件到位与否及装配质量,并且可以根据被测物的特定标记给出自动控制信号。光电开关广泛应用于自动包装机、自动灌装机、装配流水线等自动化机械装置中。

任务四　被测物遮蔽部分光的检测

一、遮断式光幕传感器

遮断式光电开关如图 8-36a 所示。发射器和接收器相对安放,轴线严格对准。当有物体在两者中间通过时,红外光束被遮断,接收器接收不到红外线而产生一个负脉冲信号。

可以将一组平行排列的红外或红光 LED 与相应的光敏晶体管组成"安全光幕"。光幕的一边等间距安装有多个红外发射管,另一边就有同样数量、同样排列的红外接收管。每一个红外发射管都对应有一个相应的红外接收管,且安装在同一条直线上(称为光电对管)。当同一条直线上的红外发射管、红外接收管之间没有障碍物,红外发射管发出的调制光信号能顺利到达红外接收管。红外接收管接收到调制信号后,相应的报警电路输出低电平。当任何一路光电对管之间有障碍物,报警电路输出高电平。安全光幕的红外对管数目可达 48 对,检测距离可达十几米。

利用类似原理,可制成光幕式汽车探测器、光幕式防侵入系统、光幕式冲床安全保护系统、光幕式电梯关门防夹保护系统等。

还有一种称为"光电断续器"的元件,将发光二极管与光敏晶体管封装在体积很小的同一塑料壳体的两侧,两者之间留有几毫米的缝隙。当"光电断续器"槽的位置有不透明的物体时,光敏晶体管的输出从低电平跳变为高电平。

二、带材的边缘位置宽度的测量

使用光电线阵可以测量带材的边缘位置宽度。它具有数字式测量的特点:准确度高、漂移小,可不考虑光敏元件的线性误差等,图 8-37 是用光敏二极管线阵测量钢板宽度的例子。

光源置于钢板带材上方。采用特殊形状的圆柱状透镜和同样长度的窄缝,可形成薄片状的平行光光源,称为"光幕"或"片光源"。在钢板下方的两侧,各安装一条光敏二极管线阵。钢板阴影区内的光敏二极管输出低电平,而亮区内的光敏二极管输出高电平。用计算机读取输出高电平的二极管编号及数目,再乘以光敏二极管的间距就是亮区的宽度,再考虑到光敏线阵的总长度及安装距离 x_0,就可计算出钢板的位置及宽度 $L = x_0 + x_3 + x_4$。由于带材边缘存在衍射效应,所以测量较短物体的时候存在较大误差。

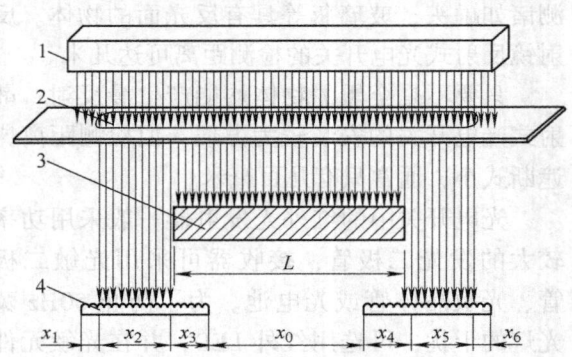

图 8-37　光敏二极管线阵在带材宽度检测中的应用
1—平行光源(光幕)　2—狭缝　3—被测钢板带材
4—光敏二极管阵列

如果用 CCD 照相机在距离被测物一定的高度进行拍照,还可以通过图像处理的方法计算出被测物(例如钢板等)的面积。

三、光电式带材跑偏检测器

带材跑偏检测器是用来检测带型材料在加工过程中偏离正确位置的大小及方向,从而为纠偏控制电路提供纠偏信号。例如在冷轧带钢厂中,带钢在某些工艺如连续酸洗、退火、镀锡等过程中易产生走偏。在其他工业部门如印染、造纸、胶片、磁带等生产过程中也会发生类似的问题。带材走偏时,边缘经常与传送机械发生碰撞,易出现卷边,造成废品。

光电式边缘位置检测纠偏及测控原理图如图 8-38 所示。光源 8 发出的光线经扩束透镜 9 和平行光束透镜 10,变为平行光束,投向汇聚透镜 11,再次被汇聚为 $\phi 8\text{mm}$ 左右的光斑,落到测量光电池 12 上。在平行光束到达汇聚透镜 11 的途中,有部分光线受到被测带材 1 遮挡,从而使到达光电池 12 的光通量 Φ 减小。

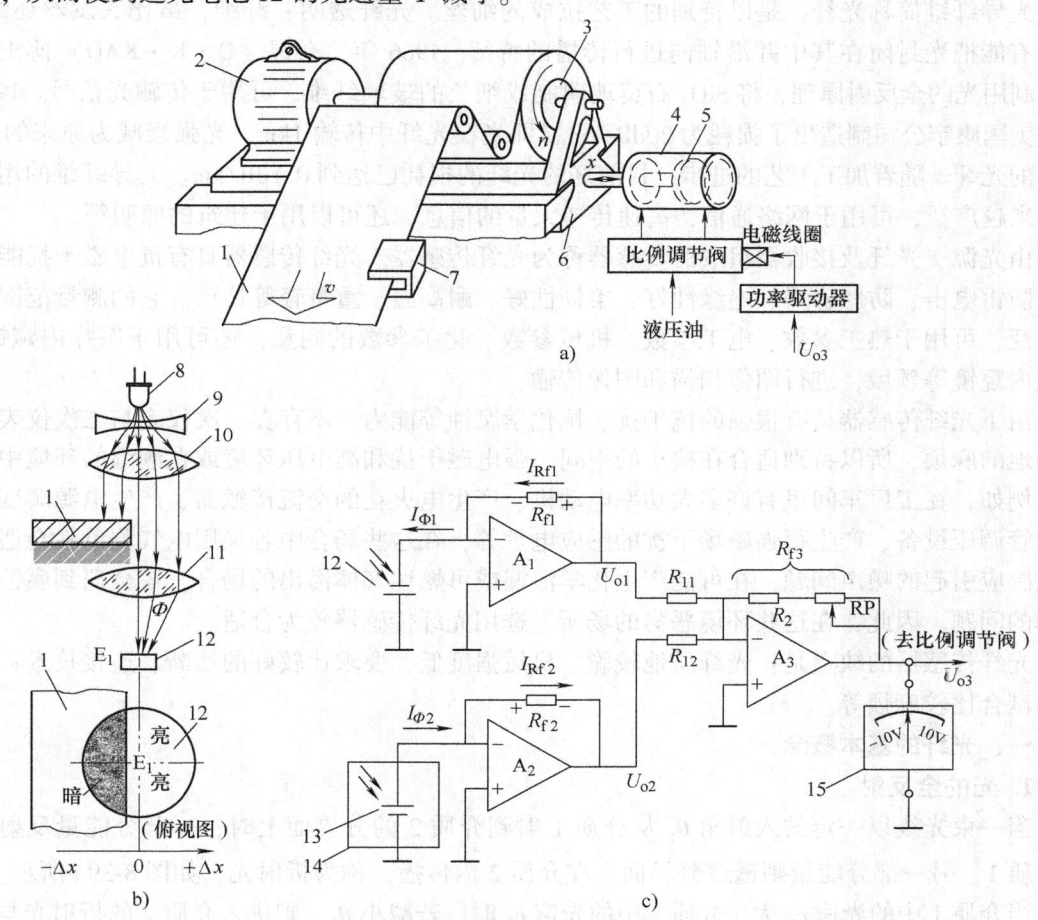

图 8-38 光电式边缘位置检测纠偏及测控原理图
a)原理示意图 b)光电检测装置 c)测量电路
1—被测带材 2—开卷电动机 3—卷取辊 4—伺服液压缸 5—活塞 6—滑台 7—光电边缘
位置检测传感器 8—LED 光源 9—扩束透镜 10—平行光束透镜 11—汇聚透镜
12—测量光电池 13—温度补偿光电池 14—遮光罩 15—跑偏指示

采用 I/U 电路将光电池的短路电流转换为输出电压,$U_o = -I_{\Phi 1} R_{f1}$。图 8-38b 中的 12、13 是相同型号的光电池。光电池 12 作为测量元件装在带材下方,而温度补偿光电池 13 用遮光罩罩住,与 A_2 共同起温度补偿作用。当带材处于正确位置(中间位置)时,由运算放大器 A_1、A_2 组成的两路"光电池短路电流放大电路"的输出电压绝对值相同,符号相反,即 $U_{o1} = -U_{o2}$,则反相加法器电路 A_3 的输出电压 U_{o3} 为零。

当带材左偏时,遮光面积减小,光电池 E_1 的受光面积增大,输出电流增加,导致 A_1 的输出电压 U_{o1} 变大,而 A_2 的输出电压 U_{o2} 不变。A_3 将这一不平衡电压加以放大,输出电压

U_{o3} 为负值，它反映了带材跑偏的方向及大小。输出电压 U_{o3} 一方面由显示器显示出来，另一方面被送到比例调节阀的电磁线圈，使液压缸中的活塞向右推动开卷机构，达到纠偏的目的。

拓展阅读　光导纤维传感器及应用

光导纤维简称光纤，是以特别的工艺拉成的细丝。光纤透明、纤细，虽比头发丝还细，却具有能把光封闭在其中并沿轴向进行传播的特征。1966 年，高锟（C·K·KAO）博士提出，利用光的全反射原理，将 SiO_2 石英玻璃制成细长的玻璃纤维，可用于传输光信号。1970 年，美国康宁公司制造出了损耗为 20dB/km（即光在光纤中传输 1km，光强衰减为原来的 1/10）的光纤。随着加工工艺的进步，目前好的光纤的损耗已达到 0.1dB/km。光导纤维的用途也越来越广泛，可用于网络通信，高速传递大量的信息，还可以用于建筑的照明等。

由光源、光纤及接收器组成的传感器称为光纤传感器。光纤传感器具有抗电磁干扰能力强、防雷电击、防燃防爆、绝缘性好、柔韧性好、耐高温、重量轻等特点。它的测量范围十分广泛，可用于热工参数、电工参数、机械参数、化工参数的测量，还可用于医疗内窥镜、工业内窥镜等领域，进行图像扫描和图像传输。

由于光纤传感器具有很强的抗干扰、抗化学腐蚀等能力，不存在一次仪表与二次仪表之间接地的麻烦，所以特别适合在狭小的空间、强电磁干扰和高电压环境或在潮湿的环境中工作。例如，在工厂车间里有许多大功率电动机、产生电火花的交流接触器、产生电源畸变的晶闸管调压设备、产生很强磁场干扰的感应电炉等，在这些场合中若采用电气测量就会遇到电磁感应引起的噪声问题；在可能产生化学泄漏或可燃性气体溢出的场合，还会遇到腐蚀和防爆的问题。因此，在这些环境恶劣的场所，选用光纤传感器较为合适。

光纤传感器的缺点是：光纤质地较脆、机械强度低；要求比较好的切断、连接技术；分路、耦合比较麻烦等。

一、光纤的基本概念

1. 光的全反射

当一束光线以一定的入射角 θ_1 从介质 1 射到介质 2 的分界面上时，一部分能量反射回原介质 1，另一部分能量则透过分界面，在介质 2 内传播，称为折射光，如图 8-39a 所示。

当介质 1 中的光速 c_1 大于介质 2 中的光速 c_2 时，若减小 θ_1，则进入介质 2 的折射光与分界面的夹角 θ_2 也将相应减小，折射光束将趋向界面。当入射角进一步减小时，将导致 $\theta_2 = 0°$，则折射波只能在介质分界面上传播，如图 8-39b 所示。$\theta_2 = 0$ 的极限值 θ_1 定义为临界角 θ_c。当 $\theta_1 < \theta_c$ 时，入射光线将发生全反射，能量不再进入介质 2，如图 8-39c 所示。光纤就是利用全反射的原理来高效地传输光信号的。

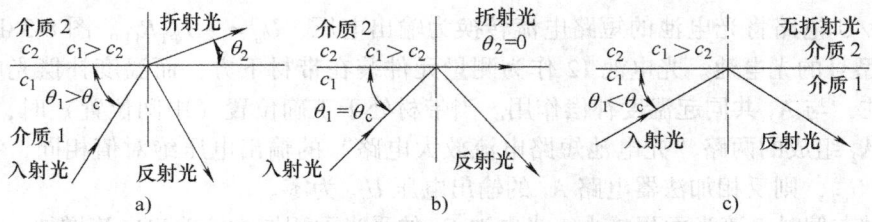

图 8-39　光线的在两种介质界面的反射与折射

a) $\theta_1 > \theta_c$ 时的情况　b) $\theta_1 = \theta_c$ 时的情况　c) $\theta_1 < \theta_c$ 时的情况

2. 光纤的结构及分类

目前实用的光纤绝大多数采用由纤芯、包层和外护套三个同心圆组成的结构形式，如图 8-40 所示。纤芯的折射率大于包层的折射率，光线就能在纤芯中进行全反射，从而实现光的传导；PVC 外护套处于光纤的最外层，包围着包层，其功能有：①加强光纤的机械强度；②保证光纤外面的光不能进入光纤之中。缓冲层和加强层用于进一步保护纤芯和包层。

3. 光纤的损耗

设计光纤传感器时，总希望光纤在传输信号的过程中损耗尽量小且稳定。光纤损耗主要由三部分组成：①吸收损耗：石英玻璃中的微量金属如 Fe、Co、Cr、M 等对光有吸收作用而产生损耗；②散失损耗：光纤材料不均匀使光在传导中产生散射而造成损耗；③机械弯曲变形损耗：光纤发生弯曲时，若光的入射角接近临界角，部分光将向包层外折射造成的损耗。第一部分和第二部分是固有损耗，第三部分的损耗与光纤在传感器中所处的状态有关。许多物理量可以使光纤产生机械弯曲变形，光纤产生弯曲损耗，使出射光发生变化，从而实现非电量检测的目的。光纤的损耗如图 8-41 所示。

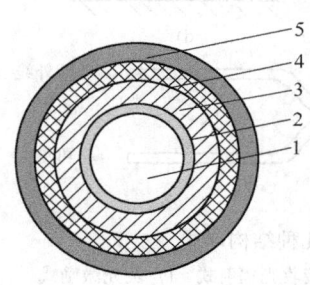
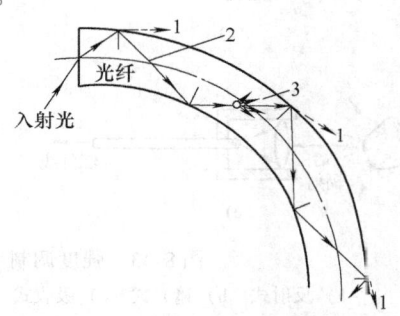

图 8-40 光纤的结构
1—纤芯 2—包层 3—缓冲层
4—加强层 5—PVC 外护套

图 8-41 光纤的损耗
1—折射 2—全反射 3—散射

4. 电-光与光-电转换器件

光纤两端必须与光发射器及光接收器匹配。光纤与光发射器及光接收器的配合如图 8-42 所示。实现电-光转换的元件通常是单一光谱的激光二极管（IED）。也可以使用成本较低的近红外（或红色）LED 作为光发射器。LED 产生的光并不是单色光。例如，红色 LED 发出的红光是包含 $\lambda = \lambda_0 \pm 20nm$ 的混合光谱，在传导过程中的发散损耗较大，测量准确度较差。IED 与光纤耦合时，两者的轴心必须严格对准并固定，可使用专用的连接头及光纤插座来完成。

图 8-42 光纤与光发射器及光接收器的配合
1—发射光纤 2—接收光纤

实现从光信号到电信号转换的元件是光敏二极管。在接收到光脉冲时，光敏二极管的响应时间可达 1ns。光敏晶体管的响应通常较慢，只能用于慢速测量。

二、光纤传感器的应用

光纤传感器是将光纤自身作为敏感元件(也称作测量臂)，直接接收外界的被测量。被测量可以引起光纤的长度、折射率、直径等变化，从而使得在光纤内传输的光被调制。若将光看成简谐振动的电磁波,则光可以被调制的参数有 4 个,即振幅(强度)、相位、波长和偏振方向。

1. 强度调制型光纤传感器

强度调制型光纤传感器的结构比较简单,可靠性高,目前已有多类传感器达到商品化阶段。强度调制型光纤传感器的几种结构形式如图 8-43 所示。

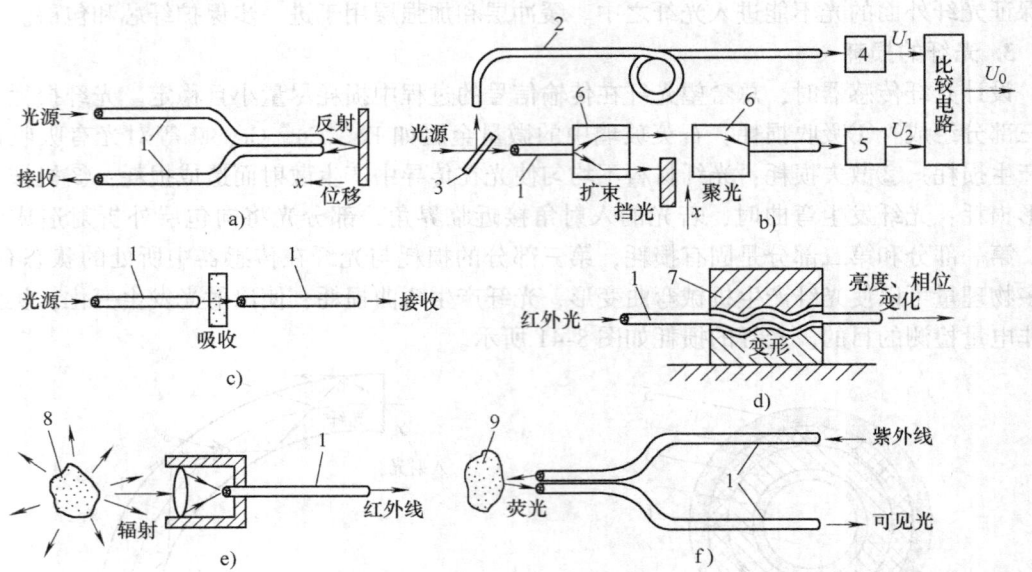

图 8-43 强度调制型光纤传感器的几种结构形式
a) 反射式 b) 遮光式 c) 吸收式 d) 微弯式 e) 接收光辐射式 f) 荧光激励式
1—传感臂光纤 2—参考臂光纤 3—半反半透镜(分束镜) 4—光电探测器 A
5—光电探测器 B 6—透镜 7—变形器 8—辐射体 9—荧光体

(1) 反射式 反射式的基本结构见图 8-43a。当被测表面前后移动时引起反射光强发生变化,利用该原理,可进行位移、振动、压力等参数的测量。

(2) 遮光式 遮光式的基本结构见图 8-43b。不透光的被测物部分遮挡在两根传感臂光纤的聚焦透镜之间,当被测物上下移动时,引起另一根传感臂光纤接收到的光强发生变化。利用该原理,也可进行位移、振动、压力等参数的测量。

(3) 吸收式 吸收式的基本结构见图 8-43c。透光的吸收体遮挡在两根光纤之间,当被测物理量引起吸收体对光的吸收量改变时,引起光纤接收到的光强发生变化。利用该原理,可进行温度等参数的测量。

(4) 微弯式 微弯式的基本结构见图 8-43d。将光纤放在两块齿型变形器之间,当变形器受力时,将引起光纤发生弯曲变形,使光纤损耗增大,光电检测器接收到的光强变小。利用该原理,可进行压力、力、重量、振动等参数的测量。

(5) 接收光辐射式 接收光辐射式的基本结构见图 8-43e。在这种形式中,被测体本身为光源,传感器本身不设置光源。根据光纤接收到的光辐射强度来检测与辐射有关的被测量。这种结构的典型应用是利用黑体受热发出红外辐射来检测温度,还可用于检测放射线等。

(6) 荧光激励式 荧光激励式的基本结构见图 8-43f。在这种形式中,传感器的光源为紫外线。紫外线照射到某些荧光物质上时,就会激励出荧光。荧光的强度与材料自身的各种参数有关。利用这种原理，可进行温度、化学成分等参数的测量。

大部分强度调制型光纤传感器都属于传光型，对光纤的要求不高，但希望耦合进入光纤的光强尽量大些，所以一般选用较粗芯径的多模光纤，甚至可以使用塑料光纤。强度调制式光纤传感器的信号检测电路比较简单。

2. 相位调制型光纤传感器

某些被测量作用于光纤时，将引起光纤中光的相位变化。由于光的相位变化难以用光电元件直接检测出来，因此通常要利用光的干涉效应，将光相位的变化转换成光干涉条纹的变化，所以相位调制型光纤传感器有时又称为干涉型光纤传感器。

干涉型光纤传感器的灵敏度极高，具有较大的动态范围。好的光纤干涉系统可以检测出 10^{-4} rad 的微小相位变化。例如，在相位调制型光纤温度传感器中，温度每变化1℃，可使长1m的光纤中光的相位变化100rad，温度分辨力很高，是其他传感器所难以达到的。当然，环境参数的变化也必然会对这样灵敏的系统造成干扰，因此系统必须考虑适当的补偿措施，例如采用差动结构或参比通道等。相位调制型光纤传感器的结构比较复杂，需要使用激光管（ILD）及单模光纤。

双路光纤干涉仪必须设置两条光路，一束光通过敏感头，受被测量影响；另一路通过参考光纤，它的光程是固定的。在两束光的汇合投影处，测量臂传输的光与参考臂传输的光将因相位不同而产生明暗相间的干涉条纹。当外界因素使传感光纤中的光产生"光程差" Δl 时，干涉条纹将发生移动（如图 8-44 中的 y 方向所示），移动的数目 $m = \Delta l / \lambda$（λ 为光的波长）。所谓的外界因素可以是被测的压力、温度、磁致伸缩、应变等物理量。根据干涉条纹的变化量，就可检测出被测量的变化，常见的检测方法有条纹计数法等。双路光纤干涉仪用于非光学量检测如图 8-44 所示。

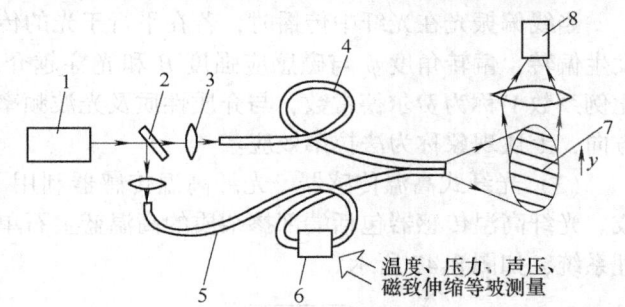

图 8-44 双路光纤干涉仪用于非光学量检测
1—激光管 ILD 2—分束镜 3—透镜 4—参考光纤（参考臂） 5—传感光纤（测量臂） 6—敏感头 7—干涉条纹 8—光电读出器

（1）光纤式混凝土应变传感器 光纤混凝土应变传感器利用了强度调制型光纤原理制成的，如图 8-45 所示。

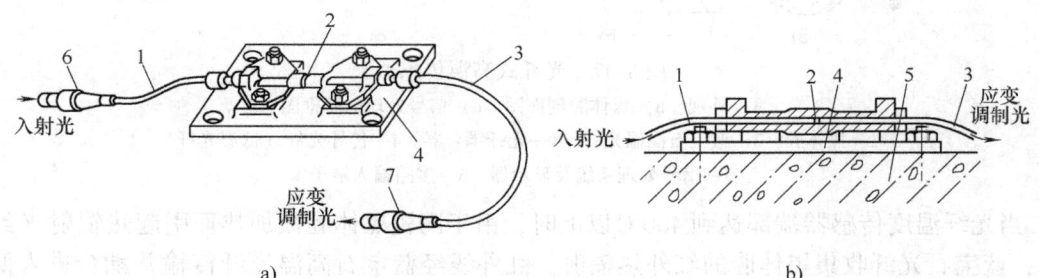

a)   b)

图 8-45 光纤式混凝土应变传感器
a) 外观 b) 安装剖面图
1—入射光纤 2—气隙 3—出射光纤 4—钢板 5—混凝土 6—光源光纤连接头 7—传导光纤连接头

测量光纤作为应变传感器固定在钢板上,入射光纤 1 左端的光纤插头 6 与光源光纤(图中未画出)连接,出射光纤 3 右端的插头传导光纤连接头与传导光纤(图中未画出)连接。当钢板 4 由 4 个螺栓固定在混凝土 5 表面时,它将随混凝土一起受到应力而产生应变,引起入射光纤与接收光纤之间的距离变大,使光电检测器接收到的光强变小,测量电路根据受力前后的光强或相位变化计算出对应的应力。若应力超标,将产生报警信号。

钢板也可埋入混凝土构件内,进行长期监测。测量信号通过光纤进行远程传输(可超过 40km),监测现场无需供电。从这个意义上看,该传感器属于无源传感器。

(2) 光纤式大电流传感器　光纤大电流传感器是利用双路光纤干涉原理制成的,如图 8-46 所示。

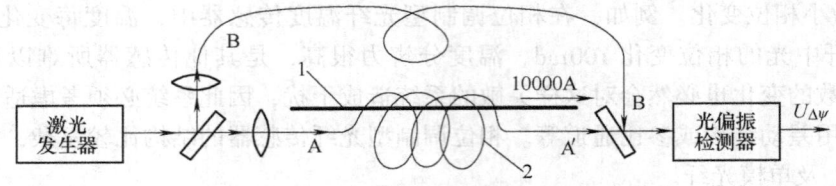

图 8-46　光纤式大电流传感器
1—大电流导线　2—光纤线圈　A—测量光纤　B—参比光纤

当线偏振光在光纤中传播时,若在平行于光的传播方向上加一强磁场,则光振动方向将发生偏转,偏转角度 ψ 与磁感应强度 B 和光穿越介质的长度 l 的乘积成正比,即 $\psi = VBl$,比例系数 V 称为费尔德常数,与介质性质及光波频率有关。偏转方向取决于介质性质和磁场方向,上述现象称为法拉第效应。

(3) 光纤式高温传感器　光纤高温传感器利用了强度调制型光纤接收光辐射式原理制成。光纤高温传感器包括端部掺杂质的高温蓝宝石单晶光纤探头、光电探测器和辐射信号处理系统,如图 8-47 所示。

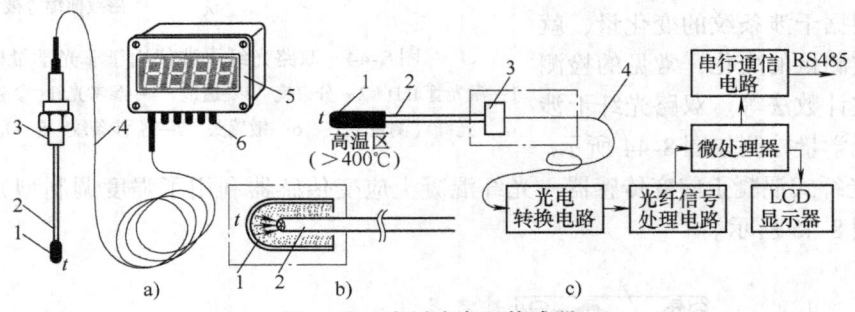

图 8-47　光纤式高温传感器
a) 外观　b) 黑体腔剖面图　c) 信号处理电路框图
1—黑体腔　2—蓝宝石高温光纤　3—光纤耦合器　4—传导光纤(低温光纤)
5—信号处理系统及显示器　6—多路输入端子

当光纤温度传感器端部达到 400℃ 以上时,由于陶瓷黑体腔被加热而引起热辐射(红外光),蓝宝石光纤收集黑体腔的红外热辐射,红外线经蓝宝石高温光纤传输并耦合进入低温光纤,然后射入末端的光敏二极管(两者轴线对准)。光敏二极管接收到的红外信号经过光电转换、信号放大、线性化处理、A-D 转换、微处理器处理后给出待测温度。为实现多点测量,可使用多路开关,通过微处理器控制,设定测点顺序等。

光纤式高温传感器的测温上限可达 1800℃。在 800℃ 以上时，灵敏度优于 1℃；在 1000℃ 以上，可分辨温度优于 0.1℃，对于铸造、热处理的工艺和质量控制具有积极的意义。

思考题与练习题

8-1 单项选择题

1) 人的视觉对_____光最敏感。
  A. 红外　　　　B. 红色　　　　C. 绿色　　　　D. 紫色

2) 照度的单位是_____；光通量的单位是_____。
  A. lm　　　　　B. cd　　　　　C. lx　　　　　D. cd/m²

3) 晒太阳取暖利用了_____；人造卫星的光电池板利用了_____；植物的生长利用了_____。
  A. 光电效应　　B. 光化学效应　C. 光热效应　　D. 感光效应

4) 蓝光的波长比红光_____，单个光子的蓝光能量比红光_____。
  A. 长　　　　　B. 短　　　　　C. 强　　　　　D. 弱

5) 光敏二极管属于_____，光电池属于_____。
  A. 外光电效应　B. 内光电效应　C. 光生伏特效应　D. 光生电流效应

6) 光敏二极管在测光电路中应处于_____偏置状态，而光电池通常处于_____偏置状态。
  A. 正向　　　　B. 反向　　　　C. 零　　　　　D. 正

7) APD 光敏二极管的_____。
  A. 灵敏度高，噪声小　　　　　　B. 灵敏度高，噪声大
  C. 灵敏度低，噪声小　　　　　　D. 灵敏度低，噪声大

8) 光纤通信中，与出射光纤耦合的光电元件应选用_____。
  A. 光敏电阻　　B. 工业光敏二极管　C. PIN 光敏二极管　D. 光敏晶体管

9) 温度上升，光敏电阻、光敏二极管、光敏晶体管的暗电流_____。
  A. 增加　　　　B. 减小　　　　C. 不变　　　　D. 无法确定

10) 普通型硅光电池的峰值波长约为_____，落在_____区域。
  A. 0.8m　　　　B. 8mm　　　　C. 0.8μm　　　D. 0.8nm
  E. 可见光　　　F. 近红外光　　G. 紫外光　　　H. 远红外光

11) 欲精密测量光的照度，光电池应配接_____。
  A. 电压放大器　B. D-A 转换器　C. 电荷放大器　D. I/U 转换器

12) 欲利用光电池为手机充电，需将数片光电池_____起来，以提高输出电压，再将几组光电池_____来，以提高输出电流。
  A. 并联　　　　B. 串联　　　　C. 短路　　　　D. 开路

13) 欲利用光电池在灯光（约 200lx）下驱动液晶计算器（1.5V）工作，由图 8-19 可知，必须将_____光电池串联起来才能正常工作。
  A. 2 片　　　　B. 3 片　　　　C. 5 片　　　　D. 20 片

14) 超市收银台用激光扫描器检测商品的条形码是利用了图 8-23 中_____的原理；用光电传感器检测复印机走纸故障（两张重叠，变厚）是利用了图 8-23 中_____的原理；电梯的轿厢门口有人时，电梯的轿厢门不会关闭，是利用了图 8-23 中_____的原理；而洗手间红外反射式干手机又是利用了图 8-23 中_____的原理。
  A. 图 a（被测物是光源）　　　　B. 图 b（吸收光）
  C. 图 c（反射光）　　　　　　　D. 图 d（部分遮挡光）

15) 为了判断燃煤锅炉炉膛火焰的跳动,火焰探测器电路设置了_____。
  A. 低通滤波器　　　B. 带通滤波器　　　C. 高通滤波器　　　D. 带阻滤波器

16) 图 8-31 中的 D 触发器（二分频器）电路是为了_____。
  A. 提高灵敏度　　　　　　　　　　　B. 提高脉搏频率
  C. 使脉搏信号的占空比等于 50%　　　D. 使脉搏的占空比等于 10%

17) 如果图 8-38 中的发光二极管改用 40kHz 中频激励（参见图 8-31），则光电池的放大电路应选用 40kHz _____ 电路。
  A. 直流放大　　　B. 选频放大　　　C. 低通滤波　　　D. 分频

18) 计数法测量脉冲频率的电路中, $t_{门控}$ 的时间越长,示值相对误差就越_____,但就越不适合于_____测量。
  A. 小　　　B. 大　　　C. 低速　　　D. 高速

8-2 分析计算题

1. 上网查阅有关："光通量"、"光强"、"照度"、"亮度"、"光电效应"、"APD 光敏二极管"、"砷化镓光电池"、"染料敏化太阳能电池"、"火焰探测器"、"浊度"、"火灾报警器"、"光电式转速表"、"光幕"、"带材纠偏"、"光纤光栅传感器"等资料,写出其中几种的标题,简要介绍其主要内容。

2. 图 8-35 中,当 $t_{门控}=0.1\text{s}$,当被测频率 $f=10\text{kHz}$ 时,在 0.1s 的时间间隔里,可以得到_____个脉冲,所产生的示值误差为_____%。

3. 光电式路灯控制器电路如图 8-48a 所示,VD_1 的光电特性见图 8-10,施密特型反相器 74HC14（CD40106）的输入/输出特性见图 8-48b,请分析填空。

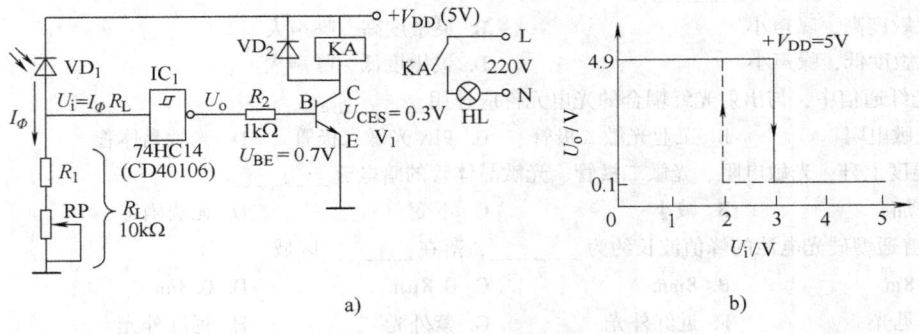

图 8-48　光电式路灯控制器
a) 控制电路　b) 74HC14（CD40106）的输入/输出特性

1) 当晚上无光照时,VD_1 _____（导通/）,I_Φ 为_____,U_i 为_____（0/5）V,所以 U_o 为_____电平,约为_____（0/0.1/4.9/5）V。

2) 当 U_i 为 4.9V 时的 I_B _____（为0/较大）,V_1 _____（截止/饱和）,继电器 KA _____（得电吸合/失电释放）,路灯 HL _____。

3) 到了早晨,照度逐渐增强,从图 8-48b 可以看出,当 U_i _____（大/小）于_____（0/3/5）V 时,施密特反相器翻转,U_o 跳变为_____电平,则 KA _____,路灯 HL _____。

4) 若希望节约用电,希望在清晨照度较小的情况下 KA 也能够失电,图 8-48b 中的 R_L 应_____（变大/变小）,此时应将 RP 往_____（上/下）调。RP 称为微调_____（电流/灵敏度）电位器。

5) 设 I_Φ 达到 0.3mA 时,在图 8-10 中,用作图法得到此时的照度 $E=$ _____（0/1000/1500）lx。

6) 若此时由于小块云朵的遮蔽,照度 E 略微 ±100lx,则 U_o _____（跳变/不变）,KA _____（动作/不动作）。由于设置了施密特特性的反相器,所以允许照度 E 有一定的回差。由此说明,施密特反相器在电路中起_____（提高灵敏度/抗光照干扰）的作用。

7) 当傍晚太阳光减弱，IC₁才再次翻转，跳变为_____电平，KA再次_____，路灯又_____。

8) 图中的 R_2 起_____（放大/限流）作用；V_1 起_____（电压/功率）放大作用；VD₂ 起_____（放大/过电流/续流）作用，保护_____（VD₁/VD₂/V₁/KA）在 KA 突然失电时不致被继电器线圈的反向感应电动势所击穿，因此 VD₂ 又称为_____二极管。

4. 光敏晶闸管可以用于功率控制，其额定电流大，反向击穿电压高。光敏晶闸管式光控路灯电路如图 8-49 所示。VT₁ 是光敏晶闸管，VT₂ 是大功率双向晶闸管。

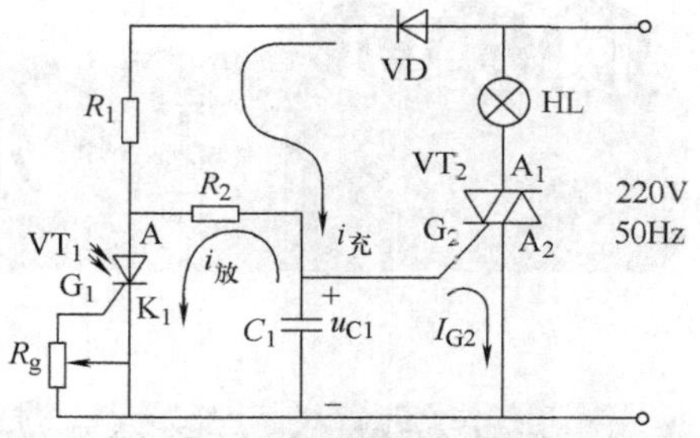

图 8-49 光敏晶闸管式光控路灯电路

1) 当傍晚照度下降至一定值时，光敏晶闸管 VT₁ _____（导通/截止）。电源经 VD、R_1、R_2 向 C_1 _____（放电/充电）。当 C_1 的端电压超过 VT₂ 的触发电压时，VT₂ 触发_____（导通/截止），路灯 HL _____（暗/亮）。

2) 到了早晨，当照度逐渐_____（减小/增加）至一定值时，VT₁ _____，C_1 被短路，VT₂ 失去触发电压，在交流电源电压_____（最高值/过零）时，电灯 HL _____。

3) 图中的光敏晶闸管门极（也称控制极）电阻 R_g 用于调节灵敏度。改变 R_g 的大小，可使光敏晶闸管在设定的_____（光照/负载电流）时导通。R_g 越小，VT₁ 导通所需的照度就越_____。

5. 某光电池的有效受光面积为 2mm²，光电特性见图 8-19，短路电流测量电路见图 8-22。

1) 当照度为 20lx 时，光电池输出的光电流为多少微安？

2) 当第一级运算放大器的反馈电阻 $R_f = 100kΩ$ 时，第二级运算放大器的输入端电压为多少毫伏？

3) 要求第二级运算放大器的输出电压为 3.2V，则第二级运算放大器的放大倍数是多少？

6. 利用一对光纤测量几种机械量的原理如图 8-50 所示。

1) 上网查阅有关光导纤维的资料，写出其中一种的特性参数。

2) 简要说明图 8-50 所示的光纤测振、测偏心和测转速的工作原理。

3) 在图 8-50a 中，补充完成该振动测试仪的发射、接收的信号调理电路框图（可参考图 8-31、图 8-34）。

7. 冲床工作时，工人稍不留神就有可能被冲掉手指头。请上网查阅冲床保护的资料，选用类似于图 8-36a 的光栅栏原理来探测工人的手是否处于危险区域（冲头下方）。只要有光栅栏中的任意一个光电接收器输出有效（即检测到手未离开该危险区），则不让冲头动作，或使正在动作的冲头惯性轮紧急抱闸。

1) 请上网查阅有关光栅栏的工作原理，写出其中一种的特性参数。

2) 请写出你的检测、控制方案，画出光幕与冲床的关系框图。

3) 说明工作原理。

8. 请上网查阅电子式自来水表的资料，并在课后打开家中的自来水表，观察其结构及工作过程。然后考虑如何利用学到的光电转速原理，在自来水表玻璃外面安装若干电子元器件，改造成为数字式自来水累积流量表。请以文字形式写出你的设计方案。

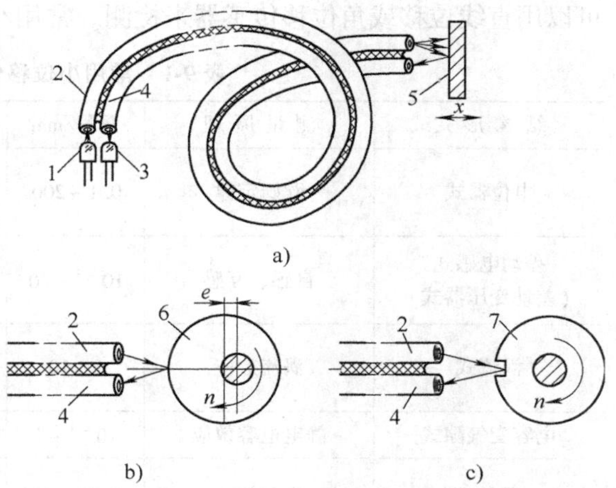

图 8-50 利用一对光纤测量机械量的原理
a）光纤测振　b）光纤测偏心　c）光纤测转速
1—LED　2—入射光纤　3—光敏晶体管　4—出射光纤
5—振动体　6—偏心旋转体　7—带槽旋转体

模块九 小位移检测

 知识链接　小位移检测的基本概念

位移是表示物体位置变化的物理量。根据位移量的形式，位移检测可分为：直线位移检测和角位移检测。

直线位移是指质点由初位置到末位置的有向线段。其大小与路径无关，方向由起点指向终点（矢量）。直线位移的单位为米（m），此外还有毫米（mm）、千米（km）等。

角位移是描述物体转动时位置变化的物理量。通常是指：任意一线段（或平面）由原始位置到新位置转过的角度。单位为弧度（rad），此外还有度（°）、分（′）、秒（″）等。1rad=360°/(2π)。

根据位移量的大小，位移检测可分为：小位移检测和大位移检测。大位移检测范围可达100m，可用光栅、磁栅、容栅、角编码器（须增加角度-直线转换元件）等传感器来检测，大位移检测的具体方法见模块十；小位移检测的范围小于200mm，可用电感式、涡流式、霍尔式、激光式、光纤式以及纳米式等传感器来检测。位移传感器按输出信号的类型可分为模拟式位移传感器和数字式位移传感器两类。大多数大位移传感器属于数字式位移传感器；大多数小位移传感器属于模拟式位移传感器。

机械工程中，还经常要求测量零部件（以下简称工件）的尺寸。工件尺寸的变化可以转换为机械位移的变化。例如，工件的长度、厚度、高度、距离、物位、角度、表面粗糙度等都可以用直线位移或角位移传感器来检测。常用小位移传感器的分类及特点如表9-1所示。

表9-1　常用小位移传感器的分类及特点

结构形式	测量原理	量程/mm	分辨力/μm	特　　点
电位器式	欧姆定律	0.1～200	100	结构简单，输出信号较大；分辨力不高，接触噪声大，易磨损，动态响应较差
差动电感式（差动变压器式）	自感、互感	10^{-3}～20	0.1	分辨力高；有零点残余电压，动态响应慢
涡流式	涡流效应	1～10	5	结构简单，非接触式测量；线性差，灵敏度易受被测对象材质的影响
电容变气隙式	静电电容效应	10^{-3}～1	1	非接触式测量，分辨力高；线性差
霍尔式	霍尔效应	0.01～20	50	非接触式测量，体积小，结构简单，输出信号大；温漂大，需要磁路系统
光纤式	光的全反射	0.5～5	100	非接触式测量，体积小；光路复杂
纳米式	量子隧道效应	10^{-6}～10^{-3}	10^{-4}	能检测极微小位移；结构复杂，重复性较低；主要用于科学研究

项目一 电感式小位移传感器

【项目教学目标】

☞知识目标

1) 了解电感式小位移传感器的基本工作原理。
2) 掌握差动整流电路。

☞技能目标

熟悉电感式位移传感器的安装与应用。

任务一 认识自感式传感器与差动变压器

电感式位移传感器是利用线圈自感量或两个线圈间互感量的变化来实现非电量检测的一种装置。利用电感式传感器能对位移以及与位移有关的工件尺寸等参数进行测量。电感式传感器具有分辨力高（0.1μm）等优点。主要缺点是响应较慢，不适用于快速动态测量。电感式传感器的分辨力与测量范围有关，测量范围越大，分辨力就越差。

电感式传感器可分为自感式和互感式两大类。人们习惯上讲的电感式传感器通常是指自感式传感器；而互感式传感器是利用变压器原理，通常做成差动式，故称为差动变压器式传感器，以下简称差动变压器。

一、自感式位移传感器

如果将一只380V交流接触器的线圈与交流毫安表串联后接到机床用控制变压器的36V交流电压源上，如图9-1所示。毫安表的示值约为几十毫安。用手慢慢将接触器的活动铁心（以下简称衔铁）往下按，会发现毫安表的读数逐渐减小。当衔铁与固定铁心之间的气隙等于零时，毫安表的读数只剩下十几毫安。

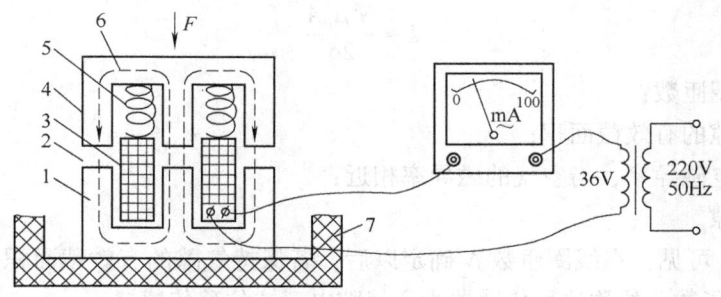

图9-1 铁心气隙与电感量及电流的关系实验
1—固定铁心 2—气隙 3—线圈 4—衔铁
5—弹簧 6—磁力线 7—绝缘外壳

由电工知识可知，忽略线圈的直流电阻时，流过线圈的交流电流有效值

$$I = \frac{U}{Z} \approx \frac{U}{X_L} = \frac{U}{2\pi f L} \tag{9-1}$$

当铁心的气隙较大时，磁路的磁阻 R_m 较大，线圈的电感量 L 较小，感抗 $X_L = 2\pi f L$，所

以电流 I 较大。当铁心闭合时，磁阻变小，电感变大，感抗也变大，电流减小。利用上例中自感量随气隙而改变的原理来制作测量位移的自感式传感器（以下按行业习惯称为"电感式传感器"）。

电感式传感器的常见形式有变气隙式、变截面式和螺线管式等几种，如图9-2所示。

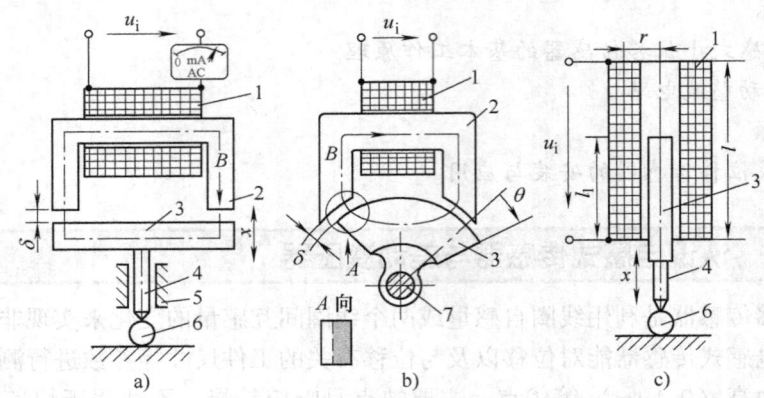

图9-2　电感式位移传感器的结构
a）变气隙式　b）变截面式　c）螺线管式
1—线圈　2—铁心　3—衔铁　4—测杆　5—导轨　6—工件　7—转轴

1. 变气隙电感式位移传感器

图9-2a所示的变气隙电感式传感器主要由线圈、铁心、衔铁及测杆等组成。工作时，衔铁通过测杆与被测物体相接触，被测物体的位移引起线圈电感量的变化。当传感器线圈接入测量转换电路后，电感的变化被转换成电压或频率的变化，从而完成非电量到电量的转换。

由磁路基本知识可知，图9-2a所示的变气隙电感式传感器电感量可由下式估算：

$$L \approx \frac{N^2 \mu_0 A}{2\delta} \tag{9-2}$$

式中　N——线圈匝数；
　　　A——气隙的有效截面积；
　　　μ_0——真空磁导率，与空气的磁导率相近；
　　　δ——气隙。

由式（9-2）可见，在线圈匝数 N 确定以后，若保持气隙的有效截面积 A 为常数，则电感 L 是气隙 δ 的函数，故称这种传感器为变气隙电感式位移传感器。

由式（9-2）可知，对于变气隙电感式位移传感器中的电感 L 与气隙 δ 成反比，其输出特性如图9-3a所示，输入输出是非线性关系。δ 越小，灵敏度越高。实际特性曲线如图9-3a中的实线所示。为了保证一定的线性度，变气隙电感式位移传感器只能工作在一段很小的区域，因而只能用于微小位移的测量。

2. 变面积电感式位移传感器

由式（9-2）可知，在线圈匝数 N 确定后，若保持气隙 δ 为常数，则 $L=f(A)$，即电感 L 是气隙有效投影截面积 A 的函数。故称这种传感器为变截面电感式位移传感器，其结构见图9-2b。

对于变截面电感式位移传感器,理论上电感量 L 与气隙的有效截面积 A 成正比,输入输出呈线性关系,如图 9-3b 中虚线所示,灵敏度为常数。但是,由于漏感等原因,变截面电感式传感器在 $A=0$ 时,仍有较大的电感,所以其线性区较小,且灵敏度较低。

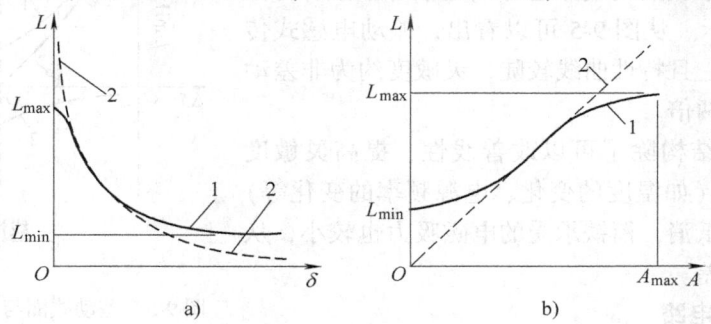

图 9-3 电感式位移传感器的特性曲线
a) L-δ 特性曲线 b) L-A 特性曲线
1—实际输出特性 2—理想输出特性

3. 螺线管电感式位移传感器

单线圈螺线管电感式传感器的结构见图 9-2c。主要元件是一只螺线管和一根柱形衔铁。传感器工作时,衔铁在线圈中伸入长度的变化将引起螺线管电感量的变化。

对于长螺线管 ($l >> r$),当衔铁工作在螺线管的中部时,可以认为线圈内磁场强度是均匀的。此时线圈的电感量 L 与衔铁插入深度 l_1 大致成正比。

这种传感器结构简单,制作容易,但灵敏度稍低,且衔铁在螺线管中间部分工作时,才有希望获得较好的线性关系。螺线管电感式位移传感器适用于测量较大些的位移。

4. 差动电感式位移传感器

上述三种电感式传感器使用时,由于线圈中通有交流励磁电流,因而衔铁始终承受电磁吸力,引起振动及附加误差,且非线性误差较大;另外,外界的干扰如电源电压频率的变化或温度的变化都使输出产生误差。所以在实际工作中常采用差动形式,既可以提高传感器的灵敏度,又可以减小测量误差。

(1) 结构特点 差动电感式位移传感器如图 9-4 所示。两个完全相同、单个线圈的电感式传感器共用一根活动衔铁就构成了差动电感式传感器。

差动电感式传感器的结构要求是两个铁磁体的几何尺寸、材料、性能完全相同。两个线圈的电气参数(如匝数、直流电阻、电感、分布电容等)和几何尺寸也完全相同。

(2) 工作原理和特性 在变气隙式差动电感式传感器中,当衔铁随被测量移动而偏离中

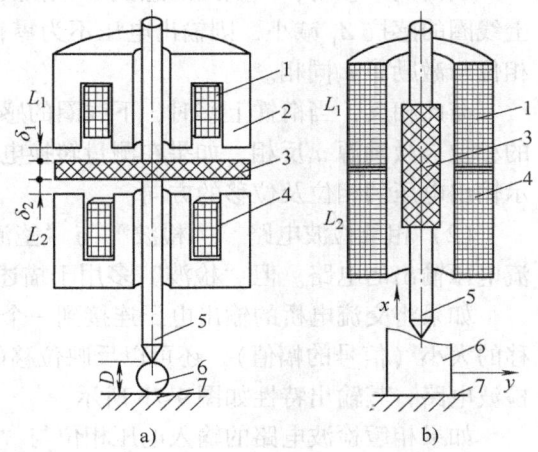

图 9-4 差动电感式位移传感器
a) 变气隙式差动传感器 b) 螺线管式差动传感器
1—上差动线圈 2—铁心 3—衔铁 4—下差动线圈
5—测杆 6—工件 7—基座

间位置时，两个线圈的电感量一个增加，另一个减小，形成差动形式。

差动线圈与单线圈变气隙电感式位移传感器的特性比较如图9-5所示。从图9-5可以看出，差动电感式传感器的线性较好，且特性曲线较陡，灵敏度约为非差动电感式传感器的两倍。

采用差动式结构除了可以改善线性、提高灵敏度外，对外界影响（如温度的变化、电源频率的变化等）基本上可以互相抵消，衔铁承受的电磁吸力也较小，从而减小了测量误差。

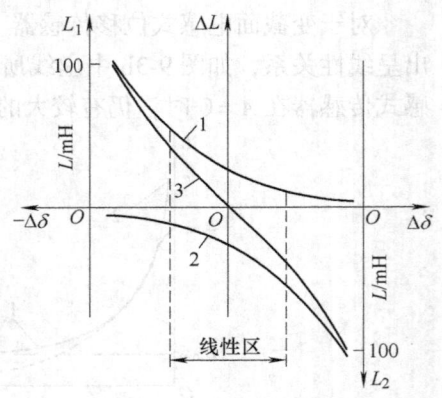

图9-5 差动线圈与单线圈变气隙电感式位移传感器的特性比较
1—上线圈特性 2—下线圈特性
3—L_1、L_2差接后的特性

5. 测量转换电路

电感式位移传感器的测量转换电路的作用是将电感量的变化转换成电压信号，以便进行放大，然后用仪表指示或记录下来。

（1）交流电桥电路 差动电感式位移传感器的交流电桥电路如图9-6所示。相邻两工作臂Z_1、Z_2是差动电感式传感器的两个线圈阻抗，另两臂为激励变压器的二次绕组b、c点和c、d点。输入的激励电压约为10V（图中电压u表示交流电压的瞬时值，以下同），频率约为数千赫兹。输出电压u_o取自a、c两点。

当衔铁处于中间位置时，由于线圈完全对称，因此$L_1 = L_2 = L_0$，$Z_1 = Z_2 = Z_0$，此时桥路平衡，输出电压$u_o = 0$。

当衔铁下移时，下线圈的感抗Z_2增加，而上线圈的感抗Z_1减小，则输出电压不为零，其相位与激励源u_i同相。

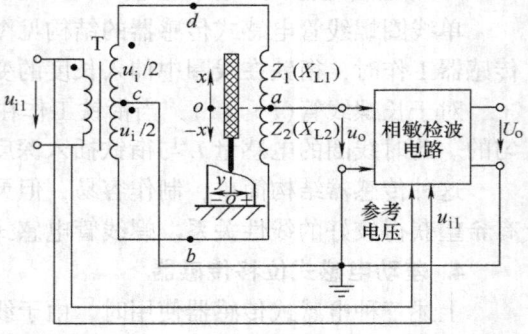

图9-6 差动电感式位移传感器的交流电桥电路

与此相反，当衔铁上移时，下线圈的感抗Z_2减小，而上线圈的感抗Z_1增加，输出电压的相位与激励源u_i反相。如果在测量转换电路的输出端接到非相敏检波指示仪表，则无法指示输出电压的相位及位移的方向。

（2）相敏检波电路 "检波"与"整流"的含义相似，都是指能将交流输入转换成直流电压输出的电路。但"检波"多用于描述信号电压的转换。

如果将交流电桥的输出电压连接到一个能判别信号相位的检波电路，则不但可以反映位移的大小（信号的幅值），还可以反映位移的方向（信号的相位）。这种检波电路称为相敏检波电路，其输出特性如图9-7b所示。

如果相敏检波电路的输入电压相位与"参考电压"的相位相同，输出电压的极性为正；如果相敏检波电路的输入电压相位与"参考电压"的相位相反，输出电压的极性为负；如果相敏检波电路的输入电压相位与"参考电压"的相位相差90°或270°，输出电压为零。

相敏检波电路的输出电压为直流，其极性由输入电压的相位或衔铁的位移方向决定。当衔铁向下位移时，模拟仪表指针正向偏转。当衔铁向上位移时，仪表指针反向偏转。采用相敏检波电路，得到的输出信号既能反映位移大小，也能反映位移方向。

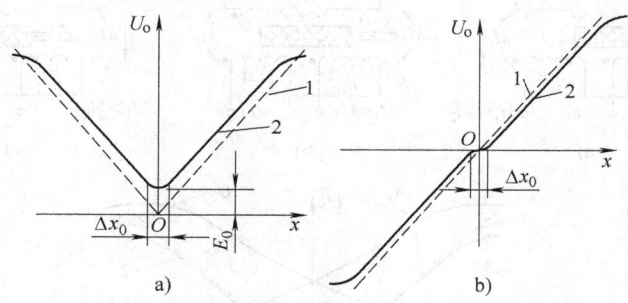

图 9-7 不同检波方式的输出特性曲线
a) 非相敏检波 b) 相敏检波
1—理想特性曲线 2—实际特性曲线 E_0—零点残余电压 Δx_0—位移的不灵敏区

二、差动变压器式位移传感器

差动变压器式传感器是把被测位移量转换为一次绕组与二次绕组间的互感量 M 的变化的装置。当一次绕组接入激励电源之后，二次绕组就将产生感应电动势，当两者间的互感量变化时，感应电动势也相应变化。由于两个二次绕组采用差动接法，故称为差动变压器。目前应用最广泛的结构形式是螺线管式差动变压器。

1. 工作原理

差动变压器的结构示意图如图 9-8 所示。在线框上绕有一次绕组；在同一线框的上端和下端再绕制两组完全对称的二次绕组，它们反向串联，组成差动输出形式。理想差动变压器的原理图如图 9-9 所示。图中标有黑点的一端称为同名端，俗称线圈的"头"。

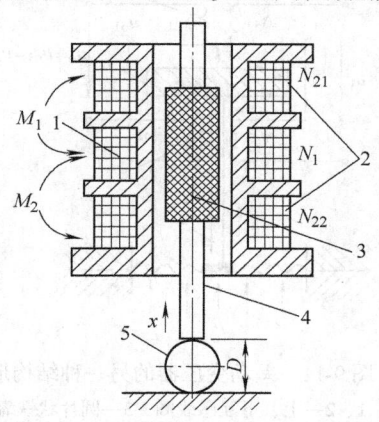

图 9-8 差动变压器的结构示意图
1—一次绕组 2—二次绕组 3—衔铁
4—测杆 5—被测工件

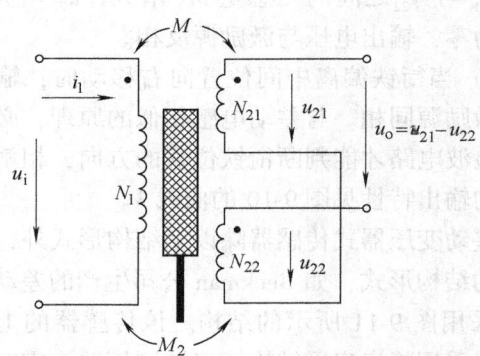

图 9-9 理想差动变压器原理图

当一次绕组加入交流激励电压 u_i 后，由于一次绕组与两个二次绕组之间存在互感量 M_1、M_2，所以二次绕组产生感应电动势 u_{21}、u_{22}，其数值与互感量成正比。由于两个二次绕组反向串联，所以空载时的输出电压 u_o 为 u_{21}、u_{22} 之差。

差动变压器的三种输出状态如图 9-10 所示。图中的 x 表示衔铁位移量。当差动变压器的结构及电源电压 u_i 一定时，互感量 M_1、M_2 的大小与衔铁的位置有关。

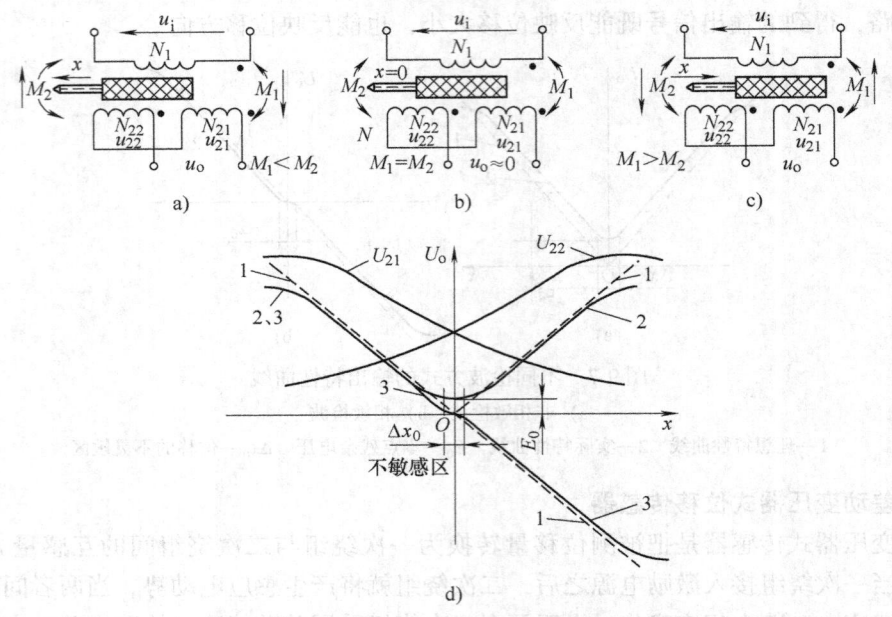

图9-10 差动变压器的三种输出状态
a) 衔铁向左位移 b) 衔铁处于两个二次绕组的对称位置 c) 衔铁向右位移 d) 输出特性曲线
1—非相敏检波理想输出特性 2—非相敏检波实际输出特性 3—相敏检波实际输出特性

1)当衔铁处于中间位置时,$M_1 = M_2 = M_0$,所以$u_o = 0$。

2)当衔铁偏离中间位置向左移动时,N_1与N_{21}之间的互感量M_1减小,所以u_{21}减小;与此同时,N_1与N_{22}之间的互感量M_2增大,u_{22}增大,u_o不再为零,输出电压与激励源反相。

3)当衔铁偏离中间位置向右移动时,输出电压与激励源同相。与差动电感相似的原理,必须用相敏检波电路才能判断衔铁位移的方向,相敏检波电路的输出特性见图9-10的曲线3。

差动变压器式传感器除以上结构形式外,还有其他的结构形式,如Beckman公司生产的差动变压器就采用图9-11所示的结构。该传感器的上下互感绕组采用蜂房扁平结构,当被测压差为零时,圆片状铁氧体与两线圈的距离相等,u_o为零。当它在

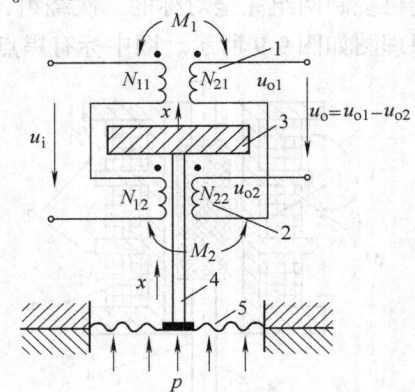

图9-11 差动变压器的另一种结构形式
1、2—上、下互感线圈 3—圆片状铁氧体
4—测杆 5—波纹膜片

被测差压作用下上下移动时,改变一、二次绕组之间的互感量,输出电压u_o反映了铁氧体的位移大小与方向。

2. 主要性能

(1)灵敏度 差动变压器的灵敏度用单位位移输出的电压或电流来表示。差动变压器的灵敏度一般可达0.5~5V/mm,行程越小,灵敏度越高。有时也用单位位移及单位激励电压下输出的毫伏值来表示,即mV/(mm·V)。

影响灵敏度的因素有:激励源电压和频率、差动变压器一、二次绕组的匝数比,衔铁直

径与长度、材料质量、环境温度、负载电阻等。

为了获得高的灵敏度,在不使一次绕组过热的情况下,适当提高励磁电压,但以不超过10V为宜。电源频率以1~10kHz为好。此外,提高灵敏度还可以采取以下措施:①提高线圈Q值;②活动衔铁的直径在尺寸允许的条件下尽可能大些,以提高有效磁通;③选用铁磁性能好、铁损小、涡流损耗小的铁磁材料等。

(2) 线性范围 理想差动变压器的输出电压应与衔铁位移呈线性关系。实际上衔铁的直径、长度、材质和绕组骨架的形状、大小的不同等因数均对线性有直接的影响。差动变压器线性范围约为绕组骨架长度的1/10左右。例如,欲检测衔铁±3mm的变化,需选用绕组骨架长度为60mm的螺线管差动电感式传感器(或差动变压器),其线性范围约为6mm。由于差动变压器中间部分磁场较强且较均匀,所以只有中间部分线性较好。采用特殊的绕制方法(两头圈数多、中间圈数少),线性范围可以达100mm以上,与差动电感式传感器的线性范围相似。

3. 测量转换电路

差动变压器的输出电压是交流分量,它与衔铁位移成正比,若用交流电压表来测量其输出电压,则无法判别衔铁移动的方向。除了采用差动相敏检波电路外,还常采用差动整流电路来实现。差动整流电路不需要"参考电压"来比较相位。差动整流电路如图9-12所示。

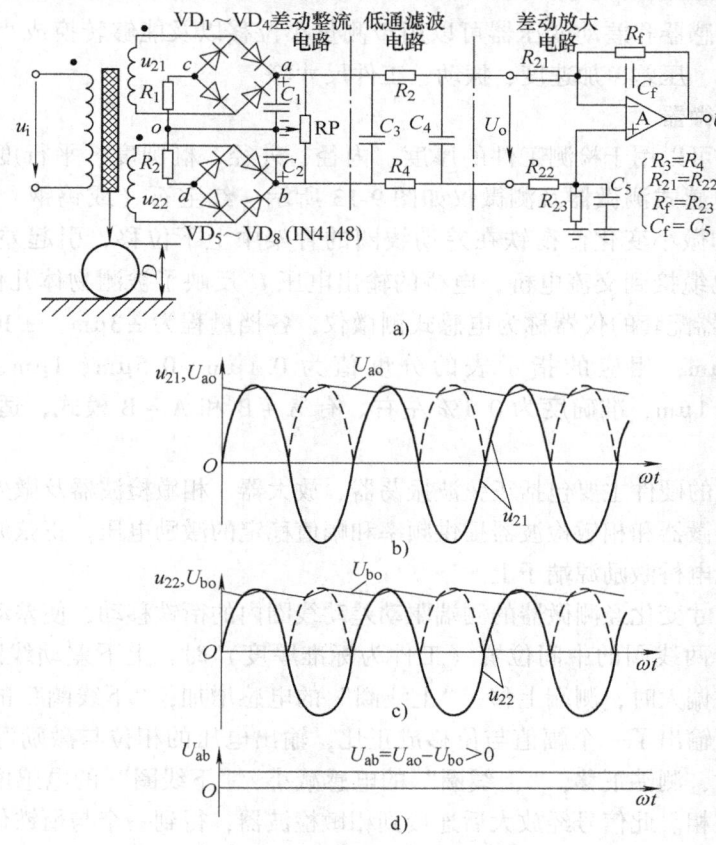

图9-12 差动整流电路

a) 差动整流电路 b) 第一个二次侧的整流波形 c) 第二个二次侧的整流波形 d) a、b两点的对地电压差

差动变压器的二次电压 u_{21}、u_{22} 分别经 $VD_1 \sim VD_4$、$VD_5 \sim VD_8$ 组成的两个普通桥式电路整流，变成直流电压 U_{ao} 和 U_{bo}。由于 U_{ao} 与 U_{bo} 是反向串联的，所以 C_3 两端的电压 $U_{C3} = U_{ao} = U_{ao} - U_{bo}$。该电路是以两个桥路整流后的直流电压之差作为输出的，称为差动整流电路。图中的 RP 是用来微调电路平衡的。C_3、C_4 和 R_3、R_4 组成低通滤波电路，其时间常数 $\tau \geqslant 10T$（T 为激励源的周期）。运算放大器 A 及 R_{21}、R_{22}、R_f、R_{23} 组成差动减法放大器，用于克服 a、b 两点的对地共模电压。

图9-12b、c 是当衔铁上移时各点的输出波形（图中的虚线表示经整流但未经滤波时的波形）。当差动变压器采用差动整流测量电路时，应合理设置一次绕组和二次绕组的匝数比，使 u_{21}、u_{22} 能大于二极管死区电压（0.5V）的10倍，才能克服二极管的正向非线性的影响，减小测量误差。

随着微电子技术的发展，目前已能将图9-12a中的激励源、差动整流电路（或相敏检波电路）、信号放大电路、温度补偿电路等做成厚膜电路，装入差动变压器的壳体内，它的输出信号可设计成符合国家标准的 1~5V 或 4~20mA（见模块四项目二中的有关论述），这种形式的差动变压器称为线性差动变压器，缩写为 LVDT。

任务二　电感式位移传感器测量小位移

自感式位移传感器和差动变压器可以用于测量小位移以及能够转换成小位移的参数测量，例如力、压力、压差、加速度、振动、工件尺寸等。

一、电感式测微器

电感式测微器可以用于检测工件的厚度、内径、外径、椭圆度、平行度、直线度、径向跳动等。轴向电感式测微器及测微仪如图9-13所示。红宝石（或钨钢）测端接触被测物，被测物尺寸的微小变化使衔铁在差动线圈的骨架中上下位移，引起差动线圈电感量的变化，再通过电缆接到交流电桥，电桥的输出电压 U_o 反映了被测物体几何尺寸的变化。专门与电感式测微器配套的仪器称为电感式测微仪，各档量程为 $\pm 3\mu m$、$\pm 10\mu m$、$\pm 30\mu m$、$\pm 100\mu m$、$\pm 300\mu m$，相应的指示表的分度值为 $0.1\mu m$、$0.5\mu m$、$1\mu m$、$5\mu m$、$10\mu m$，分辨力最高可达 $0.1\mu m$，准确度为 0.1% 左右。有 A+B 和 A-B 模式，适合于测量相对位移。

电感式测微仪的硬件主要包括正弦波振荡器、放大器、相敏检波器及微处理器。正弦波振荡器为电感式测微器和相敏检波器提供频率和幅值稳定的激励电压。正弦波信号施加到电感式测微器的交流电桥激励源端子上。

工件的微小尺寸变化经测微器的测端驱动差动线圈内的衔铁移动，使差动电感发生相对变化。当衔铁处于两线圈的中间位置（工件为标准厚度）时，上下差动线圈的电感相等，电桥平衡；当工件偏大时，测端上移，"上线圈"的电感增加，"下线圈"的电感减小，电桥失去平衡，从而输出了一个幅值与位移成正比，输出电压的相位与激励源相反的调制信号；当工件偏小时，测端下移，"上线圈"的电感减小，"下线圈"的电感增加，输出电压的相位与激励源同相。此信号经放大后连接到相敏检波器，得到一个与衔铁位移相对应的直流电压信号，经 A-D 转换器输入到微处理器，再通过数据处理进行显示、传输、超差报警、统计分析等。DX1 数显电感式测微仪的主要技术指标如表9-2所示。

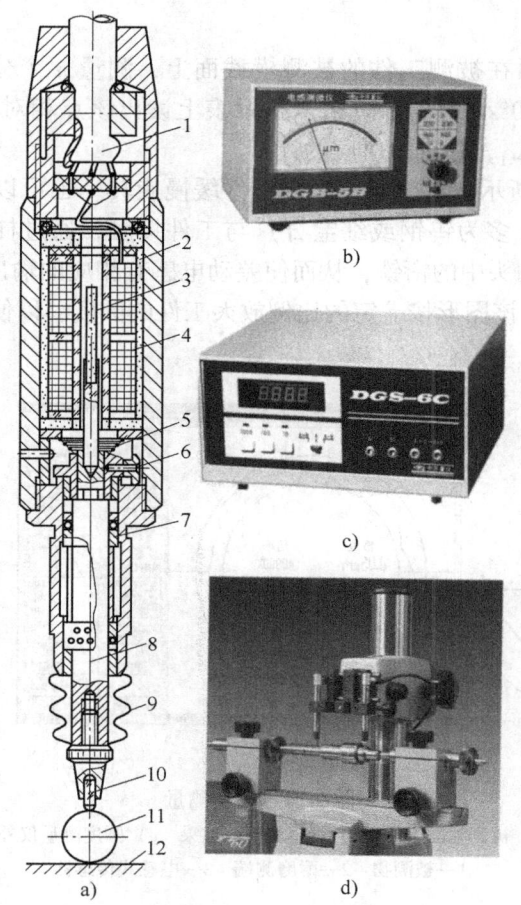

图 9-13 轴向电感式测微器及测微仪
a) 测微器结构 b) 模拟指针式测微仪外形 c) 数字式测微仪外形 d) 测微器在工件直径测量中的使用
1—引线电缆 2—固定磁筒 3—衔铁 4—线圈 5—恢复弹簧 6—防转销 7—钢球导轨（直线轴承）
8—测杆 9—密封套 10—测端 11—被测工件 12—基准面

表 9-2 DX1 数显电感式测微仪的主要技术指标

模拟式档位	第一档	第二档	第三档	第四档	第五档
测量范围/μm	±3	±10	±30	±100	±300
分辨力/μm	0.1	0.5	1	5	10
示值误差/μm	≤±0.06	≤±0.25	≤±0.5	≤±2.5	≤±5
长时间稳定性/μm·(4h)$^{-1}$	≤0.1（±3μm 档，预热 15min）				
温度特性	≤1 个字每 10℃				
输出电压/V	满量程 DC ±5				
电源/V	AC220±10%，50Hz				

二、圆度测量

轴类工件的圆度是指轴类工件的直径正负偏差绝对值之和。圆度仪可快速测量轴类工件的圆度、表面波纹度、波高分析、同心度、垂直度、同轴度、平行度、平面度、轴弯曲度、偏心、跳动量等。

测量时，将传感器顶在被测工件的被测横截面上，测量 n 个分度点的半径变化量 Δr。每转过一个分度角 $\theta = 360°/n$ 时，计算机从指示表上读出该点相对于某一半径 R_0 的偏差值 Δr，由此测得所有数据 Δr_i，并进行对应的计算。

圆度测量如图 9-14 所示。电感测头围绕工件缓慢旋转。也可以是测头固定不动，工件绕轴心旋转。耐磨测端（多为钨钢或红宝石）与工件接触，通过杠杆将工件圆度误差引起的位移变化传递给电感测头中的衔铁，从而使差动电感有相应的输出。信号经计算机处理后得到图 9-14b 所示图形。该图形按一定的比例放大工件的圆度，以便用户分析测量结果。

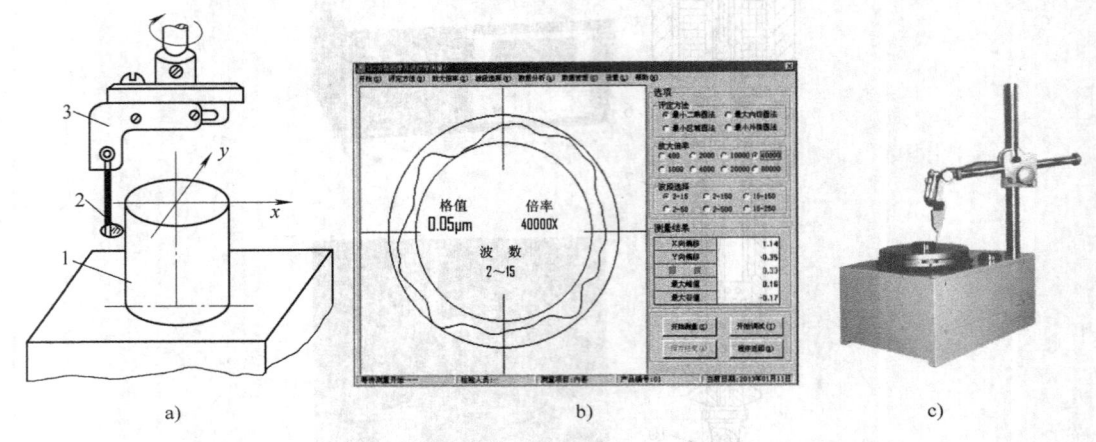

图 9-14 圆度测量
a) 被测轴类工件 b) 计算机处理结果 c) 圆度测量仪外形
1—被测物 2—耐磨测端 3—电感式传感器

三、工件截面轮廓测量

电感式工件表面轮廓测量仪原理图如图 9-15 所示。红宝石触针 T 安装在的衔铁（杠杆

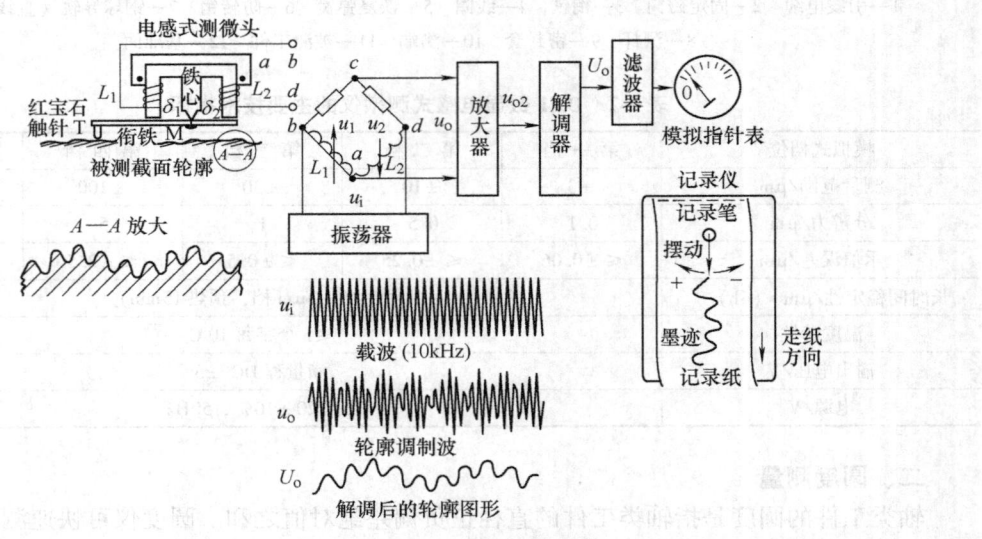

图 9-15 电感式工件表面轮廓测量仪原理图

M）的左端，杠杆的平衡点处于差动电感的铁心中心枢轴上。触针的垂直位移改变了差动电感左右两端的气隙 δ_1、δ_2，左右两侧电感 L_1、L_2 产生差动变化，从而在交流电桥中对 10kHz 的载波信号进行调制，再通过解调器获得工件截面轮廓信号，由打印机或记录仪将轮廓图形逐点描绘出来。

如果将图 9-15 中的红宝石触针更换为"纳米扫描隧道电极"（直径为原子级），再利用隧道电流效应，就可以测量低至纳米级的工件截面轮廓变化，该技术称为"纳米扫描隧道显微镜"（STM），读者可以上网查阅有关 STM 的资料。

项目二　涡流式小位移传感器

【项目教学目标】

☞知识目标

了解位移传感器的标定方法。

☞技能目标

掌握涡流式小位移传感器测量转速的原理。

涡流式传感器的基本工作原理已经在模块七中作了介绍，本模块仅介绍涡流式位移传感器在小位移检测中的应用。涡流式位移传感器的量程可以达到 400mm，但是在工程中，涡流式位移传感器多数用于 0~20mm 的位移测量。涡流式位移传感器的量程越小，分辨力就越高，能够分辨的位移数值就越小。若测量范围为 0~10mm，则分辨力可达 5μm。涡流检测的缺点是线性度稍差，只能达到满量程的 1%。

任务一　涡流式位移传感器测量小位移

一、轴向位移的监测

某些旋转机械（如高速旋转的汽轮机）对轴向位移的要求很高。当汽轮机运行时，叶片在高压蒸汽推动下高速旋转，汽轮机的主轴要承受巨大的轴向推力。若主轴的位移超过规定值，叶片有可能与其他静止的部件摩擦和碰撞而断裂。利用涡流式位移传感器可以测量诸如汽轮机主轴的轴向位移、电动机轴向窜动、磨床换向阀、先导阀的位移和金属试件的热膨胀系数等。

上海某自控工程公司生产的 ZXWY 型涡流轴向位移监测保护装置可以在恶劣的环境（例如高温、潮湿、剧烈振动等）下进行非接触测量和监视旋转机械的轴向位移。汽轮机主轴轴向位移的监测如图 9-16 所示。

在汽轮机停机时，将涡流式位移传感器探头安装在基座上，探头的端面被调整到距离联轴器端面 2mm 的位置，再调节二次仪表使示值为零。当汽轮机启动后，可以发现，轴向推力导致两者的距离减小，二次仪表的输出电压从零开始增大。为了确保机组动静间隙在规定

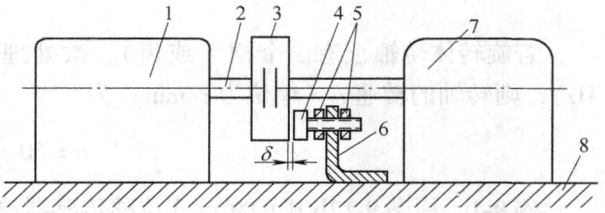

图 9-16　汽轮机主轴轴向位移的监测
1—旋转设备（汽轮机）　2—主轴　3—刚性联轴器　4—涡流式位移传感器探头　5—夹紧螺母　6—涡流式传感器支架
7—发电机　8—基座

的范围内,在初次安装时就设置了二次仪表的报警值。若位移量达到危险值(本例中为0.9mm)时,二次仪表发出报警信号;当位移量达到1.2mm时,发出停机信号,以避免叶片摩擦、碰撞事故的发生。上述测量属于动态测量。参考以上原理还可以将此类仪器用于其他设备的安全监测。

二、转速测量

做圆周运动的物体单位时间内绕圆心转过的圈数称为转速。转速的单位是转每秒(r/s),或转每分(r/min)。测量转速的传感器很多,例如:光电式传感器、光纤式传感器、角编码器、涡流式传感器等。

若旋转体表面上已开有一条或数条槽或具有齿状物,则可以在旋转体的侧面安装一个涡流式传感器来测量单位时间内槽或齿状物产生的脉冲数目。涡流式转速测量方法如图9-17所示。当转轴转动时,旋转体表面与传感器端面的距离发生周期性变化,涡流式位移传感器的输出电压也发生周期性的变化,形成"转速脉冲"。此脉冲电压信号经"隔直"、"放大"、"整形"后,可以由微处理器计算出脉冲的重复频率,从而测出旋转体的转速。工程中经常使用的"电感转速表"的工作原理实质上是涡流效应。

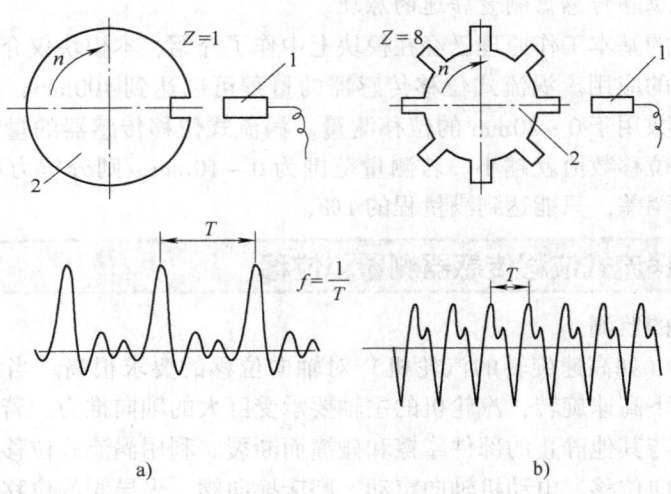

图9-17 涡流式转速测量方法
a) 带有凹槽的转轴及输出波形 b) 带有凸起的转轴及输出波形
1—传感器 2—被测物

若旋转体转轴上有 z 个槽(或齿),微处理器计算得到的输入脉冲频率为 f(单位为Hz),则转轴的转速 n(单位为r/min)为

$$n = 60\frac{f}{z} \tag{9-3}$$

例9-1 用图9-17b中的涡流式位移传感器测得 $T=20\mathrm{ms}$,求:转轴的转速 n 为多少转每分钟?

解 $f = 1/T = 1/20\mathrm{ms} = 50\mathrm{Hz}$,$z=8$,所以转速

$$n = 60\frac{f}{z} = 60 \times \frac{50}{8}\mathrm{r/min} = 375\mathrm{r/min}.$$

任务二　涡流式位移传感器的静态标定

一、传感器标定的概念

1. 传感器的静态标定与动态标定

传感器的标定分为静态标定和动态标定。通过静态标定可以获取传感器的静态模型，并研究和分析其静态特性；若要研究和分析传感器的动态性能指标，就必须对传感器进行动态标定，建立传感器动态模型，对动态模型进行研究和分析。对传感器进行动态标定的过程要比静态标定的过程复杂得多。动态标定是在静态标定的基础上进行，必须模拟现场的使用条件，进行快速、逐点测量。

静态标定主要作用是：①确定仪器或测量系统的输入/输出关系，赋予传感器分度值；②确定仪器或测量系统的静态特性指标；③降低系统误差。

静态标定必须在传感器的若干个输入点（至少为：零点0，25%，50%。75%，满量程等）进行。给被标定传感器及标准传感器同时施加相同的输入量，将两者的输出量进行对比，从而检验被标定传感器是否在允许的准确度范围内。

2. 需要进行静态标定的场合

传感器需要进行静态标定的场合：①新产品试制时；②传感器定型生产前；③改变传感器的生产工艺后；④传感器在重要场合使用一段时间后，由于环境（温度、湿度、振动等）的影响，会使传感器的敏感元件、测量转换电路等产生漂移。因此需要根据企业实际情况，到达设定的周期后，进行一次标定来保证测量的准确度。

3. 静态标定的基本方法

静态标定应根据传感器的设计指标来合理选择标定方法和设备。标定设备的综合准确度应比被标定的传感器等级高出一个（或以上）等级。为使标定结果更加可靠，在正式标定之前，应对标定的传感器进行振动和循环升温、降温老化处理。标定系统包括标准给定装置、标准传感器和被标定传感器，以及计算机系统等。传感器标定系统原理框图如图9-18所示。

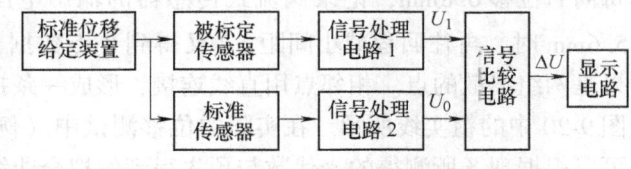

图9-18　传感器标定系统原理框图

二、涡流式位移传感器的标定

涡流式位移传感器的探头阻抗受诸多因素影响，例如被测金属材料的厚度、尺寸、形状、电导率、磁导率、表面因素、距离等，因此在测量中存在诸多不确定因素。一个或几个因素的微小变化足以影响测量结果，所以涡流式传感器多用于定性测量。即使需要用作定量测量，也必须采取逐点标定、计算机校正、温度补偿等措施。

在涡流式位移传感器的静态标定中，标准位移给定装置可根据被标定传感器的准确度高低，选用以下仪表来进行标定：激光测长仪、万能光学测长仪、阿贝比较仪、千分表、千分尺、百分表等。动态标定需要使用机械振动台或液压振动台。指示仪器通常用数字电压表、示波器或其他动态记录设备。涡流式位移传感器的标定环境：静态、室温（20±2）℃、相对湿度应小于85%、大气压为（760±60）mmHg。

例9-2　被标定的涡流式位移传感器探头直径 $\phi 11$mm。传感器的主要技术指标：量程范围 0~5.6mm，非线性误差小于1.5%、重复性误差小于0.3%、迟滞误差小于0.2%、灵敏

度大于 $3mV/\mu m$。请组装一个涡流式位移传感器的标定系统。

解 根据上述涡流式位移传感器的技术指标，利用方均根误差方法（此处略）计算出该涡流式位移传感器的准确度为 1.55%。为此，标准位移给定装置可以选用千分表校定仪，它的分辨率为 0.05%，准确度为 0.6%。涡流式位移传感器的显示器选取 4 位 LCD 指示仪表，准确度为 0.03% ±1 个字。涡流式位移传感器静态标定试验台如图 9-19 所示。

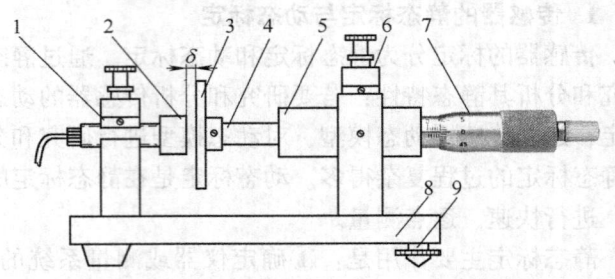

图 9-19 涡流式位移传感器静态标定试验台
1—探头夹具 2—涡流探头 3—标准圆片状试件 4—千分尺测杆
5—千分尺套筒 6—套筒固定螺钉 7—千分尺
8—底座 9—水平调节垫脚

图 9-19 中的标准圆片状试件材料必须与实际工作中被检测工件（例如图 9-16 中的联轴器）的材料相同，直径应比探头直径大 2 倍以上，厚度应大于 0.2mm。本例中，标准圆片状试件的直径取 100mm，厚度为 5mm，表面抛光。

在 0~5.6mm 的标定区域里，共设置 8 个测量点（实际标定时，可以设置更加密集的测试点）。首先将测试室的环境温度上下（±5℃）循环 4 次，最后稳定在 (20±2)℃。4h 后，开始标定。

先调节千分尺的读数为 0.000mm。旋松探头夹具的调节螺母，使探头与标准圆片状试件刚好接触，计算机记录此时探头绝对零位的输出电压（如图 9-20 中的 2.10V 黑点），然后旋紧探头夹具的调节螺母。再逆时针旋动千分尺，使标准圆片状试件缓慢地向右离开探头。每向右位移 0.8mm，记录涡流式传感器的输出电压，如图 9-20 中的 8 个黑点☻所示。至 5.6mm 时，再往回程减小间距 δ，又得到 8 点数据，如图 9-20 中的空心圈☺所示。测试结果是两组离散的点。相邻点用直线连接，形成一条折线。再用计算机软件完成曲线拟合，如图 9-20 中的粗实线所示。在实际的位移测试中（例如图 9-16 中的轴向位移监测），计算机可以根据现场所测得的毫伏数与预先得到的拟合曲线函数值进行比较，计算出被测工件的实际位移量。当被测物的材料和使用温度改变时，需要再次进行静态标定。

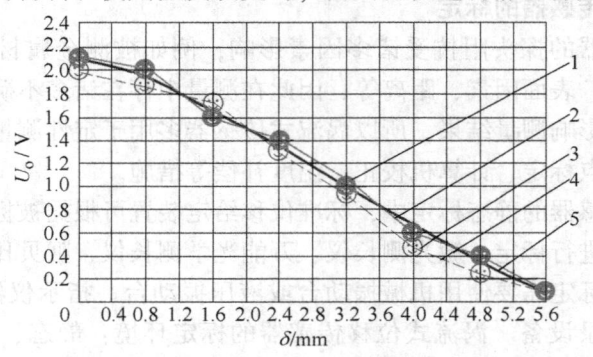

图 9-20 钢板与涡流探头的 U_o-δ 关系曲线
1—正程数据（黑点☻） 2—正程折线（细实线） 3—回程数据（空心圆圈☺）
4—回程折线（虚线） 5—计算机拟合曲线（粗实线）

项目三 接近开关

【项目教学目标】
☞知识目标
1. 了解接近开关的分类与结构。
2. 掌握三种常用接近开关的特性及工作原理。
☞技能目标
掌握接近开关的应用。

任务一 认识接近开关

接近开关又称无触点行程开关。它能在一定的距离（几毫米至几十毫米）内检测有无物体靠近。当物体与其接近到设定距离时，发出"动作"信号，而不像机械式行程开关那样，需要施加机械力。它给出的是开关信号（高电平或低电平）。多数接近开关具有较大的负载能力，能直接驱动中间继电器。

接近开关的核心部分是"感辨头"，它能对正在接近的物体有很高的感辨能力。涡流探头能感辨金属导体的靠近与否，而应变计、电位器、压电传感器之类的接触式传感器就无法用于接近开关。多数接近开关已将感辨头和测量转换电路做在同一壳体内，壳体上多带有螺纹或安装孔，便于安装和调整与被测物的距离。

接近开关的应用已远超出行程开关的行程控制和限位保护范畴，它还可以用于高速计数和测速，确定金属物体的存在和位置，测量物位和液位，无触点按钮等。

一、常用接近开关的分类

（1）电感式接近开关（实际工作原理是涡流效应） 只对导电良好的金属起作用。电感式接近开关对铁镍、A3钢类具有磁滞特性的金属灵敏度较高，对铝、黄铜等金属的灵敏度较低。

（2）电容式接近开关 对接地的金属或地电位的导电物体起作用，而对非地电位的导电物体灵敏度稍差。

（3）干簧管 只对磁性较强的物体起作用（见模块十的拓展阅读）。

（4）霍尔式接近开关 只对磁性或导磁性物体起作用。

从广义来看，除上述之外的其他非接触式传感器均能用作接近开关。例如，光电传感器、微波和超声波传感器等。它们的检测距离一般均可以做得较大，可达数米甚至数十米，但定位准确度较低，通常把它们归入非接触式电子开关系列。

二、接近开关的特点

与机械行程开关相比，接近开关具有如下特点：
1) 非接触检测，不影响被测物的运行工况。
2) 定位准确度高。
3) 不产生机械磨损和疲劳损伤，耐腐蚀，动作频率高，工作寿命长。
4) 响应快，约几毫秒至十几毫秒。

5) 采用全密封结构，防潮、防尘性能较好，工作可靠性强。

6) 无触点、无火花、无噪声，可适用于要求防爆的场合（防爆型）。

7) 易于与 PLC 或其他上位机连接。

8) 体积小，安装、调整方便。

9) 缺点是"触点"容量较小，负载短路时易烧毁。

三、接近开关的主要技术指标

(1) 动作距离　当被测物由正面靠近接近开关的感应面时，使接近开关动作（输出状态变为有效状态）的距离为接近开关的动作距离 δ_{min}（单位为 mm，以下同）。

(2) 复位距离　当被测物由正面离开接近开关的感应面，接近开关转为复位状态（输出状态变为无效状态）时，被测物离开感应面的距离就是复位距离 δ_{max}。同一个接近开关的复位距离大于动作距离。

(3) 动作滞差　动作滞差是指复位距离与动作距离之差。动作滞差越大，对抗被测物抖动等造成的机械振动干扰的能力就越强，但动作准确度就越差。

(4) 重复定位准确度（重复性）　表征多次测量的动作距离平均值。其数值的离散性一般为最大动作距离的 1%~5%。将被测金属板固定在千分尺上，由动作距离 120% 以外逐渐沿接近开关感应面轴向靠近接近开关的"动作区"，运动速度控制在 0.1mm/s。当接近开关动作时，读出千分尺的读数，然后反向退出动作区，使接近开关复位。重复 10 次，计算 10 次测量值的最大值和最小值，再逐一与 10 次平均值做减法，最大差值即为重复定位准确度。重复定位的离散性越小，重复定位的准确度就越高。

(5) 响应频率　也称动作频率，是指每秒连续不断地进入接近开关的动作距离后又离开的被测物个数或次数。若接近开关的动作频率太低而被测物又运动得太快时，接近开关就来不及响应物体的运动状态，有可能造成漏检。

(6) 额定工作距离 δ_0　指被测金属板从侧向（径向）接近式接近开关在实际使用中被设定的安装距离。在此距离上，接近开关不应受温度变化、电源波动等外界干扰而产生误动作。额定工作距离 δ_0 小于动作距离 δ_{min}。实际应用中，考虑到各方面环境因素干扰的影响，通常将额定工作距离设定为动作距离的 75%。

任务二　电感式（涡流原理）接近开关的应用

一、电感式接近开关的规格及接线方式

1. 电感式接近开关的结构形式

可根据不同的用途选择不同的接近开关规格及型号。图 9-21a 的形式便于调整与被测物之间的间距。图 9-21b、c 的形式可用于板材的检测，图 9-21d、e 可用于线材的检测。

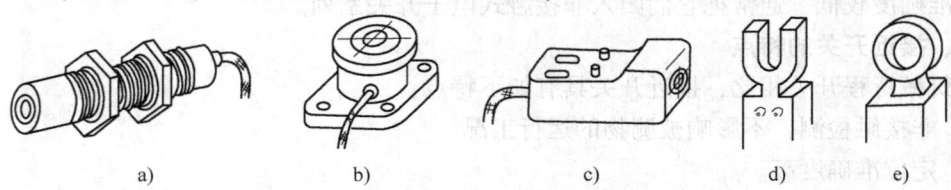

图 9-21　电感式接近开关的结构形式

a) 圆柱形（非齐平式）　b) 平面安装型　c) 矩形　d) 槽形　e) 贯穿型

2. 被测金属体接近电感式接近开关的方式

NPN 型三线制电感接近开关的原理、特性及接线如图 9-22 所示。

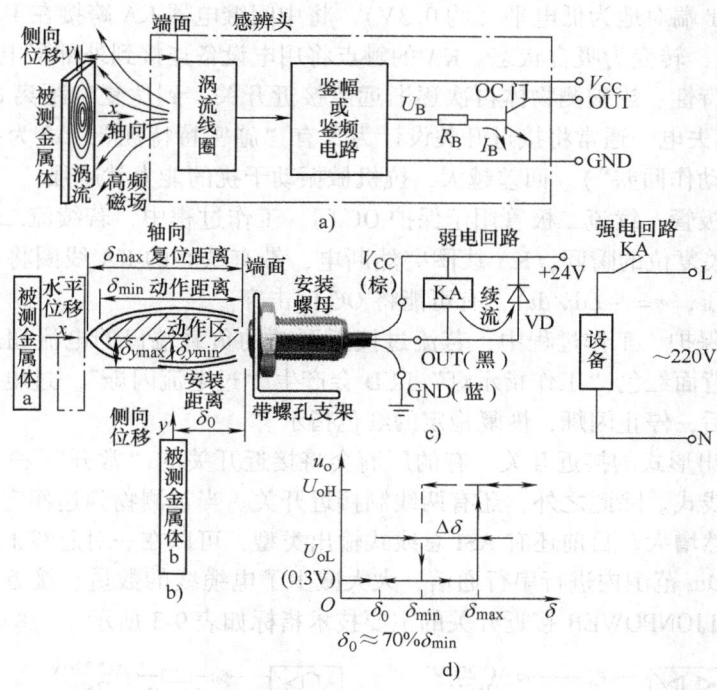

图 9-22　NPN 型三线制电感接近开关的原理、特性及接线

a) NPN 型三线制电感接近开关原理框图　b) x、y 方向的两种接近方式
c) 齐平式 NPN 型、OC 门常开输出电路　d) NPN 型接近开关滞差特性

（1）轴向接近　①被测金属体 a 沿图 9-22a 中接近开关的轴线，从左侧逐渐靠近接近开关（见图 9-22a 中的 x 位移），金属板上的涡流逐渐增大，当两者的距离达到 δ_{min} 时，接近开关动作；②当两者的距离再次远达 δ_{max} 时，接近开关复位。

（2）侧向接近（径向接近）　①被测金属体 b 的平面与接近开关的端面空间距离保持为"安装距离" δ_0（约为 δ_{xmin} 的 70%）；②被测金属体 b 从图 9-22a 中的下方逐渐靠近接近开关（见图 9-22b 中的 y 位移）。当被测金属体 b 的顶部进入"动作区"（见图 9-22b 中的细斜线范围）后，接近开关动作；③当被测金属体 b 继续往上移处于动作区时，接近开关保持动作状态；④当被测金属体 b 继续上移直到其下端离开动作区后，接近开关复位。

3. NPN 型电感式接近开关的接线及使用注意事项

接近开关多数采用三线制接线方式。棕色引线接电源正极 V_{CC}（18~35V）；蓝色引线电源负极（接地）；黑色引线接输出端。接近开关有常开、常闭之分；按触点形式可分为：继电器输出型和 OC 门（集电极开路输出门）。继电器的触点的耐压高，电流容量较大，不易烧毁，但响应慢。OC 门的动作时间可小于 0.1ms。OC 门的输出又有"PNP 型"和"NPN 型"之分。现以较为常见的 NPN 型常开类型接近开关为例说明其输出特性：

（1）复位状态　当被测金属物体远离接近开关时，$U_B = 0$，OC 门的基极电流 $I_B = 0$，NPN 晶体管构成的 OC 门截止，OUT 端为高阻态（接入负载或上拉电阻后为接近电源电压

的高电平)

(2)动作状态 当被测金属体逐渐靠近接近开关,到达动作距离 δ_{min} 时,OC 门的输出端对地导通,OUT 端对地为低电平(约 0.3V)。将中间继电器 KA 跨接在 V_{CC} 与 OUT 端之间时,KA 线圈得电,转变为吸合状态。KA 的触点将用电设备连接到外部强电电源。

(3)施密特特性 当被测物体再次逐渐远离接近开关,到达复位距离 δ_{max} 时,OC 门再次截止,KA 线圈失电。通常将接近开关设计为具有"施密特特性",$\Delta\delta$ 为接近开关的动作滞差(也称为"动作回差")。回差越大,抗机械振动干扰的能力就越强。

(4)续流二极管 续流二极管用于保护 OC 门。工作过程中,若续流二极管 VD 未接或虚焊,在接近开关复位的瞬间,KA 线圈突然断电,带有铁心的 KA 线圈将产生较大的感应电压(也称过电压,$e = -Ldi/dt$),有可能将 OC 门击穿。

(5)过电流保护 工作过程中,若流过接近开关的负载端口的电流超过额定值,有些型号的接近开关背面红色"工作指示灯"LED 会产生"过电流闪烁"。过电流越大,闪烁越快;过电流排除后,停止闪烁,恢复稳定的红色指示。

(6)其他输出形式的接近开关 有的厂商会将接近开关的"常开"和"常闭"信号同时引出,属于四线式。除此之外,还有两线制接近开关。当被测物到达额定距离时,接近开关的工作电流突然增大。目前还有 ASI 总线式输出类型,可以在一对总线上最多搭接 256 个接近开关,在 250m 范围内进行串行通信,大大减少了电缆线的数量。接近开关的接线方式如图 9-23 所示。LIONPOWER 接近开关的主要技术指标如表 9-3 所示。

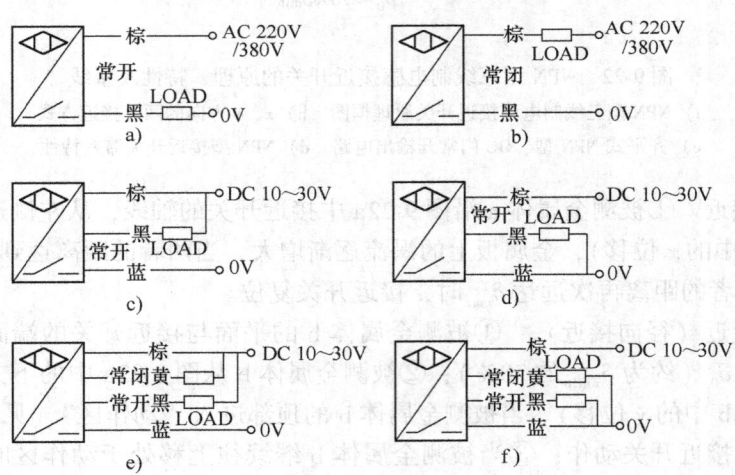

图 9-23 接近开关的接线方式
a) NPN 型常开两线制 b) PNP 型常闭两线制 c) NPN 型常开三线制 d) PNP 型常开三线制
e) NPN 型常开、常闭四线制 f) PNP 型常开、常闭四线制

表 9-3 LIONPOWER 接近开关的主要技术指标

参数名称	指标
壳体材料	ABS
触点控制功率/W	10
最大触点电压/V	DC 100

(续)

参数名称	指标
最小击穿电压/V	AC 250
最大触点电流/A	DC 1
最大接触电阻/mΩ	100
最小绝缘电阻/Ω	10^8
最大动作时间/ms	0.1
最大复位时间/ms	0.4
工作电压/V	DC 8~36

二、接近开关与 PLC 的接线

NPN 型、PNP 型接近开关与 PLC 的接线如图 9-24 所示。图 9-24a 是无源输入电路,适合于 NPN 型接近开关;图 9-24b 是有源输入电路,适合于 PNP 型接近开关。

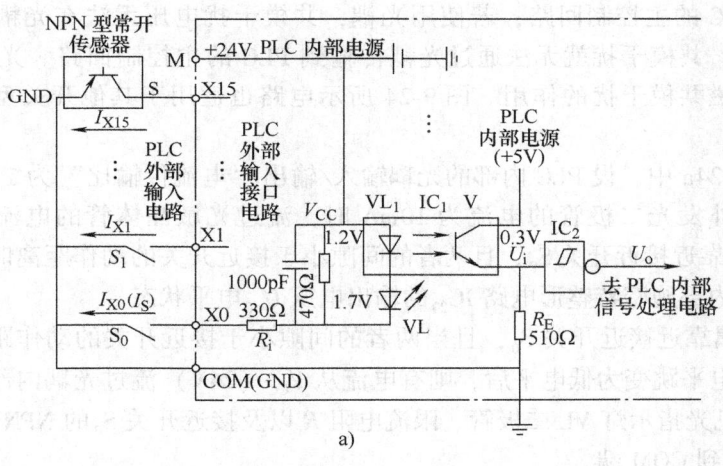

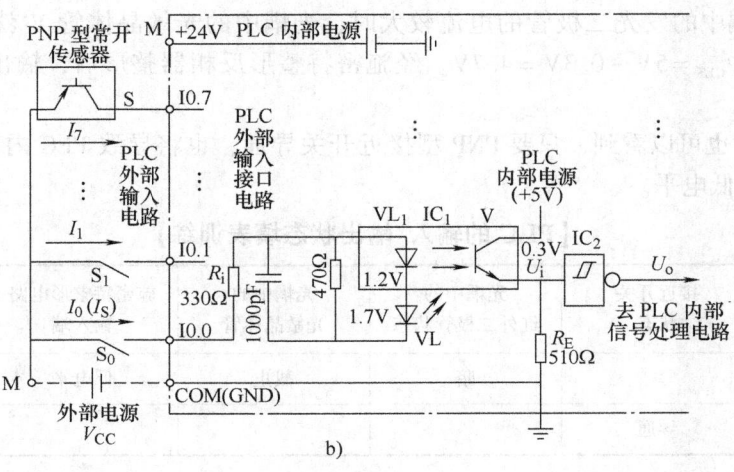

图 9-24　NPN 型、PNP 型接近开关与 PLC 的接线

a) 低电平有效的无源输入电路　b) 高电平有效的有源输入电路

当图 9-24 中的开关 S 闭合（接近开关动作）后，PLC 的输入端有电流，PLC 面板上的 I/O 信号灯（可见光指示灯 VL）亮。图 9-24 中的 PLC 输入回路 IC_1 称为"光耦"（"光耦合器"或"光电耦合器"的简称）。

当图 9-24a 中的 S 跳变为低电平后，有电流从 V_{CC} 流过 VL_1、VL、R_i、S 到 COM 端（地线）。流入接近开关和光耦的电流

$$I_S = I_{VL1} = I_{VL} = (V_{CC} - U_{VL1} - U_{VL} - U_{CES})/R_i \tag{9-4}$$

式（9-4）中：光耦的红外发光二极管的压降 $U_{VL1} \approx 1.2V$，可见光指示二极管的压降 $U_{VL} \approx 1.7V$，传感器输出级 OC 门的饱和压降 $U_{CES} \approx 0.3V$。

若光耦中的红外发光二极管有足够的电流通过，就能发出较强的红外线，照射到封装在光耦中的光敏晶体管 V 集电结上，V 饱和，发射极电压 $U_E = V_{CC} - U_{CES}$，为高电平。再经施密特整形电路，输入到 PLC 的内部信号处理电路。光耦在 PLC 的输入电路中起到"电→光→电"的转换与传输作用。

当传感器的输入电路有很大的对地"共模"干扰电压时，若不使用光耦，共模干扰就能直接窜入 PLC 的主控制回路；若使用光耦，共模干扰电压无法在光耦的红外发光二极管中产生电流，共模干扰就无法通过光耦传输到 PLC 的主控制回路。光耦在 PLC 输入电路中起到抗电磁共模干扰的作用。图 9-24 所示电路也适用于其他开关型传感器与 PLC 的连接。

例 9-3 图 9-24a 中，设 PLC 内部的光耦输入/输出"电流传输比"为 1:0.5（假设当流过光耦中的红外发光二极管的电流为 10mA 时，流过光敏晶体管的电流最大只能达到 5mA），当有金属靠近接近开关 S_0，且两者的间隙小于接近开关的动作距离时，请分析接近开关闭合后 PLC 内部施密特整形电路 IC_{20} 的输出电压 U_{o0} 电平状态。

解 当有金属靠近接近开关 S_0，且当两者的间隙小于接近开关的动作距离后，接近开关 S_0 的输出由高电平跳变为低电平后，则有电流从 V_{CC}（24V）流过光耦内部的红外发光二极管、输入点可见光指示灯 VL 二极管、限流电阻 R_i 以及接近开关 S_0 的 NPN 型集电极（OC 门，见图 9-22a）到 COM 端。

当流过光耦中的发光二极管的电流较大时，光耦中的光敏晶体管 V 就进入饱和状态。所以 $U_i = 5V - U_{CES} = 5V - 0.3V = 4.7V$。经施密特整形反相器整形后，输出电压 U_o 为低电平，约为 0.3V。

从图 9-24b 也可以看到，只要 PNP 型接近开关导通，也将导致 PLC 内部的整形反相器输出电压 U_{o0} 为低电平。

【PLC 的输入/输出状态填表训练】

金属与接近开关的距离	接近开关状态	光耦中的红外二极管状态	光耦中的光敏晶体管	施密特整形电路输入端	施密特整形电路输出端
远		暗	截止	低电平	
近	导通				低电平

三、两线制接近开关与交流接触器的接线

两线制接近开关又称非接触行程开关。常闭型两线制接近开关与 380V 交流接触器的接

线图如图 9-25 所示（适用于容量不大于 40A 的设备）。由于 OC 门不能用于交流电路，所以交流型接近开关的触点为内部继电器的常开或常闭触点（图 9-25 中为常闭触点）。由于继电器的体积比 OC 门大，所以导致交流型接近开关的体积比直流型接近开关略大。

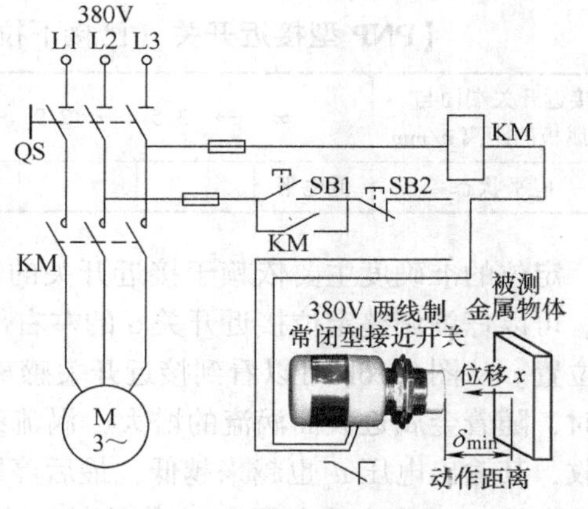

在图 9-25 中，当按下（或点触）按钮 SB_1 时，KM 线圈得电，KM 的辅助触点闭合，接触器自保，三相电动机旋转。当有金属物体从右方逐渐靠近该接近开关并到达动作距离 $\delta_{\min}$ 时，常闭式接近开关的内部继电器触点断开，KM 线圈失电，三相电动机停转。

图 9-25 常闭型两线制接近开关与 380V 交流接触器的接线图

四、电感式接近开关的应用实例

1. 生产工件加工定位

在机械加工自动生产线上，可以使用接近开关进行工件的加工定位，工件的加工定位与计数如图 9-26 所示。当传送机构将待加工的金属工件运送到靠近"减速"接近开关的位置时，该接近开关发出"减速"信号，传送机构减速，以提高定位准确度。当金属工件到达"定位"接近开关面前时，定位接近开关发出"动作"信号（高电平），使传送机构停止运行，加工刀具紧接着对工件进行机械加工。

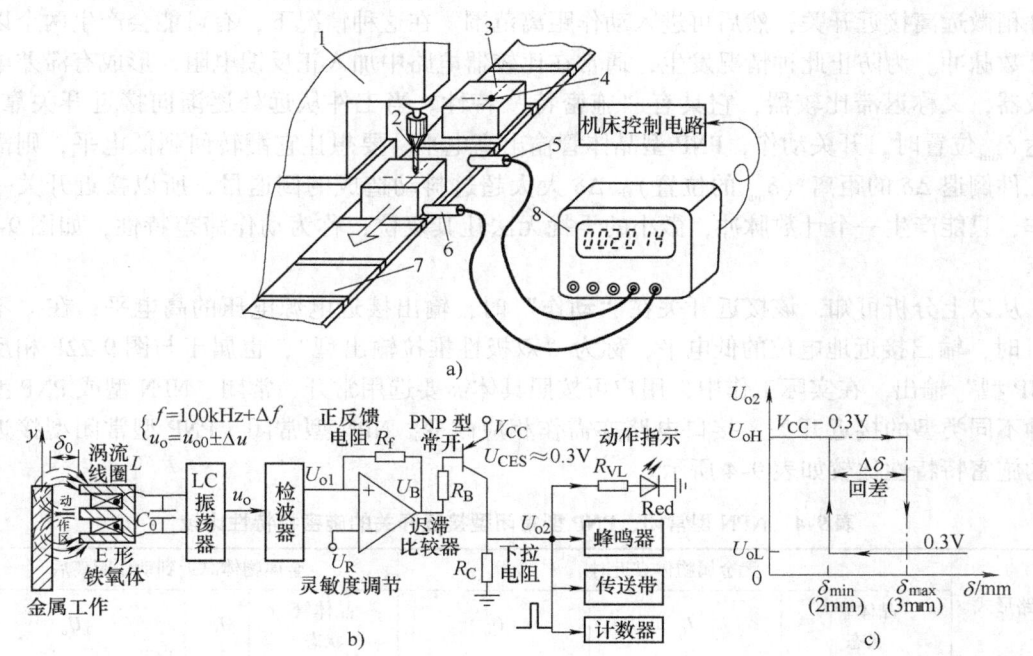

图 9-26 工件的加工定位与计数
a）接近开关的安装位置　b）感辨头及调幅式转换电路　c）PNP 型接近开关动作滞差特性
1—加工机床　2—刀具　3—金属工件　4—加工位置　5—减速接近开关
6—定位接近开关　7—传送机构　8—计数器-位置控制器

【PNP 型接近开关（已接下拉电阻）的施密特特性状态填表训练】

接近开关端面与金属板的距离 δ/mm	∞	$\to$	3.5	$\to$	2.9	$\to$	2.1	$\to$	1.9	$\to$	2.1	$\to$	2.9	$\to$	3.1	$\to$	∞
电平状态	低电平								高电平								低电平

定位的准确度主要依赖于接近开关的性能指标，如"重复定位准确度"、"动作滞差"等。可以仔细调整定位接近开关 6 的左右位置，使每一只待加工的金属工件均准确地停在加工位置。从图 9-26b 可以看到接近开关感辨头的内部电路工作原理。当金属体 3 靠近涡流线圈时，随着金属近表面涡流的增大，涡流线圈的 Q 值越来越低，振荡器的能量被金属体所吸收，其输出电压 u_o 也越来越低，最后停振，检波之后的输出电压 $U_{o1}=0$。比较器将 U_{o1} 与基准电压（又称比较电压）U_R 作比较。当 U_{o1} 小于 U_R 时，比较器翻转，输出低电平，PNP 型晶体管导通，U_{o2} 为高电平，报警器（LED）报警（闪亮），执行机构动作（传送机构电动机停转）。从以上分析可知，该接近开关的电路利用了振荡幅度的变化，所以属于调幅式转换电路。

2. 生产零部件计数

在图 9-26a 中，还可将传送带一侧的"减速"接近开关的信号接到计数器输入端。当传送带上每一个金属工件从该接近开关面前经过时，接近开关动作一次，输出一个计数脉冲，计数器加 1。

传送带在运行中有可能产生抖动，此时若工件刚进入接近开关动作距离区域，因抖动使工件稍微远离接近开关，然后再进入动作距离范围。在这种情况下，有可能会产生两个以上的计数脉冲。为防止此种情况发生，通常在比较器电路中加入正反馈电阻，形成有滞差电压比较器，又称迟滞比较器，它具有"施密特"特性。当工件从远处逐渐向接近开关靠近，到达 δ_{min} 位置时，开关动作，PNP 型晶体管输出高电平。要想让它翻转回到低电平，则需要让工件倒退 $\Delta\delta$ 的距离（δ_{max} 的位置）。$\Delta\delta$ 大大超过抖动造成的倒退量，所以接近开关一旦动作，只能产生一个计数脉冲，微小的干扰无法让其复位，称为动作滞差特性，如图 9-26c 所示。

从以上分析可知，该接近开关在"动作"时，输出接近电源电压的高电平；在"不动作"时，输出接近地电位的低电平，称为"双极性推拉输出型"，也属于与图 9-22b 相反的"PNP 型"输出。在实际工作中，用户可按照具体需要选用常开、常闭、NPN 型或 PNP 型等几种不同类型的接近开关，接口电路亦需作相应改变。NPN 型常闭、PNP 型常闭型接近开关的施密特特性比较如表 9-4 所示。

表 9-4 NPN 型常闭、PNP 型常闭型接近开关的施密特特性比较

电路形式	无金属物体靠近时			金属物体靠近到动作距离后		
	晶体管状态	I_C	U_o	晶体管状态	I_C	U_o
NPN 型输出	导通	$(V_{CC}-0.3V)/R_L$	U_{CES} (0.3V，低电平)	截止	0	V_{CC}(高电平)
PNP 型输出	导通	$(V_{CC}-0.3V)/R_L$	$V_{CC}-0.3V$ (高电平)	截止	0	0V(低电平)

【PNP 型常开型接近开关的特性填表训练（$V_{CC}=24\text{V}$，$R_L=0.1\text{k}\Omega$）**】**

金属与接近开关的距离	晶体管状态	I_C/mA	U_o/V
远	截止		
近		237	23.7

任务三　电容式接近开关的应用

一、电容式接近开关的结构及工作原理

电容式接近开关的核心是以电容极板作为检测端的电容传感器，结构如图 9-27a 所示。检测极板设置在接近开关的最前端，测量转换电路安装在接近开关壳体后部，并用介质损耗很小的环氧树脂充填、灌封。电容式接近开关的外形如图 9-28 所示。"非齐平式接近开关"的端部必须比金属安装平面突出 10mm 左右，接近开关端部的高频电场信号才不至于被比金属安装平面衰减。"齐平式接近开关"的端面可以与金属安装平面齐平（见图 9-22c），不易损坏，但端面高频电场受金属安装平面的影响，灵敏度较低，动作距离约为同系列接近开关的 2 倍。

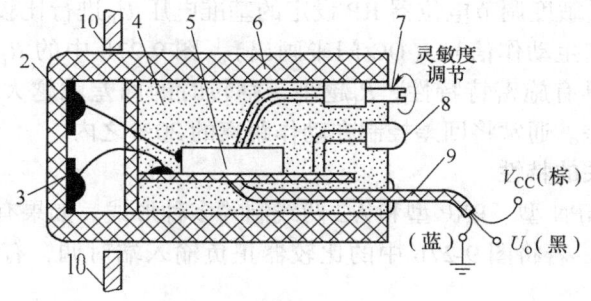

a)

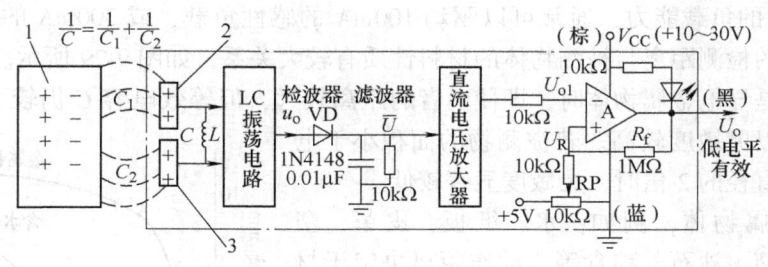

b)

图 9-27　圆柱形电容式接近开关
a) 结构示意图　b) 调幅式测量转换电路原理框图
1—被测物　2—上检测极板（或内圆电极）　3—下检测极板（或外圆电极）　4—充填环氧树脂
5—测量转换电路板　6—塑料外壳　7—灵敏度调节电位器 RP　8—动作指示灯　9—电缆
10—非齐平式安装板（金属，接地）　U_R—比较器的基准电压

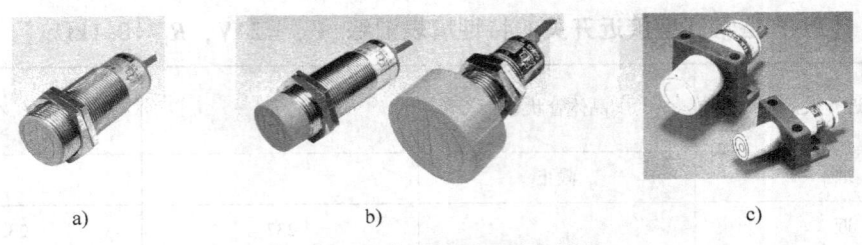

图 9-28 电容式接近开关的外形
a) 齐平式（允许金属安装平面与探头的端面齐平） b) 非齐平式 c) 非齐平夹具安装式

调幅式测量转换电路原理框图如图 9-27b 所示。电路由 RC 高频振荡器、检波器、低通滤波器、直流电压放大器、电压比较器等组成。

电容式接近开关的感应板由两个同心圆金属板电极构成，类似于两块极距很大、电容很小的电容极板。

当没有被测物体靠近电容式接近开关时，由于 C_1 与 C_2 很小，LC 振荡器停振。当被测物体朝着电容式接近开关的两个同心圆电极靠近时，两个电极与被测物体构成串联等效电容 C。C 与电感 L 并联，构成 LC 振荡电路。

当 C 增大到设定值时，LC 振荡器起振，工作电流增大。振荡器的高频输出电压 u_o 经二极管 VD 检波和 RC 低通滤波器滤波，得到正半周信号的平均值 $\bar{U}$。经直流电压放大电路放大后的输出电压 U_{o1} 与灵敏度调节电位器 RP 设定的基准电压 U_R 进行比较。若 U_{o1} 超过基准电压时，比较器翻转，产生动作信号（OC 门未画出）。图 9-27b 中的 R_f 在比较器电路中起正反馈作用，使比较器具有施密特特性。R_f 越小，翻转时的回差就越大，抗干扰能力就越强，动作的准确度就越差。通常将回差控制在动作距离的 20% 之内。

二、电容式接近开关的特性

接近开关的输出有 NPN 型、PNP 型和 AC 两线制等多种形式。如果有效动作信号为低电平，则属于 NPN 型输出。若将图 9-27b 中的比较器正负输入端对调，有效动作信号为高电平，称为 PNP 型输出。

如果在图 9-27b 所示的比较器之后再设置 OC 门输出级电路（有 NPN 型及 PNP 型之分），就有较大的负载能力，通常可以驱动 100mA 的感性负载，或 300mA 的阻性负载。电容式接近开关的检测距离与被测物体的材料性质有较大关系，如图 9-29 所示。

当被测物是导电金属物体时，即使两者的距离较远，但等效电容 C 仍较大，LC 回路较容易起振，所以灵敏度较高。若被测物的面积小于电容式接近开关直径的 2 倍时，灵敏度显著较低。

对于非金属物体，例如：水、纸板、皮革、塑料、陶瓷、玻璃、沙石、粮食等，动作距离决定于材料的介电常数和电导率以及被测物体的面积。介电常数大（可提高图 9-27 中的内外圆环形电极之间的电容量）、且导电性能较好的物体（例如含水的有机物等），动作距离略小于金属物体。物体的含水量越小，面积越小，动作距离也越小，灵敏度就越低。尼龙、聚四氟乙烯等介质损耗小的物体灵敏度较低。不同非

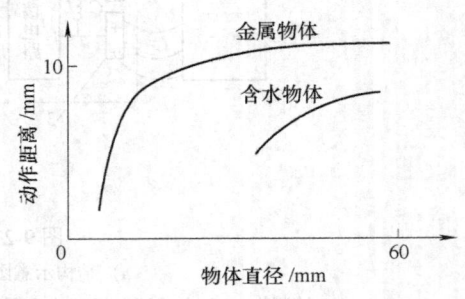

图 9-29 动作距离与被检测物体的材料、性质、尺寸的关系

金属检测物对电容式接近开关动作距离的影响如表 9-5 所示，TV618 电容式接近开关的主要技术指标如表 9-6 所示。

表 9-5　不同非金属检测物对电容式接近开关动作距离的影响

材　料	水	纯酒精	玻璃	潮湿的木材	纸	橡胶	石英	尼龙、聚四氟乙烯
动作距离（%）	100	85	40	20～50	20～35	20～35	20～40	20

表 9-6　TV618 电容式接近开关的主要技术指标

参数名称	指　标
电源/V	DC 12～36 或 AC 220
测量距离/mm	2～50（与被测对象材料及外径有关）
响应时间/s	0.2（0～99 可选）
输出信号	三线制直流 NPN 或 PNP 或触点输出
重复性/mm	≤1.6（导电材料时）
探头材料	1Cr18Ni9Ti 或 PTFE（聚四氟乙烯）
电子单元工作温度/℃	-20～80
探头工作温度/℃	-60～250（分体式）
探头尺寸（圆柱螺纹）/mm	M12×1、M18×1、M30×1.5、M32×1.5
壳体密封级别	IP65（铸铝壳体时）
最大检测距离/mm	2（M12×1） 5（M18×1） 15（M30×1.5） 18（M32×1.5）

三、电容式接近开关的应用

对金属物体而言，大可不必使用易受干扰的电容式接近开关，而应选择电感接近开关（其工作原理为涡流效应）。通常在测量含水介质时才选择电容式接近开关。电容式接近开关可以检测人体的靠近。将电容式接近开关安装在如图 9-30a 所示玻璃管外壁，可以用于液位的上、下限报警。当被测物的液体低于或高于设定值时，产生报警信号（例如输液报警）。也可以将电容式接近开关安装在容器的顶部。当含水颗粒（例如饲料等）接近电容式接近开关的端面时，产生报警信号，关闭输送管道的阀门。内装电容式接近开关如图 9-30b 所示。

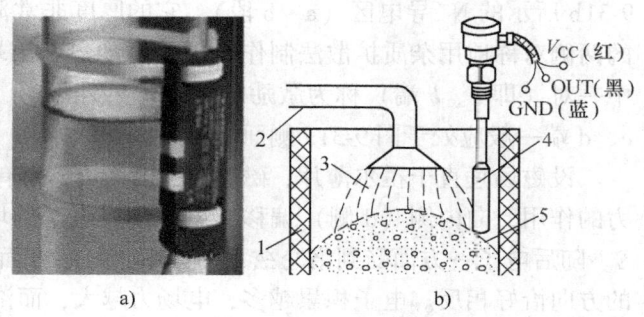

图 9-30　电容式接近开关的应用
a) 外挂式电容接近开关　b) 内装式电容接近开关
1—塑料容器外壁　2—下料管　3—含水颗粒
4—电容式接近开关　5—物位

大多数电容式接近开关的尾部有一个多圈微调电位器 RP，用于调整测量对象的动作距离。当被测试对象的介电常数较低、且导电性较差时，可以顺时针旋转电位器的旋转臂，降低图 9-27b 中的比较器 A 正输入端"翻转电压阈值" U_R，以增加灵敏度，减小动作距离。

电容物位报警器对附近的高频电磁场十分敏感，因此不能在高频炉、大功率逆变器等设备附近使用，而且两只电容式接近开关也不能靠得太近，以免相互影响。

任务四　霍尔式接近开关的应用

一、霍尔式传感器工作原理

金属或半导体薄片置于磁感应强度为 B 的磁场中，磁场方向垂直于薄片，如图9-31a所示，当有电流 I 流过薄片时，在垂直于电流和磁场的方向上将产生电动势 E_H，这种现象称为霍尔效应，该电动势称为霍尔电动势，上述半导体薄片称为霍尔元件。

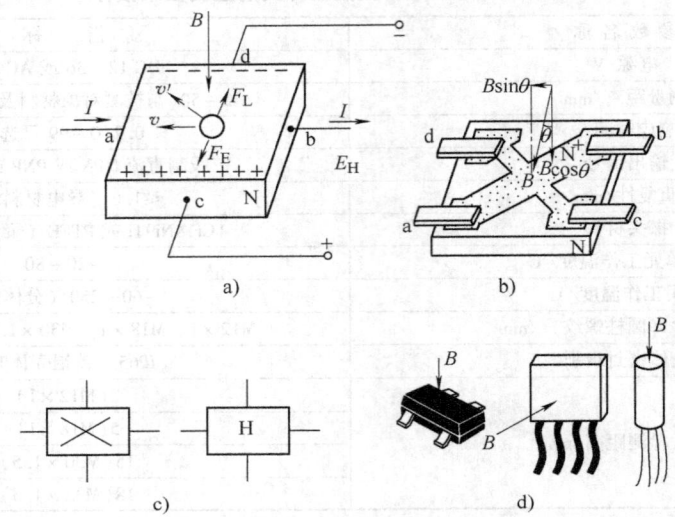

图 9-31　霍尔元件示意图
a) 霍尔效应原理图　b) N 型硅霍尔元件结构示意图　c) 图形符号　d) 外形

N 型霍尔元件是在掺杂浓度很低、电阻率很大的 N 型衬底上用杂质扩散法制作出如图 9-31b 所示的 N^+ 导电区（a~b 段），它的厚度非常薄，电阻值约几百欧。在 a~b 导电薄片的两侧对称地用杂质扩散法制作出霍尔电动势引出端 c、d，因此霍尔元件是四端元件。其中一对（即 a、b 端）称为激励电流端，另外一对（即 c、d 端）称为霍尔电动势输出端，c、d 端一般应处于图 9-31a 侧面的中点。

设磁场垂直于霍尔薄片，磁感应强度为 B。当有电子流过霍尔薄片时，电子受到洛仑兹力的作用，向内侧（d 侧）偏移，该侧形成电子的堆积，从而在薄片的 c、d 方向产生电场 E。随后电子一方面受到洛仑兹力的作用，另一方面又同时受到该电场力的作用。这两种力的方向恰好相反。电子积累越多，电场力越大，而洛仑兹力保持不变。最后，当电场力等于洛仑兹力时，电子的积累达到动态平衡。这时，在半导体薄片 c、d 方向的端面之间建立的电动势 E_H 就是霍尔电动势。

由实验可知，流入激励电流端的电流 I 越大、作用在薄片上的磁场强度 B 越强，霍尔电动势也就越高。霍尔电动势 E_H 可用下式表示：

$$E_H = K_H I B \qquad (9-5)$$

式中　K_H——霍尔元件的灵敏度。

若磁感应强度 B 不垂直于霍尔元件，而是与其法线成某一角度 θ 时，实际上作用于霍尔元件上的有效磁感应强度是其法线方向（与薄片垂直的方向）的分量，即 $B\cos\theta$，这时的霍尔电动势为

$$E_H = K_H IB\cos\theta \tag{9-6}$$

从式（9-6）可知，霍尔电动势与输入电流 I、磁感应强度 B 成正比，且当 B 的方向改变时，霍尔电动势的方向也随之改变。如果所施加的磁场为交变磁场，则霍尔电动势为同频率的交变电动势。

目前常用的霍尔元件材料是 N 型硅，它的霍尔灵敏度、温度特性、线性度均较好，而锑化铟（InSb）、砷化铟（InAs）、锗（Ge）、砷化镓（GaAs）等也是常用的霍尔元件材料。采用外延离子注入工艺或采用溅射工艺，能够制造出了尺寸小、性能好的薄膜型霍尔元件，如图 9-31b 所示。它由衬底、十字形薄膜、引线（电极）及塑料外壳等组成。它的灵敏度、稳定性、对称性等均比老工艺优越得多，目前得到越来越广泛的应用。霍尔元件的壳体可用塑料、环氧树脂等制造，封装后的霍尔元件外形如图 9-31d 所示。

二、霍尔式传感器的特性参数

霍尔式传感器的主要特性参数有：①输入电阻 R_i。为了减少温度的影响，通常采用恒流源作为电流激励源；②输出电阻 R_o；③最大激励电流 I_m（数值多为几毫安）；④灵敏度 $K_H = E_H/(IB)$，单位为 [mV/(mA·T)]；⑤最大磁感应强度 B_m 通常为零点几特斯拉（$1T = 10^4 Gs$）；⑥霍尔电动势温度系数一般约为 0.1%/℃ 左右。在要求较高的场合，应选择低温漂的霍尔元件。

三、霍尔式集成电路

随着微电子技术的发展，目前霍尔器件多已集成化。霍尔式集成电路（又称霍尔 IC）有许多优点，如体积小、灵敏度高、输出幅度大、温漂小、对电源稳定性要求低等。

霍尔式集成电路可分为线性型和开关型两大类。前者是将霍尔元件和恒流源、线性差动放大器等做在一个芯片上，输出电压为伏特级，比直接使用霍尔元件方便得多。较典型的线性霍尔器件有 UGN3501 等。

开关型霍尔式集成电路是将霍尔元件、稳压电路、放大器、施密特触发器、OC 门（集电极开路输出门）等电路做在同一个芯片上。当外加磁场强度超过规定的工作点时，OC 门由高阻态变为导通状态，输出变为低电平；当外加磁场强度低于释放点时，OC 门重新变为高阻态，输出高电平。这类器件中较典型的有 UGN3020、UGN3022 等。

有一些开关型霍尔式集成电路内部还包括双稳态电路，这种器件的特点是必须施加相反极性的磁场，电路的输出才能翻转回到高电平，也就是说，具有"锁定"功能。这类器件又称为锁键型霍尔式集成电路，如 UGN3075 等。开关型霍尔式集成电路外形及内部电路如图 9-32 所示，开关型霍尔式集成电路的施密特输出特性曲线如图 9-33 所示。

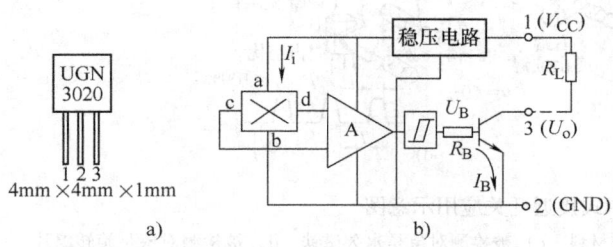

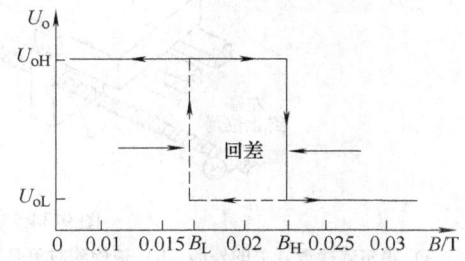

图 9-32 开关型霍尔式集成电路外形及内部电路
a) 外形尺寸　b) 内部电路框图

图 9-33 开关型霍尔式集成电路的施密特输出特性曲线

四、霍尔式接近开关及其应用

霍尔式接近开关的检测对象是普通的铁磁材料或是带有磁性的材料,用于识别附近有无上述材料物体的存在。霍尔式接近开关内部的核心部件是开关型霍尔集成电路,壳体的端部封装有一个圆片形的永久磁铁,N 极朝外,如图 9-34a 所示。当铁磁的被测物接近霍尔式接近开关时,加强了穿过开关型霍尔集成电路的磁感应强度 B,如图 9-34b 所示。当 B 值达到设定值时,电路的输出翻转为低电平。NJK5002C 霍尔式接近开关的主要技术指标如表 9-7 所示。

表 9-7 NJK5002C 霍尔式接近开关的主要技术指标

参数名称	指标
探头材料	黄铜镀镍
测量距离/mm	1~10(与被测物的磁导率有关)
响应频率/Hz	2500
输出类型	NPN 型常开
输出电流/mA	200(阻性),100(感性)
输出指示	红色 LED
连接电缆/m	2,PVC
工作温度/℃	-20~70
电源/V	DC3~28 或 AC 220
工作电流/mA	<10
探头尺寸(圆柱螺纹)/mm	M12×1
安装方式	齐平式
防护等级	IP67

1. 霍尔式接近开关用于机械设备的位置检测

在图 9-34b 中,磁极的轴线与霍尔式接近开关的轴线在同一平面上。当被检测铁磁板极

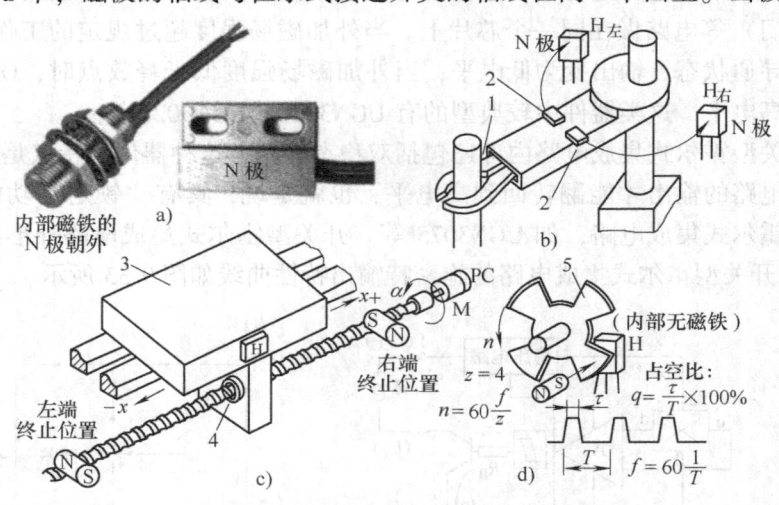

图 9-34 霍尔式接近开关应用示意图

a)霍尔式接近开关的外形 b)被检测对象是铁磁材料 c)被检测对象是永久磁铁 d)被检测对象是旋转翼片

1—机械手 2—铁磁检测板 3—工作台 4—丝杠-螺母副 5—分流翼片
H—霍尔式接近开关 M—电动机 PC—角编码器

随运动部件（例如机械臂）移动到距霍尔式接近开关几毫米时，封装有磁铁圆片的霍尔式接近开关感受到磁场增强，输出由高电平变跳为低电平，使继电器吸合或释放，运动部件停止移动（否则将撞坏霍尔式接近开关）。

2. 具有锁定功能的霍尔式接近开关的应用

具有锁定功能的霍尔式接近开关具有以下功能：当外界磁铁的 N 极接近具有锁定功能的霍尔接近开关时，接近开关的输出跳变为高电平；N 极离开后高电平状态被保持；当外界磁铁的 S 极接近具有锁定功能的接近开关时，接近开关的输出跳变为低电平，S 极离开后，低电平状态被保持。当电源初始上电时，如果具有磁极锁定功能的霍尔式接近开关不在永久磁铁的有效工作距离内，则输出初始状态可能无法确定。

在图 9-34c 中，具有锁定功能的霍尔式接近开关 H 随工作台向右运动。当 H 与丝杠右侧永久磁铁的 S 极距离小于某一数值时，H 的输出由高电平跳变为低电平，通知控制系统停止工作台向右运动，并开始改为向左运动。当 H 向左运动到达左侧的永久磁铁 N 极附近时，H 输出重新跳变为高电平，从而实现工作台的左右往复运动。

3. 不带永久磁铁霍尔式接近开关的应用

有一些霍尔式接近开关的端部没有封装永久磁铁圆片，必须依赖外界的永久磁铁构成磁场回路。此种情况下，图 9-34b 中的铁磁材料必须改为永久磁铁，且应注意外界的永久磁铁的 S 极必须朝向霍尔式接近开关；在图 9-34d 中，永久磁铁和霍尔式接近开关的安装平面保持设定的间隙。软铁制作的分流翼片与运动部件联动。当它移动到永久磁铁与霍尔式接近开关之间时，磁力线被屏蔽（分流），无法到达霍尔式接近开关，所以霍尔式接近开关输出为高电平；当霍尔式接近开关与永久磁铁之间处于分流翼片的空隙位置时，输出为低电平。如果分流翼片连续旋转，则霍尔式接近开关输出连续脉冲。改变分流翼片的宽度可以改变霍尔式接近开关输出的高电平的占空比 q。

4. 汽车 ABS

当汽车紧急刹车时，使汽车减速的外力主要来自于地面作用于车轮的摩擦力，即"地面附着力"。而地面附着力的最大值出现在车轮接近抱死而尚未抱死的状态。这就必须在汽车的前后轮各设置一套"防抱死制动系统"，又称为 ABS。

ABS 主要由汽车轮速检测装置、电子控制单元（ECU）和 ABS 执行器等组成。汽车轮速检测装置安装在汽车驱动轮装置上，连续不断地检测车轮的转速，并将转速信号传递给 ECU。ECU 将检测到的转速信号处理后，与预先存储在 ECU 中的参考值进行比较。如果车轮的"角减速度"急剧增大，表明该车轮即将抱死，ECU 指示 ABS 执行器降低该车轮制动转矩，车轮即恢复低速转动。霍尔式汽车轮速检测装置的结构如图 9-35 所示。

图 9-35 中的齿圈是一个带齿的圆环，由磁阻较小的铁磁材料制成，安

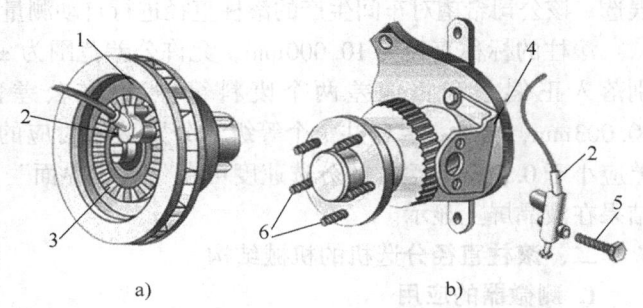

图 9-35 霍尔式汽车轮速检测装置的结构
a) 前轮转速检测装置 b) 后轮转速检测装置
1—制动盘 2—霍尔式传感器 3—齿圈 4—支架
5—传感器安装螺栓 6—后轮安装螺栓

装在随车轮一起转动的部件上（例如半轴、轮毂或制动盘等），与车轮同步转动。传感器由带有永久磁铁圆片的霍尔式传感器组成。磁电式传感器安装在齿圈近侧的不随车轮转动部件上，如半轴套管、转向节、制动底板等位置。

除了霍尔式传感器之外，还可以利用磁电式传感器来检测汽车的轮速，磁电式汽车轮速检测原理如图9-36所示。

当齿圈的齿隙与磁电式传感器（以下简称传感头）的磁极端部相对时，铁心端部与齿圈之间的空气隙最大，永久磁铁产生的磁力线就不容易通过齿圈，穿过传感头线圈的磁场就较弱；当齿圈的齿顶与传感头的磁极端部相对应时，磁极端部与齿圈之间的空气隙最小，永久磁铁所产生的磁力线就容易通过齿圈，传感头线圈周围的磁场就较强。当齿圈随同车轮转动时齿圈的齿顶和齿隙交替地与传感头的磁极端部相对，穿过

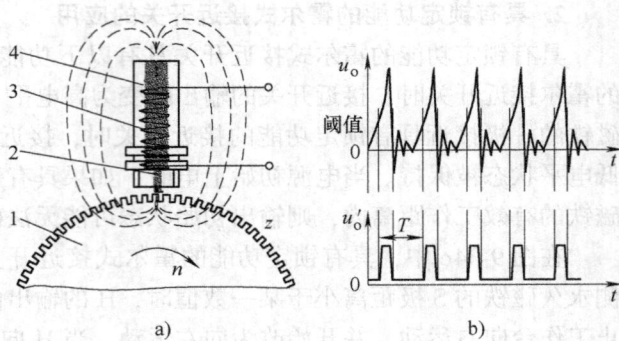

图9-36 磁电式汽车轮速检测原理
a) 结构图 b) 输出波形
$n = 60f/z$，z 为齿盘的齿数
1—齿圈 2—磁极 3—传感头线圈 4—永久磁铁 u_o—磁电线圈的输出脉冲电压 u'_o—施密特整形后的输出脉冲电压

传感头线圈的磁场发生强弱交替变化，在线圈中产生交变感应电压。经施密特触发器整形后形成矩形脉冲，如图9-36b所示。ECU计算出每秒的脉冲数，除以齿圈的齿数，就可以确定车轮每秒钟的转速和角减速度。

拓展阅读 轴承滚柱直径的检测及分选

一、轴承滚柱分选的要求

某轴承公司生产汽车所用圆柱滚动体（以下简称滚柱）。按汽车厂商的要求，一个轴承中的滚柱直径必须均匀，偏差范围为 ±0.5μm，并与轴承的内外套的公差匹配，否则将造成汽车运行噪声和振动超标。该轴承公司原采用人工测量和分选滚柱直径，效率低，且易造成误测、误选。该公司希望对车间生产的滚柱直径进行自动测量和分选，技术指标及具体要求如下：

滚柱的标称直径为10.000mm，允许公差范围为 ±3μm，超出公差范围均予以剔除（分别落入正偏差和负偏差两个废料箱中）。在公差范围内，滚柱的直径从9.997mm至10.003mm，分为A～G共7个等级，分别落入对应的7个料箱中。滚柱直径测量的绝对误差应小于0.5μm。滚柱的分选速度可在"人机界面"上调整，最高速度为60个/min，分选结果在液晶屏上显示。

二、滚柱直径分选机的机械结构

1. 测微器的应用

组装后的滚柱轴承如图9-37a所示，测微器测量单个滚柱直径如图9-37b所示。电感式测微器采用类似图9-13的形式，它的钨钢测端紧压在滚柱的最高点。由于被测滚柱的公差变化范围只有6μm，传感器所需要的行程较短，所以可以选择线圈骨架较短、直径较小的型号。考虑到安装高度的误差，可以选择线性区为3mm的电感式测微器。

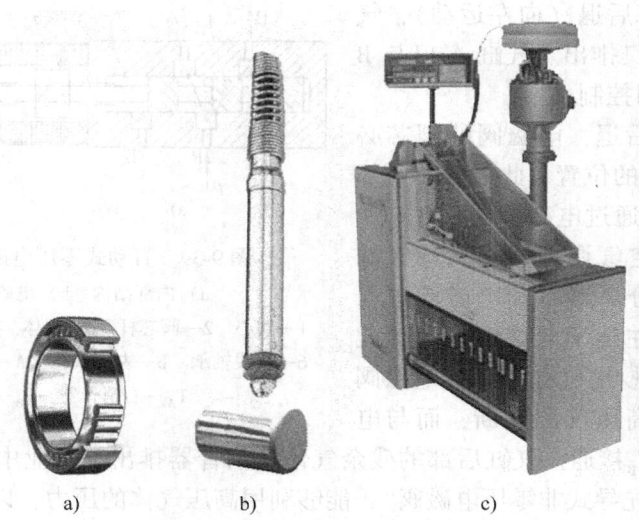

图 9-37 滚柱轴承及滚柱直径分选机
a) 组装后的滚柱轴承　b) 测微器测量单个滚柱直径　c) 滚柱分选机外形

2. 滚柱的推动与定位

滚柱直径分选机的工作原理示意图如图 9-38 所示。批量滚柱放入图 9-38 左上端的"振动料斗"中，在电磁振动力的作用下，自动排成队列，从给料管中下落到气缸的推杆右端。气缸的活塞在高压气体的推动下，将滚柱快速推至电感式测微器测端下方的限位挡板位置。

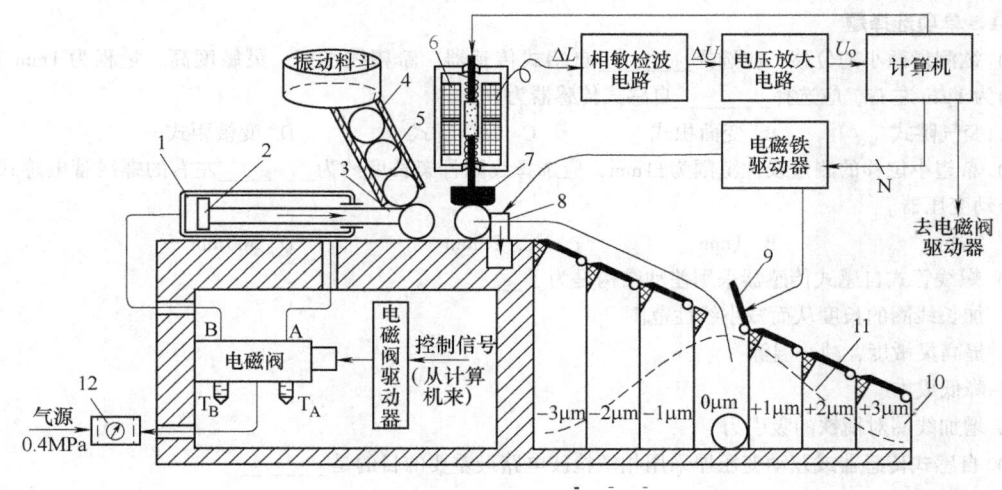

图 9-38 滚柱直径分选机的工作原理示意图

1—气缸 2—活塞 3—推杆 4—落料管 5—被测滚柱 6—电感式测微器 7—钨钢测头 8—限位挡板
9—电磁翻板 10—滚柱的公差分布 11—容器（料斗） 12—气源处理三联件

3. 气缸的控制

直动式零压电磁阀结构示意图如图 9-39 所示。气缸有"后进/出气口"B 和"前进/出气口"A。当 A 向大气敞开、高压气体从 B 口进入时，活塞向右推动，气缸前腔的气体从 A

口排出。反之，活塞后退（向左运动），气缸后腔的气体从 B 口排出。气缸 A 口与 B 口的开启由电磁阀门控制。

欲使气缸活塞后退，电磁阀的阀芯必须处于图 9-39a 所示的位置。此时气缸前部的"进/出气孔" A 通过电磁阀与进气口 P 接通，高压气源经空气调理器（又称气源处理三联件、气水分离器）和电磁阀进入气缸前腔，活塞往左运动至终端位置。此时，气缸后部的"进/出气孔" B 被电磁阀内的阀芯堵住，与高压气源隔断，而与电

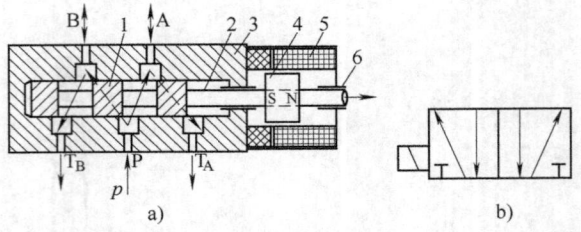

图 9-39　直动式零压电磁阀结构示意图
a）内部结构　b）电磁阀图形符号
1—阀心　2—阀芯杆　3—壳体　4—永久磁铁　5—线圈
6—直线轴承　B—左出气孔　A—右出气孔　P—进气孔
T_A—右消音器　T_B—左消音器

磁阀左边的消音器 T_B 接通，气缸后部的残余气体从消音器排出。工业中，更多地使用结构比图 9-39 复杂的"先导式非零压电磁阀"，能够利用高压气体的压力，以更小的驱动电流使活塞左右运动。

4. 落料箱翻板的控制

按设计要求，共有 9 个落料箱，分别是 $-3\mu m$、$-2\mu m$、$-1\mu m$、$0\mu m$、$+1\mu m$、$+2\mu m$、$+3\mu m$ 以及"偏大"、"偏小"废品箱（图中未画出）。它们的翻板分别由 9 个交流电磁铁控制。当计算机计算出测量结果的误差值后，对应的翻板电磁铁驱动电路导通，翻板打开。

思考题与练习题

9-1　单项选择题

1）欲测量微小的位移，应选择_____自感式传感器。希望线性好、灵敏度高、量程为 1mm 左右、分辨力为 $1\mu m$ 左右，应选择_____自感式传感器为宜。

　　A. 变气隙式　　　　B. 变面积式　　　　C. 螺线管式　　　　D. 变极距式

2）希望小位移的测量线性范围为 ±1mm，应选择线圈骨架长度约为_____左右的螺线管电感式传感器或差动变压器。

　　A. 2mm　　　　　　B. 1mm　　　　　　C. 20mm　　　　　　D. 300mm

3）螺线管式自感式传感器采用差动结构是为了_____。

　　A. 加长线圈的长度从而减小线性范围

　　B. 提高灵敏度，减小温漂

　　C. 降低成本

　　D. 增加线圈对衔铁的吸引力

4）自感式传感器或差动变压器采用相敏检波电路最重要的目的是_____。

　　A. 提高灵敏度

　　B. 将输出的交流信号转换成直流信号

　　C. 使检波后的直流电压能反映检波前交流信号的相位和幅度

　　D. 使输出电压增加一倍

5）某车间用图 9-38 的装置来测量直径范围为 $\phi 10mm \pm 1mm$ 滚柱（或轴）的直径误差，应选择线性范围为_____的电感式传感器为宜（当轴的直径为 $\phi 10mm \pm 0.0mm$ 时，在静态条件下预先调整电感式传感器的安装高度，使衔铁正好处于电感式传感器中间位置）。

　　A. 1mm　　　　　　B. 3mm　　　　　　C. 12mm　　　　　　D. 22mm

6）同一个接近开关的动作距离_____复位距离；额定工作距离_____动作距离。
　　A. 大于　　　　　　B. 小于　　　　　　C. 等于　　　　　　D. 大于、小于、等于
7）由图 9-22 可知，若 OC 门的基极输入为低电平、其集电极不接上拉电阻时，集电极的输出为_____。
　　A. 高电平　　　　　B. 低电平　　　　　C. 高阻态　　　　　D. 对地饱和导通
8）当金属物体靠近涡流式 PNP 型常闭两线制接近开关小于动作距离时，与该接近开关串联的继电器线圈_____。
　　A. 得电　　　　　　B. 失电　　　　　　C. 无任何反应　　　D. 先失电又得电
9）电感式接近开关可以检测出_____的靠近程度。
　　A. 人体　　　　　　B. 水　　　　　　　C. 金属零件　　　　D. 塑料零件
10）涡流探头的外壳端部用_____制作较为恰当。
　　A. 不锈钢　　　　　B. 塑料　　　　　　C. 黄铜　　　　　　D. 玻璃
11）由图 9-24 可知，光耦在 PLC 的输入电路中起到_____的转换与传输作用。
　　A. 光→电→光　　　B. 电→电→光　　　C. 电→光→电　　　D. 光→光→电
12）在使用电容式接近开关时，_____材料物体的动作距离最小；_____材料物体的动作距离最大。
　　A. 干的饲料　　　　　　　　　　　　　B. 含水饲料
　　C. 玻璃　　　　　　　　　　　　　　　D. 尼龙或聚四氟乙烯
13）在使用电容式接近开关时，同样材料物体的直径越小，动作距离就越_____。
　　A. 小　　　　　　　B. 大　　　　　　　C. 不变　　　　　　D. 远
14）齐平电容式接近开关的动作距离比非齐平式（安装时必须比金属安装平面高）的动作距离_____。
　　A. 小　　　　　　　B. 大　　　　　　　C. 不变　　　　　　D. 远
15）_____属于四端元件。
　　A. 霍尔元件　　　　B. 压电晶片　　　　C. 热电偶　　　　　D. 光敏电阻
16）开关型霍尔 IC 制作成具有施密特特性是为了_____，其回差（迟滞）越大，它的_____能力就越强。
　　A. 减小灵敏度　　　　　　　　　　　　B. 减小温漂
　　C. 抗机械振动干扰　　　　　　　　　　D. 改善线性度
17）由图 9-34 可知，霍尔式接近开关的探头端面封装有磁铁圆片时，_____极朝外。当外界较强的_____极磁铁靠近时，动作距离比不带磁性的铁磁金属靠近时的动作距离大（灵敏度变高）。
　　A. N　　　　　　　B. S　　　　　　　C. K　　　　　　　D. Z
18）没有封装永久磁铁圆片的霍尔式接近开关必须依赖外界的永久磁铁构成磁场回路。此种情况下，外界永久磁铁的_____极必须朝向霍尔式接近开关。
　　A. N　　　　　　　B. S　　　　　　　C. K　　　　　　　D. Z
19）用图 9-36a 的方法测量齿数 $z=60$ 的齿盘的转速。测得 $f=400Hz$，则该齿盘的转速 n 等于_____ r/min。
　　A. 400　　　　　　B. 3600　　　　　　C. 24000　　　　　D. 60

9-2　分析、计算题

1. 上网查阅有关汽车 ABS 的资料，画出汽车 ABS 的原理框图，简要说明系统的工作原理。
2. 上网查阅有关出租汽车计价器的资料，写出出租汽车公里数测量的原理，简要画出原理图。
3. 生产布料的车间用图 9-40 所示的装置来检测和控制布料卷取过程中的松紧和张力的程度，请分析、填空。

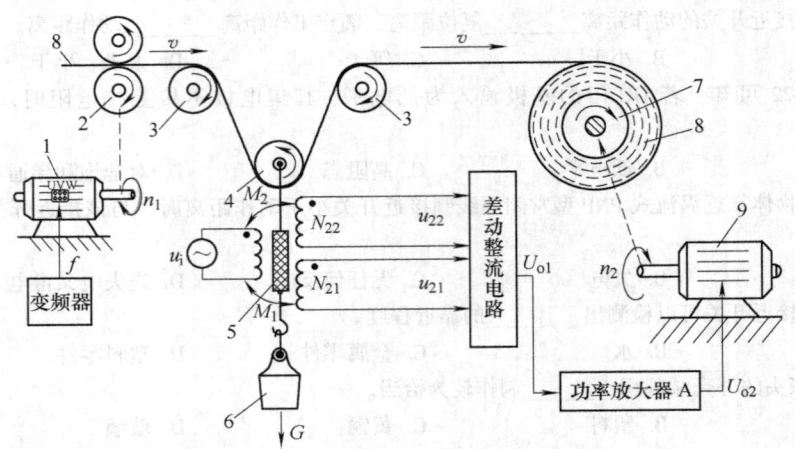

图 9-40 差动变压器式张力检测控制系统
1—变频传送电动机 2—传动辊 3—导向辊 4—张力辊 5—衔铁 6—砝码
7—卷取辊 8—布料 9—收卷伺服电动机

当卷取辊转动太快时，布料的张力将_____（增大/减小）。导致张力辊向_____（上/下）位移。使差动变压器的衔铁不再处于中间位置。N_{21} 与 N_1 之间的互感量 M_1_____（增加/减小），N_{22} 与 N_1 的互感量 M_2_____。因此 u_{21}_____（增大/减小），u_{22}_____。由图 9-12 可知，经差动整流电路后，U_{o1} 为_____（负/正）值，功率放大器 A 后，去控制伺服电动机，使它的转速变_____（快/慢），从而使张力恒定。该布料张力控制系统属于_____反馈系统。

4. PNP 型常开两线制接近开关与 PLC 的接线如图 9-24b 所示，请分析、填空。

1) 当有金属靠近接近开关 S_0，且两者的间隙小于接近开关的动作距离，接近开关 S_0 的输出由_____（闭合/断开）跳变为_____，则_____（有/无）电流经 M 端（+24V）流过 S_0、限流电阻 R_i、光耦内部的红外发光二极管 VL_1、输入点状态灯 VL 到_____（+24V/COM）端。

2) 当流过光耦中的红外发光二极管的电流较_____时，光耦中的光敏晶体管 V 就进入_____（饱和/截止）状态，U_i 为_____电平，经施密特整形反相器后，U_o 约为_____（4.9/0.1）V。可以得出结论：只要 PNP 型接近开关（S_0）导通，PLC 内部的整形反相器就输出_____电平到内部处理电路。

3) 光耦在输入电路中起抗_____（机械振动/电磁场）_____（差/共）模干扰作用。

5. 常开型两线制接近开关控制电动机旋转示意图如图 9-41 所示，请分析、填空。

1) 当有金属物体紧邻该行程开关时，行程开关的输出_____（闭合/断开）。此时按下 SB_1，KM 线圈_____（失电/得电），电动机_____（起动/停转）。当 SB_2 按下后，KM 线圈_____，电动机_____。再次按下 SB_1，电动机又再次_____。

2) 在电动机旋转的情况下，当金属物体远离该常开型接近开关并大于复位距离 δ_{max} 后，该行程开关的输出触点_____，KM 线圈_____，电动机_____。

3) 由上述分析可知，在金属板_____（紧邻/远离）接近开关的情况下，电动机能够正常旋转。该常开型两线制接近开关在控制电路中起_____（有接触控制/非接触行程开关）作用。

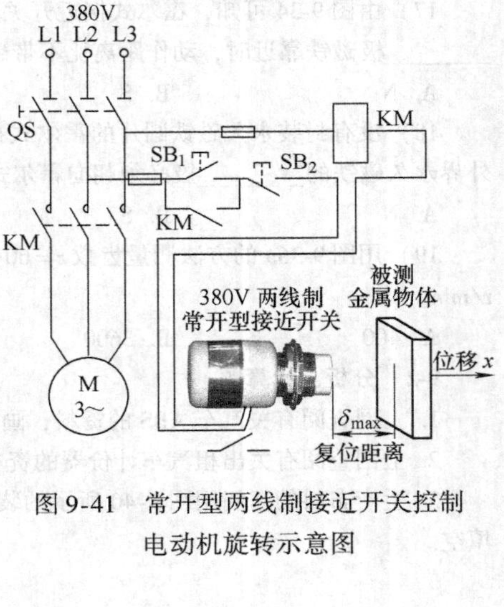

图 9-41 常开型两线制接近开关控制电动机旋转示意图

6. 汽车发动机曲轴转子转速测量用的磁电转速传感器如图9-42所示，请分析填空。

1) 该转速传感器是基于_____感应原理来实现转速测量的。由图9-42可知，磁电式转速传感器主要由_____、_____、_____、_____以及感应线圈等部件组成。

2) 汽车发动机曲轴带转子的动圆锥形磁极转动，当转子的圆锥形磁极与定子的圆锥形磁极对准时，穿过感应线圈的磁通变化量 dΦ/dt 最大，感应线圈产生的感应_____（电动势/电压/电流）也就越_____。在低转速范围内，磁电式转速传感器的感应电动势大小与被测物体的转速越成_____比。当被测物体的转速超过额定范围后，由于磁路的高频涡流损耗，输出电动势反而变_____。

3) 测得感应线圈的感应电动势 e 的频率 $f=10\text{Hz}$，说明曲轴转子每秒钟产生_____个脉冲，每个脉冲的周期是_____s。

4) 由图9-43可知，汽车发动机曲轴转子每转一圈，产生_____个脉冲，每秒转动_____圈。

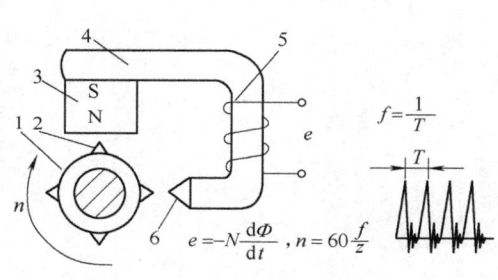

图9-42 磁电式转速传感器　　　　　　　图9-43 霍尔式无刷电动机的结构示意图
1—汽车发动机曲轴转子　2—转子圆锥形磁极　3—永久磁铁　　　1—定子底座　2—定子铁心　3—霍尔开关
4—定子导磁铁心　5—感应线圈　6—定子圆锥形磁极　n—转速　　4—三相绕组　5—外转子　6—转轴
z—齿数　T—传感器输出脉冲的周期　f—传感器输出脉冲的频率　　7—外转子磁极

5) 在上述已知条件下，将转子每秒钟转动的圈数乘以60，得转速 $n=$_____r/min。

6) 也可以根据公式 $n=60f/z$，计算得到转速 $n=$_____r/min。

7. 霍尔式无刷电动机的结构示意图如图9-43所示，请分析填空。

1) 传统直流电动机使用_____（电极/电刷）与_____（整流器/换向器/检波器）来改变转子的电枢电流方向，以维持电动机的持续运转。

2) 在图9-43中，电动自行车的三相逆变电动机的_____（定子/转子）上安装了_____个微型霍尔IC。当电动机的转子旋转到某一个霍尔IC上方时，该霍尔IC的输出信号翻转，给三相_____（H桥/A桥/B桥/C桥）逆变功率开关电路提供一个换向信号，使得电动机的转子能够继续按同一方向连续_____。

3) 由于无刷电动机不产生_____（电流/电火花）以及_____的磨损问题，所以它在摄录像机、光驱、无刷电动车等设备中得到广泛应用。

8. NPN型三线制电感接近开关的动作区见图9-22b，请分析填空。

1) 被测金属板 b 与接近开关保持 $\delta_0=3\text{mm}$ 的距离，从接近开关下方逐渐接近"动作区"。当被测金属板 b 的上端部与接近开关的轴线距离 $\delta_{y\min}$ 缩小到5mm时，接近开关动作。从9-22d可以看出，OC门的输出跳变为_____电平。$\delta_{y\min}$ 称为_____（轴向/侧向）_____（动作/复位）距离。

2）当该被测金属板继续往上移动时，OC 门的输出保持_____电平。

3）当该被测金属板 b 向上运行一段距离后，又改为向下运动。其上端部与接近开关的轴线距离拉大到 $\delta_{y\max}=7$ mm 时，OC 门的输出跳变为_____电平。$\delta_{y\max}$ 称为_____向_____距离。

4）该接近开关的_____向动作滞差 $\Delta y =$ _____ mm。

数字式位置检测

几十年来,世界各国都在致力于发展数字位置检测技术,希望能以较高准确度、数字化、快速地测量出直线位移或角位移,并自动控制机械设备的运动,从而提高工作效率及加工准确度。

早在两百多年前,人们就开始利用光栅的衍射现象进行光谱分析、测定光波波长等。1874 年,物理学家瑞利就发现了构成计量光栅基础的莫尔条纹光学放大原理,但直到 20 世纪 50 年代初,英国 FERRANTI 公司才成功地将计量光栅用于数控铣床。与此同时,美国的 FARRAND 公司发明了感应同步器(Inductosyn)。20 世纪 60 年代末,日本 SONY 公司发明了磁栅数显系统。90 年代初,瑞士 SYLVAC 公司又推出了容栅数显系统。目前,数字位置测量的直线位移分辨力可达 $0.1\mu m$,角位移分辨力可达 $0.1''$,并正朝着大量程、自动补偿、测量数据处理高速化的方向发展。

数字式位置传感器与前几章介绍过的其他位置传感器(如电涡流、电容等位移传感器)不同,它可以直接给出抗干扰能力较强的增量脉冲信号或编码信号,既有很高的准确度,又可测量很大的位移量,测量准确度与量程基本无关。数字式位置传感器广泛应用于机电设备、数控机床中,用于位置测量和伺服控制。数字式位置检测传感器的分类及特点如表 10-1 所示。

表 10-1 数字式位置检测传感器的分类及特点

种 类	工作原理	测量范围	最高分辨力	特 点
磁阻式旋转变压器	磁阻效应,输出电压随转子的角位移而变化	360°	1°	价廉,输出信号与旋转的角度呈线性关系;模拟输出信号易受干扰;在同步随动系统及数字随动系统中可用于传递转角或电信号,可实现函数解算功能
感应同步器	电磁感应。定子、转子的间隙为 $0.2 \sim 0.3mm$	200mm	0.02mm	价廉;模拟输出信号微弱,易受干扰,碳素结构钢底板较重。每块直线型定尺的长度仅为 200mm,如超过该上限,需要用多块定尺接长;接长时,需要用激光干涉仪校准两块定尺之间的间隙
球栅尺	6 相电感线圈与钢球之间的电磁感应	10m	$5\mu m$	又称球感尺,价廉,全密封,不受灰尘、油污影响;模拟输出信号易受干扰;可用于准确度要求不高的直线位移测量
接触式角编码器	接触电位	360°	5.6°	价廉;码道数小于 6;易磨损,适合于静态测量
磁阻式角编码器	磁阻效应	360° × 4096	0.35°	价廉;码道数小于 10;适用于要求不高的角位移测量
光电式角编码器	光电效应	360° × 4096	0.3′	分辨力较高,响应频率快;适合于普通机床等的角位移测量或转速测量

(续)

种类	工作原理	测量范围	最高分辨力	特　　点
长光栅	光电效应	3m	1μm	准确度和分辨力高；易折断；用于直线位移的精密测量
圆光栅	光电效应	360°	0.1′	分辨力高；适合于精密机床等要求较高的角位移测量或转速测量
长磁栅	磁电感应	30m	5μm	磁栅尺可以按需要剪裁，安装简便，可用于大量程位移测量
圆磁栅	磁电感应	360°	1′	分辨力较高，响应频率较快；适合于普通机床等的角位移测量或转速测量
直线容栅	静电感应	200	10μm	价廉；分辨力不高，响应频率慢；可用于百分尺、千分尺、标高尺等
圆容栅	静电感应	360°	0.6°	价廉；分辨力较高，响应频率慢；可用于百分表、千分表等

知识链接　位置检测方式

许多机械设备的工作过程涉及长度和角度的测量和控制。位置测量主要是指直线位移和角位移的精密测量。数字式位置传感器按测量方式有直接测量和间接测量之分；按测量原理，有增量式测量和绝对式测量之分。

一、直接测量和间接测量

若位置传感器所测量的对象就是被测量本身，即：直线式传感器直接测量直线位移，旋转式传感器直接测量角位移，则该测量方式为直接测量。例如用长光栅和长磁栅测量直线位移等。

若旋转式位置传感器测量的回转运动只是被测量的中间值，再由测量结果推算出与之关联的运动部件的直线位移，则该测量方式属于间接测量。例如用角编码器测量出机械丝杠的旋转角度，再计算丝杠上的螺母的直线位移。直接测量和间接测量示意图如图 10-1 所示。

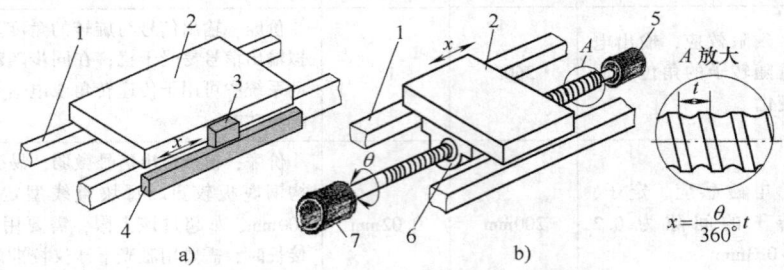

图 10-1　直接测量和间接测量示意图
a) 直接测量　b) 间接测量
1—导轨　2—运动部件　3—直线式位置传感器的随动部件　4—直线式位置传感器的固定部件
5—旋转式位置传感器　6—丝杠-螺母副　7—电动机

在图 10-1b 中，电动机驱动丝杠作正、反向旋转，丝杠通过螺母带动运动部件沿导轨方向作正、反向直线运动。安装在丝杠上的旋转式位置传感器通过测量丝杠旋转的角度 θ，可间接获得运动部件的直线位移 x。

例 10-1　若丝杠的螺距 $t = 6.00\text{mm}$（当丝杠转一圈 360°时，"单线螺母"或"单头螺母"移动的直线距离为 6.00mm），旋转式位置传感器测得丝杠的旋转角度 θ 为 7290°，求螺母的直线位移 x。

解 螺母的直线位移

$$x = (7290°/360°) \times 6\text{mm} = 121.50\text{mm}$$

用直线式位置传感器进行直线位移的直接测量时，传感器必须与直线行程等长，测量范围受传感器长度的限制，直接反映了运动部件的位移值，测量准确度高；旋转式间接测量时，无长度限制，但由于存在着直线与旋转运动的机械传动链，例如机械传动的间隙等，故测量准确度不及直接测量。能够将旋转运动转换成直线运动的机械传动装置除了上述的丝杠-螺母副外，还有齿轮-齿条、同步带-带轮等传动装置。

二、增量式测量与绝对式测量

（1）增量式测量 运动部件每移动一个基本长度单位，位置传感器便发出一个测量信号，此信号通常是脉冲形式。一个脉冲所代表的基本长度单位就是分辨力。计数器对脉冲进行计数，便可得到位移量。

例10-2 在图10-1a中，若增量式测量系统的每个脉冲代表0.01mm，在10s时间里，长光栅传感器发出2000个脉冲，求：

1）工作台的直线位移 x（机床行业习惯使用的单位为：mm）。

2）运动速度 v（机床行业习惯使用的单位为：m/min）。

解 1）根据题意，工作台每移动0.01mm，长光栅传感器便发出1个脉冲，计数器就加1或减1。当计数值为2000时，工作台移动了 $x = 2000 \times 0.01\text{mm} = 20.0\text{mm}$。

2）$v = x/t = 20.0\text{mm}/(10\text{s}) = 2.00\text{mm/s} = 0.12\text{m/min}$。

增量式位置传感器必须有一个零位标志，作为测量起点的零位标志。如果测量中途断电，增量式位置传感器将丢失运动部件的绝对位置数据。典型的增量式位置传感器有增量式光电角编码器、增量式光栅等。

（2）绝对式测量 运动部件的每一运动位置都有一个对应的编码，常以多位二进制码来表示。对于绝对式测量方式的位置测量传感器，即使断电之后再重新上电，也能读出当前位置的绝对编码数据。典型的绝对式位置传感器有绝对式角编码器和绝对式光栅等。

【丝杠-螺母副位移转换填表训练】

丝杠-螺母副（单线）在10s时间里运动的数据如下，请分析、填空（最少保留三位有效数字）。

螺母的螺距 t/mm	2（细牙）				6（粗牙）			
丝杠的旋转角度 θ/°	180	360	450	-90①	-100	0	100	3600
丝杠转速/r·min^{-1}		6.00			-1.67			
螺母的位移 x/mm				-1.00			6.00	
螺母的线速度 v/m·min^{-1}	0	0.060	0.150	-0.030				0.360

①负号表示旋转机械元件作逆时针运动，直线机械元件向左运动，以下同。

项目一 角编码器

【项目教学目标】

☞知识目标

1．了解接触式角编码器的原理与编码方法。

2. 了解绝对式和增量式光电角编码器的工作原理。

☞技能目标

1. 掌握绝对式角编码器的分辨率与分辨力的计算。
2. 掌握增量式角编码器的分辨率与分辨力的计算。
3. 掌握增量式角编码器的 M 法测速计算。

任务一　认识角编码器

角编码器是一种旋转式位置传感器，它的转轴通常与被测旋转轴连接，随被测轴一起转动。角编码器能将被测轴的角位移转换成二进制编码或一串脉冲，对应于绝对式角编码器和增量式角编码器以及混合式角编码器。混合式角编码器不仅输出格雷码，还同时还输出增量式脉冲信号，可以同时测量转子的空间位置与转速。

一、绝对式角编码器

绝对式角编码器是将被测角度直接进行编码的传感器。根据内部结构和检测方式的不同，有接触式、光电式、磁阻式等形式。

1. 接触式角编码器的结构

4 位二进制接触式码盘如图 10-2a 所示。在一个不导电基体上，制造出许多有规律的导电金属区，图中的涂黑部分为导电区，用电平"1"表示，其他部分为绝缘区，用电平"0"表示。图中的码盘分成 4 个输出码道，在每个码道上都有一个电刷，电刷经取样电阻 $R_0 \sim R_3$ 接地，信号从电阻的"热端"（非接地端）取出。这样，无论码盘处在哪个角度上，该角度均有 4 个输出码道上的"1"和"0"组成的 4 位二进制编码与之对应。码盘的最里面一圈轨道是公用的，激励公用码道和各输出码道的导电部分连在一起，接到激励电源 E_i 的正极。

码盘是与被测转轴连在一起的，而电刷位置是固定的。当码盘随被测轴一起转动时，电刷和码盘的位置就发生相对变化。若某一个电刷接触到导电区域（见图 10-2 中的阴影区域），则该回路中的取样电阻上有电流流过，产生压降，输出为"1"；反之，若电刷接触的是绝缘区域，输出为"0"，由此可根据电刷的位置得到由"1"、"0"组成的 4 位二进制码。例如，在图 10-2b 中可以看到，此时输出为 0101。

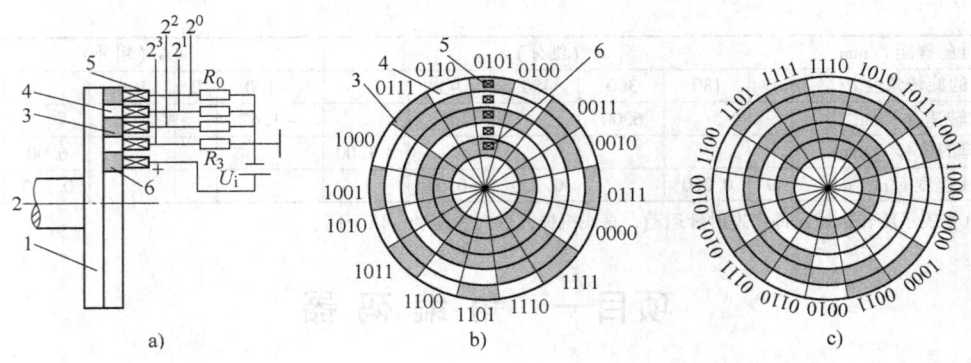

图 10-2　4 位二进制接触式码盘

a）电刷在自然二进制码盘上的位置　b）4 位自然二进制码盘　c）4 位格雷码码盘
1—码盘　2—转轴　3—导电体　4—绝缘体　5—电刷　6—激励公用轨道（接电源正极）

2. 接触式角编码器的分辨力与分辨率

从以上分析可知,码道的圈数(不包括最里面的公用轨道)就是二进制的位数,且高位在内,低位在外。由此可以推断出,M位二进制码盘就有M圈码道,且圆周被均分为2^M个区域,分别表示不同的角度位置,所能分辨的角度α(即分辨力)为

$$\alpha = 360°/2^M \tag{10-1}$$

$$\text{分辨率} = 1/2^M \tag{10-2}$$

显然,位数(码道的圈数)M越大,所能分辨的角度α就越小,测量准确度就越高。若要提高分辨力,就必须增加码道数。

例 10-3 求 12 码道绝对式角编码器的分辨力 α。

解 12 码道的绝对式角编码器的圆周被均分为 $2^{12} = 4096$ 个位置数,所以能分辨的角度

$$\alpha = 360°/2^{12} = 5.27'$$

在接触式绝对角编码器中,对码盘制作和电刷安装的要求十分严格,否则就会产生非单值性误差。

例如,在自然二进制码盘中,当码盘由位置(0111)向位置(1000)过渡时,4个电刷的接触区合计可能会出现 8~15 之间的 8 个不同的十进制数。为了消除这种非单值性误差,可采用二进制循环码盘,又称格雷码盘。

格雷码是一种无权码,相邻两个二进制数码只有一个数位不同,也就是说,码盘旋转时,N 个电刷接触的码道中,每次只有一位产生切换,产生的误差等于最低位的一个比特。4 位格雷码盘如图 10-2c 所示。4 位十进制数与自然二进制码以及格雷码的对照表如表 10-2 所示。

表 10-2 4 位十进制数与自然二进制码以及格雷码的对照表

十进制数	自然二进制码	格雷码	十进制数	自然二进制码	格雷码
0	0000	0000	8	1000	1100
1	0001	0001	9	1001	1101
2	0010	0011	10	1010	1111
3	0011	0010	11	1011	1110
4	0100	0110	12	1100	1010
5	0101	0111	13	1101	1011
6	0110	0101	14	1110	1001
7	0111	0100	15	1111	1000

【绝对式角编码器分辨率、分辨力填表训练】

(最少保留 3 位有效值)

码道数目 n	6	8	10	11	12	16	22
位置数目	2^6			2^{11}		2^{13}	2^{16}
分辨率		1/256	1/1 024	1/2 048	1/4 096	1/8 192	1/4 194 304
分辨力			0.35°			0.33'	0.309″

3. 绝对式光电角编码器的结构

绝对式光电角编码器如图 10-3 所示。图中"黑的区域"为不透光区，用"0"表示；"白的区域"为透光区，用"1"表示。与接触式编码盘不同的是，每一码道上都有一组光电元件。这样，在任意角度都有对应的、唯一的二进制编码。

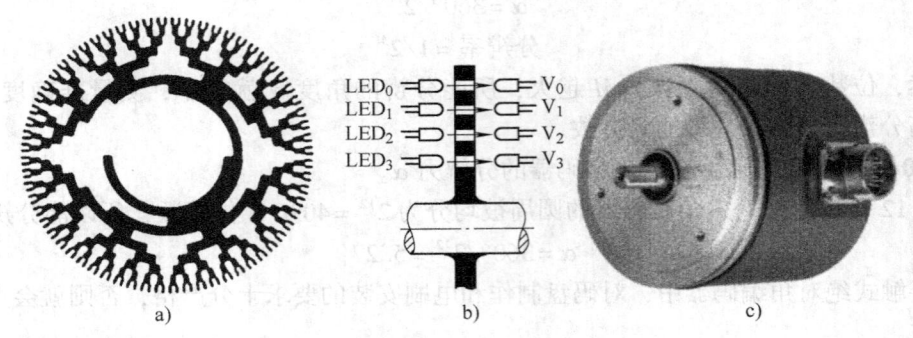

图 10-3　绝对式光电角编码器
a) 12 码道光电码盘的平面结构　b) 4 码道光电码盘与光源、光敏元件的对应关系　c) 外形

光电角编码器（以下简称角编码器）由安装在旋转轴上的编码圆盘（码盘）、窄缝以及安装在圆盘两边的光源和光敏元件等组成。

光电码盘的特点是没有接触磨损，寿命长，允许转速高。码盘由光学玻璃制成，其上刻有许多同心码道，在玻璃上沉积很薄的刻线，按一定规律排列的透光和不透光部分，即亮区和暗区。当光源将光投射在码盘上时，通过亮区的光线由光敏元件接收。光敏元件的排列与码道一一对应，对应于亮区的光敏元件输出为"1"，暗区的输出为"0"。当码盘旋至不同位置时，光敏元件输出格雷码，代表码盘轴的角位移的大小。

绝对式角编码器不受停电、干扰的影响。微处理器不需要一直处于计数状态，可以在需要的时候去读取码盘的位置，抗干扰和数据的可靠性大大提高。

用不锈钢薄板刻蚀制成的光电码盘要比玻璃码盘抗振性好，但由于槽数受限，所以分辨力比玻璃码盘低。现在也采用透明树脂片镀膜刻蚀，强度比玻璃码盘高，可以制得 20 个以上的码道（位数）。

绝对值角编码器信号输出有并行输出、串行输出、总线型输出等。低位数的角编码器一般用并行信号输出。由于并行信号连接线多，易损坏，所以高位数及多圈角编码器多数采用串行或总线型输出。常用的总线有 EnDat、SSI、PROFIBUS-DP、DeviceNet、CAN、CC-link 等。

4. 多圈角编码器

当图 10-3 所示的绝对式光电码盘转动超过 360°时，编码又回到原点，因此只能用于旋转范围 360°以内的测量，称为单圈绝对式角编码器。如果测量旋转超过 360°，在断电时，可以用锂电池来保持对旋转圈数的记忆。也可以采用类似于钟表的齿轮结构来记忆圈数，称为多圈绝对式角编码器。还可以在图 10-3 所示的码盘的内圈，增加粗码刻度，可以做到在 4096 圈之内不重复输出。GP50S8-1024-3F-2 型绝对式角编码器的主要技术参数如表 10-3 所示。

表 10-3　GP50S8-1024-3F-2 型绝对式角编码器的主要技术参数

参数名称		指　标
电源电压/V		DC［（12~24）（1±5%）］
消耗电流/mA		100
分辨率		1/1024
输出码		格雷码
输出形态		集电极开路 NPN 型
最高响应频率/kHz		35
允许最高机械转速/r·min^{-1}		3000
使用环境温度/℃		-10~70
保存环境温度/℃		-25~85
使用环境湿度（%）		35~85RH（不结露）
防护等级		IP64
振动耐久性（10~55Hz）/mm		1.5（振幅，x/y/z 各向 2h）
允许冲击/g		50
外形参数/mm	外径	50
	长度	55.5（不含轴）
	轴径	8
	轴长	15
重量/g		380
输出类型		NPN 型集电极开路

5. 绝对式角编码器的接线

采用并行传输时 10 码道角编码器的接线颜色如表 10-4 所示，绝对式角编码器与用户端的 RS485 通信电路如图 10-4 所示。角编码器与用户端可选用 ADM485、MAX1483 等芯片进行 RS485 串行通信。用户可以从数据总线上读取角编码器的数据，波特率可以达到 2.5MB/S，适合在高速实时控制场合使用。

表 10-4　10 码道角编码器的接线颜色

接线	DC 12~24V	接地	2^0	2^1	2^2	2^3	2^4	2^5	2^6	2^7	2^8	2^9
颜色	白色	黑色	棕色	红色	橙色	黄色	蓝色	紫色	灰色	白夹棕色	白夹红色	白夹橙色

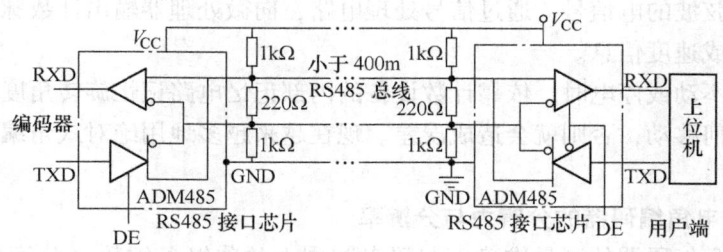

图 10-4　绝对式角编码器与用户端的 RS485 通信电路

二、增量式角编码器

1. 增量式光电角编码器的结构

增量式光电角编码器的结构示意图如图 10-5 所示。光电码盘与转轴连在一起。码盘可用玻璃材料制成,表面镀上一层不透光的金属铬,然后在边缘制成一圈向心的透光狭缝。在码盘圆周上等分出透光 M 个狭缝,数量从几百条到几千条不等。增量式光电码盘也可用不锈钢薄板制成,然后在圆周边缘切割出均匀分布的透光槽。

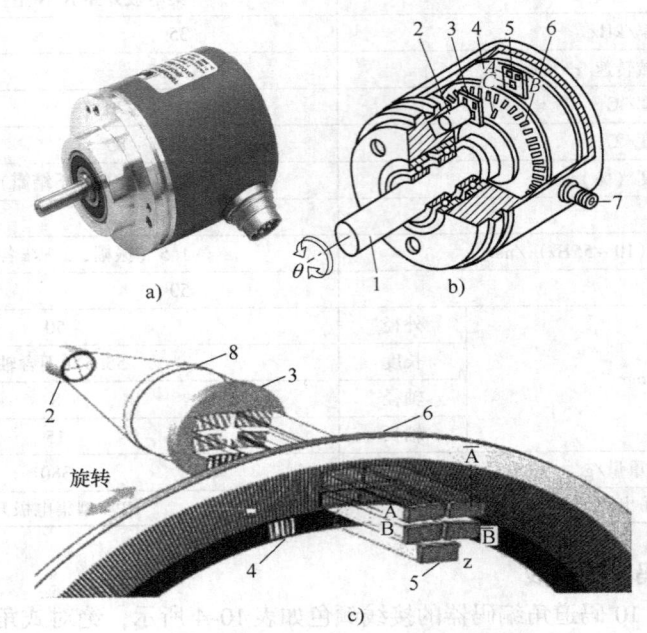

图 10-5 增量式光电角编码器结构示意图
a)外形 b)内部结构 c)扫描孔板与码盘、光电接收器之间的对应关系
1—转轴 2—发光二极管 3—扫描孔板(光栅板) 4—零位标志光槽(Z) 5—零位光敏元件
6—码盘 7—电源及信号线连接座 8—聚光透镜

增量式光电角编码器的光源使用自身有聚光效果的 LED。光电码盘随工作轴一起转动。光栅板上刻有 A、B 两组与码盘相对应的透光条纹(用于辨向和细分,原理见项目二)。当码盘随转轴转动时,扫描孔板(光栅板)不动,LED 发出的光线透过光栅板和码盘上的透光条纹照射到光电元件上,形成忽明忽暗的光信号。光电元件就输出两路相位差为 90°电角度,且近似于正弦波的电信号,通过信号处理电路,向微处理器输出计数脉冲,就可以得到被测轴的角位移或速度信息。

当角编码器不动或停电时,依靠计数设备的内部记忆电路记忆旋转角度。停电时,不允许角编码器有任何移动,否则就会造成误差。现在越来越多地用绝对式角编码器代替增量式角编码器。

2. 增量式光电角编码器的分辨力与分辨率

增量式光电角编码器的测量准确度与码盘圆周上的狭缝条纹数(分度数)M 有关,最小分辨的角度 α 为

$$\alpha = 360°/M \tag{10-3}$$
$$\text{分辨率} = 1/M \tag{10-4}$$

例 10-4 某增量式角编码器的技术指标为 1024 个脉冲/r（即分度数 $M = 1024\text{P/r}$），求：分辨力 α。

解 按题意，码盘边缘的透光槽数为 1024 个，则能分辨的最小角度为
$$\alpha = 360°/M = 360°/1024 = 0.352°$$

为了判断码盘旋转的方向，必须在增量式角编码器的光栅板上设置两个狭缝，并设置两组对应的光敏元件，如图 10-5b、c 中的 A、B 光敏元件，有时也称为 cos、sin 元件。光电角编码器的输出波形如图 10-6a、b 所示。

增量式角编码器的输出可以是 TTL 电平，也可以是正弦波。从轴端看角编码器时，顺时针旋转为正转，通常定义为 A 超前 B（90°）；反之，逆时针旋转时为反转，B 超前 A（90°）。有关如何用 A、B 信号"辨向"、"细分"的原理将在项目二中论述。

为了得到码盘转动的绝对位置，还必须设置一个基准点，如图 10-5c 中的"零位标志槽"。码盘每转一圈，零位标志槽对应的光敏元件产生一个脉冲，称为"一转脉冲"，见图 10-6 中的 Z 脉冲，可作为参考机械零位及测量基准。绝对式角编码器的差分输出电路如图 10-7 所示。

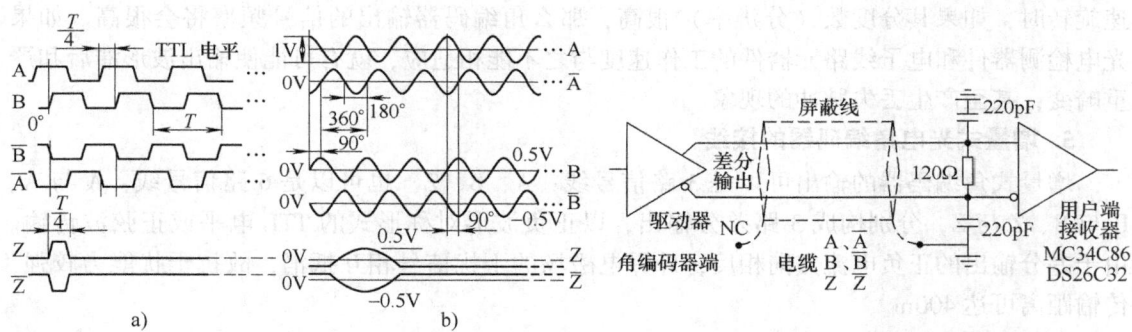

图 10-6 光电角编码器的输出信号
a) TTL 电平信号 b) 正弦波信号

图 10-7 绝对式角编码器的差分输出电路

3. 增量式光电角编码器的旋转角度计算

设增量式角编码器的码盘每转输出的脉冲数（分度数）为 M，在静止时码盘的初始位置角为零，开始旋转后给出脉冲数目为 m，则码盘旋转的角度
$$\theta = 360° \times (m/M) \tag{10-5}$$

例 10-5 某增量式角编码器的分度数 $M = 1024$，从零位信号 Z 之后的 10s 内，计数器对角编码器的一路信号（图 10-6 中的 A 信号）计数，得到 $m = 1024 + 128$ 个脉冲。求：码盘旋转的角度 θ 和转速 $n(\text{r/min})$。

解 按题意，码盘边缘的透光槽数为 1024 个，码盘旋转的角度
$$\theta = 360° \times (m/M) = 360° \times (1152/1024) = 360° \times 1.125 = 405°$$
$$n = 60 \times \text{r/s} = 60 \times [(405°/360°)/10\text{s}] = 6.75\text{r/min}$$

【增量式角编码器分辨率、分辨力填表训练】

增量式码盘在 10s 时间里输出脉冲数目如下，请根据式（10-3）、式（10-5）分析、填空。（最少保留三位有效数字）。

外缘狭缝条纹数分度数 M	1024			4096		
分辨力/(°)	0.352					
计数脉冲数（A 超前 B）	256	512	65536	1024	2048	41984
码盘的旋转角度 θ/(°)			360		360	
码盘的转速 v/r·min^{-1}				0	3.00	61.5
计数脉冲数（B 超前 A）	1024	2048	10496	0	40960	43008
码盘的旋转角度 θ/(°)	0		−3600	−360	−720	−360
旋转状态	正转 1024，反转 2048		正转 1024，反转 256	正转 1024，反转 2048		正转 1024，反转 256
码盘最终的旋转角度 θ/(°)	−360			−90		

4. 响应频率

增量式角编码器的响应频率取决于光电检测器件、电子处理线路的响应速度。当码盘高速旋转时，如果其分度数（分辨率）很高，那么角编码器输出的信号频率将会很高。如果光电检测器件和电子线路元器件的工作速度与之不能相适应，就有可能使输出波形滞后和严重畸变，甚至产生丢失脉冲的现象。

5. 增量式光电角编码器的接线

增量式角编码器的输出可以是 3 路信号线：A、B、Z，也可以是 6 路信号线：A 与 $\overline{A}$、B 与 $\overline{B}$、Z 与 $\overline{Z}$，分别构成 3 路差分输出，以正负波形对称形式的 TTL 电平或正弦波传输。由于差分输出的正负电流方向相反，外界电磁场的干扰信号相互抵消，故抗干扰能力较强，传输距离可达 400m。

增量式角编码器的工作电源有三种：5V、5～13V（用 12V 电源供电）或 11～26V（可以用 PLC 的 24V 电源供电）。增量式角编码器的输出有电流型和电压型之分。电流型适合于远距离传输，抗干扰能力较强。增量式角编码器差分输出的接线如图 10-8 所示。

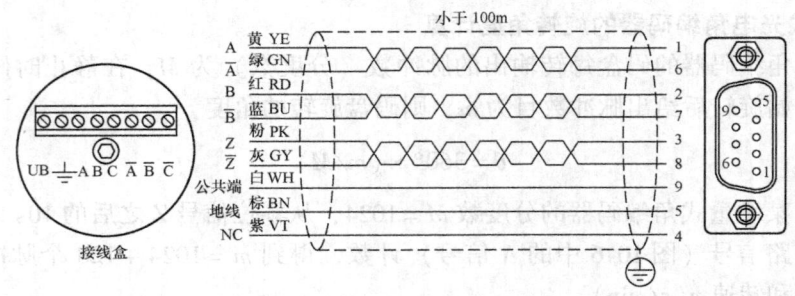

图 10-8　增量式角编码器的差分输出的接线

根据增量式角编码器的输出级电路分类，又可以分为推拉式（或称推挽式，输出级为 PNP 与 NPN 晶体管构成的图腾柱）输出和集电极开路输出。集电极开路输出又有 NPN 型和

PNP 型两种，可根据 PLC 的 I/O 极性要求，选用不同的输出形式。NPN 型和 PNP 型与 PLC 的具体接线见图 9-24。

6. 光电角编码器的安装、使用注意事项

1）由于角编码器属于高精度机电一体化设备，主轴转速较低时角编码器轴与用户端输出轴之间需要采用弹性软连接，避免因用户轴的窜动、跳动而造成角编码器轴系和码盘的损坏。安装时应保证角编码器轴与用户输出轴的偏角小于 1.5°。

2）高速运行时建议使用同步带轮连接，参数设置要与传动比配合。

3）长距离传输时，应考虑信号衰减因素，选用具备输出阻抗低的型号。

4）接地线一般应大于 1.5mm^2，尽量避免双端接地。

5）现场总线式角编码器使用前要对角编码器的参数进行设置。需要设置的参数有：旋转的正方向、每转的脉冲数和转数、总分辨率、预置值、记忆功能、诊断模式等。WLF 系列角编码器的主要技术指标如表 10-5 所示。

表 10-5　WLF 系列角编码器的主要技术指标

参数名称	指标
电源电压/V	DC5 或 8 ~ 30
消耗电流/mA	< 60mA
分辨率	1/1024
输出形态	推拉型或集电极开路 NPN 型
上升、下降时间/ns	≤100
最高响应频率/kHz	150
允许最高机械转速/r·min^{-1}	6000
允许角加速度/rad·s^{-2}	1×10^4
转动惯量/kg·m^2	1.3×10^{-5}
25℃时的起动力矩/N·m	5×10^{-2}
使用环境温度/℃	-10 ~ 70
保存环境温度/℃	-25 ~ 85
使用环境湿度（%）	35 ~ 85RH（不结露）
防护等级	IP54，IP65
出线方式	电缆侧出，电缆后出 插座侧出，插座后出

任务二　角编码器的应用

角编码器除了能直接测量角位移或间接测量直线位移外，还能用于长度（液位）测量、数字测速、交流伺服电动机控制、机械加工测控等。

一、角编码器在数字测速中的应用

由于增量式角编码器的输出是脉冲信号，因此，可以通过测量脉冲频率或周期的方法来测量转速。角编码器可代替测速发电动机的模拟测速，而成为数字测速装置。数字测速方法有 M 法测速、T 法测速和 M/T 法测速等。

1. M 法测速

在一定的时间间隔 t_s 内（$t_s = t_{闸门}$，见图 10-9a，如 10s、1s、0.1s 等），用角编码器所产生的脉冲数来确定速度的方法称为 M 法测速。M 法测速原理如图 10-9 所示。

若角编码器每转产生 M 个脉冲，在 t_s 的闸门时间间隔内得到 m_1 个脉冲，则角编码器所产生的脉冲频率为

$$f = \frac{m_1}{t_s} \qquad (10\text{-}6)$$

则转速 n（单位为 r/min）为

$$n = 60 \text{r/s} = 60\frac{f}{M} = 60\frac{m_1}{t_s M} \qquad (10\text{-}7)$$

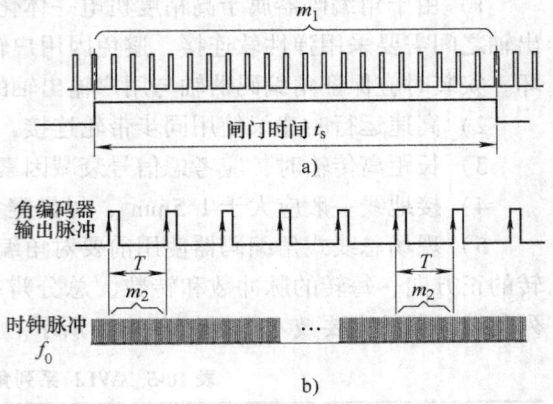

图 10-9　M 法和 T 法测速原理
a) M 法　b) T 法

M 法测速适合于转速较快的场合。例如，角编码器的输出脉冲频率 $f = 1000\text{Hz}$，闸门时间 $t_s = 1\text{s}$ 时，±1 误差（多或少计数 1 个脉冲，见图 9-31、图 9-35）导致的测量误差只有 0.1% 左右；而当转速较慢时，角编码器输出脉冲频率较低，若图 10-9 中的闸门时间的上升沿随机地向后延迟一点，将导致计数得到的角编码器脉冲减少一个，造成测量误差。

闸门时间 t_s 的长短也会影响测量准确度。t_s 不能取得太长，虽然此时的测量准确度较高，但不能反应速度的瞬时变化，不适合动态测量；t_s 也不能取得太小，以至于在 t_s 时段内得到的脉冲太少，而使测量准确度降低。例如，脉冲的频率 f 仍为 1000Hz，t_s 缩短到 0.01s 时，此时的测量误差将高达 10%。

例 10-6　某角编码器的技术指标为 1024P/r（即 $M = 1024\text{P/r} = 1\text{K}$），在 0.2s 时间内测得 100 个脉冲，即 $t_s = 0.2\text{s}$，$m_1 = 100$，求：

1）转速 n。
2）±1 误差引起的转速测量误差为多少转每分钟？
3）如果将 t_s 延长到 1s，转速测量误差为多少转每分钟？

解　1）角编码器轴的转速

$$n = 60\frac{m_1}{t_s M} = 60\frac{100}{0.2 \times 1024}\text{r/min} = 29.3\text{r/min}$$

2）由于存在 ±1 误差，在 t_s 时间段里，计数得到的脉冲数 $m_1 = 100 \pm 1$ 个脉冲，则

$$n = 60\frac{100 \pm 1}{0.2 \times 1024}\text{r/min} = (29.3 \pm 0.29)\text{r/min}$$

3）如果将 t_s 延长到 1s，m_1 必然增加到 500，则

$$n = 60\frac{500 \pm 1}{1 \times 1024}\text{r/min} = (29.3 \pm 0.06)\text{r/min}$$

计算得到的转速不变，但 ±1 个脉冲引起的误差显著缩小。

2. T 法测速

T 法测速原理如图 10-9b 所示。用角编码器所产生的相邻两个脉冲之间的时间 T 来确定

被测转速的方法称为 T 法测速。在 T 法测速中,必须使用标准时钟脉冲 f_0(其周期为 T_0)作为测量角编码器输出信号周期 T 的"时钟"。

设角编码器每转产生 M 个脉冲,测出角编码器输出的两个相邻脉冲上升沿之间(即周期 T)所能填充的"周期为 T_0 的标准时钟脉冲"个数 m_2,就可得到角编码器输出脉冲的周期和频率

$$T = m_2 T_0, \quad f = f_0/m_2 \tag{10-8}$$

转速 n(单位为 r/min)可由角编码器的输出频率 f 或周期 T 求得

$$n = 60\text{r/s} = 60\frac{f}{M} = 60\frac{1}{T}\frac{1}{M} = 60\frac{1}{m_2 T_0}\frac{1}{M} = 60\frac{f_0}{m_2 M} \tag{10-9}$$

T 法测速适合于转速较慢的场合。例如,角编码器输出脉冲的频率 $f = 10\text{Hz}$,时钟 $f_0 = 10\text{kHz}$ 时,角编码器输出的两个相邻脉冲上升沿之间所能填充的时钟数 $m_2 = 1000$,测量准确度可达 0.1% 左右;当角编码器的转速较快时,角编码器输出脉冲的周期 T 较短,所能填充的标准时钟数较少,则测量准确度降低。此时 f_0 应选得高一些,以提高在 T 时段内得到的脉冲数。

二、绝对式角编码器在工位编码及刀库选刀控制中的应用

1. 绝对式角编码器在工位编码中的应用

由于绝对式角编码器每一转角位置均有一个固定的编码输出,若角编码器与转盘同轴相连,则转盘上每一工位安装的被加工工件均可以有一个编码相对应,转盘加工工位的编码如图 10-10 所示。当转盘上某一工位转到加工点时,该工位对应的编码由角编码器输出给控制系统。

例 10-7 设图 10-10 中的角编码器为 4 码道绝对式码盘(假设采用自然二进制码),工件 1~8 的编码从 0000 到 1110。图 10-10 中的工位 1(0000)已完成加工,要使处于工位 2 上的工件转到加工点等待钻加工,计算机应如何控制电动机和转盘?

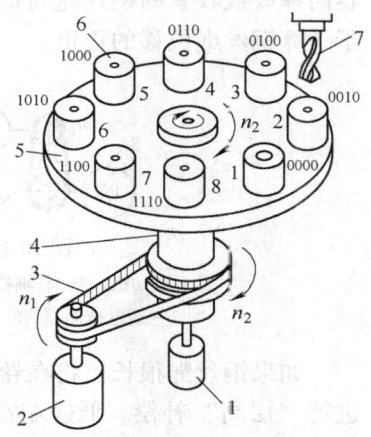

图 10-10 转盘加工工位的编码
1—绝对式角编码器 2—电动机
3—同步带 4—转轴 5—转盘
6—工件 7—刀具

解 由于工位的编码是从 0000 开始到 1110,所以每个工位的变化为 0010。工位 2 上的编码为 0010,工位 3 上的编码为 0100,以此类推。当工件 1 完成加工后,电动机通过"同步带"驱动转盘顺时针旋转。当角编码器的输出从 0001 跳变到 0010 时,计算机命令电动机停转并自锁,开始加工工件 2 ……直到第 8 个工位(1110)加工完成后,转盘上的工件全部卸下,重新开始新的 8 个工件的加工。

2. 编码器在数控车床转塔刀架选刀控制中的应用

转塔电动机通过传动机构带动转塔旋转、松开或夹紧刀具。转塔主轴与绝对式编码器连接。转塔上的每个刀座均有编号,其当前位置由绝对式编码器检测,并输出二进制编码。当刀具通过刀座安装在转塔上时,每把刀具的编号也就确定。以 4 码道角编码器为例,刀具 1~12 的编码从 0001~1100(与图 10-10 的编码方法不同)。若图 10-11a 中的转塔最下方为刀具 7,编码器检测得到的编码为 0111。选刀控制时,数控系统发出换刀指令,要求将 1 号刀转到当前位置。电动机旋转,当编码器检测得到的编码为 0001 时,表示转塔已将 1 号刀转到当前位置,转塔停止旋转,选刀完成。角编码器在数控车床转塔刀架选刀控制中的应用如图 10-11 所示。

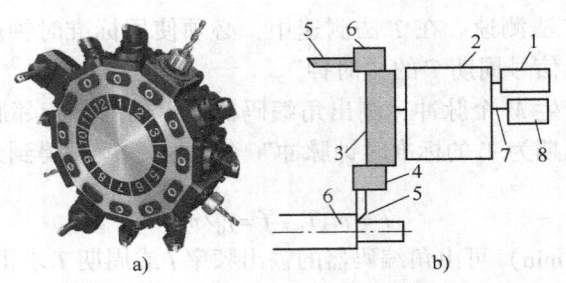

图 10-11　角编码器在数控车床转塔刀架选刀控制中的应用
a）数控车床的转塔刀架外形　b）选刀控制装置
1—电动机　2—传动机构　3—转塔　4—刀座　5—刀具　6—被加工工件　7—转塔主轴　8—角编码器

三、角编码器在卷扬机钢缆提升高度测量中的应用

卷扬机是用卷筒缠绕钢丝绳或链条提升、牵引重物的起重设备，又称绞车。卷扬机可以垂直提升、水平或倾斜曳引重物，可用于起重、筑路和矿井提升等场合。

角编码器在卷扬机钢缆长度测量中的应用如图 10-12 所示。卷扬机的提升高度（长度）测量有多种方法。可以使用柔性联轴器将角编码器与卷扬提升机大钢丝绳卷筒轴心联轴，称为"低速端安装"（见图 10-12 中的序号 9）。角编码器旋转一圈所输出的脉冲个数与大钢丝卷筒释放或收紧的钢丝绳周长成正比。可以预先根据卷筒旋转方向设定角编码器的方向，用于计算钢丝绳位移的正负。

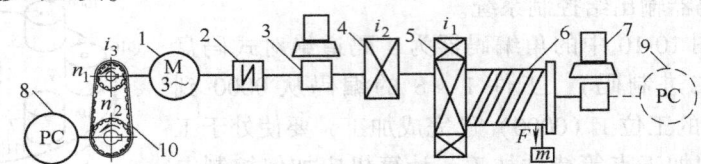

图 10-12　角编码器在卷扬机钢缆长度测量中的应用
1—电动机　2—联轴器　3—超越离合器　4—减速箱　5—卷筒齿轮传动机构　6—卷筒
7—断电抱闸器　8—高速端角编码器　9—低速端角编码器（推荐）　10—同步带

如果钢丝绳很长，将在卷筒表面叠成多层结构，每一层的周长随直径而增长，所以必须进行"层高"补偿。低速端安装方式适合于对分辨力要求不高的场合。若增量式角编码器的分度数 $M=512$，卷筒表面周长 $L=2\text{m}$，则理论分辨力 $\Delta=L/M=2\text{m}/512=3.9\text{mm}$。

也可以将角编码器与电动机连接（见图 10-12 中的序号 8），称为"高速端安装"。此方法的优点是分辨率高，缺点是转速太快，易烧毁角编码器轴承，且测量易受同步带弹性、齿轮间隙及回差的影响。由于电动机转速较高，所以要求选用高速角编码器，且需要使用同步带减速。在图 10-12 中，总的减速比等于卷筒齿轮传动机构、减速箱与同步带三者减速比的乘积，即：$i=i_1 i_2 i_3$。

在高速端安装中，若电动机与卷筒之间的减速比 $i=200:1$，对于 4096 圈的多圈角编码器，卷筒旋转 20.48 圈后，计数器归零。若卷筒的表面平均周长为 2m，则最多可以测量钢丝绳 40.96m 的位移（收紧或放松）。若钢丝绳的圈数超过上述数值，建议使用记忆电路，以免掉电时出现 40.96m 的大误差。

利用类似的原理，可以利用重锤浮子、钢丝绳及角编码器来测量大量程水位。

四、增量式角编码器在矢量变频控制中的应用

变频器用于三相交流异步电动机的调速控制。在对速度控制准确度要求较高的场合常采

用矢量控制式变频器，其中一种形式是带编码器的矢量控制。在这种情况下，电动机转子同轴连接一个增量式编码器，如图10-13所示。编码器检测电动机转子的转速和角度，并将信号反馈给变频器，变频器进行矢量运算及功率放大后，输出频率可变的三相电源给电动机，实现电动机的调速。

五、角编码器在交流伺服电动机中的应用

交流伺服电动机常用于机电设备位置伺服控制。通常在交流伺服电动机后端与转子同轴连接一个编码器，该编码器可以是增量式的，也可以是绝对式的。伺服电动机转轴经联轴器与滚珠丝杠连接，通过丝杠-螺母带动工作台作直线运动，伺服电动机的转速和转向决定了工作台的运动速度和方向，伺服电动机转轴转过的圈数（角度）决定了工作台的运动距离。在工作过程中，编码器既检测丝杠转动的速度（转换成工作台的运动速度），又检测丝杠转动的角度（转换成工作台的运动距离）。电动机每旋转一圈，丝杠也旋转一圈，螺母带动工作台前进或后退一个螺距。机床中的角编码器与工作台的关系如图10-14所示。交流伺服电动机与角编码器的结合还能用于工业机器人机械臂的角度、速度的控制。

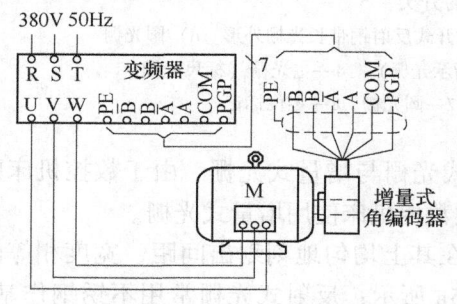

图10-13 增量式角编码器在矢量变频控制中的应用

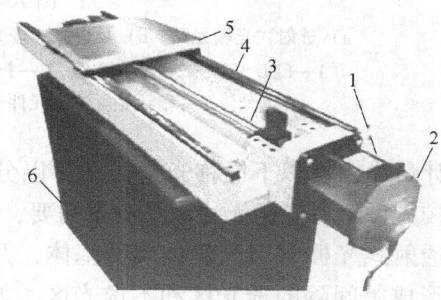

图10-14 机床中的角编码器与工作台的关系
1—进给电动机（伺服电动机） 2—角编码器 3—丝杠
4—工作台 5—导轨 6—机床壳体

项目二 光栅传感器

【项目教学目标】

☞知识目标

1. 了解计量光栅的类型、结构及工作原理。
2. 了解莫尔条纹的光学放大原理。

☞技能目标

1. 掌握光栅的分辨率与分辨力计算。
2. 掌握光栅的辨向与细分方法。
3. 掌握光栅的应用。

任务一 认识光栅传感器

一、光栅的类型和结构

光栅可分为物理光栅和计量光栅。物理光栅是利用光的衍射现象，常用于光谱分析和光

波波长测定。在数字量检测中,常用的是计量光栅。计量光栅是利用光的透射和反射原理,形成光栅条纹,从而反映光栅的位移量,分辨力可达 $0.1\mu m$。

计量光栅可分为透射式光栅和反射式光栅两大类,如图 10-15 所示。它们均由 LED 光源、光栅副、光敏元件三大部分组成。光敏元件可以是光敏晶体管,也可以是光电池。直线透射式计量光栅中的光栅副由主光栅(标尺光栅)和扫描光栅(指示光栅)组成。

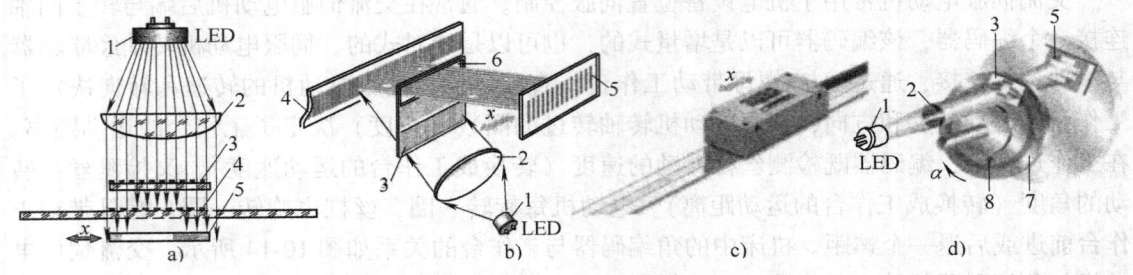

图 10-15 光栅的分类

a) 透射式光栅光路　b) 反射式光栅光路　c) 敞开式反射钢带长光栅外形　d) 圆光栅
1—LED 光源　2—聚光透镜　3—扫描光栅(指示光栅)　4—主光栅(标尺光栅)
5—栅状光电接收元件　6—窗口　7—圆光栅　8—零位标记

计量光栅(以下简称光栅)又可以分为绝对式光栅与增量式光栅。由于数控机床的位移量较大,绝对光栅无法满足测量需要,所以多数数控机床使用增量式光栅。

透射式光栅常用光学玻璃做基体,并镀铬,在其上均匀地刻划出间距、宽度相等的条纹,形成等间隔的透光区和不透光区,如图 10-15a 所示;反射式光栅常用不锈钢作基体,在基体上用化学腐蚀方法制出黑白相间的条纹,形成反光区和不反光区,如图 10-15b 所示。

光栅按几何形状分类,可分为长光栅和圆光栅。长光栅用于直线位移测量,故又称直线光栅;圆光栅用于角位移测量。长光栅的结构及外观如图 10-16 所示,直线透射式长光栅测量原理图如图 10-17 所示。

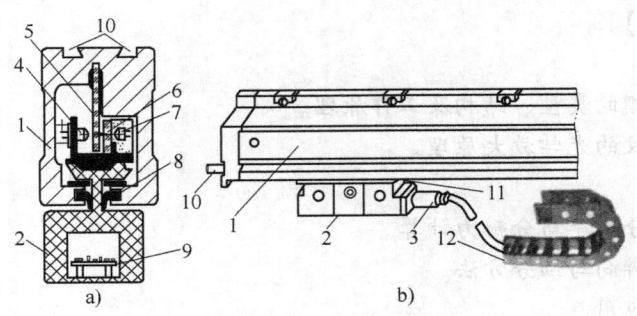

图 10-16 长光栅的结构及外观

a) 内部结构剖面图　b) 安装示意图

1—铝合金定尺　2—读数头(动尺)　3—电缆　4—带聚光镜的 LED　5—主光栅(标尺光栅,固定在定尺尺身上)
6—指示光栅(随读数头及溜板移动)　7—光敏元件　8—密封唇　9—信号调理电路
10—压缩空气入口　11—安装槽　12—电缆拖链

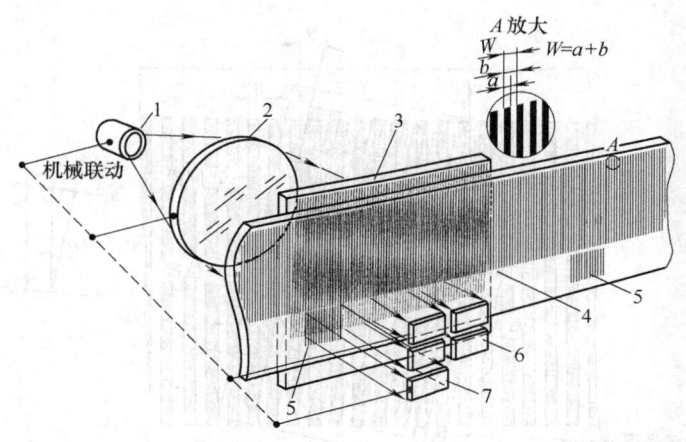

图 10-17　直线透射式长光栅测量原理图
1—光源　2—透镜　3—指示光栅　4—主光栅（标尺光栅）　5—零位光栅
6—细分辨向用光敏元件（2路或4路）　7—零位光敏元件

增量式长光栅的尺身采用封闭式结构，由坚固的铝合金壳体构成，用于保护内部的刻线玻璃或钢带以及光电转换装置。橡胶密封唇的作用是防止金属碎屑、油污及灰粒等从读数头与尺身连接缝处进入光栅尺，同时又能减小读数头移动中的摩擦力，以保证被传送的位移信息准确可靠。长光栅尺身两端预留了进气孔。不使用压缩空气时的密封防护满足 IP53 标准，如果通入干净的压缩空气，可将密封防护标准提高到 IP64 标准。

透射式光栅中，将指示光栅与主光栅叠合在一起，两者之间保持很小的间隙（0.1mm）。在长光栅中，主光栅通常固定不动，而指示光栅安装在运动部件上，所以两者之间形成相对运动。在圆光栅中，指示光栅通常固定不动，而主光栅随轴转动。图 10-17 中，器件 1、2、3、6、7 随扫描头联动，与器件 4（主光栅）形成相对位移。透射式光栅有以下几个重要参数：

(1) 栅距　对于长光栅来说，在图 10-17 中，a 为栅线宽度，b 为栅缝宽度，$W=a+b$ 称为"光栅栅距"，或称"光栅常数"。多数情况下，$a=b=W/2$。栅线密度一般为 10 线/mm、25 线/mm、50 线/mm 和 100 线/mm 等几种。

(2) 角节距　对于圆光栅来说，两条相邻刻线的中心线的夹角称为角节距，每周的栅线数从较低准确度的 100 线到高准确度等级的 21600 线不等。

无论长光栅还是圆光栅，由于刻线很密，如果不进行光学放大，就很难直接用光敏元件来分辨光栅移动所引起的光强变化。

二、光栅的工作原理

1. 莫尔条纹

(1) 亮带和暗带　在透射式长光栅中，把主光栅与指示光栅的刻线面相对叠合在一起，中间留有很小的间隙（约 0.1mm），并使两者的栅线保持很小的夹角 θ。在两光栅的刻线重合处，光从缝隙透过，形成亮带，如图 10-18 中 a-a 线所示；在两光栅刻线的错开处，由于相互挡光作用而形成暗带，如图 10-18 中 b-b 线所示。从图 10-17 中，也可以观察到亮带和暗带。这种亮带和暗带形成明暗相间的条纹称为莫尔条纹，条纹方向与刻线方向近似垂直。

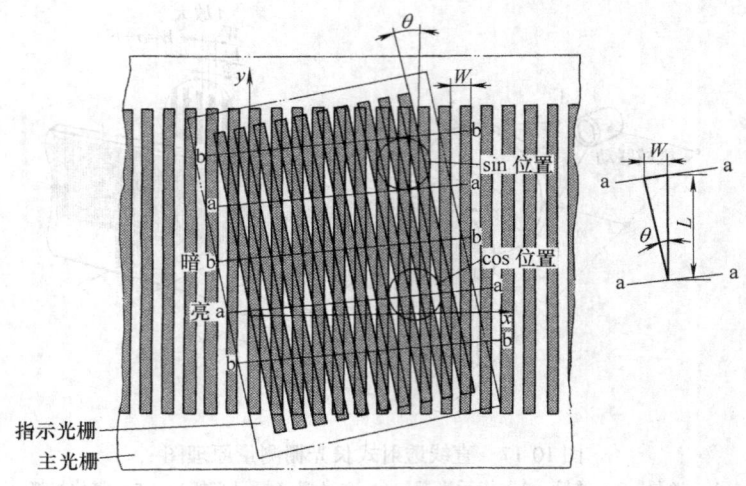

图 10-18　等栅距黑白透射光栅形成的莫尔条纹

（2）莫尔条纹的识别　在透射式光栅的适当位置（如图 10-18 中的 sin 位置或 cos 位置）安装两个光敏元件来读取莫尔条纹的数量及移动方向，分别称为 sin 光敏元件和 cos 光敏元件。它们的距离为 $(m\pm1/4)W$，m 为整数。当指示光栅与主光栅以图所示的角度安装时，若指示光栅沿 x 轴自左向右移动时，莫尔条纹的亮带和暗带（图 10-18 中的 a-a 线和 b-b 线）将顺序自下而上（图中的 y 方向）不断地掠过光敏元件。光敏元件（光电池或光敏晶体管）"观察"到莫尔条纹的光强变化近似于正弦波变化。光栅移动一个栅距 W，光强变化一个周期。sin 和 cos 光敏元件的输出电压波形如图 10-19a 所示。

由于光栅的刻线非常细微，很难用肉眼直接分辨究竟相对移动了多少个栅距。利用莫尔条纹的实际价值就在于：从图 10-18 可以看出，莫尔条纹的距离比栅距大许多倍，所以能让光敏元件"看清"随光栅刻线左右位移所带来的光强变化。

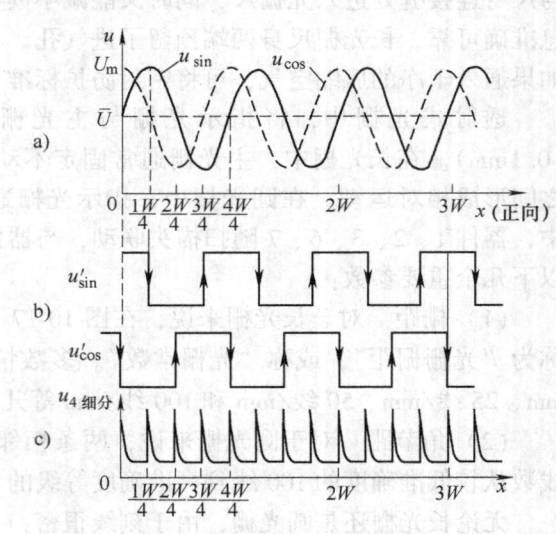

图 10-19　sin 和 cos 光敏元件的输出电压波形及细分脉冲
a）光栅位移与光强及输出电压的关系
b）整形后的方波　c）4 细分脉冲

2. 莫尔条纹的特征

1）莫尔条纹是由光栅的大量刻线共同形成的，对光栅的刻划误差有平均作用，从而能在很大程度上消除光栅刻线不均匀引起的误差。

2）当指示光栅沿与栅线垂直的方向作相对移动时，莫尔条纹则沿光栅刻线方向移动（两者的运动方向相互垂直）；指示光栅反向移动，莫尔条纹亦反向移动。在图 10-18 中，当指示光栅向右移动时，莫尔条纹向上运动。

3) 莫尔条纹的间距是放大了的光栅栅距，它随着指示光栅与主光栅刻线夹角而改变。由于 θ 很小，所以其关系可用下式表示：

$$L = W/\sin\theta \approx W/\theta \tag{10-10}$$

式中　L——莫尔条纹间距；
　　　W——光栅栅距；
　　　θ——两光栅刻线夹角（rad）。

从式（10-10）可知，θ 越小，L 越大，相当于把微小的栅距扩大了 $1/\theta$。由此可见，计量光栅起到光学放大作用。

例 10-8　某长光栅的刻线数为 25 线/mm，指示光栅与主光栅刻线的夹角 $\alpha = 1°$，求：栅距 W 和莫尔条纹间距 L。

解

$$W = \frac{1\text{mm}}{25} = 0.04\text{mm}$$

$$\theta = \frac{\pi}{180°} \times 1° = 0.017\text{rad}$$

由于夹角 θ 较小，所以莫尔条纹间距

$$L = \frac{W}{2\sin\frac{\theta}{2}} \approx \frac{W}{\theta} = \frac{0.04\text{mm}}{0.017} = 2.35\text{mm}$$

莫尔条纹的宽度 L 必须大于光敏元件的尺寸，否则光敏元件无法分辨光强的变化。从上例可以看到，2.35mm 的莫尔条纹变化是光敏元件可以分辨的尺度。但若不采用莫尔条纹光学放大，则无法分辨 $W = 0.04$mm 的光强变化。

4) 莫尔条纹移过的条纹数与光栅移过的刻线数相等。例如，采用 100 线/mm 光栅时，若光栅左右移动了 x（也就是移过了 $100x$ 条光栅刻线），则从光电元件面前上下掠过的莫尔条纹也是 $100x$ 条。对莫尔条纹产生的电脉冲信号计数，就可知道移动的实际距离了。

3. 辨向及细分

(1) 辨向原理　如果光栅传感器只安装一套光电元件，则无论光栅作正向移动还是反向移动，光敏元件都产生相同的正弦信号，无法分辨移动方向的，为此必须设置辨向电路。

通常可以在沿光栅线的 y 方向相距（$m \pm 1/4$）L（相当于电相角 1/4 周期）的距离上设置 sin 和 cos 两套光电元件（见图 10-18 中的 sin 位置和 cos 位置）。这样就可以得到两个相位相差 $\pi/2$ 的电信号 $u_{\sin}$ 和 $u_{\cos}$，如图 10-19a 所示。经放大整形后，由计算机判断两路信号的相位差。当指示光栅向右移动时，$u_{\sin}$ 滞后于 $u_{\cos}$；当指示光栅向左移动时，$u_{\sin}$ 超前于 $u_{\cos}$。计算机据此判断指示光栅的移动方向。

(2) 细分技术　细分技术又称倍频技术。由上述分析可知，当两光栅相对移过一个栅距 W 时，莫尔条纹也相应地从光敏元件面前移过一个 L，光敏元件的输出就变化一个电周期 2π。如将这个电信号直接计数，则光栅的分辨力只有一个 W。为了能分辨比 W 更小的位移量，必须采用细分电路。电子细分电路能在不增加光栅刻线数（线数越多，成本越昂贵）的情况下提高光栅的分辨力。利用细分电路可在一个 W 的距离内等间隔地给出 s 个计数脉冲。细分后计数脉冲的频率是原来的 s 倍，传感器的分辨力就会有较大的提高。

细分的方法：如果将 sin 和 cos 光敏元件的输出电压 $u_{\sin}$ 和 $u_{\cos}$ 放大和整形后，可得到

$u'_{\sin}$ 和 $u'_{\cos}$ 两个方波信号,如图 10-19b 所示。两个方波信号经 RC 微分电路,并进行叠加,在一个 W 周期内,就可以得到 4 个微分尖脉冲,成为 4 倍频法,如图 10-19c 所示。如果使用 4 个光敏元件,通过专用集成电路,还可以实现 16 倍频、32 倍频。如果使用幅度判断的方法,还可以实现更大的倍频。

例 10-9 某长光栅的刻线数 $M=100$ 根/mm,细分数 $s=4$,求:细分后光栅的分辨力 Δ。

解 栅距 $W=1/M=1\text{mm}/100=0.01\text{mm}$,$\Delta=W/s=0.01\text{mm}/4=0.0025\text{mm}=2.5\mu\text{m}$。

由上例可见,光栅信号通过 4 细分技术处理后,相当于将光栅的分辨力提高了 3 倍。

必须指出的是,分辨力与最大允许误差是两个概念,分辨力通常远小于绝对误差。直线式光栅的测量准确度取决于刻线的质量、光学扫描计数、电子处理技术、安装技术、光栅尺热胀系数与机床导轨热胀系数的吻合度等。在机床加工中,当计数器清零之后,在温度、振动变化不大的短时间内,可以认为以"清零点"为起点的位移 $x\approx N\Delta$。

4. 零位标记

在增量式光栅中,为了寻找坐标原点、消除误差积累,在测量系统中需要有零位标记(位移的起始点),因此在光栅尺上除了主光栅刻线外,还必须刻有零位光栅(参见图 10-17 中的序号 5),以产生零位脉冲。当光敏元件检测到零位信号的上升沿时,计算机就认为此位置为零位,此后产生的计数脉冲是从零开始计数的。FAGOR-SV 系列长光栅尺的主要技术指标如表 10-6 所示,RESR-RGH20-52 圆光栅的主要技术指标如表 10-7 所示。

例 10-10 增量式长光栅的栅距 $W=0.01\text{mm}$,细分数 $s=16$。当铣刀向下运动,电路出现零位信号后,又计得 $N=4096$ 个脉冲,求:零位之后铣刀的位移 x 约为多少毫米?

解 $x\approx N(W/s)=4096\times(0.01\text{mm}/16)=2.56\text{mm}$。

表 10-6 FAGOR-SV 系列长光栅尺的主要技术指标

参数名称	指标
栅距(周期)/μm	20(玻璃光栅尺)
玻璃板热胀系数/K^{-1}	8×10^{-6}
最大允许误差/μm	±5
最大线速度/m·min^{-1}	120
允许最大振动/g	10(无加强板) 20(带加强板)
移动阻力/N	<4
工作温度/℃	0~50
存储温度/℃	-20~70
相对湿度(%)	20~80RH
重量/kg	0.2+0.5/m
密封等级标准	IP53 通入干净压缩空气:IP64
读数头	电缆 30

表 10-7 RESR-RGH20-52 圆光栅的主要技术指标

参数名称	指标
读数头尺寸（长×宽×高）/mm	9.5×15.0×15.0
最大转速/r·min^{-1}	3000
磁头与磁尺的间隙/mm	0.8±0.08
最大抗振性/g	10
移动阻力/N	≤5
外径/mm	52
角节距（周期）/(°)	4096
刻划准确度/(″)	±4
分辨力/(″)	5
细分数	4~40
电缆弯曲半径/mm	≥75
重量/kg	0.2
密封等级	IP53 连接压缩空气时，IP64
工作温度/℃	0~50
存储温度/℃	-20~70
相对湿度（%）	20~80RH

三、长光栅尺的安装

长光栅尺的安装与调整如图 10-20 所示。安装时，将长光栅尺小心轻轻放置在机床的床身上，将两者之间的安装孔对准，旋上固定螺栓。每隔 1m，用百分表检验长光栅各段与机床导轨的平行度（包括安装高度 y 向以及与导轨的贴紧度 z 向），以保证长光栅尺在全长方向上和导轨之间有合适的间隙（约 0.1mm），按顺序旋紧固定螺栓，最后再用百分表检验平行度。可以使用塑料或铝合金"电缆拖链"（见图 10-16）来保护读数头的电缆线。光栅在使用时必须注意防尘、防振。

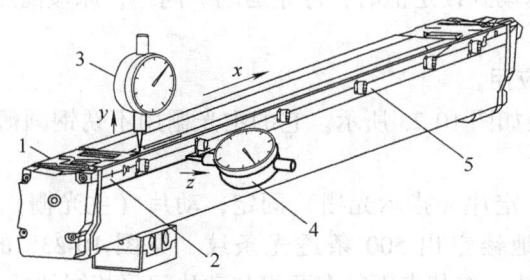

图 10-20 长光栅尺的安装与调整
1—床身（安装面） 2—长光栅尺 3、4—百分表 5—安装螺栓

任务二 光栅传感器的应用

不锈钢反射式光栅的测量范围可达十几米，而且不需接长，信号抗干扰能力强，因此在数控机床中得到广泛应用。

1. 光栅数显表在机床进给运动中的应用

微处理器光栅数显表的组成框图如图10-21所示。在微处理器光栅数显表中，放大、整形采用传统的集成电路，辨向、细分可由微处理器来完成。光栅数显表在机床进给运动中的应用如图10-22所示。

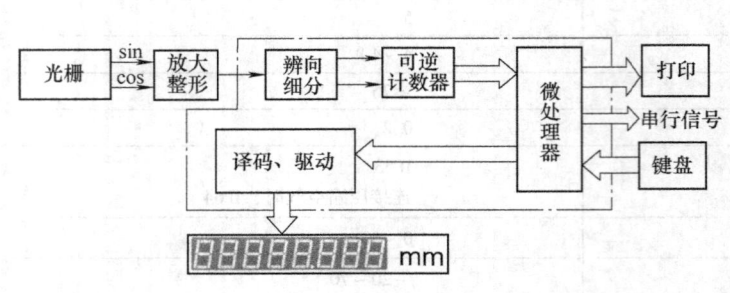
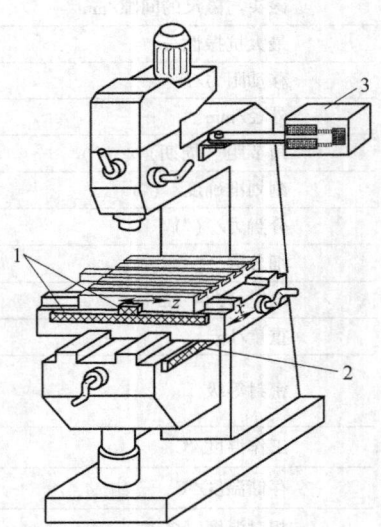

图10-21　微处理器光栅数显表的组成框图　　　图10-22　光栅数显表在机床进给运动中的应用

1—横向进给位置光栅检测　2—纵向进给位置光栅检测　3—二维数字显示装置

在机床操作过程中，由于用数字显示方式代替了传统的标尺刻度读数，从而提高了加工准确度和加工效率。在机床横向进给中，光栅读数头固定在工作台上，尺身固定在床鞍上，当工作台沿着床鞍左右运动时，工作台移动的位移量（相对值/绝对值）可通过数字显示装置显示出来。当工作台运动到设定值时，停止运动。同理，床鞍前后移动的位移控制可按同样的方法处理。

2. 轴环式数显表及应用

ZBS型轴环式数显表如图10-23所示。它的主光栅用不锈钢圆薄片制成，可用于角位移的测量。

在轴环式数显表中，定片（指示光栅）固定，动片（主光栅）可与外接旋转轴相连并转动。动片边沿被均匀地镂空出500条透光条纹，见图10-23b的 A 放大图。分辨力为 $0.72°$。定片为圆弧形薄片，在其表面刻有两组与动片间隔相同的透光条纹（每组3条），定片上的条纹与动片上的条纹成一角度 θ。两组条纹分别与两组红外发光二极管和光敏晶体管相对应。当动片旋转时，产生的莫尔条纹亮暗信号由光敏晶体管接收，相位正好相差 $\pi/2$，即 sin 光敏晶体管接收到正弦信号，cos 光敏晶体管接收到余弦信号。经整形电路处理后，两者仍保持1/4周期的相位关系。再经过细分及辨向电路，根据运动的方向来控制可逆计数器做加法或减法计数，测量电路框图如图10-23c所示。测量显示的零点由外部复位开关完成。

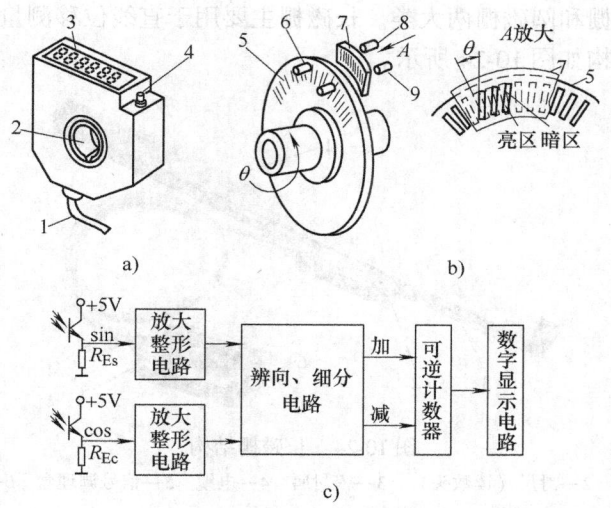

图 10-23　ZBS 型轴环式数显表
a）外形　b）内部结构　c）测量电路框图
1—电源线（AC 220V）　2—轴套　3—数字显示器　4—复位开关　5—主光栅
6—红外发光二极管　7—指示光栅　8—sin 光敏晶体管　9—cos 光敏晶体管

光栅轴环式数显表具有体积小、安装简便、读数直观、可靠性好、性能/价格比高等优点，适用于中小型机床的进给或定位测量，也适用于老机床的改造。如果把它装在车床进给刻度轮的位置，可以直接读出进给尺寸，减少停机测量的次数，从而提高工作效率和加工准确度。

项目三　磁栅传感器

【项目教学目标】

☞知识目标

1. 了解磁栅传感器的结构及工作原理。
2. 了解磁栅数显表的原理。

☞技能目标

1. 掌握磁栅的分辨率与分辨力计算。
2. 掌握磁栅的辨向方法。
3. 掌握磁栅的应用。

任务一　认识磁栅传感器

磁栅是一种新型位置检测传感器。与其他类型的位置检测元件相比，磁栅传感器具有制作简单、录磁方便、易于安装及调整，测量范围宽可达 30m，不需接长，抗干扰能力强等一系列优点，因而在大型机床的数字检测及自动化机床的定位控制等方面得到了广泛的应用，但要注意防止退磁和定期更换磁头。

磁栅可分为长磁栅和圆磁栅两大类。长磁栅主要用于直线位移测量，圆磁栅主要用于角位移测量。长磁栅结构如图10-24所示。

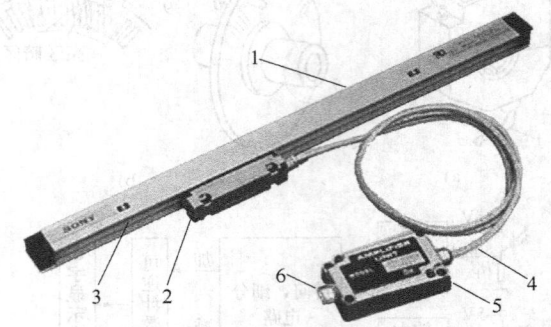

图10-24 长磁栅结构

1—尺身 2—滑尺（读数头） 3—密封唇 4—电缆 5—信号调理盒 6—接插口

一、磁栅结构及工作原理

磁栅传感器主要由磁尺、磁头和信号处理电路组成。

（1）磁尺 磁尺按基体形状有带形磁尺、线形磁尺（又称同轴型）和圆形磁尺之分，如图10-25所示。

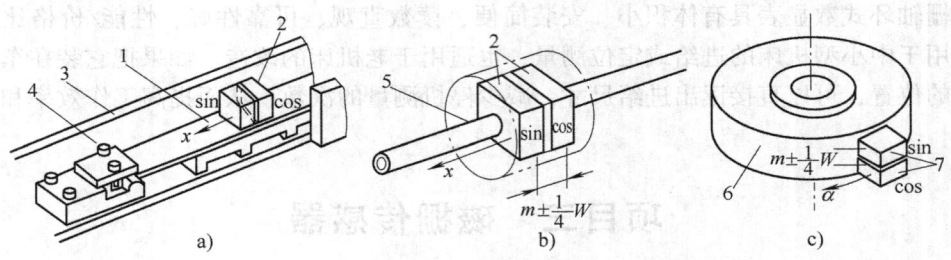

图10-25 磁尺的分类及结构

a）带形磁尺 b）线形磁尺 c）圆形磁尺

1—带形磁尺 2—磁头 3—框架 4—预紧固定螺钉 5—同轴形（线形）磁尺 6—圆形磁盘 7—圆磁头

带形磁栅是用宽20mm、厚0.2mm的金属作为尺基，其有效长度可达30m，可以按需要裁切。带形磁尺固定在用低碳钢做的屏蔽壳体内，并以一定的预紧力固定在框架中，框架又固定在设备上，使带形磁尺同设备一起胀缩，从而减少温度对测量准确度的影响。线形磁尺是用$\phi2\text{mm} \sim \phi4\text{mm}$的圆形线材作尺基，磁头套在圆型材上，由于磁尺被包围在磁头中间，对周围电磁场起到了屏蔽作用，所以抗干扰能力较强，安装和使用都十分方便；圆形磁尺做成圆形磁盘或磁鼓形状，用于组成圆磁栅。

利用与录音技术相似的方法，通过录磁磁头在磁尺上录制出节距严格相等的磁信号作为计数信号，信号可为正弦波或方波，节距W通常为0.05 mm、0.1 mm、0.2mm。最后在磁尺表面涂覆一层$1\sim2\mu\text{m}$的保护膜，以防磁头频繁接触而造成磁膜磨损。图10-26上部所示为磁尺的磁化波形。在N和N、S与S重叠部分的磁感应强度的绝对值最大，磁头的输出电压包络线也最高。若磁尺的磁化从N到S的磁感应强度是呈正弦波变化，则磁头的输出电压也呈受调制波形，如图10-26所示的AM（调幅）波形。

(2) 磁头　磁头可分为动态磁头（又称速度响应式磁头）和静态磁头（又称磁通响应式磁头）两大类。动态磁头只有在磁头与磁尺间有相对运动时，才有信号输出，故不适用于速度不均匀、时走时停的机床。静态磁头在磁头与磁栅间没有相对运动时也有信号输出。静态磁头的结构及输出信号与磁尺的关系如图 10-26 所示。

为了辨别磁头运动的方向，类似于光栅的原理，采用两只磁头（sin 磁头、cos 磁头）来拾取信号。它们相互距离为 $(m±1/4)W$，m 为整数。为了保证距离的准确性，通常将两个磁头制作在一个壳体内，用计算机或 FPGA、DSP 来判别两个磁头的输出信号的相位差变化。

随着材料技术的进步，目前带形磁栅可做成开放式的，长度可达几十米，并可卷曲。安装时可直接用特殊的材料粘贴在被测对象的基座上，读数磁头与控制器相连并进行数据通信，可对行程进行显示和控制。目前的磁头体积也有逐渐缩小的趋势，出现了磁敏电阻原理的磁头，可不必设置励磁电路，检测速度也进一步提高。此外，还开发出"空间静磁栅"。在失电→上电后，仍能正确地反映失电前的位置（或角度），实现了磁栅的"绝对编码"。XCCB 长磁栅的主要技术指标如表 10-8 所示，磁栅尺、磁头与数显表套件如图 10-27 所示。

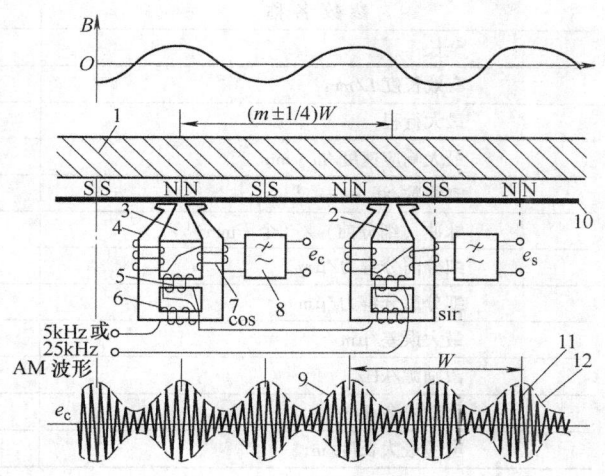

图 10-26　静态磁头的结构及输出信号与磁尺的关系
1—磁尺　2—sin 磁头　3—cos 磁头　4—磁极铁心　5—可饱和铁心　6—励磁绕组　7—感应输出绕组　8—低通滤波器　9—匀速运动时 sin 磁头的输出波形（基波为 2 倍励磁频率）　10—保护膜　11—载波　12—包络线

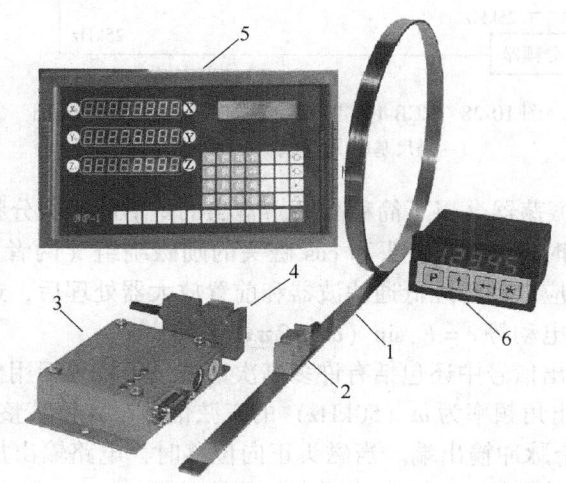

图 10-27　磁栅尺、磁头与数显表套件
1—20m 不锈钢磁尺　2—磁头　3—信号转换器　4—计算机接口　5—三维主显示器　6—操作显示器

表 10-8　XCCB 长磁栅的主要技术指标

参 数 名 称	指　标
全长	$L+143$mm
有效长度 L/mm	100～900
最大行程	$L+22$mm
最大响应速度/m·min^{-1}	60
刻线数/线·mm^{-1}	20
脉冲（细分前）/（个·mm^{-1}）	20（TTL 电平）
细分前分辨力/μm	50
细分后分辨力/μm	0.5
最大误差/μm	±（5＋5L/1000）
激励源/kHz	10
移动寿命/km	9000
电缆最大长度/m	30

二、磁栅数显表

磁头、磁尺与专用磁栅数显表配合，能用于检测机械位移量，其行程可达数十米，分辨力优于 1μm。图 10-28 为上海某机床研究所生产的 ZCB-101 鉴相型磁栅数显表的原理框图。

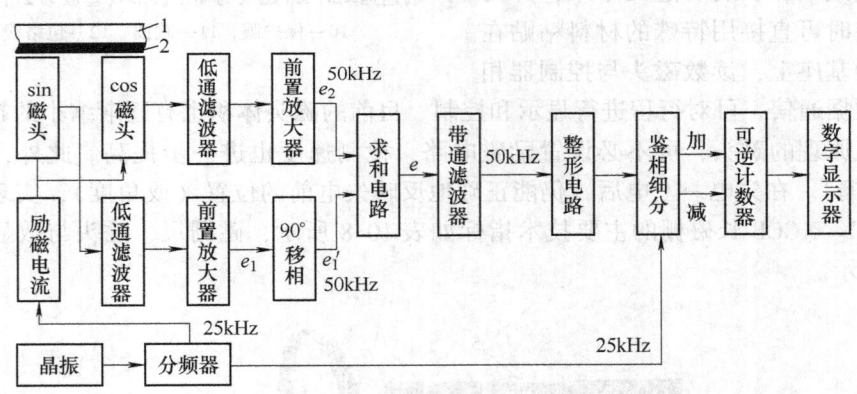

图 10-28　ZCB-101 鉴相型磁栅数显表的原理框图
1—磁尺基底　2—录磁后的硬磁性薄膜

图 10-28 中，晶体振荡器（以下简称晶振）输出的矩形脉冲经分频器变为 25kHz 方波信号，再经功率放大后同时送入 sin 磁头和 cos 磁头的励磁绕组（两者串联），对磁头进行励磁。两只磁头产生的感应电动势经低通滤波器和前置放大器处理后，送到求和放大电路，得到相位能反映位移量的电动势 $e=E_{\mathrm{m}}\sin(\omega t\pm 2\pi x/W)$。

由于求和电路的输出信号中还包括有许多高次谐波、干扰等无用信号，所以还需将其送入"带通滤波器"，取出角频率为 ω（50kHz）的正弦信号，并将其整形为方波。"鉴相"电路有"加"、"减"两个脉冲输出端。当磁头正向位移时，电路输出加脉冲，可逆计数器作加法；反之则做减法，计数结果由多位十进制数码管显示。

目前，磁栅数显表已采用微处理器来实现图 10-28 框图中的功能。硬件的数量大大减少，而功能却优于普通数显表。

ZCB 与 XCC 系列以及 SONY 系列的直线形磁尺兼容,组成直线位移数显表装置。该表具有位移显示功能,直径/半径、公制/英制转换及显示功能,数据预置功能,断电记忆功能,超限报警功能,非线性误差修正功能,故障自检功能等。它能同时测量 x、y、z 三个方向的位移,通过计算机软件对三个坐标轴的数据进行处理,分别显示三个坐标轴的位移数据。磁栅数显表同样可用于如图 10-22 所示的机床进给位置显示。

任务二 磁栅传感器的应用

1. 磁栅尺在龙门铣床进给测控中的应用

龙门铣床是具有门式框架和卧式长床身的铣床。它的纵向工作台的往复运动是进给运动。龙门铣床由门式框架、床身工作台和电气控制系统构成。门式框架由立柱和顶梁构成,中间还有横梁。横梁可沿两立柱导轨作升降运动。横梁上有 1~2 个带垂直主轴的铣头,可沿横梁导轨作横向运动。两立柱上还可分别安装一个带有水平主轴的铣头,它可沿立柱导轨作升降运动。这些铣头可同时加工几个表面,加工效率较高。为了监控上述几个运动的位移量,可以在各自的导轨侧面安装数字式位移传感器。通常利用角编码器监控主轴和辅轴的角位移以及转速。龙门铣床的主要直线位移有:x 向(横梁方向)、z 向(主轴方向)、y 向(工作台运动方向)。由于这几个自由度的直线位移较大(例如,工作台的位移可达 20m),所以通常使用磁栅来测量直线位移。长磁栅在龙门铣床导轨上的使用如图 10-29 所示。

2. 老机床改造

在我国现有的机床中仍有一部分采用继电器、接触器控制方式,如 C6140 车床、X62W 铣床、T68 镗床等。这些

图 10-29 长磁栅在龙门铣床导轨上的使用

机床的控制电路触点多、线路复杂。使用多年后,故障多、维修量大、维护不便、可靠性差。由于操作过程采用手动控制和机械量具测量,所以生产效率低。有必要对在役老机床进行改造,使之数显化、智能化。

改造的步骤:①深入了解原有机床的工作过程,分析、整理控制的基本方式、完成的动作时序和条件关系,以及相关的保护和连锁控制、角位移及直线位移的自由度等;②尽可能与实际操作人员充分交流,了解对现有机床的测量、控制、操作的改进方案;③根据分析、整理的结果,确定所需要的输入/输出设备,包括 PLC 及数字式位移传感器。PLC 所需的 I/O 点数应留有 20% 左右的裕量,以适应今后的生产工艺变化,为系统改造留有余地;④设计数字式位移传感器的 I/O 电路,编制 I/O 分配表,绘制 I/O 接线图;⑤将老机床的丝杠和光杠传动改造成滚珠丝杠的步进电动机传动;⑥在 x、y、z 方向的导轨侧面安装直线磁栅,在 A、B、C、……旋转轴上方安装角编码器;⑦安装人工对话设备,包括数显表和键盘等。改造后的数控铣床如图 10-30 所示。

图 10-30　改造后的数控铣床

1—进给手柄　2—x 轴磁栅　3—y 轴磁栅　4—z 轴磁栅　5—电源开关　6—主轴电动机
7—角编码器　8—三维数显表

机床数显改造后，具有清零、预设数、自动进/退刀、左右走刀、加工螺纹、主轴电动机功率监控、绝对坐标/相对坐标/用户坐标显示转换、直径/半径转换、公英制转换、锥度测量、寻找机械原点、线性误差修正、停电记忆等功能。

项目四　容栅传感器

【项目教学目标】

☞知识目标

1. 了解容栅的结构及工作原理。
2. 了解容栅转换电路原理。

☞技能目标

掌握容栅的的应用。

任务一　认识容栅传感器

容栅传感器（以下简称容栅）是一种基于变面积工作原理的电容式传感器。因为它的电极排列如同栅状，故称容栅。与其他大位移传感器（如光栅、磁栅等）相比，虽然准确度稍差，但体积小、造价低、耗电省，广泛应用于数显高度仪、数显卡尺、数显千分尺、坐标仪和机床行程的测量。

根据结构形式，容栅可分为三类，即直线容栅、圆容栅和圆筒容栅。其中，直线容栅用于直线位移的测量，圆容栅用于角位移的测量（见图 10-36），直线容栅传感器结构简图如图 10-31 所示。

直线容栅传感器由动尺和定尺组成，动尺是有源的，定尺是无源的，两者保持很小的间隙 δ（约 0.1mm），如图 10-31b 所示。动尺上有多个发射电极和一个长条形接收电极；定尺

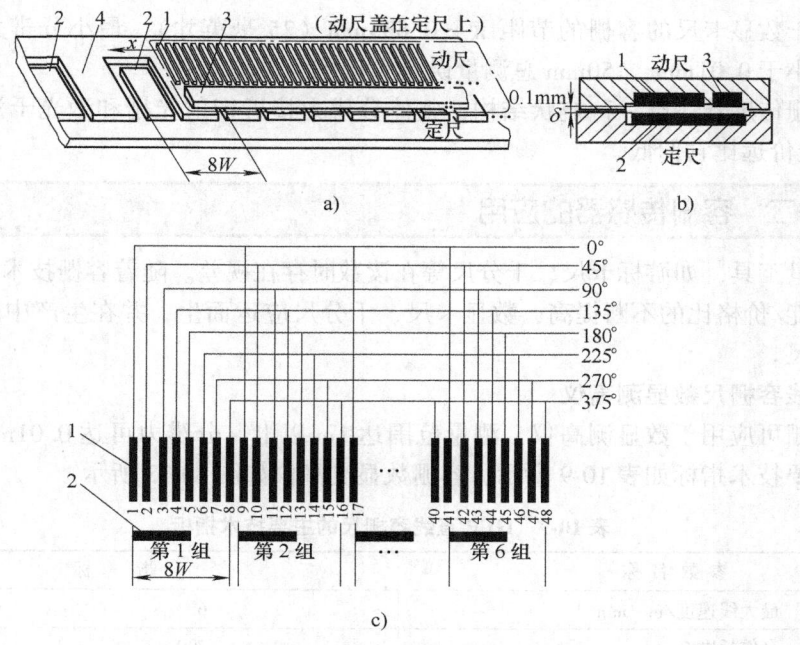

图 10-31 直线容栅传感器结构简图
a) 动尺和定尺上的电极透视图 b) 定尺、动尺的位置关系 c) 发射电极和反射电极的相互关系
1—发射电极 2—反射电极 3—接收电极 4—屏蔽电极

上有多个相互绝缘的反射电极和一个屏蔽电极（接地）。一个发射电极的宽度为一个节距 W，一个反射电极对应于一组发射电极。在图 10-31 中，若发射电极有 48 个，分成 6 组，则每组有 8 个发射电极。每隔 8 个接在一起，组成一个激励相，在每组相同序号的发射电极上加一个幅值、频率和相位相同的激励信号，相邻序号电极上激励信号的相位差是 $45°$（$360°/8$）。设第一组序号为 1 的发射电极上加一个相位为 $0°$ 的激励信号，序号为 2 的发射电极上的激励信号相位则为 $45°$，以此类推，则序号为 8 的发射电极上的激励信号相位就为 $315°$；而第二组序号为 9 的发射电极上的激励信号相位与第一组序号为 1 的相位相同，也为 $0°$，以此类推，直到第 6 组的序号 48 为止。

发射电极与反射电极、反射电极与接收电极之间存在着电场，见图 10-31b。由于反射电极的电容耦合和电荷传递作用，使得接收电极上的输出信号随发射电极与反射电极的位置变化而变化。

当动尺向右移动 x 距离时，发射电极与反射电极间的相对面积发生变化，反射电极上的电荷量发生变化，并将电荷感应到接收电极上，在接收电极上累积的电荷 Q 与位移量 x 成正比。经运算器处理后进行公/英制转换和 BCD 码转换，再由译码器将 BCD 码转换为七段码，送显示驱动单元。容栅测量转换电路原理框图如图 10-32 所示。

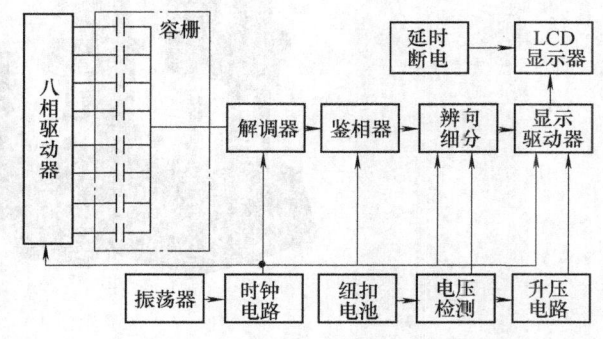

图 10-32 容栅测量转换电路原理框图

一般用于数显卡尺的容栅的节距 $W = 0.635$mm（25 毫英寸），最小分辨力为 0.01mm，非线性误差小于 0.01mm，150mm 总测量误差为 0.02~0.03mm。

直线容栅传感器还有一种梳状结构，整体分辨力接近衍射光栅和激光干涉仪（准确度不高），但造价远比它们低。

任务二 容栅传感器的应用

普通测量工具，如游标卡尺、千分尺等在读数时存在视差。随着容栅技术在测量工具中的应用及性能/价格比的不断提高，数显卡尺、千分尺应运而生，并在生产中越来越多地替代了传统卡尺。

一、直线容栅尺数显测高仪

直线容栅可应用于数显测高仪，测量范围达 1m 以上，分辨力可达 0.01mm。HLP 直线容栅尺的主要技术指标如表 10-9 所示，容栅数显测高仪如图 10-33 所示。

表 10-9 HLP 直线容栅尺的主要技术指标

参 数 名 称	指　标
最大线速度/m·min^{-1}	6
有效长度/mm	200
最大允许误差/mm	0.05
分辨力/mm	0.01
显示	6 位 LCD
显示范围/mm	-199.99~199.99
通信方式	RS485
网卡电源/V	DC 5
锂电池电压/V	3
环境温度/℃	-10~50
环境湿度（%）	10~90RH

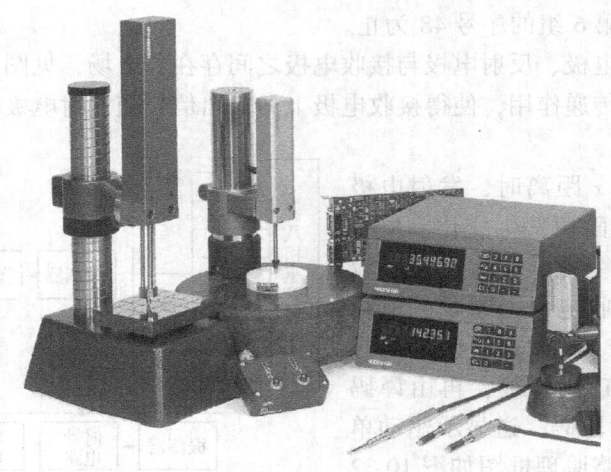

图 10-33　容栅数显测高仪

二、容栅数显卡尺

容栅数显卡尺如图 10-34 所示。容栅定尺安装在尺身上，动尺与单片测量转换电路（专用 IC）安装在游标上，分辨力为 0.01mm，重复准确度为 0.01mm。当若干分钟不移动动尺时，自动断电，因此 1.5V 氧化银扣式电池可使用一年以上。通过复位按钮可在任意位置置零，消除累积误差；通过公/英制转换按钮实现公/英制转换；通过串行接口与计算机或打印机相连，经软件处理，可对测量数据进行统计处理。

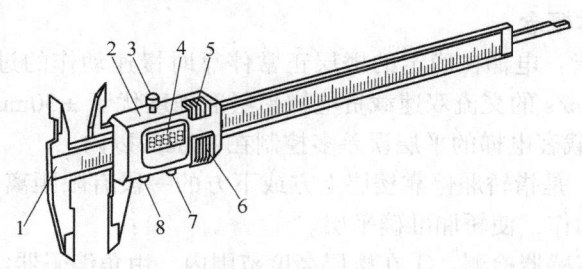

图 10-34　容栅数显卡尺
1—尺身　2—游标　3—紧固螺钉　4—液晶显示器
5—串行接口　6—电池盒　7—复位按钮　8—公/英制转换按钮

三、容栅数显千分尺

容栅数显千分尺如图 10-35 所示，其分辨力为 0.001mm，重复准确度为 0.002mm，累积误差为 0.002mm。数显千分尺采用圆容栅。圆容栅由旋转容栅和固定容栅组成，圆容栅的结构如图 10-36 所示。

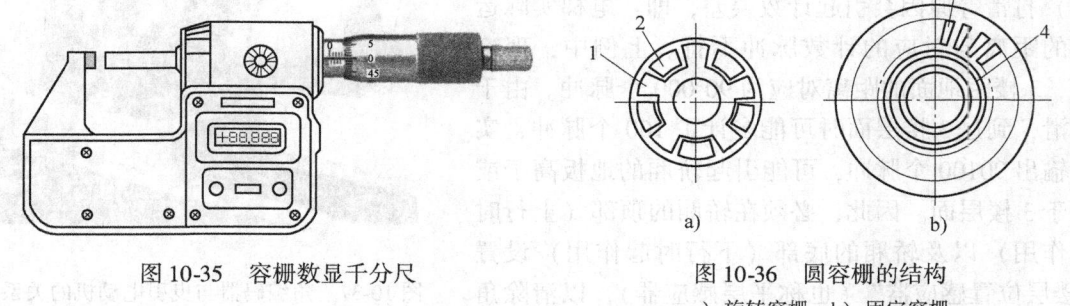

图 10-35　容栅数显千分尺

图 10-36　圆容栅的结构
a) 旋转容栅　b) 固定容栅
1—屏蔽电极　2—反射电极　3—发射电极　4—接收电极

圆容栅（旋转容栅）上面有 5 块独立的、互相隔离且均匀分布的金属导片，相当于反射电极，其余部分的金属连成一片并接地，相当于屏蔽电极。固定容栅的外圆均匀分布着 40 条金属导片，共分成 8 组，每组 5 条导片，每隔 4 条连成一组，形成发射电极。这 5 组导片分别接到 5 个引出端子，由 5 个依次相移 72°（360°/5）的方波进行激励。固定容栅的中间有两圈金属环与发射电极相对应，一个金属环作为接收电极，另一个最里圈的金属环接地，也相当于屏蔽电极。

使用数显千分尺时，固定容栅不动，安装在尺身上，旋转容栅随螺杆旋转。发射电极与反射电极的相对面积发生变化，反射电极上的电荷也随之发生变化，并感应到接收电极上。

接收电极上的电荷量与角位移存在一定的比例关系,并间接反映了螺杆的直线位移。接收电极上的电荷量经信号处理电路(一种专用集成电路)处理后,由显示器显示出位移量。

拓展阅读　电梯平层

一、电梯平层基本概念

电梯"平层"是指:电梯在确定的楼层正常停靠时慢速动作的过程。国家有关标准规定:$0.63\text{m/s} \leq v \leq 1.0\text{m/s}$ 的交流双速载货电梯平层准确度优于 $\pm 30\text{mm}$,其他电梯平层准确度优于 $\pm 15\text{mm}$,目前载客电梯的平层误差多控制在 $\pm 2\text{mm}$ 以内。

电梯的"平层区"是指轿厢停靠楼层上方或下方的一段有限距离。轿厢进入此区域后,电梯的平层控制装置动作,使轿厢准确平层。

电梯平层由两种传感器检测:①在楼层高度范围内,由角编码器给出脉冲信号;②轿厢地板与楼层门的 250mm 范围内,由"平层感应器"给出平层信号。

电梯的曳引电动机旋转后,与电动机连轴的增量式角编码器即开始输出增量脉冲,脉冲数正比于电梯运行的距离。例如,电梯上行到 3 楼,设 3 楼层门与底楼层门对应的脉冲数值为 90 000,减速点设定在 85 000。当电梯从地面(设为零点)往上运行时,PLC 开始计数。当计数到 85 000 个脉冲时,发出减速指令,电梯进入平层区(慢速爬行阶段)。理论上可以认为:当计数值接近 90 000 个脉冲时,PLC 发出停转和抱闸指令,电梯的轿厢可以停在 3 楼层面。

但是,在电梯运行过程中,因钢丝绳(或橡胶绳)打滑等原因会引起计数误差,即:电梯实际运行的距离与对应的计数脉冲不符。上例中,理论上,3 楼距地面的距离对应为 90 000 个脉冲。由于打滑,到达 3 楼层面时可能多计了 100 个脉冲,实际输出 90100 个脉冲,可能引起轿厢的地板高于或低于 3 楼层面。因此,必须在轿厢的顶部(上行时起作用)以及轿厢的底部(下行时起作用)设置"楼层位置感应器"(也称平层感应器),以清除角编码器运行时产生的累积误差。角编码器与曳引电动机的关系如图 10-37 所示。

图 10-37　角编码器与曳引电动机的关系
1—角编码器　2—曳引电动机　3—蜗轮-蜗杆减速箱
4—曳引轮　5—电磁制动器　6—底座

二、平层感应器

平层感应器可采用干簧管式、霍尔式、光电式等多种传感器。平层感应器在电梯平层中的应用如图 10-38 所示。为了防止灰尘干扰,平层感应器普遍采用无源的干簧管式,或有源的霍尔式,其主要构件是永久磁铁、干簧管或霍尔接近开关和隔磁板,如图 10-38a 所示。

图 10-38a 中,平层感应器槽的右侧封装有矫顽力很大的钕铁硼磁铁,槽的左侧封装有"干簧管"。当电梯轿厢顶部(或底部)的平层感应器运行到隔磁板附近时,导磁的隔磁板插入平层感应器的槽中,永久磁铁的磁力线被隔磁板阻断,干簧管位置的磁场减弱,干簧管复位(开路),KA 线圈失电(释放),给 PLC 提供一个"爬行开始"信号。

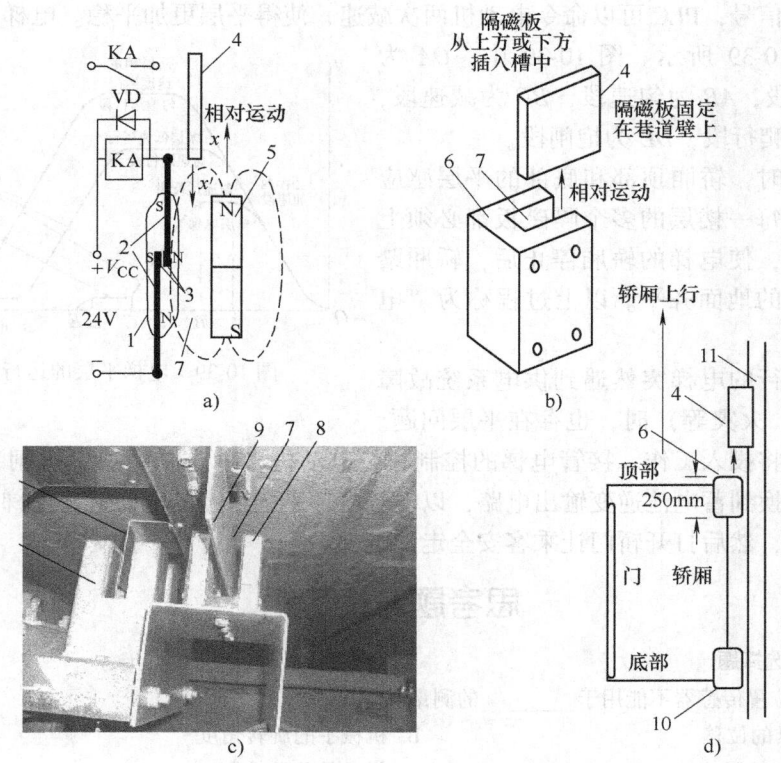

图 10-38 平层感应器在电梯平层中的应用
a) 平层感应器基本原理 b) 平层感应器与隔磁板的侧视图
c) 隔磁板插入平层感应器时的状态 d) 轿厢顶部（底部）的平层感应器与隔磁板的关系
1—干簧管玻壳 2—铁磁性簧片 3—镀金触点 4—安装在电梯巷道壁的隔磁板a 5—永久磁铁
6—安装在轿厢顶部的平层感应器a 7—隔磁板插槽 8—安装在轿厢顶部的平层感应器b
9—安装在电梯巷道壁的隔磁板b 10—安装在轿厢底部的平层感应器 11—电梯巷道壁

干簧管是一个充有惰性气体（如氦气等）的小型玻璃管，在管内两端封装两支用导磁材料制成的弹簧片，其触点部分镀金。当干簧管附近存在大于额定磁感应强度的磁场时，弹簧片被磁化。当两根弹簧片的磁性吸引力足以克服弹簧片的弹力时，两弹簧片相互吸引而吸合，使触点接通。当磁场减弱到一定程度时，触点跳开。由于磁滞的原因，干簧管的吸合和断开具有施密特回差特性。

隔磁板的典型长度为 250mm。安装时，取中点距离为 125mm，因此轿厢进入隔磁板后的爬行阶段称为"125mm 爬行"。

以电梯"上行"为例，轿厢向上运行接近乘客要求的楼层时，轿厢顶上的平层感应器进入隔磁板位置，电梯进入"爬行段"。PLC 将角编码器的脉冲数值存入"平层计数器"。计数器将预设的"125mm 距离所对应的脉冲数值"与"爬行开始开始后角编码器所产生的脉冲数值"进行比较。待两数值相等时，爬行段结束，PLC 命令电动机停转，并使电磁制动器（抱闸装置）动作，轿厢在短暂的惯性运动后停止运行，进入开门状态。

电梯"下行"时，轿厢底部的平层感应器进入隔磁板附近，工作过程与上行类似。为了更准确地控制电梯的平层，可以在两个临近的位置安装两个平层感应器（见图 10-38c，产生两路平层信号，PLC 可以命令电动机两次减速，使得平层更加平稳。电梯平层的运行速度曲线如图 10-39 所示。图 10-39 中，OA 为 1.5m/s^2 加速段，AB 为匀速段，BC 为减速段，CD 为 125mm 爬行段，DE 为抱闸段。

安装电梯时，轿厢顶部和底部的平层感应器以及巷道壁每一楼层的多个隔磁板都必须上下微调并固定，使电梯的轿厢停止后，轿厢踏板恰好与楼层的地面齐平。以上过程称为"电梯平层调试"。

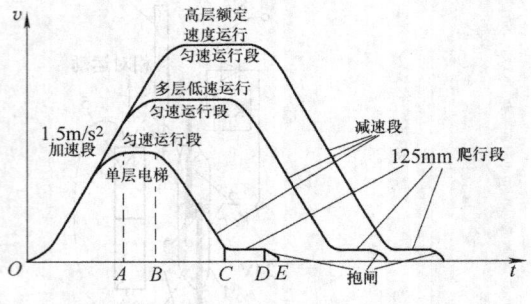

图 10-39 电梯平层的运行速度曲线

当正在运行的电梯突然遇到供电系统故障（停电、缺相、火灾等）时，也存在平层问题。此时平层装置将投入工作，接管电梯的控制权。电动机、电磁制动器（抱闸装置）及控制电路的电源切换到蓄电池逆变输出电路，以得到电梯平层所需的电能，将电梯运行至最近楼面的平层位置，然后打开轿门让乘客安全走出电梯。

思考题与练习题

10-1 单项选择题

1) 数字式位置传感器不能用于_____的测量。
   A. 机床刀具的位移   B. 机械手的旋转角度
   C. 振动加速度   D. 设备的位置控制

2) 感应同步器必须用_____来校验接长误差。
   A. 电容式传感器   B. 电感传感器   C. 激光干涉仪   D. 容栅传感器

3) 不能直接用于直线位移测量的传感器是_____。
   A. 长光栅   B. 直线磁栅   C. 球栅   D. 角编码器

4) 不能将角位移转变为直线位移的机械装置是_____。
   A. 丝杠-螺母副   B. 齿轮-齿条   C. 同步带-带轮   D. 蜗轮-蜗杆

5) 绝对式数字位置传感器输出的信号是_____，增量式位置传感器输出的信号是_____。
   A. 连续的模拟电流信号   B. 连续的模拟电压信号
   C. 脉冲信号   D. 二进制格雷码

6) 有一只 10 码道绝对式角编码器，其分辨率为_____，能分辨的最小角位移为_____。
   A. 1/10   B. $1/2^{10}$ C. 1/2048   D. 36°
   E. 0.35°   F. 3.6°

7) 有一只 $M=1024\text{P/r}$ 的增量式角编码器，在零位脉冲之后，光敏元件连续输出 $m=10241$ 个脉冲。则该角编码器的转轴从零位开始转过了_____。
   A. 10241 圈   B. 1/10241 圈
   C. 10 又 1/1024 圈   D. 11 圈

8) 有一只 $M=2048\text{P/r}$ 的增量式角编码器，光敏元件在 30s 内连续输出了 $N=204800$ 个脉冲。则该角编码器转轴的转速为_____。
   A. 204800r/min   B. $60\times 204800\text{r/min}$
   C. （100/30）r/min   D. 200r/min

9) 某长光栅每毫米刻线数为 50 线，采用 4 细分技术，则该光栅的分辨力为_____。

A. 5μm B. 50μm C. 4μm D. 20μm

10）光栅中采用 sin 和 cos 两套光电元件是为了_____。
A. 提高信号幅度 B. 辨向 C. 抗干扰 D. 作三角函数运算

11）图 10-9 中的工件 1 刚已完成加工，要使处于工位 8 上的工件逆时针转到加工点等待钻孔，当绝对式角编码器（假设为 4 码道）输出的编码从_____变为_____时，表示转盘已将工位 8 转到图中的钻头正下方。
A. 0000 B. 0010 C. 1100 D. 1110

12）光栅传感器利用莫尔条纹来达到_____的目的。
A. 倍增光栅的透光和不透光条纹
B. 辨向
C. 使光敏元件能分辨主光栅移动时引起的光强变化（光学放大作用）
D. 细分

13）当主光栅（标尺光栅）与指示光栅的夹角为 θ（rad）、主光栅与指示光栅相对移动一个栅距时，莫尔条纹移动了_____。
A. 一个莫尔条纹间距 L B. θ 个 L
C. $1/\theta$ 个 L D. 一个 W 的间距

14）磁栅传感器中应采用_____。
A. 动态磁头 B. 静态磁头 C. 电涡流探头 D. 光电探头

15）容栅传感器是根据电容的_____工作原理的，价格比磁栅传感器_____很多。
A. 变极距式 B. 变面积式 C. 变介质式 D. 高
E. 低

16）粉尘较多的场合不宜采用_____传感器。
A. 光栅 B. 磁栅 C. 容栅 D. 球栅

17）测量超过 100m 的液位，应选用_____。
A. 光栅 B. 角编码器 C. 容栅 D. 磁栅

10-2 分析计算题

1. 上网查阅有关球栅的资料，写出其中一种的主要技术指标。

2. 有一长光栅，每毫米刻线数 $M = 100$ 线，主光栅与指示光栅的夹角 $\theta = 1.8° = (1.8\pi/180)$ rad，请列式计算和分析填空。

  1）栅距 $W = $ _____ mm。
  2）主光栅与指示光栅的夹角 $\theta = $ _____ rad。
  3）莫尔条纹的宽度 $L = $ _____ mm。
  4）若采用 4 细分技术，细分后的分辨力 $\Delta = $ _____ μm。

3. 一透射式圆光栅，指标为 3600 线/圈，采用 4 细分技术，求：

  1）角节距 θ 为多少度？
  2）4 细分后该圆光栅数显表每产生一个脉冲，说明主光栅旋转了多少度？
  3）若细分后，测得主光栅顺时针旋转时产生加脉冲 1200 个，然后又测得减脉冲 200 个，则主光栅的角位移为多少度？

4. 测量身高装置的示意图如图 10-40a 所示，图 10-40b 所示为测量身高的传动机构简图，请列式计算和分析填空。

  1）测量体重的荷重传感器应该选择_____式传感器，该传感器应安装在_____部位。
  2）设传动轮的减速比为 $i = 1:5$（即 $D_1 : D_2 = 1:5$），则电动机每转一圈，大带轮转了_____圈。
  3）若光电角编码器的参数为 $M = 1024$P/r，则电动机每转动一圈，光电角编码器产生_____个脉冲。

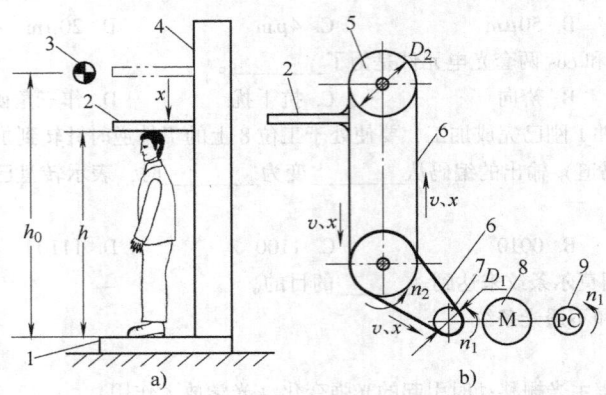

图 10-40 测量身高装置的示意图
a) 测量装置外观 b) 传动机构简图

1—底座 2—标杆 3—原点（基准点） 4—立柱 5—带轮 6—同步带 7—电动机 8—光电角编码器 9—角编码器

4) 电动机右侧的轴与角编码器联轴，左侧的轴与小带轮联轴，再带动大带轮。图 10-40 中的两根同步带的内表面线速度 v _____ （相同/不相同），位移 x 也 _____。设大带轮的直径 $D_2 = 0.1592\text{m}$，则大带轮每转动一圈，标杆上升或下降了 _____ m。由传动比 $i = 1:5$ 可知，电动机每转一圈，标杆上升或下降 _____ m。每测得一个光电角编码器产生的脉冲，就说明标杆上升或下降了 _____ m。

5) 设标杆原位（基准位置）距踏脚平面的初始基准高度 $h_0 = 2.2\text{m}$，当标杆从图中的原位下移碰到人的头部时，共测得 5120 个脉冲，则标杆位移了 $x =$ _____ m，则该人的身高 $h =$ _____ m。

6) 每次测量完毕，标杆回到原位，这是为了下一次测量从 _____ 开始。

7) 可以采用 _____ （热敏电阻/压电/超声波/MEMS/涡流）式传感器来代替标杆、带轮、电动机、角编码器等机械装置，属于 _____ （接触/非接触）测量。

5. 有一增量式光电角编码器，其参数为 $M = 1024\text{P/r}$，采用 4 细分技术，角编码器与滚珠丝杠同轴连接，滚珠丝杠的单导程（螺距）$t = 6\text{mm}$（头数 $=1$），光电角编码器与丝杠的连接如图 10-41 所示。当丝杠从图中所示的基准位置开始顺时针旋转，在 5s 时间里，光电角编码器之后的细分电路共产生 $m = 4 \times 51456$ 个脉冲。请列式计算和分析填空。

1) 在 5s 时间里，丝杠共转过 _____ 圈，即 _____ 圈又 _____ 度。每秒转动 _____ 圈。

2) 丝杠的平均转速 $n =$ _____ r/min。

3) 若螺母-丝杠副为右旋螺纹（正螺纹），螺母从图中所示的基准位置向 _____ （左/右/下/上）移动了 _____ mm。

4) 螺母移动的平均速度 $v =$ _____ mm/s，换算成行业习惯的单位为 _____ m/min。

5) $t = 6\text{mm}$，细分之前的螺母运动理论分辨力为 _____ μm，细分之后的理论分辨力为 _____ μm。

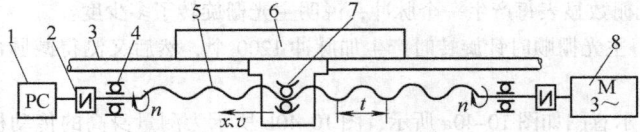

图 10-41 光电角编码器与丝杠的连接
1—光电角编码器 2—弹性联轴器 3—导轨 4—轴承 5—滚珠丝杠
6—工作台 7—螺母（和工作台连在一起） 8—电动机

6. 在检修某机械设备时，发现某金属齿轮的两侧各有 A、B 检测元件，如图 10-42a 所示。请分析填空。

1) 根据已学过的知识，可以确认 A、B 两个检测元件是_____（行程开关/接近开关），其检测原理是属于_____式传感器。

2) 齿轮每转过一个齿，则 A、B 各输出_____个脉冲。在设定的时间内，对脉冲进行计数，就可以测量齿轮的_____。

3) 若齿轮的齿数 $z = 36$，在 2s 内测得 A（或 B）输出的脉冲数为 $N = 1026$ 个，则说明齿轮转过了_____圈，齿轮的转速 $n = $ _____r/min；

4) 齿轮正转时 A、B 的输出脉冲如图 10-42b 所示，设置 A、B 两个检测元件是为了判别_____方向。

5) 若齿轮反转，请以图 10-42 中的 A 波形为基准，画出 B 的输出波形（应考虑相位差）。

6) 若发现 A 或 B 无信号输出，请列出产生故障的可能原因为_____、_____、_____等。

7) 可用_____（塑料/铁片）来判断 A 或 B 是否损坏。

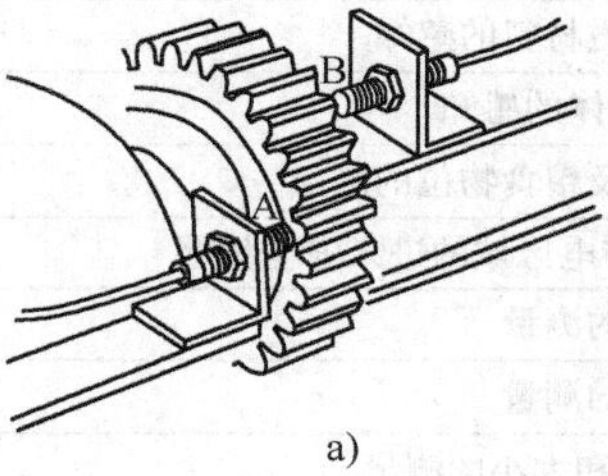

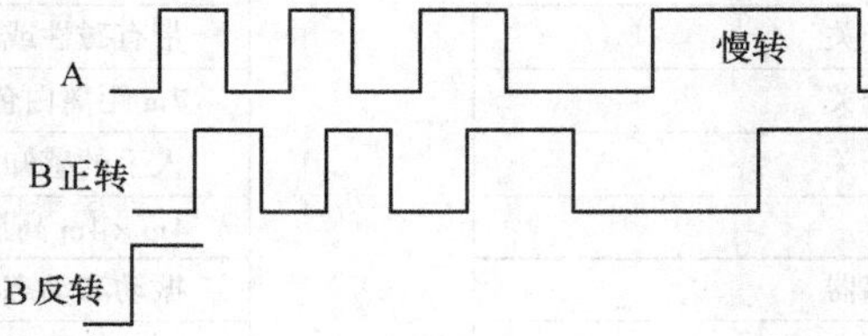

图 10-42 机械设备中的旋转参数测量原理分析
a) 安装简图 b) 输出波形

7. 车床是指以工件旋转为主运动，车刀移动为进给运动的机床。车床可用于加工各种回转成型面，例如：内外圆柱面、内外圆锥面、内外螺纹以及端面、沟槽、滚花等。车床的主轴箱主要任务是将主电动机传来的旋转运动经过一系列的变速机构使主轴得到所需的正、反两种转向的不同转速，同时主轴箱分出部分动力将运动传给进给箱。请根据学习过的数字式位移量检测技术，并参考与图 10-30 所示的老机床改造有关的论述分析填空。

1) 必须在主轴箱侧面安装与主轴联轴的_____传感器，用于测量主轴的角位移。为了达到 0.35° 的角位移分辨力，该传感器的技术指标 M 必须达到_____P/r，即：每转一圈，产生_____个脉冲（不考虑细分问题）。

2) 要求测量刀架（或溜板）在导轨上的横向走刀的分辨力达到 0.01mm，应在导轨下面安装比光栅相对便宜的_____（长磁栅/圆磁栅/容栅/球栅）传感器。若采用 4 细分技术，其栅距 W 应小于_____（0.04/0.0025）mm。

3) 为了车削 M36×4mm 的右旋粗牙单导程螺纹，车床主轴与刀具之间必须保持严格的运动关系，即：主轴带动工件每转一转，刀具应均匀地移动_____mm 的导程距离。

4) 设需要车削的粗牙螺纹总长 $L = 80$mm，车床主轴从车刀接触切削起始位置到退刀位置一共旋转了_____圈，PLC 从直线位置传感器的输出端总共得到_____个增量脉冲，然后发出退刀命令。

5) 若横向走刀失控，当刀架运动到床身的左、右两端限位时，依靠_____（涡流原理的电感式/超声波式/电容式）接近开关检测该故障状态，传感器的输出信号传送给_____，立即命令溜板停止运动，并发出"嘀"的报警响声_____s。

8. 请根据学习过的传感器与检测技术有关知识填写表 10-10（多选）。

表 10-10　传感器的应用连线

传感器名称	应用连线	应用场合与领域
铂热电阻式传感器		-50~150℃测温
NTC 热敏电阻		-200~960℃测温
PTC 热敏电阻		-200~1800℃测温
热电偶		-50~150℃温度阈值点报警
PN 结温度 IC		
PIN 光敏二极管		图像识别
光敏晶体管		人体红外线识别
光电池		光导纤维通信光信号读取
热释电式传感器		莫尔条纹光信号读取
CCD 图像传感器		太阳照度测量
干簧管式接近开关		铝合金材料的感知
涡流式接近开关		带有磁性或导磁材料的感知
电容式接近开关		7m 距离白色物体的感知
霍尔式接近开关		人手的感知以及粮食物位的测量
光电开关		4m×4m 高压带电区域的进入安全报警
应变计式传感器		振动和动态力的测量
酒精传感器		地球磁场强度的测量
湿敏电阻式传感器		0.1T 磁场方向和大小的测量
高灵敏度磁敏电阻式传感器		可燃性气体的测量
压电式传感器		相对湿度的测量
霍尔式传感器		压力的测量
半导体压阻式传感器		重力、力、应力、应变、扭矩的测量
涡流式传感器		钢管近表面裂纹探伤
磁电式转速传感器		反光的、带有缺口的旋转体转速测量
涡流式转速传感器		导电的、带有缺口的旋转体转速测量
光电式转速传感器		带有磁性的、有缺口的旋转体转速测量
		导磁的、有齿状体的旋转体转速测量
霍尔式转速传感器		表面带有黑白相间条纹的旋转体转速测量
圆盘电位器式传感器		无刷电动机的转子角度的测量
角编码器		360°及以上角位移的测量
圆光栅传感器		350°以下角位移的测量
涡流式位移传感器		1mm 以下、分辨力达到 0.5μm 的位移测量
电感式测微仪		10mm 以下、分辨力达到 20μm 的位移测量
直线光栅传感器		1m 以下、分辨力达到 10μm 的位移测量
直线磁栅传感器		10m 以下、分辨力达到 0.5μm 的位移测量
容栅百分尺		30m 以下、分辨力达到 10μm 的位移测量

附　　录

附录 A　工业热电阻分度表

工作端温度/℃	电阻值/Ω		工作端温度/℃	电阻值/Ω	
	Cu50	Pt100		Cu50	Pt100
-200		18.52	330		222.68
-190		22.83	340		226.21
-180		27.10	350		229.72
-170		31.34	360		233.21
-160		35.54	370		236.70
-150		39.72	380		240.18
-140		43.88	390		243.64
-130		48.00	400		247.09
-120		52.11	410		250.53
-110		56.19	420		253.96
-100		60.26	430		257.38
-90		64.30	440		260.78
-80		68.33	450		264.18
-70		72.33	460		267.56
-60		76.33	470		270.93
-50	39.24	80.31	480		274.29
-40	41.40	84.27	490		277.64
-30	43.56	88.22	500		280.98
-20	45.71	92.16	510		284.30
-10	47.85	96.09	520		287.62
0	50.00	100.00	530		290.92
10	52.14	103.90	540		294.21
20	54.29	107.79	550		297.49
30	56.43	111.67	560		300.75
40	58.57	115.54	570		304.01
50	60.70	119.40	580		307.25

(续)

工作端温度/℃	电阻值/Ω		工作端温度/℃	电阻值/Ω	
	Cu50	Pt100		Cu50	Pt100
60	62.84	123.24	590		310.49
70	64.98	127.08	600		313.71
80	67.12	130.90	610		316.92
90	69.26	134.71	620		320.12
100	71.40	138.51	630		323.30
110	73.54	142.29	640		326.48
120	75.69	146.07	650		329.64
130	77.83	147.83	660		332.79
140	79.98	153.58	670		335.93
150	82.13	157.33	680		339.06
160		161.05	690		342.18
170		164.77	700		345.28
180		168.48	710		348.38
190		172.17	720		351.46
200		175.86	730		354.53
210		179.53	740		357.59
220		183.19	750		360.64
230		186.84	760		363.67
240		190.47	770		366.70
250		194.10	780		369.71
260		197.71	790		372.71
270		201.31	800		375.70
280		204.90	810		378.68
290		208.48	820		381.65
300		212.05	830		384.60
310		215.61	840		387.55
320		219.15	850		390.84

注：ITS—1990 国际温标所颁布的分度表的温度间隔是 1℃，本书为节省篇幅，将间隔扩大到 10℃，仅供读者练习查表用，附录 B 亦如此。若读者欲获知每 1℃ 的对应阻值或毫伏数，可查阅有关 ITS—1990 国际温标手册。

附录 B 镍铬-镍硅（镍铝）K 型热电偶分度表（自由端温度为 0℃）

工作端温度/℃	热电动势/mV	工作端温度/℃	热电动势/mV	工作端温度/℃	热电动势/mV
−270	−6.458	−230	−6.262	−190	−5.730
−260	−6.441	−220	−6.158	−180	−5.550
−250	−6.404	−210	−6.035	−170	−5.354
−240	−6.344	−200	−5.891	−160	−5.141

(续)

工作端温度/℃	热电动势/mV	工作端温度/℃	热电动势/mV	工作端温度/℃	热电动势/mV
−150	−4.913	250	10.153	650	27.025
−140	−4.669	260	10.561	660	27.447
−130	−4.411	270	10.971	670	27.869
−120	−4.138	280	11.382	680	28.289
−110	−3.852	290	11.795	690	28.710
−100	−3.554	300	12.209	700	29.129
−90	−3.243	310	12.624	710	29.548
−80	−2.920	320	13.040	720	29.965
−70	−2.587	330	13.457	730	30.382
−60	−2.243	340	13.874	740	30.798
−50	−1.889	350	14.293	750	31.213
−40	−1.527	360	14.713	760	31.628
−30	−1.156	370	15.133	770	32.041
−20	−0.778	380	15.554	780	32.453
−10	−0.392	390	15.975	790	32.865
0	0.000	400	16.397	800	33.275
10	0.397	410	16.820	810	33.685
20	0.798	420	17.243	820	34.093
30	1.203	430	17.667	830	34.501
40	1.612	440	18.091	840	34.908
50	2.023	450	18.516	850	35.313
60	2.436	460	18.941	860	35.718
70	2.851	470	19.366	870	36.121
80	3.267	480	19.792	880	36.524
90	3.682	490	20.218	890	36.925
100	4.096	500	20.644	900	37.326
110	4.509	510	21.071	910	37.725
120	4.920	520	21.497	920	38.124
130	5.328	530	21.924	930	38.522
140	5.735	540	22.350	940	38.918
150	6.138	550	22.776	950	39.314
160	6.540	560	23.203	960	39.708
170	6.941	570	23.629	970	40.101
180	7.340	580	24.055	980	40.494
190	7.739	590	24.480	990	40.885
200	8.138	600	24.905	1000	41.276
210	8.539	610	25.330	1010	41.665
220	8.940	620	25.755	1020	42.053
230	9.343	630	26.179	1030	42.440
240	9.747	640	26.602	1040	42.826

(续)

工作端温度/℃	热电动势/mV	工作端温度/℃	热电动势/mV	工作端温度/℃	热电动势/mV
1050	43.211	1160	47.367	1270	51.355
1060	43.595	1170	47.737	1280	51.708
1070	43.978	1180	48.105	1290	52.060
1080	44.359	1190	48.473	1300	52.410
1090	44.740	1200	48.838	1310	53.759
1100	45.119	1210	49.202	1320	53.106
1110	45.497	1220	49.565	1330	53.451
1120	45.873	1230	49.926	1340	53.795
1130	46.249	1240	50.286	1350	54.138
1140	46.623	1250	50.644	1360	54.479
1150	46.995	1260	51.000	1370	54.819

部分习题参考答案

模块一　认识传感器与检测技术
4. $K_{70} \approx 0.04 \text{mA/kPa}$
5. 2) $\gamma_{200} = \pm 0.3\%$
6. 2) $\gamma_m = 0.288\%$

模块二　重量检测
2. 3) $K_A = 250.00$
3. $\gamma_m = 0.02\%$

模块三　温度检测
1. 2) $R_t \approx 119.25\Omega$
6. 1) $t = 950℃$
7. 2) $\Delta_m = 250℃ \times 0.5\% = 1.25℃$

模块四　压力检测
4. 1) $a_0 = 4\text{mA}$, $a_1 = 16\text{mA/MPa}$
　 3) 4mA, 20mA, 12mA
　 7) $p_{8\text{mA}} = 0.5\text{MPa}$
5. 1) $B = 27.93\text{kPa}$

模块五　流量检测
2. $Q = 11.1\text{m}^3/\text{h}$
3. 2) $M = 0.8\text{kg/s}$
4. 1/2
5. $I_2 = 9.33\text{mA}$

模块六　液位检测
2. 1) $p_{\max} = 170.03\text{kPa}$; 2) $B = 23.03\text{kPa}$
3. 2) $\Delta p = 150\text{kPa}$
4. $h_1 = 1.8\text{m}$

模块七　振动检测
7. 2) $x_{pp} \approx 10\text{mm}$
9. 2) $v \approx 120\text{km/h}$; $d \approx 3.5\text{m}$

模块八　光学量检测
2. $N = ft_{门控} = 1000$ 个
3. 5) $E = 1500\text{lx}$
5. 1) $I_\Phi = 0.32\mu\text{A}$

模块九　小位移检测
4. 2) 0.1V
6. 5) $n = 150\text{r/min}$
8. $\Delta y = 2\text{mm}$

模块十　数字式位置检测
2. 2) $\theta = 0.0314\text{rad}$
3. 2) $\theta' = 0.025°$
4. 4) 0.0000977m/个脉冲
5. 1) 10.05 圈; 3) 301.5mm;
　 4) $v = 3.618\text{m/min}$
6. 3) $n = 855\text{r/min}$

参 考 文 献

[1] 国家质量监督检验检疫总局．传感器通用术语（GB/T 7665—2005）[M]．北京：中国标准出版社，2005．

[2] 国家质量监督检验检疫总局 工业过程测量和控制用检测仪表和显示仪表（GB/T13283—2008）[M]．北京：中国标准出版社，2008．

[3] 国家质量监督检验检疫总局．衡器计量名词术语及定义（JJF 1181—2007）[M]．北京：中国标准出版社，2007．

[4] 国家质量监督检验检疫总局．温度与水分计量名词术语及定义（JJF1012—2007）[M]．北京：中国标准出版社，2008．

[5] 国家质量监督检验检疫总局．工业铂、铜热电阻检定规程（JJG 229—2010）[M]．北京：中国标准出版社，2010．

[6] 国家质量监督检验检疫总局．压力计量名词术语及定义（JJF 1008—2008）[M]．北京：中国标准出版社，2008．

[7] 国家质量监督检验检疫总局．GB/T28854—2012 硅电容式压力传感器 [M]．北京：中国标准出版社，2012．

[8] 国家质量监督检验检疫总局．流量计量名词术语及定义（JJF1004—2004）[M]．北京：中国标准出版社，2004．

[9] 国家质量监督检验检疫总局．液体流量计器具检定系统表检定规程（JJG 2063—2007）[M]．北京：中国标准出版社，2007．

[10] 国家质量监督检验检疫总局．液位计检定规程（JJG 971—2002）[M]．北京：中国标准出版社，2002．

[11] 中国就业培训技术指导中心．称重传感器装配调试工 [M]．北京：中国劳动社会保障出版社，2010．

[12] 鲁新光，史莉．电子汽车衡 [M]．北京：中国计量出版社，2009．

[13] 朱炳兴，王森．仪表工试题集：现场仪表分册 [M]．北京：化学工业出版社，2011．

[14] 王健石，朱炳林．热电偶与热电阻技术手册 [M]．北京：中国标准出版社，2012．

[15] 沙占友．智能化集成温度传感器原理与应用 [M]．北京：机械工业出版社，2002．

[16] 周明昌．仪表工 [M]．北京：化学工业出版社，2011．

[17] 王燕，方景林．过程检测与控制 [M]．北京：清华大学出版社，2006．

[18] 蔡武昌，孙淮清，等．流量测量方法和仪表的选用 [M]．北京：化学工业出版社，2001．

[19] 任吉林，林俊明，等．涡流检测 [M]．北京：机械工业出版社，2013．

[20] 李录平．汽轮发电机组振动与处理 [M]．北京：中国电力出版社，2007．

[21] 易良榘．简易振动诊断现场实用技术 [M]．北京：机械工业出版社，2003．

[22] 莽克伦，王正．现场设备故障诊断实例精选 [M]．长沙：湖南科学技术出版社，2009．

[23] 丁康．齿轮及齿轮箱故障诊断实用技术 [M]．北京：机械工业出版社，2005．

[24] 施文康，余晓芬．检测技术 [M]．北京：机械工业出版社，2010．

[25] 严钟豪，谭祖根．非电量电测技术 [M]．北京：机械工业出版社，2002．

[26] 常建生，石要武，常瑞．检测与转换技术 [M]．北京：机械工业出版社，2001．

[27] 梁森．自动检测技术及应用 [M]．北京：机械工业出版社，2011．

[28] 蔡仁钢．电磁兼容原理、设计和预测技术 [M]．北京：北京航空航天大学出版社，2001．

[29] 曾光宇．光电检测技术 [M]．北京：北京航空航天大学出版社，2008．

[30] 王侃夫．机床数控技术基础 [M]．北京：机械工业出版社，2001．

[31] 陈家盛．电梯结构原理及安装维修 [M]．北京：机械工业出版社，2006．